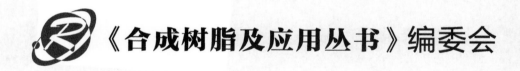 **《合成树脂及应用丛书》编委会**

"十二五"国家重点图书

合成树脂及应用丛书

氟树脂
及其应用

■ 江建安 编著

化学工业出版社

·北京·

本书从氟树脂的特征、分类入手，分别介绍了氟树脂的单体制造和性质，非熔融氟树脂，可熔融氟树脂，功能性氟树脂的制造、加工与应用，并简要介绍了氟橡胶生产、性能与应用及氟树脂生产与加工中的环保问题。全书理论上简明扼要，更多注重工艺过程中相关制造技术的论述。

本书对于从事氟树脂产品设计、开发及应用的技术人员有很好的参考价值。

图书在版编目（CIP）数据

氟树脂及其应用/江建安编著. —北京：化学
工业出版社，2013.8
（合成树脂及应用丛书）
ISBN 978-7-122-17892-3

Ⅰ.①氟… Ⅱ.①江… Ⅲ.①热塑性树脂
Ⅳ.①TQ322.4

中国版本图书馆 CIP 数据核字（2013）第 150492 号

责任编辑：仇志刚　翁靖一　　　　　　装帧设计：尹琳琳
责任校对：陶燕华

出版发行：化学工业出版社（北京市东城区青年湖南街 13 号　邮政编码 100011）
印　　装：北京虎彩文化传播有限公司
710mm×1000mm　1/16　印张 28¾　字数 586 千字　2014 年 1 月北京第 1 版第 1 次印刷

购书咨询：010-64518888　　　　　　　售后服务：010-64518899
网　　址：http：//www.cip.com.cn
凡购买本书，如有缺损质量问题，本社销售中心负责调换。

定　　价：98.00 元　　　　　　　　　　　　　
京化广临字 2013—21 号

合成树脂作为塑料、合成纤维、涂料、胶黏剂等行业的基础原料，不仅在建筑业、农业、制造业（汽车、铁路、船舶）、包装业有广泛应用，在国防建设、尖端技术、电子信息等领域也有很大需求，已成为继金属、木材、水泥之后的第四大类材料。2010年我国合成树脂产量达4361万吨，产量以每年两位数的速度增长，消费量也逐年提高，我国已成为仅次于美国的世界第二大合成树脂消费国。

近年来，我国合成树脂在产品质量、生产技术和装备、科研开发等方面均取得了长足的进步，在某些领域已达到或接近世界先进水平，但整体水平与发达国家相比尚存在明显差距。随着生产技术和加工应用技术的发展，合成树脂生产行业和塑料加工行业的研发人员、管理人员、技术工人都迫切希望提高自己的专业技术水平，掌握先进技术的发展现状及趋势，对高质量的合成树脂及应用方面的丛书有迫切需求。

化学工业出版社急行业之所需，组织编写《合成树脂及应用丛书》（共17个分册），开创性地打破合成树脂生产行业和加工应用行业之间的藩篱，架起了一座横跨合成树脂研究开发、生产制备、加工应用等领域的沟通桥梁。使得合成树脂上游（研发、生产、销售）人员了解下游（加工应用）的需求，下游人员了解生产过程对加工应用的影响，从而达到互相沟通，进一步提高合成树脂及加工应用产业的生产和技术水平。

该套丛书反映了我国"十五"、"十一五"期间合成树脂生产及加工应用方面的研发进展，包括"973"、"863"、"自然科学基金"等国家级课题的相关研究成果和各大公司、科研机构攻关项目的相关研究成果，突出了产、研、销、用一体化的理念。丛书涵盖了树脂产品的发展趋势及其合成新工艺、树脂牌号、加工性能、测试表征等技术，内容全面、实用。丛书的出版为提高从业人员的业务水准和提升行业竞争力做出贡献。

该套丛书的策划得到了国内生产树脂的三大集团公司（中国石化、中国石油、中国化工集团），以及管理树脂加工应用的中国塑料加工工业协会的支持。聘请国内 20 多家科研院所、高等院校和生产企业的骨干技术专家、教授组成了强大的编写队伍。各分册的稿件都经丛书编委会和编著者认真的讨论，反复修改和审查，有力地保证了该套图书内容的实用性、先进性，相信丛书的出版一定会赢得行业读者的喜爱，并对行业的结构调整、产业升级与持续发展起到重要的指导作用。

袁晴棠

2011 年 8 月

Foreword
前言

　　化工新材料在现代文明发展中发挥着越来越重要的作用。当人们在不断地创造人类文明史上一个个奇迹，过着越来越舒适的生活、享用便捷的现代化交通和信息交流与传输，乃至不断征服宇宙空间时，无不有赖于化工新材料不可替代性的支撑。以聚四氟乙烯为代表的氟树脂在化工新材料中以其突出的耐热性、耐化学性、不黏性和低摩擦性等成为综合性能优异的一类，更是在很多非常苛刻或其他材料难以胜任的工作环境中在关键部位发挥了特殊作用。因此，以氟树脂为代表的氟材料受到世界上主要国家的高度重视。20世纪80年代以来，随着我国国民经济的快速发展，氟材料科技、工业化生产和加工应用也得到了飞速地发展，就产能而言，我国已成为世界生产大国。与此同时，对于发展有机氟工业的氟资源开发和保护、氟材料品种和质量的进步、加工应用向广度和深度的发展等也越来越受到关注。

　　《氟树脂及其应用》是在《合成树脂及应用》丛书编委会的统一规划和指导下编著的。《氟树脂及其应用》作为丛书的一个分册，遵照丛书编委会对整套丛书的编写指南，将自己的服务方向确定为主要面向产业一线从事实际科研开发、生产、加工应用和提供售后技术服务的工程技术人员和企业的各级领导和管理人员，注重内容的知识性、信息性和先进性，树脂合成部分深浅适度、避免过多深奥的理论描述与冗长的公式推导，加工应用强调重点，既立足当前先进技术水平，又展示最新的技术和应用成果。编著者从国内实际出发，一方面着重编写氟树脂的合成、性质和应用，另一方面将同属氟聚合物而且单体基本相同的含氟弹性体（也称为氟橡胶）的合成和加工应用也列入本书。同大多数国内外已见到的同类著作在提到相关单体时过于简单且主要集中在用反应方程式表达制造方法相比较，本书以较多篇幅撰写了氟树脂和氟橡胶单体的制造技术和它们的性质，期望给从事氟聚合物科研、生产、设计和产品加工应用的实际工作者带来方便。

从早期发现和开发氟聚合物以来，历经 70 余年，主要是欧美发达国家的一些跨国公司和他们支持的高校及前苏联的研究院所等通过大量的基础研究、应用研究和工程研究等，在积累了大量有成效的实际经验的同时，作为这些经验的结晶，形成了很多系统化的理论知识，出版了不少优秀的专著，从不同的层面推动了氟聚合物技术的深化和发展。国内以往的一些有关著作，较多是英国、日本等原版书的译著，近十多年来，也开始出现国内作者编著的氟聚合物专著，似乎还是凤毛麟角，而且显得过分靠近学院式。在从氟化工大国走向氟化工强国的过程中，我们更迫切需要在吸收国外已创建的知识基础上总结国内几代氟化工人艰苦奋斗积累的知识和技术经验，编写和出版自己的氟化工专著。这对于普及和提高我国氟聚合物产业界的理论知识和技术水平一定会有参考和推动作用。这也是本书编著时作者希望实现的愿望之一。

本书共 10 章，第 1 章绪言，内容涉及发展历史，氟树脂的基本特性、分类及主要品种、氟树脂和氟资源概况、国内外发展现状等；第 2 章氟树脂用主要单体，介绍了 TFE、HFP、VDF、VF、CTFE、HFPO、PPVE、PSVE、VF 及其他一些特殊单体的制造和性质等；第 3、4 章分别为非熔融性氟树脂和可熔融加工氟树脂的制造；第 5 章功能性氟树脂的合成；第 6 章氟树脂的基本特性；第 7、8 章分别为非熔融性氟树脂和可熔融加工氟树脂的加工及应用；第 9 章 氟橡胶的制造、性能、加工及应用；第 10 章介绍氟树脂生产和加工中的安全和环保。在第 2 章中，尽可能详细地收集了工作中需要而常不易得到的性质数据。各章节中尽量多列入一些有参考价值的信息资料。依惯例，对于大量频繁使用的氟树脂及各种单体、化学物质、技术术语的英文简称或缩写等均列表注释。附录中收集了国内外各典型厂商生产的非熔融性氟树脂、可熔融加工氟树脂的品种、牌号及主要性能。相对而言，国内的品种、牌号信息不够齐全，期望能在以后补上。

本书的编写得到《合成树脂及应用》丛书编委会的指导和关心，杨元一主任和氟硅工业协会专家委员会富志侠主任推荐我承担本书的编写工作，并在内容设置上提出了宝贵意见。早年曾长期在上海市有机氟材料研究所担任所长的有机氟行业老前辈姚锡福先生不但给予很多鼓励，更欣然同意担任审校，提出了不少修改补充意见。编者从工作四十多年的上海市有机氟材料研究所和上海三爱富新材料股份有限公司吸取了有机氟材料研究的丰富营养，不断地向前辈学习、与同事切磋研讨，有很多机会同国内外同行专家交流和讨论，从中积累了写作这本书所必不可少的知识和资料，这些都是能够完成这本书的关键因素。作者表示深深的谢意。

《氟树脂及其应用》一书涉及的内容和技术领域，无论是广度还是深度都远远超过编者的知识和能力所能胜任，特别是新的制造技术和应用技术的发展更是日新月异，完成这本书的写作，深感力不从心，同自己原来想象的自有不少距离，遗漏和不当在所难免，望各位同仁和广大读者不吝赐教，容日后有机会补正。

编者
2013 年 4 月

Contents
目录

第10章　氟树脂生产和加工中的安全和环保 —————— **398**

第1章 绪言

1.1 氟树脂/氟橡胶的发展历史

氟聚合物是指高分子聚合物中同 C—C 链相连接的氢原子全部或部分被氟原子所取代的一类聚合物，它们常具有其他聚合物所不具有的多方面综合优异性能，受到越来越多的青睐。氟树脂和氟橡胶，由于所需单体和制造工艺有很多相似之处，内在联系十分密切，故本书也将氟橡胶包括在内，通称氟聚合物。

追溯氟聚合物的起源和发展历史，就时间最早，首推 PCTFE，从重要性而言，则以 PTFE 在 1938 年的发现位居首位。氟聚合物的发明、发现和开发及加工应用，实现商业化生产，同第二次世界大战战时及战后各国军事工业着重发展新武器，尤其是发展原子弹的曼哈顿工程有密切的联系。战后至今的六十多年，全世界的氟聚合物已经形成了较为庞大的产业。有无强大的氟化工产业，常被看作一个国家是否拥有现代科技、现代国防、现代产业的重要标志之一。

1.1.1 氟树脂/氟橡胶的起源

从历史发展的过程而言，氟聚合物的起源和发展始终是同它们在现代工业特别是尖端武器为代表的军事工业和以航空航天为代表的高科技密切联系在一起的，从第二次世界大战时的曼哈顿工程，到 20 世纪 60～70 年代的阿波罗计划，包括各代大型民航机和军用飞行器等都展现氟聚合物的重要作用。

同几乎所有有关氟聚合物的专著一样，本书也将简述 1938 年 Plunkett 博士发现 PTFE 的历史经过。同时也将介绍中国氟树脂和氟橡胶最早的起源和发展经历。

1934 年发明的具有较低结晶度因而较易加工的 PCTFE 是氟树脂的第一个成员，但是从重要性及其对整个氟聚合物产业乃至氟化学品行业的形成和随后的产业化发展的推动而言，还应首推 PTFE 的发现和随后的产业化。

历史上第一个 PTFE 样品不是有意识要去合成的，而是在用 TFE 为原料开发新型含氟制冷剂的过程中无意发现并得到重视的。1930 年著名氟化学家 Midgely 和 Henne 在美国南部亚特兰大举行的美国化学会会议上发表的论文中预言，某种氯氟碳化合物具有独特的性能，可用作制冷剂。随后对开发新型氟制冷剂的研究也包括了 Plunkett 在 DuPont 公司 Chembers 工厂 Jackson 实验室的研究试制工作。当时被选择要进行性能测试和评价的目标化合物是 $CClF_2CHF_2$，TFE 被选作需要使用的原料，这种原料没有现成商品，需自己合成。

$$CClF_2—CClF_2 \xrightarrow{Zn, CH_3CH_2OH} CF_2=CF_2 + ZnCl_2$$
$$CF_2=CF_2 + HCl \longrightarrow CClF_2CHF_2$$

在合成 TFE 后，需通过精馏提纯，在干冰温度下将 1~2lb（1lb=0.454kg）质量的 TFE 储存于钢瓶中。1938 年 4 月 6 日，Plunkett 的助手 Jack Rebok 在用储存的 TFE 进行合成试验时，发现钢瓶中没有预想的 TFE 流出，接着发生的就是有名的故事和伟大的发现。当把阀门打开、钢瓶倒置，用金属丝伸进钢瓶内壁的方法能得到一些白色固体粉末，但其质量都少于储入的 TFE 量。从中间切割开钢瓶，发现了有更多粉末填满在钢瓶底和附近的内壁上。图 1-1 与图 1-2 就是后来广为传播的发现 TFE 自聚生成 PTFE 的历史性照片和记载此发现的原始实验记录的照片。

■图 1-1　1938 年发现 TFE 自聚生成 PTFE 的
照片 （右为 Plunkett，左下是他的助手）

由于 PTFE 的优异性能，在第二次世界大战时期很快就被列为军需品，最初的用途是火炮炮弹引信圆锥体的包覆材料，从杜邦中试工厂得到的PTFE在 1943 年立即被用到位于田纳西州橡树岭的原子弹工程，用于分离铀同位

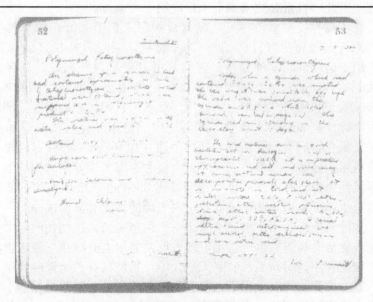

■图 1-2 记载发现 TFE 自聚生成 PTFE 的
原始实验记录照片

素的设备上。1941 年，有关 PTFE 发现的首件美国专利被批准（美国专利 2，230，654 四氟乙烯聚合物，申请日期是 1939 年 7 月 1 日，批准日期为 1941 年 2 月 4 日）。1946 年 Renfrew 和 Lewis 公开报道了 PTFE 的中试工厂，并对聚合物的加工工艺和性能作了详细描述。大规模地开发生产始于 1946 年，建于西弗吉尼亚 Parkersburg 的第一套工业化装置于 1950 年投产。1944～1947 年间，在英国 ICI 公司也进行了 PTFE 的中试生产。

早期氟树脂的发明和发展还包括：PCTFE 在德国化学巨头 IG Farben 得到发展，1948 年，美国开始 PVF 的商品化生产。其他氟树脂成员的开发都是在 20 世纪 50 年代中期以后进行的。

1948 年，氟聚合物中另一重要一族氟橡胶的第一个成员，聚-2-氟-1,3 丁二烯 $\leftarrow CH_2—CF—CH—CH_2 \rightarrow_n$ 正式成为第一个商业化生产的氟橡胶产品。1954 年美国军方开发的 Kel-F（VDF-CTFE）和 1958 年（VDF-HFP）系列氟橡胶的开发很快就显示出这些产品性能比前者的优越，20 世纪 50 年代军用飞机的迅速发展极大地刺激了对这些耐热性和耐油性更好的氟橡胶在军用喷气式引擎上的急迫需求。

后来，美国空军为了解决超音速飞机试验所需的密封又开发了很多种氟橡胶。众多氟聚合物材料反过来又推动了军用和战略武器系统的发展，如潜艇整流罩涂料，F-111 战斗机油箱密封，B-系列战略轰炸机的润滑油系统密封等。因此，氟聚合物得到了大量应用。

除了高科技军事应用外，氟聚合物深入到千家万户的日常生活和消费中，为具有优异透气性的 Gore-Tex 材料，同时具有良好的保暖性和防水性，用于运动装和室外穿着，它们是由 PTFE 微纤制成，具有良好憎水憎油性能的 Scotchgard 织物处理剂，广泛应用于各种纤维织物的表面处理。氟橡胶管子和密封在汽车上的使用，展示了它们优异的耐温、耐油性和独特的耐甲醇性能和低的渗透性。氟醚油广泛使用于计算机的驱动盘以避免磨损。氟聚合物润滑剂甚至用于高档手表（如 Rolex）的精密机件上，氟聚合物涂料用在显赫的高层建筑和摩天大楼和跨海大桥等高大构件上，提供长期的耐候性保护，在室外环境下连续暴露 25 年也未出现裂纹。低的表面能使得靠雨水就可以将附着在墙面和材料表面的污纹和灰尘洗净。

多种氟聚合物用于线缆绝缘是一个快速增长的市场领域，尤其在互联网和光纤通信的高速数据传送用电缆方面，需求上升极快。氟聚合物在这里得到应用是利用其耐高温性和耐火焰性能，它们具有在火警时几乎不传播火焰和不产生烟雾的优点。用于火车和飞机上的大量连接线是另一个经交联过的氟聚合物应用的例子。尤其是预先交联过的 ETFE 线缆，除耐高温等优良性能外，还具有相对密度小的优点。

无定形全氟聚合物树脂在近红外波长段，具有高的光透过性，光传输时损耗最低，适合制作有机光导纤维。另外，它们具有低折射率，也很适合作光纤的包覆材料。

氟树脂可以做成高纯度、高清洁度的材料，不含任何添加物。尤其是 PFA，很适合制作半导体和医药工业用的高纯度管道和管件等。高纯 PTFE 和一些共聚氟树脂适合于制作人体外科手术用的人工血管、微创手术器材和人体脏器的替代材料。

中国国内研究开发氟聚合物，首先从试制 PTFE 开始，这始于 1957 年，当时俗称塑料王。上海鸿源化学厂的高曾熙工程师组织和参与了开拓性试制，同年 9 月 26 日人民日报以《塑料王》为题发表了上海鸿源化学厂试制出聚四氟乙烯的报道。1959 年起实施 3t/a 规模中试，1964 年初在上海市合成橡胶研究所建成全国第一套 30t/a 生产装置。同年 5 月 20 日顺利试生产出第一批合格的 PTFE 产品。随后在上海市塑料研究所制成圆柱形制品、垫圈、管材等制品。

在研制成 PTFE 悬浮树脂后，又在上海市合成橡胶研究所先后研制成了 PTFE 分散树脂、PTFE 浓缩分散液、FEP 树脂和 PFA 树脂等，为国家填补了空白。20 世纪 80 年代初，在原化工部第六设计院参与下，上海市有机氟材料研究所以过热水蒸气稀释 F-22 裂解制 TFE 的裂解反应过程开发为核心内容，结合多年来在 30t/a PTFE 中试装置和 300t/a PTFE 生产装置上累积的生产 PTFE 树脂的成套技术和经验，完成了年产千吨 PTFE 的技术开发，并编写成了基础设计资料。从此，中国的氟树脂工业走上了比较成熟和快速发展的轨道。

值得一提的是，Plunkett 博士于 1988 年秋在上海市有机氟材料研究所为他发现 PTFE 50 周年举行的庆祝活动上实现了他同高曾熙工程师及中国同行们的历史性会见。

中国国内氟橡胶的试制始于 1958 年，中国科学院（北京）化学研究所的化学家胡亚东等首先在试验室合成了氟橡胶的两个主要单体偏氟乙烯和三氟氯乙烯，并在玻璃封管中聚合得到共聚弹性体，洁白如棉花似的一小团，这就是中国自己研制的氟橡胶-23。1959 年 9 月，上海橡胶工业试验室利用自己试制的单体，利用实验室小聚合釜试制成功千克级的氟橡胶-23，然后在上海市合成橡胶研究所投入中试，1964 年开始在 50L 反应釜按年产 2t 氟橡胶规模进行生产，建立了产品技术标准。同期，又先后在中试规模试制了VDF-HFP 共聚氟橡胶和 VDF-HFP-TFE 三元共聚氟橡胶。20 世纪 60 年代后期，先后启动了羧基亚硝基氟橡胶和氟硅橡胶的试制并获得成功，20 世纪 70 年代，进行了 T-P 氟橡胶和全氟醚橡胶的技术攻关。20 世纪 80 年代，基于 VDF-HFP 的氟橡胶生产达到百吨/年以上规模，20 世纪 90 年代末，在上海和四川等分别开始建设年产千吨以上规模的氟橡胶生产装置，至今已形成全国多家生产企业合计 5000t/a 以上的生产能力。

1.1.2 从实验室到商业化

1.1.2.1 TFE 单体的产业化

发现 PTFE 时所用 TFE 是在实验室由四氟二氯乙烷在乙醇溶剂中用锌粉脱氯制得的，此法显然不适合大规模生产，成本也比较高。首先要解决的是找到适合放大又经济的工艺路线。经过比较和试验，确定了 HCFC-22 在700～800℃温度下在耐腐蚀合金管式反应器中热分解的路线。HCFC-22 便宜易得，易于运输和保存。通过 HCFC-22 热解条件如压力、温度和反应物在反应管中停留时间（即反应时间）的改变，研究和总结了它们对 HCFC-22 转化率，TFE 选择率和反应产物中副产杂质的种类、含量等的影响。

国外 TFE 的发展通过 20 世纪 40 年代的中试和过程开发，在 20 世纪 40 年代末至 50 年代初就形成了较为成熟的整套生产工艺流程。其中除关键的反应工艺外，还包括反应器的形式、适合的材质，对原料 HCFC-22 的纯度和微量水分、氧含量控制要求（即质量标准），反应产物组分的定性定量分析方法，尤其是微量杂质的鉴别方法，反应产物的急冷方式，产物 TFE 中杂质分离和 TFE 提纯、未转化的 HCFC-22 的回收及提纯，有毒有害残留物的鉴别和处理等。从工程角度，当然还包括 TFE 和一系列杂质组分的热力学数据的测定和建立，包括对 TFE 爆炸危险性能的认识和掌握，反应流程中对防止 TFE 自聚的措施、生产和储存过程中的安全措施，过程控制等一系列技术问题。对一些重要的设备如物料压缩机，裂解反应器的加热炉以及所需配套公用工程等，都是在早期过程开发中一项一项得到解决的问题。即便如此，20 世纪 50 年代初，在英国 ICI 公司的 TFE 装置的早期生产中还是发生了严重的爆炸事故。

氟聚合物和以 TFE 为原料的含氟精细化学品的不断发展和产能提升推动了 TFE 生产技术的进步。最大的单套生产装置规模达到了年产万吨以上，全球 TFE 总生产能力超过了年产 20 万吨。特别是 TFE 生产和使用中的安全防范比早期有了极大的进步。

TFE 的产业化为其他系列氟单体如 HFP，HFPO，PPVE 等工业化生产创造了物质条件，为开发出多种不同性能的氟聚合物打开了大门。

1.1.2.2 聚合过程从不可控到可控

由于 PTFE 最早发现时是在无控制下 TFE 自聚生成的，在 1939 年 Du-Pont 公司 Plunkett 申请的题为《四氟乙烯聚合物》的有关 TFE 聚合的第一个美国专利（USP 2，230，654）中，提到了"四氟乙烯处于高压下可在常温聚合。""利用催化剂和压力，聚合速率可以加快；另外，在溶剂中，有利于四氟乙烯聚合的进行"。但是实际上，那个时候，聚合速率非常慢，列举的实例中看到最短的 3 天，长的超过 20 天，基本上没有介质，没有搅拌，没有后来其他化学家发现的要用引发剂和助剂，每批聚合投入 TFE 的量只是千克级，转化率很低。很幸运，在最初还不知道 TFE 聚合时放出的聚合反应热大大高于 PVC，只是由于在当时条件下自聚反应速率很慢和规模很小，聚合热的释放可能导致反应温度失控并发生猛烈爆炸的现象没有出现。

通过大量研究，包括基础研究，对聚合的规律逐步掌握，成功进行悬浮聚合和乳液聚合，使聚合热通过水相得以向外传递，通过带搅拌和冷却用夹套反应器的设计，使反应温度即使在反应器容积放大到几个立方米和每批反应在接近 1h 到几个小时的时间内完成的情况下仍能得到稳定，保持在优化的反应温度范围。多种为得到优良产品质量和适合于特定的加工条件的聚合产品而开发的聚合引发体系、配方、加料方式和程序、聚合物粗产物合适的后处理过程等获得不断进步。聚合反应的温度、压力等得到有效控制，反应过程的活化自由基形成、链增长和链终止的速率实现了可控，从而产物的分子量和分布、聚合物颗粒平均粒径和粒径分布直至颗粒表面状态都可控。逐渐产生了性能不同、适应各种不同加工技术、满足多种应用需求的各种不同品级。

聚合从不可控到可控的过程中，值得一提的是掌握了在聚合过程中时有发生的爆炸现象的产生根源。聚合中发生爆炸的根本原因是聚合过程中出现结团、粘壁、聚合反应器设计的不合理引起的不均匀性等。通过优化反应器设计，不同聚合工艺采用不同形式的反应釜和工艺上的改进等，克服了爆炸聚合，或者说将这种危险性降到最低。典型的技术措施是对用于悬浮聚合的立式釜提高长径比，采用下搅拌，采用传热好的材质制作釜体，提高釜夹套中冷却介质的线速率及采用合适的釜内外传热温差，防止聚合过程中结团等；对乳液聚合，由于要防止聚合后期因浓度提高较易受高剪切而破乳，采用传热传质都比较好的卧式聚合釜，采用较大的长径比，搅拌效果好的桨叶，适当降低搅拌转速减少剪切等。有了这种技术和装备上的进步，现在PTFE商业生产已实现了在单釜最大容积达到 $6\sim 8m^3$ 规模安全地进行聚合。对于FEP和氟橡胶的聚合，在最初的单釜分批生产的基础上，实现了更适合大批量生产和更好保证产品性能稳定的连续聚合。

1.1.2.3 加工技术的发展推动了商业化

PTFE投入商业化生产初期，由于PTFE的高结晶度和在熔点温度下的高黏度，树脂在熔点温度也没有流动性，故只能采用类似于粉末冶金一样的压缩预成型加烧结的成型方法，制品局限于板、棒、厚壁管等，很多实际使用的PTFE零件必须通过机械加工方法制作。这既麻烦，又浪费。很多复杂的制品根本无法生产。随着PTFE新品级不断出现，以及为改进PTFE固有缺点而开发的很多共聚树脂的出现，种类繁多的加工技术，不但有通用的，而且有很多是专用的，极大地推动了氟树脂在各个领域的应用。例如，预烧结PTFE和造粒PTFE，这些处理使颗粒表面较光滑，适合柱塞挤出和自动模压，可以生产大量不同尺寸的推压管和毛细管。糊状挤出使得分散PTFE树脂粉末可以在助推剂的存在下进行挤压加工，开始了电线电缆和很多管材方面的应用。将PTFE大直径圆柱形毛坯经车削方法加工可以制成各种厚度的车削板和车削薄膜。车削板借助特殊焊接技术实现了很多设备的衬里，用于耐高温、耐化学腐蚀等苛刻环境。车削薄膜再经在一定温度和电场强度下定向处理，广泛应用于电气绝缘。分散PTFE用前述加入助推剂和进行推压一样的方法，可加工成圆形条带，再经压延拉伸和高温下脱油，形成了全世界年消费量数千吨的PTFE生料密封带市场。往更高方向发展，经特殊条件下的双向拉伸后，可得到网状结构高度纤维化的膨体PTFE薄膜，这成为国际著名企业Gore公司的核心技术，并在此基础上演绎出一大批高端纤维产业，从防水防风又具有良好透气性的服装衬里，到帐篷、手套、鞋类等全套军用和登山用装备，从高端过滤介质到外科用人工血管及脏器等，形成了年消耗PTFE数千吨的大市场（网状结构高度纤维化的膨体PTFE及复合原理、复合制品见图1-3）。

PTFE浓缩乳液通过喷涂、浸渍和湿法纺丝等加工技术，使PTFE在特种涂料、复合材料和特种纤维领域得到了应用。用PTFE乳液配制的涂料由于具有不黏和耐高温特性，在食品餐具涂层方面得到了广泛应用。玻璃纤维织成的布浸渍了PTFE后成为建筑行业广泛使用的屋顶材料，易去污，采光好，强度高，质量轻。

用其他材料如石墨、玻纤等增强的PTFE，或加入共聚单体得到的TFE共聚物则要么改变了PTFE树脂制品硬度差、不耐磨、具有应力下易松弛

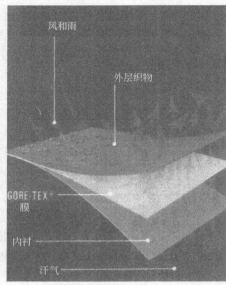

风和雨

外层织物

GORE-TEX®膜

内衬

汗气

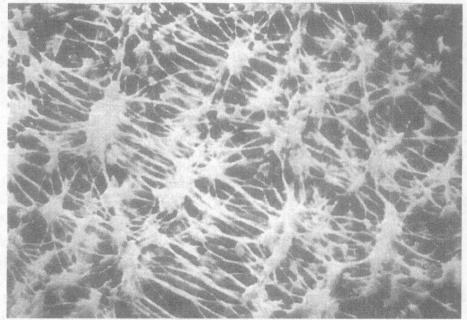

■图1-3　网状结构高度纤维化的膨体 PTFE
电镜照片及复合原理、复合制品示例

的缺点，要么使得氟树脂完全可以同常规塑料一样实现熔融加工。

本书第 7 章和第 8 章将详细介绍非熔融加工氟树脂和可熔融加工氟树脂

的加工技术。氟橡胶的加工技术和应用则可见本书第 9 章 9.4 节。

1.2 氟树脂的基本特性

本书叙述氟树脂特性将按非熔融加工氟树脂和可熔融加工氟树脂分别进行，这是因为两者既有很多共同处，也有很多明显的不同。这些不同对加工和应用起到很关键的作用。非熔融加工氟树脂的基本特性主要围绕 PTFE 展开。

1.2.1 PTFE 的基本特性

由于同主链碳原子连接的所有氢原子被氟原子取代，使聚四氟乙烯具有很多独特的性能，也由于很高的结晶度和即使在熔点仍保持极高黏度，使 PTFE 具有独特的物理及力学性能和加工性能，还因为具有完全对称的分子结构，使 PTFE 具有极佳的电性能和较好的耐辐射性能等。概括起来，主要特性如下：

① 具有所有聚合物中最低的表面能，具有自润滑性和不黏性，制品表面不润湿；

② 具有最好的化学惰性，除熔融态的碱金属及少数卤素氟化物外，能抵御几乎所有化学物质；

③ 具有极好的热稳定性，可在 260℃高温下长期使用，还能适应低温环境；

④ 具有较好的机械强度，摩擦系数低，但是制品在应力下易发生松弛；

⑤ 具有极好的介电性能，可用作高端电绝缘材料；

⑥ 具有好的耐辐射性；

⑦ 不适合通用塑料广泛采用的热塑性加工方法，需采用专门的特殊加工方法；

⑧ 制成的未烧结薄膜可经受高倍数拉伸，制成独特的网状结构微纤多孔材料。

对 PTFE 优异综合性能的深入研究大大推动了特色加工技术和应用技术的开拓，对创造万千功能特异的 PTFE 制品奠定了扎实的基础。

1.2.2 可熔融加工氟树脂的基本特性

可熔融加工氟树脂分为全氟代和部分氟代两大类，它们共同的特点是可以用通用热塑树脂加工的方法一样加工。它们也具有同前面列出的 PTFE 主要特性相类似的一些特性。但是 FEP 的耐高温性能有所下降，长期使用温度为 200℃，部分氟代的氟树脂如 PVDF，ETFE 等由于氢原子的导入，耐高温性、化学惰性、低表面能等都差于 PTFE，但物理及力学性能优于 PTFE。PVDF 具有独特的耐气候性，PVDF 和 ETFE 都具有很好的介电性能和相对密度较小的优点，在用于涂料、薄膜和电绝缘材料等方面具有优势。

本书第 6 章及第 8 章对可熔融加工氟树脂特性及其同聚合物分子结构的关联作详细阐述。

1.3 氟树脂的分类及主要品种

氟树脂的分类习惯分非熔融加工和可熔融加工两大类。每一个产品都有若干个品种，每个品种由于要满足不同的应用和加工方法，还细分为若干个品级。

1.3.1 非熔融加工氟树脂

聚四氟乙烯（PTFE）是 TFE 的均聚物，按制造方法不同、产品性能不同和加工方法不同，可分为以下主要品种。

（1）**悬浮法聚四氟乙烯树脂 PTFE（G）** 悬浮法聚四氟乙烯树脂是以 TFE 单体在水相中悬浮聚合得到的粒状树脂，经后处理（捣碎、研磨、气流粉碎、造粒、预烧结等）制成不同粒径和表面形态的多个品级。按粒径尺寸大小、粒子外表面形态及加工方法的不同又可分为若干个不同品级：中等粒度树脂，细粒度树脂，流动性好的树脂（造粒树脂，预烧结树脂）和电容器薄膜专用树脂（由低温聚合制得）等。

（2）**分散法聚四氟乙烯树脂 PTFE（F/P）** 分散法聚四氟乙烯树脂是以 TFE 单体在水相中并有表面活性剂（乳化剂）存在情况下实施乳液聚合得到的 PTFE 乳液经凝聚，洗涤和干燥后得到的细粉状树脂。

按产品适用的加工方法的差异主要划分为：中低压缩比树脂，高压缩比树脂，超高分子量分散 PTFE（适合加工纤维），压缩比是指在进行糊状挤出时料腔横截面积（或直径）同口模横截面积（或直径）之比。

（3）**PTFE 浓缩分散液（AD）** PTFE 浓缩分散液是指同 TFE 乳液聚合一样得到的浓度为 20％～30％的乳液产品经添加烃类乳化剂后将温度升高到一定范围后脱除部分水或其他方法增浓（如真空下升高温度使部分水脱除）得到的浓度为 50％～60％的乳状液产品。按用途分（通过不同聚合工艺条件控制初级粒子粒径大小不同、平均分子量不同、加入乳化剂量不同和调节浓缩乳液黏度不同）可分为涂料级，纺丝级，浸渍级。

(4) 改性 PTFE

① 加入填充材料的填充 PTFE　加入填充材料的填充 PTFE（玻璃纤维填充，石墨填充，金属粉末填充等），可以提高硬度，提高耐磨性等，或使材料具有一定的导电性。加入填充剂的方式可以是干法或湿法 。

② 用少量共聚单体作改性剂改性 PTFE　用少量共聚单体作改性剂改性 PTFE（PPVE 改性，PMVE 改性，HFP，CTFE 改性），改性剂加入量一般为 1‰ 左右或更低。通过聚合过程中改性剂加入时间的控制和聚合工艺的变化可制得聚合物颗粒核改性、壳改性或两者都改性，满足不同用途的需要。

1.3.2 可熔融加工氟树脂

(1) 聚全氟乙丙烯（FEP）　FEP 是 TFE 和 HFP 的共聚物，通常 TFE 的质量比为 $80\%\sim84\%$，HFP 质量比为 $16\%\sim20\%$，HFP 的引入使 PTFE 的直链结构含有很多—CF_3 基团的支链，大大降低了 PTFE 的结晶度，从而实现了熔融加工，同时又保持 PTFE 的基本特性。

FEP 共聚物通常按产品的熔融流动速率（MFR）划分为多个不同品级，主要为模塑级、通用级、挤塑级、线缆专用级、涂料级（50% 浓度乳液）。

(2) 可熔性聚四氟乙烯（PFA）　可熔性聚四氟乙烯是 TFE 单体同约 $3\%\sim5\%$ 的全氟烷氧基乙烯基醚（PPVE）的共聚树脂。同 PTFE 相比，由于侧链存在全氟烷氧基，从而大大降低了产品的结晶度，使得可像 FEP 一样熔融加工，而侧链上醚键的柔软性和可空间旋转性，使产品的热稳定性比 FEP 高，长期使用温度同 PTFE 相同，均为 260℃，而且机械强度和耐折性优于 PTFE。按表征分子量的熔融流动速率（MFR）可划分为多个不同品级，如模塑级、挤塑级、线缆专用级、涂料级（主要是供静电喷涂用的粉料）。

(3) 聚偏氟乙烯（PVDF）　PVDF 是 VDF 的均聚物，它是 VDF 经自由基引发剂引发的部分氟化的高分子聚合物，含氟量 59.4%，含氢 3%（质量分数），它是部分结晶的聚合物。长期使用温度和耐化学药品性能稍差于 FEP，推荐使用温度范围 −60～150℃。耐气候性特好，机械强度也优于其他氟树脂。按聚合和后处理工艺不同和用途不同，可分为的品级为涂料级（未经造粒的粉料）、模压级、挤出级、线缆级、（流延）薄膜级。其中线缆级是在 PVDF 中加入 $10\%\sim20\%$ 共聚单体的共聚物。

(4) 乙烯四氟乙烯共聚树脂（ETFE）　ETFE 是乙烯和 TFE 交替连接的部分氟化共聚树脂，两者之摩尔比接近 1∶1。虽然长期使用温度不超过 150℃，低于大部分氟树脂，但是其硬度和耐磨性优于 PTFE。通过加入少量改性共聚单体，调节聚合工艺等方法，改变结晶度和其他性能，可以形成多个不同性能和适用范围的品级。主要有涂料级、薄膜级、线缆级、模压级。

(5) 聚三氟氯乙烯 (PCTFE) 聚三氟氯乙烯是三氟氯乙烯 (CTFE) 的均聚物,这也是二战时期最早出现和得到应用的氟树脂之一。它可由悬浮聚合法或乳液聚合法生产,聚合介质可以是水或其他非水介质。文献报道的熔点为 210~215℃。PCTFE 树脂为白色粉状物,结晶度达 85%~90%,化学稳定性和高温稳定性仅次于 PTFE 和 FEP,耐强酸、强碱、油类及大多数有机溶剂。热变形温度 (0.45MPa) 为 129℃,热分解温度 >315℃,可适合的工作温度范围为 -200~200℃,耐磨性、尺寸稳定性好,透明度高,耐冷流性好。此外,耐辐照,耐气候老化,不燃。

(6) 无定形氟树脂 (透明氟树脂) 无定形氟树脂是由 TFE 同 2,2-双三氟甲基-4,5-二氟-1,3-间二氧杂环戊烯 (PDD) 用自由基引发共聚而成的完全无定形氟树脂,如以 PDD 均聚可得到玻璃化温度 T_g 为 335℃的全氟树脂,目前 PDD 同 TFE 共聚得到的共聚物的玻璃化温度对不同品级和牌号而言,可达到 160~240℃。同其他氟树脂相比,由于具有最高的透明度,又被称为透明氟树脂。除具有高透光性外,还具有耐温性好 (干燥空气中分解温度 >410℃)、低吸水率、憎水憎油和优异的耐化学药品等特性。特别适用光导纤维的包覆材料和其他如光学仪器等,可制成特种溶液,用作功能性涂层等。

(7) THV 三元共聚树脂 THV 是四氟乙烯-六氟丙烯-偏氟乙烯的三元共聚物。最早是 Hoechst 公司开发的一种材料,它能适用于在室外环境具有同 PTFE 和 ETFE 一样的氟树脂特性,又能适应 PVC 涂层的聚酯纤维,商品名为 Hostaflon™ TFB X,1996 年后更名为 Dyneon™ THV。THV 树脂的特点是具有相对其他氟树脂较低的加工温度。挤出加工时熔体温度仅为 230~250℃,更适合同其他塑料及各种橡胶进行共挤出、共吹塑等,较易形成牢固、耐久和耐化学品的复合粘接树脂。尤其适合于加工多层复合材料。

主要品级有:

造粒料:THV-200G,400G,500G

(熔程分别为:115~125℃,150~160℃,165~180℃)

粉料:THV-200P

水分散液:THV-330R 固含量 30%

THV 350C 固含量 50%

(8) PVF 氟树脂 PVF 是 VF 的均聚物,这是一种高结晶度聚合物,通常只以薄膜形态销售,也有少量以溶剂配制的涂料出售。PVF 的耐候性,耐磨性和防锈性能特别好。使用温度范围为 -100~150℃。除用作农用薄膜外,在太阳能电池底板上的应用日益增长,还可同木材、塑料和金属复合。

1.4 氟树脂的主要资源情况

1.4.1 氟树脂同氟资源的关联

氟树脂的主要来源包括由天然萤石矿（氟化钙，又称氟石）制得的无水氟化氢（AHF）和甲烷氯化物两大类，图 1-4 是从氟化钙和甲烷氯化物等出发到制得各种氟树脂产品链的简单示意图。

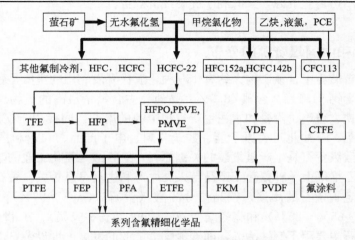

■图 1-4　从氟资源到氟树脂的产品链

从产品链可见，所有氟聚合物和其他氟制冷剂、其他含氟精细化学品的源头都是无水氟化氢，后者离不开萤石矿。所以发展氟聚合物总是先要发展 AHF，要掌握萤石资源。同时必须发展大多含氟聚合物依赖的单体 TFE 的原料 HCFC-22，这是由 AHF 同三氯甲烷在锑催化剂存在下反应制得的，工业上三氯甲烷则是由甲醇在催化剂存在下同氯气反应制得。甲烷氯化物是发展氟聚合物的另一个具有控制作用的关键资源。由于拥有氟资源的地区和原有的一些大企业追求从氟矿开始的向下游发展，近 5～6 年来，出现了HCFC-22 和甲烷氯化物产能的超常规发展，据列入中国氟硅有机材料工业协会（氟）的统计（不包括外资企业产能和产量），到 2010 年底止 HCFC-22 的产能已达 57.6 万吨，实际产量达到 46.2 万吨。业内专家估计 HCFC-22 的总产能已超过 65 万吨/年，每年出口境外的 HCFC-22 约占年产量的 1/3，在 12 万～15 万吨之间。年产能力在 3 万吨以上的企业有山东东岳、浙江巨化、江苏梅兰、常熟 3F 中昊、浙江鹰鹏和临海等 7 家。甲烷氯化物的产能膨胀，在过去 5 年内翻了一倍，2006 年、2008 年和 2010 年的产能分别达到 80.2 万吨、107 万吨和 160 万吨，年产能力超过 8 万吨的企业有四川鸿鹤、浙江巨化、江苏梅兰、山东金铃和东岳等 5 家。

从萤石制 AHF 开始，产品越向下游发展，增值程度越高。有资料估算，将萤石制成 AHF 同销售萤石相比，可增值 8～10 倍，制成氟制冷剂等含氟烃类产品可增值 10～20 倍，制成含氟单体增值 10～140 倍，制成氟聚合物和共聚物可分别增值 80～120 倍和 200～500 倍。制成精细有机化学品可增值 500～5000 倍。也许有些估算是极而言之，但是，向产品的深度发展能带来高的回报的趋势是明显的。逐步改变以大量销售萤石和 AHF 为发展地方经济的手段，过渡到发展氟聚合物和含氟精细化学品，既有利于保护有限的不可再生资源，又有利于提高经济效益。

1.4.2 世界和中国氟资源的分布

自然界中含氟矿物大约有 150 种，近代开发利用的主要是萤石。理论上萤石含钙 51.1%、含氟 48.9%，是地壳中含氟量最高的矿物。萤石直接用于钢铁、玻璃、陶瓷和水泥生产过程中的助熔剂，间接用于交通运输机械、电解铝、石油化工、原子能、建筑材料、电子产品、农业和医疗等各个行业。酸级萤石是生产氢氟酸的关键原料，氢氟酸是氟化工业的基础原料，聚四氟乙烯等上千种氟化工产品与人类生产和生活息息相关。萤石的氟化钙含量决定了萤石的用途，按品位分为酸级萤石（$CaF_2 > 97\%$），冶金级萤石（CaF_2 65%～85%）和陶瓷级萤石（CaF_2 85%～95%）。20 世纪 70 年代以前萤石主要用于钢铁冶炼，随着氟化学工业的发展，世界萤石消费于钢铁冶炼的比例下降到小于 35%，消费于氟化工行业的比例上升到大于 50%，消费于玻璃和水泥等行业的比例约 15%。

萤石资源在世界各大洲均有分布，已探明储量分布在 40 多个国家。根据美国地质局统计的数据，萤石资源全球分布相对集中。截至 2009 年，世界萤石基础储量 4.7 亿吨，可开采储量 2.3 亿吨，其中南非、墨西哥、中国和蒙古萤石储量列世界前 4 位，这 4 个国家可开采量占到全球的 45% 左右，而作为主要萤石消费国的美国和西欧等萤石资源已经枯竭。

我国萤石基础储量占全球基础储量的 23.4%。其中，湖南、内蒙古和浙江基础储量分别占国内总量的 38.90%、16.70% 和 16.10%，其他省份只有 27.80%。虽然我国萤石资源基础储量丰富，但可开采储量只有约 2100 万吨，在全球的占有量不足 10%。目前中国萤石储采比小于 8（储量与产量之比），只是世界萤石储采比（约等于 41）的 1/5。

磷酸盐岩矿床中富含氟磷灰石，在利用磷矿制取磷酸的生产过程中可回收副产品氟硅酸盐。世界磷酸盐岩储量 180 亿吨，含氟当量 6.3 亿吨，相当于含萤石当量 12.9 亿吨。从氟硅酸盐制造无水氟化氢技术在国外已经开发，我国已有示范性生产装置，但是在相当长一段时间内，仍将以从萤石制成无水氟化氢的技术占绝对优势地位。

中国萤石资源分布最广，已发现萤石矿床最多，探明萤石可采储量名列世界第三。全国已探明储量萤石矿区有 500 多处，可开采储量约 2100 万吨，基础储量约 3500 万吨，资源量约 1.2 亿吨。中国已探明萤石资源分布在 27 个省（直辖市自治区），其中，内蒙古自治区、浙江省、福建省、江西省和湖南省萤石资源储量合计占 70％多。浙江省 43 个县有萤石矿，全部是脉状矿体单一型萤石矿床，品位较高，已探明资源量的矿区有 60 多处，但大部分是小型矿区，由于 20 世纪 90 年代过度开采，高品位萤石资源已近枯竭。内蒙古自治区萤石矿主要分布在四子王旗、额济纳旗、喀喇沁旗、阿拉善左旗和林西县。福建省萤石矿主要分布在邵武、光泽和建阳。江西省萤石矿主要分布在兴国、玉山、上饶、宁都、德兴、德安、永丰和瑞金，已探明资源量的矿区有 90 多处，但大部分是小型矿区，平均品位为 30％～70％。湖南省萤石矿主要分布在郴州、衡南县和衡东县。中国萤石资源中单一型萤石矿床有 450 多处，大部分矿床储量只有数万吨至数十万吨，只有内蒙古自治区四子王旗苏荣查干敖包萤石矿区，矿石储量约 2000 万吨。有色金属矿产伴生萤石矿床有 50 多处，湖南省郴州柿竹园钨锡钼铋矿伴生萤石矿区资源量达 6500 万吨，是世界上第一大伴生萤石矿。

蒙古萤石资源主要分布在东部区域，已发现的萤石矿化点、矿点和矿床有 300 多个，矿脉氟化钙含量平均 60％～70％，储量最大的是伯尔安杜尔（BorUndur）萤石矿。蒙古萤石已开采较少，储采比为 31。

墨西哥萤石资源主要分布在科阿韦拉、圣路易斯托西和瓜那华托，拉奎瓦萤石矿是世界上最大萤石矿之一，该矿萤石含量 65％～70％；帕腊尔铅锌矿床伴生萤石矿产，该矿主要矿物组成是方铅矿、闪锌矿、黄铁矿、重晶石和萤石。墨西哥萤石储采比为 33。

南非萤石资源分布比较广，已发现矿床主要分布在德兰图瓦省，已开采矿床是 witkop 和 Buffalo 萤石矿，在距离 Witkop 萤石矿 10km 处又发现萤石矿床，资源量为 4820 万吨，平均品位为 18％。南非萤石储采比为 143；南非萤石资源出口潜力最大。

纳米比亚萤石资源储量约 300 万吨，矿石氟化钙含量平均为 30％。

美国已探明萤石资源主要分布在伊利诺伊州，经过约 70 年开采，资源已经枯竭。从 1996 年开始，美国停止萤石开采。美国磷酸盐岩储量为 10 亿吨，氟含量平均占 3.5％，磷酸盐岩中含有氟资源量为 3500 万吨，相当于萤石资源量为 7200 万吨。

1.4.3 氟资源开采和消费情况

百年来，世界萤石产量呈现波折上升态势，1917 年世界萤石产量只有

27.9 万吨，1943 年增加到 104 万吨，1980 年达到 501 万吨，1994 年降至 375 万吨，近十多年世界萤石产量稳步上升，2007 年达到 569 万吨。

美国自 1997 年起停止萤石开采，在 1900～1996 年间萤石累计产量 1400 多万吨，1944 年产量达到历史最高水平，为 37.5 万吨。1900～2007 年美国萤石累计消费量 5100 多万吨，累计进口 3700 多万吨。近 5 年美国萤石年进口量 55 万～62 万吨，氢氟酸年进口量 15 万吨左右。美国萤石消费量中，85％用于生产氢氟酸，15％用于钢铁冶炼、原铝生产、焊条、玻璃加工和水泥生产等。美国氢氟酸消费量的 55％用于生产各种氟碳化合物和氟聚合物，在美国的阿科玛、杜邦、大湖、Honeywell、INEOS 等美国氟化学公司、苏威和 MDA 制造有限公司是世界氟化工领先企业，他们研究开发生产各种氟碳化合物和氟聚合物。

英国、法国、意大利等国曾是最早的萤石开采国。英国萤石产量在 1975 年达历史最高水平，为 23.5 万吨，2007 年萤石开采和消费量分别为 4 万吨和 6 万吨多，99％是酸级萤石用于制取氢氟酸，INEOS 是英国酸级萤石的最大用户。法国是欧洲第二大萤石开发商，2001 年萤石产量达到历史最高水平，为 12.3 万吨。2006 年 6 月因资源枯竭停产。澳柯玛集团（Arkema）在关闭法国本土 Pierre-Benite 的氢氟酸工厂的同时，扩大其在中国常熟的 AHF 装置产能。意大利唯一的萤石开发商 Nuova Mineraria Sili-usSpA 因国内资源枯竭于 2006 年停止了萤石开采。厂址在意大利的 Solvay 公司下属工厂（原 Ausimont）是 AHF 的主要消费者。

墨西哥是萤石主要产地和用以制造氢氟酸的主要消耗地。更名为墨西哥化学公司的萤石开采商和氢氟酸生产商 Qulmica 公司，与萤石矿业公司 Gia 联合组成墨西哥化学集团。Qulmica 公司萤石工厂生产能力为 8.6 万吨/年，氢氟酸生产能力为 7.7 万吨/年。美国杜邦公司和 Honeywell 公司都在墨西哥参股拥有氢氟酸生产能力，苏威集团取得墨西哥氢氟酸生产商 Norfluor 公司所有权，氢氟酸生产能力为 3.1 万吨/年。

南非是世界上主要的萤石开采地之一，开发商 Sallies 有限公司经营 Witkop 萤石矿和 Buffafo 萤石矿，Sallies 已将 Witkop 矿萤石生产能力从原来的 8.3 万吨/年提升到 9.22 万吨/年。南非核能公司计划在 RichardS 湾建造生产能力为 3 万吨/年的氢氟酸厂，该氢氟酸厂每年消耗酸级萤石 7 万吨。

纳米比亚是非洲另一萤石主要生产地，开发商 Okorusu 公司是苏威集团的分公司，萤石产品生产能力为 13 万吨/年左右，萤石产品大部分出口到欧洲，公司生产的酸级萤石几乎全部船运到苏威公司在德国和意大利的氢氟酸厂。

同中国内蒙古自治区毗连的蒙古人民共和国已成为世界第 4 大萤石生产国。最大开发商是蒙古与俄罗斯合资的蒙古罗斯特维尔迈特（Mongol-ros-tvelmet），简称蒙罗斯（Monros），该公司萤石产量占蒙古国的 90％，公司经营 3 座萤石矿，其中两座为地下采矿，1 座为露天采矿。选矿厂处理能力为 50 万吨/年，氟化钙含量小于 55%，大部分出口到俄罗斯再进一步加工。

中国于 1917 年开始开采萤石，1950 年萤石产量只有 0.87 万吨，1980 年产量增加到 104 万吨，由于萤石大量出口和国内 AHF、氟制冷剂产能等快速上升，1995 年产量激增到历史最高的 674 万吨，近几年萤石年产量 300 多万吨。1985～2008 年中国萤石产量累计 7000 多万吨。中国萤石开采分布广，小矿多，在浙江、江西、湖南和内蒙古等 20 多个省自治区有 600 多个萤石矿，90%多是采矿能力在 3 万吨以下的的小矿。20 世纪 90 年代以前，中国萤石主要用于冶金工业作为助熔剂，因此将萤石分类为冶金辅助原料，近十多年来中国氟化学工业快速发展，萤石用于制取氢氟酸的比例逐渐增加，目前氟化学工业消耗萤石约占 43%，钢铁冶炼和建材消耗占 57%。1985～2008 年中国萤石出口量累计达 2400 多万吨，1989～2002 年萤石年出口量保持在 100 万吨以上，1993 年达到历史最高的 138 万吨，近年来国家对萤石出口开始实施出口配额招标制，萤石出口量下降，2007 年起出口萤石量下降到 50 多万吨。在萤石出口明显下降的同时，在中国生产的无水氢氟酸出口逐年增加，从 2001 出口量 1.7 万吨上升到 2008 年的 13.4 万吨。据 2009～2010 年中国氢氟酸行业研究报告提供的统计，截至 2009 年底，中国规模以上氢氟酸生产企业（含国外投资企业的产能）已有 60 多家，总产能约 122 万吨，2009 年中国无水氢氟酸实际产量约 60 万吨左右。足见萤石和无水氢氟酸消费量之大。

总之，近 30 年来伴随着世界氟化工技术的不断进步和产能的扩大，氟化学工业对氢氟酸需求持续增加，对酸级萤石需求量增加。氟化工产品是高新技术产业所必需的基础材料，氟化学工业在现代化建设中是具有重要战略地位的基础产业，氢氟酸是作为氟化学工业的关键基础原料之一，其原料萤石能否持久满足需要关系到国家现代化建设能否实现可持续发展。

1.4.4 问题和对策

问题之一：如不改变萤石的过度开采，过量出口（含氢氟酸），中国萤石储量不能保证国民经济可持续发展之需要，氟烷烃类产品、氟聚合物和精细化学品的发展就会因原料短缺而受阻。中国萤石储量静态可采年限不足 8 年；世界萤石储量静态可采年限是 41 年，中国萤石的储采比只有世界的 1/5。

问题之二：没有进行科学的全国萤石资源开发与氟化工协同发展的长远规划。全国萤石和氢氟酸产能已经因宏观失控和无序扩张而过剩，拥有萤石资源的地方从眼前局部利益出发，鼓励企业新建萤石矿和氢氟酸生产厂，向国外低价提供廉价原料，削弱了我国氟化工骨干企业的竞争力。

问题之三：执行萤石出口配额招标制并没有实际减少萤石出口量，而是进口商在国内投资将萤石转变为氢氟酸出口，氢氟酸产能扩大和产品出口不受控制，近年来，年出口 AHF 都在 10 万吨以上。

对策：

① 应采取的措施之一是尽快实现削减和完全停止出口萤石和氢氟酸；

② 对新建萤石开采和氢氟酸生产以及相关 HCFC-22 和甲烷氯化物产能的无序增长实施宏观调控，鼓励氟资源开发与下游产品如氟聚合物等发展配套进行；

③ 鼓励开发新渠道氟资源，如从磷矿副产的氟硅酸生产无水氢氟酸。

1.5 国内外氟树脂发展现状

国外氟树脂的发展最早是从美国开始，随后是欧洲、日本、前苏联等，氟树脂的发展主要是在二战结束后，至今有近 70 年了。经过不断技术创新和提高，不断推出新产品和新加工技术进而推动应用发展、产能规模的不断扩大，加上在激烈的竞争机制推动下的资产重组和兼并。有的早期活跃的公司如今已经退出，有的则成了品种齐全、规模庞大、技术长期领先、不断涌现创新产品和技术的跨国公司如美国 DuPont，日本的大金等，另外也涌现了一些在竞争中拥有自己鲜明技术特色和独特产品的优秀企业，如日本的旭硝子、欧洲的 Solvay，美国的 Dyneon 等，他们研发和生产基地遍布北美、欧洲、东亚等经济发达地区。近年来，他们都已进入或计划进入中国投资建立独资和合资的氟树脂企业，其中包括氟树脂生产企业和以初加工、二次加工为主的氟树脂（含氟橡胶）加工型企业。

国内的发展主要出现在 20 世纪 80 年代之后，尤其是 20 世纪 90 年代后期起进入了高速增长阶段。由于氟树脂及单体生产技术比较敏感，除浙江巨化以合资企业形式从俄罗斯得到 TFE 和 PTFE 生产技术外，其余都是国内自己开发的技术。产品同质化比较突出，其中不少企业都是沿着先后发展 AHF、CFCs 和 HCFC-22 再进入 TFE 和 PTFE 的轨迹成长的。尽管国内氟树脂总体产能已达到约 10 万吨/年以上，但是技术含量较高的可熔融加工氟树脂和氟树脂中的高端产品所占比重同国外相比仍低得多。经过竞争和发展，已形成了以上海三爱富、山东东岳、浙江巨化、四川中化晨光、江苏梅兰等为代表的若干大生产企业，目前正向着提升产品质量，发展更多可熔融加工氟树脂和高端产品的方向努力。同时也出现了一批以专门生产 FEP、PVDF 或氟橡胶等为特色的中小型民营企业，还有一些民营的小企业则以专门生产同氟聚合物配套的中间体和化学品，如 HFPO，HFA，双酚-AF，全氟辛酸等，他们在行业中也发挥了重要作用。

1.5.1 主要生产商、产能、装置规模及分布

世界主要氟聚合物（不含氟橡胶）产品制造商、产能（t/a）及分布情况如下。

(1) 聚四氟乙烯（PTFE）

美国杜邦（合计）		36000t/a
工厂分布	中国常熟	4500t/a
	荷兰 Dordecht	9000t/a
	西弗吉尼亚 Parkersburg	16000t/a
	日本静冈县清水	6500t/a
日本大金（合计）		22100t/a
工厂分布	中国常熟，海虞镇	3500t/a
	新建装置	3500t/a
	美国阿拉巴马州 Decatur	4100t/a
	日本茨城县鹿岛	9000t/a
	日本大阪摄津	2000t/a
日本旭硝子（合计）		7000t/a
工厂分布	英国 Blackpool	3000t/a
	日本千叶县 Ichihara	4000t/a
Dyneon（3M 公司独资）		
工厂分布	德国 Gendorf	15800t/a
Solvay Solexis（合计）		8000t/a
工厂分布	美国德克萨斯 Orange	1500t/a
	意大利 Spinetta-Marengo	6500t/a
美欧日 PTFE 产能（含在中国子公司）合计		88900t/a
（未包括俄罗斯，东欧，印度等）		
俄罗斯		13500t/a

两个生产基地：最大的生产地在俄罗斯 Kirov 大区的
Kirovo-Chpeck，企业名 HaloPolymer JSC

印度（合计）	6500t/a
Gujarat Fluorochemicals	6000t/a
（商标　INFLON）	
Hindustan Fluorocarbons	500t/a
（商标　Hiflon）	
东欧（合计）	3000t/a
波兰	1000t/a

Zaklady-Azotowe w Tarnowie S. A. Tarnow

罗马尼亚	2000t/a

S. C. Viromet S. A. , Jud, Blasov

中国（合计）	77300t/a
辽宁阜新，阜新恒通氟化学公司	2000t/a
江苏泰州，江苏梅兰化工集团有限公司	7000t/a
梅兰新建装置	4000t/a
山东济南，济南三爱富氟化工公司	3600t/a
山东淄博，山东东岳集团公司	25000t/a
东岳新建装置	8000t/a
上海市，上海三爱富新材料股份有限公司	8500t/a
浙江衢州，浙江巨圣氟化学有限公司	7200t/a
四川富顺，中昊晨光化工研究院二厂	12000t/a
中国境内外资企业	
江苏常熟　杜邦（常熟）氟科技有限公司	3500t/a
（由上海三爱富常熟分厂供应 TFE）	
江苏常熟，苏尔维特殊聚合物有限公司	2000t/a
（不生产初始 PTFE 聚合物，专门从事	
PTFE 初始树脂的粉碎加工）	
江苏常熟，大金（中国）氟化学有限公司	3500t/a
新建装置	3500t/a

（以上已计入母公司产能，不再重复统计。

但是，这些企业的原材料如 F22 等都在中国市场采购）

从已能够统计的全球 PTFE 生产能力看已达到 186200t/a，接近 20 万吨/年。在中国的产能（包括外国投资企业）达到 87800t/a，占全球能力的 47.2%，2008～2009 年间受国际金融危机影响，开工严重不足，2010 下半年起进入新的增长。对出口依赖度较高，年出口 PTFE 树脂，占年产量 30%～35%。

(2) FEP（聚全氟乙丙烯）

大金	10000t/a
美国阿拉巴马，Decatur	4500t/a
日本茨城县，鹿岛	5500t/a
杜邦	15600t/a
荷兰，Dorecht	3000t/a
美国，西弗吉尼亚，Parkersburg	10000t/a
日本静冈县　清水	2600t/a
Dyneon	
德国 Gendorf	5000t/a
美欧日 FEP 产能合计	30600t/a
中国	
上海市，上海三爱富新材料股份有限公司	1200t/a
浙江衢州，浙江巨化股份有限公司氟聚厂	1800t/a
山东淄博，山东东岳集团公司神州	

新材料有限公司	1600t/a
浙江金华，浙江新腾化工有限公司	600t/a
山东济南，济南三爱富氟化工公司	120t/a
合计	5320t/a

（中国 FEP 产能还在继续增加）

全球合计（未计入俄罗斯产能）	35920（中国只占 14.8%）

（3）聚偏氟乙烯（PVDF）

Arkema（合计）	19600t/a
其中，美国肯塔基州，Calvert City	8400t/a
法国 Pierre-Benite	6700t/a
中国江苏常熟	4500t/a
Dyneon	
美国阿拉巴马州，Decatur	2300t/a
Solvay，Solexis（合计）	12700t/a
其中，美国新泽西州，Thorofare	7700t/a
法国 Tavaux	5000t/a
大金	
日本大阪府，Settsu	500t/a
吴羽	
日本福岛县，Iwaki（岩城）	2500t/a
美欧日 PVDF 合计	37600t/a
中国（合计）	5500t/a
上海，三爱富新材料股份有限公司控股	
内蒙古丰镇，内蒙古三爱	
富万豪氟化工有限公司	5000t/a
山东东岳	300t/a
四川中昊晨光二厂	200t/a
浙江杭州，中化集团蓝天	不详
全球 PVDF 产能合计	43100（中国占 12.8%）

（4）ETFE（乙烯和四氟乙烯共聚树脂）

日本旭硝子（合计）	5000t/a
日本千叶县，Ichihara（市原）	3000t/a
日本茨城县　鹿岛	2000t/a
日本大金（合计）	3700t/a
美国阿拉巴马，Decatur	700t/a
日本大阪府　摄津	3000t/a
美国杜邦	
美国西弗吉尼亚，Parkersburg	1800t/a
ETFE 全球产能为	10500t/a

近年由于在建筑材料（薄膜）和航空线缆绝缘材料方面的应用需求上升较快，受关注度大大提高。中国国内正处于开发阶段，已形成几百吨/年规

模产能。

(5) PFA（可熔性聚四氟乙烯）

日本旭硝子	
日本千叶县，Ichihara（市原）	500t/a
日本大金	
日本大阪府摄津市	2500t/a
美国杜邦（合计）	5100t/a
美国西弗吉尼亚，Parkersburg	2500t/a
日本静冈县清水	2600t/a
Dyneon（泰良）	
德国 Gendorf	200t/a
Solvay Solexis	
意大利，Spinetta-Marengo	1000t/a
全球 PFA 产能合计	9300t/a

全球产能中未包括俄、中等国家（尚无商业规模生产）。总量中，DuPont 占 54.8%，从地域看，在日本的产能占 60.2%，同主要应用于半导体工业有关（包含晶片清洗设备、高纯度电子化学品的生产装置，管道，阀门，包装容器等）。

以上 FEP、PVDF、ETFE、PFA，都是目前中国国内正在积极开发的品种。国外（不含俄罗斯）已形成产能总计 88000t/a。西方发达国家和日本氟树脂总产能为 176900t/a。可熔融加工氟树脂 4 个主要品种总能力约占 50%，中国已能商业化生产的可熔融加工氟树脂仅 FEP 和 PVDF，可熔融加工氟树脂总产能在氟树脂总产能中的占有率仅 12.3%。单从氟树脂产能的品种构成看，中国同西方发达国家在这一领域彰显的技术和加工应用方面的差距是明显的。

1.5.2 技术发展现状

1.5.2.1 单体制造技术

氟树脂的发展，同用于聚合的各种不同单体的成功开发和合成技术水平的提高和完善是密不可分的。

就重要性而言，TFE 最重要，不仅是制造 PTFE，FEP，PFA，VDF-HFP-TFE 三元共聚氟橡胶、全氟醚橡胶，无定形氟树脂、全氟磺酸离子交换树脂、全氟羧酸离子交换树脂等一系列氟聚合物的单体或共聚单体之一，也是 HFP 及后续的 HFPO、HFA、PPVE、PMVE、PSVE、PMEVE 等主要原料，还是用于制造多种氟制冷剂如 HFC-125 等的原料。TFE 的制造技术理所当然受到高度重视。目前 TFE 的生产技术已经基本完善，单套装置的经济规模一般为 3000～5000t/a，已经出现了单套装置生产能力 10000t/a

或以上的装置，或者是两套 5000t/a 反应装置共用一套精馏提纯系统。从技术层面看，主要有空管热裂解和过热水蒸气稀释裂解两种生产方法，国内基本上全部采用水蒸气裂解，国外还有在同一套装置上同时生产 TFE 和 HFP 的例子，但这只是个别情况。TFE 生产技术水平的主要衡量标准是产品 TFE 的纯度，特别是包含氧含量在内的有害杂质含量的控制；单位质量 TFE 消耗主要原料 HCFC-22 的质量和能源消耗量；生产的安全性和持续稳定性等。先进水平装置生产的 TFE 纯度以高灵敏度色谱仪测定可达到 99.9999% 或更高，多种含氟烯烃或烷烃杂质的总含量在几十 ppm（mg/kg）以下，氧的含量不超过 3mg/kg，甚至更低。由于 TFE 生产中易发生爆炸和分离系统中 TFE 自聚堵塞这两个关键问题曾长期困扰正常生产，各国主要生产企业在预防发生爆炸和自聚方面做了大量技术改进。这方面，国外企业明显优于国内企业。最容易发生自聚的精馏塔可以连续平稳运行 2～3 年以上，总体上，发生爆炸事故的频率大大下降。技术进步还体现在对 TFE 生产装置排放尾气中有效成分的回收和对回收系统中未转化 HCFC-22 的提纯，成功采用了膜分离技术、溶剂选择性吸收技术等。由于这些进步，最先进的生产装置可使 HCFC-22 单位消耗量减低到 1.85 左右的水平，回收 HCFC-22 纯度可达到 98% 以上。TFE 生产中对微量杂质的检测也取得了长足进展，由于同时定量检测所有杂质实际上不可能，发展了针对特别敏感杂质如三氟乙烯（TrFE）的专门定量测试方法。生产装备得到了很大进步，如出现了专用的 TFE 裂解气压缩机，采用了 DCS 控制系统和部分在线测试仪器如在线氧含量测试仪等。由于前面所说原因，TFE 纯度的在线指示目前还不能实行。

　　HFP 的生产方法基本上都是采用 TFE 在空管反应器中热裂解，曾经困扰 HFP 生产的问题主要为用于进行高温下 TFE 裂解反应的金属管极易因原料构成和温度分布不合理等原因造成自聚、结炭而堵塞甚至烧坏，反应管正常使用寿命最低时只能达到 3 个多月，单套裂解反应器生产能力难以突破 100t/年。HFP 纯度一般只能维持在 99.5%，很少有高于 99.9% 的情况，回收 c-318 纯度不高，含有较高浓度剧毒副产物 PFIB 的高沸点残液相对量较多，且不易处理。技术进步主要围绕着反应技术的突破，采用 c-318 同 TFE 混合后共裂解，用分段控制法设计精细控制反应管外加热，设计改善反应器纵向温度分布，避免出现局部温度失控和过热，采用甲醇吸收反应气中 PFIB 等。已经达到的技术水平使裂解管寿命超过一年或更长，甚至反应器中不出现结炭。单套装置的产能已达 2000～5000t/a，HFP 的纯度达到 99.99% 以上，回收 c-318 纯度达 99.9%。每吨 HFP 消耗的 TFE 量降低到 1.25～1.30t。国外还有低至 1.20t 以下的例子。由于 PFIB 被列入联合国国际禁止化学武器公约被禁止、限制生产、销售和使用的附表 AⅡ类化合物，而 PFIB 又是同 HFP 生产密不可分的，除了缔约国每年要宣布 PFIB 的生产和销毁数量外，国际禁止化学武器公约组织（OPCW）要派出视察组每 7 年对 HFP 生产装置实施 2～3 次现场视察。视察最主要的目的是核查实际 PFIB 产生量同宣布数量是否一致，实际生产量同销毁量是否一致，以确定 PFIB 没有用于其他目的。PFIB 的在线连续销毁很好地解决了 HFP 生产中的这一麻烦。

VDF 的重要性主要决定于 PVDF 和 FKM 的生产规模，VDF 生产技术和产能规模是随着 PVDF 和 FKM 的发展而发展的。曾经使用 HFC-152a 为原料经光氯化后直接裂解的方法证明总收率低，三废多，尤其是含氯高沸物多，这种工艺随着 HCFC-142b 大量生产而停止使用。现在，VDF 生产都用纯的 HCFC-142b 为原料，在高温下一步裂解脱出 HCl，得到 VDF。VDF 生产技术的进步主要是发展适合于放大到千吨级以上规模时的加热方式，在套管式电加热的基础上发展了用烟道气加热熔盐，HCFC-142b 在熔盐炉中裂解，好处是温度稳定，可以消除局部过热点，完全消除结炭。也有用过热水蒸气稀释 HCFC-142b 进行裂解反应的。VDF 生产技术已趋于成熟。单套装置经济生产规模为 1000～5000t/a。

CTFE 的传统生产方法是将 1,1,2-三氟,1,2,2-三氯乙烷在溶剂中以锌粉脱氯，此法虽已长期使用，但是，脱氯生成的氯化锌成为废渣，规模大了，就成为麻烦。近年来，发展了一种用 H_2 在催化剂存在下进行气相法脱氯的工艺，同时可联产有用的新单体 TrEF。

HFPO 和带氟烷基乙烯基醚的系列单体等近年来发展很快，它们的合成技术将在本书后面章节中阐述。

1.5.2.2 聚合和后处理技术

聚合和后处理技术的发展，是同新产品开发、新的聚合方式、新的引发体系、新的配方和装备的进展密切相关的。最大的特点是专用化。

(1) 新的聚合方式 除了沿用多年的以水为介质的悬浮法聚合、乳液聚合外，出现了超临界 CO_2 为介质的聚合，首先成功的是 PTFE 的聚合。在其他产品上的应用如 PFA、PVDF 等也有报道。最大的好处是可以得到高清洁度的产品，这些产品可在电子、用于人体的医用材料及脏器替代物等领域得到应用。系统三废大大减少，但是 CO_2 的回收和循环使用等还需提高和完善。传统的溶液聚合在部分氟树脂产品中也得到应用。螺杆挤出式聚合则用到氟硅橡胶的本体聚合等。

接枝和嵌段聚合技术在氟树脂上也有应用。20 世纪末就有报道，日本某公司用嵌段聚合方式研制成功软质氟树脂，硬段是塑料段，软段是橡胶段。接枝聚合主要应用在研发含氟功能高分子。

另一重要技术进步是在聚合体系中引入少量改性单体，依靠对加入时间和加入量的精确控制实现了聚合物颗粒核改性还是壳改性的选择，使核和壳不同部位物料具有差异化的性能（包括软硬性能等），以适应不同的加工应用要求。

(2) 新的引发体系 氟树脂聚合时的引发体系主要根据确定的聚合温度来选定，如过硫酸盐用于较高温度进行 PTFE 或 FEP 的聚合。在温度较低情况下，常选定无机氧化还原体系和碳氢有机过氧化物如 IPP（过氧化二异丙基二碳酸酯），过氧化丁二酸酯等，还有少数用 AIBN（偶氮二异丁腈）的。有机过氧化物如 IPP，分解温度低，不易保存，更不适合长途运输，需要在使用地就地自己合成，并溶解在如 CFC-113 一类溶剂中在低温下保存，使用 IPP 常常要在较低温度下聚合，以控制其分解率。IPP 的使用不是很普遍。近年来，发展了全氟代有机过氧化物引发体系，这类引发剂没有市售，必须自己合成。在 FEP 和 PVDF 聚合过程中采用含氟有机过氧化物引发剂已有实例和报道。

(3) 新的配方 聚合配方各生产厂家都有自己特色，而且属于敏感的机密。除了前节提到的引发剂有所发展外，在过去很多年一直沿用至今的分散剂（主要用于乳液聚合）全氟辛酸铵（APFO）由于被发现对试验动物有明显的致癌可能性，在美、欧等国现在已被确定为限期停止生产和使用，2005年美国环保局牵头由 8 家大企业参与制订的伙伴计划已明确要求在 2015 年前实现此目标。研究和发展 APFO 替代物并用于聚合过程，在多个品种氟聚合物产品的开发上已取得实质性进展。

(4) 新的聚合后处理装备 新装备主要是指釜式聚合反应器的改进，这对于提高生产能力、提高产品质量、改善传热性能、降低聚合过程中的爆炸危险有明显的效果。对于立式釜，单台反应釜最大容积已经达到 $6\sim8m^3$，采用高的长径比（可提高单位容积反应器的间壁传热面积），底部中心位置装下搅拌，采用强度高、热导率高同时又兼顾内表面具有足够耐腐蚀性（主要是酸性，且介质中含有氟离子）的特种复合钢材制作釜本体，尽可能降低釜壁厚度。这种聚合釜的使用对近几年中国国内 PTFE 产能的大增长作出了很大贡献。

后处理装备如凝聚桶、洗涤设备、干燥设备等都实现了高效、大容量、半连续化和部分密闭化等，对提高产能和产品质量起了有效的保障作用。

1.5.3 主要应用领域及消费量

氟树脂主要应用领域 不同品种和品级的氟树脂在不同国家有不同的重点应用领域；美国既是氟树脂的生产大国，又是氟树脂应用最多的地方，本书将作重点介绍。

(1) 悬浮 PTFE 应用领域

① 机械工业 主要用于密封件、活塞环、轴承和汽缸管子零件等，基本都是用 PTFE 先加工成圆柱、不同厚度的板材和管材，经二次机械加工

或直接模塑而成，其中密封件最多，在汽车工业中用于散热器、传动系统和空调系统。用 PTFE 配制的填充 PTFE 大部分用于机械工业，至少有 75％用于制造轴承、密封、轴承表面和活塞环，其中又有一半用于汽车工业，其余用于压缩机等。另外的 25％用于机器轴承及高层建筑和桥梁的轴承垫。填充 PTFE 的应用增长同车辆引擎盖下的部分零件需要耐更高温度和耐化学品特性有关。

② 化学工业　悬浮 PTFE 树脂在化学工业方面应用在流体处理和输送有关设备及管道配套的阀门和泵的衬里、浸入管件、大型管道的膨胀补偿段、喷嘴和阀座零件等，以及硬填料、实验室设备及气密性密封垫圈等。它们大都是用预烧结 PTFE 经柱塞挤出得到一次加工成型品再经二次机械加工制成的。有些反应器衬里和实验室用品是采用液压等压模塑成型方法加工的。PTFE 模压成型的钢锭状坯料经车削制成的板材常用于大件化工设备的衬里等。

③ 电子电气领域　悬浮 PTFE 在电气方面的应用主要用来制造电缆连接件、断路器和支座绝缘子。不加填充料的悬浮 PTFE 树脂也用于制造同轴电缆芯线、带状电缆和车削制成的（绕包用）电绝缘带等。车削带（膜）常用于绕包电缆、在表面涂上添加剂或压敏胶后还可用作压敏带。有一些悬浮 PTFE 用于印刷线路板。

(2) 分散 PTFE 树脂应用领域　美国分散 PTFE 树脂主要应用领域及市场消耗比例见表 1-1。

■表1-1　美国消耗分散 PTFE 的产业领域和比例

产业领域	消耗量比例/%	产业领域	消耗量比例/%
纺织品复合	30	管子（非汽车）	15
汽车	28	其他	11
电气：电线电缆（非汽车）	16		

从 2008～2013 年，预测的分散 PTFE 树脂消费量年均增长率为 2％。

① 纺织品复合材料领域　利用 PTFE 分散树脂的可形成微纤化特性，经高温下双向拉伸将其制成微纤薄膜，也称双向拉伸膜或膨体（expanded）PTFE 膜，这种薄膜同尼龙（聚酰胺）或涤纶（聚酯）纺织品黏合在一起就制成具有防雨、不透风、同时又能让人体的汗气透出的复合纺织品。这种织物特别适合制成在室外穿着的上衣、外套和裤子，尤其是用于滑雪、划船、登山、狩猎、野外步行和自行车运动等的服装。还可制作防水、透气的靴、袜、手套等。适用于制作野外活动的军用服装、帐篷、防化兵专用外套、外科手术用罩衣罩袍以及野外工作人员劳动保护服、航天服和高清洁室内的工作服等。

② 汽车领域　由于 PTFE 具有低的摩擦系数，耐化学品性能和耐温度

性能，在汽车制造业被用来制作风门、传动系统、离合器和刹车的线缆。在汽车工业的应用还包括制作装载液体的槽罐车用挠性导管等。

③ 非汽车用线缆和管子　大量分散 PTFE 树脂用于以 PTFE 为绝缘体的线缆。其中包括 PTFE 经糊状直接挤出成线和加工成的薄膜制成绕包线等。这类线缆有广泛的应用，包括飞机和舰船、同轴电缆、架空线路、远程通信和计算机线缆等。

④ 管子方面的应用　用于包覆裸线作为电绝缘材料的 PTFE 空心毛细管；主要用于化学工业输送流体的增强挠性软管的衬里，换热器管子，还有其他工业野外装备上用的软管等；医用导管，如导尿管和外科手术中的血管接枝（俗称搭桥，即建立旁路），使用的绝对量可能很小，但意义很大。

⑤ 其他　其他应用如流体处理设备中代替石棉作密封材料，或用作泵的密封填料。用于螺纹口密封的未烧结 PTFE 带（俗称生料带），管道和管件的衬里，具有生物相容性的应用有人工合成膝关节韧带、静脉血管和下颌的植入等。

(3) PTFE 浓缩水分散液的应用领域　PTFE 水分散液俗称 PTFE 浓缩乳液，主要应用领域有：配制成涂料用于食品炊具等喷涂成不粘涂层；玻璃纤维浸渍（制成玻璃布复合材料）；以及生产自润滑机械零件等。

PTFE 浓缩乳液各种主要应用消费比例见表 1-2。

■表1-2　美国不同行业 PTFE 水分散液消费量比例

消费行业	消耗量比例/%	消费行业	消耗量比例/%
玻璃纤维涂层和微纤	40	纤维（湿法纺丝）	15
民用消费品和工业品喷涂	15	浸渍件和其他	30

① 玻璃纤维布浸涂和微纤　浸涂 PTFE 的玻璃纤维布主要用于高大建筑，如体育场馆的圆形大顶盖。大量浸涂 PTFE 的玻璃布用来制作燃煤火力发电站减低空气污染的过滤袋、阀门和泵填料、印刷线路板等。美国戈尔公司推出的商标为 Tenara 的新的 PTFE 微纤建筑用材料，是 100％的膨体PTFE，透光性更高，可在室外使用的时间更长，适用于室外凉篷、体育场馆、露天剧场和商用或工业用建筑的顶盖。

② 消费品和工业品涂料　消费品 PTFE 涂层主要是食品炊具不粘涂层。一到三层 PTFE 涂层可用静电喷涂方法，另有一层或更多层可能含有高含量的 PPS（聚苯硫醚）或聚酰胺酰亚胺（Polyamideimide）树脂，其作用是用作底漆，增加同炊具底板金属基材的黏结力。消费品涂层所用 PTFE 涂料有 75％是用于家用炊具，也用于喷（水蒸）气电熨斗底板表面等。工业用涂层占 PTFE 涂料总量的 15％，主要用于传送带、卸物槽和辊筒表面。这些应用提供了高温脱模、防黏的功能，适用于食品加工，纺织品，橡胶，塑料包装后的热封口、蒸煮和干燥等。

用于 PTFE 涂料的 PTFE 水分散液在美国通常是以配方后的涂料形态销售的。美国杜邦公司曾以 Silverstone® 和 Teflon® 两个商标销售其用于食品炊具的 PTFE 涂料，后者在中国市场以特富龙®为商标译名。2005 年前后在中国发生了"特富龙不粘锅有毒"事件：由于美国媒体报道了生产分散 PTFE 和 PTFE 水分散液时所用乳化剂 APFO（全氟辛酸铵）对试验动物会引起致癌性病变，推断对人体可能也有害，结果导致了一场全国几乎所有媒体围剿使用 PTFE 不粘涂层的不粘锅的风波。这实在是一种误解或不明真相引起的跟风误导（详见本书第 3 章）。

③ 纤维（湿法纺丝） PTFE 水分散液用于纺丝，由于其本身可纺性差，通常要在 PTFE 乳液中加入可纺性好的其他材料如黏胶纤维的浆料，经喷丝孔喷出的丝经冷却、烧结（既是 PTFE 熟化，又是把黏胶纤维烧去）、拉伸定型后收卷。PTFE 丝的另一种抽丝法是先将 PTFE 成膜，再经切割成丝，称为切割丝（在本书加工章节中另行讨论）。此处介绍的是湿纺丝，主要用作制造过滤材料，过滤袋等，这种过滤介质特别适合从带有强酸性的工业废气中除去细小颗粒。PTFE 丝的应用还包括泵的填充物、密封圈、轴承和其他涉及流体密封的场合。因为切断的 PTFE 丝的使用比 PTFE 粉料更容易，它们常被用在塑料配方混料过程，制造润滑性好的工程塑料（如聚缩醛）品级。

④ PTFE 浸渍件和其他 PTFE 水分散液常用于浸渍密封圈和密封材料，后者也可用于泵的填充密封。

还可用于浸渍吉他的弦。其他应用例子有干电池等。

(4) 其他氟树脂的应用领域 这里所涉及的其他氟树脂主要指各种可熔融加工氟树脂，包括 PVF 在内它们在美国的主要应用领域及各自所占份额见表 1-3。

■表 1-3　可熔融加工氟树脂在美国消费的主要行业及份额

可熔融加工氟树脂应用领域	在消费总量中份额/%
建筑物室内层间安装用线缆	40
建筑物外墙涂料	18
薄膜	16
其他用途线缆	15
化学工业和其他	11

由此表可见，线缆方面应用消费合计占了约 55%。用于建筑物室内层间安装用线缆首先是 FEP，其次是 PVDF，PTFE 在这方面应用很少，而 PVDF 用于线缆则多半是其同较少量改性单体如 5%～20%HFP 共聚的品级，PTFE 相对密度较小，在挤线时加入交联剂后进行辐照交联可以显著地提高其使用温度，因此 PTFE 线缆最适合用于航空航天工业领域。其他氟

树脂如 FEP、PVDF、PFA 等则相对较少用于航空线缆，它们可应用于热收缩管、计算机用导线和热示踪电缆等。PVF 和 CTFE-VDF 树脂几乎全部用于成膜，这类膜大部分用于包装或同其他基材复合成复合材料。PVF 和 PVDF 膜在光伏电池底板上用作保护层。PFA 大部分用于半导体工业中进行化学处理的设备，制作耐腐蚀零部件。涂料级 PVDF 在外墙涂层上应用增长很快，其具有很好的耐候性，缺点是不能现场涂刷，需预先涂刷在金属基材上并经烘烤。

① FEP 树脂的应用领域

a. 建筑物室内层间安装线缆　这一领域是 FEP 树脂在美国最主要的消费领域，消耗 FEP 量占总量的 75%。1992 年，美国电子工业协会下属的建筑物室内层间安装线缆组制定了规范，从此对 FEP 线缆的需求得到了大发展。这一领域所消耗 FEP 量达 95% 用于导线的主体绝缘，仅 5% 用于护套管。

b. 其他 FEP 线缆　用于航空和飞机制造，包括地面支持系统设备，1999～2000 年间，大量局域网（Local area networks，LAN）的建设引起了大规模重新布线。也用于计算机底板上的布线、通信方面用线、热电偶绝缘等。在中国，FEP 线缆还用于采油油井。

c. FEP 薄膜　FEP 薄膜是透明膜，可以被热封、热成形、真空成形和焊接成形。可以同金属基材一起制成复合材料，FEP 膜还可用于脱模。由于具有高的强度/质量比，FEP 薄膜用于商用和军用飞机的机壳、机翼外表面和发动机舱等部位。可观量的 FEP 薄膜用于同聚酰亚胺薄膜复合，用作飞机线缆绝缘。少量 FEP 薄膜也用于辊筒表面覆盖层、压敏带、太阳能收集器、取样袋等。美国每年实际消耗的 FEP 薄膜约 700 多吨。

d. 化工设备和其他　FEP 管用于半导体工业、环保水取样作业、汽车和医药工业、军工方面等。热收缩辊筒套用于造纸工业、化工、纺织、食品加工和包装业。化工方面应用主要有复杂形状管件、泵、管道的衬里、波纹管和阀门零配件。FEP 也可经挤出加工成单丝。FEP 乳液可用于同聚酰亚胺复合制成耐腐蚀性好、耐高温、电性能好的复合材料 HF 薄膜。

② PVDF 的应用领域　PVDF 虽然耐温等级比 FEP 低，但是它的机械强度高、硬度高，而且耐候性特佳，再加上 PVDF 的相对密度小于 FEP 等全氟碳树脂，实际使用成本费用要比 FEP 等低。PVDF 在美国的主要应用领域和各自所占份额见表 1-4。

■表 1-4　美国 PVDF 主要应用领域及份额表

PVDF 主要应用领域	占总消耗量的份额/%
建 筑 涂 料	56.5
工业用线缆	17.3
其他线缆	5.7
化工设备等和其他	20.5

a. 建筑涂料方面应用　通常，用于建筑涂料的 PVDF 是以同配合的颜料一起分散在溶剂中的形态出售的。对于实施粉体涂装的用户也以干粉状树脂销售。这种涂装好的钢材直接用于钢结构建筑的屋面、侧墙面等处。PVDF 涂料及后续的涂装制成品的价值所在是可以在恶劣天气条件下承受长期暴晒。在 PVDF 建筑涂料领域，约 2/3 用于卷材形态的钢材，其余 1/3 用于喷涂涂装。

主要生产商 Arkema 和 Solvay 并不供应配制的建筑涂料，而是将涂料级 PVDF 树脂如 Kynar500 或 Hylar5000 销售给专业的涂料配制公司，如 Akzo Nobel，PPG industries 等配制成建筑涂料。这类涂料担保有效期为 30 年。

b. 工业用线缆应用　实际上，这类线缆应用主要是作光纤、数字和电话电缆、工业专用电缆（铜芯线除外）的护套管。选择 PVDF 作护套管主要是因为它具有（同 FEP 等比较）相对低的成本、机械强度高、在发生意外火灾时耐烟雾和火焰性能较好等优势。

c. 其他线缆应用　由于 PVDF 在坚硬性、挠性、耐化学品、易加工、价格适中和较易配制成可导电性及可通过辐照具有热收缩性等多方面的优点，作为铜芯线和光纤电缆的护套管，均聚 PVDF 占这方面市场消耗的 60%，其余 40% 是改性的共聚树脂。

d. 化学工业中应用和其他　这方面主要用来制造化学和电子工业中的许多设备、管子和管件，耐化学腐蚀的泵（包含泵体和叶轮）和具有复杂形状的阀门等。如离子膜烧碱厂采用全塑的 PVDF 阀门于精制盐水和含 Cl 离子的循环淡盐水系统。PVDF 树脂还用于制造微孔膜和超滤膜，用于化学工业、半导体工业和制药工业和水处理等。PVDF 在造纸、纸浆、石化和核工业中都有应用。PVDF 可以在上述的设备、管、阀门、泵、换热器等作为耐腐蚀衬里材料。

其他应用中有在锂离子电池中用作电解质黏结剂。虽消耗量并不很大，但是由于锂离子电池作为新的清洁能源的应用前景极好，PVDF 的作用却很大。

③ ETFE 的应用领域　ETFE 在美国绝大部分是以粒料形态销售，用于电线电缆，通常是将 ETFE 线缆再经辐照交联，以提高其机械强度和耐温等级，这对用于飞机工业尤其重要。线缆应用占 ETFE 消耗总量的 64.5%，化学工业和其他的消耗量占 35.5%。

a. 电线电缆应用　ETFE 的最大消费是在线缆领域。主要用于航空、航天领域，其中包括军用飞机、火箭和航天飞行器布线的连接线。ETFE 线缆也用于汽车用线、计算机底板线路、公交车辆的照明和仪表线等，用于化学工业、核电站控制室地面模块。还应用于钻井平台上深井电缆，用来进行探油和生产时的数据传输。

b. 化学工业和其他领域 化工方面，主要用来制造储槽、泵、阀门和管道衬里，及其他挤出件和模压件，如塔器填料、阀座、消雾器、管件等。电子电气方面热收缩管、电线电缆结头的包覆及多种注射成型零件如线圈架、插座、连接插头盒、开关箱元件、绝缘体、锂电池外壳、接线柱等。汽车方面应用有用于直接接触油料的低渗透多层油管等。耐辐照性好的 ETFE 膜用于气候环境差的场合等。ETFE 膜在建筑方面的应用正显现其突出的发展前景。

④ PFA 的应用领域 PFA 性能同 PTFE 基本相同，而且可以融熔加工，又没有冷流的缺点。但生产成本高，售价高，所以其应用主要在半导体工业，少量用于化学工业和线缆。前者占市场需求总量的 $80\%\sim85\%$，后者占 $15\%\sim20\%$。

半导体行业采用 PFA 主要用于晶片（化学处理和清洗、干燥时）托架、管道、阀门、管件、过滤系统等。

PFA 性能优异，属于全氟树脂，比 PVDF 更能耐强碱、强酸，在制造或处理超纯和需耐腐蚀的材料时，它比不锈钢更合适。用 PFA 作线缆绝缘除价格贵外，性能比 PVDF、FEP、ETFE 更好。

⑤ 其他可熔融加工氟树脂的应用领域 这里只包括 PVF、THV 和无定形氟树脂 3 个品种的应用领域细分。这 3 个品种的共同点是性能独特、几乎是独家生产、用量相对较小，但是前景值得关注。

a. PVF 主要用于光伏产业 其余为脱模用膜、运输业、建筑业和其他，它们各自占消费总量的份额分别为 48%、24%、12%、4% 和 12%。

b. PVF 膜用于封装光伏装置（即太阳能电池） 因这些装置无论是商用或家用，都安装在暴晒于含强烈紫外线阳光下的屋顶上，PVF 能起长期保护作用。这一应用由于光伏技术的不断进步及人类对清洁能源的迫切需求而迅速增长。近年来，主要供应商 Dupont 公司已宣布 PVF 总产量翻番。

c. S 级（可剥离）PVF 薄膜可用于脱模 主要在印刷线路板制造中使用。PVF 膜用于生产复合材料，用在飞机内壁装饰，储物柜、厨房方台和透光窗的边框等。运输业和建筑业方面，主要是用 PVF 薄膜制造复合材料，其他应用还有用作农用薄膜，提供长的使用寿命。

d. THV 是相对较新的氟聚合物 主要用于挤出加工，也有吹塑。制品大都是特种挠性导管、线缆绝缘材料、保护性涂料、薄膜、医用器件和太阳能领域。无定形氟树脂是 1989 年推出的全氟可熔融加工透明氟树脂，主要用于光导纤维包覆和芯材、光刻用膜、透镜保护膜、防反射涂层，还有在医疗、军事、航天和工业等领域的各种微波、雷达、光学和光电设备的保护涂层。

除美国以外的世界其他地区如欧洲、日本等氟树脂主要消费领域因工业布局不同各有特点。

欧洲：PTFE、PVDF 和其他氟树脂的消耗比例如下：PTFE 占总消耗量的 65%；PVDF 占总消耗量的 23%；其他氟树脂占总消耗量的 12%。

（a）PTFE 中，悬浮 PTFE 占 52%，分散 PTFE 占 21%，PTFE 水分散液占 20%，其余 7% 为 PTFE 固体润滑粉。

（b）可熔融加工氟树脂用量以 PVDF 最多，PVDF、FEP、ETFE、PFA/MFA 四个主要品种的比例为 68.6%/15.7%/6.4%/9.7%，而且消耗 PVDF 的年增长率居首位。

（c）欧洲没有普遍执行建筑物内部安装楼板间安装线必须用 FEP 导线的规定，所以 FEP 消耗量明显低于 PVDF，这同美国有较大的差别。

日本：PTFE 和可熔融加工氟树脂的消耗比例如下：PTFE 占总消耗量的 51.1%；四种可熔融加工氟树脂占总消耗量的 39.9%；其余占总消耗量的 9%。

（a）PTFE 中，悬浮 PTFE 占 55.2%，分散 PTFE 占 28%，PTFE 水分散液占 13.5%。

（b）日本半导体工业发达，消耗同半导体工业相关的 PFA 最多，在 4 个可熔融加工氟树脂中占首位。PVDF，ETFE 紧随其后，同欧洲一样没有对使用 FEP 导线的强制性规定，所以 FEP 用量较少。

消耗 PFA、PVDF、ETFE、FEP 4 个主要品种的数量比例为 30.8%/30%/26%/15.4%。

中国：中国是世界上氟树脂生产大国和消费大国之一。但是中国氟树脂消耗的品种构成和品级构成同西方发达国家还存在明显差距，主要表现如下。

（a）中国消耗的氟树脂中 PTFE 占了绝大部分，份额比例为 83.3%，而绝对量同美国和西欧不相上下。但是消耗的 PTFE 中，悬浮 PTFE 占了 64.1%，主要用于加工板、棒、管、车削板和膜等，部分制成流动性好的造粒料或预烧结料用于柱塞挤出制成厚壁管等；分散 PTFE 占了 21.3%，大部分用于制造生料带等低级制品，少量用于糊状挤出加工成薄壁毛细管及膨体 PTFE 制品等。PTFE 水分散液占 14.6%，主要用于不粘涂料、玻璃纤维织物和石棉填料浸渍等，少量用于纺丝。制造高端制品所需 PTFE 树脂如用于加工电绝缘性能好的具有粗糙表面的细粒度悬浮 PTFE 树脂、用于制造航空液压用高压软管的高压缩比及高质量双向拉伸膜用的超高分子量分散 PTFE 树脂尚不能满足市场需要。

（b）中国每年消耗的氟树脂中，可熔融加工氟树脂所占比例很低，只占 22.7%，大大低于西方发达国家。这一方面是由于中国可熔融加工氟树脂起步晚，生产技术水平低，很多品种如 ETFE、PVF、PFA 等尚处在边开发边提高和推广应用，再过渡到产业化阶段，已经商品化生产的品种如 FEP、PVDF 等及它们的技术水平也有待提高。原因之二是可熔融加工氟树脂的加工能力及技术水平尚较落后，一些中外合资企业都还使用进口的氟树脂零配件制品。半导体工业、电子工业、航空工业等行业整体水平都还处于发展提高阶段，对氟树脂的需求还在孕育中。可熔融加工氟树脂的发展一定会同这些高端制造业的发展同步前进。

（c）中国近年来氟涂料发展很快，主要是高大建筑、跨海跨江大桥、风力发电设备等发展迅速，对氟涂料提出了高的需求量，同时可室温固化的耐气候老化性好的氟涂料制造技术有了很大长进，形成了多家企业实现年产千吨以上产能的配套能力。2009 年以 CTFE 为原料的 PEVE 年需求量达到 3800t（未统计在氟树脂消耗总量内），PVDF 涂料需求量达到 3000t（已计入 PVDF 总量）。

全球消耗各类氟树脂的总量见表 1-5。

■表1-5 全球消耗各类氟树脂的总量汇总

氟树脂品种/品级		年消费量/(t/a)	
PTFE	PTFE（悬浮）	47533	103339
	PTFE（分散）	25830	
	PTFE 水分散液	17375	
可熔融氟树脂	FEP	17800	61400
	PVDF	28000	
	ETFE	6200	
	PFA/MFA	5700	
	PVF	2900	
	THV	800	

注：1. FEVE，PCTFE，E-CTFE 等未统计在内。
2. 统计数字均从各国（地区）消费数得出，不包括进出口以避免重复计算。

第 2 章　氟树脂用主要单体

2.1 氟树脂用主要单体及生产方法

2.1.1 四氟乙烯

2.1.1.1 四氟乙烯制法简介

四氟乙烯（TFE）是最基础、用途最广的含氟高分子材料单体，也是很多其他单体、中间体和精细化学品的原料。因此，TFE 是研究最多、技术最成熟和生产能力最大的一种单体。除用于生产 PTFE 外，还用于生产 FEP、ETFE、PFA、透明氟树脂、全氟离子交换树脂、全氟醚橡胶、耐低温氟橡胶、VDF/TFE/HFP 三元共聚氟橡胶、TP 氟橡胶等氟聚合物，用于生产 TFE 的碘聚合物 R_fI 及其下游的氟烷基丙烯酸酯聚合物，大量用作织物处理剂。还是用于生产 HFP、HFC-125 等重要的单体和氟制冷剂替代品。能否生产 TFE，以及 TFE 生产的技术水平和产能规模理所当然被视作衡量一个国家氟化学工业水平乃至现代化程度的指标之一。TFE 的重要性可从附录 3 所列产品树图示所见。

文献报道的生产方法很多，但是真正具有商业价值、能够用于工业上大规模生产的方法只是 HCFC-22（二氟一氯甲烷）在高温下热分解。HCFC-22 作为原料易得、价廉，适合大规模生产，HCFC-22 热分解的反应易放大，已为业界所普遍接受。

文献报道的方法有如下几种。

（1）CF_4 在电弧炉的高温下分解生成 $CF_2\!=\!CF_2$　裂解后的粗产物进行溴化，得到的溴化物提纯后再用 Zn 粉脱溴，可以得到纯度较高的 $CF_2\!=\!CF_2$。

（2）1,1,2,2-四氟二氯乙烷脱 HCl 或用锌粉脱氯

$$CF_2ClCF_2Cl + H_2 \xrightarrow{\text{催化剂，}350\sim400℃} CF_2\!=\!CF_2 + 2HCl \tag{2-1}$$

$$CF_2ClCF_2Cl + Zn \xrightarrow{70\sim100℃} CF_2\!=\!CF_2 + ZnCl_2 \tag{2-2}$$

(3) 1,1,2,2-四氟-1-氯乙烷用碱脱 HCl

$$CF_2ClCF_2H + NaOH \xrightarrow{C_2H_5OH;90℃} CF_2{=}CF_2 + NaCl + H_2O \tag{2-3}$$

(4) 氟仿高温裂解

$$2CF_3H \xrightarrow{800\sim1200℃} CF_2{=}CF_2 + 2HF \tag{2-4}$$

早年国外某公司曾以此法生产 TFE，后来因没有竞争优势，停止 TFE 生产。

(5) HCFC-22 高温裂解

$$CF_2HCl \xrightarrow{750℃} CF_2{=}CF_2 + 副产物 + HCl \tag{2-5}$$

(6) 聚四氟乙烯粉在真空下热分解 此法适合于实验室使用 TFE 少量的情况，要达到高纯度时，提纯较困难。实施此方法时需十分注意，保持真空，隔绝空气，温度是控制分解速率的关键。分解速率过快时存在危险，还会产生较多剧毒的 PFIB。

$$PTFE 粉（或边角料）\xrightarrow{600\sim700℃,130\sim700Pa} nCF_2{=}CF_2 + 副产物 \tag{2-6}$$

2.1.1.2 生产工艺基本原理

四氟乙烯工业化生产采用的都是 HCFC-22 热裂解工艺，无论有无稀释剂存在，HCFC-22 在高温下首先分解生成二氟卡膜自由基 CF_2：和 HCl，CF_2：在反应产物中互相碰撞结合生成 $CF_2{=}CF_2$，同时也有一些副反应，生成低沸点杂质和高沸点副产物。

主反应：

$$CF_2HCl \xrightarrow{700℃} :CF_2 + HCl \tag{2-7}$$

$$2CF_2 \longrightarrow CF_2{=}CF_2 \tag{2-8}$$

：CF_2 存在时间很短，实际上两步反应是在瞬间完成的，所以很难捕捉到中间体：CF_2。反应时间延长，则增加了：CF_2、$CF_2{=}CF_2$ 和 HCl 在粗产物中的浓度，亦即增加了它们之间相互碰撞的机会，有利于产生高沸副产物，其反应式如下：

$$:CF_2 + CF_2{=}CF_2 \longrightarrow CF_3CF{=}CF_2(HFP) \tag{2-9}$$

$$CF_3CF{=}CF_2 + :CF_2 \longrightarrow (CF_3)_2C{=}CF_2(PFIB) \tag{2-10}$$

$$2CF_2{=}CF_2 \longrightarrow c-C_4F_8 \tag{2-11}$$

$$CF_2{=}CF_2 + HCl \longrightarrow H(CF_2CF_2)_nCl(n=1,2,3,\cdots) \tag{2-12}$$

由此可见，降低 HCFC-22 的转化率，降低反应产物在高温下互相碰撞的机会，有利于减少高沸副产物的生成。

早期采用的空管直管式反应器，在试验阶段使用石英管作反应管，放大后采用耐高温耐腐蚀的 Inconel 合金制作的反应管，加热方式多半采用套管式外加热，加热用套管也用耐高温的 Inconel 合金管，以直流电短路加热方式加热。实践证明，为了保持裂解产物中 TFE 的选择率不低于 90%，

HCFC-22 的实际单程转化率只能维持在 35％～38％。即便如此，还产生数量可观的有毒高沸物。另外，有将近 2/3 的 HCFC-22 需要回收，这将使设备的有效利用率下降，能耗也增加。这些都成为工程放大时的障碍。如果把反应器设计成多管炉，采用可精确控温的烟道气在管间加热，可以消除局部过热点，但 HCFC-22 的最佳转化率还是只能控制在 35％～40％的水平。

从技术经济观点出发，不希望降低 HCFC-22 转化率，研究发现 65％～70％是最佳的转化率范围。通过加入一种惰性的、既能作为热载体又能起到稀释作用的稀释剂，可以实现这一目标。稀释剂的选择还必须考虑到易得、价廉和易同产品分离。经过比较，发现过热水蒸气是能够满足这些条件的最佳选择。加入过热水蒸气后，不但实现了直接式混合传热，消除了间壁式加热较难避免的局部过热点，减少了过度裂解产生低沸副产物。同时稀释剂的存在使 TFE 和 CF_2：在反应器中的浓度大大降低。从而明显遏制了高沸副产物的生成。

文献报道了以上主反应的反应热效应数据：

$$\Delta H_{298}^0 = 30kcal/mol（吸热反应）$$

或 $\Delta H_{1023}^0 = 32kcal/mol$（吸热反应）；其中 1kal=4.18J。

HCFC-22 可利用过热蒸汽发生炉排出的烟道气余热，预热到 480～500℃，同在过热蒸汽炉内加热到 900℃以上（最好能达到 1050℃，这要视水蒸气过热炉和反应器的材质的承受力决定）的过热水蒸气混合，HCFC-22 同蒸汽的摩尔比为 1：5.5 到 1：10 以上（取决于水蒸气温度和希望要的 HCFC-22 转化率）。在管式反应器中停留不到 1～2s 时间即完成绝热反应，离开反应器。离开时的温度是决定 HCFC-22 转化率的关键，如果控制反应器出口温度在 750℃，并在很短时间内以急冷方式使反应物温度迅速降到 170℃，这种情况下，可以在保持高 HCFC-22 转化率（70％）的同时，实现高的 TFE 选择率，达到 98％以上。

早期对 HCFC-22 空管热解以及 HCFC-22 热裂解反应的主要影响因素分析可参阅文献。由于生成副产物的主要副反应大多是串联反应，所以采用管式反应器，让物料以较高线速率沿同一方向流动，无论从传热角度，还是从尽可能减少返混以减少副反应都是比较合理的。

2.1.1.3 生产流程

（1）**空管无催化热裂解**　空管无催化热裂解法（图 2-1）特点是在反应过程中，加入的物料只有 HCFC-22。加热方式可以是直管反应器外用加热套管进行电加热，热量通过近距离辐射传入反应器。也可以通过高温烟道气加热，多根反应管并行设置。后者有利于放大，对于避免局部过热也是较好的。

（2）**高温过热水蒸气稀释裂解**　文献报道实例揭示，温度为 1400℃的过热水蒸气同 HCFC-22 在 750～900℃接触 0.1～0.4s，HCFC-22 单程转化

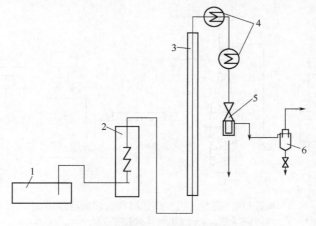

■图 2-1 空管无催化热裂解法流程示意图

1—HCFC-22 槽；2—气化器；3—裂解反应器；4—急冷器；

5—文丘里吸收器；6—气液分离器

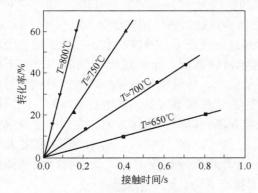

■图 2-2 热分解温度、接触时间和
HCFC-22 转化率的关系

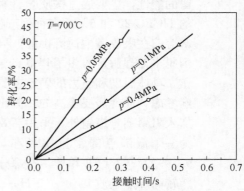

■图 2-3 热分解压力、接触时间和
HCFC-22 转化率的关系

率达到 60％～70％，TFE 选择率在 95％以上，见图 2-2。显然这只是试验
而已，使用 1400℃的过热水蒸气是不经济的，还会带来一系列的设备结构
和材质上的困难。而在另一实例中揭示的数据比较贴近实际情况，采用温度
为 950～1000℃的过热水蒸气和适当的稀释比（5～10，按摩尔比），在接触
时间 0.05～0.2s 就可保持 TFE 选择率基本不变的情况下使 HCFC-22 转化
率超过 75％。过高的蒸汽温度易产生过度裂解，生成低沸物，过高的稀释
比有利于产生 HF 和 CO，蒸汽温度和稀释比的确定视过热蒸汽炉和反应器
管材质的承受能力而定。水汽稀释裂解流程示意图见图 2-4。

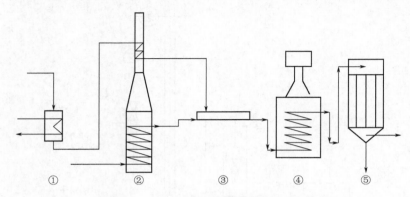

■图 2-4 高温过热水蒸气稀释裂解流程示意图
①—HCFC-22 槽；②—过热蒸汽发生炉；③—管式裂解反应；
④—急冷器和废热锅炉；⑤—列管式冷凝器

(3) 裂解气分离和精制提纯 TFE 流程 经冷凝器分离除去冷凝下来的水同裂解副产 HCl 一起以浓度 10% 的稀盐酸从系统中排出。为彻底去除残留的酸性，主要通过按质量计算的组成为 45%～55% 的 TFE、40%～50% 的 HCFC-22 和 5% 的多种副产物所构成的裂解气用浓度为 5%～10%NaOH 水溶液在吸收塔中逆流接触，再经过一级压缩、冷冻脱水、二级压缩和吸附剂脱水处理后进入多塔串联的连续精馏系统，精馏过程在低温和压力下操作。具体温度和压力的确定主要从安全、能源消耗及保持高的产品纯度等因素考虑，通常需要很高的回流比。由于存在事实上的塔内自聚风险，除采取加入阻聚剂等措施外，采用高效填料塔，以保持检修方便。在脱除主要成分为多个低沸点的含氢烷烃和烯烃及 CO 的杂质后，可收集到纯度大于 99.9999% 的 TFE 单体。有部分 TFE 在提纯过程中进入低沸物排出气流或随较高沸点杂质 $CF_2\!=\!CFH$ 一起排出系统，这些都需要回收。

未反应的 HCFC-22 和高沸点杂质同 TFE 分离后进入回收流程，见图 2-3。回收和提纯的 HCFC-22 返回到原料系统，同新鲜 HCFC-22 混合后重新进入裂解系统。

(4) 未转化原料回收、副产物回收和尾气回收流程 如前述，对于过热水蒸气稀释裂解过程，优化的 HCFC-22 转化率为 65% 左右，其余未转化的部分同 TFE 分离后进入回收流程。由于这部分回收的 HCFC-22 还含有其他一些杂质，其中主要是高温下 HCFC-22 裂解生成的：CF_2 同 $CF_2\!=\!CF_2$ 继续反应生成的 $CF_3CF\!=\!CF_2$(HFP)，它同 HCFC-22 形成共沸体系，共沸物摩尔分数组成为 15% HFP 和 85% HCFC-22（或质量分数分别为 23.4% HFP 和 76.6%HCFC-22）。要获得较纯的 HCFC-22，必须将其中的 HFP 分离出来。同时，纯的 HFP 也是很有用的氟烯烃。采用普通的加压蒸馏不可能实现此目标。由于收集 TFE 后的物料中 HFP 的含量不高,通常的做法是先将 HFP/HCFC-22 共沸物视作一个组分,将它同 HCFC-22 分开,这样得到的回收 HCFC-22 纯度可以达到 98%～99%,满足工艺要求。分离出来的共沸物再用溶剂选择性吸收的办法可以实现较好的分离,选择溶剂的关键是 HFP 和 HCFC-22 在其中的溶解度有较大差别,另外安全,不同两者中任一种发生化学反应、沸点适中,溶剂本身不会构成对物料的玷污、价廉易得也是工业化应考虑的因素。文献中也有提到用膜分离的方法(如采用 GE 提供的 Polycarbonate dimethylsilicone polymer 制作的膜),但是要同时得到两者都较纯是困难的。

分离系统中排放的尾气主要来自 TFE 精馏系统的脱氢塔。排放低沸点杂质和不凝性气体的气流中大部分是 TFE(约占 90% 以上),还有少量 HCFC-22,从环保和降低原料消耗,减低成本考虑,必须对这些尾气进行回收处理。此处用溶剂进行选择性吸收也是有效的,适合的溶剂中,除 CFC-113 因属 ODS 不能再使用外,可以选用的包括 HCFC-225、其他除 CCl_4 以外的氯代烷烃等。有用氟烃回收率可达 70% 左右。同样,膜分离技术用到了这一回收分离过程。

TFE 主要性质见本章第 2 节,更详细的性质包括 TFE 液体、气体的黏度、不同温度下在水和一些有机溶剂中的溶解度等(可参阅文献)。

TFE 在有氧存在或在酸性时,尤其在压力下,较易自聚,缓慢地聚合没有太大危险,如果有氧存在,即使低温下,也可能慢慢生成过氧化物,一旦温度升高,可引起猛烈的爆炸。TFE 的储存必须在低温下,最好能在 $-35℃$ 下,要尽可能降低氧的含量,保证安全储存要求氧含量最好不要超过 $5cm^3/m^3$,并加入阻聚剂。液态 TFE 一般不进行长距离运输,在单体生产装置和聚合装置之间采用管道输送的距离尽可能短,管道初次使用和检修后再次使用,都要作严格排氧处理。管道内需保持连续流动,如因故需较长时间停止使用,应确保排尽管内液相 TFE。如需远距离运输液态 TFE,需有专门的安全措施和许可。较成熟的方法是采用另一种流程,裂解后产物干法急冷后先不用水洗和碱洗,而是先进行压缩和蒸馏,让 HCl 和 TFE 一起同 HCFC-22 及高沸物分开,然后将 HCl 和 TFE 一起液化后收集装槽。这样的 TFE 同 HCl 一起运输,可免除爆炸危险,也不会发生自聚。到使用地后,需再去除 HCl,方可使用。

2.1.2 六氟丙烯

六氟丙烯(HFP)也是开发早、技术成熟的单体之一,是用于生产 FEP,氟橡胶的重要单体,也用于生产 HFPO,HFC227ca,HFO1234yf,HFP 二聚体和三聚体等,HFPO 是重要的中间体,是合成 PPVE 等全氟烯醚类单体的主要原料，这些全氟烯醚类单体又是合成 PFA、全氟醚橡胶、全氟离子交换树脂的单体，还是多种氟树脂改性用加入的少量单体。HFC227ca 是哈龙灭火剂替代品，HFO1234yf 是 ODP＝0 和 GWP＝4 的新型制冷剂，可作为 HFC-134a 的替代品（134a GWP＝1300）。HFP 同 HFPO 的异构体五氟丙酰氟（CF_3CF_2CFO）加成成为（CF_3）$_2$CFC(O)CF_2CF_3，3M 公司开发这一全氟酮（商品牌号为 Novec1230），作为很好的哈龙灭火剂的替代品，由于其 GWP＝1，很有发展前途。HFP 的二聚体和三聚体也是多种精细化学品的原料。用 HFP 同碘、KF 在催化剂存在和在溶剂中生产的七氟异丙基碘是在药物或除草剂合成中作为全氟异丙基很有用的中间体。

2.1.2.1 六氟丙烯 (HFP) 制造方法简介

文献报道的制备方法有：

① 氟氯烯烃和无水 HF 气相催化氟化

$$CF_2ClCF=CF_2+HF \xrightarrow{\text{催化剂,175~250℃}} CF_3CF=CF_2+HCl \qquad (2\text{-}13)$$

② 氟氯烷烃同锌粉脱氯

$$CF_3CFClCF_2Cl+Zn \longrightarrow CF_3CF=CF_2+ZnCl_2 \qquad (2\text{-}14)$$

③ 电化学法制备七氟丁酸钠后高温下脱羧

$$CH_3CH_2CH_2COCl+HF \xrightarrow{ECF} CF_3CF_2CF_2COF \qquad (2\text{-}15)$$

$$CF_3CF_2CF_2COF+Na_2CO_3 \longrightarrow CF_3CF_2CF_2COONa \qquad (2\text{-}16)$$

$$CF_3CF_2CF_2COONa \longrightarrow CF_3CF=CF_2 \qquad (2\text{-}17)$$

④ TFE 在特种合金钢管中高温下裂解

$$CF_2=CF_2 \longrightarrow c\text{-}C_4F_8 \longrightarrow CF_3CF=CF_2 \qquad (2\text{-}18)$$

这是工业生产中普遍采用的方法，将在下节详细介绍。

由于 TFE 不宜运输，通常 HFP 生产装置同 TFE 生产装置建在同一厂区。也可以在生产 TFE 的时候，提高 HCFC-22 的转化率，使裂解产物中 HFP 的含量达到可观程度，从而实现 TFE 和 HFP 在同一套装置中同时生产。

2.1.2.2 生产工艺基本原理

工业规模生产 HFP 采用 TFE 在高温下裂解的方法，此反应是气相均相非催化快速反应。主反应由两步反应构成，同时还存在一些复杂的串联和并联的副反应。TFE 在高温下直接裂解，达到 500℃ 后先生成 TFE 二聚体，即八氟环丁烷（c-318），同时放出反应热，温度很快上升。标准状态下的反应热为－853.5kJ/mol。c-318 在高温下进一步裂解就生成 HFP，此反应为吸热反应，标准状态下的反应热为 386kJ/mol。与此同时发生副反应，生成全氟异丁烯（PFIB），这是一种剧毒物质，属于国际禁止化学武器公约组织列表控制的附表 IIA 类化合物，副反应生成的主要副产物还有全氟丁烯，2-全氟丁烯。反应式如下：

$$CF_2=CF_2 \longrightarrow c\text{-}C_4F_8 \qquad (2\text{-}19)$$

$$c\text{-}C_4F_8 \longrightarrow CF_3CF=CF_2 \qquad (2\text{-}20)$$

$$CF_3CF=CF_2 \longrightarrow (CF_3)_2C=CF_2(PFIB)+CF_3CF=CFCF_3+CF_3CF_2CF=CF_2$$

$$(2-21)$$

这些反应同温度、压力和反应时间有很密切的关系。反应在直管式反应器中进行，为改善管内温度分布和各组分浓度的分布，避免有害的逆向混合，使 HFP 在高温下继续反应的可能性降低到最低程度，采用以 10m/s 以上线速率的高速流动，从图 2-5 与图 2-6 可以看到 TFE 反应生成 HFP 和一系列副产物的反应规律。

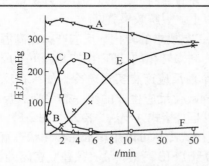

■图 2-5　TFE 在 650℃热裂解时的结果
A—总压力；B—四氟乙烯分压力；C—八氟环丁烷分压力；D—六氟丙烯分压力；E—全氟异丁烯分压力；F—全氟乙烷分压力；1mmHg=133.322Pa

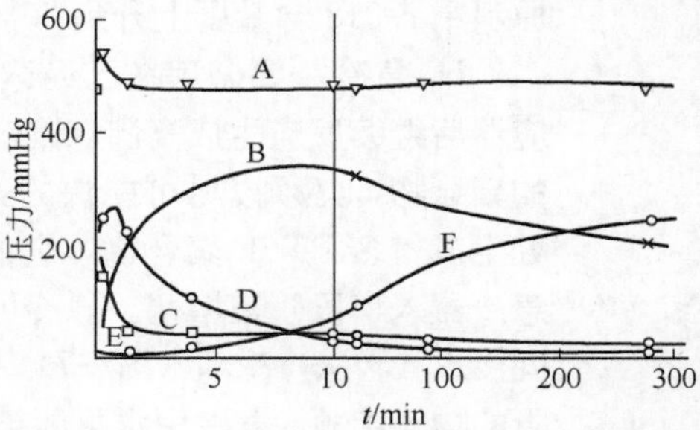

■图 2-6　TFE 在 700℃热裂解时的结果
A—总压力；B—四氟乙烯分压力；C—八氟环丁烷分压力；D—六氟丙烯分压力；E—全氟异丁烯分压力；F—全氟乙烷分压力；1mmHg=133.322Pa

随着温度的上升和反应时间的延长，TFE 的转化率上升，产物中 c-318 和 HFP 浓度也相应上升，PFIB 和其他高沸氟化物的含量也逐渐上升，HFP 选择率在出现峰值后就很快下降，PFIB 的浓度则从开始时较低增长变为很快增长。这种实际存在的复杂平衡关系使设计者必须将 TFE 的实际转化率控制在相对不高的情况。通常将 TFE 转化率控制在不超过 65% 是合适的。

如前所述，TFE 二聚生成 c-318 的反应是放热反应，生成 HFP 的反应则是吸热反应。如果用纯的 TFE 作原料生产 HFP，裂解反应初期大量放热，一方面因需将物料加热达到开始反应所需温度在反应器管外加热，另一方面因升温过程中 c-318 从开始很快就大量生成，放出较多热量，单一反应管沿其整个长度是均衡加热，这就造成温度难以控制，甚至可能会在管壁附近因温度过高发生 TFE 的歧化反应，产生 C 和 CF_4，放出更多热量。此时，极易发生结炭和反应管烧穿烧裂的情况。

2.1.2.3　生产工艺流程

(1) TFE 热裂解和粗产物急冷、预处理工艺流程

a. 裂解　优化的裂解工艺是将生产过程中产生的 c-318 经回收提纯后以一定比例同 TFE 预先相混，然后进行裂解。这样，TFE 生成 c-318 放出反

应热时，预先配入的 c-318 已经裂解生成 HFP 需要吸收热量，两者可以部分抵消，避免发生因管壁附近温度过高而结炭。实践证明，生成 c-318、HFP 和 PFIB 是一组串联反应，粗产物中 HFP 和 PFIB 的含量同 TFE 的转化率密切相关，通常 TFE 的转化率保持在粗产物中未转化的 TFE/生成的 HFP/中间产物 c-318 的浓度比例（摩尔分数）为 33％～35％/35％～38％/20％～25％，PFIB 含量不大于 5％，还有 2％～3％是副产物全氟丁烯-1 和全氟丁烯-2 等。如果希望有更多 c-318 投入混合裂解，如采用将就近 TFE 装置排出的含 90％TFE 尾气另外制备 c-318，用来补充 HFP 装置自身产生的 c-318，则初始投入的混合原料中 c-318 含量可上升到 30％以上。裂解效果更好。

b. 急冷 　要避免在已经达到工艺要求的转化率反应产物在高温下离开反应器后继续反应生成高沸点副产物和未转化的 TFE 在较高温下生成四氟乙烯的聚合物，必须以尽可能快的速率使反应产物实现急冷。如果在反应器出口处生成较多 PTFE 聚合物，它们同歧化反应生成的炭一起易造成反应器管和急冷器入口段管道堵塞。急冷可以是直接式（湿法）冷却（图 2-8），也可以是间接式（干法）冷却（图 2-7）。直冷式冷却可以用冷水在雾化状态直接同高温下的物料接触，急冷用水可能被微量 PFIB 污染，故必须建立密闭的循环系统，而且用过的水不能排放，必须经过专门处理，消除剧毒 PFIB 的潜在危险。

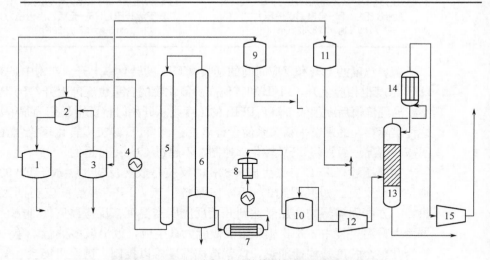

■图 2-7　采用干法急冷工艺的裂解和预处理流程图
1—TFE 槽；2—混合槽；3—c-318 槽；4—预热；5，6—裂解反应管；7，8—干法急冷；9—回收 TFE 槽；
10—裂解产物气柜；11—回收 c-318 槽；12—一级压缩；13—初分塔；14—冷凝器；15—二级压缩

c. 粗产物预处理 　急冷后的粗产物需经过滤、压缩、液化，方可进入 TFE 回收和粗产物提纯。由于粗产物中各组分的沸点相差较大，如 TFE 沸点为 −78℃，c-318 沸点为 −5℃，压缩到 TFE 液化需要的压力通常需要采

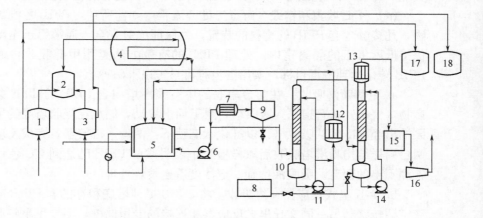

■图 2-8 采用湿法急冷工艺的裂解和预处理流程图

1—TFE 槽；2—混合槽；3—*c*-318 槽；4—裂解反应器；5—湿法急冷；6—水循环泵；7—冷却器；8—废甲醇吸收液槽；9—废水处理；10—第一吸收塔；11—甲醇泵；12—甲醇冷却；13—第二吸收塔；14—第二循环泵；15—裂解气中间槽；16——级压缩机；17—TFE 原料；18—*c*-318 原料

取二级压缩，但是一级压缩后，有可能部分较高沸点组分就已经先液化，这种情况会损坏二级压缩的压缩机。在流程设计中采取在一级压缩之后先将粗产物实施初分，按 HFP 和 *c*-318 为界线分离为两部分，一部分含 TFE、HFP 及少量低沸点成分，以气相进入精馏系统，回收 TFE 和提纯 HFP。另一部分含 *c*-318，PFIB 及其他高沸点成分。进入 *c*-318 回收提纯和 PFIB 处理系统。值得注意的是 PFIB 会污染包括压缩机在内的很多设备，检修时需特别预防。预处理也可另一种方式，先将急冷后的粗产物通过二级串联的洗涤塔，同循环喷淋的甲醇逆流接触，将粗产物中的 PFIB 几乎全部吸收，转化为毒性很小的全氟异丁基甲醚。再按前面的方法一样处理。好处是消除了 PFIB 的毒性隐患，大大有利于安全生产。而且，回收的 *c*-318 纯度有保障。采用后面方法时必须采取措施避免微量 CH_3OH 被夹带入 HFP 和 *c*-318 中。

(2) **TFE 回收和粗产物提纯流程** 脱除 *c*-318，PFIB 等高沸点成分的物料进入三塔组成的精馏系统，依次分离和收集回收 TFE、提纯和收集主产品 HFP，提纯后残余的少量不纯 HFP 返回未分离的粗产物中。由于回收 TFE 也存在自聚的风险，在压力和低温下进行的精馏过程在使用高效填料的填料塔中进行 HFP 的纯度可以达到 99.99% 以上。

(3) **c-318 回收和提纯流程** 含 *c*-318 的高沸点部分物料以蒸馏方法提纯。绝大部分 *c*-318 从塔顶蒸出，纯度需控制在大于 99%，留在塔底的残留物主要是 PFIB、全氟丁烯-1 和全氟丁烯-2 及少量 *c*-318。它们的沸点分别是 7℃ 和 0℃。这些高沸物排出后需进行解毒处理，然后送专门设计的高温焚烧炉处理。回收的纯 c-318 返回原料槽同 TFE 混合后重新投入裂解。

(4) PFIB 收集和销毁（解毒）处理流程 如前所述，PFIB 是剧毒化合物，凡接触含有 PFIB 的物料的装置，为保证绝对安全，通常置于密闭而且保持低度负压的隔离室内。处理 PFIB 的有效方法是用甲醇吸收，通过将 PFIB 转化达到解毒目标。实用的流程可参考以下两种。

a. 甲醇喷淋吸收 在两台串联的中空喷淋塔内含 PFIB 的 TFE 裂解粗产物（气态）从管道送入吸收塔，自下而上流动，储放在吸收塔底的甲醇用泵抽出经预冷后从吸收塔顶以雾化状态喷下，两者逆流接触，完成反应。经两台同样结构喷淋塔吸收后取样检测，表明残留 PFIB 已达到 GC 色谱几乎检测不出的程度。吸收液达到一定浓度后送焚烧处理。

b. 文丘里式反应器在线吸收 将 c-318 提纯塔底积存的含 PFIB 高沸残液定期转移到另一同文丘里式反应器相连接的专用储槽，用专用泵将此残液抽出压向文丘里式反应器，造成高速流动，反应器喉部借负压将预冷的甲醇吸入，在激烈混合中完成吸收反应，循环一段时间后从管线上取样检测，当结果表明 PFIB 含量已检测不出，吸收反应才算完成。此法适合裂解气粗产物未用甲醇处理的情况。

2.1.3 偏氟乙烯

偏氟乙烯（VDF）是 PVDF 的单体，也是氟橡胶的共聚单体，还是氟树脂 THV 的单体之一。

2.1.3.1 合成方法简介

① 二氯乙烯催化氟化

$$CCl_2\!=\!CH_2 + 2HF \xrightarrow{250\sim350℃,催化剂} CF_2\!=\!CH_2 + 2HCl \qquad (2\text{-}22)$$

② 氟氯烷烃用锌粉脱氯

$$CF_2ClCH_2Cl + Zn \longrightarrow CF_2\!=\!CH_2 + ZnCl_2 \qquad (2\text{-}23)$$

③ 1,1,1-三氟乙烷高温下催化脱 HF

$$CF_3CH_3 \longrightarrow CF_2\!=\!CH_2 + HF \qquad (2\text{-}24)$$

④ 1,1-二氟-1-氯乙烷（HCFC-142b）高温下裂解脱 HCl

$$CF_2ClCH_3 \xrightarrow{400\sim700℃} CF_2\!=\!CH_2 + HCl \qquad (2\text{-}25)$$

该反应为吸热反应，标准状态下反应热 $\triangle H_{298} = +25.8\text{kcal/mol}$，其中 1cal＝4.18J/mol。这是工业上最普遍采用的生产方法，优点是原料易得、价格便宜、工艺较简单、容易放大。其中二氟氯乙烷（HCFC-142b）可以由甲基氯仿在催化剂存在下以 HF 氟化生产：

$$CH_3CCl_3 + 2HF \xrightarrow{催化剂} CH_3CClF_2 + 2HCl \qquad (2\text{-}26)$$

催化剂为 $SbCl_5$，副产物 CH_3CCl_2F 可回收再投入，另一副产物为

CH_3CF_3（HFC-143a）也是有用的混配制冷工质的组分之一。HCFC-142b 的另一制法是用 $CCl_2=CH_2$ 在催化剂存在下同 HF 反应，在 CH_3CCl_3 作为 ODS 淘汰的情况下，后者更具有商业价值。也可以用 1,1-二氟乙烷 CF_2HCH_3（HFC-152a）经光氯化反应制得，光氯化反应杂质较多。

$$CF_2HCH_3+Cl_2 \xrightarrow{\text{紫外光照}} CF_2ClCH_3+HCl \qquad (2\text{-}27)$$

主要副产物为 CF_2ClCH_2Cl，和 $CF_2ClCHCl_2$ 等。

⑤ 1,1-二氟-1-氯乙烷（HCFC-142b）用 KOH 脱 HCl

$$CF_2ClCH_3+KOH \xrightarrow{80\sim150℃，0.3\sim0.5MPa} CF_2=CH_2+KCl+H_2O \qquad (2\text{-}28)$$

⑥ 四氟环丁烷高温下裂解

$$\text{cyclo-}C_4F_4H_4 \xrightarrow{400\sim600℃} 2CF_2=CH_2 \qquad (2\text{-}29)$$

⑦ 含氟化合物与乙烯一起高温下裂解

$$CF_2ClH+CH_2=CH_2 \xrightarrow{850\sim880℃} CF_2=CH_2 \qquad (2\text{-}30)$$

$$CF_2=CF_2+CH_2=CH_2 \xrightarrow{850\sim880℃} CF_2=CH_2 \qquad (2\text{-}31)$$

2.1.3.2 生产工艺基本原理

如前所述，HCFC-142b 在高温下裂解脱去一分子 HCl，直接得到 $CF_2=CH_2$ 的反应为吸热反应，用纯度高于 99.9% 的 HCFC-142b 在优化的反应温度，较短的反应时间（即物料在直管反应器中较高的线速率流动，如 $5\sim15m/s$）可以同时得到很高的 HCFC-142b 转化率（$\geqslant95\%\sim98\%$）和很高的 $CF_2=CH_2$ 选择率（$\geqslant98\%$），VDF 的总收率可以达到 90%～95% 或更高。对于这种快速反应，选用直管式反应器是合适的，为了能在单套反应器实现高的产能，也可选用多管列管式反应器。单管式反应器由管长 9～12m、管径不超过 100mm 的金属直管构成，反应管外套以直径稍大，管长略短的耐高温合金管，作为加热管，以直流电实现短路发热，加热温度的控制由电流、电压的调节自动控制。热量以辐射形式传递到内管（即反应管），内管中反应物的实际温度难以直接测定，通常以 HCFC-142b 的转化率作为控制指标，由定时取样经 GC 分析得到的转化率结果同加热管温度控制挂钩，调控加热管温度就实现了对转化率的调控。对于列管式反应器，采用熔盐炉形式加热较好，管内为反应物料通道，管外为循环的熔盐，熔盐用烟道气加热。这种反应器的温度控制是通过调节熔盐温度实现的，文献报道的反应温度定在 550℃，此温度下的反应速率相对较慢，需要有较长的停留时间。在高温下的反应，管壁不可避免会有结炭，结炭多了会导致用 Ni 管或高 Ni 合金制作的反应管传热变差和反应管断裂。向反应物内加入少量氯气（不超过摩尔分数 1%），会在管壁同 Ni 反应生成氯化镍，这是脱 HCl 反应的催化剂，可以适当降低一些反应温度，也有助于减少结炭，延长反应管的使用寿命。

以上两种 HCFC-142b 热裂解生产 VDF 的方法都采用间接传热，近年来，国内也发展了采用以温度在 850～900℃的过热水蒸气作为热载体和稀释剂直接同预热到 450～500℃的 HCFC-142b 气体混合进行绝热反应。这种反应方式的基本原理、工艺特点和设备布置同水蒸气稀释裂解制 TFE 基本相同。文献报道的实例之一是先将水蒸气加热到 300℃左右就同 HCFC-142b 混合，再以电加热方式加热到裂解所需温度。水蒸气稀释裂解优点是易于设计单台具有大的生产能力的装置，不像 TFE 生产中稀释裂解可以大大提高选择率和单程转化率，在 VDF 生产中，这方面的优点并不明显。

HCFC-142b 裂解产物经水洗、碱洗脱除 HCl、干燥、压缩、冷凝后，进入 VDF 的精馏提纯系统，通常采用四塔流程。提纯后的 VDF 纯度大于 99.99%，收集和储存在 -35℃F 冷却的不锈钢储槽，供生产 PVDF 和氟橡胶使用。

2.1.3.3 生产流程

图 2-9 为一种适合于大规模生产的 VDF 典型生产流程，裂解采用熔盐加热的多管炉，蒸馏采用单塔流程。实际各生产企业采用的技术都有所不同。

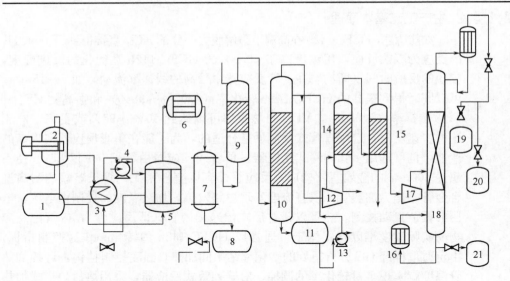

■图 2-9 采用熔盐加热的裂解和单塔分离的流程示意图
1—HCFC-142b 槽；2—烟道气加热炉；3—熔盐加热炉；4—熔盐循环泵；5—多管列管式反应器；
6—急冷器；7—降膜吸收器；8—废 HCl 酸槽；9—水洗塔；10—碱洗塔；11—碱液槽；
12——级压缩机；13—碱液循环泵；14，15—冷冻脱水器；16—再沸器；
17—二级压缩机；18—蒸馏塔；19，20—产物槽；21—副产槽

(1) HCFC-142b 高温裂解 HCFC-142b 的高温裂解制 VDF 同 TFE 裂解制 HFP 相比，反应要简单得多，很少串联副反应，生成高沸点杂质很少。但是，为了追求极高转化率而提高温度，则易产生结炭，生成 CHF≡CH$_2$、CH≡CH 等低沸物。比较适中的温度和以延长反应时间提高转化率

有利于保持高选择率、降低原料消耗。

(2) 裂解气处理 裂解气处理包括急冷和副产物 HCl 的吸收。采用降膜吸收法可以提高吸收效果，提高副产物 HCl 酸浓度，便于综合利用。水洗吸收除去 HCl 后需进一步碱洗、干燥等处理，最后裂解气经在丙酮吸收除去因过度裂解生成的少量乙炔后压缩和冷却下液化（VDF 中如残留微量 $CH{\equiv}CH$，对 PVDF 的质量会有明显影响）。

(3) VDF 提纯 裂解气在压缩液化后进入精馏系统。此时的物料中含有 VDF 约 $91\%{\sim}95\%$，未转化的原料 HCFC-142b 约 $3\%{\sim}5\%$，其余是少量低沸点杂质如 $CH{\equiv}CH$、$CHF{=}CH_2$ 等，以及少量高沸点杂质。VDF 的浓度很高，故提纯相对较容易。可以采用二塔或三塔串联的连续精馏。在脱氢塔中脱除低沸杂质后再经过丙酮塔脱除 $CH{\equiv}CH$，VDF 提纯塔如果足够高，可以控制塔釜中含 VDF 较少，少量 HCFC-142b 也不值得回收，故可以不再需要更多的塔，这有利于节能。文献中也介绍可以采用单塔间歇蒸馏，从节能角度，这是一个好的设计。提纯后 VDF 纯度可以达到 99.99% 以上。

2.1.4 三氟氯乙烯

2.1.4.1 制造方法简介

三氟氯乙烯（CTFE）分子式为 $CF_2{=}CFCl$，这是最早用于合成氟聚合物（包括最早的氟树脂聚三氟氯乙烯和最早的氟橡胶 VDF/CTFE 共聚氟弹性体）的含氟单体。其合成方法相对较为简单，工程放大没有太大的困难。工业上较普遍采用的方法是从 CFC-113（$CF_2ClCFCl_2$）脱氯获得 CTFE。CFC-113 是较大规模生产的产品，曾作为高档清洗剂的主要成员。虽然因 CFC-113 是 ODS 之一，已退出这方面的使用，但作为 CTFE 的原料，并未受到限制，特别因 CTFE 基的可室温固化且长期耐气候老化的氟涂料的迅猛发展，作为 CTFE 原料的 CFC-113 的需求量还在上升。合成方法简介：

CFC-113 的合成是合成 CTFE 的第一步，通常需自行合成，或者在获得特定许可配额的情况下也可以从供应商处采购。CFC-113 合成方法如式（2-32）和式（2-33）所示。

$$CCl_2{=}CCl_2 + Cl_2 \longrightarrow CCl_3{-}CCl_3 \tag{2-32}$$

$$CCl_3{-}CCl_3 + 3HF \longrightarrow CF_2Cl{-}CFCl_2 + 3HCl \tag{2-33}$$

氟化反应的催化剂是生产氟氯烷烃类化合物普遍使用的 $SbCl_5$，加入内装有 CCl_3-CCl_3 和 HF 的反应器后催化剂的形态成为 $SbCl_xF_y$。上述两步反应也可以合并在同一反应器中进行。

从 CFC-113 出发脱氯制 CTFE 的方法有多种。其中主要有锌粉脱氯法和氢气还原催化法脱氯制 CTFE 两种。

2.1.4.2 锌粉脱氯法制 CTFE

$$CF_2Cl\text{—}CFCl_2 + Zn \longrightarrow CF_2=CFCl + ZnCl_2 \qquad (2\text{-}34)$$

反应在立式搅拌槽反应器中进行，以无水甲醇为溶剂，反应温度在50～100℃。反应器顶部的气相出口管同一回流冷凝器相连。在甲醇处于回流的情况下，$CF_2Cl\text{—}CFCl_2$ 缓缓加入反应器。生成的 CTFE 粗产品从冷凝器上部导出，甲醇则不断回到反应器内。20 世纪 80 年代，日本成功开发出连续锌粉脱氯，采用多孔板式的蒸馏塔作为反应器。Zn 粉和 CFC-113 的反应可接近 100%，反应得到的 CTFE 纯度可达到 99% 以上。

粗 CTFE 中可能存在多种杂质，它们是各种副反应产生的，如 $CF_2=CFH$，$CF_2=CClH$，$CF_2ClCFClH$，CH_3Cl，CH_3OCH_3，还会有少量 $CF_2=CF_2$，$CF_2=CH_2$ 等。这些杂质都必须除去。分离系统由多台纯化设备和蒸馏塔构成。将产物气流用硫酸处理可以除去 CH_3Cl，CH_3OCH_3 和水分。最后将产物气流通过一装满硅胶的细高容器，可进一步干燥脱水并除去 HCl。提纯后的产品 CTFE 经压缩、冷凝成液态。不凝性气体可以排空。纯的 CTFE 长期储存和运输时需加入阻聚剂，使用时用吸附方法可以较容易除去。有报道称，副产 $ZnCl_2$ 可以转化为有用的氧化锌。

国内早期为制取含 CTFE 的聚合物，如 PCTFE，CTFE/VDF 弹性体等，一直沿用锌粉脱氯法在小规模生产 CTFE，近 10 年来，随着 CTFE 基氟涂料的发展，对 CTFE 需求量上升较快，除锌粉脱氯法外，也有企业尝试开发氢气还原催化法脱氯。

2.1.4.3 氢气还原催化法脱氯制 CTFE

锌粉脱氯法是传统的合成 CTFE 技术，由于副产废 $ZnCl_2$ 处理成本高，而且 Zn 粉资源的价格时有波动，随着加氢还原催化剂的进步，氢气还原脱氯法制 CTFE 成为一个新的选择，其最大优点是三废相对较少。固定床催化反应的单程转化率和选择率都达到较高水平，催化剂的具体细节报道较少，Pd 系列贵金属及双组分或多组分混合物等是合适的催化剂。

$$CF_2Cl\text{-}CFCl_2 + H_2 \longrightarrow CF_2=CFCl + 2HCl \qquad (2\text{-}35)$$

该反应也会有多种副产物，同样，需要配合一套合适的分离提纯系统。反应生成的副产 HCl 及少量 HF 通过常规的水洗、碱洗除去。据称此法同锌粉脱氯法相比运行成本可下降 20%，但是催化剂寿命还有待提高，部分设备和管件需用优质耐腐蚀合金制造，装置投资会高得多。

其他提到的 CTFE 制法如式(2-36)～式(2-38) 所示。

$$CF_2H\text{-}CFCl_2 \xrightarrow{\quad 560\sim570℃ \quad} CF_2=CFCl + HCl \qquad (2\text{-}36)$$

$$CF_2ClH + CFCl_2H \xrightarrow{\quad N_2,\ 1000℃ \quad} CF_2=CFCl + 2HCl \qquad (2\text{-}37)$$

$$CFCl_2CF_2COONa \xrightarrow{\quad 300\sim400℃ \quad} CF_2=CFCl + CO_2 + NaCl \qquad (2\text{-}38)$$

不过，这些方法同锌粉脱氯法制 CTFE 相比，不具有竞争力。

2.1.5 六氟环氧丙烷

2.1.5.1 合成方法简介

六氟环氧丙烷（Hexa fluoro propylene epoxide，简称 HFPO），本身并不直接用作氟聚合物的单体，但是由于在合成很多重要的含氟单体时都需要 HFPO 作主要中间体，涉及的单体主要有 PPVE、PMVE、PSVE、PCMVE 等。六氟环氧丙烷，又称全氟环氧丙烷，是一种重要的含氟化合物。由于其特有的环状结构具有高度的化学活性，可作为许多含氟有机化合物的中间体，在催化剂存在下可发生自聚合成三聚体、四聚体、五聚体等 Rf 基团用于合成表面活性剂类产品，聚合度高时合成全氟醚油用作耐高温润滑油，在 Lewis 酸如 γ-Al_2O_3（实际上是 AlF_3）催化下可重排转化成六氟丙酮，进一步可以制成六氟双酚-AF。这是氟弹性体重要的硫化剂。还能与水、醇、硫酸、胺类、格氏试剂和有机锂等亲核试剂发生反应，在高性能含氟高分子材料、氟醚油、含氟表面活性剂、含氟精细化学品等领域有重要作用。在航空航天、电子、核动力工程、医药等领域得到广泛应用。近年来用 HFPO 和 HFP 为原料成功开发新一代低 GWP 绿色灭火剂替代物。HFPO 的年需求量达到数千吨以上，成为氟聚合物和精细化学品很重要的中间体（从 HFP 经 HFPO 发展的产品体系见本书附录 3）。

六氟环氧丙烷的分子式为 $CF_3\!-\!CF\!\!-\!\!CF_2$，是无色不燃性气体，稍有刺

激性臭味，常压（$1.013\times10^5\,Pa$）下沸点为 $-27.4℃$，在室温和一定压力并处于液态状况时，只要保持干燥和不存在 Lewis 酸或碱的条件下，可保持非常稳定，未发现过任何自聚现象。当温度超过 $150℃$ 时可发生明显的分解。纯的干燥过的 HFPO 可以在液化状态下方便地储存在钢瓶或储槽内，室温（$25℃$）下，其在密闭容器内的压力不会超过 $0.65MPa$。

HFPO 的毒性不太高，文献报道其急性吸入 $4h$ 下的（大鼠）半致死浓度 LC_{50} 为 3700×10^{-6}。

自 20 世纪 50 年代首次报道从 HFP 出发合成 HFPO 的方法以来，已开发了多种合成方法。按它们的类型可分为以下 4 大类：亲核合成法、亲电子合成法、自由基合成法和其他氧化剂氧化法。这些不同的方法，连同它们的反应条件、产物收率以及参考文献均列于表 2-1 中。

表 2-1 所述方法中，有工业使用价值的是过氧化氢氧化法和氧气液相氧化法。HS Eleuterio 等曾报道，在甲醇-水溶液中，$-40℃$ 低温下，以 30% 的过氧化氢和苛性碱对 HFP 进行亲核氧化反应，六氟环氧丙烷的产率为 $35\%\sim52\%$。徐保培等研究发现，HFP 环氧化反应的产率与加碱量有关，加入碱

■表 2-1 从六氟丙烯合成六氟环氧丙烷的实例

反应类型	氧化剂	反应条件			HFPO 收率
		介质	温度	催化剂	
亲核加成	30%过氧化氢	KOH + CH₃OH，−40℃		—	35%
	过氧化氢	其他水溶性有机溶剂或水溶液 + 全氟辛酸钠			
		氢氧化钾溶液（缓慢滴入反应体系）			54%
		HFP 和过氧化氢同时慢慢滴入反应器			约 52%
	过氧化氢	乙腈，pH = 7.5~8			
	过氧化氢	乙腈或二甘醇，pH = 9~11	15~20℃		
亲电加成	高锰酸钾	无水氟化氢，−70℃			30%
	三氧化二铬	氟磺酸			约 55%
自由基加成	分子氧，O₂	全氟碳惰性介质，100~200℃，无催化剂或氯氟烷烃（热引发）			76%（转化率 70%）
	分子氧，O₂	气相		固体催化剂硅胶或硅胶 + 氧化铝	30%~80%（转化率 10%）
	有机过氧化物	CFC-113，叔丁基过氧化物六羰基钡			85%（转化率 34%）

越多，产物中 HFPO 的纯度越高，产率越低。将产物中 HFPO 控制在 60%左右，产率能达到 70%左右。反应时 HOO-会与 HFPO 进一步作用生成全氟乙酸和丙酸盐等产物，影响产率的提高。此合成方法中，反应设备的腐蚀是一个比较大的问题，这是因为反应中有氟化氢副产物产生，后者在水溶液中转化为强腐蚀性的氢氟酸；其次溶剂和相转移催化剂的选择相当重要，否则六氟环氧丙烷的回收率难以提高。该法反应温度低，反应速率较慢，比较稳定，但是反应后介质的处理比较困难。实验室用该法制备 HFPO 时，需将反应器部分浸在干冰丙酮浴中。氧气液相氧化法是在一定温度和压力下，有溶剂存在下，用分子氧直接通入液相介质氧化溶解其中的六氟丙烯，可得到较高收率的六氟环氧丙烷。在这一工艺中，溶剂的选择是一个关键的因素。已报道的用分子氧液相氧化六氟丙烯制备六氟环氧丙烷的方法为在惰性溶剂存在下或在引发剂存在下于惰性溶剂中反应制备六氟环氧丙烷。氧气液相直接氧化法的优点是反应温度较低，操作简单，反应介质如能够保持干燥状态可以使用较长时间，以批数计，至少可在 10 批以上。介质可以较方便地回收，经中和、干燥和蒸馏后重复使用；缺点是反应压力比较高，需要使用溶剂，加氧速率的控制要很谨慎，过快会导致失控，出现飞温直至爆炸。氧气液相氧化法目前是工业上最普遍使用于生产的方法，国内从 20 世纪 80年代初首先由上海有机氟材料研究所开发成功后，现在已至少有四五家工厂用该法生产。

气相催化氧化法就是将一定比例的 HFP 和氧气混合物在高温下通过催化剂层来制备产物。该方法中催化剂的选择是最关键的。气相催化氧化法的优点是操作简单，比较适合工业化；缺点是需用催化剂，催化剂的制备不易。

在所报道的分子氧气相催化氧化六氟丙烯制备六氟环氧丙烷的方法中所用的催化剂有：①用钡化合物作催化剂，钡化合物可为氧化钡、氢氧化钡或钡盐，钡盐为无机盐较好，如氟化钡、氯化钡、硫酸钡、碳酸钡、硝酸钡等。将六氟丙烯和分子氧通过有钡化合物的固定床或流化床反应器制备六氟环氧丙烷。六氟丙烯的转化率为 24.2%～34.1%，对应的六氟环氧丙烷的选择性为 67.4%～70.1%。②硅胶或 SiO_2 复合物作催化剂，将六氟丙烯和分子氧通过含有经活化后的该催化剂的固定床或流化床反应器，进行催化氧化制备六氟环氧丙烷。六氟丙烯的转化率为 10%～40%，六氟环氧丙烷的选择性为 80%左右。关键是制备出在六氟丙烯高转化率前提下又具有六氟环氧丙烷高选择性的催化剂。迄今已掌握的催化剂制备技术，还没有制备出理想的催化剂，六氟丙烯的转化率过低，这必然带来复杂的后处理工艺，若提高六氟丙烯的转化率，又会造成六氟环氧丙烷的选择性下降。六氟丙烯和分子氧气相催化氧化制备六氟环氧丙烷还不能达到可以产业化的程度。

2.1.5.2 制造方法原理

HFP 的氧气液相氧化制备 HFPO 的反应是在带搅拌的立式反应器内进行。反应器外装有传热夹套，为增强传热效果，内部装有传热用盘管。反应器内加入预先经过干燥和蒸馏提纯的溶剂，溶剂的充满程度以反应器容积的 2/3 左右为宜（也有实例认为可以接近满釜操作）。按每批需加入的 HFP 量一次性从 HFP 钢瓶或储槽转移到反应器内。启动搅拌，待反应器内温度缓缓上升到 140～145℃时，开始通入少量氧气，准确读取反应器内压力。反应开始，由于氧的消耗，可观察到反应器内压力有所下降。然后采用逐步补加氧气的方式使压力基本维持在一定值。按反应式计算该加入的氧气量全部加完后，停止加氧，继续搅拌一定时间，使反应完全。然后即降温，并通过一冷凝器边出料（气相），边将夹带的溶剂冷凝、回流返回反应器，气体产物中含有未反应的 O_2、O_2 中夹带少量的 N_2、产物 HFPO、副产物 CF_3CFO、CF_2O 等，进入分离系统。对于 HFPO 纯度要求不特别高的情况，常使 HFP 转化率尽可能高，如大于 95%，分离时将不凝性气体放空，CF_3CFO、CF_2O 用水洗方法可以去除，最终得到的 HFPO 纯度可达 90%～95%，如果要求 HFPO 纯度大于 99%，则需经过另行设计的一套分离系统。经萃取蒸馏，将残留的 HFP 从产物 HFPO 中分离出去。

(1) 加氧和爆炸预防 如果反应中发现压力长时间不降（尤其是反应后期），而按反应式计算该加入的氧气量尚未加满，不能冒险继续加氧，此时是最易发生爆炸危险的时机。尽管爆炸的机理尚未完全清楚，分析结果趋向于认为气相中氧分压同产物（含副产物，尤其是 CF_2O）分压的比例有某个临界值，超过此值，易发生爆炸。加氧的量主要应根据 HFP 的转化率确定。文献报道和实验都已证明，HFP 转化率越高，生成 HFPO 的选择率下降。最佳的转化率应在 $65\%\sim70\%$，选择率可达到 90% 以上，但是考虑到 HFP 和 HFPO 的沸点差不到 2℃，用常规方法无法得到高纯度的 HFPO，故常将 HFP 转化率提高多。

(2) **溶剂选择** 溶剂选择的原则为溶剂在较高温度下稳定，能与不同原料和产物反应，氧在其中的溶解度要尽可能高、安全、无毒性。早期曾先后采用过的溶剂有 CCl_4，$CF_2ClCFCl_2$（CFC113）等。由于这些属于消耗臭氧较多的化合物（ODS），因保护臭氧层已禁止使用。同 CFC-113 性能相近但 ODP 值仅 0.025 的 HCFC225ca（$CF_3CF_2CCl_2H$）和一些含碳氧键的全氟碳化合物被选作替代溶剂。如从 HFPO 经齐聚反应生产全氟醚油时沸程较低的馏分经过末端稳定化后得到的化合物 $F_3C[CF(CF_3)OCF_2]_nCF_2CF_3$ 就是很好的溶剂，代号 FC-75 的全氟碳环醚也可以使用。

(3) **优化选择率的确定** HFPO 的氧气氧化反应是放热反应，有效的传热、对控制反应温度和防止反应过快是关键因素。文献报道如果温度超过 165℃，生成的 HFPO 就会发生分解，即发生副反应，生成副产物。

$$主反应 \qquad CF_3CF{=}CF_2 + 1/2\ O_2 \longrightarrow CF_3CF\underset{O}{\overset{}{-\!\!-}}CF_2 + \Delta \qquad\qquad (2\text{-}39)$$

$$副反应 \qquad CF_3CF\underset{O}{\overset{}{-\!-}}CF_2 + 1/2\ O_2 \xrightarrow{\text{高温或催化}} CF_3CFO + CF_2O \qquad (2\text{-}40)$$

$$CF_3CF\underset{O}{\overset{}{-\!-}}CF_2 \xrightarrow{>200℃} CF_3COF + CF_2\underset{O}{\overset{}{-\!-}}CF_2 + CF_2{=}CF_2 \qquad (2\text{-}41)$$

$$CF_3CF\underset{O}{\overset{}{-\!-}}CF_2 \longrightarrow CF_3C(O)CF_3 \qquad\qquad\qquad (2\text{-}42)$$

还有一些副反应是：$CF_3CF\underset{O}{\overset{}{-\!-}}CF_2$ 在 F^- 离子存在下发生的齐聚反应以及同 HFP 反应生成酮的系列产品。反应结束后，这些因相对密度大都会沉在底部。$CF_3C(O)CF_3$ 在水洗时会被水吸收。

早期的文献报道，副反应的发生同反应釜的材质有一定关系，不锈钢反应器的金属内壁对这类副反应有催化作用，实验表明用氟塑料衬里的反应器可以明显减少副反应，但是对于传热是不利的。

(4) **HFPO 的分离和纯化** HFPO 粗产物中含有 3 类杂质必须除去。这些杂质的分离方法如下：

杂　　质	分　离　方　法
不凝性气体（O_2、N_2 等）	粗产物离开反应器经压缩再通过冷凝器液化，不能冷凝的部分作为不凝性气体经中和处理后排放

杂 质	分 离 方 法
CF_3CFO、CF_2O	①将排除不凝性气体后的液态混合在蒸馏塔中进行分离,塔顶为浓缩的 $CF_3CFO + CF_2O$;塔底为 $HFPO + HFP$ ②如不要求回收 $CF_3CFO + CF_2O$,可将气态粗产物(反应器以气态出料)在常压下经水洗、碱洗,物料中 CF_3CFO、CF_2O 被全部水解,中和。 脱除 CF_3CFO、CF_2O 后的气相部分送下一步提纯
HFP	①粗产物再经压缩冷却后液化,送萃取蒸馏塔,由两台塔组成,萃取蒸馏塔顶将萃取剂加入,塔顶可得 99% 的 HFPO,塔底物料送溶剂回收塔,塔顶可得 90% 以上浓度的 HFP(其余是少量 HFPO),塔底回收溶剂,含少量 HFP。 此溶剂可以循环使用,塔顶得到的粗 HFP 返回重新参加反应 ②如不要求 99% HFPO,可以将 HFP 转化率提高到 95% 以上,不设萃取蒸馏。 粗产物用干冰、丙酮冷却的冷阱收集,尾气主要是不凝性气体,夹带一些 HFPO。 这样收集的 HFPO 约含 HFP 5% 以上

文献报道,萃取蒸馏的溶剂效果最好的是二氯甲烷和甲苯等。

(5) 反应用介质的处理和再使用 反应用介质即使预先彻底干燥,随着使用批次的增加,由于每批都会生成一些 CF_3CFO,CF_2O 和 CF_3COCF_3,HFP 和 O_2 也会带入微量水分,故不可避免地呈酸性,加上积聚下来的液态低聚物,使得后面的反应速率变慢,选择率下降,故经过若干批的反应之后,介质溶剂必须更换。 换下的溶剂经中和、干燥、过滤后再次蒸馏,处理后溶剂可以重复使用。

对 HFP 用氧气氧化生产 HFPO 技术的研究使整体水平不断提高,主要表现为,反应器进行满釜操作,将介质充满到反应器的 95% 以上;将加氧速率同温度变化(或压力变化)挂钩自动调节;用卧式静态反应器,改间歇操作为连续操作,实现 CF_3CFO,CF_2O 的综合利用等。

2.1.5.3 工艺流程简介

图 2-10 是一有代表性的 HFP 氧气液相氧化工艺流程的示意图。

2.1.6 全氟烷氧基乙烯基醚类

2.1.6.1 全氟正丙基乙烯基醚(PPVE)

全氟正丙基乙烯基醚指 1,1,2,2,3,3-七氟代-3-[(三氟代乙烯基)氧化]丙烷或 1,1,1,2,2,3,3-七氟-3-[(三氟乙烯基)氧基]丙烷,是一种无色透明液体,是有机氟材料的重要共聚单体,PPVE 可有效地降低以 TFE 为基体的共聚物的结晶度,广泛应用于合成含氟聚合物(如 PFA、改性聚四氟乙烯等)。PPVE 充装在钢瓶中。储存时要远离火源、热源,避免阳光照射;储存场所必须有良好的通风装置且环境温度在 25℃ 以下。

(1) 合成方法原理 PPVE 的合成是建立在 HFPO 反应的基础上,其原料主要就是 HFPO。

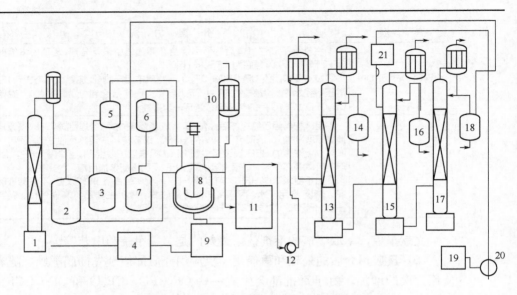

■图 2-10   HFP 氧气液相氧化工艺流程的示意图

1—反应溶剂提纯塔；2—溶剂储槽；3—氧气槽；4—溶剂处理槽；5,6—干燥器；
7—HFP 槽；8—氧化反应器；9—溶剂回收槽；10—冷凝器；11—干式气柜；
12—压缩机；13—副产回馏塔；14—副产储槽；15—萃取蒸馏塔；16—HFPO 槽；
17—溶剂回收塔；18—回收 HFP 槽；19—萃取溶剂回收槽；20—循环泵；21—溶剂高位槽

从 HFPO 合成 PPVE 的主要反应如下：

A. $CF_3CF\!\!-\!\!CF_2 \xrightarrow{\text{催化剂}} CF_3CF_2CFO$ (2-43)

B. $CF_3CF_2CFO + CF_3CF\!\!-\!\!CF_2 \xrightarrow{\text{催化剂，溶剂}} FOC(CFOCF_2)_nCF_2CF_3$ (2-44)
$\phantom{CF_3CF_2CFO + CF_3CF\!\!-\!\!CF_2 \xrightarrow{\text{催化剂，溶剂}} FOC(CFOCF_2)}{CF_3}$

$n=1$，合成 PPVE 的主要中间体，也俗称 HFPO 二聚体

$n=2$，HFPO 三聚体

反应 A 又称 HFPO 的异构化，反应在催化剂（如六次甲基四胺，乌洛托品）存在下在立式搅拌槽式反应器中进行。反应 A 完成后产物留在反应器内。反应 B 接着在同一反应器内进行，催化剂为 KF，溶剂为非质子极性溶剂如二乙二醇二甲醚等，向反应器内不断加入 HFPO，直到按计算量的 HFPO 全部加完。产物中大部分为二聚体，三聚体也占一定比例（在 5%～10%），三聚体经酸化后可以作为表面活性剂。经过改进和简化，这两步反应可以合二为一。

C. $FOC(CFOCF_2)_nCF_2CF_3 + Na_2CO_3 \longrightarrow CF_2\!\!=\!\!CFOCF_2\,CF_2CF_3 + 2NaF + 2CO_2$ (2-45)
${CF_3}$

文献报道，该反应实际上是两步：

第一步

$$FOCCFOCF_2CF_2CF_3 + Na_2CO_3 \longrightarrow NaOOCCFOCF_2CF_2CF_3 + NaF + CO_2 \qquad (2\text{-}46)$$
$$\hspace{1.5cm} | \hspace{6cm} | $$
$$\hspace{1.5cm} CF_3 \hspace{6cm} CF_3$$

这是放热反应，$\Delta H_r = -18.9\text{kcal/mol}$（$1\text{cal}=4.18\text{J}$），如单从这一反应考虑，必须有溶剂，以分散 Na_2CO_3 固体粉末，$FOCC(CF_3)FOCF_2CF_2CF_3$ 以滴加方式加入，溶剂还起传递热量作用，常用的溶剂是二乙二醇二甲醚。

第二步 $\quad NaOOCCFOCF_2CF_2CF_3 \longrightarrow CF_2=CFOCF_2CF_2CF_3 + NaF + CO_2 \qquad (2\text{-}47)$
$$\hspace{3cm} | $$
$$\hspace{3cm} CF_3$$

这是吸热反应，$\Delta Hr = 2.3\text{kcal/mol}$（$1\text{cal}=4.18\text{J}$），反应需要在高温下进行，经验表明适合的温度范围为 220～230℃。

研究发现，两步反应分开进行没有得到好的效果，因为第一步生成的盐，对于空气中的微量水分非常敏感，极易发生水解使反应产物复杂化，影响到提纯。而将二步反应合起来进行可以避免这一问题的发生。实际反应可以在带固相搅拌的立式反应器（搅拌床反应器）中进行，为防止发生局部过热，$FOCC(CF_3)FOCF_2CF_2CF_3$ 先气化再以气态形式从底部缓慢通入，同搅拌床反应器中处于移动状态并已加热到反应温度的细粒状 Na_2CO_3 接触，反应很快就发生。$FOCC(CF_3)FOCF_2CF_2CF_3$ 从加料口进入应该尽快均匀地分布，以避免反应热积聚在局部小的范围内造成过热和结块。脱羧后得到的粗 PPVE 从反应器上部离开。温度均匀和防止发生局部温度过高是稳定运行的关键。一旦发生因传热效果不佳、温度过高，可能发生的副反应有：①HFPO二聚体（即原料）降解成 $CF_2=CF_2$、CO 和 CO_2 等；②PPVE（产物）重排成为 $CF_3CF_2CF_2CF_2COF$；③重排生成的这种酰氟会进一步同 Na_2CO_3 反应，放出更多反应热。以上副反应都是强放热反应。如热量无法及时移出，反应器内温度会急剧上升，结炭和结块不可避免。比较有效的办法是对搅拌床反应器设计一种内部可以辅助传热（包括采用可以传热的中空轴）复杂结构，提高搅拌强度等。另一种措施是在搅拌床的基础上采取固相从上往下移动，气相反应物和产物自下往上的"移动床"式操作。

（2）**流程示意图** 以 HFPO 为原料生产 PPVE 的流程示意见图 2-11。

2.1.6.2 全氟甲基乙烯基醚（PMVE）

全氟甲基乙烯基醚是全氟烷基乙烯基醚属中链最短，分子量最低的一员。分子式为 $CF_3OCF=CF_2$，主要用于生产全氟醚橡胶和其他一些具有优异性能的氟橡胶品种。在 PFA 的同类氟树脂产品中，它也用于同 TFE 共聚合成 MFA 树脂。还以很少比例加入一些氟树脂中作为改性单体。沸点为 -21.8℃。

至于合成方法原理，PMVE 有工业意义的合成分两种：羰基氟（COF_2）法和三氟甲基次氟酸酯法。

（1）**羰基氟法** 羰基氟法合成全氟甲基乙烯基醚的第一步原料是羰基氟，

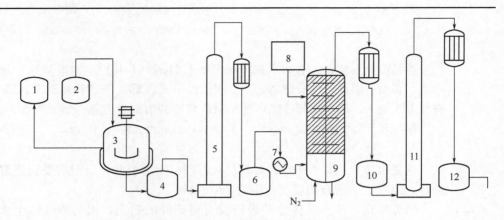

■图 2-11　以 HFPO 为原料生产 PPVE 流程示意图
1—溶剂储槽；2—HFPO 储槽；3—加成反应器；4—二加成粗产物槽；5—第一蒸馏塔；
6—精加成产物收集槽；7—气化器；8—Na$_2$CO$_3$ 高位槽；9—脱羧反应器；
10—PPVE 粗产物收集槽；11—PPVE 精馏塔；12—PPVE 成品槽

或称氟代光气，分子式为 COF$_2$。氟代光气是一种刺激性、不易燃烧的气体，遇水分解，能溶于乙醇，沸点为 -83℃。毒性指标为 LC$_{50}$ 270mg/m^3（急性吸入 4h，大鼠）。有工业价值的制备方法是 TFE 在控制条件下用氧气氧化：

$$CF_2 = CF_2 + O_2 \xrightarrow{\triangle} COF_2 \tag{2-48}$$

实际的反应比较复杂，生成的杂质也较多。COF$_2$ 也可以从 HFP 氧气液相氧化法生产 HFPO 时的副产物中分离提纯获得。如果是 PMVE 和 PEVE 同时合成，可以避免较困难的 COF$_2$ 和 CF$_3$COF 分离。

后续的反应如下：

$$COF_2 + CF_3CF \overset{\quad}{\underset{O}{\diagdown\diagup}} CF_2 \longrightarrow CF_3OCF \underset{CF_3}{\overset{}{|}} C = O \overset{}{\underset{F}{|}} \tag{2-49}$$

COF$_2$ 同 HFPO 的反应条件同合成 PPVE 时相似，由于 COF$_2$ 沸点很低，也不适合用它鼓泡，反应压力要高得多。脱羧反应如下：

$$CF_3OCF \underset{CF_3}{\overset{}{|}} C = O \overset{}{\underset{F}{|}} + Na_2CO_3 \longrightarrow CF_3OCF = CF_2 + 2CO_2 + 2NaF \tag{2-50}$$

（2）三氟甲基次氟酸酯法　三氟甲基次氟酸酯（CF$_3$OF），又称氟氧基三氟甲烷，CF$_3$OF 法的合成先从 CO 和元素 F$_2$ 出发，具体路线如下：

$$CO + 2F_2 \longrightarrow CF_3OF \tag{2-51}$$

$$CF_3OF + ClFC = CClF \longrightarrow CF_3-O-CFClCF_2Cl \tag{2-52}$$

$$CF_3-O-CFClCF_2Cl + Zn \longrightarrow CF_3-O-CF = CF_2 \tag{2-53}$$

此法不需要进行比较麻烦的脱羧反应，具有较好竞争力、适合工业化生产，成本略低。条件是要能方便获得 ClFC = CClF，少量可从锌粉脱氯法从

CFC-113 生产 CTFE 的副产物中获得。工业上合成 ClFC＝CClF 的方法是从 Cl_2FCCCl_2F（沸点 92.8℃）出发经锌粉在极性溶剂介质中作用脱氯制得。

$$Cl_2FCCCl_2F + Zn \longrightarrow ClFC＝CClF + ZnCl_2$$

Cl_2FCCCl_2F 则可以从四氯乙烯、三氯乙烯或六氯乙烷出发合成。

$$Cl_2C＝CCl_2 + F_2 \xrightarrow{N_2,\ CF_2Cl_2,\ -80℃} Cl_2FCCCl_2F \qquad (2\text{-}54)$$

$$Cl_2C＝CClH + F_2 \xrightarrow{N_2} Cl_2FCCCl_2F \qquad (2\text{-}55)$$

$$Cl_3CCCl_3 + 2SbF_3Cl_2 \longrightarrow Cl_2FCCCl_2F + 2SbF_2Cl_3 \qquad (2\text{-}56)$$

用 F_2 反应合成 CF_3OF 有一定的爆炸危险。

PMVE 的毒性略低于 PPVE，同空气混合在一定浓度范围具有燃烧性。

2.1.6.3 磺酰氟基全氟烷氧基乙烯基醚（PSVE）

全氟磺酸离子交换树脂最主要的单体是磺酰氟基全氟烷氧基乙烯基醚 PSVE，这是具有分子一端为带全氟代不饱和双键的乙烯基醚 $CF_2＝CFO—$ 基团，另一端为作为官能团的磺酰氟基团 $—SO_2F$。很显然，全氟代不饱和双键是聚合时形成全氟代 $—C—C—$ 主链所必需的，磺酰氟基团 $—SO_2F$ 的作用是在聚合后侧链上形成能在电解质溶液中发生离子迁移、起导电作用的磺酸基团或 $—SO_3M$。为什么要合成带磺酰氟的单体而不直接合成带磺酸或磺酸盐的单体，这是由后续的全氟磺酸离子交换树脂的热加工所决定的，研究证明，$—SO_2F$ 基团只有在高温下是最稳定的。其他结构易发生分解，无法进行热加工。现在通用的 PSVE 分子化学结构式为 $CF_2＝CFOCF(CF_3)OCF_2CF_2SO_2F$。值得注意的是，同 SO_2F 连接的 CF_2 链节数 n 为 2。这是因为，经过早期研究，发现当 CF_2 链节数小于 2 时，此单体聚合后得到的树脂加工成的膜在生产烧碱的电解槽工况条件下缺乏长期稳定性，而如果 $n \geqslant 3$，则此烯醚单体同 TFE 共聚时的相对活性更低，难以制成高交换当量的聚合物。高交换当量对于提高导电性，降低膜厚度，获得低的电阻和低的电能消耗是十分重要的。所以，几乎所有生产商均采用这一 PSVE 分子结构。

本节叙述的合成方法就是为合成这种分子结构而最早由 DuPont 公司开发并在实际生产中得到应用的。包括四氟 β-乙磺内酯的合成、四氟 β-乙磺内酯同 HFPO 的反应和脱羧反应 3 步主要反应，此法国内在 20 世纪 80 年代首先在中科院上海有机化学研究所建立了中试生产装置。

① 四氟 β-乙磺内酯的合成　PSVE 的合成建立在先合成四氟 β-乙磺内酯（Sulton），见式(2-57)，和 HFPO 的基础上。HFPO 已形成商品化生产，可以从市场采购，也可自己合成。磺内酯通常则必须自己合成。磺内酯合成方法有常压法和压力法两种。常压法可在玻璃设备中进行，反应慢、易生成副产物，不适合工业生产，本节中不作详细讨论。后者以 TFE 为原料，同 SO_3 一起在压力反应釜中在一定压力和不高于 80℃下反应，很容易得到粗成品，此法优点是反应完全、产率高，没有有害的反应副产物，反应速率

快，适合工业化生产。粗产品经简单蒸馏即可获得纯度＞99％的纯磺内酯。关键是 TFE 同 SO_3 的反应具有潜在的剧烈爆炸危险，20 世纪 70 年代和 80 年代初，因缺乏对反应规律的深入了解，国内外都曾报道发生较严重的爆炸事故。经研究，化学家们认为，三氧化硫和磺内酯的混合物是不稳定的，尤其是在摩尔比为 1∶1 时，存在热源或细小火种时都容易导致爆炸。爆炸时的反应为：

$$CF_2=\!\!=\!\!CF_2+SO_3 \longrightarrow \underset{O\cdots SO_2}{F_2C\!-\!\!-\!CF_2} \qquad 收率\ 92.8\% \qquad (2\text{-}57)$$

$$SO_3+OCF_2\!-\!CF_2SOF \longrightarrow 2SO_2+2COF_2 \qquad\qquad (2\text{-}58)$$

TFE 和 SO_3 的反应不需加入任何介质。反应可在带冷却夹套的立式搅拌槽反应器内进行。此反应为放热反应，调节适当的配料比，控制反应温度和反应速率，避免在反应釜中出现三氧化硫和磺内酯摩尔比为 1∶1 的可能性，消除任何可能发生局部过热的可能性，可以实现安全生产。SO_3 加入量可以一次或分成几批间歇加入，TFE 则采取随反应进行从搅拌桨下方鼓泡形式逐步加入，这样可维持压力在较低的水平，反应不致太快，放出的反应热可以容易地被传出。TFE 加入总量控制在反应压力几乎不再发生变化的情况，然后继续搅拌一段时间，确保反应完全。提纯后的四氟 β-乙磺内酯需保存在隔绝外界空气的储罐或钢瓶中。

② 四氟 β-乙磺内酯同 HFPO 的反应　四氟 β-乙磺内酯同 HFPO 的反应早期是两步法，即先将磺内酯在催化剂存在下开环异构化，生成 β-磺酰氟基全氟乙酰氟 FSO_2CF_2COF，然后将 FSO_2CF_2COF 同 HFPO 在催化剂 KF 和溶剂介质二乙二醇二甲醚（简称 DG）在搅拌槽反应器中进行反应，由于易发生 $n>2$ 的串联副反应和 HFPO 在 F^- 存在下的齐聚反应，HFPO 加入要慢，反应釜中 HFPO 的分压要尽可能低。得到的加成反应粗产物中 $n=1$ 和 $n=2$ 的约占理论值的 80％以上；$n=1$ 的副产物经提纯后可同原料一起参加后批的反应；$n=2$ 的产物提纯后用于同无水碱金属碳酸盐的成盐反应和脱羧制取 PSVE。

$$\underset{\qquad\quad O}{OCF_2\!-\!CF_2SO_2} \xrightarrow{\ N(C_2H_5)_3\ } FOC\!-\!CF_2\!-\!SO_2F \qquad (2\text{-}59)$$

$$FOC\!-\!CF_2\!-\!SO_2F+nCF_3CF\underset{O}{-\!\!-\!\!-}CF_2 \longrightarrow FOC(CF\!-\!O\!-\!CF_2)_n\underset{CF_3}{CF_2}\!-\!SO_2F \qquad (2\text{-}60)$$

$$n=1,\ 2,\ \cdots$$

③ 脱羧反应　脱羧反应，见式(2-61)，可以在有非质子极性溶剂存在下进行，也可以不用溶剂采用干法，由于实际上是两步反应，成盐反应是放热反应，脱羧反应是吸热反应，总热效应是负的（放热），所以反应过程中要保持热量平衡，既维持必要的较高最佳反应温度（低于一定温度，脱羧反应停止），又不能让温度失控，过高的温度会造成炭化和大量副反应，放出更多热量，反应混合物完全结块无法继续。实践证明，控制较慢的加料速

率、避免反应物的不均匀分布和局部浓度过高是实现平稳反应的关键，脱羧以后得到的粗 PSVE 必须尽快离开处于高温下的反应器，防止发生进一步反应，使已生成的 PSVE 被破坏。脱羧反应得到的粗 PSVE 产物应当在减压下进行蒸馏提纯。

$$FOC—(CFOCF_2)_2CF_2SO_2F + Na_2CO_3 \longrightarrow$$
（CF₃ below FOC）

$$CF_2{=}CFO(CF_2CFO)CF_2CF_2SO_2F + 2NaF + 2CO_2 \quad (2\text{-}61)$$
（CF₃ below; (PSVE)）

脱羧反应是 PSVE 合成最关键的一步。必须保持彻底干燥，如有微量水存在，水在反应温度下会参与反应生成难以除去的不活泼的含氢化合物（反应机理表示如下式），在聚合时 PSVE 如含有这种杂质，将构成对聚合反应及树脂质量很严重的影响。

$$FOC\text{-}(CFOCF_2)_2CF_2SO_2F + Na_2CO_3 + H_2O \longrightarrow CF_3CF(CFOCF_2)CF_2SO_2F$$

$$HOOC(CFOCF_2)_2CF_2SO_2F + HF$$

$$NaOOC(CFOCF_2)_2CF_2SO_2F \longrightarrow CF_2{=}CFOCFOCF_2CF_2SO_2F$$

PSVE 合成反应流程示意图，见图 2-12。

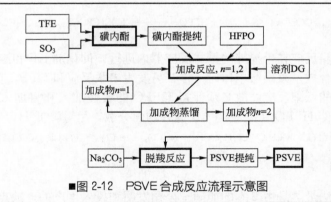

■图 2-12　PSVE 合成反应流程示意图

2.1.6.4 PCMVE

合成全氟羧酸单体的需求与早期开发氯碱工业用全氟离子膜的研究工作是分不开的，尝试首先由 DuPont 公司开发成功的全氟磺酸离子交换树脂制成的膜用于烧碱电解槽时，发现电流效率偏低，只有 70％多，究其原因是磺酸基团属强酸型，不能阻挡阴极室内 OH⁻离子向阳极室的反渗透。在此基础上，首先由旭硝子公司发现，较弱的羧酸基团具有阻挡 OH^- 反渗透的作用，故用全氟羧酸离子交换树脂制成的膜用于食盐电解可获得很高的电流效率（可达 95％以上）。这就导致烧碱电解用膜的研究者和开发商都致力于发展全氟羧酸单体及相应的树脂开发工作。

用于生产全氟羧酸离子交换树脂的单体为全氟烷氧基羧酸甲酯基乙烯基醚 PCMVE，因采用的合成路线的不同，分子结构是不同的。合成方法按原料路线的差异主要可分为 4 种。不管它们有多大差异，最终的单体分子结构中都必须包括一端为全氟乙烯基醚 $CF_2 \!=\! CFO$—基团和另一端为羧酸甲酯 —$COOCH_3$ 基团。同样，$CF_2 \!=\! CFO$—基团是提供在聚合时形成—C—C—主链，—$COOCH_3$ 基团则提供侧链末端在电解时形成可导电的—COONa。由全氟羧酸单体同 TFE 聚合得到的全氟羧酸离子交换树脂在造粒和成膜加工时都要经受高温，—COONa 形态在高温下会分解，经证明，—$COOCH_3$ 在树脂加工时高温下相对较稳定，树脂的起始分解温度可达 400℃以上。在整个合成过程和提纯过程中，确定反应条件和提纯温度时，要考虑保护已经生成的—$COOCH_3$ 基团。以下将每一种合成路线及其包括的各反应方程式列举如下。

(1) 全氟碘烷路线

A.
$$CF_2 \!=\! CF_2 + I_2 \longrightarrow ICF_2CF_2I \xrightarrow{\ TFE\ } I(CF_2CF_2)_2I \tag{2-62}$$

B.
$$I(CF_2CF_2)_2I \xrightarrow{\ 发烟硫酸\ } \begin{matrix} F_2C\!-\!CF_2 \\ \diagdown\ \ \ \diagup O \\ F_2C\!-\!C\!=\!O \end{matrix} \tag{2-63}$$

C.
$$\begin{matrix} F_2C\!-\!CF_2 \\ \diagdown\ \ \ \diagup O \\ F_2C\!-\!C\!=\!O \end{matrix} + CH_3OH \longrightarrow FOCCF_2CF_2COOCH_3 \tag{2-64}$$

D.
$$FOCCF_2CF_2COOCH_3 + HFPO \xrightarrow{\ KF,\,Sol.\ } \underset{\substack{| \\ CF_3} \atop n=1}{FOC(CFOCF_2)_nCF_2CF_2COOCH_3} \tag{2-65}$$

此步反应在带搅拌的槽式反应器内进行，催化剂 KF 和溶剂均须彻底干燥。同合成全氟磺酸单体时一样，易发生串联反应和 HFPO 在 F^- 负离子存在时下的低聚反应，故必须保持 HFPO 的缓慢加入和将加入口置于搅拌桨下部，使 HFPO 在反应器内快速并均匀分散，尽量降低 HFPO 的分压。

E.
$$\underset{\substack{| \\ CF_3}}{FOCCFOCF_2CF_2CF_2COOCH_3} + Na_2CO_3 \longrightarrow CF_2\!=\!CFO(CF_2)_3COOCH_3 + 2NaF + 2CO_2$$

$$\tag{2-66}$$

此法最早是由日本的旭硝子公司发明和投入生产的。缺点是二碘化物的毒性较大，据报道其 LC_{50} 约为 $70mg/kg$，合成 γ-丁内酯的反应产生的三废也较多。

(2) 碳酸二甲酯路线

A.
$$CH_3OC(O)OCH_3 + CF_2\!=\!CF_2 \xrightarrow{\ CH_3ONa\ } \underset{\substack{| \\ (OCH_3)}}{\overset{\substack{ONa \\ |}}{CH_3OCF_2CF_2\,CCOCH_3}} \tag{2-67}$$

B. $\quad CH_3OCF_2CF_2\overset{ONa}{\underset{(OCH_3)}{C}}OCH_3 +100\%H_2SO_4 \longrightarrow$

$$CH_3OCF_2CF_2{-}COOCH_3 \qquad (2\text{-}68)$$

C. $\qquad CH_3OCF_2CF_2COOCH_3 + SO_3 \longrightarrow FOCCF_2COOCH_3 \qquad (2\text{-}69)$

D. $\qquad FOCCF_2COOCH_3 + HFPO \longrightarrow FOC\underset{CF_3}{(CFOCF_2)_n}CF_2COOCH_3 \qquad (2\text{-}70)$

E. $\quad FOC\underset{CF_3}{(CFOCF_2)_n}CF_2COOCH_3 + Na_2CO_3 \longrightarrow$

$$CF_2{=}CFOCF_2\underset{CF_3}{CFO}(CF_2)_2COOCH_3 + 2NaF + 2CO_2 \qquad (2\text{-}71)$$

此法是由 DuPont 公司最早开发和投产的全氟羧酸酯单体合成路线。同甲酯基相接的 CF_2 链节数为 2。

(3) 氟磺酸阳极氧化反应出发的路线 氟磺酸同 TFE 在电解槽式反应器中进行阳极氧化反应，能生成 α-，ω-双官能团化合物，经适当转换，也适用于合成全氟羧酸单体。

A. $\quad 2HSO_3F + CF_2{=}CF_2 \xrightarrow{\text{阳极氧化反应}} FSO_3(CF_2CF_2)_nSO_3F + H_2 \qquad (2\text{-}72)$

此反应在较复杂的反应器内进行，反应器外面带传热夹套，内部装有冷却用盘管，阴阳电极对称分布在反应器内，阳极为玻璃状石墨板材（一种由呋喃树脂在隔绝空气情况下在高温炉内缓慢炭化特制的人工晶体）制成，阴极由条带状铂板制成，HSO_3F 预先加入带有耐强酸腐蚀材料衬里的反应器内，同时加入少量电解质如 NaF，TFE 在开始电解和开动搅拌的情况下从底部缓缓通入。得到的粗产物沉在底部。控制反应时间，使产物大部分为 $n=2$ 的化合物。伴生的 $n=1$ 组分可以回收再投入反应。

反应实际上是分两步进行的：

$$HSO_3F \xrightarrow{\text{电解}} F{-}\overset{O}{\underset{O}{\overset{\|}{\underset{\|}{S}}}}{-}O{-}O{-}\overset{O}{\underset{O}{\overset{\|}{\underset{\|}{S}}}}{-}F + H_2\uparrow \qquad (2\text{-}73)$$

$$F{-}\overset{O}{\underset{O}{\overset{\|}{\underset{\|}{S}}}}{-}O{-}O{-}\overset{O}{\underset{O}{\overset{\|}{\underset{\|}{S}}}}{-}F + CF_2{=}CF_2 \longrightarrow F{-}\overset{O}{\underset{O}{\overset{\|}{\underset{\|}{S}}}}{-}O{-}(CF_2CF_2)_2{-}O{-}\overset{O}{\underset{O}{\overset{\|}{\underset{\|}{S}}}}{-}F \qquad (2\text{-}74)$$

B. $FSO_3(CF_2CF_2)_nSO_3F + CH_3OH \longrightarrow FSO_3CF_2CF_2CF_2COOCH_3 + SO_2F_2\uparrow$

$$(2\text{-}75)$$

C. $FSO_3CF_2CF_2CF_2COOCH_3 \xrightarrow{F^-,\text{加热}} FOCCF_2CF_2COOCH_3 + SO_2F_2\uparrow \qquad (2\text{-}76)$

后续反应同合成路线 (1)，得到的羧酸单体结构也同路线 (1) 该合成方法国内在 20 世纪 80 年代在上海市有机氟材料研究所曾获得半工业化的成功，缺点是电极材料昂贵，难以产业化。

如果将 $ClOCCH_2CH_2COCl$ 进行电化学氟化（ECF），可以得到 $FOCCF_2CF_2COF$，再同 CH_3OH 在低温下反应，即得到 $FOCCF_2CF_2COOCH_3$，后面的合成步骤完全相同。

(4) 三氟氯乙烯路线　利用 $CF_2\!=\!CFCl$ 同 CCl_4 在 $AlCl_3$ 存在下，可合成 $CCl_3CF_2CCl_3$，接着将—CCl_3 转换成所需要的官能团，最终也能得到所需要的羧酸单体。

A. $$CF_2\!=\!CFCl+CCl_4 \xrightarrow{AlCl_3} CCl_3CF_2CCl_3 \qquad (2\text{-}77)$$

B. $$CCl_3CF_2CCl_3+50\%发烟硫酸 \longrightarrow ClOCCF_2COCl \qquad (2\text{-}78)$$

C. $$ClOCCF_2COCl+CH_3OH \longrightarrow ClOCCF_2COOCH_3+HCl \qquad (2\text{-}79)$$

D. $$ClOCCF_2COOCH_3+KF \longrightarrow FOCCF_2COOCH_3 \qquad (2\text{-}80)$$

后续的合成步骤同方法（2），得到的羧酸单体结构也同方法（2）。缺点是合成路线偏长，反应 A 实际上比较复杂，副反应较多。反应 B 中，反应产物 $ClOCCF_2COCl$ 同副产物 SO_2Cl_2 沸点非常接近，难以分离。此法尚未成为产业化合成路线的选择。

2.1.7　其他含氟单体

2.1.7.1　氟乙烯（VF）的合成

氟乙烯（Vinyl Fluoride，简称 VF），分子式为 $CFH\!=\!CH_2$，主要用于合成聚氟乙烯（PVF）。氟乙烯可以由以下几种方法合成。

A. **卤代烃用锌粉脱卤**　最早的合成方法是用锌粉同 1,1-二氟-2-溴乙烷反应脱氟溴：

$$Zn+CHF_2CH_2Br \longrightarrow ZnF_2+ZnBr_2+CFH\!=\!CH_2 \qquad (2\text{-}81)$$

锌粉也可用碘化钾的甲醇（或乙醇）溶液或苯基镁溴化物的乙醚溶液代替。

B. 1,1-二氟乙烷（HFC152a）在催化剂存在下热裂解脱 HF：

$$CF_2HCH_3 \longrightarrow CFH\!=\!CH_2+HF \qquad (2\text{-}82)$$

在美国专利 U S Patent 2892000 中揭示了一个发现，当用乙炔和 HF 在氧化铬催化剂上反应同时生成 VF 和 HFC-152a 时，此催化剂失活后用空气或氧在 $600\sim700℃$ 下处理 $1\sim3h$ 后，重新被活化，而且具有在 $200\sim400℃$ 能使 HFC-152a 脱 HF 转化为 VF 的功能，随着对催化剂的深入研究，发现 Cr_2O_3 用少量 B_2O_3 水溶液处理过后，效果更好，HFC-152a 脱 HF 的反应温度范围为 $225\sim375℃$。这一脱 HF 的过程是可逆反应，反应达到平衡时的 VF 浓度同温度密切相关。在 $227℃$、$327℃$ 和 $427℃$ 时 VF 浓度分别为 13%、40%和 99%。

HFC152a 是大规模生产的氟化合物，价廉、易得、运输也方便，采用固定床式反应器便于实现连续化生产，反应杂质少，HF 和 HFC-152a（沸点－25℃）易于同 VF（沸点－72℃）分离，可以得到纯度很高的产品，这对于合成聚合级的纯 VF 是很适合的方法。

C. 1-氟-2-氯乙烷催化脱氯化氢

$$CFH_2CClH_2 \xrightarrow{500℃,1,2-二氯乙烷} CFH=CH_2 \qquad (2-83)$$

该反应在此条件下选择率可达 100%，转化率为 15%。

D. 乙炔在高温下同无水氟化氢反应生成 VF　乙炔同无水氟化氢的反应首先是生成 1,1-二氟乙烷，接着，在高温和有催化剂（γ-氧化铝浸渍盐类或无任何附着物）条件下再脱除一分子 HF，得到 VF。

$$CH≡CH+2HF \longrightarrow CHF_2CH_3 \qquad (2-84)$$

$$CHF_2CH_3 \longrightarrow CHF=CH_2+HF \qquad (2-85)$$

此反应实际上合二为一，将在此法中提纯过的干燥乙炔和 AHF 按反应摩尔比 2：1 混合后一起通过装有催化剂的固定床反应器，气态粗产物通过碱石灰除去 HF，然后经过氯化铜氨溶液除去残留的乙炔。由蒸馏法排除以氧为主的不凝性气体。催化剂失活的寿命在 1000h 以上。

用乙炔作原料在多数情况下，需要就地产生乙炔，或者购买用钢瓶运输能溶解在丙酮中的乙炔；不管何种情况，都需要繁琐的乙炔净化和干燥系统，第一步反应生产的 CHF_2CH_3 不是纯的，直接脱 HF 后的粗产物中杂质多，提纯所花成本高。此法同直接用 1,1 二氟乙烷为原料催化脱 HF 方法相比，缺少竞争力。

E. HF 同乙烯的催化反应　用 HF 加到乙烯中进行催化反应也可生产 VF。

$$CH_2=CH_2+HF \longrightarrow CHF=CH_2+H_2 \qquad (2-86)$$

HF 和含有 35%氧的乙烯的配比为 2：1（摩尔比）。催化剂为浸渍钯和铜的氯化物的活性炭。催化剂床层反应温度为 240℃。以乙烯为基准的转化率 20%，选择率 92%。此法同乙炔法相比，乙烯易得，纯度高，不需再处理，反应温度低，催化剂不易结炭，寿命长。其缺点是转化率偏低。

F. 氯乙烯（VCM）直接氟化法　氯乙烯（VCM）直接用 HF 在催化剂存在下氟化法属于卤素交换法，此反应中，氯被氟所取代，见式(2-87)。典型的反应物配比为 HF/VCM＝3：1（摩尔比），反应温度 370～380℃，催化剂为 96% γ-Al_2O_3＋4% Cr_2O_3。此反应的条件控制（配比、反应时间、催化剂等）非常重要，较多的 HF 和长的接触时间，会使 VF 同 HF 继续反应，生成 1,1-二氟乙烷。优点是原料 VCM 价廉易得，此法具有较好的竞争力。

$$CHCl=CH_2+HF \longrightarrow CHF=CH_2+HCl \qquad (2-87)$$

VF 比较容易在储存和运输及处理过程中发生自聚，因此需要在灌装时加入少量萜烯类阻聚剂，如 α-柠檬烯之类，以防止发生自聚。聚合时需要通过蒸馏等方法除去阻聚剂，用硅胶吸附的办法，也是有效的。

2.1.7.2 PDD 的合成

PDD 是 2,2-bistrifluoromethyl-4,5-difluoro-1,3-dioxole 的缩写，其化

学结构式为：

$$\begin{array}{c} F_3C \quad O{-}CF \\ \diagdown C \diagup \quad \| \\ F_3C \quad O{-}CF \end{array}$$

PDD 是 DuPont 公司发明的具有可溶解性的无定形（透明）氟树脂 Teflon®AF 的单体，以六氟丙酮 HFA 为起始原料。合成路线如下：

$$CF_3\overset{O}{\underset{}{C}}CF_3 + CH_2{-}CH_2 \longrightarrow \begin{array}{c} F_3C \quad O{-}CH_2 \\ \diagdown C \diagup \quad | \\ F_3C \quad O{-}CH_2 \end{array} \xrightarrow{Cl_2}$$

（Ⅰ）

$$\begin{array}{c} F_3C \quad O{-}CCl_2 \\ \diagdown C \diagup \quad | \\ F_3C \quad O{-}CCl_2 \end{array} \longrightarrow \begin{array}{c} F_3C \quad O{-}CClF \\ \diagdown C \diagup \quad | \\ F_3C \quad O{-}CClF \end{array} \longrightarrow \begin{array}{c} F_3C \quad O{-}CF_2 \\ \diagdown C \diagup \quad | \\ F_3C \quad O{-}CF_2 \end{array} \qquad (2\text{-}88)$$

（Ⅱ）　　　　　　　　　（Ⅲ）　　　　　　　　（Ⅳ）

HFA 同环氧乙烷的反应生成的产物（Ⅰ）（间二氧杂环戊烷）是化学稳定性很好的中间体，收率很高，几乎是定量反应。从（Ⅰ）到（Ⅱ）通过光照下氯化实现 H 原子完全被氯取代。（Ⅱ）的部分氟化生成（Ⅲ），回收率大于 90%。（Ⅲ）的脱氯用镁粉、锌粉或四氯化钛同四氢化锂铝的混合物实施。脱氯后经蒸馏就得到纯的 PDD。

PDD 是无色液体，沸点为 33℃，反应活性很高，必须在低温下储存，并加入少量阻聚剂。

由日本旭硝子公司发明的用于合成无定形（透明）氟树脂 Cytop® 采用了另一种单体，其化学结构有所不同。以具有如下结构的直链全氟二烯烃为原料：

$$CF_2{=}CFO(CF_2CF_2)_nCF{=}CF_2$$

其中 $n=2$，经环化反应合成如下之单体：

$$\begin{array}{c} \qquad\quad CF_2 \\ -CF_2FC \diagup \diagdown CF_2 - \\ | \qquad\qquad | \\ O \diagdown \diagup \\ (CF_2)_n \end{array}$$

2.1.8 乙烯/丙烯

采用市售聚合级乙烯/丙烯。

2.2 氟树脂用单体的主要性质

2.2.1 TFE 的主要性质

更详细的性质包括：TFE 液体、气体的黏度，热力学性质，不同温度下在水和一些有机溶剂中的溶解度等。其中因 TFE 在生产和供聚合使用时常与水接触，在水中的溶解度摘录见表 2-2：

■表 2-2　TFE 的主要性质

性　　质	数　　值
分子量	100.02
沸点（压力 101.3kPa）/℃	-76.3
凝固点/℃	-142.5
不同温度 t（℃）下液体密度/（g/mL） 　$-100 < t < -40$ 　$-40 < t < -8$ 　$-8 < t < 30$	$1.202 - 0.0041\,t$ $1.1507 - 0.0069\,t - 0.000037\,t^2$ $1.1325 - 0.0029\,t - 0.00025 t^2$
饱和蒸气压，T_K/kPa 　$196.85 < T < 273.15$ 　$273.15 < T < 306.45$	$\lg(P/kPa) = 6.4593 - 875.14/T$ $\lg(P/kPa) = 6.4289 - 866.84/T$
临界温度/℃	33.3
临界压力/MPa	39.2
临界密度/（g/mL）	0.58
介电常数/28℃ 　在 101.3kPa 　858kPa	 1.0017 1.015
30℃时热导率/[MW/（m·K）]	15
理想气体生成热（25℃），ΔH/（kJ/mol）	-635.5
聚合成固体聚合物时聚合热（25℃），ΔH/（kJ/mol）	-172.0
在空气中燃烧浓度极限（101.3kPa 下体积分数）/%	14.43

不同温度下 TFE 在水中的溶解度（%），气相压力为 0.101MPa：

10℃	0.024	50℃	0.010
20℃	0.018	60℃	0.0094
30℃	0.014	70℃	0.0090
40℃	0.012	80℃	0.0088

在很多以 TFE 为单体的聚合过程中，压力都很高，故在水中溶解度要高得多。

TFE 在有氧存在或在酸性中时，尤其在压力下，较易自聚，缓慢的聚合没有太大危险，如果有氧存在，即使低温下，也可能慢慢生成过氧化物，一旦温度升高，可引起猛烈的爆炸。TFE 的储存必须在低温下，最好能在 $-35℃$ 下，要尽可能降低氧的含量，保证安全储存要求氧含量尽可能低。早期国内制定的指标是不得超过 $30cm^3/m^3$，并加入阻聚剂。随着技术进步，TFE 中氧含量的指标已降低到 $10cm^3/m^3$ 以下。国外跨国企业的指标非常严格，要求 O_2 不能超过 $1\sim3cm^3/m^3$。TFE 一般不进行长距离运输，在单体生产装置和聚合装置之间采用管道输送的距离尽可能短，管道初次使用和检修后再次使用，都要作严格排氧处理。管道内需保持连续流动，如因故需较长时间停止使用，应确保排尽管内液相 TFE。如需远距离运输 TFE，需有专门的安全措施和许可。较成熟的方法是同液态 HCl（无水）一起运输，到使用地去除 HCl 后还需提纯，方可使用。也有报道，TFE 同 CO_2 混合后稳定性大大提高，因而是比较安全的。

在紫外光照下，TFE 同 O_2 发生如下反应，生成四氟环氧乙烷：

$$1.5\,CF_2{=}CF_2 + O_2 \longrightarrow F_2C\underset{O}{-}CF_2 + CF_2O$$

(2-89)

在高温条件下，发生的氧化反应生成 CF_4 和 CO_2：

$$CF_2{=}CF_2 + O_2 \longrightarrow CF_4 + CO_2$$

(2-90)

TFE 可以同 H_2、卤化氢、卤素、氨、有机胺、氮氧化物、HNO_3、SO_3、醇类、卤代烷烃、烯烃等发生反应。能在高温下发生二聚、裂解、歧化等反应。其中有些反应直接生产有用产品，除二聚生成 *c*-318 和裂解生产 HFP 外，TFE 同 HF 反应生产 HFC-125，同 SO_3 反应生成磺内酯等。有些反应直接同安全和环保有密切联系，如氧化和歧化等。

2.2.2 HFP 的主要性质 （表2-3）

■表 2-3　HFP 的主要性质

性　　质	数　　值
分子量	150.023
沸点（压力 101.3kPa）/℃	−29.1
凝固点/℃	−156.2
不同温度（℃）下液体密度/（g/mL） 　−70℃/−50℃/−40℃ 　−30℃/−20℃/−10℃ 　0℃/10℃/20℃/30℃ 　40℃/50℃/60℃/80℃	 1.719/1.683/1.646 1.608/1.571/1.532 1.492/1.450/1.362/1.314 1.261/1.203/1.136/0.921
饱和蒸气压，T/kPa 　196.85<T<273.15 　10℃/20℃/30℃ 　40℃/50℃/60℃ 　70℃/80℃	 $\lg(P/kPa)=6.6938\sim1139.156/T$ 0.4577/0.6244/0.8327 1.089/1.401/1.777 2.227/2.767
不同温度（℃）下蒸气密度/（g/L） 　−70℃/−50℃/−40℃ 　−30℃/−20℃/−10℃ 　0℃/10℃/20℃/30℃ 　40℃/50℃/60℃/80℃	 0.865/1.631/2.871 4.775/7.569/11.52 24.21/33.79/46.29/62.55 83.80/112.0/151.0/317.0
临界温度/℃	86.0
临界压力/MPa	3.14
临界密度/（g/mL）	0.6
标准状态气体生成热（25℃），ΔH/（kJ/mol）	−1078.6
沸腾温度下气化潜热/（kJ/mol）	21.22
燃烧热/（kJ/mol）	879
毒性，LC_{60}（大鼠，4h）/（mg/kg）	3,000
在空气中燃烧浓度极限（101.3kPa 下体积分数）/%	同空气任何比例混合物 均不燃

不同温度下在水中和若干种有机溶剂中的溶解度可参阅文献。

其中 HFP 在水中溶解度摘录如下：

不同温度下 HFP 在气相压力 0.101MPa 下水中的溶解度（%）：

10℃	0.0070	50℃	0.0024
20℃	0.0051	60℃	0.0020
30℃	0.0039	70℃	0.0016
40℃	0.0030		

在一些聚合过程（如 FEP、FKM）中 HFP 的压力很高，其实际溶解度要高得多。同 TFE 相比，HFP 要稳定得多。HFP 也能同 H_2、卤化氢、卤素、氨、有机胺、氮氧化物、HNO_3、醇类、卤代烷烃、烯烃等发生反应。能在催化剂和选择性溶剂存在下生成二聚体和三聚体，同分子氧的反应是生成 HFPO 的主要方法，同 HF 的加成反应是生产 HFC-227ea 的主要方法。

2.2.3 VDF 的主要性质 （表 2-4）

■表 2-4　VDF 的主要性质

性　　质	数　值
分子量	64.038
沸点（压力 101.3kPa）/℃	−84
凝固点/℃	−144
不同温度（℃）下液体密度/（g/mL） 　−70℃/−50℃/−40℃ 　−30℃/−20℃/−10℃ 　0℃/10℃/20℃	1.047/0.997/0.957 0.924/0.888/0.850 0.805/0.751/0.675
饱和蒸气压，T ℃/kPa 　−70℃/−50℃/−40℃ 　−30℃/−20℃/−10℃ 　0℃/10℃/20℃	0.2019/0.4724/0.6801 0.9479/1.285/1.702 2.211/2.827/3.568
临界温度/℃	30.1
临界压力/MPa	4.434
临界密度/（kg/m³）	417
理想状态下生成热（25℃），ΔH/（kJ/mol）	−345.2
沸腾温度下气化潜热/（kJ/mol）	15.68
聚合热（25℃）/（kJ/mol）	−474.2
聚合活化能，E_0/（kJ/mol）	161
爆炸界限（体积分数）/%	5.8~20.2
在水中溶解度（质量分量）/% （气相压力为 0.101MPa） 　10℃/20℃/−30℃ 　40℃/50℃/60℃ 　70℃/80℃	0.056/0.044/0.037 0.032/0.027/0.024 0.022/0.020

VDF 是可燃性气体，空气中在 390℃ 以上会发生自燃。

2.2.4 CTFE 的主要性质 （表 2-5）

■表 2-5　CTFE 的主要性质

性　质	数　值
分子量	116.47
沸点（压力 101.3kPa）/℃	−27.9
凝固点/℃	−157.5
不同温度下液体密度/（g/mL） 　−60℃/−50℃/−40℃ 　−30℃/−20℃/−10℃ 　0℃/10℃/20℃/30℃ 　40℃/60℃/80℃/100℃	1.546/1.516/1.485 1.454/1.423/1.391 1.358/1.324/1.289/1.252 1.214/1.127/1.016/0.826
饱和蒸气压（T）/kPa 　−60℃/−50℃/−40℃ 　−30℃/−20℃/−10℃ 　0℃/10℃/20℃/30℃ 　40℃/60℃/80℃/100℃	0.0190/0.0340/0.0573 0.0919/0.1411/0.2087 0.2986/0.4150/0.5623/0.7451 0.9681/1.556/2.378/3.503
临界温度/℃	105.8
临界压力/MPa	4.03
临界密度/（kg/m³）	550
燃烧界限（体积分数）/%	16～34
气化潜热（−27.9℃）/（kJ/mol）	22.6
生成热（25℃）/（kJ/mol）	563.2
燃烧热（25℃）/（kJ/mol）	223.8
在水中溶解度（质量分数）/% （气相压力为 0.101MPa） 　10℃/20℃/−30℃ 　40℃/50℃/60℃	0.042/0.030/0.023 0.016/0.012/0.010

2.2.5 HFPO 和 PPVE/PMVE 的主要性质 （表 2-6）

■表 2-6　PPVE/PMVE 和 HFPO 的主要性质

性　质	数　值		
	Ⅰ （PPVE）	Ⅱ （PMVE）	Ⅲ （HFPO）
分子量	266	166	166
沸点（压力 101.3kPa）/℃	36	−21.8	−27
闪点/℃	−20		
相对密度（23℃）	1.53		

性　质	数　值		
	I (PPVE)	II (PMVE)	III (HFPO)
液体密度（−22℃）/（kg/m³）			1300（25℃）
蒸气密度（75℃）/（g/mL）	0.2		
饱和蒸气压（25℃）/kPa	70.3	590	660
气化潜热/（kJ/mol）			21.8
临界温度/K	423.58	96.15	86
临界压力/MPa	1.9	3.41	2896
临界容积/（mL/mol）	435		0.59
毒性（平均死亡浓度,ALC）/（mg/kg）	3000	10000	20（TWA）[①]
空气中燃烧界限（体积分数）/%	1.1～47	7.5～50	无

① TWA 是指在每天 8h 每周 5 天接触化学品情况下的平均加权允许浓度。

2.2.6 乙烯、丙烯的主要性质

乙烯和丙烯的主要性质如下（表 2-7）：

■表 2-7　乙烯和丙烯的主要性质

性　质	乙烯(E)	丙烯(P)
外观	无色气体	无色气体,有甜味
气体密度	1.2604	
气体相对密度（空气＝1）	0.975	1.46
液体相对密度（20℃）	0.5699	0.5139
熔点/℃	−169.4	−185.2
沸点/℃	−103.9	−47.7
临界温度/℃	9.90	91.4～92.3
临界压力（大气压）	50.7	45～45.6
在水中溶解度	几乎不溶于水	
爆炸界限（下限）（体积分数）/%	3～3.5	2.0
爆炸界限（上限）（体积分数）/%	16～29	11.0

2.2.7 VF 的主要性质

　　VF 是可燃气体，空气中自燃温度 389℃。在空气中体积浓度达到爆炸的下限和上限是 3.5％～28％。

　　各种不同温度（10～100℃）和不同压力（0.1～7MPa）在水中溶解度的详细数据见表 2-8。温度为 10～40℃，压力为 0.02～0.1MPa 在二氧六

■表 2-8　VF 的主要性质

性　　质	数值
分子量	46.04
沸点/℃	−72.2
凝固点/℃	−160.5
饱和蒸气压(21℃)/MPa	2.5
液体密度(21℃)/（kg/m³）	636
临界压力/MPa	5.1
临界温度/℃	54.7
临界密度/（kg/m³）	320
标准生成热（ΔH_{298}^{0}）/（kJ/mol）	−140
沸腾温度下汽化潜热/（kJ/mol）	16.64
在水中溶解度(80℃)/（g/100g） 　　压力 3.4MPa 　　压力 6.9MPa	 0.94 1.54
在有机溶剂中溶解度/（cm³VF/cm³ 溶剂） 　　乙醇 　　DMF(二甲基甲酰胺)	 4 8.9

环中的溶解度；温度为−100～50℃，气液平衡状态下的饱和蒸气压、气体密度、液体密度、表面张力，以及−110～50℃温度范围的临界数据等都可以从相关参考书中得到。

参 考 文 献

[1]　Fish W. R. , U S. 593997. 1947.
[2]　Scherer Q, Main P. A. Steinmetz A. U S 2994723. 1961.
[3]　H. S. Eleuterio, R. W. Meschke. U S 3358003. 1965.
[4]　T. Filyakova, A. Zapevalova, I. Kolenko. USSR 186176. 1979.
[5]　D. P. Carlson. U S 3536733. 1970.
[6]　Y. Oda, K. Uchida. JP 77-108914. 1977.
[7]　Cass, O. W. U S 2442, 993. 1948.
[8]　Coffman, D. D. , and Garmer, R. D. U S 2461, 523. 1949-2-15.
[9]　Hamersma J. U S 3621067. 1971-11-16.

第 3 章　非熔融性氟树脂的制造

3.1 概述

聚四氟乙烯（PTFE）是四氟乙烯（TFE）的均聚物，是 TFE 在水相中，在引发剂、表面活性剂和其他添加剂存在的情况下，在适当的温度和压力条件下聚合得到的完全线型和高结晶度的高分子量聚合物。从 1938 年发现PTFE并逐渐了解其超常优异性能后，对 PTFE 的生产技术和树脂性能、加工技术的研究以及对 PTFE 树脂的各种改性技术的研究从未间断。形成了一个相当大的产业规模。尽管从最初的聚合工艺发展到现在，已取得了多方面的很大进步，但是 TFE 聚合成为 PTFE 的最基本的聚合过程通常还是分为两大类型：悬浮聚合和乳液聚合（或称分散聚合）。悬浮聚合法生产的是粒状树脂（习惯上也称悬浮树脂），聚合过程中不加或加入很少分散剂，聚合速率通常很快，必须采用剧烈的搅拌，聚合生成的聚合物以颗粒状浮于水面。乳液聚合用于生产 PTFE 细粉（或习惯上称分散树脂）或分散液（也称乳液）。分散树脂实际上是分散液经凝聚得到的 PTFE 树脂细粉。就聚合过程而言，分散树脂和浓缩分散液两种形态不同的产品是同种方法生产的。在乳液聚合过程中，加入较多的分散剂、石蜡稳定剂等，为了防止因乳液浓度在聚合过程中逐渐提高而导致受剪切作用出现不希望发生的凝聚，搅拌必须很温和，要尽量减少剪切作用。通常乳液聚合的聚合速率要比悬浮聚合慢得多，这不但是因为温和的搅拌使传热变差，较慢的聚合速率可以降低单位时间内的放热强度所需，而且也是由于加入多种助剂，它们或多或少有一些链转移作用，使聚合变慢。

本章的目的是向读者提供 PTFE 聚合的基本原理和几种 PTFE 主要产品的生产技术，不仅包括聚合过程，而且包括聚合的后处理过程。后者不局限于粉碎、凝聚、洗涤、干燥等操作本身，对于产品的颗粒形态、表面和内部状况直至加工性能和适用什么样的加工方法等产品质量有极重要的作用。先从 100％TFE 以不同的聚合方式生产各种不同 PTFE 产品开始，再介绍以添加少量共聚单体改性 PTFE 均聚物的生产。对每种产品的表征方法和性能特征都进行了讨论。

四氟乙烯聚合成聚四氟乙烯的反应机理可以无机过氧化物过硫酸钾 $K_2S_2O_8$ 为引发剂的典型反应表示。

① 过硫酸盐在受热情况下分解形成引发剂自由基片段

$$K_2S_2O_8 + 热量 \longrightarrow 2SO_4^{\cdot-} + 2K^+$$

② 链引发

$$SO_4^{\cdot-} + CF_2{=}CF_2 \longrightarrow SO_4(CF_2{-}CF_2)^{\cdot}$$

③ 链增长

$$SO_4(CF_2{-}CF_2)^{\cdot} + nCF_2{=}CF_2 \longrightarrow SO_4(CF_2{-}CF_2)_n(CF_2{-}CF_2)^{\cdot}$$

④ 自由基经受水解，羟基取代硫酸根

$$SO_4(CF_2{-}CF_2)_n(CF_2{-}CF_2)^{\cdot} + H_2O \longrightarrow$$
$$HO(CF_2{-}CF_2)_n(CF_2{-}CF_2)^{\cdot} + H^+ + HSO_4$$

$$HO(CF_2{-}CF_2)_n(CF_2{-}CF_2)^{\cdot} + H_2O \longrightarrow COOHCF_2(CF_2{-}CF_2)_n^{\cdot} + 2HF$$

⑤ 链终止

$$COOHCF_2(CF_2{-}CF_2)_n^{\cdot} + COOHCF_2(CF_2{-}CF_2)_m^{\cdot} \longrightarrow$$
$$COOH(CF_2{-}CF_2)_{m+n}COOH$$

如果聚合在低温下进行（<30℃），就需要用氧化还原体系催化剂。这时，催化剂就离子化成为带电荷的片段（如，$KMnO_4 \longrightarrow K^+ + MnO_4^-$）。较高温度下使用的典型引发剂有亚硫酸氢盐、过硫酸盐等。

与聚乙烯不同，PTFE 是完全线型的，没有可检测到的侧链。这就造成了直到相当高分子量时，仍保持实际上完美的链结构。这些链没有相互间的作用，形成几乎是 100％的结晶结构。由于聚合物材料不同链间的相互作用形成范德华力，赋予了热塑性材料很好的力学性能，但为什么只有极小范德华力的 PTFE 聚合物也具有很好的有用性能？答案是 PTFE 聚合物可借助熔融后再结晶的手段控制其结晶度。TFE 均聚物（没有任何其他共聚单体，即没有改性）在熔融后控制再结晶程度唯一的手段是提高聚合物的分子量。极长的 PTFE 链具有在熔融相中曲绕的较大可能性，从而不会有机会达到熔融前结晶的程度（>90％～95％），这是 TFE 聚合在商业生产中将分子量做得很高的主要原因。通常其平均分子量要达到 $10^6 \sim 10^7$，分子量控制的主要参数包括引发剂含量、调聚剂和链转移剂的使用。当然，很高的 TFE 纯度（特别是含氢的低碳饱和烃和不饱和烃这类有害杂质要严格控制）、纯的表面活性剂和石蜡（不含有链转移作用杂质）、纯的聚合用介质水等对于保证得到高的分子量都是必要的。

在 380℃时，PTFE 仍保持极高的黏度，这是 PTFE 极高分子量的一个重要体现。通常 PTFE 的熔体黏度高达 10GPa（10^{10}Pa·s），这个数量级是比常规热塑性塑料挤塑或注塑时的黏度的 100 万倍还要高，这就导致要发展 PTFE 一系列独特的加工技术，本书第 7 章将展开详细介绍。PTFE 也可算是热塑性的，但是它在熔融时也不能流动，这就引起一个问题，它不能像加工聚烯烃那样容易和完全地封闭制品表面所有的空隙。一部分空隙会保留在PTFE均聚物制成的制品中。这些空隙的存在会影响树脂制品的抗渗透性能、力学性能（如弯曲寿命和耐应力开裂性能）等。

要满足对力学性能和耐渗透性的极端要求，这些残留的空隙必须消除。解决这一问题需要减低PTFE的黏度，不再出现高度结晶。解决的办法是在TFE聚合时加入少量共聚单体来干扰PTFE的结晶结构。早期，Cardinal等就建议TFE分散聚合时加入少许改性剂。Holmes等具体提出用全氟烷基乙烯基醚（如PPVE）作为改性剂。Mueller等和Doughty等报道六氟丙烯、全氟烷基乙烯基醚作为改性剂用于悬浮法生产PTFE的聚合中，得到了改性的粒状（悬浮）树脂。

PTFE粒状（悬浮）树脂、分散树脂、分散液产品的聚合都是在特殊设计的聚合反应釜中在高压下以间歇方式进行的。悬浮聚合采用立式聚合釜，生产用单台反应器的容积已从早期不足$1m^3$发展到近年来出现的$6\sim8m^3$。分散聚合以采用具有低搅拌转速、低剪切特点的卧式聚合反应釜为主，单台反应釜的容积也达到$5\sim6m^3$。聚合介质都是经过专门杀菌处理、去除无机和有机杂质的新鲜纯水，这些杂质会对自由基聚合反应起阻止作用并影响最终产品的色泽。聚合中所使用的表面活性剂是阴离子型的。以往多半用全氟羧酸盐如全氟辛酸铵，近年来，正努力寻找可替代的表面活性剂。

3.2 聚四氟乙烯的制造

3.2.1 悬浮法聚四氟乙烯树脂

3.2.1.1 聚合工艺

TFE的悬浮聚合是生产PTFE树脂用得最多和最普遍的生产方法。聚合反应在装满约占2/3反应器的水中进行。通常采用釜体材质为SUS316L不锈钢制成的立式聚合釜。如前所述，悬浮聚合中不加或只加入很少量分散剂，并在聚合过程中进行强力搅拌，商业化生产的聚合过程通常包括：配槽（或称配料）、聚合反应釜排氧处理、升温引发聚合反应、补加TFE单体和控制温度和压力、停止加料和降温终止反应，回收未反应的TFE及出料等步骤。

聚合在恒定的压力下进行，随着聚合进行，因TFE很快消耗压力就会下降，通过自动控制系统将同聚合反应釜连接的TFE储槽中的TFE气体迅速补加到反应釜内，维持压力恒定，这对于控制分子量及其分布是重要的。

文献提到适用的压力范围内为 0.03~3.5MPa。压力变动也会影响反应速率。为确保安全，TFE 储槽中的 TFE 是气液两相并存，控制其压力和夹套冷却介质温度，可以保持液态 TFE 源源不断地气化，满足聚合反应的需要。停用时则保持夹套冷却介质温度为 −35℃，如能达到 −42℃ 则更好，前提是厂区有这样的冷冻系统。引发剂的选择同反应温度是互相关联的。可用的离子型无机引发剂有过硫酸铵或碱金属的过硫酸盐，如过硫酸钾和过硫酸锂等，这些适用于 40~90℃ 温度范围。有机过氧化物如双（β-羧基丙酰基）过氧化物，俗称二琥珀酸过氧化物，也可引发聚合反应，如果需要低的聚合温度，由于过硫酸盐分解太慢就不适用了，必须以氧化还原体系的催化剂如高锰酸钾来代替。

引发剂的用量范围（依水的质量为基准的）可以为 2~500mg/kg。如果其他参数都保持不变，引发剂用量增加，必然明显地降低分子量。水是引发剂的载体（引发剂必须溶解于水，方能发挥作用），又是聚合时放出热量的传热介质。如前所述，TFE 聚合是放热反应，文献报道的聚合热为 −41kcal/mol。同聚氯乙烯的聚合热 −106kJ/mol（相当于 −25.3kcal/mol）及聚乙烯的聚合热 −25.4kcal/mol 相比，PTFE 的聚合热要高 1.6 倍多。

水本身不影响聚合反应，但是水中的有机杂质即使在低温下也会影响聚合反应。这种影响表明会对聚合发生阻止作用或链转移作用，从而使得到的最终产品出现一些不应有的性质。水纯度的指标要求达到电导率 18MΩ。比较惰性的饱和烃类物质也会起阻聚作用，除非它们在水中的溶解度很小。故即使碳原子数高达 12 的石蜡状物质也还有阻聚作用。分子链更长的石蜡由于在水中溶解度很小，因此只有极小的阻聚作用。

为了对聚合起"种子"作用，常加入少量阴离子型的分散剂，它们基本上是不具有调聚作用的。最常用的就是碳原子数为 7~20 的全氟羧酸铵盐。典型的分散剂加入量是水相形成 5~500mg/kg 的浓度。这个浓度不足以生成胶体状的聚合物颗粒。在聚合开始的初期，分散体开始形成，随着分散剂一消耗光，就变得很不稳定。这种不稳定的体系仅出现在固含量（质量分数）不到 0.2% 的时候，从这往后，大部分聚合直接发生在尺寸较大的悬浮颗粒上，这种颗粒是多孔的、疏水的，因此浮在水面上。即使搅拌停止了，聚合反应还会再继续一些时间，这个现象支持了直接聚合的假说。

TFE 悬浮聚合生成 PTFE 的过程同及时通过反应釜壁向外传出聚合放出的热量有密切关系。另一个需要十分关注的问题是聚合过程中可能出现原来光滑的釜壁上局部积料（通称结壁），这会导致传热恶化，这种现象如不及时觉察和清除掉，就会变成过热点，发生爆聚（因温度急剧升高，发展到爆炸）。这是实际生产中一大危险。除聚合釜必须设计和安装在可以密闭操作的防爆隔离室外，及时检查发现隐患和清釜至关重要。

3.2.1.2 悬浮聚合的一些工程问题

商业化生产的大尺寸聚合反应釜中进行悬浮 PTFE 树脂的聚合反应，通常每批的反应从开始引发到反应结束大约耗时 50min，极少超过 1h 的（不包括配料、抽空排氧处理时间）。加上辅助时间约为 2h。如前所述，TFE 聚合的聚合热特别高，为尽量减少釜内结壁和结团的潜在危险，聚合釜内部不设辅助冷却用的盘管，内壁上也没有任何挡板。聚合时放出的所有热量全部通过釜壁和外面的夹套传出。要达到稳定生产，必须建立放热速率和传热速率之间的平衡。放热速率直接决定于聚合速率。聚合速率在其他因素保持恒定时决定于温度。如假定在 50min 周期内，以单位时间的平均聚合速率作为基准，一台容积为 $1.5m^3$ 的反应釜每批实际产量以 250kg（2500mol）计算，可以得到放热速率为：

平均反应速率 R＝250/50＝5kg/min（50mol/min）。实际聚合反应由于控温往往跟不上放热，温度从起始到结束有 20～25℃的温升。这意味着极端的放热速率要比此高得多。有理由估计会在 1 倍上下。

平均放热速率 $Q_{均}$＝50×41＝2050kcal/min。

整个聚合过程中放出总热量 $Q_{总}$＝2500×41＝102500kcal，其中1kcal＝4.18J。

通常聚合釜介质用水为釜容积的 70%，加水量为 1050L，水升温可以吸收的热量为：1050×1×20＝21000kcal，必须通过传热方式向外传出热量负荷为 102500－21000＝81500kcal，即平均传热负荷为 H＝97800kcal/h。

从釜向外传热的实际能力由传热系数 K，传热面积 F，和内外温差 ΔT 三要素决定，F 是固定的，要提高单位容积反应釜的传热面积只能通过提高釜的高度 h 和直径 d 之比，这有一定的限度。以 h/d＝1.3 为例，取有效传热面积为 70%（因夹套不可能全覆盖，搅拌使壁旁的液面上升），$1.5m^3$ 聚合釜的传热面积 F＝$2.86m^2$。聚合开始和后期因内温是上升变化的，取平均温差 ΔT＝38℃（设定夹套内传热介质温度为 5℃），则唯一可变的就是传热系数 K。要满足能平衡热量控制温度的目标，K 必须达到如下的数值范围：

$$K＝H/F \cdot \Delta T＝97800/(2.86×38)＝900kcal/(h \cdot m^2 \cdot ℃)$$

对于从搅拌聚合釜中悬浮固体颗粒的水透过釜壁向夹套中冷媒的总传热系数要达到这一要求很不容易。文献中得到的常见带夹套容器内部水向夹套内盐水（传热壁材质为不锈钢）传热总系数 K 为 230～1625J/($m^2 \cdot s \cdot K$)［相当于 828～5850kcal/($h \cdot m^2 \cdot ℃$)］可供参考。实际运行时极端的放热速率要高得多，而且实际传热系数还受釜内结壁和夹套内盐水结垢的影响，传热能否平衡聚合热常是很困难的，表现为温度上升趋势很快，温度上升又提高聚合速率，靠提高冷媒流速无法达到控制温度，不得已只能降低 TFE 进料速率甚至因温度超过许可的上限而停止反应。

以上问题的解决要从聚合反应工程的角度出发，通过建立温度、聚合反应速率和传热速率的平衡实现温度可控。

以下提高传热强度的措施对设计和运行工程师有一定的参考价值。

① 提高聚合反应釜的 h/d，改变传统的压力容器常用的比值范围，尤其是大容积（如 $3m^3$ 以上）的反应器，可将 h/d 提高到 2 或更高。如果高度提高一倍，直径不变，则容积增一倍，而有效传热表面积提高了一倍多。为适应 h/d 提高，应改变搅拌方式，或者采用双层桨式搅拌，或者将向下悬挂式的搅拌改为驱动端设在底部中央的下搅拌形式，后者不仅搅拌效果好，还可避免因上搅拌轴太长而晃动。

② 改变聚合釜体材质设计，同物料直接接触的部分，为防止腐蚀和保证清洁度，用不锈钢 316L，但是从热传导方面考虑，在同样温度下不锈钢的热导率比铁低 2～3 个数量级，用不锈钢整体制造，非但没有必要，而且不利于传热，较好的办法是用不锈钢同碳钢的复合材料（以碳钢为基体）制造釜体，由于碳钢强度高，作为压力容器设计的釜体厚度也可以比纯不锈钢小，设备的总重量也降低了。运行方面，及时清除结壁和结垢，也能保证良好的热传导。

③ 提高釜壁两侧的热导率，内侧主要就是选用有利于充分混合的桨叶设计，适当提高搅拌转速（以不造成釜体晃动为限）。外侧提高热导率的主要方法是在夹套中设置导流板，提高冷媒流动的线速率。

另一个必须十分注意的问题是保证 TFE 的气化速率和溶解于水相能跟上聚合的需要，纯 TFE 的聚合反应是快速反应，从动力学分析，是属于传质控制。实践证明，只要强力搅拌，如不补加 TFE 单体，聚合压力下降很快，表明控制因素还是在 TFE 气化速率方面。一般设置 TFE 槽压力比聚合反应器内高 0.3MPa，输送管道不要有太多阻力，可以满足聚合的需要。以液态保存的 TFE 因安全考虑，常含有少量（50×10^{-6} 左右的萜烯或三乙胺之类）阻聚剂，气化后的气态 TFE 中不可避免也会含有少许阻聚剂，可以用专门吸附剂吸附的方法去除。

在 TFE 停止加料后，聚合还可继续进行一段时间，以消耗尽可能多已加入反应釜中的 TFE 单体；然后让反应完全停止，迅速降温；剩余的 TFE 回到单体装置的粗 TFE 气库；回收结束后，开釜，将 PTFE 悬浮树脂和水一起放出，即聚合过程结束。

3.2.1.3 树脂后处理过程

PTFE 悬浮树脂在离开聚合釜和滤去大部分水后，进入后处理程序。通常所说后处理包括两个部分。首先是经过捣碎、洗涤（必要时需要研磨）和干燥，得到的是平均粒径为 $100～300\mu m$ 国内生产企业称为中粒度的基础树脂。后处理的第二部分内容是以气流（或其他方式）粉碎中粒度树脂，得到平均粒径小于 $40\mu m$ 的细粒度树脂。再在此基础上经聚集（造粒）处理，生产出表面光滑、粉末流动性好的造粒树脂，或以这种细粒度树脂经预烧结处理，得到预烧结树脂。

后处理过程的全部步骤可以用图 3-1 表示。

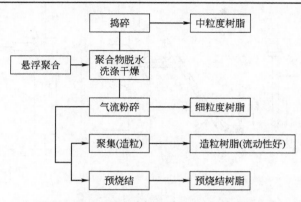

■图 3-1　PTFE 悬浮树脂后处理过程的全部步骤

① 捣碎　工业生产进行的悬浮 PTFE 树脂的捣碎操作是在一种称为捣碎桶的槽外有冷却夹套、上方敞开的立式搅拌槽中进行的，槽中充满温度低于 30℃的纯水，PTFE 树脂浮在水中，搅拌桨的桨叶是专门设计的刀型叶片，在快速转动过程中尺寸较大、外形很不规则的颗粒粉状树脂受到叶片的反复切削，使树脂颗粒平均粒径下降到 150μm 左右，完全捣碎的树脂粉浮在水面上，随流动的水一起溢出捣碎桶。经滤网型螺旋传送带在输送过程中同水分离后直接进入干燥装置，小型生产装置采用间歇的箱式干燥，大型生产装置采用连续的气流干燥装置，经多道过滤净化处理的洁净空气，在鼓风机的驱动下经蒸汽加热和电加热，成为温度高于 200℃的干燥热空气，在高速通过文丘里式加料器时借助形成的负压将湿树脂吸入旋风分离器中实现干燥和气固分离。最终还需在干燥环境下冷却，以免热树脂粉在冷却时重新吸收水分。中国是世界上生产这种树脂产品最多的国家，2010 年的产量达到近 1.9 万吨。约占全部悬浮 PTFE 树脂产品的 70%。

② 中粒度树脂粉碎（细粒度 PTFE 悬浮树脂生产）　市场需要的 PTFE 悬浮树脂绝大部分是从中粒度树脂经进一步干法粉碎成平均粒径为 20～40μm 的细粒度树脂，采用的粉碎机有多种形式。文献中提到了一种带刀型叶片高速旋转（转子最高线速率达 3000m/min）的粉碎机，运行时聚合物的温度保持在 PTFE 相转变点以上（最好高于 25℃）。这个方法生产的树脂其表观密度可达到 300g/L 以下（可参见图 3-2）。国内用得最多的是气流粉碎机。用于压缩空气的压缩机必须是无油压缩机。经冷却、除尘处理后的洁净压缩空气在几个大气压的压力下经喷嘴以高速气流喷入粉碎机，冲击从加料器加入的中粒度树脂粉，发生碰撞、研磨而粉碎。这种粉碎后的粉料以细粒度品级 PTFE 树脂出售，用它加工制品比用中粒度树脂同样加工

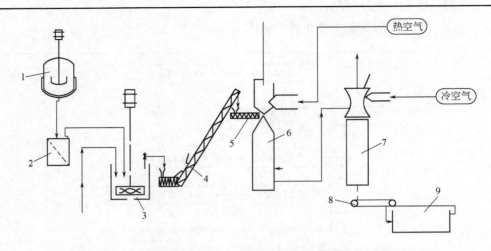

■图 3-2 悬浮 PTFE 树脂生产后处理捣碎和气流干燥流程示意
1—聚合釜；2—滤水机；3—捣碎机；4—螺旋输送机；5—螺旋加料机；
6—（热空气）气流干燥机；7—冷却器；8—成品传送带；9—成品包装桶

得到的制品的性能要优异得多。表观密度＜500g/L，它们的松密程度就像小麦面粉。用这种细粉压制的坯料致密性好，用它制成的车削板空隙小。无论是电绝缘性、机械强度和耐渗透性等都较好。这种细粉很适合同玻璃纤维、炭黑、青铜粉等填充物制造填充 PTFE。国外生产的悬浮 PTFE 树脂多半是经粉碎的细粒度粉。国内随着应用技术进步，对细粉的需求量不断上升，2010 年已达到年产约 8300 多吨；同国外相比，在总量中的比重还是偏低的。细粒度 PTFE 树脂也分多个品级。其中，国外有一个品级的产品颗粒表面特别粗糙，显得很疏松，特别适于制造电性能要求高的薄板和薄膜。这种树脂的生产除聚合需在低温（10℃）下进行外，粉碎设备也完全不同，采用设有外夹套冷却的专用锤式粉碎机，使粉碎过程中物料保持在较低温度下，避免气流粉碎时粉末受冲击而表面光滑化。粉碎后得到的粉状颗粒表面能满足上述要求。

　　较小表观密度的（即较轻的）PTFE 悬浮粉最大的优点是赋予用它制成的制品优良的物理性质。表 3-1 是几种国外生产的细粒度 PTFE 树脂的性能。

■表 3-1　几种国外生产的细粒度 PTFE 树脂的性能（按 ASTM 方法 D4894）

产品品级	表观密度 /(g/L)	拉伸强度 /MPa	断裂伸长率 /%	标准相对密度 (SSG)
Teflon®7A	460	34.5	375	2.16
Teflon®7C	250	37.9	400	2.16
Polyflon®M-12	290	47	370	2.17
Polyflon®M-14	425	32	350	2.16

从表 3-1，可以清楚地看到，在分子量同等（SSG 相同）情况下，表观密度减小（即粉碎后粒度更小），树脂的主要性能数据明显提高。其中，Polyflon®M-12 性能更好，这主要应归功于其生产工艺的特点（低温聚合，低温下专门粉碎）。

③ PTFE 造粒（流动性好 PTFE 树脂生产）　如前述，平均粒径为 20～40μm 的细粒度树脂性能得到很大改善，但是由于表观密度小（较轻），表面不光滑，以及在温度接近或超过相转变温度时变得较软和较黏而容易结团，在进行自动模压（如柱塞挤出）时会在加料时发生"架桥"现象。而且，表观密度小则意味着 PTFE 树脂粉很疏松，模压加工时需要用比制品尺寸大得多的模具。为适应自动模压的要求，必须开发粉末流动性能好的 PTFE 树脂来满足这种高效率连续加工的要求。通常需要将细粒度 PTFE 粉在特定的条件下通过聚集转变为平均粒径较大、体积密度（Bulk density）较大的"团"状颗粒。每一个"团"均由很多个细粉颗粒构成，平均粒径的数量级达到几百微米。这个过程俗称"造粒"。造粒过程可以以干法进行，也可以用湿法进行。

干法造粒是将 PTFE 细粉与不溶于水的有机溶剂在一个容器内混合后靠转动、上下左右翻滚，在不断地撞击过程中，小颗粒互相黏结成为大颗粒。早期的造粒过程就是用这样一种方法，使用的有机溶剂量较少。造粒完成后，用加热方法脱除溶剂。此法的缺点是溶剂具有一定毒性和潜在的燃烧性危险。这种用少量有机溶剂的造粒比较适合在 V 形混料机中进行。

文献报道的另一种干法造粒中，同 PTFE 细粉混合用的有机溶剂有四氯化碳、丙酮、对二甲苯和乙醇等。PTFE 细粉同液体之质量比为 0.6～10，操作温度范围为 20～40℃。溶剂和聚合物混合后搅动 2～140min，然后分出造好粒的聚合物并进行干燥。这样得到的造粒 PTFE 粉料平均粒径为 500～800μm。表观密度保持在 400～600g/L。该法的缺点是要处理大量的有机溶剂，表观密度也偏低。

湿法过程需要用水和不溶于水的有机溶剂的混合物作为介质。PTFE 细粉和这种混合液一起置于搅拌槽内，混合液的温度要加热到水的沸点以下，维持搅拌直到造粒过程完成，然后将造粒产品同混合液分离，并进行干燥。如果有机溶剂沸点比水低得多，可以直接通过简单蒸出和冷凝回收，余下的水和聚合物用过滤方法就可分开。一般说，湿法优于干法，因为对造粒树脂的性能较易控制。也有些湿法造粒单用纯水为介质。

Roberts 和 Anderson 报道了研磨得粒度很细小的 PTFE 粉在水中的聚集造粒。他们将 PTFE 粉加入到温度为 80℃ 的槽中搅拌 1h，得到的浆状混合物经过滤、干燥后用开孔 1000μm 的分级筛进行筛分，通过筛的 70% 产品表观密度为 540g/L。在另一试验中将 PTFE 细粉放在一圆筒中，在没有水的条件下（完全干法）以旋转速率 11r/min 转动 35min。在后一试验中得到的聚集物流动性很差,其表观密度同有水条件下得到的造粒料相比要低得多。上述两种不同条件下得到的结果对比见表 3-2。

■表 3-2 两种不同方法进行 PTFE 造粒的结果对比

造粒方法	平均粒径 /μm	粉末流动性 /(g/s)	表观密度 /(g/L)	拉伸强度 /MPa	断裂伸长率 /%
在水中造粒	475	12	540	28.3	325
无水造粒	350	6.3	460	30.3	370

这里所说的方法也可适用于填充 PTFE 的造粒,质量比为 10%～40% 的填充物如玻璃纤维、青铜或云母的粉末加入 PTFE 细粉中一起造粒。

文献中也提到在造粒时分别加入疏水的"保护性胶体"水溶液、非离子型表面活性剂等。Izumo 等则在用水的同时,还加入低表面张力有机液体,它们同水不互溶,表面张力＜35×10^{-5} N/cm。实例中用了四氯乙烯。得到的结果显示,造粒后的 PTFE 粉流动性很好,表观密度＞700g/L,平均粒径为 $100 \sim 500 \mu m$。在造粒研发过程中用过的全卤代烃类化合物都是不溶于水的液体,相对密度较大,提到过的有:三氯三氟乙烷(CFC-113),三氟一氯甲烷(CFC-13)和三氯五氟丙烷(CFC-215)等。这些都是不燃性物质,比较容易同水分离,表面张力都小于 35×10^{-5} N/cm,沸点为 80～130℃。这又意味着,造粒的 PTFE 颗粒在回收阶段要经受较高的温度,高的温度会增加 PTFE 颗粒的硬度,对用它加工成的制品的物理性质产生负面影响。这些溶剂成本偏高,都属于 ODS(保护臭氧层要禁用的范围),故决定了它们不能再被使用。

为了克服上述全卤代烃类的缺点,又开发了另一类部分卤代的烃类介质(HCFCs),其中包括 1,1-二氯,3,3,3-三氟乙烷(HCFC-123),1,1-二氯,1-氟乙烷(HCFC-141b)和 1,3-二氯,1,1,2,2,3-五氟丙烷(HCFC-225)等。这些除了对保护臭氧层没有太大的影响外,沸点都为 40～60℃,属较低温度,适合生产较软的 PTFE 造粒粉。

在 1996 年的一篇有关通过造粒制造流动性好的 PTFE 粉报道中,磨得很细的 PTFE 粉同填充料在造粒过程中用含有 1%～5%润湿剂的水进行润湿。润湿剂是乙二醇醚或丙二醇醚。PTFE 粉同填充料先在装有筛网的 Homoloid 混合研磨机中进行干法混合,然后依次同润湿剂混合、同水混合和研磨,湿的研磨过的产品移到卧式的旋转盘上成型(形成颗粒)。造好的颗粒置于金属盘子放进烘箱干燥。例如,由 25%玻璃纤维、1%颜料和 74% PTFE 粉组成的混合粉料按上述方法造粒,用二丙二醇丁基醚为润湿剂,湿的粒料在 299℃下干燥 4h,得到的产品流动性很好,表观密度达 804g/L。这个例子是生产填充 PTFE,这里对造粒料首要的性能要求是流动性,但是对于要求颗粒不但流动性要好,还要保持"软",就不用了。

实际生产中比较多的是以 HCFCs 或四氯乙烯为溶剂的湿法造粒,对于在搅拌槽中进行的造粒,除要求表观密度较高和造粒后得到颗粒表面光滑外,还要求颗粒平均粒径较大，粒径尺寸分布均匀度好，长径比例适中（接近圆形最好）等。除了要优化上面提到的各种工艺条件，对于搅拌槽的设计和运行也需要优化，一般而言，槽内壁是否需要挡板、桨叶的形状、运行时搅拌转速等都需要按实际结果进行优化。若加工成制品的性能对于颗粒"软""硬"有专门要求的要区别对待，合理优化工艺条件。

从理论上分析，造粒过程可以分为5步：成核（Nucleation）、凝聚（Coalescence）、"滚雪球"（Snow-balling）、压碎与分层（Crashing and Layering）及磨损转移（Abrasion Transfer）。图 3-3 为造粒过程 5 步机理的示意图。

成核过程时间很短，特征是快速成长。凝聚是颗粒成长过程，速率较慢，需要较长时间。只要

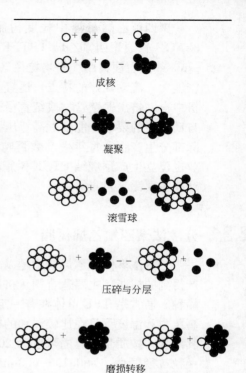

■图 3-3 细粒度 PTFE 造粒过程机理示意图

颗粒还能变形和粒径不够大，成长就可持久。"滚雪球"是第 3 步，这时颗粒变大和变硬了，很多小粒子沉积在大的已凝聚颗粒的表面，成为稠密的一层。最后两步也可能是与"滚雪球"同时实现的。这时，较小的聚集物在同设备表面和大的已聚集颗粒碰撞而破碎，磨损转移是指大颗粒的一部分表面由于两个颗粒的接触受到摩擦后脱离并转移到另一颗粒上。由上可见，造粒过程存在一个最佳的时间段。

④ 预烧结（预烧结 PTFE 树脂生产） 聚四氟乙烯悬浮树脂预烧结料的制造方法，是将普通 PTFE 悬浮树脂装到洁净的钢制托盘中，放在烧结炉中进行预烧结，烧结好的物料外观为疏松的白色块状体，将该块状体放到回转式粉碎机中进行粉碎，得到平均粒径为 $100\sim1500\mu m$ 的颗粒状物料。用锤式机械粉碎机破碎预烧结后的中粒度 PTFE 得到的粒径分布见表 3-3。

■表 3-3 锤式粉碎后预烧结 PTFE 的粒径分布

分级尺寸	0 — 38.5	38.5 — 125	125 — 180	180 — 355	355 — 500	500 — 710	710 — 1000	$d_{50}/\mu m$
$n_i/\%$	0.4	4.4	13.0	24.0	36.4	21.6	0.2	500
$\sum n_i/\%$	0.4	4.8	17.8	41.7	78.2	99.8	100	

聚四氟乙烯悬浮中粒度树脂预烧结后的熔点从原来的 342℃下降到 327℃。普通聚四氟乙烯（PTFE）悬浮中粒度树脂［平均粒径（180±80）μm］或细粒度树脂［平均粒径（30±20)μm］，加工成的预烧结料具有体积密度大，流动性好的特点，适宜于自动化加工制品，特别适合在柱塞式挤出机中自动挤出薄壁管材或细直径棒材。柱塞挤出时容易加料，能满足机械化自动加料的要求，能耐过高背压引起的碎裂，加工出的制品外观优异。国内除部分生产企业每年生产数百吨预烧结 PTFE 树脂外，有多家大型加工企业也建立生产预烧结 PTFE 树脂的流水线，烧结炉采用隧道式电加热装置，产品主要满足自身需要。

3.2.2 分散法聚四氟乙烯树脂

分散法聚四氟乙烯树脂是以 TFE 进行分散聚合（或乳液聚合）方式生产得到的树脂，主要适合糊状挤出方式加工，是四氟乙烯树脂产品中第二大品种。通常是 TFE 单体在有一定量分散剂、稳定剂和引发剂等存在下在较高压力和温度下且在比较温和的搅拌条件下进行聚合，聚合得到的聚合物呈乳液状，按质量计算的浓度为 20%～30%。存在于乳液中未经凝聚的 TFE 颗粒粒径很小，为 0.15～0.3μm，它们被表面活性剂（分散剂）单分子层包围而具有一定的稳定性，PTFE 的这种粒子称为初级粒子（参见图 3-4）。在机械搅拌或电解质的作用下，实现破乳，初级粒子凝聚成为粒径较大的次级粒子同水介质分离，经洗涤、干燥后称为分散法聚四氟乙烯树脂。国外常称为细粉（Fine Powder），同悬浮聚合的主要差别有以下 3 个方面。

① 加入了分散剂，如全烷基的羧酸盐和稳定剂，如碳原子数不小于 12 的石蜡等。分散剂的加入使聚合反应的机理发生了变化。分散剂的加入量既要足够以保证聚合过程中不发生凝聚，同时又不能太多，以免导致初级粒子过小。分散剂和石蜡的加入都带入

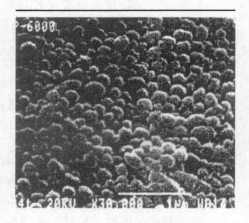

■图 3-4　从分散聚合得到的
PTFE 初级粒子电镜照片

了潜在的可导致发生链转移作用的杂质，有时甚至导致聚合反应速率很慢。

② 由于乳液存在稳定性问题，剧烈搅拌可能造成聚合过程中的凝聚，特别是后期浓度较高的情况下，由剪切作用引起的凝聚可能性很大，甚至也

是造成爆聚的潜在原因之一。搅拌转速（桨叶线速率）必须大大降低；桨叶的设计要满足尽可能少的剪切，同时又能在转速低的情况下能满足传热介质的要求。

③ 后处理　凝聚生成次级粒子时的温度、搅拌转速、搅拌时间和干燥方式、干燥温度等都对分散树脂的粒子形态、软硬度及加工性能有很大影响。

分散聚四氟乙烯树脂由于聚合工艺和后处理条件等各因素的变化，以及聚合时有无加入少量改性单体、加入量的多少和加入时机等的不同，产生了很多不同品级，它们分别适应各种不同的特殊加工方法，出现了多姿多彩、性能不同的制品。国外主要生产企业和部分国内企业生产的各种不同分散PTFE品级及它们的主要性能见本书附录1所列。

3.2.2.1 聚合反应及工艺

早年报道的 TFE 分散聚合是由 Renfew 等在 1950 年做的研究，他们用了二丁二酸或二戊二酸过氧化物为聚合的引发剂（在水中质量浓度为 0.1%～0.4%）。试验的压力范围为 0.3～2.4MPa，温度范围为 0～95℃，反应器设置了温和的搅拌。结果得到的分散液含有按质量计算的 PTFE 聚合物细粒，浓度为 4%～6.5%。此分散液很容易凝聚，但是如果要运输或处理，要提高此分散液的稳定性还需要边搅拌边加入第二分散剂。

10 年后 Brinker 和 Bro 作了改进，他们在聚合反应开始之前向反应器中加入甲烷、乙烷、氢或者含氢和氟的乙烷。在反应器内还加入了氟烷基羧酸盐作为分散剂，不溶于水的饱和烃作为防凝聚剂。代表性的反应使用质量比为 0.1%～3% 的全氟辛酸铵作为分散剂；引发剂则选择了过硫酸铵和二丁二酸过氧化物；氧化还原体系如亚硫酸氢钠和三磷酸铁也可以用。引发剂用量决定于对反应速率和聚合度的要求，范围为水质量的 0.01%～0.5%。稳定剂（防凝聚）用了碳原子数 12 以上饱和烃，即石蜡，在聚合温度下，它是液态。作为实例，向反应器加入甲烷的量是 TFE 量的 0.008%，聚合温度为 86℃，压力为 2.8MPa，稳定性明显提高。胶状固体 PTFE 的浓度可以达到 36%，比 Renfew 的结果高出很多。稳定性是按照在转速为 500r/min下搅拌时 PTFE 颗粒凝聚所需要的时间长短来判定的。Brinker 等的方法所需时间几乎提高了 3 倍，达到 6～8min。

分子量较高的分散树脂不能适应于加工厚度较薄的制品，如线缆的包覆和薄壁管等。当高分子量的分散树脂加工成厚度小于 500μm 的制品时，需要过高的糊状挤出压力且会出现裂纹。几年以后，Cardinal 报道了在聚合釜中引入某一种改性剂的方法开发一种较低分子量的分散树脂，其特征是具有较低的熔体黏度。提到的改性剂有氢、甲烷、丙烷、四氯化碳、全氟烷基三氟乙烯和全氟烷氧基三氟乙烯等，它们大都是不能聚合的链转移剂。后两种的碳原子数在 3～10 之间。具体的聚合条件为，介质水相中除水外还含有分散剂、引发剂、石蜡等，聚合温度为 $50\sim85℃$，压力为 2.9MPa。聚合釜是卧式的圆筒形反应器，长径比为 10∶1。搅拌转速同悬浮聚合相比要低得多。叶轮式桨的转动使水相中 TFE 单体始终饱和。用 HFP 和甲醇为改性剂时的典型聚合配方和得到的分散树脂的部分性质见表 3-4。

■表 3-4 典型分散聚合配方和产品部分性质

聚合反应配方成分或产品性质	聚合实例 1#	聚合实例 2#
改性剂	$CF_3CF=CF_2$	甲醇
改性剂浓度（质量分数）/%（相对 TFE）	0.15	0.009
去离子水/份	1500	1500
TFE/份	3000	3000
引发剂含量（质量分数）/%（在水中浓度）	0.005（过硫酸钾）	0.006（过硫酸铵）
全氟壬酸铵（质量分数）/%（在水中浓度）	0.15	0.15
石蜡（质量分数）/%（相对于水）	6.3	6.3
温度/℃	85	70
压力/MPa	2.9	2.9
搅拌转速/r·min⁻¹	125	125
分散液中固含量/%（PTFE 在水中比例）	35	40.5
PTFE 初级粒子粒径/μm	0.17	0.17
标准相对密度（SSG）①	2.211	2.211
熔体黏度（380℃下）/×10^{-1}Pa·s	$3.6×10^9$	

① 标准相对密度按 ASTM 方法标准 D 4895 的规定测定。

报道中也包括了其他一些改性剂，如全氟丙基乙烯基醚（PPVE）等。引入改性剂可以发生在聚合过程的任何时间。如当聚合过程进行到 70% TFE 单体已用于聚合时，加入改性剂则最终得到的每一个 PTFE 颗粒都含有如下的核壳结构：核是由高分子量的聚合物构成，壳则由已被改性的较低分子量 PTFE 构成。在此实例中每个 PTFE 颗粒中，仅占总质量 30% 的外壳是被改性的。这类 PTFE 分散树脂用于改性的改性剂总量很小（只占约 1‰）（参见表 3-5），但是对性能所起的影响是很深远的。熔体黏度从未改性树脂的 $10×10^9$ Pa·s 降低到 $(3\sim6)×10^9$ Pa·s，糊状挤出的压力可下降 20%～50%，从而使由这类树脂制作薄壁管和导线绝缘层时不再出现裂纹。

Cardinal 等的发明大大提升了 PTFE 分散树脂研究和生产人员改变和控制聚合物性质的能力。Holmes 等则揭示了可以用作改性剂的全氟烷基乙烯基醚共聚单体如全氟甲基乙烯基醚（PMVE）、全氟乙基乙烯基醚（PEVE）、全氟丙基乙烯基醚（PPVE）和全氟丁基乙烯基醚（PBVE）在分散聚合中的重要性。他们开发了具有极佳力学性能的，完全由 TFE 和如 PPVE 这类改性剂的共聚物组成的系列聚合物。PPVE 改性的分散 PTFE，在322℃下经受老化31天，弯曲次数仍可达到1800多万次，标准相对密度可达到低于2.175，380℃下的熔体黏度保持低于$4×10^9$Pa·s。依靠使用仔细提纯过的PPVE，使加入改性剂后的聚合反应速率仍可维持在工业化生产可以接受的程度。这也要归功于用过硫酸盐如过硫酸铵作引发剂，代替二丁二酸过氧化物。过硫酸盐不会使聚合速率下降。Holmes等用了同Cardinal等所用同样的卧式聚合釜。长径比为1.5∶1，搅拌桨为四叶鼠笼型桨，转速46r/min。典型的操作程序如下：抽空后加入去离子水、石蜡和全氟辛酸铵（分散剂）水溶液。抽空排氧后开始加热，到65℃后，边搅拌边加入过硫酸铵（引发剂），继续加热到72℃后，加入PPVE，在稳定的温度和搅拌转速下开始加TFE，升压。当压力出现下降，表明聚合反应已启动，温度升至75℃。聚合初期在消耗了约总量10%的TFE后，补加一次分散剂以稳定生成的乳液。在加TFE达到希望形成浓度为35%的分散液所需要的TFE量后，停止加TFE；压力下降到正常水平的60%左右后，停止搅拌。反应结束，先抽空回收未反应的TFE，后降温。压力释放结束，即可放出产品乳液。分离出浮在上层的固体（主要是石蜡）。以后进入后处理，需要生产分散树脂粉料则需要稀释、凝聚、洗涤和干燥。如需要生产PTFE浓缩分散液，就进入浓缩程序。

以上聚合工艺典型的聚合配方和聚合物数据参见表3-5。

■表3-5 加入不同改性剂量的PTFE分散聚合实例配方和性能数据

聚合配方成分或聚合物性质	聚合实例1	聚合实例2
改性剂类型	PPVE	PPVE
改性剂用量	20.5mL	3g
去离子水/g	21800	3600
TFE用量/g	10050	1830
引发剂过硫酸铵/g	0.33	0.065
分散剂,全氟辛酸铵/g 初次 后期	2 26.7	4.92
石蜡/g	855	141
温度/℃	65～75	75
压力/MPa	2.8	2.8
搅拌转速/（r/min）	46	105
分散液中PTFE固含量(以水为基准)/%	35	33.7
PTFE初级粒子粒径/μm	0.188	0.10
标准相对密度/SSG	2.149	2.160
聚合物中改性剂含量（质量分数）/%	0.102	0.09
380℃下熔体黏度/$×10^{-1}$Pa·s	$0.9×10^9$	$2×10^9$

差不多同期，Poirier报道了分散聚合法生产具有复合颗粒结构的PTFE

的制备方法。颗粒内部的部分（核）比外表部分（壳）含有更高浓度的共聚单体。所用共聚单体是全氟烷基乙烯基族中某一种。这种 PTFE 分散树脂的优点是用它们进行糊状挤出时要求高的压缩比（reduction ratio）而不产生要求高挤出压力的困扰，避免了在挤出管子和电线绝缘时出现裂纹。这种聚合物加工时的压缩比甚至可以高达 10000：1。已经大大超过了工业上常规的要求。

这种称为"核-壳"聚合物具体制造方法的特点是在聚合进行一段时间后，停下来，将釜内气体抽空，用 TFE 再充压到聚合压力，这样后面半段时间聚合得到的聚合物就含有较少共聚单体。核的部分质量占颗粒的65%～75%。余下的部分为壳，质量占粒子总质量的 25%～35%，含有比核部分较少的共聚单体。将这种聚合物用于制造电线绝缘层，电线置于2000～8000V 的高电压下检测此绝缘可能发生的裂纹数。结果是用粒子壳分布含有较低浓度共聚单体的这种"核-壳"聚合物同不含共聚单体的纯 TFE 生产的 PTFE 聚合物相比，裂纹数降低到最低程度。引进少量共聚单体可以改善分散树脂糊状挤出的可挤性，改善最终产品的性质。共聚物趋于改善，诸如管子等烧结制品的透明度。但是，有时改性剂一方面改善了可挤出性，另一方面却又损害了烧结制品的性质。例如，TFE 和 CTFE 的共聚物可以适用于在高压缩比和低挤出压力下的糊状挤出，但是其热稳定性也明显下降。为了克服这一缺点，巧妙地设计了一种"核-壳"结构。核由 TFE 和全氟烷基乙烯基醚的共聚物构成，壳由 TFE 和 CTFE 的共聚物构成。壳的厚度很低，只有粒子总质量的5%，不至于损害良好的挤出性能。表 3-6 列出了五种具有不同组成的聚合物实例，它们展示了良好的"核-壳"结构效果。

■表 3-6　五种不同构成的 PTFE 乳液聚合及聚合物性质

聚合反应的组成或聚合物性质	聚合物 1#	聚合物 2#	聚合物 3#	聚合物 4#	聚合物 5#
二丁二酸过氧化物/$\times 10^{-6}$	120	120	60	120	
过硫酸铵引发剂/$\times 10^{-6}$	3.75	3.75	4.1	3.75	10
温度/℃	70	70	85	70	70
分散液中固含量（质量分数）/%	31.9	31.4	32	31.5	31.8
粒径/μm	0.20	0.20	0.24	0.26	0.18
"核"改性单体	PPVE	PPVE	CTFE	PPVE	PPVE
"壳"改性单体	CTFE	CTFE	CTFE	—	—
聚合物中 CTFE 含量（质量分数）/%	0.035	0.280	0.250	—	—
聚合物中 PPVE 含量（质量分数）/%	0.02	0.02	—	0.02	0.02
标准相对密度 SSG	2.185	2.184	2.183	2.186	2.173
热不稳定性指数	10	33	40	1	1
挤出压力（压缩比 1500：1）/MPa	100	64	52	108	118

　　分散聚合发展的过程是不断改进的过程，也是不断创造新品级的过程。在日本和欧洲，同样出现了相当的一些品级，聚合过程的改进是相似的。在中国，PTFE 分散树脂最早是 20 世纪 60 年代上海市合成橡胶研究所（20 世纪 80 年代初改名为上海市有机氟材料研究所）以自己开发的技术开始相关研究，从低压法（压力不超过 0.8MPa）起步，采用氧化还原引发体系，以全氟辛酸铵（APFO）为分散剂。产品的 SSG 基本上都在 2.20 以上，多半用于制造生料密封带。直到 20 世纪 80 年代中期，经多年持续试验研究和不断改进，又成功开发了高压法（压力范围 2.0～2.7MPa）技术，采用过硫酸盐为引发剂，石蜡为稳定剂，以产品 PTFE 质量为基准约 4‰的全氟辛酸铵为分散剂。特别是通过加入适量丁二酸，成功解决了制品收缩率偏高的问题，产品树脂 SSG 可以达到同国外同类产品相当的水平。推出了 FR203、202 等品级。同期还将自主开发的卧式聚合釜技术成功实现了放大到 1～3m³。国内从 20 世纪 90 年代起，多家生产企业陆续生产分散 PTFE 树脂，2010 年达到年产 11300t。绝大部分产品适合中低压缩比糊状挤出。近年来，国内也有不止一家生产企业报道能够生产出 SSG 为 2.15～2.16 的高分子量分散 PTFE 树脂和用少量改性单体改性的分散 PTFE 树脂。

3.2.2.2 影响分散聚合及树脂质量的一些其他因素

　　(1) 影响乳液稳定性的工程因素　乳状液是一种多相分散体系，液珠（颗粒）与介质之间存在着很大的相界面，体系的界面能很大，属于热力学不稳定体系。如前述，要保持分散聚合中生成的 PTFE 乳液的稳定性（尤其在聚合后期浓度达到 20%～30%情况下），须在配方中加入 APFO（分散剂）和石蜡（稳定剂）。APFO 是由亲水基团和疏水基团两部分构成的，其作用有 3 个方面：①分散作用溶解于水后能大大降低表面张力；②稳定作用聚合物初级粒子表面吸附了 APFO 后，形成单分子层，能防止粒子间合并凝聚，增加稳定性；③形成胶束和增溶胶束单体会进入胶束中形成增溶胶束。

　　实践表明，聚合过程中如加入 APFO 不足，则随着乳液浓度提高，粒子长大和粒子数增加，会出现因不足以满足全部覆盖粒子而产生凝聚。但是如果加入过多 APFO，则因生成粒子的数目多少取决于乳化剂浓度和自由基生成速率，会从聚合一开始就生成太多粒子，最终得到的平均粒径过小，影响树脂性能。所以提高稳定性不能单靠提高 APFO 浓度。从上一节的实例可见，加入石蜡有明显的稳定作用。但是除这些外，聚合反应釜中的搅拌作用起了相反的影响，搅拌提供了对乳液的剪切作用，增加了初级粒子之间相互碰撞的机会，增加了粒子同聚合反应器壁、内部构件摩擦的机会。这些是造成聚合过程中破乳的重要因素。因此必须在反应器形式、搅拌桨形式、转速等方面进行相应的改进。采用釜壁经过专门处理"镜面内壁"卧式聚合釜、采用配套的低剪切搅拌设计（如"鼠笼型"桨）和低转速（容积 $1m^3$ 以上大尺寸釜搅拌转速小于 50r/min）。与尺寸相同的立式釜相比，有利于聚合过程中的稳定性，聚合结束后浮在乳液表面的凝聚物减少到最低程度。

(2) 粒径问题 很难说初级粒子的粒径应该大些好，还是小些好。从不同的角度分析，有不同的要求。如当考虑生产的乳液不用于制造分散树脂，而用于制造浓缩分散液时，初级粒子越大，运输和储存时的稳定性越差；用于配制涂料时，要求有较大尺寸的粒子；而用于同其他工程塑料共混配制塑料合金则要求较小的粒子。这就导致需要有多种不同聚合配方和工艺条件，按对产品的不同目标要求生产多个品级。

3.2.2.3 树脂后处理过程工艺

分散聚合得到的 PTFE 乳液通常浓度在 30% 左右。俗称"淡"乳液，在分离掉石蜡后进入后处理过程。包括凝聚、洗涤和干燥 3 个步骤。

凝聚是借助机械搅拌的作用在添加一些水溶性好的弱碱性物质的情况下，实现初级粒子（胶粒）的凝聚成为粒径较大的团状次级粒子。凝聚过程是在外形似大梅花杯的立式搅拌槽中进行，槽内壁没有任何锐角。这种设计可以防止搅拌过程中过度的冲击，还有利于消除搅拌时的死角，有利于克服乳液水流同步旋转。先将"淡"乳液用去离子水稀释到浓度为 10%～20%，用氨水调节 pH 到中性或微碱性，调节水温到不超过 19～20℃，剧烈搅拌 5～10min，开始出现凝聚，料液呈糊状。继续搅拌数分钟，停止搅拌，凝聚过程结束，滤去母液水，加入去离子水后再搅拌，重复数次直到 PTFE 树脂颗粒表面和空隙中吸附的各种在聚合和凝聚过程带入的助剂被洗净。凝聚温度如超过 25℃，凝聚好的粒子易结团。搅拌时间过短，尤其是在出现糊状后如搅拌时间过短，粒子很软，也容易黏结，产品装桶后甚至结成大团。反之，搅拌时间过长，粒子变硬，损害加工性能。

凝聚和洗涤后的 PTFE 颗粒同水分离后需进一步干燥至水分含量低于 1‰。干燥方法可以是真空干燥、高频干燥、热空气干燥，热空气干燥更适合大规模生产。其他材料干燥时常用的气流干燥或热空气流化床干燥对分散 PTFE 树脂颗粒的干燥不适用，因为颗粒在干燥过程中的翻滚使彼此之间和同设备壁间发生频繁的碰撞和摩擦，会破坏分散 PTFE 颗粒的柔软性，使表面变硬，损害树脂的加工性能，在温度高时，这种影响尤为严重。适合的方式是分散 PTFE 颗粒以较薄的厚度平放在盘内，干燥时热空气流取强制流动，PTFE 颗粒保持相对地静止。烘箱或隧道式干燥线都适用。干燥用的空气温度宜在 180℃左右，物料温度则从 100℃开始，初期处于第一干燥速率阶段，物料温度几乎不变，进入第二干燥阶段后，温度很快攀升，如热空气流温度上限定在 180℃，则物料温度始终维持在此极限值之下。这不仅是为了保证一定的干燥速率，更是为使可能残留在颗粒毛细孔内之 APFO 彻底升华或分解。这对于产品质量（包括色泽）是极重要的。但是干燥温度也不宜过高，否则会影响糊状挤出性能，干燥温度过高，对树脂产品要求的挤出压力也高。

分散 PTFE 树脂在干燥直至冷却和包装整个过程会涉及多次转移和输送，尤其要保护好粒子形态，操作中避免一切摩擦、震动、挤压等，否则极易损坏颗粒的微纤化。生产环境和成品储存、运输都要保持在不超过 19℃ 的状态。

3.2.3 聚四氟乙烯浓缩水分散液

聚四氟乙烯浓缩水分散液是 TFE 分散聚合得到的较低浓度（25％～30％）PTFE 乳液经脱去部分水浓缩得到的浓缩乳液。对浓缩水分散液的主要要求为：首先是稳定性，可以在较长时间周期内稳定地运输、储存和处理，不出现聚合颗粒沉淀，这种沉淀一旦发生，不可能靠简单的搅动就复原，即聚合物粒子不可能回到乳液状态；其次浓缩后的乳液只能含尽可能少的水，从而减少运输成本。最直接的方法是将淡乳液加热，让过多的水蒸发掉。这样处理的最大缺点是聚合物出现不可逆的凝聚，即凝聚出的那部分聚合物不可能再分散，这样就无法调制成某一确定的浓度。

文献报道和工业上实际使用的浓缩工艺有多种。

3.2.3.1 加表面活性剂絮凝和再分散法

该法由以下 4 步构成，实现淡乳液的浓缩：

① 向较低浓度（25％～30％）PTFE 乳液中加入一定量的表面活性剂；

② 由使表面活性剂降活性和减低溶解度破乳，从而聚合物絮凝；

③ 实现聚合物絮凝体同水相主体分离；

④ 对聚合物絮凝体的胶溶（即再分散）形成浓缩分散液。

此法可以制得 PTFE 含量（质量比）为 35％～75％的浓缩乳液。不过这套工艺的实例中除用了很多化学品外，也显得比较繁琐，不太适合大批量的工业化生产。

3.2.3.2 直接盐析破乳法

将水溶性的盐直接加入淡乳液，可以实现乳液的破乳。水相中离子强度的增加导致乳液快速絮凝。对适用盐的基本要求之一是不能同表面活性剂形成不溶于水的产物，而且必须在分散液中仅较低浓度下就能达到盐析的目标。更重要的是希望加入的盐（不可避免会残留在形成的 PTFE 粒子中），在加工温度以下或接近加工温度时能够分解而消失，以免损害产品的性能。如碳酸铵或硝酸铵在不到 100℃ 时就能分解。碳酸铵还有一个优势，就是同样摩尔浓度相同的情况下，可以产生更多的离子，因此用量就可以减少。它们还都能满足 PTFE 分散液盐析的其他必要条件。文献曾报道了用盐析技术制造 60％浓度 PTFE 浓缩分散液的实例。先将 16 份（质量份）浓度为

1%的磺基丁二酸二辛酯水溶液加到 100 份浓度为 3.2%的 PTFE 水分散液中，然后在 25℃下加入 5.5 份碳酸铵使其溶入上述分散液中。PTFE 聚合物完全絮凝和沉降在容器底部。除去上层的清水后，将絮凝物加热到 80～100℃，绝大部分碳酸铵分解。冷却之后，聚合物重新胶溶。由此制得了浓度（质量分数）为 59.5%的 PTFE 浓缩分散液。

酸和碱也可用于破乳。如果用酸或碱时，需注意稀酸必须加到阴离子型表面活性剂体系，碱必须加到阳离子型表面活性剂体系。酸或碱同表面活性剂反应生成的产物最好应是固体，以得到可再分散的絮凝物。例如硬脂酸铵是一种阴离子型表面活性剂，酸化以后就生成硬脂酸，它在 71℃温度下是固体。

盐析法技术比较适合乳液浓度较低的情况，不适合高浓度分散液。由于技术进步，现在乳液聚合生产的分散液浓度往往高达 30%～45%。这种情况下，盐析法不适合的主要理由是：①淡乳液中存在浓度为 0.2%～0.4%的含7～10 碳原子的全氟羧酸铵；②PTFE 粒子有很强的凝聚趋向，使得胶溶实际上不可能；③浓缩操作各步敏感度很高，因而此法实用性较差。

3.2.3.3 乳化剂增浓法

Marks 和 Whipple 在 1962 年揭示了他们研究开发的浓缩方法，适合于将浓度为 30%～45%的"淡乳液"进行浓缩。其要点是：将占分散液质量 0.01%～1.0%的氢氧化钠、氢氧化铵或碳酸铵加入分散液中，然后加入质量为分散液中固含量 6%～12%的非离子型表面活性剂，其分子结构为：$[R—C_6H_4—(OCH_2CH_2)_n OH]$，其中 R 为具有 8～10 个碳原子的一价碳氢烃类化合物，$n=R+1$ 或 $R+2$ 或 R 为 $[(叔辛基)—C_6H_4—(OCH_2CH_2)_{9～10} OH]$。在充分而温和的搅拌之后，将物料加热到 50～80℃，此时就出现云雾状外观，这表明非离子型表面活性剂在水中已开始成为非溶解性。在一段时间后，PTFE 开始下沉并在容器底部形成一层，上层则比较清澈而被倾泻。留下的 PTFE 分散液含 PTFE 颗粒以质量计为 55%～75%，称为浓缩乳液，其中不含 PTFE 凝聚物。这个方法不需要胶溶（即再分散）。胶溶会降低分散液中离子的数量，因而对从浓缩分散液制成的制品的性能尤其是电性能产生影响。Marks 和 Whipple 的方法浓缩所需要的时间比絮凝/再分散法缩短 1～2 个数量级。表 3-7 是不同条件下乳化剂增浓法浓缩的几个实例。

■表 3-7　乳化剂增浓法 PTFE 乳液浓缩过程的几个实例

乳液初始浓度（质量分数）/%	电解质类型	电解质加入（质量分数）/%（按分散液质量计）	温度/℃	浓缩时间/min	最终浓缩乳液浓度（质量分数）/%
47	$CaCl_2$	0.04	80	35	60
47	NH_4Cl	0.04	80	30	63
50.7	$(NH_4)_2CO_3$	0.04	80	12	72

| 44 | NH₄OH | 0.36 | 75 | 60 | 68 |

表中所有例子中都用了 Triton X-100 作为非离子表面活性剂。加入量均为乳液中 PTFE 质量的 9％。从表中结果可见，加入（NH₄)₂CO₃ 电解质明显缩短了浓缩时间。Hoashi、Holmes、Morris 等都对该法作了改进。改进的结果表现为降低浓缩温度、加工时表面活性剂容易除去、提高了浓缩乳液的稳定性。

国内早期生产 PTFE 浓缩乳液采用了类似的技术，目前，这种方式生产浓缩乳液仍然是主流技术，2010 年 PTFE 浓缩乳液产量达到 6200 多吨（折成 100％PTFE 计算）。产品浓度可达到（60±2)％。但是浓缩乳液的稳定性长期困扰着制造商。特别是出口海外，运输周期长、海运集装箱要经过温度高达 40～50℃的高温条件，确保装卸和运输过程中的稳定性成为受关注的质量焦点之一。由于加入的电解质有部分溶解于成品中，这是造成沉淀的原因之一，解决的办法是尽量少加或不加（NH₄)₂CO₃，这又导致浓缩过程中分层时间的大大延长。对于大容积的浓缩槽，由于不宜搅拌，内部热量传递主要靠自然对流，加热到出现浊点温度需要较长时间。少加或不加（NH₄)₂CO₃ 后，静止等待分层时间常需 12h 或更长，可以专门建立数个大容积容器，以保证分层过程完全。在升温阶段，外夹套宜采用可控温度的热水为热源，避免直接用蒸汽加热，以避免出现局部结"皮"。随着对 APFO 问题的严厉规定，要求产品中不含或只含最低限度量 APFO。经研究试验，出现了将浓缩乳液专门吸附处理除去 APFO 并添加其他表面活性剂的技术，成品中 APFO 含量可降低到 50×10^{-6} 以下或更低。提高稳定性的另一途径是调整聚合配方，使初级粒子的粒径尺寸降低。经过多种措施努力，乳液稳定性大有改观，可以连续储存 6 个月或更长时间且不发生 PTFE 粒子沉降。

3.2.3.4 其他脱水法

(1) 物理脱水法 物理脱水法用于 PTFE 分散液浓缩是指将一种能吸收水的有机物质加入到 PTFE 分散液中，这种物质能溶于水中，其密度低于 PTFE 分散液。它会同 PTFE 分散液分层浮在上面。这样的层间紧密接触使这种吸水物质能从下层分散液中吸收足够的水，然后将其同下层絮凝物分开。提到的吸水剂包括甘油、多种聚醚（如聚乙烯醇、聚丙烯醇等）、多糖类（如甲基纤维素）、以及多种取代的苯酚类化合物等。

(2) 半透膜脱水法 这是利用半透膜进行微滤从 PTFE 分散液中分离部分水达到浓缩的技术。在分散液中先要加入 0.5％～12％（以 PTFE 固含量为基准的质量比）的表面活性剂，以保证浓缩后高浓度乳液的稳定性。加入的表面活性剂同稀乳液混合之后，混合液以 2～7m/s 的流动线速通过半透明性的超滤膜组合进行循环流动。分散液流动过程中要尽量减少、避免同会产生摩擦力的器件接触。以免发生分散液中聚合物颗粒的凝聚。循环进行到有足够多的水已从分散液中分离掉，留下的浓缩乳液即退出循环。典型的结果表明，用这一技术生产的浓缩 PTFE 乳液固含量（质量比）可达到 40%～65%。

（3）功能高分子分离法 向稀乳液中加入含有 20% 羧酸基团的聚丙烯酸或其盐，可以进行分散液的浓缩，加入量为乳液量的 0.01%～0.5%，就可以造成相分离。下层为固含量（质量比）50%～70% PTFE 的浓缩乳液，轻轻倒出成为产品。为了调节黏度和提高稳定性，可以在加聚丙烯酸聚合物之前，先加入一些阴离子或非离子型表面活性剂。

3.2.4 APFO 禁用和替代

3.2.4.1 APFO 制备、性质和市场需求

APFO 是全氟辛酸铵（Ammonium Perfluorooctanoate），$C_7F_{15}COONH_4$。全氟辛酸铵是由全氟辛酸（Perfluorooctanoic acid，PFOA）或全氟辛酰氟同氨水反应制得。PFOA 的制造主要有两种方法：

电化学氟化（ECF）法：

$$C_7H_{15}COCl + AHF \longrightarrow C_7F_{15}COF + H_2 + HCl$$

$$C_7F_{15}COF + NH_4OH \longrightarrow C_7F_{15}COONH_4 + HF + H_2O \ (APFO)$$

或 $\quad C_7F_{15}COF + H_2O \longrightarrow C_7F_{15}COOH + HF$

$$\downarrow NaOH$$

$$C_7F_{15}COONa + NaF$$

$$\downarrow H_2SO_4$$

$$C_7F_{15}COOH \ (PFOA) \longrightarrow C_7F_{15}COONH_4 \ (APFO)$$

电化学氟化（ECF）法是经典方法，但是 PFOA 的总收率不到 10%，电化学氟化时易发生环化反应，生成约 PFOA 质量 4 倍以上、主要成分为 C_4 或 C_3 全氟烷基取代的氧杂五元或六元环醚构成的混合物，俗称氟碳惰性液体。这也是一种很好的溶剂。为减少 $C_7F_{15}COONH_4$ 粉末同人员接触，常以 $C_7F_{15}COONH_4$ 的水溶液向用户提供。

氟烷基碘调聚法：

$$IF_5 + CF_2 = CF_2 \longrightarrow CF_3CF_2I$$

$$\downarrow nCF_2 = CF_2$$

$$CF_3CF_2(CF_2CF_2)_nI$$

$$\downarrow CH_2 = CH_2$$

$$CF_3CF_2(CF_2CF_2)_nCH_2CH_2I$$

$$\downarrow - HI$$

$$CF_3CF_2(CF_2CF_2)_nCH = CH_2$$

$$\downarrow [O]$$

$$CF_3CF_2(CF_2CF_2)_nCOOH \qquad (PFOA)$$

APFO 和 PFOA 的主要物理化学性质见表 3-8：

■表 3-8　APFO 和 PFOA 的主要物理化学性质

性质	PFOA	APFO
物质类型	有机物质	有机物质
物理状态	固体（结晶态）	固体
水中 UV 吸收	无吸收<290nm	无吸收<290nm
熔点/℃	54.3 44～56.5	130（分解） 157～165（105℃开始分解）
沸点/℃	188（1013.25hPa） 189（981hPa）	分解
密度（20℃）/（g/cm³）	1.792	0.6～0.7
蒸气压/Pa	4.2（25℃）由实测数据外推 2.3（20℃），外推 128（59.3℃），测定值	0.0081（20℃），从测定数据计算 3.7（90.1℃），测定值
水中溶解度/（g/L）	9.5（25℃）	＞500
在有机溶剂中溶解度/（g/L）		庚烷，甲苯，：0 甲醇，丙酮：＞500
pH 值（1g/L,20℃）	2.6	约 5
pKa	2.5 2.8 1.5～2.8	
起始热分解温度/℃		130 在 105℃以上
临界胶束浓度/（g/L）	3.6～3.7	同 PFOA
气相转换系数	1×10⁻⁶=17.21mg/m³	1×10⁻⁶=17.92mg/m³

　　PFOA 和 APFO 的市场需求，主要在北美、日本、西欧、中国，其次在俄罗斯、印度等国也有一定量需求，直接使用主要是分散 PTFE、PTFE 浓缩乳液、多种可熔融加工氟树脂和氟弹性体。根据美国国家环保署下属执法和稽查办公室 OECA 在 2006 年的报告，美国、欧洲、日本在 1995～2002 年间每年生产的 PFOA 及其盐类约 200～300t。由此估算，这方面全球年消费量约 400t 以上。PFOA 在氟聚合物的应用不参与到分子结构中，在生产过程中有一部分可以回收，经提纯后重新使用。自美国、欧洲、日本主要氟聚合物生产企业在几年前开始实施减少排放和回收计划以来，到目前为止，已有很大一部分实现了回收。实际产量已大大少于需求量。此外在生产含氟织物处理剂和其他含氟表面活性剂中也大量使用由调聚方法生产的 $C_8F_{17}I$（称作 C₈ 的一部分），作为这些产品的前体，它们是构成所述产品分子的一部分，直接进入市场，直接同消费者和普通人群接触，有人估计，细分的话，涉及产品种类有上千种，这些产品有可能在自然界的条件下，分解出类

似 PFOA 的分子。保守的估计，每年消费量在数百吨以上。

3.2.4.2　C_8 对生物和人体的潜在危害性

　　PFOA 是目前世界上已知的在自然界条件下最难降解的有机物之一，除 PFOA 外，还有以 ECF 技术生产的 PFOS（全氟辛基磺酸及其盐类），这些被合起来简称 C_8。它们都具有持久生物积累性和远距离迁移性的可能，对人类健康和生存环境造成影响。早在 20 世纪 90 年代末，美国国家环保署（EPA）收到了有关全氟辛基磺酸（PFOS）广泛存在于美国普通民众血液中的信息，在同 PFOS 的生产商 3M 公司讨论后，3M 公司停止了 PFOS 的生产。随即组织了对具有相似结构的 PFOA 的跟踪和调查，发现 PFOA 在自然环境下也具有持久稳定性，不仅以很低浓度存在于环境中，也存在于美国普通民众的血液里，对实验室的试验动物具有生殖和其他负面影响。但是，由于还存在不少科学方面的不确定性，故还不能确定 PFOA 是不是对公众具有不能接受的危险，所以也不能采取任何步骤来限定 PFOA 及相关的一些产品在生产过程中允许排放的水平以及在产品中可允许存在的含量。

$$F\!-\!O\!-\!\overset{\displaystyle F}{\underset{\displaystyle F}{|}}\ \begin{matrix}F&F&F&F&F&F\\ |&|&|&|&|&|\\ |&|&|&|&|&|\\ F&F&F&F&F&F\end{matrix}\!-\!SO_3F\quad(-SO_3H,\ -SO_3M,\ -SO_3R)\quad PFOS$$

$$F\!-\!O\!-\!\overset{\displaystyle F}{\underset{\displaystyle F}{|}}\ \begin{matrix}F&F&F&F&F\\ |&|&|&|&|\\ |&|&|&|&|\\ F&F&F&F&F\end{matrix}\!-\!COOH\quad(-COONH_4,\ 等)\quad PFOA,\ APFO$$

　　经过同各有关生产企业主要负责人的正式讨论和协商，2006 年 EPA 牵头，八家受邀请的企业联合发起了著名的 "2010/15 伙伴计划"（Steward-ship Program）。最初参加这一计划的 8 家公司是：E. I. dupont de Nemours and Company，Solvay Solexis，Asahi Glass Company，Daikin America，Inc.，Clariant International Ltd.，3M/Dyneon，Arkema Inc.，Ciba Specialty Chemicals Corporation。他们承诺 2010 年前要将他们在全球范围的生产装置排放的 PFOA 和产品中含有的 PFOA 量在 2000 年基础上减少 95%，到 2015 年，最终目标是完全停止 PFOA 排放，产品中不再含有 PFOA。此后，每年各有关公司都向 EPA 和公众提交减少 PFOA 的年度报告。

　　鉴于 PFOA 对人体危害程度及有关危害机理方面具有很多不确定性，不仅这 8 家公司，其他一些公司（包括一些国内企业）也投入了追踪 PFOA 排放和产品中含有 PFOA 的情况，对员工及相关人员跟踪体检，建立相关体检档案，从透露的一些结果看，无关人员血液及肝脏中均检测出 PFOA，其含量水平为 10^{-9} 级，经常接触 PFOA 的关键岗位人员血液样品中检测出 10^{-6} 级 PFOA 含量。至今虽尚未提出明显确定同 PFOA 有直接关联的病变报告，还是十分必要进行长期观察和积累新发现和研究结果。

　　一些政府部门已开始直接加入对 C_8 排放的控制管理，已尽量减少对环境和居民可能带来的影响。如 2009 年 1 月 9 日，美国 EPA 水资源处提出了饮水地区健康规定（PHA），推出了对水中 PFOA 和 PFOS 含量因通过饮水渠道可能给居民带来潜在危险的指南，规定 PFOA 和 PFOS 的 PHA 值分别是 $0.4\mu g/L$ 和 $0.2\mu g/L$。这对于控制含有 PFOA 和 PFOS 的污水排放标准有重要意义。

3.2.4.3 APFO 与乳液聚合的关系

APFO 广泛用于氟聚合物，如 PTFE，FEP，PFA，ETFE，PVDF 和氟弹性体乳液聚合作分散剂。对于氟聚合物的乳液聚合，长期以来，APFO 一直是最合适的分散剂。APFO 是由亲水基团和疏水基团两部分构成的，其作用有 3 个方面：①分散作用，溶解于水后能大大降低表面张力；②稳定作用，聚合物初级粒子表面吸附了 APFO 后，形成单分子层，能防止粒子间合并凝聚，增加稳定性；③形成胶束和增溶胶束，单体会进入胶束中形成增溶胶束随着表面活性剂在水中浓度的增大，水相表面张力降低得很快，以至乳化剂量达到某一特定值，称为临界胶束浓度（简称 CMC）后，水相表面张力降低突然变得缓慢，此时溶液中形成了由 50～100 个乳化剂分子组成的聚集体，称为胶束，开始是球形，随着乳化剂量增多，胶束形状变为棒状，甚至层状。单体的聚合过程不是在液-液乳状液水相中发生的，而是在很多这种直径约 100～1000nm（纳米）的胶束中发生的。APFO 的铵盐基团和水相溶，另一端氟碳链和水不相溶，但和含氟的单体相溶，形成了胶束颗粒，这些颗粒因水相中的 APFO 或聚合过程中就地产生出来的表面活性剂而稳定。胶束颗粒四周为引发剂过硫酸盐分子包围，分散于水中，溶于水中的单体不断溶进（形象化的表示就是被吞进）胶束中心，不断参加聚合反应。胶束点滴就不断长大。长期来，虽然 APFO 使用的绝对量不算很大，但是由于很多氟聚合物都由乳液聚合生产，所以其作用被认为是不可替代的。

现在，越来越多的统计和试验结果表明 PFOA 确实对人体和环境有潜在的损害作用，已经和还将继续努力，付之实际行动，寻找和开发 PFOA 的替代物，而且已经获得部分成功，在还没有达到完全替代的情况下，普遍实行减排、回收和再利用，成效也是十分显著的。

3.2.4.4 特富龙不粘锅事件

特富龙是杜邦公司生产的以 PTFE 为代表的氟树脂族的商标 Teflon® 的中文译名。2004 年春夏之间，中国的一些媒体转载了来自美国媒体的报道，说美国 EPA 指定的一个独立专家小组的研究结论是用于生产分散PTFE作为助剂的 PFOA 除了对试验动物老鼠有致畸变性和可能诱发多种癌症外，对人体也有可能有致癌作用（近期发表的文献中提到对人类的肝脏等也有影响）。由于媒体多半缺乏专业性的了解，把 PFOA 问题同特富龙完全混淆在一起，甚至把以特富龙为商标的不粘锅同 PFOA 问题完全混在一起，不明真相地推理，生产不粘锅涂层的原料（即 PTFE 乳液）里有 PFOA，所以生产出的不粘锅也含有有毒成分，使用不粘锅会对人体造成伤害，以致将特富龙和有毒画等号。一时之间，在全国范围内出现了铺天盖地围剿特富龙不粘锅的媒体报道。造成了公众不明真相的恐慌，家里原来有不粘锅的不敢用了，商店和超市纷纷将不粘锅下架。这虽是事出有因，但是同真正的前因后果偏离太远了。

首先，我们不应回避问题，PFOA 对人体是否构成危害，仍然还有很多不确定性。减少 PFOA（或 APFO）排放和将最终产品中的 PFOA 含量降到最低程度。至于不粘锅，其不粘涂层配方中主体成分是 PTFE 分散乳液，在这种乳液生产过程中用了浓度约为 4‰的 APFO。但是在不粘锅生产过程中，涂料喷好后需在 400℃左右温度下烘烤数分钟，APFO 在 130℃就开始分解，在烘烤温度下已完全不存在，不粘锅成品不可能再含有 APFO。中国质检总局专门组织抽样检查了市场上 18 个品牌 28 个规格型号的不粘锅产品，结论是涂层中不含有 APFO。有关企业和行业组织专门同媒体进行了沟通，随后这场风波很快平息。事件的教训是，国外政府部门针对生产厂周边居民对水污染的投诉，组织了对 APFO 在环境和人体中可能存在的风险进行调查，对企业没有事先向政府通报 APFO 的排放和可能有害的违法行为进行罚款，没有听到美国、欧洲、日本等发达国家有针对不粘锅的任何负面报道和禁止使用或销售的宣传。而中国国内由于媒体的跟风误导，闹出一场令人啼笑皆非的盲目性风波。作者在此也觉得有必要作出明确的解释。

3.2.4.5 APFO 替代的进展

按照前述"伙伴计划"，不仅是作出公开承诺的八家企业，其他很多在业务中涉及 C_8 企业都参与了降低排放和减少其商品中 APFO 含量的任务之中。由于全球经济一体化的影响，中国企业的产品出口时，常受到对 APFO 含量的限制。至于出口西方国家如欧盟的纺织品，已明确禁止使用含 C_8 的织物处理剂。此处主要列举国外和国内相关企业界在氟聚合物方面同替代 APFO 及控制生产中排放、产品中降低 APFO 含量有关的最新进展。

(1) 替代 由于具体 PFOA 替代物的化学结构对氟聚合物生产企业而言具有高度的商业价值，至今很少生产商愿意详细透露其替代物及替代计划。一般认为，PFOA 替代品的开发目前呈现以下的趋势。

① 开发低碳含氟表面活性剂，降低 PFOA 的 C_8 生物残留性及其生物危害性。

② 开发含杂原子，如含氧原子的含氟表面活性剂。杂原子的引入有助于含氟表面活性剂生物降解，从而能极大地消除生物体中的残留。

2009 年 2 月 12～13 日，在瑞士日内瓦举行了一次由联合国环境署（UNEP）和美国政府（US EPA）联合召开的有关 PFOA 替代问题的工作会议。从某家独立的私营咨询机构提供的信息介绍，对于不同使用目的，适合的替代物是不一样的。即使是对不同的氟聚合物，也没有用统一的替代物。比较原则性的结论是，作为直接使用目的的 PFOA 替代物，PFBS（perfluorobutanesulfonate，全氟丁基磺酸）、$F(CF_2)_4SO_3H$、PFH_xA（perfluorohexanoic acid，全氟己酸）和 $CF_3(CF_2)_4COOH$ 同 PFOA 相比显示出更短的半衰期，毒性也较低。当然，效果要略差于 PFOA，所以以每千克或每吨氟聚合物作为基准，使用 PFBS 或 PFH_xA 同使用 PFOA 相比，使用量会明显增加。上述两化合物中，PFBS 可由 ECF 方法生产，PFH_xA 可由全氟碘代烷同 TFE 的调聚反应制得。

2008 年 11 月 5 日，3M 公司开始公开推介其 PFOA 替代产品，商标为 ADONA™。ADONA 乳化剂已用于其氟弹性体的聚合，对产品性能基本没有影响。APFO 替代品的结构可能是通式为 $[Rf(O)_tCHF(CF_2)_nCOO^-]iX^{i+}$ 的含氟乳化剂，如 $C_3F_7OCF(CF_3)CF_2OCHFCOONH_4$、$CF_3O(CF_2)_3OCHF\text{-}CF_2COONH_4$、$CF_3O(CF_2)_3OCHFCOONH_4$、$C_3F_7OCHFCF_2COONH_4$ 或 $C_3F_7OCHFCOONH_4$ 等。$CF_3O(CF_2)_3OCHFCF_2COONH_4$、$CF_3O(CF_2)_3OCHFCOONH_4$ 和 $C_3F_7OCHFCF_2COONH_4$ 的肾脏半衰期可降至 12h，远低于 APFO 的 550h，说明生物累积性大为降低。旭硝子公司采用通式为 $C_2F_5O(CF_2CF_2)_mOCF_2COOA$ 的全氟聚醚羧酸盐（$C_2F_5OCF_2CF_2O\text{-}CF_2COO—NH_4$）替代 APFO 制备氟弹性体，该全氟聚醚羧酸盐对四丙氟弹性体和 26 氟橡胶的组成、门尼黏度和强度性能没有影响，且最终在氟弹性体中的残留量较 APFO 大为降低，由 2300×10^{-6} 以上下降至 300×10^{-6} 以下。苏威公司采用含氟聚醚羧酸盐和惰性端基含氟聚醚的组合物作为氟弹性体聚合的乳化剂，采用微乳液聚合制备氟弹性体。

在早期开发 PPVE 时，国内外都有过将得到的（HFPO）三聚体酸制成全氟聚醚羧酸盐作为分散剂的试验。

$$CF_3CF{-\!\!-\!\!-}CF_2 \longrightarrow CF_3CF_2(CF_2OCF)_2COF \longrightarrow CF_3CF_2(CF_2OCF)_2COOH$$
$$\underset{O}{\qquad\qquad}\qquad\qquad\qquad\underset{CF_3}{\qquad\qquad\qquad}\qquad\qquad\qquad\underset{CF_3}{\qquad\qquad}$$

在实验室少量用于氟聚合物（如 PFA）的试验，得到的效果不亚于 PFOA，而这种 HFPO 三聚体酸盐在环境中不产生稳定的 C_8，也不属于 C 原子大于 8 的直链全氟碳饱和烃同系物，由于醚键的引入，使其降解性增加，不易在环境中富集。近年来，上海三爱富新材料股份有限公司在 PFOA 替代品研究中，将全氟聚醚羧酸表面活性剂 A：

$$CF_3CF_2CF_2O{-\!\!-\!\!-}\underset{CF_3}{(CFCF_2O)_n}{-\!\!-\!\!-}\underset{CF_3}{CFCOOH} \qquad n=0\sim3$$

同表面活性剂 B：

$$[R_1—D—NH_2—R_2—NH—CO—CH=\!CH_2—E^-]Y^+$$

R：为直链或支链的部分氢化或完全氟化的脂肪族基团；

E：为选自下列的阴离子基团：羧酸根、磺酸根和磷酸根；

Y：为氢、铵或碱金属阳离子。

进行复配，复配比例 A∶B＝3～20。复配后的分散剂称为 FS。从 FS 同 PFOA 的钠盐在水中表面张力、临界胶束浓度的对比，FS 均优于 PFOA，用于 VDF-HFP 二元氟橡胶的聚合。结果表明，在保持原有聚合配方和聚合反应条件的基础上 FS 对聚合时间、乳液相对密度、固含量、密度和共聚物的组成没有明显影响。但是乳液平均粒径有增大的趋势，导致比表面积有所增大。FS 体系对氟橡胶性能的总体影响不大。结论是新型表面活性剂 FS 体系，完全能够替代 PFOA 从而实现在氟橡胶体系中的应用。

另据四川中昊晨光化工研究院的报道，某些含氟烷氧基的羧酸类化合物对于氟聚合物也适用作分散剂，如通式为：

$$R_f—(—CF—CF_2—)—O—(—CF—CF_2—O—)_m—CF_2—COOH$$
$$\quad\quad\quad\quad | \quad\quad\quad\quad\quad\quad\quad\quad | $$
$$\quad\quad\quad\quad Y \quad\quad\quad\quad\quad\quad\quad\quad X$$

X：H,Cl,F　　Y：O,H，　R_f：三氟甲基,m；0,1,2,3…

这类分散剂已成功应用于包括聚四氟乙烯分散树脂浓缩液、FEP 分散浓缩液、PVDF 分散浓缩液、VDF-HFP-TFE 三元共聚氟橡胶的生产。

(2) PFOA 的回收和再利用　按照"伙伴计划"中作出的承诺，八家公司将从作出承诺起，到 2010 年先减排 95%，2015 年，完全停止使用 PFOA，其他很多生产商也纷纷跟上，采取一些有效地减排措施。除上节所说的替代外，PFOA 减排的另一重要途径就是回收和再利用。

氟树脂乳液聚合中，PFOA 是以其盐（APFO）的形态使用的。APFO 溶解在水中，大部分形成胶束，一部分以溶液形式留在水中。对于生产固体分散树脂粉和浓缩乳液，分别经受两种不同的后处理过程。回收 APFO 也以两种不同的途径进行。

① 生产固体分散树脂粉时的回收　通过凝聚，一部分 APFO 留在凝聚后留下的母液中，水洗过程洗下树脂颗粒表面的 APFO，这两部分水合并在一起，成为废水。采取一定处理方法，可以回收 APFO。文献报道了聚四氟乙烯分散树脂生产废水中 APFO 的处理方法，包括采用沉淀法对废水进行处理，以二价金属盐为沉淀剂，三价金属盐为絮凝剂，调节不同金属离子比例对废水处理，可使处理后的清液中 APFO 浓度在 10mg/L（小于约以 10×10^{-6}，质量比）以下。

不过其他助剂也可能被吸附沉淀，所以回收得到的 APFO 需要进一步提纯。另外有一部分 APFO 留在分散树脂颗粒的毛细孔内，这部分 APFO 在常温下很难回收。在树脂粉进入干燥时，它们在高温下发生升华，进入热空气流，遇冷重新成为白色结晶，附着在风管或其他器件壁上，还有一些随热空气流一起流动的如没有处理就会直接排入周边大气。文献报道了聚四氟乙烯分散树脂生产中 APFO 的回收方法，包括循环烘箱排气的鼓泡式吸收、浓缩、酸化和精馏提纯，回收得到的 APFO 纯度可达 99％以上。另一报道介绍了回收 APFO 的提纯和应用。

选用真空精馏浓缩得到的高浓度 APFO 溶液可以再酸化，精馏得到纯度高的 PFOA，分析表明回收和精制的 PFOA 中活性好的直链结构成分占83％以上，可以直接用于乳液聚合。若回收得到的 APFO 在重新提纯后纯度达不到新鲜 APFO 的纯度，不适合再用于生产分子量要求高的分散 PTFE 树脂，但可以用于其他品种氟树脂的乳液聚合。

② 生产浓缩分散液时的回收　浓缩完成后分层出来的清液中除含有浓缩过程中加入的过量非离子型表面活性剂（如 Triton X-100）外，也含有一部分未进入浓缩液中的 APFO，这部分 APFO 也可以用吸附和离子交换方法回收，有较大部分聚合时加入的 APFO 进入了浓缩乳液，如不处理，APFO 的浓度会很高（高于几百$\times 10^{-6}$ 或 1000×10^{-6}），这些 APFO 随产品一起进入用户的加工过程，在烧结或烘烤时升华进入环境。所以浓缩后的乳液产品必须用离子交换树脂处理，处理后浓缩 PTFE 乳液中 APFO 含量可降到 50×10^{-6} 以下或更低的水平，使产品符合绿色环保要求。用离子交换法回收下来的 APFO 可以再提纯，投入再利用。

3.2.5　聚四氟乙烯的改性

聚四氟乙烯以其优异的综合性能著称，同时也存在一些固有的缺点，如高结晶度、熔点温度下高黏度、在受压状态下的蠕变和松弛、耐磨性差、加工成的制品机械强度不够满意等。采用多种改性技术可以克服这些缺点，使 PTFE 得到更多更广泛的应用。

聚四氟乙烯改性的主要途径有以下几个方面。

① 加入少量共聚单体，可明显降低结晶度，降低熔点温度下的黏度。可选择加入的单体有 PPVE、PMVE、CTFE、HFP 等。在前面有关分散 PTFE 聚合的章节中对共聚改性已有介绍。通过对加入改性单体的时间和加入量的控制，可以按需要实现核改性或壳改性，提高树脂加工的容易程度和制品质量，用 PPVE 或 CTFE 改性的分散 PTFE 树脂适合在高压缩比（reduction ratio）下加工薄壁细管和电线绝缘层。PPVE（或 PMVE）改性的悬浮 PTFE 树脂加工成车削薄板可用于设备，分散 PTFE 浓缩乳液用于配制不粘涂料，用于餐具涂层，烘烤后涂层更致密。

② 加入无机填充料共混构成填充 PTFE，可选择加入的有玻璃纤维、炭黑、碳纤维、石墨、青铜粉、二硫化钼等。共混多半以干法进行，主要适用悬浮 PTFE 树脂的改性。对常用填充料的要求见表 3-9。成型工艺如下：

```
填充剂 ┐
       ├─→混合→预成型→烧结→制品
PTFE 树脂 ┘
```

■表 3-9　常用填充料的规格要求

填充剂名称	材料规格	颗粒尺寸	粒子外形	密度/(g/cm³)
玻璃	E 玻璃①	直径＝13mm 长＝0.8mm 长径比＞10	经研磨纤维	2.5
炭黑	无定形，石油焦制	直径＜75μm	圆形	1.8
碳纤维	沥青或 PAN 基②		短纤维	
石墨	碳含量＞99％，合成或天然	＜75μm		2.26
青铜	铜/锡，9/1	＜60μm	球形或不规则形	
二硫化钼	矿物，纯度＞98％	＜65μm		4.9

① E 玻璃　亦称无碱玻璃，是一种硼硅酸盐玻璃。目前是应用最广泛的一种玻璃纤维用玻璃成分，具有良好的电气绝缘性及力学性能。

② PAN 是一种碳纤维的缩写，由聚丙烯腈（Polyacrylonitrile）受热碳化制得。

　　填充剂和 PTFE 粉的混合在转鼓式混合器中进行，经过不断地翻滚后完成初混，移到研磨机进行研磨，得到混合均匀的共混树脂，再按预成型和烧结步骤进行，得到用改性树脂制成的制品。

　　添加填充料后，抗蠕变性能在常温下可提高近 3 倍，硬度提高 10％以上，热导率提高 1 倍以上，垂直于预成型加压方向的线膨胀系数降低到原来的 1/2 左右，耐磨耗提高数百倍。抗压强度和压缩模量提高近 1 倍。抗弯强度提高 80％左右，但摩擦系数稍有上升，抗拉强度、伸长率、抗冲强度、介电强度和耐化学药品性能都有不同程度下降，下降程度因填充剂品种与含量而异。通常加入填充料的体积比例不超过总体积的 40％。

　　加入填充剂改性的 PTFE 树脂在 PTFE 消费中占有较高的比重。

　　③ 同其他工程塑料共混，配成塑料合金　因为 PTFE 同绝大多数聚合物呈不相容性，呈分子尺寸均匀性的塑料合金很难见到。TFE 和 HFP 的共聚物氟树脂 FEP 同 PTFE 两者被报道以氟塑料合金形态制成离心泵叶轮等制品，相对于 FEP，强度更高，耐温性也有所提高；相对于 PTFE，则改善了其可加工性，可以用传递模压方法加工外形和构造复杂的制品。PTFE 和FEP 共同的耐化学腐蚀性完全得到保留。这就是很多氟塑料泵阀生产厂家，其动部件中叶轮都是由氟合金制造的原因。

　　有供应商提供的 PC/PTFE 复合材料，据称是用 PTFE 分散浓缩乳液为原料同 PC 混合后重新造粒得到的复合材料，为改善不相容性，要求 PTFE 初级粒子的粒径比常规产品小。这种复合材料特别适用于制造大型耐久家用电器的外壳，具有阻燃性，表面光滑，不易玷污。

3.2.6 低分子量聚四氟乙烯粉

3.2.6.1 概述

　　低分子量聚四氟乙烯粉，通常也称为 PTFE 微粉，它们是将 PTFE 树脂降解使分子量降低 1~2 个数量级的粉状产品，其在 380℃ 的熔融黏度由 $10^9 \sim 10^{11}$ 变成 $10^2 \sim 10^5$。经进一步研磨使粉末具有不规则的形状，不易碎，其比表面积为 $1 \sim 4m^2/g$。主要应用是作为在其他产品中的添加剂，很少用于氟聚合物中。PTFE 微粉添加在 PE、PP、聚缩醛、聚酰胺（尼龙）、聚酯、聚苯硫醚、PC、ABS、聚氨酯、PEEK、酚醛树脂、热固性树脂中，可减少磨损和摩擦，改善润滑性，防滴落，抗粘接以及脱模能力。这些材料添加 PTFE 微粉后可用于轴承零件、齿轮、动态密封件（牵涉到旋转和往复移动）、电脑的键盘等，用于印刷油墨、复印机墨粉，能作为脱模剂、表面处理剂，降低磨损以及改善抗摩擦性，提高抗污性，适用于胶印、平版印刷，柔版印刷、丝网印刷，用于高质量杂志和公共刊物的高级油墨、高速油墨和热印刷油墨、金属包装材料印刷油墨（像易拉罐外表面的平版印刷）。其用途主要作为油脂，干润滑剂，油墨，涂料，热塑性塑料，热固性塑料和橡胶的添加剂，起到改善材料的加工性能或应用性能的作用。

通常悬浮 PTFE 树脂在粉碎以后的平均粒径为 $20 \sim 25\mu m$，分子量的进一步降低使粒子变脆，手感非常疏松，完全无黏性。对大多数应用，需要将粒径降低到几个微米。分散 PTFE 树脂通常是粒径小于 $0.25\mu m$ 的初级粒子聚集而成，次级粒子的平均粒径为 $500\mu m$ 左右。分散 PTFE 树脂由于会产生微纤化不能直接通过机械"松团"作用制成微粉。要防止出现因剪切而微纤化，分散 PTFE 树脂在研磨之前先要降低分子量；分子量降低到一定程度，分散 PTFE 树脂就不会再有微纤化。要得到高质量的 PTFE 微粉，必须选用低分子量分散 PTFE 树脂加工。

PTFE 树脂通过降解降低分子量的途径有两个。一个是热降解，另一个是辐照降解。热降解时，条件不同，得到的结果也不同。一般说，在较低温度下降解较多，在有空气或氧存在下，降解速率较快。在真空或有惰性气体的气氛下，PTFE 降解得到的主要是 TFE 单体，只有少量低分子产物，在空气或氧的气氛下降解得到的大多是 PTFE 微粉。

3.2.6.2 PTFE 微粉的制造

如前所述，PTFE 微粉的制造方法有两种：热裂解降解和辐照降解。此外，在分散聚合中加入链转移剂如 HCFC-22，也可得到粒子直径为 $5 \sim 10\mu m$ 的微粉。如果再实施研磨，也可得到粒径更小的微粉。本节只限于介绍 PTFE 热裂解降解和辐照降解制微粉的制造方法。

① 热裂解降解法制 PTFE 微粉　文献很早就有 PTFE 热裂解制得较低分子量粉料的报道。PTFE 树脂在几小时内从 400℃ 加热到 500℃，得到低分子量粉料收率较低，约为 $10\% \sim 60\%$。收率不高的主要原因是一部分 PTFE 降解变成了气态产品（TFE）。经过热裂解条件改进，得到了很高的收率。如高分子量的 PTFE 在 700℃ 和高的惰性气体（N_2 气）压力下就得

到很高收率的微粉。若加入少量氮的氧化物（NO，NO₂）、硫的氧化物（SO₂，SO₃）或亚硫酰化合物，可以加快裂解速率。在制造过程中加上剪切，裂解所需要的时间还可从 2～8h 大大减少。例如，废弃的 PTFE 碎屑和边角料放到一装有强力的 ε 形叶片式刮刀的捏合机内，进行电加热，用 N₂ 气多次冲刷此捏合机机体内部。在捏合机很快加热到 500℃后，启动刮刀，由于刮刀同物料的摩擦，温度很快上升到 520～530℃，在约 10min（不包括物料升温达标时间）后，停止加热，用冷空气冷却捏合机。捏合机裂解段的压力达到很高，在温度回落到 400℃后用 N₂ 气的压力将微粉产品压出，收率为 97%。得到的微粉呈脆性，熔点温度降到 321～323℃。370℃时的黏度为 165×10^{-1} Pa·s。这就表示由于热裂解，PTFE 的分子量大大下降（参考：表征模压级的 PTFE 分子量的熔体黏度，在 370℃时其数量级为 10^9 Pa·s。）。热裂解使 PTFE 分子量下降，从而使产物变得很脆，以至于用研钵和研杵就可以将粒子研得很细。据估计，分子量从 100～1000 万下降到 2000～20 万。

② 辐照降解法制 PTFE 微粉 电子束辐照是商品化生产最常用的从 PTFE 树脂制造微粉的方法。电子束辐照方法本身比较简单，可在一些参考文献中找到。从降低成本出发，采用连续生产过程较合适。PTFE 树脂以规定厚度散布在传送带上，以一定的速率在电子束下通过，控制速率使树脂能受到希望要达到剂量的照射［剂量通常以百万拉德（1rad＝10mGy，或 Mrads 表示）］。实际操作中，让 PTFE 树脂在较高的剂量下经受多程照射。达到需要的总剂量后，受过辐照的物料从传送带上转移下来，送去研磨处理。多程照射的优点是每受一次照射后可以实施冷却。使树脂因受电子束辐照而发热温度升高有所下降。如果没有这种冷却，树脂反复受辐照，温度会很高，使树脂颗粒达到熔融态变得发黏，颗粒互相黏在一起，使得研磨复杂化。树脂在受辐照时，不可避免会发生一些链断裂，产生废气。其中含氢氟酸等，所以生产线区域一定要有足够强的通排风，把废气抽出在排入大气环境之前，对夹带的颗粒粉和释放出来的成分要进行处理。

电子束是由加速器产生的。加速器将电能通过钨丝源（丝径约 $40\mu m$）转换为电子束。加速器通常由电压发生器、加速管、电子枪和扫描室和扫描喇叭口等部分构成，只有在通电时才能产生电子束。加速器运行主要依据下列因素：电压（电子能）、电子束流和电子束功率。电压根据接受辐照的材料（此处即 PTFE）的厚度和密度来计算。电子束功率从质量流量和平均剂量值计算。电子束辐射的效率随着剂量加大而提高。剂量对 PTFE 微粉粒径的影响见表 3-10。

上述试验中，辐照期间树脂温度保持在 121℃以下。当辐照剂量从 5Mrads 提高到 25Mrads，粒子平均粒径迅速下降。研磨过的微粉表观密度为 400g/L，熔点温度为 321～327℃。

■表3-10　总剂量对PTFE微粉粒径的影响

试验序号	PTFE类型	辐照时间/s	剂量/Mrads	平均粒径/μm
1	生料（未经烧结）	2.5	5	11.1
2	生料（未经烧结）	5.0	10	5.3
3	生料（未经烧结）	7.5	15	2.5
4	生料（未经烧结）	10	20	1.5
5	边角废料（烧结过）	12.5	25	0.9

　　辐照降解得到的PTFE微粉还需要进一步研磨粉碎。通常采用以压缩空气为能源的喷射研磨机进行磨细，以达到希望要得到的微粉粒度。国外主要生产商都能提供多种规格的PTFE微粉产品，如DuPont有8种以上不同规格。它们具有不同的平均粒径（3～20μm）、粒径分布（10%＜0.3～10μm；90%＜8～35μm）和松密度范围300～500g/L。这些不同规格的微粉能满足不同的应用要求。PTFE微粉主要应用领域有以下几方面。

　　① 热塑性塑料改性，改善润滑性、减少摩擦、提高耐磨性等。据报道，目前世界市场上所有具有改进的润滑性能的工程塑料几乎都加了PTFE超细微粉或微粉。例如，在聚酰胺（PA）、聚缩醛（POM）、聚碳酸酯（PC）、丙烯腈-丁二烯-苯乙烯共聚物（ABS）、尼龙（PA）、聚乙烯（PE）和其他高性能工程树脂中加入5%～25%的PTFE微粉，能明显改善这些材料所制备的零件的磨耗、摩擦性和黏性滑动等性能，可用于制造齿轮、轴承和滑轮等，也可用来代替起润滑作用的金属部件，减少制件的重量和降低维修成本。

　　② 橡胶零件性能提高，提高制品表面和本体性能。表面性能包括易脱模、低摩擦、低磨耗和润滑性。制品本体性能包括抗撕裂强度、耐磨性和弯曲寿命等。如在有机硅橡胶、氟橡胶、氟硅橡胶、三元乙丙橡胶和聚氯丁二烯中加入10%（质量分数）的PTFE微粉，可以提高主体聚合物的摩擦性能、磨损性能和脱模行为，提高橡胶的破裂强度，而橡胶的弹性行为无明显破坏，这就可以减少橡胶在脱模过程中造成的撕裂现象。

　　③ 印刷油墨　PTFE微粉可以作为添加剂，加入胶版印刷、凹版印刷、柔性印刷油墨。一般用量为固体的0.1%～3%，可以明显改善油墨的滑动性、表面光滑性、光泽，并使印刷产品耐摩擦，PTFE微粉还可以减少堵塞，适用于快速打印机的需求，而且可以有效地避免纸张黏结。

　　④ 提高油漆和涂料流平性、脱模、耐候性、耐化学腐蚀性和抗潮湿性能等，通过表面改性处理，易于分散，与体系有良好的相容性和分散性；可广泛用于各种溶剂性涂料和粉末涂料，光固化涂料等产品中；提高表面滑爽手感和光泽度，提高产品的加工性能，摩擦系数低，增强产品表面润滑性。

　　⑤ 提高润滑油和润滑脂性能，少量添加即可提高发动机润滑性能，可作为高性能润滑脂中增稠剂等。以不同的比例的加入润滑油脂中，可明显提

高润滑油脂的润滑性能和抗磨性能，可降低摩擦系数 5％～15％，减少机械磨损 40％～80％，是非常好的抗磨剂，是耐高温、耐低温的高档润滑油脂的首选原料。

⑥ 固体润滑剂，可以像石墨、二硫化钼一样直接用作固体润滑剂，而且，更清洁，不污染环境。

3.3 聚四氟乙烯树脂的产品规格及质量标准

聚四氟乙烯树脂的产品牌号及规格按悬浮 PTFE 树脂、分散 PTFE 树脂、PTFE 分散浓缩液收集和列表在本书附录 1。国外生产商没有统一的质量标准，通常将 ASTM 的相关标准视作最权威的标准，但是实际上每一生产商自己执行的指标都高于 ASTM 所列指标，而且还有一些是属于企业内控的质量指标，这些一般都不对用户公开。国内在较早期，曾制定过化工部部颁标准，以后又改为行业标准，现在实际执行的都是企业标准。一些关键的指标随着生产技术水平的提高都有所提高。总的趋势还是向 ASTM 标准靠拢。本书未能收集到国内主要生产企业的全部 PTFE 树脂产品标准，为了体现国产 PTFE 树脂的质量水平，只能将从部分企业的产品说明书上得到的数据也列入附录 1，相信将真正的质量指标列入会更好。

按 ASTM 执行的 PTFE 树脂的方法标准及对应的 ISO 标准见表 3-11：

■表 3-11 PTFE 树脂的方法标准及对应的 ISO 标准

PTFE 产品 类型	ASTM 方法 标准号	对应的 ISO 标准号
悬浮 PTFE 树脂（Granular Resins）	D-4894—1997	12086-1 和 12086-2
分散 PTFE 树脂（Fine Powder Resins）	D-4895—1997	12086-1 和 12086-2
PTFE 浓缩分散液（Dispersion Products）	D-4441—1996	12086-1 和 12086-2

无论是悬浮 PTFE 树脂还是分散 PTFE 树脂，因为在熔点时既不具有流动性，又不溶于任何溶剂，所以直接测定聚合物的分子量是不可能的，因此引进了标准相对密度（Standard Specific Gravity，简称 SSG）这一指标表征（或间接代表）分子量的大小。这早已被 PTFE 生产商广泛地认可及采用。国内制定的相关标准也等同采用了这一概念和方法。PTFE 树脂的标准相对密度是指树脂粉料样品严格要求按 ASTM D-4894—1997 规定的方法模压加工成的样品的相对密度。特别强调每一次熔融过程都要一样，熔融过的聚合物样品的冷却速率也必须控制得很接近，以保持同样的特定结晶速率。具有相同结构的 PTFE 树脂的 SSG 大小取决于样品结晶相/无定形相比例以及样品空隙的含量。完全结晶的 PTFE 树脂的密度为 2.302g/cm^3，完全无定形的 PTFE 树脂的密度为 2.00g/cm^3，这是因为结晶相的 PTFE 分子可以

排列得更紧密。使熔融条件和冷却速率固定下来，则 SSG 值的大小就只依赖于样品结晶相和无定形相的相对含量。SSG 能间接表示分子量高低的原理就是在特定的冷却速率下，较小的分子具有较高的可移动性，相对于大分子来说较容易和较快排列，因而具有较高的结晶度，SSG 也较大。

3.3.1 悬浮 PTFE 树脂的基本性质及表征

表征悬浮 PTFE 树脂的基本性质的各项目列入表 3-12。

■表 3-12　表征悬浮 PTFE 树脂的基本性质的各项目及定义

性质项目	定义	参考的 ASTM 方法
松密度	在测试条件下测得的 1L 树脂的质量	D1895
粒径	平均粒径和过筛的分布	E11
熔融特性	在示差扫描量热计上测得的熔融热和熔融吸收峰（峰端）温度	D4591
水含量	存在于 PTFE 中的水	
标准相对密度 SSG	根据本方法对 PTFE 熔融和烧结过的样品测得的相对密度	D792, D1505
热不稳定性指数（TII）	TII＝（ESG-SSG）×1000 用样品 ESG 同 SSG 差值表示的 PTFE 树脂分子量下降的程度	
拉伸性质	根据特定方法制作的样品测得的断裂伸长率和拉断强度	D638
收缩（长大）率	SSG 样品预成型件在烧结过程中直径变化	
延时（烧结）相对密度	用于测定 SSG 的样品经受延长时间烧结后的样品相对密度	D792, D1505
电性能	介电常数，介质损耗因素，介电击穿电压介电强度	D149

悬浮 PTFE 树脂按 ASTM 4894 分类，可分为表 3-13 所列的 6 类。

■表 3-13　悬浮 PTFE 树脂按 ASTM 4894 分类

ASTM 分类	特征和适用加工领域
I	通用模压级和柱塞挤出用树脂
II	平均粒径在 $100\mu m$ 以下的细粒度树脂
III	共聚单体改性的细粒度或流动性好树脂
IV	流动性好树脂
V	预烧结树脂
VI	未预烧结的柱塞挤出用树脂

按 ASTM 4894 分类的悬浮 PTFE 树脂的性能指标见表 3-14。

■表 3-14 按 ASTM 4894 分类的悬浮 PTFE 树脂的性能指标

ASTM 分类	分级	松密度 /(g/L)	平均粒径 /μm	标准相对密度 SSG 范围	拉伸强度 /MPa	断裂伸长率 /%
I	1	700±100	500±150	2.13~2.18	13.8	140
	2	675±50	375±75	2.13~2.18	17.2	200
II			<100	2.13~2.19	27.6	300
III	1	375±75	<100	2.16~2.22	28.0	500
	2	850±50	500±100	2.14~2.18	20.7	300
VI	1	650±150	550±225	2.13~2.19	25.5	275
	2	>800		2.13~2.19	27.6	300
	3	580±80	200±75	2.15~2.18	27.6	200
V		635±100	500±250			
VI		650±150	900±100			

3.3.2 分散 PTFE 树脂的性能表征

涉及分散 PTFE 树脂的性能表征，除同悬浮 PTFE 树脂一样以 SSG 间接表示分子量大小外，采用同分散 PTFE 树脂加工方式密切相关的糊状挤出的挤出压力及压缩比（Reduction Ratio）作为表征分散 PTFE 树脂性能的特有指标。挤出压力在装有压力记录元件的推压机上测试，样品树脂粉先同挤出助剂（也称润滑油）按规定比例充分混合后在 30℃下放置 2h，即转移到压机上在圆筒形模具内被液压施加的压力压成预成型件，再将此预成型件置于推压机料筒中。料筒内径 32mm，长约 305mm，长度只要能满足盛放足够推压 5min 的预成型样品。口模同料筒相配，其锐孔口径有多种不同尺寸规格，分别配成压缩比 100:1，400:1 和 1600:1。压缩比是指料筒内横截面积同锐孔截面积之比。压缩比的选择取决于树脂的品级。预成型件置于料筒之后，推压机的柱塞向下移动，将样品从锐孔口推出，同时记下压力。

表征分散 PTFE 树脂基本性能的项目列于表 3-15。

■表 3-15 表征分散 PTFE 树脂基本性能的项目和定义

性质项目	定义	参考的 ASTM 方法
松密度	在测试条件下测得的 1L 树脂的质量	D1895
粒径	平均粒径和过筛的分布	E11
熔融特性	在示差扫描量热计上测得的熔融热和熔融吸收峰（峰端）温度	D 4591
水含量	存在于 PTFE 中的水	
标准相对密度 SSG	根据本方法对 PTFE 熔融和烧结过的样品测得的相对密度	D 792, D 1505
热不稳定性指数（TII）	TII=（ESG-SSG）×1000 用样品 ESG 同 SSG 差值表示的 PTFE 树脂分子量下降的程度	

性质项目	定义	参考的 ASTM 方法
拉伸性质	根据特定方法制作的样品测得的断裂伸长率和拉断强度	D 638
挤出压力	用异链烷烃在特定条件下配制的分散 PTFE 糊被挤出时测得的压力	
收缩空隙指数 SVI	受拉伸应变而造成的 PTFE 样本相对密度变化的度量	
受应变后相对密度	受应力产生应变后的相对密度	
受应变前相对密度	未产生应变前的相对密度	
收缩（长大）率	SSG 样品预成型件在烧结过程中直径变化	
延时（烧结）相对密度	用于测定 SSG 的样品经受延长时间烧结后的样品相对密度	D 792, D 1505

注: 1. 收缩空隙指数 SVI＝（受应变前相对密度－受应变后相对密度）×1000。
   2. 受应变前相对密度是指拉伸样本未受应变测定的相对密度；受应变后相对密度是指 PTFE 样本在收到应变速率为 5.0mm/min 的应力拉到断裂测定的受应变后相对密度。PTFE 样本的断裂伸长率必须大于 200％，否则，试验要重做。上述两个相对密度的差值用来计算 SVI。

根据 ASTM D 4895 的分散 PTFE 树脂的规格及品级性能见表 3-16 和表 3-17。

■表 3-16　根据 ASTM D 4895 的分散 PTFE 树脂的规格

树脂型号	松密度/(g/L)	平均粒径/μm	拉伸强度/MPa	断裂伸长率/%
I	550±150	500±200	19	200
II	550±150	1050±350	19	200

■表 3-17　根据 ASTM D 4895 的分散 PTFE 树脂的品级性能

树脂型号	品级	分类	标准相对密度范围	挤出压力/MPa	最大 SVI
I	1	A[1]	2.14～2.18	5～15	—
		B[1]	2.14～2.18	15～55	—
		C[1]	2.14～2.18	15～75	—
I	2	A[1]	2.17～2.25	5～15	—
		B[1]	2.17～2.25	15～55	—
		C[1]	2.17～2.25	15～75	—
I[1]	3	C[2]	2.15～2.19	15～75	200
		D[2]	2.15～2.19	15～65	100
		E[1]	2.15～2.19	15～65	200
I[1]	4	B[2]	2.14～2.16	15～65	50
II[1]		A[1]	2.14～2.25	5～15	无

① 热不稳定指数小于 50。
② 热不稳定指数小于 15。

3.3.3　PTFE 分散浓缩液的性能表征

ASTM 方法 D-4441—1996 覆盖了 PTFE 分散浓缩液的各项性能指标和测试

方法。表征 PTFE 分散浓缩液性能的各项目和定义列于表 3-18 与表 3-19 中。

■表 3-18 表征 PTFE 分散浓缩液性能的各项目和定义

性能项目	项目定义	参考 ASTM
固含量	PTFE 在浓缩分散液中质量分数	D-4441
表面活性剂含量	加到浓缩分散液中表面活性剂量加上聚合留下的表面活性剂量	D-4441
浓缩分散液粒径	加过乳化剂的浓缩分散液中测定的粒径	D-4441
浓缩前乳液粒径	未加乳化剂的浓缩分散液中测定的粒径	D-4441
树脂凝聚物	在处理和加工浓缩分散液中凝聚出的 PTFE	D-4441
pH	浓缩分散液的酸碱度	E70
标准相对密度（SSG）	根据本方法从浓缩分散液中分离出来的 PTFE 经模压、烧结后的样品相对密度	D-4441，D-792
熔体特性	在示差扫描量热计上测得的熔融热和熔融吸收峰（峰端）温度	D-4441，D-4591

■表 3-19 PTFE 分散浓缩液规格类别

按 ASTM 类型	固含量/%	表面活性剂含量/%
I	23～27	0.5～1.5
II	25～35	1.5
III	53～57	1.5
IV	58～62	6～10
V	57～63	2～4
VI	58～62	4～8
VII	54～58	6～9
VIII	56～60	5～9
IX①	20～45	—

① 不加乳化剂，是否加烃类化合物由顾客自定。

参 考 文 献

[1] Renfrew，M. M. U S 2534058. 1950-12-12.
[2] R. F. ，Edens，W. L. Larsen. H. A U S 3245972. 1966-4-12.
[3] Roberts，R，Anderson，R. F. U S 3766133. 1973-10-16.
[4] Browning，H. E U S 3983200. 1976-9-28.
[5] Banham，J，Browning，H. E. U S 3882217. 1975-4-6.
[6] Renfrew，M. M. U S. 2434058. 1950-12-12.
[7] 张恒、宋学章等. 聚四氟乙烯树脂生产废水中全氟辛酸铵的处理方法. CN10069168. 2006.
[8] 宋学章等. 分散法聚四氟乙烯树脂生产中全氟辛酸铵的回收方法. CN10069167. 2006.
[9] 张在利等. 从聚四氟乙烯树脂生产废液中回收全氟辛酸的方法. CN2133400. 2002.

第 **4** 章　可熔融加工氟树脂的制造

4.1 概述

　　可熔融加工氟树脂是指可以用热塑性塑料通常使用的使被加工的树脂加热到熔融状态，利用它们在这种状态具有流动性的特点，进行通用的挤出、注射、吹塑、传递模压等加工方法进行加工的氟树脂。它们的共同特点是保持氟塑料耐化学腐蚀、耐高温等基本特性的同时，又可以以熔融加工的设备和技术比较方便地将它们加工成形状各异的制品。按单体是全氟碳不饱和烃还是除氟以外还含有部分或较多氢原子或氯原子的不同，又分为两大类，一类是全氟树脂如聚全氟乙丙烯（FEP）和可熔性聚四氟乙烯（PFA）等；另一类是部分氟化的氟树脂如聚偏氟乙烯（PVDF），乙烯和四氟乙烯共聚树脂（ETFE），聚三氟氯乙烯（PCTFE），聚氟乙烯（PVF）等。通常部分氟化的氟树脂耐化学腐蚀、耐高温性、自润滑性略差些，但机械强度明显优于全氟树脂。按可熔融加工氟树脂的单体构成也可分为均聚树脂（PVDF，PCTFE，PVF 等）和共聚树脂（FEP，PFA，ETFE，THV，无定形氟树脂等）。尽管还可以再罗列一些其他的可熔融加工氟树脂，本章要讨论的氟树脂限于包括以上提到的这些具有商业意义的品种。作为一种新的聚合手段，超临界 CO_2 在可熔融加工氟树脂生产中的应用也专门列为一节。

　　制造可熔融加工氟树脂的聚合方法主要有乳液聚合和悬浮聚合。溶液（或溶液沉积）聚合在少数品种生产上也有应用。如前所述，氟聚合物的聚合机理是自由基聚合。均聚反应只涉及一种单体，而共聚反应需要有两种或更多种不同单体。两者的聚合过程的表达方式也有所不同。对共聚反应，其速率表达要复杂得多。本书第 3 章 3.1 概述中详细介绍了以 $K_2S_2O_8$ 为引发剂的 TFE 的聚合历程，对可熔融加工氟树脂的聚合也是适用的。本章在概述中对共聚反应的历程和速率表达进行分析阐明对于后面的讨论是有益的。

　　用于共聚反应的不同单体的聚合反应活性是不同的，此活性常以 r 表示。这一差别结果就产生了聚合物中不同单体组成之比（以 c 表示）和投入聚合的单体混合物中的组成比（以 x 表示）的差别。普遍接受的反应方程式，最早是由 Wall 等在 20 世纪 30 年代末推导的。其中，用 m_a 和 m_b 分别表示两种单体，存在 4 种可能的链增长反应，它们是：

$$m_a \cdot + m_a \longrightarrow m_a m_a \cdot \qquad k_{aa}$$
$$m_a \cdot + m_b \longrightarrow m_a m_b \cdot \qquad k_{ab}$$
$$m_b \cdot + m_b \longrightarrow m_b m_b \cdot \qquad k_{bb}$$
$$m_b \cdot + m_a \longrightarrow m_b m_a \cdot \qquad k_{ba}$$

实验表明，速率常数（k_{ij}）同链长无关，单体加入的速率决定于单体的性质（即反应活性）和成长中链的终止。因此，描绘两个单体只需要上面的 4 个方程式。

共聚单体 m_1 和 m_2 在聚合反应初始阶段的单体混合物中消耗的速率可以表示为式（4-1），其中 [] 代表浓度。

$$-d[m_a]/dt = k_{aa}[m_a \cdot][m_a] + k_{ba}[m_b \cdot][m_a] \tag{4-1}$$

$$-d[m_b]/dt = k_{bb}[m_b \cdot][m_b] + k_{ab}[m_a \cdot][m_b] \tag{4-2}$$

该两式相除，就得到两个单体消耗量的比，如式（4-3）：

$$\frac{d[m_a]}{d[m_b]} = \left\{ \frac{[m_a]}{[m_b]} \right\} \frac{k_{aa}[m_a]/[m_b] + k_{ba}}{k_{bb} + k_{ab}[m_a \cdot]/[m_b \cdot]} \tag{4-3}$$

假定，由引发产生的新链的数量同由链终止消失的链数量相等，此假设对于大多数共聚反应而言是合乎情理的。这就意味着在反应过程中，成长的链的总数保持不变，从而其变化率应该是零，即：

$$d[m_a \cdot]/dt = 0, d[m_b \cdot]/dt = 0$$

或者

$$d[m_a \cdot]/dt = k_{ba}[m_b \cdot][m_a] - k_{ab}[m_a \cdot][m_b] = 0$$
$$d[m_b \cdot]/dt = k_{ab}[m_a \cdot][m_b] - k_{ba}[m_b \cdot][m_a] = 0$$

即可得式（4-4）：

$$[m_a \cdot]/[m_b \cdot] = k_{ba}[m_a]/k_{ab}[m_b] \tag{4-4}$$

将两个单体的反应活性分别记作 r_1 和 r_2，则

$$r_1 = k_{aa}/k_{ab} \tag{4-5}$$

$$r_2 = k_{bb}/k_{ba} \tag{4-6}$$

并将式（4-5）和式（4-6）代入式（4-3），再设定：

$$c = d[m_a]/d[m_b], x = [m_a]/[m_b]$$

式中　c——聚合物中单体 a 和 b 的组成比（浓度比）；

　　　x——反应混合物（原料）中两单体浓度之比。

经过换算，就得到：

$$c = (r_a x + 1)/(r_b/x + 1) \tag{4-7}$$

式（4-7）可用于确定反应混合物组成对共聚物组成的影响。对于大多数共聚反应，c 和 x 是不相等的。如果出现 c 和 x 相等，就称为"恒（组）分共聚合"。则从两个单体的活性比（即竞聚率）可以计算出得到的共聚物

的组成：

$$c=x=(r_b-1)/(r_a-1) \tag{4-8}$$

如果 $r_a>1$，就产生均聚物或嵌段共聚物，$r_a<1$ 时，则形成共聚物。通常如 $r_a \cdot r_b$ 的乘积靠近于 0，就趋于生成交替型共聚物，如果 $r_a \cdot r_b$ 的乘积靠近于 1，则生成无规的共聚物。以上是两种极端的情况，对于大多数共聚物而言，$r_a \cdot r_b = 0 \sim 1$。

4.2 聚全氟乙丙烯

4.2.1 FEP 树脂的聚合过程

聚全氟乙丙烯（FEP）是四氟乙烯（TFE）和六氟丙烯（HFP）的共聚物，HFP 的加入

$$-(CF_2-CF_2)_x-(CF_2-\underset{\underset{CF_3}{|}}{CF})_y-$$

改变了 TFE 均聚物（PTFE）的高结晶度、高熔点、高熔融黏度的特点，FEP 具有相对较低的结晶度、较低的熔点和低得多的熔融黏度，除长期使用温度从 260℃降低为 200℃外，保留了 PTFE 大部分优异性能。同时，改变了 PTFE 不能熔融加工的缺点，可以用热塑性塑料通用的加工方法加工。世界上，FEP 最早出现在 20 世纪 50 年代，1960 年实现产业化。国内最早研制开始于 20 世纪 60 年代初，70 年代起经多次改进，逐步实现了中试规模生产。FEP 是氟树脂发展过程中最早研制和实现商业化生产的可熔融加工全氟化氟树脂。相当长一段时间内，其重要性仅次于 PTFE。

商业规模生产 FEP 除少数采用溶液（溶剂沉淀）聚合过程外，以采用乳液聚合为主，乳液聚合的工艺大体上同其他氟聚合物的乳液聚合工艺相同。FEP 生产与 PTFE 和 PVDF 生产中很重要的不同点是需要调节和控制共聚物组成。通常 FEP 的平均分子量比 PTFE 低得多，所以由无机过氧化物引发剂引发聚合反应导致的不稳定端基数量对 FEP 而言要比 PTFE 多得多，这带来了 FEP 聚合产品的热稳定性问题，需要在后处理阶段增加端基稳定化的过程。一种改进的方法是向聚合体系中加入少量全氟聚醚，并且同全氟碳的带有羧酸端基的全氟聚醚的铵盐一起加入作为离子型表面活性剂，不但可以在较低的温度（95℃）和压力（21MPa）下达到较快的聚合速率，还可以免去后处理阶段另外必需的端基稳定化的过程。另外，早期生产 FEP 由于技术不成熟，聚合过程中压力和温度波动很大，容易出现组成不均匀。还因共聚物中 HFP 含量偏低导致加工成制品后易开裂。这些问题都

通过后续对聚合工艺和后处理技术的不断研究和改进得到解决。对 FEP 聚合方法更新的研究成果是以 CO_2 为介质的超临界聚合，适合于制造高清洁度的 FEP 树脂，但是大批量的工业化生产尚需时日。

由于使用要求和加工方法的不同，对 FEP 树脂的最终产品性能（特别是表征树脂分子量大小和在加工温度下流动性的高低的熔融流动速率 MFR）有不同的要求，产生了多个不同的品级，如按熔融流动速率 MFR 大小不同，可划分为模压级、挤出级、通用级、快速挤出级（主要针对线缆）等。对每一个品级，聚合过程基本相同，但是聚合配方中引发剂和链转移剂的加入量及加入方式均需进行调节。FEP 最终产品的形态除粒料、粉料外，还有在涂料及浸渍方面应用的浓缩乳液、加入导电成分的静电喷涂用 FEP 粉末涂料、作为全氟碳润滑油添加物（配制润滑脂）的 FEP 超细粉等品种。就聚合工艺而言，它们同前面提到的品级基本原理相同，只是在分子量控制和后处理方法上有所不同。

4.2.1.1 共聚合过程

工业规模 TFE 和 HFP 共聚合生产 FEP 的过程是以水为介质的自由基乳液聚合，以 APFO 作为分散剂，过硫酸盐（铵盐或钾盐）为引发剂的乳液聚合。

文献描述的典型共聚合过程是：先向聚合反应器内加入去离子水，反应器为带搅拌的卧式压力容器，搅拌轴上装有几组桨式叶片，反应器外有传热用夹套，既可用于加热，也可用于冷却，用抽真空法排除釜内空气（特别是微量氧），将水温加热到 95℃后继续抽空，达到彻底排氧。加入 HFP，使釜内压力上升到 1.7MPa，迅速将浓度为 0.1% 的过硫酸铵水溶液压入釜内。保持温度 95℃，将质量比为 75% HFP 同 25% TFE 的混合气体压入反应器并搅拌 15min，釜内压力上升到 4.5MPa。在加上述单体混合物保持此压力情况下，以 0.0455 份/min 的速率用计量泵将新鲜过硫酸铵水溶液注入聚合釜。搅拌 80min 期间，维持温度在 95℃，并不断加入混合单体。加入混合单体量达到计算所需量时，停止加单体和各种助剂，停止搅拌，聚合反应就终止。

共聚合过程可以是连续的，也可以是间隙（分批）的。实际工业生产中典型的 HFP 和 TFE 的间隙共聚合过程由以下几个部分构成。

(1) 混合单体的准备 对于间歇聚合过程，向聚合反应器加入的混合单体在初始加入时的组成和聚合反应开始到结束阶段的补加单体组成是不同的，所以需要分开配制。初始单体组成按 HFP 和 TFE 在设定聚合反应条件下的竞聚率计算后配成。将 HFP 和 TFE 两种单体按计算得的配料所需质量（例如 74∶26，质量比）充入配料槽后用无油或隔膜式压缩机抽出和返回进行一定时间的循环，以保证组成的均匀。配成的混合单体取样用 GC 分析 HFP 和 TFE 含量，确保组成能符合设计要求。对补加单体混合物的配料用同样方法运行。补加单体的组成按希望得到的聚合物组成配成，HFP 质量比通常为 16%～18%。也有的品种达到 18%～20%。

（2）聚合反应器配料 早期采用的容积较小的聚合反应器均为立式搅拌槽式，卧式聚合釜在较大规模生产中用得更多。由于传热传质方面的优越性，聚合结束后出现在乳液上面的白色粉末大大减少。间歇（分批）聚合生产常用的配料程序为：聚合反应器经清洗后加入体积约为反应器容积 2/3 的去离子水，在抽空和排除残留的微量氧后，先后加入表面活性剂全氟辛酸铵（APFO）的水溶液、引发剂（可以是无机过氧化物，钾或铵的过硫酸盐，或含氟的有机过氧化物），需要时也可加少许分子量调节剂（也可不加）。全部引发剂只有一小部分在聚合反应器内温度和压力达到规定值后以初始引发剂形式一次性快速加入，其余留待聚合开始后与反应进程同步连续补加。初始配料组成的混合单体按规定量（确保在初始升温达到规定值时，由物料气化生成的压力也能上升到规定值）在配料时一次性加入。

（3）聚合反应 配料结束后即开始升高温度，压力则随温度上升而升高。温度和压力达到规定值后，迅速加入初始量引发剂。引发剂分解产生自由基使聚合反应很快引发，温度上升由夹套内冷却介质传热得到平衡，一出现压力下降就通过压缩机加入补加混合单体。连续补加的引发剂同步加入。由此，构成了聚合反应放出热量同传热的平衡，维持温度相对平稳，反应速率处于可控，同时又构成聚合反应消耗单体和引发剂同补加单体和引发剂的平衡，维持系统压力基本平稳。实际反应的温度和压力控制总是有对设定值的偏离，在保持温度基本稳定的前提下，由压力下降及时调节加料速率保持压力恒定十分重要，压力出现大的偏离会引起不希望出现的聚合物组成偏离。加入和消耗混合单体量的计量可以通过配料槽内压力的变化计算。按计算需要加料的量全部加完后，停止加料，继续保持一段时间的搅拌，聚合继续进行，使槽内单体压力下降到一定程度，即停止搅拌，开始冷却。停止加料到停止搅拌这一段时间的反应称为后聚合。

生产规模大，批量大的 FEP 聚合采用连续聚合生产工艺。同间隙聚合工艺不同，没有一套庞大的初始配料和补加配料系统的安排。连续聚合操作开始时比较复杂，达到稳态后，主要的参数都维持不变，共聚得到的产品质量稳定，特别是分子量及分布、组成分布很少波动，适合于在较高温度（也即较快反应速率）下反应。设备生产强度高，而且不需要像间隙聚合那样的批次间的辅助操作时间。适合单个品级需求量高的生产。

文献中，难以找到对商业规模生产 FEP 的连续聚合具体细节的描述。但有专利文献 [2] 报道了试验规模的 TFE 和 HFP 连续聚合。聚合在一不锈钢制带有夹套的搅拌槽反应器内进行，夹套既可用于以水蒸气加热，又可用水进行冷却。搅拌轴上沿轴向装有多组搅拌桨叶。将去离子水充入此聚合釜，加热到需要的聚合温度，预先配好的溶液 A 和溶液 B（分别是引发剂和分散剂的溶液）合并为一个溶液后经泵压入聚合釜直到聚合釜内压力达到需要的值，并且一直运转到只剩下整个周期的 1/4 时间为止。TFE 和 HFP 气体分别经过转子流量计计量连续进入膜式压缩机。所有管线连同压缩机预先要用单体清扫替换残留的氮气。膜式压缩机将两单体在希望的压力和温度下输入聚合釜。泵连续地将溶液 A 和溶液 B 以预定的速率（流量）通过管线从反应釜底部压入反应釜。整个聚合过程中维持加料速率不变，反应器内物料，即共聚物乳液和未反应的单体，连续地以同泵加入新鲜原料一样的速率（流量）从反应器顶部流出。流出的物料经背压调节器流入脱气器，在此处，未反应的单体同乳液分离，未反应气体经过湿式气体流量计计量并将一小部分引入在线气相色谱仪，测定流出气体的组成以确定单体的转化率。向分离出来的乳液中加入少量甲醇和 CFC-113（室温下）让共聚物凝聚，然后过滤和用去离子水在 60℃下洗涤 3 次，最终在 100℃烘箱中干燥 24h。实例提供的聚合配方、压力、温度、加料配比以及得到的聚合物的组成同商品化的 FEP 品级相距甚远，但此方法基本原理和流程仍不失具有参考价值。归纳起来，连续聚合有以下几个特点：①介质水的补充是通过引发剂溶液和分散剂溶液实现的，这些溶液浓度很低，大部分是去离子水，连续加入的溶液带入很多水，对平衡聚合反应热，保持温度恒定非常有利；②进出物料速率相同保持了聚合釜内物料量的基本恒定；③TFE 和 HFP 的加入量均通过气体流量计控制，不需预先配好混合单体；④不同时间段，特别是初期，TFE 和 HFP 加入速率不同，也是分别通过流量计控制，省去了庞大的配料系统；⑤连续出料带出的未反应单体经脱气可以回收，循环使用。

4.2.1.2 竞聚率和组成控制

从本章概述中叙述的共聚物组成控制的基本理论，已经明确，共聚物的组成同多个因素有关，其中包括单体混合物的配比（即组成）、两个单体的反应活性的差别（竞聚率）、压力、温度等，单体混合物的配比及竞聚率影响最大。

TFE 和 HFP 两种单体共聚时的活性分别以 r_1 和 r_2 表示。r_1 和 r_2 同聚合条件有关。文献中可得到几组不同条件下的 r_1 和 r_2 数值（见表 4-1）。有了 r_1 和 r_2 就可按理论计算，从而得到希望要的共聚物组成中单体混合物的配比。

■表4-1　不同聚合条件下 TFE 和 HFP 共聚时 r_1 和 r_2 数值

r_1	r_2	聚合条件
60	0	$t < 50℃$，悬浮聚合
20	0	$t > 50℃$，乳液聚合
18～20	0	$t = 50℃$
65	0	$t = 20℃$

由 TFE 和 HFP 共聚得到的 FEP 是无规型聚合物，实际上没有出现

任何两个相邻的 HFP 单元的情况。实际生产中聚合体系同文献报道的不尽相同，表 4-1 的数据不能直接套用，最好由生产者自己根据聚合工艺条件测定符合自己条件的 r_1 和 r_2 数值。实际生产中往往是按经验确定初始配料比和补加配料比，不够精确。要得到质量稳定的 FEP 产品，对控制组成（即产品 FEP 中 HFP 含量）还应严格要求。

实际工业化生产中，特别是聚合釜单釜产量大的间隙生产过程，反应温度和压力常常难以维持恒定。生产中，加料组成基本上是固定的，压力和温度对工艺设定值的偏离会导致同样气相单体组成和水相中组成发生变化，使成长中的聚合物链段在某瞬间或时间段出现组成不均匀。最明显的是，如果压力上升 0.1MPa（表示气相中 HFP 浓度下降），就会使链段中 HFP 含量下降，足以影响耐开裂性能。另外，由于传热速率跟不上聚合反应放热速率，反应混合物的温度上升超过 3～5℃是可能的，此时，反应加快，放出更多热，消耗单体更快，单体供应会因管路、阀门、压缩机能力等原因不能满足要求，釜内压力下降，对组成和分子量都会产生负面影响。所以，设备各组成部分能力的充分配套、精心设计和建立高效灵敏的自控系统以及严密地操作对于控制共聚物组成也是至关重要的。

4.2.1.3 温度和压力对共聚合的影响

对自由基聚合，温度是很关键的变量。提高温度会明显增加聚合反应速率。文献报道，对 TFE 和 HFP 的共聚合反应，对聚合速率起很大影响的温度范围在95～138℃，如果以 95℃时的聚合速率作为基准，取相对值为 1，则在上述温度范围的聚合速率相对值在其他条件不变的前提下，汇总于表 4-2。

■表 4-2 温度对 TFE 和 HFP 共聚合反应速率的影响

温度/℃	反应速率（取 95℃时速率＝1）
95	1.00
100	1.05
105	1.85
110	2.12
115	2.28
119	2.31
125	2.20
130	1.91
135	1.45
138	1.00

从上表中数据可见，在温度为 119℃情况下可以达到最高的聚合速率，在温度范围为 113～123℃内，聚合速率的变动仅比最高时低 5％。实际选择最适合的聚合温度并不是只考虑反应速率一个目标。必须在聚合反应放热速率和反应器能实现的传热速率之间达到平衡。对连续聚合，由于不断加入温度较低的新鲜介质（去离子水）和不断放出达到设计固含量的乳液都有利于

平衡反应温度，可以选择高聚合速率的反应温度。对间隙（分批）聚合，聚合过程中介质和乳液不发生进出，聚合反应放出的热量完全要通过反应器壁的传热带走。这种条件下，不应过分追求高反应速率，实践证明，一般可选在100℃上下（如95℃）较合适。在120℃和100℃不同温度下以间歇方式进行共聚，在其他条件相同情况下，表现在每批反应所需时间有明显的差别，120℃时约需时间100min，100℃下反应需要时间约为3h或更长些。

反应釜气相部分的气相单体空间密度（也即反映压力高低）通常不视作TFE和HFP产业化规模共聚反应的变量，因为这是由组成所规定的。Couture等发现这一变量对于反应速率有很大的影响，可达到的最高值是0.22g/cm³。出现最高反应速率相对应的聚合压力为3.97~4.14MPa。

4.2.1.4 引发剂和分散剂的影响

引发剂对TFE和HFP的共聚合反应速率有一定的影响。在乳液聚合中，控制引发剂浓度是用来控制聚合物分子量的。很多情况下，为了得到希望要的（高）分子量，聚合反应常在较低的引发剂浓度下进行。Couture等报道，按照某一个程序，加入额外的引发剂能够增加反应速率。这个加入额外引发剂的程序是预先加入HFP和引发剂，以便在加入TFE之前增加颗粒的成核性能。在完成成核之后，引发剂（正常份额）及TFE和HFP的混合物在聚合进行过程中连续地加入。为了防止过多地超前加入引发剂会影响分子量，选择足够高的聚合温度，此时引发剂的半衰期可以比较短。推荐的超前预加引发剂的量大约是整个聚合周期消耗引发剂总量的至少6.5%。一些水溶性的化合物可以作引发剂，其中包括过氧化物、过硫酸盐和偶氮类化合物，它们在温度为95~138℃的半衰期应小于2min。

分散剂对TFE和HFP共聚制备FEP的影响是多方面的，分散剂的使用可用来控制聚合速率、聚合物的组成以及分子量。聚合过程中加入表面活性剂可以使形成的乳液中固含量增加而不发生釜内凝聚。表4-3～表4-5分别表示表面活性剂浓度变化对TFE和HFP共聚速率的影响，对共聚物组成和熔融黏度的影响以及表面活性剂加入速率对共聚物组成的影响。

■表4-3 表面活性剂浓度对TFE/HFP共聚反应速率的影响

表面活性剂（质量分数）/%	共聚反应速率（取表面活性浓度为0时=1）	表面活性剂（质量分数）/%	共聚反应速率（取表面活性浓为0时=1）
0.0	1.00	0.4	6.10
0.1	2.25	1.0	12.75
0.2	3.55	1.5	19.13
0.3	4.85		

注：表面活性剂：9-H 16氟壬酸铵。
单体：75%HFP。
压力：4.1MPa。
温度：120℃。
气相空间密度：0.235g/cm³。
熔融黏度：7.5×10³Pa·s。

■表 4-4　表面活性剂浓度对 TFE/HFP 共聚物组成和熔融黏度的影响

熔融黏度 /×10³Pa·s	聚合物中 HFP 含量(质量分数)/%	
	无 表面活性剂	0.1% 表面活性剂
20	12.1	12.9
15	12.3	13.4
10	12.7	14.1
6	13.2	15.0
3	13.9	16.3
1.5	14.5	17.5

注：　表面活性剂：　9-H 16 氟壬酸铵。
　　　单体：75% HFP。
　　　压力：4.1MPa。
　　　温度：120℃。
　　　聚合反应速率保持不变。

■表 4-5　表面活性剂加入速率对共聚物组成的影响

表面活性剂 (质量分数)/%	聚合物中 HFP 含量(质量分数)/%		
	100 /[g/(L·h)]	200 /[g/(L·h)]	300 /[g/(L·h)]
0.0	15.7	13.1	—
0.05	17.5	14.4	—
0.10	18.8	15.7	—
0.15	19.7	17.9	14.8
0.20	20.3	18.7	15.8
0.25	—	19.0	16.8
0.30	—	19.9	17.6
0.35	—	—	18.3
0.40	—	—	18.6
0.45	—	—	19.0

注：　表面活性剂：　9-H 16 氟壬酸铵。
　　　单体：75% HFP。
　　　压力：4.1MPa。
　　　温度：120℃。
　　　气相空间密度：0.235g/cm³。
　　　熔融黏度：7.5×10³Pa·s。

4.2.1.5　组成和分子量分布

　　工业生产时，用户的加工设备因连续运转，需要一批很大数量质量稳定的 FEP 树脂，因为加工设备（如挤出机或注塑机）的加工工艺参数一旦设定（这种设定是按照树脂样品的熔点温度、组成及分布、流变性能等进行的），则很难改变。但是生产过程中要做到每批的组成及分布、分子量及分布完全一样没有一点差别，是不可能的。即使配方一样，也会有细小差别，因为压力和温度的影响因素太多，有些还交叉影响。控制手段从检测到调整参数再执行也总有滞后。大量实践最直观地反映是，同一品级每批生产的树脂，测定的 MFR 不会完全相同。控制方案中可以使压力保持不变（采用压力和加料速率的单回路调节，这比较容易做到），重点放在维持温度尽可能稳定。可以采取的措施包括优化聚合釜设计，如提高长径比（增加单位容积有效传热面积），采用高热导率和高强度的复合材料制作釜的筒体材料，采用提高釜夹套传热介质压力（缩小内外压力差），降低釜壁厚度，优化搅拌桨叶设计，采用釜内壁镜面抛光工艺，提高冷却介质流动线速率等。除了在聚合过程中严格执行各工艺参数外，另一行之有效的措施是将多批乳液进行混合。文献中有提到设计很大的混合槽，最高将 24 批乳液合并混合，然后取出分成多批进行凝聚。限于场地局限性和等待测定每批产品的 MFR 值（确认符合可混合的要求）需要较长时间，可操作性比较强的混合批次可以是 4～6 批（视聚合釜大小而定）。测定结果中 MFR 偏离要求值较大的批次不宜混入。

4.2.1.6 不稳定端基及端基处理

(1) 不稳定端基的形成、危害 对 PTFE 而言，由于其具有极高的黏度（$10^9 \sim 10^{11}$ Pa·s）和分子量（几百万），热稳定性的缺陷并不明显，而对于 TFE 和全氟 α-烯烃（如 HFP）的共聚物（如 FEP）来说，分子量要低得多，端基的数量要多出很多倍。共聚物的加工需要在高温下进行，如注塑和挤出通常在 $300 \sim 400 ℃$ 下进行，加工时常常形成气泡。大部分气泡的来源是聚合过程中生成的挥发性物质（包含生成的小分子组分，未反应的单体回收处理和干燥不彻底留下的残留物等），部分气泡是由共聚物端基在降解时生成的挥发性片断和小分子造成的。

当聚合反应用过氧化物（如 APS，KPS 等）引发剂引发时，生成的端基是：

$$—CF_2—CF_2—O—SO_3^- + H_2O \longrightarrow \{—CF_2—CF_2—OH\} + HSO_4^-$$
$$\{—CF_2—CF_2—OH\} + H_2O \longrightarrow —CF_2—CF_2—COOH + 2HF$$

$—CF_2—CF_2—COOH$ 受热分解可生成 3 种不同端基：

$$—CF_2—CF_2—COOH \longrightarrow —CF＝CF_2 + CO_2 + HF$$
$$—CF_2—CF_2—COOH \longrightarrow —CF_2—COF + HF + CO$$
$$—CF_2—CF_2—COOH \longrightarrow —CF_2—CF_2H + CO_2$$

在聚合链由于生成乙烯基双键而终止时，随后双键会进一步被氧化，结果也是生成—COF 端基，—COF 显然是不稳定的，遇水就发生水解，最终生成的端基是—COOH，同时生成 HF。在加工温度下，—COOH 端基就分解，成为 CO_2 和乙烯基—CF＝CF_2，后者会被进一步氧化再生成—COOH

端基，或者同另一根链交联（这会导致造粒或加工时黏度增大，MFR 变小，严重时螺杆损坏）。—COOH 端基的反复循环生成和降解会导致 CO_2、COF_2 和 HF 的积累。树脂有大量气泡，颜色发深（甚至发棕黑色）。过氧化合物引发的聚合反应中，至少有一半以上聚合物链含有—COOH 端基（甚至比一半还多），乙烯基端基的这种不断分解连续产生—COOH 端基，因此乙烯基数量的多少决定了可能出现的不稳定羧酸端基的数量。

据文献报道，—CF=CF_2 类端基可在双螺杆挤出机中得到处理，但是不能解决所有的不稳定端基。所以在进行双螺杆挤出机抽气造粒之前，凝聚后的 FEP 粉还必须经过较彻底的端基稳定化处理，而且每一步骤之后都应该测定不稳定端基的含量，确定这些处理是否有效。

(2) 不稳定端基稳定化方法及检测

① 不稳定端基的检测　测定聚合物中不稳定端基是否存在及其含量的方法是用红外光谱仪。样品先经模压成膜，厚度为 $250\mu m$。对于大多数端基而言，最有价值的吸收段位于 $1700 \sim 1900 cm^{-1}$ 的谱段。

端基通常被表示为聚合物链每百万个碳原子有多少个端基的数字，端基同 IR 吸收谱数的对应关系见表 4-6。

■表 4-6　聚合物端基种类同 IR 吸收谱数的对应关系

端基种类	IR 吸收谱数
—COF	1883（CO）
Free—COOH	1814（CO），3300－3000（H）
交联的—COOH（二聚）	1781（CO），3300－3000（H）
—CF=CF_2	1793（CC）
—$COOCH_3$	1795
—$CONH_2$	1768
—CH_2OH	3648

② 端基稳定化处理的方法

a. 聚合物粉的湿热处理　1963 年，Schreyer 最早发现，聚合物粉用水在高温下处理可以防止生成羧酸端基，用水在高温下处理的作用是当羧酸端基以离子形态生成时造成脱羧，同时慢慢生成稳定端基—CF_2H。向水性聚合介质中加入碱、中性或碱性的盐，或将它们直接加入聚合物本身中能促进—CF_2H 的生成速率。适宜的碱或碱性添加物通常是水溶性的，pH 为 7 或更高些。它们在加热的热水温度下是稳定的，可以是铵、碱金属或碱土金属的氢氧化物。也可以是含氮、硫、卤素、磷、砷、硼或硅的碱性或中性盐，加入的量多少不是很关键。加入盐的有效最低量是按聚合物质量计算的 5×10^{-6}（5ppm），效果最好是在 $(100 \sim 600) \times 10^{-6}$（$100 \sim 600$ppm），按水相的重量计算最好在 $0.01\% \sim 10\%$。处理用的水可以是液体水，蒸汽或湿空气，用湿空气的话，其中水的含量至少要 2%。具体处理方法有两种：一种是浆液处理法，即将聚合物同足量水混合成浆料置于可搅拌的密闭容器内直接加热到 200℃，保持压力使水保持为液态，盐或碱预先溶于水相内；另一种方法是用水蒸气或湿热空气处理聚合物。稳定端基—CF_2H 生成的速率取决于反应条件，提高温度，增加加入的盐或碱的量，增加水的量能提高稳定端基生成的速率。不稳定端基转换的完全与否用 IR 光谱测定。

实际例子：样品为 HFP 含量 14%～16% 的 FEP，引发剂是过硫酸铵。聚合物样品同浓度为 28% 的氨水溶液（质量比）相混合，比例是溶液/聚合物=4/1，在压力釜中加热到 250℃，保持 2h，压力为自生压力（即 250℃下氨水的饱和蒸气压，约 1.5MPa）。处理过的样品同未处理的样品置于真空烘箱内干燥，温度为 250℃，保持 18h。它们的端基测定结果对比如表 4-7 所列，从表中数据可见，对端基的处理效果十分显著。基本上所有端基都转换成了稳定端基—CF_2H。

■表 4-7 不稳定端基氨水处理前后对照

端基形态	氨水处理过样品	未处理过样品
IR 分析进行测试的端基数量/ $\times 10^{-6}$		
—COOH（单一）	0	177
—COOH（二元）	1	212
—COF	0	
—CF=CF_2	0	
—CF_2H	380	0

推荐的处理用设备可以是普通的搅拌釜，也可以是两端锥形的无搅拌压力容器，材质以 SUS316L 较好。

b. 酯化法稳定端基 1972 年，Carlson 引入了酯化法进行端基稳定化处理。将含有羧酸端基和酰氟端基的 FEP 聚合物同少量甲醇一起加热就形成甲酯基端基。非水介质中聚合得到的聚合物端基主要是酰氟端基，加热温度需要 200℃；对于水介质中聚合得到的聚合物端基主要是羧酸基，加热温度需要在 65～200℃。这种方法的缺点是加入甲醇后还必须彻底除去，否则挥发分指标又不会合格，还存在麻烦的环保问题。

c. 元素氟氟化法稳定端基 1990 年，Buckmaster 等人采用先用氨或甲醇处理然后再氟化的方法实现端基稳定化。试验中用沸点不超过 130℃ 的有机胺或碳原子数低于 8 的叔醇在 25～200℃，同含有—COOH 和—COF 端基的聚合物接触和中和，除去这些化学品后，聚合物在 70～150℃ 下干燥，然后在密闭容器中同元素氟接触，温度控制在不超过聚合物的固态转变温度，最后就是将氟和其他挥发性物质从容器中排出。此法的好处是可以彻底处理掉—COF 类端基。单用元素氟是不会同—COF 反应的。

元素氟氟化的具体过程：含有不稳定端基的聚合物置于两端锥形的圆筒形密闭容器中，先抽空到 0.1 个标准大气压，通入用干燥氮气稀释到浓度（摩尔比）为 10%～25% 的氟气，保持温度 150～250℃（200～250℃）更好，时间4～16h，累计通入的氟气量为2.4～3.3g/kg聚合物。结果表明，氟化后消除不稳定端基的效果同温度、时间、氟气的浓度都有密切关系。

4.2.2 后处理

后处理过程包括共聚物乳液的凝聚、洗涤、烧结和造粒等工序。

FEP乳液的凝聚过程是利用搅拌剪切，使聚合物凝聚成颗粒。乳液混合槽中乳液常带有少许从聚合釜中带出来的白色粉末，这些粉状物无论组成或MFR同乳液主体差别甚大，在乳液进入凝聚桶前必须以过滤方法除去。凝聚时先以适量水稀释，约搅拌45min，聚合物完全同水分离，除去这部分水后再以去离子水洗涤多次，每次搅拌3min，洗去吸附在聚合物颗粒表面的助剂。最后一次洗涤后的水测定其电导率应低于$3\mu V/cm$。

烧结过程是将湿的FEP粉料置于金属盘内，堆放厚度不宜过大，装料的盘放入烧结炉中能转动的托架上，保持慢慢转动的情况下在370～395℃（温度依品级不同而异）进行烧结，时间约3h。烧结过程既是端基稳定化过程，又是低分子聚合物和残留的APFO分解的过程。经过烧结后的聚合物呈面包块状。如果聚合中使用有机过氧化物为引发剂并对聚合产品施以前面所说的稳定化处理，烧结过程可以免除。

实际使用的FEP大多是经过在熔融状态的温度下挤出造料的粒料。凝聚洗涤后的聚合物粉末经过烧结后切碎成多孔形小片，进入螺杆挤出机。充分塑化的聚合物以熔体通过机头口模（可以是单孔或多孔）成料条离开，以冷空气或装在水槽中的冷水冷却，随即切断成约$\phi 3mm \times 3mm$的小粒或小片。造粒是整个FEP生产过程的最后一步。螺杆挤出造粒的操作关键之一是合理的轴向温度分布。通常设5～6个控制点，不同品级（即不同MFR）的FEP因分子量大小不同，要设定不同的温度分布。螺杆转速也必须有所区别，MFR低的品级，熔体黏度高，所以转速要降低。早期使用的是单螺杆挤出机，料筒和螺杆都需用耐腐蚀的高Ni合金制造，螺杆的材质硬度要稍高。实践证明，双螺杆挤出机更适合造粒，螺杆啮合时能产生强有力的剪切力，使熔体得到充分混合，也有利于组成分布和分子量分布更均匀。文献中还提到双螺杆挤出机能消除—CF═CF$_2$型不稳定端基。越来越多的生产装置选择用双螺杆挤出机代替单螺杆挤出机造粒。造粒过程中有小分子分解和部分不稳定端基分解，还生成HF，所以料筒上侧需要有1～2组抽气孔。值得注意的是，双螺杆挤出机不可能消除所有的不稳定端基。采用双螺杆挤出机如希望同时免除烧结过程（可以变二次熔化为一次熔化，从而减少降解），必须先进行端基稳定化处理。另外，如果改用含氟有机过氧化物代替过硫酸盐作引发剂，则聚合物所带有的不稳定端基大大减少，双螺杆挤出机造粒可以有更好的效果。

4.2.3 FEP 树脂浓缩乳液的制造

通常以水为介质的乳液聚合过程得到的 EFP 乳液固含量不超过 31％（质量），属低浓度乳液，作为应用于配制喷涂用 FEP 涂料、湿法配制 FEP 塑料合金及其他浸涂、浸渍目的的 FEP 浓缩乳液，规定的浓度约为 55％（质量），所以需要将固含量不超过 31％ 的乳液进行浓缩。常用的方法很简便，向盛放固含量不超过 31％ 的乳液的容器中加入适量氢氧化铵（氨水）或碳酸铵水溶液和乳化剂 Triton X-100，边缓缓搅拌边加热（如果是刚从聚合反应器放出的热乳液，不需加热），在搅拌过程中，容器内物料逐渐形成两层，上层主要是含有若干水溶性助剂的水，下层为固含量 55％（质量）的 FEP 树脂浓缩乳液。去除上层水，即为成品。生产中，为便于控制和检测，将不同固含量的乳液在室温下的比重同乳液固含量进行标绘，实际应用时只要用比重计就地测定乳液相对密度，就可得到浓缩乳液的固含量数据。氢氧化铵（电解质）加入量不能过多，以免造成浓缩乳液发生局部破乳分层。

4.2.4 FEP 树脂细粉的制造

FEP 树脂的细粉用于制造静电喷涂用氟树脂涂料，也用于全氟醚油配制全氟润滑脂的固体填充物。这些应用对树脂有特定的要求，需要专门的制造技术。

通过 TFE 和 HFP 共聚得到的 FEP 乳液，经过凝聚、洗涤和干燥得到的 FEP 树脂的细粉，不能直接用于配制静电喷涂用粉末涂料，未经端基稳定化处理的 FEP 树脂细粉配制的粉末涂料，在涂装后高温烘烤时会因不稳定端基的分解产生很多气泡。正确的方法是将干燥后的 FEP 细粉进行适当的处理，如将它们同适量氨水一起在带搅拌的压力容器中混合一定时间，处理过的细粉经再次干燥就可配制成合格的粉体涂料。

用于润滑脂固体填充物的 FEP 细粉除要求保证较小的粒径外，彻底洗净细粉残留的微量酸性物质和彻底干燥是保证润滑脂质量的必要要求。

4.3 聚偏氟乙烯的制造

4.3.1 概述

聚偏氟乙烯（PVDF）是 1,1-二氟乙烯（$CF_2 = CH_2$，俗称偏氟乙烯，简称 VDF）的均聚物或少量改性单体和 VDF 的共聚物。PVDF 是氟树脂中产能规模和世界消费量仅次于 PTFE 的第二重要的氟树脂。

PVDF 均聚物的典型的结构式为 $+CH_2—CF_2+_n$。按质量比例计算，含氟为 59%～60%。PVDF 通常是规整性的聚合物。由于聚合条件和采用的反应试剂不同，可能存在少量支链，以及不同于头尾结构的头头/尾尾结构，分子中含氢 3%。PVDF 是部分结晶的聚合物，结晶度为 45%～70%。为了改性，PVDF 聚合时也可加入一些共聚单体，特别是为了改变抗冲击强度和伸长率，为适应在化学工业上的应用，采用的改性单体有 HFP、CTFE 和 TFE 等。

第一次报道成功进行 VDF 在水相介质中聚合出现在 1948 年。VDF 在水中和温度为 50～150℃，压力为 30MPa 条件下用过氧化物作引发剂进行聚合，聚合配方中既没有表面活性剂，也没有悬浮助剂。1961 年才由当时的 Pennsalt 化学公司投入产业化生产。最初对 VDF 的聚合产品的性能评价和认识有很大局限性，所以当时开发的主要应用是核工业设施中用于回收钚的装置有关的管道和模压制品、计算机背板导线的耐磨绝缘以及建筑结构方面金属板表面的耐久性涂料。直到 1965 年，第一家真正大规模工业化 PVDF 生产装置建立起，PVDF 生产和应用在以后 30 多年中在全球范围获得了很大的发展，消费量大幅度上升。有几件标志性的应用起了大的推动，20 世纪 60 年代制作热收缩管作为军工方面的电气绝缘材料以及在热示踪线缆方面的应用是当年的核心市场；70 年代则出现在建筑涂料、化学工厂用的衬塑钢材、纸浆和造纸工业应用大大提高了 PVDF 的消费量。在美国实施国家电气标准（National Electrical Code，NEC）规定将低烟雾、低火焰聚合物用于建筑物楼层地板和天花板间夹层的安装线（plenum cable），代替原来使用其他聚合物作电线绝缘材料并穿管布线的标准，对 PVDF 导线的需求很快造成世界范围 PVDF（尤其是共聚物）的短缺，PVDF 产能加速扩张。另一个因素是在高纯度半导体制造中用于制作运输（硅片清洗用）高纯化学品的器具的优势。进入 20 世纪 90 年代，PVDF 的各种应用除线缆方面有所下降，其余都继续增长。中国国内 PVDF 的应用主要集中在建筑涂料、水处理膜和锂电池等，国外公司看好 PVDF 在中国市场需求增长，不满足将产品到中国销售，已投资在中国建设大规模的 PVDF 装置。

VDF 生产 PVDF 的聚合是自由基加成聚合。聚合方法有乳液聚合、悬浮聚合和溶液聚合等。工业化生产无论是 VDF 的均聚物或以 VDF 为主体的共聚物均以前两种方法占绝对优势。

4.3.2 聚偏氟乙烯的乳液聚合

聚偏氟乙烯的乳液聚合原理和基本配方大体上相似于其他氟树脂如 PT-

FE 和 FEP 等的乳液聚合。乳液聚合反应是一种在水中进行的非均相反应，水相作为介质是连续相，胶束分散在水相中，靠加入的含氟表面活性剂稳定。单体的聚合在胶束中进行，典型的表面活性剂如全氟烷基的羧酸盐，特别是全氟辛酸铵（APFO）。表面活性剂能阻止会导致聚合停止的吸自由基反应。聚合体系中通常还加入链转移剂（CTA），其作用是调节聚合物的分子量。聚合配方中常见的缓冲剂的作用是调节介质水相的 pH 值。产生自由基的引发剂可以是水溶性过氧化物（通常是无机过氧化物，如过硫酸盐），也可以是能溶于单体的有机过氧化物，如 2-叔丁基过氧化物，或二异丙基过氧化二碳酸酯（IPP）等。由乳液聚合方法制 PVDF 通常在带搅拌的反应釜内进行。得到的聚合物初级粒子呈球形，均匀分散在乳液中，呈白色，平均粒径约为 $0.25\mu m$。为了稳定乳液，聚合开始前还需要加入石蜡作为稳定剂。聚合反应结束后，将反应器内物料上层的石蜡倾出同乳液分离，然后用机械搅拌方法使 PVDF 乳液凝聚，再经多次重复过滤、洗涤后在烘箱中干燥，得到 PVDF 凝聚后的细粉（称为次级粒子），平均粒径为 $2\sim5\mu m$。除用作涂料的品级或其他需要这种细粉直接使用外，其余可经过熔融挤出造粒，得到一定形状（细圆柱形或药丸片形，由挤出后料条的切割设备和切割方式决定）的粒料。对于 PVDF 的实际生产过程，通常生产厂商以机密理由不愿透露细节，从经验和不很详细的文献报道得知，生产规模的聚合反应器（$1\sim5m^3$ 或更大）一般均为带有夹套的卧式搅拌釜，偏氟乙烯（VDF）乳液聚合过程宏观动力学属于扩散控制，所以对于工业规模的大聚合釜，偏氟乙烯（VDF）乳液聚合的聚合效果关键之一更是 VDF 单体与水介质中助剂之间的传质效率。有研究者分别采用立式和卧式聚合釜，投入种类和规格相同的原料，在相同的温度和压力等操作条件下，研究较佳的 VDF 乳液聚合工艺参数。结果显示：釜型及搅拌桨形式在很大程度上影响了传质效率，采用卧式聚合釜能以较少的引发剂和乳化剂，得到较快的反应速率、较高的含固质量分数，且乳液稳定性更佳。证明卧式聚合釜是 VDF 乳液聚合较佳的聚合设备。VDF 的聚合热效应较大，为 $-129.7kJ/mol$。为了得到好的聚合物质量，维持聚合反应温度尽可能恒定，极为重要。除选择确定较温和的反应速率（决定于温度和引发剂分解动力学）外，为了得到尽量多的传热表面积，大容积的反应器的 L/D 可以大些。鉴于较高份额产品用于建筑涂料，PVDF 粉的粒子形态很重要，在后处理过程（包括粗产品的运送和移动）中必须避免一切可能导致撞击、高剪切或摩擦发热、重压等有害操作。由于乳液聚合所用表面活性剂（乳化剂）及其他助剂在水洗涤时不易被洗净，必须注意在洗涤和过滤过程中对设备和操作工艺条件的优化设计，用净水多次洗涤时必须保证每次水同物料都能充分混合（如过滤后 PVDF 粉料成为被压实的饼状或块状，用带少许压力的水直接冲洗这种物料，难以达到洗涤效果，比较有效的方法是将物料同水一起通过搅拌再次粉碎成细粒），用不超过 50～60℃的温水洗涤有利于提高助剂和杂质在水中的溶解度，提高洗涤效果。对粗产品中残留助剂和杂质的洗涤是否彻底，常常会是工业生产中影响最终产品质量的重要因素之一。

偏氟乙烯的乳液聚合采用的含氟表面活性剂，可以是 5～15 个碳的全氟羧酸盐、ω-氯全氟羧酸盐、全氟磺酸盐、全氟苯甲酸类和全氟邻苯二甲酸类等。

根据以水为介质进行乳液聚合时所采用引发剂（或称作催化剂）的不同，可将 VDF 的乳液聚合分为两类。一类是用有机过氧化物（最好是水溶性的）作为引发剂，如异丙苯过氧化氢、二异丙基苯过氧化氢、三异丙基苯过氧化氢和叔丁基苯过氧化氢等。第二类则用无机过氧化物作引发剂，适合的包括过硼酸盐、过硫酸盐、过磷酸盐、过碳酸盐、过氧化钡、过氧化锌和过氧化氢等。特别有用的是过硫酸铵和过磷酸钠。VDF 乳液聚合得到的 PVDF 树脂的热稳定性同所选用的引发剂体系有很密切关系。用无机过氧化物作引发剂时，得到的聚合物热稳定性较差，用有机过氧化物作引发剂所得 PVDF 热稳定性较好。

VDF 乳液聚合的通用配方如表 4-8 所列。

■表 4-8　VDF 乳液聚合的通用配方

配方构成成分	含量(以单体质量为基准)/%	配方构成成分	含量(以单体质量为基准)/%
表面活性剂	0.1～0.2	石蜡	0.03～0.30
引发剂	0.05～0.6	链转移剂	1.5～6.0①

① 以 mole 计的单体总量为基准的含量，%。

最佳的聚合温度为 60～90℃，聚合压力为 2.8～4.8MPa。向聚合反应器内加入去离子水、单体、引发剂、水溶性含氟表面活性剂、石蜡和链转移剂等。早年的美国专利 US Patent 2559752 和 US Patent 3239970 中确定的引发剂为二异丙基过氧化二碳酸酯（IPP），表面活性剂是用七氟异丙基碘调聚 TFE 所得调聚酸［$(CF_3)_2CF(CF_2)_5COOH$］的铵盐，链转移剂是异丙醇（沸点 82.5℃）或三氯氟甲烷（TCFM，即 CFC11，沸点 23.7℃），使用 TCFM 的优点是在 PVDF 高温熔融成形时不会产生小的孔隙。用表 4-8 的配方生产的 PVDF 即使在熔融加工时遇到的温度（290℃）下也不易发生变色。全部含氟表面活性剂和石蜡在聚合开始前一次性加入反应器，引发剂和链转移剂可以分多次加，也可以连续加，加 VDF 单体在开始时用来使压力达到要求的水平，聚合开始后就不断补加，维持压力衡定（借助自控手段，将反应器压力的检测通过传感器将信号转变为对加料阀门开度的自动控制，压力的波动可控制在很小的幅度内）。聚合结束后，停止加料，回收未转化单体，从反应器中将乳液放出，通过闪蒸，除去大部分水，得到高浓度的乳液，加入表面活性剂可得到进一步稳定。如果希望得到的是粉状 PVDF 产品，将乳液凝聚（可借助机械搅拌、加入电解质等），即得到粉状固体产品，接着粉状产品经洗涤、过滤、烘干即得成品，如需粒料，将粉料烘干后送挤出机进行熔融挤出造粒。

聚合实例 1：在 300mL 的高压釜中加入 100mL 去离子水及 0.4g 丁二酸过氧化物，抽掉高压釜中的空气，用液氮冷却后加入 35g 偏氟乙烯，随后加入表面活性剂及由纯氧化铁还原而成的铁 0.7mg，加料结束后密闭高压釜，并把它置于电热夹套之内，再把整个装置放在水平摇动的设备上，保温于 80℃和 527kPa 压力，进行聚合反应。聚合反应结束后冷却高压釜并抽空。得到稳定的分散液后让聚合物颗粒沉淀，过滤，并用水和甲醇洗涤，最终产物放入真空烘箱内干燥。

聚合实例 2：在 3.7L 的不锈钢反应器内，让它先冷至 15℃，加入 740g 脱气的无离子水、2.59g 的二异丙基过氧化二碳酸酯（IPP）及 13g 全氟辛酸钠，再加入少量的水溶性链转移剂，如氧化乙烯，经排除空气和冷却后，往反应器内加入 518.4g 偏氟乙烯单体并搅拌，用循环油加热反应器中盘管至 75℃，在 5h 的反应时间内采用逐步压入反应器的方法加入 13g 全氟辛酸钠水溶液，周期性地往反应器内注入水保持 414kPa 的压力。反应结束后抽尽水，排空反应器，随后熔化冻结的聚偏氟乙烯乳液，再经过滤、水洗，并在 50℃真空烘箱内干燥。

乳液聚合也适用于 HFP 和 VDF 共聚制改性的 PVDF。对于改性的 PVDF，共聚物组成中 HFP 的含量（摩尔分数）为 1%～13%。HFP 含量（摩尔分数）超过 15%，合成的聚合物就成为无定形（PVDF 是结晶度较高的聚合物），扭转模量很低，在很宽的温度范围内保留了橡胶状的性质而没有脆性。通常实际用于改性目的的共聚单体量只在 6% 左右。

偏氟乙烯与六氟丙烯共聚实例：在 300mL 的高压釜中用 N$_2$ 置换，依次加入下列组分：含 0.3g 偏亚硫酸钠的水溶液 15mL，含 0.75g 全氟辛酸钾的水溶液 90mL（用质量分数 5% 的 KOH 调节其 pH=12），含 0.75g 过硫酸钾的水溶液 45mL（pH=7）。往反应釜中加入 12.4g HFP（摩尔分数 10%）和 47.6g（摩尔分数 90%）的 VDF。密闭后反应釜装在有机械摇动的设备上摇动，并在 50℃下绝热共聚反应 24h。待反应结束后抽出未反应的单体，在液 N$_2$ 下凝聚胶乳，随后用热水冲洗，湿饼在 35℃的真空烘箱中干燥。取得的共聚物中含 6%（摩尔分数）HFP 和 94%（摩尔分数）VDF，经 X 射线衍射测得它呈高结晶性；有良好的耐有机溶剂性能，在体积比为 3：7的甲苯和异辛烷混合液中，于 25℃ 7d 仅溶胀 4%，在发烟硝酸中 25℃下浸 7d 也仅溶胀 4%。

4.3.3 偏氟乙烯的悬浮聚合

偏氟乙烯的悬浮聚合同其他氟聚合物的悬浮聚合方法基本相同。悬浮聚合以水为介质，配方中除引发剂外，还需要加入分散剂（也称悬浮剂，并非一定加入，需视实际情况而定）和链转移剂等。悬浮聚合同乳液聚合相比的好处是，可以减少在反应器壁上聚合物的沉积粘壁。以水溶性聚合物，如纤维素衍生物和聚乙烯醇作悬浮剂，在聚合时起减缓聚合物颗粒结团的作用。有机过氧化物作聚合反应的引发剂，链转移剂的作用是控制聚偏氟乙烯的分子质量，反应生成的聚合物浆料中含有粒径为 $30\sim100\mu m$ 的聚偏氟乙烯粉料，经过滤与水分离，再洗涤和干燥即得聚偏氟乙烯树脂。推荐的聚合温度为 $30\sim110℃$，压力为 $6.9\sim21MPa$。依据加入引发剂的类型不同和加入量多少，每批聚合反应时间在 $0.25\sim6h$。这样的聚合过程得到的聚合物是以线型结构为主，呈高度结晶。

合成实例：容积为 3.7L 的带搅拌器不锈钢反应器内装有挡板和冷凝盘管，往反应器内加入 2470mL 水，908g 偏氟乙烯和 30g 的水溶性甲基羟丙基纤维素溶液，5g 过氧化三甲基乙酸叔丁酯，25℃下升压至 5.5MPa，此时液相单体的密度为 0.69g/mL。将反应器升温至 55℃，升压至 13.8MPa，在 4h 的反应时间内往反应器压入 800mL 水，以保持恒定的压力。反应结束后冷却反应器，离心分离出聚合物，再用水洗净，于真空烘箱内干燥，得到平均粒径 $50\sim120\mu m$ 的球形颗粒。单体的转化率可达 91%（以质量计），聚偏氟乙烯的相对分子质量为 $5\times10^4\sim3\times10^5$。

不同的引发剂对聚偏氟乙烯的产率影响不大，但对它的分子量有较大影响。异丙醇之类链转移剂的加入，可明显降低聚偏氟乙烯分子量。过氧化三甲基乙酸叔戊酯作为引发剂的效果不及二异丙基过氧化二碳酸酯，因为其聚合物产率低。异丙醇特别是甲乙酮对偏氟乙烯的聚合反应有负面影响，碳酸二乙酯作为链转移剂对聚合物的产率没有明显影响。

4.3.4 引发体系评价和乳液/悬浮聚合的比较

实验表明，不同品种无机过氧化物，在用量相同（或接近），其他聚合条件相同情况下，聚合速率和所得聚合物产品的热稳定性是不同的。PVDF 聚合物产品的优劣，以热失重和试片外观色泽表征的热稳定性是很重要的质量指标（见表 4-9）。

■表 4-9　不同无机过氧化物引发剂对 PVDF 热稳定性的影响

序号	引发剂量类型及其用量(相对于水)/%	促进剂类型及其用量(相对于水)/%	聚合速率 /[g/(h·L)]	热失重 (300℃)	试片外观 (色泽)
1	$K_4P_2O_8$,0.15	H_3PO_4,0.15	4.9	0.1	浅色
2	$NaBO_3$,0.15	$Na_2P_2O_7$,0.5	3.4	0.12	浅色
3	$K_2S_2O_8$,0.1	—	8.0	0.25	黄色

■表 4-10　悬浮聚合和乳液聚合得到的 PVDF 热稳定性对比

聚合方法	热失重 (1h,300℃) /%	热分解(降解)			MFI 变化率(60min 260℃)/%	OI/%
		初始分解温度 T_{init}/℃	10%分解（失重）$T_{10\%}$/℃	主要分解产物		
悬浮聚合 引发剂 KPS	0.3~0.55	340	405	HF	下降 45%	95
乳液聚合（OAP）	0.15~0.25	390	430	VDF	增加 10%	34

　　对 PVDF 从表 4-10 可见，以 $K_2S_2O_8$（KPS）为引发剂时，虽然聚合反应速率较快，但是 300℃下的热失重和外观色泽相对最差，从这个比较来看，在无机过氧化物中，KPS 并不是很理想的引发剂。$K_4P_2O_8$ 则是较好的选择。

　　本节前面已经提到，由于生成的端基不同，有机过氧化物作引发剂聚合得到的 PVDF 热稳定性优于无机过氧化物。

　　从使用有机过氧化物作引发剂的 VDF 乳液聚合和使用无机过氧化物作引发剂的 VDF 悬浮聚合得到的 PVDF 聚合物热稳定性对比，可以发现，乳液聚合得到的 PVDF 产品热稳定性明显优于悬浮聚合。

　　文献报道了很多对有机过氧化物引发合成 PVDF 的研究，它们各有优缺点。提到的引发剂有：几种过氧化二碳酸酯；全氟代二酰基过氧化物（PFDAP），好处是能在聚合物中形成稳定性好的端基。但也有严重的缺点，在水相介质中不能耐水解，即使在 0℃以上的温度也不稳定。使用 PFDAP 作聚合引发剂最合适的介质是饱和的氯氟烃（CFCs），而 CFCs 属于臭氧耗损物质（ODS），这样一来，由于介质必须进行回收循环使用导致成本费用大幅上升。如果必须使用 PFDAP 在水相介质中作引发剂，在合成 PFDAP 的时候加入一些全氟烷基羧酸可以减少一些水解的倾向。还有几个较新被提到的含氧杂环或脂环族结构的氟代二酰基过氧化物作引发剂，分子结构式如下：

　　它们即使在高达 100℃的温度下也很少水解，聚合中可以得到很高的氟聚合物收率。PFDAP 还是合成 FEP 和 PFA 类氟聚合物最有效的引发剂。当然，合成这样的引发剂比较困难，成本会较高。在所有研究过的 VDF 乳液聚合引发剂中，最适合用于工业化生产的当属烷氧基过氧化物（OAP），这类有机过氧化物并不为很多人熟知，出现 OAP 的参考文献只有美国 PPG 公司的两篇专利，其中提到 VDF 聚合速率很高，聚合条件为压力 2～8MPa，温度 50～130℃，OAP 的优点是爆炸危险很低，因此简化了引发剂合成和储存的条件。

4.3.5 聚偏氟乙烯的溶液聚合

偏氟乙烯能在饱和的全氟代或氟氯代烃溶剂中聚合，这类溶剂能溶解偏氟乙烯和有机过氧化物引发剂，在均相中进行聚合反应而生成的聚偏氟乙烯不溶于溶剂，容易与溶剂分离。所用的溶剂沸点必须高于室温，又能溶解单体和引发剂。含 10 个或更少碳原子的全氟代烃或氟氯代烃，不论是单组分还是它们的混合物，都有生成自由基的倾向。为了尽量降低聚合时压力，满足前述溶剂沸点必须大于室温的要求，应选用碳原子数大于 1 的氟代或氟氯代烃，合适的溶剂有一氟三氯甲烷、三氟一氯乙烷、三氟三氯乙烷等。引发剂的质量分数为单体量的 0.2%～2.0%。可用的有机过氧化物引发剂有二叔丁基过氧化物、叔丁基氢过氧化物及过氧化苯甲酰等，聚合反应温度为 90～120℃，压力为 0.6～3.5MPa。

合成实例：在装有电磁搅拌器的 1L 高压反应釜内，加入含十二烷酰过氧化物的三氟三氯乙烷 500g，用 N_2 置换反应釜后排空，加入 160gVDF 单体，在室温下达到 1.2MPa 压力，加热到 120～125℃，保持 20h 并搅拌。在聚合过程中最大压力为 3.5MPa，最小压力为 0.6MPa，单体的转化率达 99.1%，生成的 PVDF 熔点达 169℃。

偏氟乙烯也能辐射聚合，可免去聚合物受引发剂和其他组分的污染。辐射源可采用 ^{60}Co，照射量 10.32C/（kg·h），在 -40℃下聚合，所得的聚偏氟乙烯熔点达 175℃，而一般在水溶液中以化学引发剂引发聚合得到的聚偏氟乙烯熔点为 152℃。

偏氟乙烯树脂可以配成溶剂可溶型涂料、溶剂分散型涂料、水性涂料和粉末涂料。聚偏氟乙烯树脂涂料是当前应用最广泛的氟树脂涂料之一。

4.4 乙烯和四氟乙烯共聚树脂的制造

4.4.1 概述

乙烯和四氟乙烯共聚树脂（ETFE）是乙烯（E）和四氟乙烯（TFE）交替连接的部分氟化共聚树脂，两者摩尔比值接近 1∶1，按质量计，TFE

约占 75%。虽然 ETFE 使用温度不超过 150℃，低于大部分氟树脂，但是其硬度和耐磨性优于 PTFE，而且由于结晶度比 PTFE 有所下降，可以熔融加工。但是未改性的 ETFE 加工成的制品易发生开裂，通过加入少量改性共聚单体，调节聚合工艺等方法，可以克服这一缺点。ETFE 的相对密度比较小，对于既需要氟树脂的综合优异性能，又要尽量减轻重量的应用（如航空领域），这是十分宝贵的。

典型的乙烯和 TFE 的聚合是在水和有机溶剂混合液中进行的。此溶剂最方便的是丁醇。如果单用水作介质，会因结团在反应器产生严重的粘壁和堵塞相关的阀门和管道等。用水溶性的有机溶剂如丁醇代替一部分水，加上采用有机过氧化物引发剂可以解决这一难题。这是因为聚合物在水中不润湿，而在水-丁醇中能被润湿，也可以分散。溶剂介质还有其他一些如全氯氟烃等。文献对不同介质，不同反应条件和引发体系等报道了不同的竞聚率数据。

r_1（C_2F_4）	r_2（C_2H_4）	反应条件
0.06	0.14	介质全氯氟烃
0.1	0.38	光引发，低压，气相反应
0.024	0.61	光引发，低压，在全氟三乙胺溶液中反应
0.85	0.15	不明
0.10	0.56	水-丁醇介质

4.4.2 聚合过程及工艺

4.4.2.1 TFE 和乙烯的共聚合

Joyce 和 Sauer 最早报道成功进行了 TFE 和乙烯的共聚，聚合反应得到了高分子量的聚合物。典型的聚合反应条件范围是：温度 20~150℃，压力 2~2.3MPa，聚合介质由水和有机溶剂如叔丁醇构成，引发剂为过硫酸铵，加入量（质量分数）为 0.1%。在高压反应釜或管式反应器中进行的实际例子如下：1960 份叔丁醇和 40 份水作为介质加入聚合反应器，操作过程需用氮气气氛保护，向反应器加入 1 份过硫酸铵后将其密闭，将预先按 TFE 88.5%（质量分数）和乙烯 11.5%（质量分数）配料的气体混合物加入反应釜，使压力达到 1.4MPa，启动搅拌和升温到 50℃，反应开始（压力表现出下降）后即补加上述气体混合物到压力 2.1MPa，维持此压力直到反应结束，关闭气体进料口，将反应器冷却降温，放出余气，打开反应釜，即得到呈黏稠糊状分散在介质中的聚合物产物。用水蒸气蒸馏方法将产物中大部分叔丁醇蒸出，留下的糊状物实施过滤，将产物移往空气烘箱在 150℃ 进行干燥。得到 300 份粒度很细的粉状聚合物，其组成为 TFE/乙烯（摩尔比）= 1/0.945 或者 TFE 79.5%（质量分数）。表 4-11 汇总了聚合反应收率、共聚物组成、性质与不同工艺条件的关系。

■表 4-11　不同工艺条件下 TFE 和乙烯共聚反应的结果

工艺条件	反应结果				
	1	2	3	4	5
聚合配方					
溶剂类型	t -BA H₂O	t -BA H₂O	t -BA H₂O	t -BA H₂O	t -BA 丙酮 H₂O
溶剂组成/质量份	1960 40	12320 1980	1380 250	590 750	
引发剂类型	APS	APS	APS	APS	APS
引发剂量	1	13	15	3	3
单体加料组分	TFE Et	TFE Et	TFE Et	TFE Et CO	TFE Et
单体中各组分浓度（质量分数）/%	78 22	79 21	50 50	74.4 20.8 4.8	78.8 21.2
聚合条件					
聚合压力/MPa	2.1	1.7～2.3	3.5	6.9～9.7	8.3～9.7
聚合温度/℃	50	58～64	60	60	60
聚合时间/h	1	2	14	3.5	17
聚合物性质					
聚合物收率/质量份	300	575	440	350	380
产物中 TFE∶Et（摩尔比）	1∶0.945	1∶1.038	1∶0.44	1∶1.025	1∶0.956
拉伸强度/MPa	—	30.7	—	—	—
断裂伸长率/%	—	396	—	—	—

4.4.2.2 分子量的控制

　　像其他聚合物可以通过链转移剂调控分子量一样，ETFE 的熔点也可以通过向共聚反应混合物中加入链转移剂（CTA）下调。在介质中加入一定量的丙酮，就能起到链转移作用。文献报道的一个实例中揭示了具体结果。在 1000 份脱氧水中加入 800 份丙酮和 3 份过硫酸钠、10 份磷酸二钠，在 60℃和压力为 8.3～9.7MPa 下进行 TFE 和乙烯共聚，采用 TFE/乙烯配比（摩尔比）为1∶0.96，反应进行 17h，得到 1380 份聚合物含 TFE 78.05％（质量分数），相当于组成为 1∶0.958（摩尔比）。测得熔点为 270℃。此聚合物产品的熔体黏度比同样配方但用叔丁醇而不用丙酮得到的聚合物的熔体黏度要低。使用叔戊醇为溶剂介质同样配方得到 480 份聚合物，其熔体黏度与使用叔丁醇时相当。

另一报道揭示了低温下进行氧化-还原体系引发 TFE/乙烯共聚的结果。体系的链转移作用使支链化倾向由于反应温度降低而减小。这有利于产生更线型化的分子。氧化-还原催化体系产生引发聚合反应所需要的自由基的活化能较低，因而 TFE/Et 的共聚合反应可在较低的温度（不超过 20℃）下进行。

值得关注的是，TFE/Et 共聚合可得到熔点较低和热稳定性良好的聚合物。熔点较低，有利于热加工，热稳定性良好，则表示在高温下，性能保持得相对较好，可以有较高的使用温度。这无疑是制造者和应用者都希望得到的性能。具体的反应配方和条件以及结果、聚合物性质等见表 4-12。

■表 4-12 制造 TFE/Et 共聚物的反应配方和条件

聚合配方和工艺条件	聚合反应实例				
	1	2	3	4	5
蒸馏水	150g	480mL/h	400mL/h	400g	360mL/h
叔丁醇	3000g	3520mL/h	3620mL/h	2900g	2640mL/h
四氟乙烯（TFE）	500g	79%（摩尔分数）	81%（摩尔分数）	1320g	90%（摩尔分数）
乙烯（Et）	130g	—	—	76g	—
过硫酸铵	0.5g 溶解在150g水中	混合物中浓度0.1g/L	0.067g/L	0.2g	0.050g/L
聚合反应压力/MPa	2.8	4.0	4.2	3.8	6.0
聚合反应温度/℃	65	65	62	65	65
聚合反应时间/h	2	1	1	1	1

上述不同配方和条件下得到的共聚物的性质汇总于表 4-13。

■表 4-13 不同反应配方和条件下 TFE/Et 共聚物的性质

聚合物的性质	聚合反应实例				
	1	2	3	4	5
聚合物中 TFE 含量（摩尔分数）/%	44	53	56	58	60
目视熔点（ASTM方法 D2117）/℃	269	277	274	270	264
拉伸强度/MPa	48.5	46.5	47.8	44.2	38.2
断裂伸长率/%	307	322	303	317	339
在190℃，30d 热老化后性质保留伸长率/%	61.6	93.4	86.2	—	83
拉伸强度/MPa	20	103.7	103.3	—	115.3
熔融流动速率（330℃）ASTM方法 D1430/（g/10min）	0.9	6.0	9.0		15.6
熔融流动速率（300℃）/（g/10min）	0.4	—	5.0	7.5	—
扭转模量/×10²MPa	2.1	—	—	3.7	—

由表4-13可见，从例1～例5，随着TFE含量增加，熔点呈下降趋势，熔融流动速率则顺理成章地上升。共聚物拉伸强度随TFE含量增加而下降，表明在TFE含量较高时，分子量有所下降。热稳定性的评价和测试方法比较简单，不需要价格昂贵的高级仪器，直接使用熔融流动速率测定仪在设定的较高温度下，多次重复从此仪器中加热和流出，测定每次流出时的流动速率。在熔点以上的高温下，聚合物试料在每次加热和流出过程中都会发生聚合物部分降解或者产生某些交联。这些或多或少都同不稳定端基的存在和聚合物内在的结构有关。测定次数越多，观察到的性质变化累积结果就越明显。与此法相似，也可将样品在MFR测定仪中在设定温度下不直接流出，而是保持在料腔中一段时间再流出，设定多个不同长短的保留时间，测定MFR，就可得到MFR的变化率。表4-14是例1～例5的不同配方和条件下制得的聚合物样品1次流出和5次流出后测得的性质变化汇总对比。

■表4-14　不同TFE含量的TFE/乙烯共聚物的热稳定性对比

聚合实例	聚合物中TFE含量/%	在MFR测定仪流出温度/℃	不同测定次数下的MFR/(g/10min)		MFR变化/%
			第1次	第5次	
例1	44	350	0.97	1.65	70
例2	53	360	15.5	18.8	21.4
例3	56	355	14.89	17.96	20.6
例4	58	350	18.9	19.9	5.3
例5	66	345			12.1

从对比可知，从例2～例5，ETFE共聚物中TFE含量（摩尔分数）都超过50%，MFR值的变化相对都较小，而例1，TFE含量为44%，样品在MFR测定仪1次和5次流出的MFR变化最大，达到70%。虽然这几个例子测定MFR值的温度略有差别，但是总的趋势是可信的。热老化后的性质保留遵循同样的趋势。

一般认为，溶液聚合毕竟成本较高，过程也相对较繁琐。能在水介质中进行聚合常常是受欢迎并易于在产业化中被采用。氧化还原体系引发的聚合反应是比较普遍采用的聚合技术。可在较低温度和压力下完成TFE和Et的共聚反应。以下是Hartwimmer等报道的实例，其中给出了详细的反应条件和结果。在内表面搪玻璃的反应器中加入去离子水8L，维持温度在22～24℃，0.6g高锰酸钾溶于2.5L水的溶液用作催化剂，1500g（15mol）TFE和101g（3.6mol）乙烯的混合物压缩到76MPa加入聚合反应器，初始加入引发体系溶液500mL引发聚合反应，以后按1000mL/h速率不断补加，145min后，停止加料，聚合反应结束。放出未反应单体（气体）后开釜，悬浮的粗产物同水一起从底部放出，经过滤、淋洗两遍、湿料研磨后在

150℃进行干燥。得到的共聚物产品含有 TFE 87%（摩尔分数）和乙烯 13%（摩尔分数），即摩尔比为 6.7∶1。改变条件得到的产品性能结果见表 4-15。

■表 4-15　氧化还原体系引发的 TFE/Et 共聚反应得到的共聚物性能

聚合实例	聚合物性质						
	相对密度	拉伸强度/MPa		断裂伸长率/%		熔点/℃	起始分解温度/℃
		20℃	150℃	20℃	150℃		
例1	1.65	37.1	11	250	473	281	315
例2	1.67	51.2	12	450	500	282	360
例3	1.67	40.9	14	340	680	283	355
例4	1.68	52.2	17	420	550	287	340

4.4.2.3 加入第三单体改性

TFE/Et 共聚物高度结晶，在高温下呈脆性，需要用第三单体进行改性。

(1) 对第三单体的基本要求　没有链转移作用，少量加入后同 TFE 和 ET 能够共聚，聚合后形成侧链，这些侧链对降低结晶度有明显效果，体现在熔点明显下降，三元共聚得到的聚合物分子量不会比二元共聚产生明显下降，体现在拉伸强度不产生明显下降，能溶于聚合介质。

(2) 以 CFC-113 为溶剂和加入 PPVE 的溶液聚合　聚合介质以 CFC-113 为溶剂，完全没有水，采用 PPVE 为第三单体，环己烷为链转移剂。文献报道的这种溶液聚合实例具体如下：在 1L 反应釜中加入 CFC-113 800mL，链转移剂环己烷 4mL，第三单体 PPVE 28g，升温到 60℃，搅拌转速设定在 500r/min，加入 TFE/Et 的气相摩尔比为 TFE 占 70%，总压力为 0.63MPa，25mL 二全氟丙酰基过氧化物 $[CF_3CF_2C(O)—O—O—(O)CCF_2CF_3]$ 在 CFC-113 中的溶液（0.001g/mL）作为引发剂加入溶剂体系。聚合反应进行期间，不断补加 TFE/Et 混合气体，使压力维持恒定。每隔 10min 补加一次上述浓度的引发剂溶液，补加量为 7.5mL，聚合反应持续进行 70min。结束后，粗产物及溶剂一起倒入不锈钢烧杯。蒸出大部分溶剂后置于空气烘箱中 125℃下过夜彻底干燥，得到干燥后的聚合物 39.3g，300℃时熔融黏度为 $73×10^3 Pa·s$。经分析，表明聚合物摩尔组成为 TFE 48.8%，Et 48.8%，PPVE 2.4%，此三元共聚的改性 ETFE 熔点为 255℃，MIT 法耐折寿命为 16300 次，表 4-16 汇总了不同 PPVE 和环己烷用量时三元聚合物的性质差别。

从表 4-16 所列数据，很显然以 CFC-113 为溶剂的溶液聚合所得聚合物中 PPVE 的含量增加，熔点呈线性下降，拉伸强度下降，伸长率上升，这些同改性 ETFE 的加工有密切的关系。

■表 4-16　用 PPVE 改性的三元共聚 ETFE 的聚合条件和性能

聚合实例	聚合配方			聚合物组成(摩尔分数)/%			聚合物性质			
	PPVE/g	环己烷/mL	三元聚合物质量/g	TFE	Et	PPVE	熔融黏度300℃/×10³Pa·s	熔点/℃	拉伸性质200℃	
									拉伸强度/MPa	断裂伸长率/%
4	14	4	66.1	49.1	49.8	1.1	2.2	267	3.78	98
5	28	4	54.5	47.5	50.2	2.3	3.4	259	3.68	410
6	42	3	77.1	45.8	50.5	3.7	4	250	3.86	510
7	56	3	80.5	45.5	48.9	5.6	3.2	243	3.24	490
8	70	2	74.9	44.8	48.8	6.4	5.5	235	2.65	470

(3) 加入 HFP 为第三单体的三元共聚　一种以 HFP 为第三单体，水为介质，水中加入分散剂和助溶剂的共聚合技术能够生产出韧性好，耐折性好，具有低介电常数和高模量，特别是低温性能好的非极性聚合物材料。由 Robinson 和 Welsh 报道的这种发明，具体内容通过实例表述如下：在装有搅拌桨的容积为 2 加仑（1 加仑＝4.546L）的不锈钢聚合釜中加入 4L 去离子水，向水中加入分子量为 20000 的聚乙烯醇 5g，146mL 丙酮（CTA），5g 二异丙基过氧化二碳酸酯（IPP）在 500mL CFC-113 中的溶液（引发剂），反应器用氮气彻底置换和抽空，加入 92gHFP，启动搅拌，转速为 1000r/min。反应器操作温度为 29～37℃，加入 TFE/Et 混合气体使压力升至 2.3MPa，混合气体中含 Et 49％（摩尔分数）。反应 63min 后停止。移出糊状聚合物并进行过滤，聚合物固体用水淋洗后置于空气烘箱中干燥，得到聚合物的组成为：TFE 44％，Et 50％，HFP 6％。该聚合技术所得产品性质同其他方法的比较见表 4-17。对比展示了 Robinson 和 Welsh 技术的整体优势。

■表 4-17　不同方法制造 TFE 和乙烯三元共聚物性质对比

技术来源	聚合物性质				
	拉伸强度/MPa	断裂伸长率/%	热稳定性(270℃)	熔点/℃	TMA(渗透温度)/℃
USP3960825	63.7	240	优	285	246
USP3960825	54.5	330	优	256	—
USP3960825	50.4	270	—	275	—
USP3960825	48.5	240	—	271	226
其他方法	55.1	180	—	291	251
其他方法	56.6	160	—	285	—
其他方法	32.7～41.4	100～280	—	274	205
其他方法	50.1	325	一般	276	—
其他方法	15.2	280	—	137	—

　　将一定比例 HFP 通过共聚加入 ETFE，可以明显地改善 ETFE 在高温下的耐应力开裂性能（表 4-18）。关于高温下耐开裂性能判定办法为：在待测材料的模压板上用专用刀具打孔制成微拉伸试片置于温度为 200℃的空气烘箱，试样在一黄铜制成的通道内弯曲 180℃，观察结果。表 4-18 就是对若干个具有不同 HFP 含量的试样试验和观察的结果。结果表明，在 HFP 含量达到或超过 5％时，就完全消除了 200℃下开裂的隐患。

■表 4-18　HFP 含量对 ETFE 聚合物高温下耐应力开裂的影响

聚合物组成			200℃下对耐应力开裂的观察
Et	TFE	HFP	
50	50	0	5min 出现开裂
50	48	2	5min 出现开裂
52	45	3	2h 出现开裂
52	43	5	24h 不开裂
50	42	8	24h 不开裂

　　(4) 全氟烷基乙烯作第三单体的三元共聚　浮桥宽和山边正显报道了他们的研究成果，用全氟烷基乙烯（$C_nF_{2n+1}-CH=CH_2$）作为第三单体进行三元共聚，实施对 ETFE 的改性。这样改性的 ETFE 树脂同未改性的 TFE/Et 共聚物相比具有更好的物理性质，改善了高温下的拉伸性能。没有检测到拉伸蠕变性质和耐热性方面的降低。用这种三单体改性的 ETFE 聚合物典型的组成（摩尔比）为：TFE：Et＝（40：60）～（60：40）。全氟烷基乙烯的含量（摩尔比）为 0.3％～5％。试验表明，最合适的全氟烷基乙烯包括全氟丁基乙烯（$C_4F_9-CH=CH_2$）和全氟己基乙烯（$C_6F_{13}-CH=CH_2$），如果第三单体全氟烷基乙烯的分子太大，则此三元共聚树脂的物理性能变差，聚合反应速率也变得很慢。

　　第三单体的含量（摩尔比）最好应当保持在 3％～5％。如果太少，则改性聚合物在高温下的拉伸性质不会有多少改善。这种情况下的聚合反应速率会很慢，制得的三元共聚物的拉伸性质和热稳定性还不如未加入第三单体制得的 ETFE 聚合物。聚合反应介质的选择也是影响性能的重要因素之一，比较适合的有饱和的全氟烃或含氯氟烃溶剂，水相介质也可以，非水介质优先。溶剂体系可用于控制反应条件，提高聚合反应速率。合适的介质体系也有利于改善熔体的可加工性，提高聚合物的热稳定性和耐化学品性能。这种三元共聚反应可以多种不同的聚合方法进行，包括本体聚合、溶液聚合、悬浮聚合、乳液聚合和气相聚合等。引发聚合的引发体系也可以有多种，如偶氮化合物引发、过氧化合物引发、紫外光辐照引发、高能离子辐照引发（如[60]Co 产生的 γ 射线）等。

　　典型的聚合过程采用以三氯氟甲烷（CCl_3F，沸点 23.6℃）和 1,1,2-三氯-1,2,2-三氟乙烷（CCl_2FCClF_2，沸点 47.5℃）构成的饱和氯氟烃混合溶剂的溶液聚合法，具体配方和条件如下：向容积为 10L 的压力反应釜中加入 3.46kg CCl_3F 和 6.52kg CCl_2FCClF_2，加入 2.38g 过氧化叔丁基异丁酸酯 $[(CH_3)_2CHC(O)O_2CH_2CH(CH_3)_2]$ 为引发剂，由 1226g TFE，82g Et 和 26g 全氟丁基乙烯配成的混合气体加入反应釜，在持续搅拌情况下，聚合反应保持在温度 65℃，压力 1.5MPa，不断补加上述气体混合物（三者的摩尔比为 53:43.6:0.7）保持压力恒定。反应约 5h 后，得到 460g 聚合物。此聚合物的组成为 $C_2F_4:C_2H_4:CH_2=CHC_4F_9=53:43.6:0.7$。熔点 267℃，分解温度 360℃。高温下（200℃）的拉伸强度和断裂伸长率分别为 5.5MPa 和 610%。第三单体类型和聚合物组成对聚合物性能的影响见表 4-19。

■表 4-19　第三单体对 ETFE 三元共聚物性能的影响

初始单体加料组成/g			聚合物组成摩尔比/% $C_2F_4/C_2H_4/$第三单体	熔点/℃	分解温度/℃	拉伸强度（200℃）/MPa	伸长率（200℃）/%	230℃ 热老化后耐热性
TFE	乙烯	第三单体类型/数量						
1226	82	全氟丁基乙烯/26	53/46.3/0.7	267	360	5.5	610	>200
1226	82	全氟丁基乙烯/19	53/46.5/0.5	269	360	6	560	>200
1226	82	全氟丁基乙烯/36.5	53/46.3/0.7	267	360	5.2	620	>200

(5) 四元共聚改性 ETFE　四元共聚改性 ETFE 实际上是对三元共聚的改进。在采用 HFP 为第三单体的基础上，再加入少量乙烯基单体作为第四单体。这两个改性单体参与聚合后都生成侧链，起改善聚合物在高温下的拉伸强度和断裂伸长率的作用。这类聚合物适合于加工制造挤出件、单丝和电线包覆。聚合物的组成范围：TFE 30%～55%，乙烯 40%～60%，HFP1.5%～10%，其他乙烯基单体 0.05%～2.5%。第四单体的选择范围：全氟烯烃，通式为 $CF_2=CF-R_f$；全氟乙烯基醚，通式为 $CF_2=CF-O-R_f$；带侧链的全氟乙烯基醚，通式为 $CF_2=CF-O-[CF_2(CF_2)CF_2-O-]-R_f$，$R_f$ 为全氟烷基，碳原子数 2～10。

聚合反应基本上同用乙烯基化合物作第三单体的聚合过程相似。介质可以是水或非水介质。合适的有机溶剂介质可以是饱和氟烃、氯氟烃或它们同水的混合液。聚合方法则可以是本体聚合、溶液聚合、悬浮聚合、乳液聚合或气相聚合。反应条件则决定于所选择的聚合方法。反应温度为 20～100℃。用有机溶剂介质时需要采用有机过氧化物或偶氮类化合物作聚合反应引发剂。如果是水相介质，则采用水溶性引发剂如过硫酸铵等，最好的是高锰酸钾一类。聚合总压力维持在 0.2～10MPa。聚合物组成控制通过调节反应器内各单体的摩尔比实现。TFE 和 HFP 合起来同 Et 的摩尔比为（65:35）～（75:25）。乙烯基单体的加入量比希望要的含量过量 1.05～5 倍。分子量（用熔融流动速率表示）的调节则通过加入链转移剂（CTA）实现。

可使用的 CTA，对溶液聚合有环己烷或丙酮等，对水性介质（100％水），可用丙二酸二烷基酯。如采用乳液聚合方法，得到的是水分散液，聚合物固体质量在水中占 15％～30％，分散液中聚合物颗粒是球形的，平均粒径为 0.1～0.25μm，粒径分布较窄。乳液由机械搅拌方法凝聚，凝聚时加入凝聚剂碳酸铵（电介质，有利于破乳），得到的聚合物固体颗粒经洗涤、干燥为成品，必要时还需熔融挤出造粒。从 TFE/Et/HFP/PPVE 四元共聚 ETFE 的性能结果同未加入 HFP 的三元共聚树脂对比，明显改善了室温和高温下的拉伸强度和断裂伸长率。这可以看出四元共聚树脂的优越性，证明其对前述专门应用范围的适用性，见表 4-20。

■表 4-20　TFE/Et/HFP/PPVE 四元共聚 ETFE 的性能

聚合配方及性能	TFE/Et/HFP/PPVE 四元共聚实例					
	1	A[1]	2	B[1]	3	C[1]
聚合配方						
链转移剂	丙二酸二乙酯	丙二酸二乙酯	丙二酸二乙酯	丙二酸二乙酯	丙二酸二乙酯	丙二酸二乙酯
链转移剂量（相对于聚合物质量）/%	0.39	0.36	0.37	0.37	0.38	0.35
聚合物性质						
氟含量（质量分数）/%	61.0	60.6	61.5	59.8	61.3	63.0
熔点/℃	266	267	264	271	280	247
密度/（g/cm³）	1.714	1.717	1.726	1.743	1.722	1.747
聚合物组成（摩尔分数）/% 四氟乙烯	46.8	52.7	46.8	50.5	48.2	51.2
乙烯	48.1	46.6	48.7	49.0	46.9	48.4
PPVE	0.8	0.7	0.5	0.5	0.4	0.4
六氟丙烯	4.4	—	3.9	—	4.5	—
熔融流动速率（300℃,11kg）/（g/10min）	33	32	36	25	36	44
拉伸强度(160℃)/MPa	7.3	7.5	7.5	7.4	5.5	6.6
断裂伸长率(160℃)/%	815	505	720	245	625	65
拉伸强度(23℃)/MPa	52.5	42.3	44.8	43.8	43.7	34.9
断裂伸长率(23℃)/%	500	280	390	240	465	300

4.5 可熔性聚四氟乙烯树脂的制造

4.5.1 概述

可熔性聚四氟乙烯树脂（PFA）又称全氟烷氧基乙烯基醚聚合物（Perfluoroalkoxy vinyl ether copolymer，PFA），这类聚合物是可熔融加工的氟聚合物中最重要的一类，因为它们的加工相对较容易，又具有同 PTFE 同样高的长期使用温度（260℃）。它们也具有同 PTFE 一样优异的耐化学品性能和低的摩擦系数。可熔性聚四氟乙烯树脂可以看作是用 $C_3F_7OCF{=\!=}CF_2$（PPVE），$C_2F_5OCF{=\!=}CF_2$（PEVE）、$CF_3OCF{=\!=}CF_2$（PMVE）一类全氟烷氧基乙烯基醚对 PTFE 进行共聚改性，降低了 PTFE 的高结晶度，使得熔体具有较好的流动性，可以在熔融态进行制品加工。PPVE 等在聚合物组成中只占百分之几。

TFE 同 $R_fOCF{=\!=}CF_2$ 的聚合，文献已报道的方法主要有非水有机介质聚合和水相介质聚合两种。非水有机介质聚合尽管不是真正的溶液聚合，习惯上常称为溶液聚合。在溶液聚合中，采用卤代饱和烃为溶剂（介质）。水相介质聚合以水为介质，同时也加入少许卤代烃，由于 $R_fOCF{=\!=}CF_2$ 在水中溶解度很小，卤代烃起助溶剂作用，一般不需另外加表面活性剂，但是聚合得到的还是乳液，所以还依习惯称为乳液聚合。通常 PFA 的聚合在单体加料方式上都是将 PPVE 单体一次性在反应开始前就加入聚合反应器中，而反应压力是靠加入 TFE 维持的，TFE 采取不断补加的方式，这是因为，PPVE 和 TFE 两种单体的活性相差很大。文献报道，如果以 1 和 2 分别代表 TFE 和 PPVE，则表观共聚参数 $r_1{=}k_{11}/k_{12}$ 近似为 3，r_2 则可以近似地取为 0，尽管也有报道提到可以合成 PPVE 的均聚物。

可熔性聚四氟乙烯树脂的关键技术包括聚合物的组成控制（即 PPVE 含量控制）、聚合物的分子量及其分布控制及聚合物端基稳定性问题等。组成控制、分子量及其分布控制等同聚合体系的选择，聚合介质的选择、引发剂类别和加入量、链转移剂类别和加入量以及聚合温度、压力等因素有关。端基是否稳定是由其化学结构决定的。生成什么样的端基则是由聚合化学和具体的聚合条件决定的。具有不稳定端基的 PFA 树脂在储存和加工成制品时会发生降解，并往往会产生气体。这些气体在制品中形成大量气泡，成为 PFA 制品的严重缺陷。本节将专门讨论端基不稳定性产生的根源及消除不稳定端基的方法。

4.5.2 非水介质聚合法（制备全氟烷氧基乙烯基醚聚合物）

(1) 溶剂和聚合条件对熔体黏度的影响 对特定聚合体系，非水介质聚合成功的关键之一是寻找合适的溶剂介质。对溶剂的基本要求是单体都在其中有一定的溶解度，溶剂在聚合条件下，对单体不发生化学反应，不产生链转移作用，聚合结束后得到的聚合物比较容易分离，当然最好还要价廉易得、不燃、无毒等。

PFA 非水聚合体系选择溶剂有一个较长的过程。早在 1960 年，就有有关 TFE 同其他含氟单体在卤代溶剂中进行聚合物的报道，发现 TFE 会同含氢、氯、溴或者不饱和的 C—C 键发生反应。由于所用的这些溶剂作为聚合介质时具有链转移作用，聚合结束后发现形成了一些低分子的蜡状物和脆性固体。据解释是因为自由基 $CF_2 \cdot$ 从溶剂上吸取了氢、氯、溴原子引起链终止。研究发现不产生这种影响的溶剂是饱和的全氟代化合物。当然，这样的溶剂价格昂贵，不适合产业化。

将 TFE 和 PAVE 在全氟代有机溶剂中进行聚合是首先由 Harris 和 McCane 报道的，他们所用的溶剂是全氟二甲基环丁烷。试验中全氟烷基乙烯基醚 $R_f OCF=CF_2$ 中 R_f 基团的 C 原子数为 1～5，试验发现，对此体系过氧化物和偶氮类化合物是较好的引发剂。聚合在带有磁力驱动搅拌的压力反应釜中进行，反应釜内加入溶有适量 PAVE 的溶剂全氟二甲基环丁烷，升温到 60℃，开启搅拌，加入 TFE 升压，加入少量（摩尔分数 10^{-4}）引发剂 FN=NF，引发聚合反应后温度一直维持在 60℃，直至聚合反应结束，冷却和放空后，取出聚合物，分离溶剂后得固体聚合物，将干燥后的粉状聚合物在 350℃ 压制成样品薄膜，用红外光谱测定聚合物中 PAVE 含量。薄膜无色、透明，有韧性，380℃ 下按 ASTM 方法标准 D-1238-52-T 测定样品的熔体黏度。部分实验结果见表 4-21。

■表 4-21　在全氟代饱和烃溶剂中进行 PAVE 和 TFE 聚合的结果

聚合反应配方		聚合反应条件		获得聚合物的性质	
PAVE 单体类型	PAVE 在溶剂中浓度（摩尔分数）/%	聚合压力/MPa	聚合时间/min	共聚物中 PAVE 含量（质量分数）/%	熔体黏度/×10^3Pa·s
PMVE	0.094	2.07	45	11.3	16
PPVE	0.053	1.85	60	9.7	3.6
POVE[1]	0.027	1.90	60		

① POVE：$C_8F_{17}OCF=CF_2$。

在约 10 年后的一篇报道中揭示了 TFE 和 PAVE 在含氢（每个碳原子只一个）、氯和氟的卤代溶剂中的共聚结果。适宜的溶剂必须在聚合条件下是液态。提到的溶剂有：CCl_2F_2（CFC-12），CCl_3F（CFC-11），$CClF_2H$（HCFC-22），CCl_2FCCl_2F（CFC-112），CCl_2FCClF_2（CFC-113）和 $CClF_2CClF_2$（CFC-114），发现 CFC-113 是最适合的溶剂。溶解在单体-溶剂构成的溶液中的低温引发剂必须在低于 85℃ 的温度下使用，如高于此温度，则此溶剂会起调聚剂作用。聚合反应在带搅拌的聚合釜中进行。将 TFE 和共聚单体连续加入反应釜保持压力恒定。引发剂是双-全氟丙酰基过氧化物 $[C_2F_5C(O)—O—O—(O)C\,C_2F_5$，简称 3P]。将此引发剂配成在六氟环丙烷中浓度为 1.5% 的溶液，以此引发剂溶液加入聚合体系。由于不加表面活性剂，聚合方式类似于悬浮聚合。将聚合釜抽真空后按配方先后加入溶剂和各配料。依次先加入的是 CFC-113 和 PPVE，接着升温到聚合反应温度，再加入 TFE，达到规定的反应压力，加入引发剂溶液。不断补加 TFE，保持压力不变。控制夹套传热，维持温度不变。聚合反应结束后，排空多余 TFE，开釜，取出悬浮的固体聚合物，在 200℃下进行真空干燥（余压 1mmHg）1h。

结果发现，聚合速率很快，在足够的搅拌条件下，聚合反应完全不是传质控制，依赖于 TFE 压力的时空收率可以达到 600g/（L·h），得到的聚合物呈韧性，可以用模压方法将其加工成透明、无色的薄膜。表 4-22 为在不同聚合条件组合下得到的聚合物性质。

■表 4-22　TFE/PPVE 在（非水）溶剂中聚合条件和所得聚合物性质

项　目	聚合反应实例					
	例 1	例 2	例 3	例 4	例 5	例 6
聚合配方和聚合反应条件						
溶剂类别	CFC-113	CFC-113	CFC-113	CFC-113	CFC-113	CFC-113
溶剂数量/mL	800	800	900	860	860	860
全氟丙基乙烯基醚（PPVE）	60	60	59.4	16.5	9	28
聚合反应温度/℃	40	40	50	90	50	50
聚合反应压力/kPa	345	345	511	621	173	483
聚合时间/min	43	42	30	20	16	45
引发剂（过氧化物）量/g	0.30	0.64	0.15	初 0.06g + 0.006g /min	0.65	0.025
聚合物性质						
聚合物中 PPVE 含量（质量分数）/%	8	8.9	5.2	2.9	2.7	2.1
熔体黏度/×10^{-3}Pa·s	45.5	2.7	211	2.6	17.9	61.7

从表 4-22 所列结果可知，引发剂加入量对于溶体黏度也具有很强的影响力，也即对该聚合物的分子量具有强的影响。

为了抑制较高温度下，可能发生全氟丙氧基自由基向 TFE 的链转移作用，即 PPVE 分子的重排，聚合温度最好控制在 50℃以下。

$$—CF_2—CF \cdot \longrightarrow CF_2CFO+C_3F_7 \cdot$$
$$\overset{|}{O}—C_3F_7$$

聚合压力选择在 0.2～1MPa，这是因为 TFE 在此溶剂中具有较高的溶解度。高的压力会造成溶剂中 TFE 浓度过高，合成的树脂中 PPVE 含量下降，并且聚合物的分子量偏高，不利于加工。

用 CFC-113 为溶剂，甲醇为链转移剂的典型试验为：容积为 1L 的不锈钢聚合反应釜，在抽真空后加入 860mLCFC-113、10.6g PPVE，升温达到 50℃，加入 TFE 使压力达到 207kPa，接着将 1‰浓度的 3P 过氧化物溶液注入，不断补加 TFE 维持压力不变，控制夹套传热维持温度不变。10min 后，停止加 TFE。从聚合反应器中取出聚合物悬浮物，经过滤同溶剂分离后，在空气烘箱中 100℃下干燥 16h。表 4-23 综合了改变聚合配方、反应条件及它们对熔体黏度、弯曲寿命和端基（用红外光谱测定）的影响。

■表 4-23　PPVE/TFE 在溶剂中聚合配方、反应条件改变对熔体黏度、弯曲寿命和端基的影响

项目	聚合反应实例				
	例 1	例 2	例 3	例 4	例 5
聚合配方和反应条件					
PPVE 加入量/g	10.6	16.5	16.5	28	28
引发剂 $C_2F_5C(O)$—O—O(O)CC_2F_5/g	0.74	0.1	0.1	0.1	0.1
链转移剂（甲醇）/mL	0	0	0.5	0	0.5
聚合温度/℃	50	50	50	60	60
聚合压力/kPa	207	310	310	620	620
聚合时间/min	10	22	33	11	17
聚合物性质					
聚合物中 PPVE 含量（质量分数）/%	3.7	2.5	2.7	2.8	2.7
熔体黏度/（$\times10^3$Pa·s）	10.4	170	13.5	158	10.1
MIT 弯曲寿命（ASTM D2176）/h	57000	—	104000	—	—
不稳定端基[①]（每 10^6 个碳原子）/个	109	44	33	41	67

① 不稳定端基包括 COF，COOH，$COOCH_3$ 和 CF_2 ═ CF_2。

从表 4-23 可见，聚合时间和压力有利于提高分子量，反映为熔体黏度的提高。过氧化物引发剂的增加则降低分子量，当然就是降低熔体黏度。

(2) 链转移剂的影响　分子量及其分布对聚合物的加工性能有很重要影响。为了控制分子量及分布，防止聚合物链过度增长，加入链转移剂，对其类别和加入量对熔体黏度的影响进行了对比试验。发现多种含氢的化合物都是有效的，其中有：甲醇、乙醇、异丙醇、氯仿、环己烷、二氯甲烷、2-氢全氟丙烷（CF_3CHFCF_3，即 HFC-227ea）等。

甲醇是效果最好的，能得到分布窄的共聚物，从挤出时的模口膨胀情况可以反映出来。用这一技术生产的聚合物另一优点是改善了它们的弯曲老化寿命。按照 MIT 法（ASTM D2176）测定弯曲寿命随熔体黏度增加而提高，也随聚合物中 PAVE 含量增加而提高。从表 4-23 中例 3、例 5 可见，甲醇对降低熔体黏度（即代表分子量）有很强的影响。

用甲醇和环己烷分别作链转移剂，对它们的效果进行对比，结果见表 4-24。表中数据显示甲醇的效果优于环己烷，另外，将少量这两种链转移剂中任何一种加入聚合体系，都能大幅度降低熔体黏度。

■表 4-24　两种不同链转移剂对 PPVE/TFE 共聚产物熔体黏度的影响

项目	聚合反应实例					
	例 1	例 2	例 3	例 4	例 5	例 6
聚合配方和反应条件						
PPVE 加入量/g	28	28	28	28	28	28
引发剂（$C_2F_5C(O)$—O—O$(O)$$CC_2F_5$）加入量/g	0.025	0.025	0.025	0.05	0.05	0.05
链转移剂（甲醇）/mL	0	0.1	0.5	0	0	0
链转移剂（环己烷）/mL	0	0	0	0	0.1	0.2
聚合温度/℃	60	60	60	60	60	60
聚合压力/kPa	620	620	620	620	620	620
聚合时间/min	38	61	60	12	41	60
聚合物性质						
聚合物中 PPVE 含量（质量分数）/%	2.41	2.68	2.36	2.59	2.45	2.41
熔体黏度/×10^3Pa·s	464	28.0	8.6	149	59	18

4.5.3 水相介质聚合法

　　水相介质聚合法，顾名思义就是 PPVE 和 TFE 以水为介质进行聚合。实际上，PPVE/TFE 的水相聚合是像 TFE 聚合制 PTFE 分散树脂的乳液的反应条件相类似的聚合方法，故 PFA 的水相介质聚合法可以简称乳液聚合。不同的是，PPVE 和 TFE 以水为介质进行聚合时，介质水中还需加入一定量的卤代饱和烃，以 CFC-113 最好。PFA 聚合基本条件如下：全氟辛酸铵是最合适的乳化剂；引发剂是水溶性的无机化合物，如过硫酸铵、过硫酸钾、高锰酸钾等，条件是存在合适的缓冲物质如 NH_3、$(NH_4)_2CO_3$、草酸铵等。聚合压力（TFE 压力）为 1～2.5MPa，温度为 40～90℃。PPVE 必须一次性加足。70℃时的表观共聚参数（基于 TFE）$r_1 = k_{11}/k_{12}$ 为 5。降低反应温度，r_1 略有减小。

　　(1) 链转移剂的使用　同非水相聚合一样，需要加入链转移剂，以氢气（必须是高纯氢）最好。尽管从安全角度看，氢气有一定的危险性，但是由此而生成的端基是热稳定性较好的—CF_2H，HFC-134a（CH_2FCF_3）也是同样好的链转移剂。如用醇类作链转移剂，会产生聚合过程生成的分散液的胶体不稳定。一般说，PFA 的分散液就乳液稳定性而言，要优于 PTFE 的分散乳液。乳液中初级粒子的平均粒径，在实际得到的乳液固含量（质量分数）不超过 35％时，约为 200nm。如果分散液固含量超过此范围，则分散液易发生凝聚。此时，反应体系就不再能有效地搅拌，就不能有效地控制分子量分布（MWD），聚合体系内部的均匀性也受到破坏。

(2) 传质对聚合反应速率的影响 PFA 的乳液聚合表现为很强的传质控制，这是同溶液聚合完全不同的特点。在溶液聚合条件下，TFE 和 PPVE 都能很好地溶于溶剂，所以不存在传质控制问题，聚合速率完全决定于反应速率本身，聚合压力也不需要很高。在乳液聚合的条件下，一方面 TFE 和 PPVE 在水中的溶解度均很小。如 TFE，20℃和蒸气压为 0.101MPa 时在水中以质量计的溶解度仅为 0.018%，而 TFE 在同样条件下以摩尔百分比计的在 CFC-113 中的溶解为 2.1%。PMVE 和 PPVE 在水中几乎不溶，在全卤（尤其是氟）代饱和烃中却具有较高的溶解度。另一方面，分散液中初级粒子数量极大，聚合反应赖以进行的总表面积很大，即控制聚合速率的另一关键是单体在水相中向这些表面的扩散。这些都是为什么水相聚合是传质控制的原因。乳液聚合速率低，当反应在 TFE 压力为 1.5MPa 时，其时空得率仅为 100g/(L·h)。这差不多比非水相聚合慢了一个数量级。

聚合体系中加入类似于非水相聚合中所用的有机溶剂，可以大大增长传质速率。最有效的有机溶剂就是 CFC-113。提高聚合反应速率的另一种方式是采用微乳液聚合。

图 4-1 是乳液法生产 PFA 加入和不加 CFC-113 的聚合反应速率-时间曲线图。得到这些数据对应的聚合条件均附于图下方。在乳液法过程中，聚合

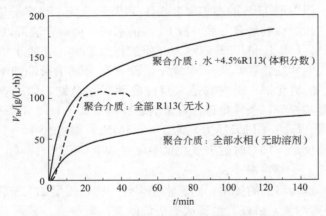

■图 4-1　PFA 水相聚合和非水相聚合反应时空
速率同反应时间的关系

水相聚合条件：TFE 压力 = 1.3MPa，T = 60℃，引发剂过硫酸铵加入量 = 3.6 × 10^{-4}mol/L；

非水相聚合反应条件：TFE 压力 = 0.06MPa，T = 47℃，引发剂全氟丙酰基过氧化物加入量 = 1.0 × 10^{-3}mol/L；

V_{Br} 表示聚合反应速率（Modem Fluoropolymers PP226，Fig.11.1）

速率随着反应时间延长稳定地增快，这表明聚合发生的地点是粒子的表面，乳液中粒子数随时间而增加，表面积当然稳步增加，反应速率稳步上升，这是合乎逻辑的。加入 CFC-113 并没有改变聚合速率曲线的形状，显然 CFC-113 起的作用只是作为气态单体的载体。图中也展示了溶液聚合的反应速率-时间变化规律，聚合速率基本上没有随着体系中固含量增加而加快，表明溶液聚合法聚合是在有机溶剂中，而同固含量无关。

像其他聚合物生产一样，凡能在水中进行聚合得到合乎产品质量要求的，总是优先考虑以水为聚合介质。PFA 的聚合也一样。最初的试验研究中，原来用有机溶剂作聚合介质的大部分改用水代替，发现这样生产出来的 PFA 树脂分子量分布很宽，用这样方法生产的 PFA 树脂在挤出（造粒或加工制品）时在小孔口模处呈现严重的模口膨胀。制品在冷却后再加热到接近熔点温度时又出现严重的收缩。这种呈严重模口膨胀的现象是由于上述 PFA 树脂具有很宽的分子量分布，其黏度呈同剪切应力很强的依赖关系。

以两个在不同条件下生产的具有同样熔体黏度的树脂来观察，分子量分布宽的一个模口膨胀更严重，这是由树脂的黏弹性造成的。这意味着在熔体流动时产生的剪切应力一部分被以弹性变形的形式储存起来。当聚合物从模口孔露出来的一瞬间，这种储存能量的弹性回复就造成了模口膨胀。具有同样熔体黏度的两种树脂，分子量分布宽的一种必含有较多很高分子量范围的分子，这些高分子量的分子具有高的弹性成分。这正是它们具有高的膨胀趋向的原因所在。显然，分子量分布要尽可能窄，过高分子量的成分越少加工制品的质量越好。

4.5.4 PFA 树脂生产的后处理

4.5.4.1 PFA 树脂从聚合体系分离

（1）水相聚合树脂的分离 除了直接以浓缩乳液形态应用外，对于大多数重要的应用目的，PFA 树脂必须先经过熔融挤出造粒。为此，树脂先要从聚合反应体系中以具有好的流动性的粉末形态分离出来，这样的凝聚物粉末方能容易地送进挤出机和在机中被输送。PFA 的凝聚粉还必须能完全除去聚合过程中加入的引发剂、链转移剂、表面活性剂等各种成分，因为 PFA 树脂中如含有少量这些成分的残留物，极易引起变色，如出现棕色或灰色等。

对于水相聚合的具体情况而言，向需进行凝聚的分散液加以高的剪切力（机械搅拌凝聚）或加入无机酸如 HCl 或 HNO_3，加入水溶性有机溶剂如丙酮或水溶性的低沸点汽油并进行剧烈搅拌有利于待凝聚分散液的成粒。凝聚成粒过程同生产流动性好的粒状 PTFE 粉（free flowing granular PTFE）的过程基本一样。凝聚后的 PFA 粉状树脂还必须用去离子水彻底洗涤，并在高达 280℃温度下干燥，以彻底除去乳化剂和其他助剂。

（2）对于非水相聚合工艺，从溶剂体系中分离得到的聚合物仍残留少量引发剂及溶剂，它们必须通过在高达 160℃的温度下干燥的方法除去。将聚合物粉悬浮在大量水中进行剧烈搅拌，可以实现形成流动性好的粉末成粒过程，这样处理过的粉状聚合物可以满足在挤出机上熔融挤出造粒的要求。

4.5.4.2 PFA 聚合物的端基稳定化

（1）**不稳定端基的产生和影响分析** 同 TFE 和 HFP 共聚合生产 FEP 同样，由 TFE 和 PAVE（主要是 PPVE）生产的 PFA 树脂也存在很多热不稳定的端基。特别是水相聚合，所用引发剂也大体相同，都是过硫酸盐，故产生不稳定端基的机理也大致相同。生成的热不稳定端基主要是—COF，在热加工时还会生成如—CF＝CF$_2$ 这样的端基（见 FEP 节不稳定端基产生机理分析），使用 H$_2$ 作链转移剂，则生成—CF$_2$H 端基，在非水相聚合中，没有过硫酸盐引发剂，基本上就不会有—COF 端基，但是用甲醇作链转移剂，则会生成—CH$_2$OH 端基。所有这些热不稳定端基在熔融造粒和热加工时会发生分解，放出的气体会产生大量气泡。所以，端基稳定化成为必须解决的核心技术问题。

表 4-25 是使用不同引发剂、缓冲剂、链转移剂时 PFA 聚合物的端基种类。

■表 4-25　引发剂、缓冲剂、链转移剂对 PFA 聚合物端基的影响

引发剂	缓冲剂	链转移剂	端基类型
过氧化物	无	—	—COOH
过氧化物	有,铵盐	—	—COONH$_4$,—CONH$_2$
—		甲醇	—CF$_2$H,—CF$_2$CH$_2$OH
过氧化物 [ClF$_2$C(CF$_2$)$_n$COO]$_2$ （非水介质聚合）	—	—	—CF$_2$Cl

（2）**端基稳定化的技术措施** 由于不稳定端基会发生分解，故聚合物颗粒需要经受脱气，酰氟端基可将粉料或粒料同含氨气的空气在高温下处理予以消除，也可以用氮气或水进行处理。用其中任何一种方法处理，氟离子含量明显减少，而—CFO 基团则转变为羧基或酰氨基。

文献报道较早的是 Carlson 在 1986 年的专利中揭示了将 TFE/PAVE 聚合物中的不稳定端基—CFO 和—COOH 转换为酰氨基的方法实现—CH$_2$OH 基的稳定化。Carlson 的方法减少了不稳定的—CFO 和—COOH，留下的醇端基相对比较稳定。处理的方法是使待处理的共聚物同含氮的化合物混合，熔融并维持一段时间，其中包括氨气和多种铵盐如碳酸铵、碳酸氢铵、氨基甲酸铵、草酸铵、氨基磺酸铵、甲酸铵、硫氰酸铵、硫酸铵等。相对于其他的含氮化合物，氨气最合适，因为它是气态。氨气可以很容易被稀释到需要的浓

度（如10%~30%，体积比），直接压入已装入待处理聚合物的密闭容器中，温度（一般为0~100℃）和压力并非十分关键。但是如果要转换羧基，就需要较高的温度。处理时间可以为2~6h。由红外光谱法可以检测各种不同端基数量的变化。

为了评价这种方法进行端基处理后热稳定性明显改善的效果，将处理过的和未经处理的PFA共聚物置于温度维持在295℃的空气烘箱中进行热老化测试。表4-26为处理过的和未经处理的PFA共聚物不同时间老化后端基变化情况的对比。

■表4-26　处理前后两种PFA聚合物的端基在热老化过程中变化对比

在295℃下热老化时间/h	共聚物未用氨气处理情况下（每100万个碳原子相连接的端基数）/个					共聚物用氨气处理后的情况下[①]（每100万个碳原子相连接的端基数）/个				
	—COF	—COOH	COOCH_3	—CONH_4	—CH_2OH	—COF	—COOH	—COOCH_3	—CONH_4	—CH_2OH
0	26	0	39	0	197	0	0	56	36	210
1	18	9	45	0	152	3	0	47	30	214
2	19	8	61	0	160	0	0	45	30	211
4	35	9	49	0	122	0	0	42	38	193
6	67	—	56	0	38	0	0	41	28	198
8	68	—	—	0	—	0	0	32	28	168

① 样品为含有3.2%（质量分数）PPVE的TFE/PPVE共聚物用氨气在22~25℃处理24h，氨浓度为聚合物质量的0.1%，容器中聚合物所占容积与上方空间容积之比为1/1.8。

Carlson提出的另一种评价聚合物稳定性的方法是水解后稳定性。这个方法主要是测定水从聚合物萃取的氟离子数。酰氟基团同水接触就产生HF酸，HF离子化即成为一个质子和一个氟离子。典型例子如下：约10~20g聚合物浸在50%/50%的水/甲醇溶液中，溶液量为聚合物/溶液=1:1。用氟离子电极分别测定刚开始同水溶液接触和浸在溶液中18~24h后萃取入水溶液中的氟离子浓度。结果发现，未处理样品在水溶液中释放出的氟离子浓度为20×10^{-6}（20ppm，按质量计），而处理过的样品在水溶液中释放出的氟离子浓度只有不到$(1~5) \times 10^{-6}$（1~5ppm）。

（3）**后氟化**　加工用于半导体工业的制品时，要求树脂具有很高的纯度。这种情况下，聚合物的端基需进行全氟化，以减少可能发生聚合物制品在遇液相物料时阴离子和阳离子的析出或遇气相物料时这些离子释放进入设备。

氟化通常用以干燥氮气稀释的元素氟在高温下进行，温度最高可达250℃。进行氟化处理的设备、管道及阀门等都必须是用耐腐蚀镍基合金（如哈氏合金）制成的，否则，在氟化处理时，又会将因材质腐蚀造成的杂质混入树脂，甚至连颜色也发黑或呈深棕色。无论是经熔融造粒的粒料或未经造粒的聚合物粉料都可以进行氟化，不会发生明显的链降解。氟化反应发生时，不稳定端基链断裂，如下式：

$$\sim\!\sim\!\sim CF_2—CFO + F_2 \longrightarrow \sim\!\sim\!\sim CF_3 + COF_2$$

多余的氟气由脱气方法除去，—CFO 这类端基同提到过的其他端基相比，最不容易转换成稳定的—CF$_3$ 基团。

1988 年 Imbalzano 等人报道了他们将氟气处理 PFA 聚合物使不稳定端基转换成—CF$_3$，用来消除 PFA 聚合物所有不稳定端基的技术。在他们的试验中，PFA 聚合物含有 1％～10％（质量分数）PAVE 和 5％第三单体。三单体的种类为：CFR＝CF$_2$，CFCl＝CF$_2$，CH$_2$＝CH$_2$ 等。R＝R$_f$ 或 R$_f$X，PFA 的熔融黏度（按 ASTM D1238 方法测定，温度 372℃）为 10^3～10^5 Pa·s（<10^7）。氟化方法以同能产生氟自由基的化合物或氟气混合实现，又以氟气最好。由于氟气进行氟化反应时，放出很多热量，故需要用惰性气体如干燥的氮气稀释到 10％～25％（摩尔分数）。使用纯的氟气还是很危险的。在通入氟气流之前，容器要先抽真空达到 0.1 个标准大气压（10.1325kPa）。推荐的氟化温度范围为 150～250℃，最好在 200～250℃；氟化时间为 4～16h。每单位重量聚合物通入的氟气量累计达到 2.4～3.3g/kg 聚合物。表 4-27 和表 4-28 综合了不同的氟化条件以及对最终端基的影响。

■表 4-27 PFA 聚合物以不同条件进行氟化处理的情况

氟化反应实例	聚合物性质		氟化条件			
	熔体黏度 /×10^3 Pa·s	PPVE 含量（质量分数）/%	压力 /大气压	氟化温度/时间 /(℃/h)	氟气浓度（摩尔分数）/%	单位量聚合物用氟量 /(g/kg)
例 1	1～100	1～10	—	—	—	—
例 2	3	3.1	—	285/3	—	—
例 3	4.1	3.4	1	200/8	25	22.3
例 4	4.9	3	1	200/15	10	3.3
例 5	3.5	3.4	1	210/6	10	5

注：1 大气压＝101.325kPa。

■表 4-28 PFA 聚合物的端基数　　　　　　　　　　　　　　　　单位：1×10^{-6}

氟化反应实例	聚合物性质				
	可萃取出的氟离子数	—CONH$_2$	—COF	—CH$_2$OH	端基总数
例 1	<80	A	B	C	80
例 2	39		138		
例 3	0.8	<1	<1		
例 4	0.5	<1	<1		
例 5	3	未检出	5	未检出	

注：A＋B＋C＝80，即端基总数。

1992 年，Ihara 等人揭示了另一种不同的端基稳定技术，这种技术的核心是分步处理。首先将 PFA 聚合物用氟气处理，使端基只留下羧基—COOH 和酰氟端基—COF。其余类型的端基在氟化时都转换成稳定的

—CF₃基团。氟化反应进行到一定程度就停止，此时含—COOH 和—COF 基数约为每百万个碳原子 7~40 个。氟化后得到的聚合物在同氨气或能在高温下产生氨的物质接触，胺化后，PFA 聚合物只含有—CONH₂ 基，不含—COF 基或—CH₂OH 基。没有—COONH₄ 基，这是因为—COOH 遇 NH₃ 首先会转化成—COONH₄，而—COONH₄ 在加热时很易放出一分子水，随即转换成—CONH₂。

用含 3%（质量分数）PPVE 的 PFA 聚合物依次进行氟气氟化和氨气胺化实例的结果汇总于表 4-29。

■表 4-29　依次进行氟化和胺化对 PFA 聚合物端基的影响

氟化和胺化反应实例	用元素氟处理		氟化后的端基数（每百万个碳原子）/个		胺化后的端基数（每百万个碳原子）/个			熔融黏度/×10³Pa·s	萃取出的氟离子数/×10⁻⁶
	温度/℃	时间/h	—COF	—COOH	—CONH₂	—COF	—CH₂OH		
例 1	170	2	57	3	29	0	0	7.6	40.0
例 2	170	3	38	2	19	0	0	7.5	39.8
例 3	180	2	40	3	21	0	0	7.5	10.8
例 4	180	3	28	3	15	0	0	7.5	13.0
例 5	200	2	25	1	14	0	0	7.4	14.4
例 6	200	3	11	0	7	0	0	7.3	2.5
例 7	230	2	2	0	2	0	0	7.3	1.6
例 8	230	3	0	0	0	0	0	7.3	1.0
例 9	—	—						7.7	0.9

上述氟化试验的条件除了温度、时间外，压力是大气压，含氟气流的加入流量是 1.0L/min，用氮气稀释的氟气浓度 10%。胺化的试验条件是：用氮气稀释的氨气浓度为 50%，反应温度在 30℃，时间 30min，流量 2L/min。端基数用红外光谱测定；氟离子浓度的测定：以 5mL 甲醇和 10mL 缓冲液配制成的溶液萃取氟离子的全部用来测定，缓冲液的配制：500gNaCl，500g 醋酸，320gNaOH，5g 柠檬酸钠全部溶解于去离子水中。

表 4-30 给出了氟化胺化处理后再经受热老化处理对端基影响的效果。

■表 4-30　热老化处理和氟离子含量对 PFA 聚合物端基影响的效果

反应实例	萃取得到的氟离子/×10⁻⁶			每 100 万个碳原子含端基—COF 数		
	热老化前	372℃下保持 5min	380℃下保持 5h	热老化前	372℃下保持 5min	380℃下保持 5h
例 4	13.0	1.1	11	0	0	6
例 8	1.0	3.8	14	0	0	10
例 9	0.9	4.9	110	0	0	81

在上述试验中，在 PFA 聚合物挤出之前，先后进行氟化、胺化和热老

化，热老化分两种不同条件进行。例 9 是未进行氟化、胺化的聚合物，用来对比。结果显示，例 4、例 8 同例 9 对比，氟离子含量和酰氟端基量要明显低得多。

4.5.4.3 PFA 树脂造粒

PFA 树脂造粒通常需在能提供树脂和熔体更充分混合的双螺杆挤出机上进行，挤出机的料筒和螺杆必须由两种硬度不同的耐腐蚀镍基合金制作，口模之前需安置多层金属网构成的过滤器（阻止可能的机械杂质和聚合物中因组成偏离产生的在正常熔融温度下黏度特别高的颗粒）。由于 PFA 树脂的熔点比 FEP 高，同样温度下熔体黏度高于 FEP，所以 PFA 熔体挤出温度要高于 FEP 的挤出温度，最高达 420℃，沿挤出机的长度方向，一般设 5 段以上的多段加热，纵向温度分布的控制需按实际测定而设定。此温度下，基本上不会发生链的降解。不过，由于热不稳定端基的存在，会在此高温下依次发生一系列的分解反应，这些反应按合理推想可以表示如下：

$$\sim\!\sim\!\sim CF_2-CF_2-COOH \longrightarrow \sim\!\sim\!\sim CF=CF_2 + CO_2 + HF$$

$$\sim\!\sim\!\sim CF=CF_2 \longrightarrow \sim\!\sim\!\sim CFO + COF_2$$

$$\sim\!\sim\!\sim CF_2-CF_2-CFO \longrightarrow \sim\!\sim\!\sim CF=CF_2 + COF_2$$

在没有空气中氧的情况下，生成的双键会断裂，生成二氟卡宾，进一步同下一个烯烃反应。

$$\sim\!\sim\!\sim CF=CF_2 \longrightarrow \sim\!\sim\!\sim CF_2: + :CF_2$$

$$n:CF_2 \longrightarrow TFE, HFP, PFIB$$

此处的 PFIB 即毒性极高的全氟异丁烯。二氟卡宾被认为还可同生成的 TFE 按以下熟知的反应式反应：

$$:CF_2 + CF_2=CF_2 \longrightarrow CF_4 + C + :CF_2$$

此反应结果生成碳，这就是发展为灰色的根源。变褐色的根源则是含氢成分的存在通过脱 HF 而致。

实际上，尽管程度要比羧基小得多，各种非全氟化端基如—$CONH_2$，—CF_2H，或—CH_2OH 在熔融挤出时或多或少都会发生断裂。由于上述这些端基的分解反应会释放出腐蚀性很强的气体，熔融挤出的挤出机和加工设备（包括模具等）都必须由镍基合金制作，挤出机料筒上应设 1～2 个抽气水孔，以排除挤出过程中放出的小分子气体。

4.6 CTFE 基氟树脂的制造

本节叙述的基于 CTFE 的氟树脂的制造包括聚三氟氯乙烯树脂（PCT-FE)、CTFE 和乙烯的共聚物（ECTFE）以及用于可室温固化耐候性好涂料的 CTFE 基多元共聚树脂（PEVE）。PCTFE 是最早开发的氟聚合物之一。由于可室温固化耐候性好涂料的快速发展，PEVE 成为当代最重要的含 CTFE 共聚树脂之一。

4.6.1 聚三氟氯乙烯树脂（PCTFE）的制造

三氟氯乙烯（CTFE）的聚合最早是由一家德国公司 Farberindustie AG 在 1937 年在高压和较高温度下进行的。当时进行的是溶液聚合或在水介质中的聚合。最初得到的聚合物分子量很低，缺少足够的机械强度。

CTFE 的聚合可以以本体聚合、悬浮聚合和乳液聚合进行。CTFE 的本体聚合用卤代酰基过氧化物作催化剂或在紫外光、γ 射线存在下进行。本体聚合时温度控制很难，所得到的树脂产品重现性较差。其他缺点还包括单体转化率低（＜40％），反应时间长（168h）和反应温度太低（－34℃）等。悬浮聚合在水相介质中进行，以无机或有机过氧化物为催化剂。实践证明，单用过硫酸盐作引发剂时，聚合反应太慢，用悬浮聚合法生产 PCTFE 常需要加入促进剂来缩短反应时间。可用的促进剂都是无机化合物如水溶性的过硫酸盐、过硼酸盐、过磷酸盐、过碳酸盐和过氧化氢等。用悬浮聚合法生产的 PCTFE 树脂分子量和黏度之间的关系不能令人满意，即分子量在某一给定值时，黏度却偏高。要克服这一缺点，可以加入少许 VDF 同 CTFE 共聚。另一问题是有一种趋向，悬浮聚合得到的聚合物的分子量常偏向于低端，这对于制品性质是有害的。

具有商业价值的是乳液聚合法生产 PCTFE。CTFE 的乳液聚合是在水相介质中进行，以无机过氧化物为引发剂，表面活性剂必须是全卤代直链羧酸或对应的盐。非卤代表面活性剂是无效的。最适合的表面活性剂包括直链全氟或全氟氯代饱和烃的酸或对应的盐，它们具有如下的通式：

$$F(CF_2)_n—COOH \qquad n=6～12$$

或 $\qquad CCl_3(CF_2—CFCl)_{n-1}—CF_2—COOH \quad n=3～6$

3M 公司的一项专利揭示了 CTFE 乳液聚合实例中的聚合配方见表 4-31。

■表 4-31　CTFE 乳液聚合实例中的配方

聚合反应体系成分	相对数量/质量份	聚合反应体系成分	相对数量/质量份
去离子水	300	亚硫酸氢钠	1.1
CTFE	100	全氟辛酸	2.4
过硫酸钾	2.4		

此实例中，向聚合体系加入 KOH 作为 pH 调节剂，pH 值调节到 7。聚合在 30℃下进行了约 20h。采用冷冻法破乳，回收聚合物固体粉末。对 CT-

FE 乳液聚合而言，回收聚合物粉比较困难，但是由乳液聚合得到的 PCTFE 同其他方法相比，分子量较高，热稳定性好，树脂质量的重现性也好。

4.6.2 乙烯和三氟氯乙烯共聚树脂（ECTFE）的制造

乙烯和三氟氯乙烯共聚树脂（ECTFE）最早可追溯到 1946 年，当时聚合在水相介质中进行，过氧化苯甲酰作引发剂，压力 5.0MPa，温度 60～120℃。合成的聚合物中两个单体 CTFE 和乙烯的摩尔比为 1.1：1。可用的引发剂还包括过硫酸铵和过硫酸钾。聚合结果得到的产物在 190～200℃ 可压成坚韧的薄膜。Borsini 等报道了氧化还原引发体系用于 CTFE 和乙烯的共聚。优点是可以在较低的温度下进行聚合反应，产生的聚合物具有线型链和有序的对称分布。另一重要的进展是 1971 年 Carlson 等的发明中将一个没有调聚作用的第三单体引入 CTFE 和乙烯的共聚物，没有调聚作用即意味着不会发生链转移作用。因而不会限制聚合物的分子量。推荐的第三单体带有烯烃结构，结构通式如下：R—CF＝CF$_2$ 或 R—O—CF＝CF$_2$，R 可以是环形结构或非环形结构。R 中的 C 原子数意味着由引入第三单体构成侧链的链长。当 C 原子数至少是 2 或更高时，它赋予聚合物良好的高温拉伸性质。尺寸大的侧链阻止共聚物的快速结晶，这可从加工制品的透明度明显改善得到印证。最好的三单体可以是高度氟化或全氟化的化合物。这种三元共聚物在 260℃ 时的熔融黏度为 5×10^5 Pa·s。剪切应力为 45.5kPa。

文献中报道了耐应力开裂的 CTFE 和乙烯的另一种三元共聚树脂。该技术的特点在于引入了少量六氟异丁烯，(CF$_3$)$_2$C＝CH$_2$。共聚物的组成范围是 CTFE 40％～60％（摩尔分数），乙烯 40％～60％（摩尔分数）。

4.6.3 基于 CTFE 室温固化氟涂料用共聚树脂（PFEVE）的制造

1982 年，日本旭硝子公司开发出了商品名为 Lumiflon® 的氟烯烃-乙烯基醚共聚物（PFEVE）树脂，该树脂在氟烯烃的基础上引进了溶解性官能团、附着性官能团、交联固化性官能团、促进流变性官能团，不仅秉承了氟树脂的所有优良品质，而且还具有在常温下溶解于芳烃、酯类、酮类等常规溶剂、常温下交联固化等性能。PFEVE 树脂的结构设计如下：

图 4-2 是 Lumiflon® 的分子结构设计。其中 X＝Cl 或 H，Lumiflon® PFEVE 是无定形结构的氟聚合物，具有多方面的优点，从聚合物在有机溶剂中的溶解能力而言，氟烯烃单体 CTFE 比 TFE 好。而且同颜料或硬化剂的相容性更好。很可能是 CTFE 中的 Cl 原子在这些性能方面起了很好的作

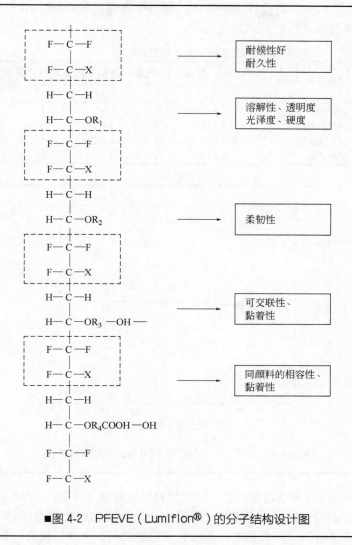

■图4-2　PFEVE（Lumiflon®）的分子结构设计图

用。CTFE和各种带官能团的乙烯基醚聚合后成为高度交替链结构的聚合物，氟单体（这里是CTFE）链节起保护耐化学品性能较差的乙烯基醚链节的作用。TFE、VDF、FHC＝CF$_2$，HFP、FClC＝CH$_2$等氟单体也可以单独或混配后使用。改变R$_1$，R$_2$的结构可以改善柔韧性和溶解性，例如可将玻璃化温度调整为20～70℃。侧链上引入羟基可以使此共聚物能被聚异氰酸酯或三聚氰胺树脂交联。侧链羟基部分被酸酐羧酸化可得到同颜料很好的相容性。较高羧基（—COOH）含量可以使聚合物用有机胺中和后具有水溶性。

CTFE基的PFEVE共聚物的聚合可以以乳液聚合、悬浮聚合或溶液聚合方式进行，乳液聚合在水相中实施。

　　CTFE 和多种乙烯基醚单体的竞聚率数据见表 4-32。图 4-3 是 CTFE 和乙烯基醚共聚物的共聚组成曲线。

■表 4-32　CTFE 和多种乙烯基醚单体的竞聚率数据

单体	竞聚率(1 代表 CTFE,2 代表其他共聚单体)		
	r_1	r_2	$r_1 \times r_2$
CTFE	—	—	—
乙基乙烯基醚	7.6×10^{-3}	1.6×10^{-3}	1.2×10^{-5}
丁基乙烯基醚	5.8×10^{-3}	1.5×10^{-2}	8.7×10^{-3}
醋酸乙烯	1.8×10^{-2}	1.2×10^{-1}	2.2×10^{-3}

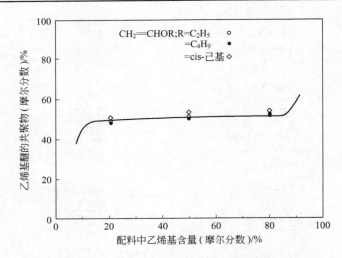

■图 4-3　CTFE 和乙烯基醚共聚物的共聚组成曲线

　　从图 4-3 曲线可知,在一定的加料组成范围 (约 20%～80%,摩尔分数),加料组成的变化对共聚物组成影响很小,共聚物组成接近保持不变,而且不同乙烯基醚和 CTFE 共聚得到几乎相同的结果。这样,聚合配料就比较方便。CTFE 压力的变化在一定范围不影响聚合物组成。但对于分子量的调节是有影响的。专利文献中揭示的聚合过程,将乙烯基醚单体置于反应釜中,以氮气置换排氧后密闭再加入氟单体 (CTFE),加少许 IPP 为引发剂,在 40℃下进行聚合。约得到聚合物的数均分子量为 5500～6000,重均分子量约为 10000。聚合结束后用水在夹套冷却,得到的聚合产物倒入正己烷,固体聚合物析出、沉淀,分离后洗涤、干燥即得成品。表 4-33 为 PFEVE 树脂的基本性质。

　　国产可室温固化氟涂料用树脂成分各不相同,氟单体除了用 CTFE 外,也有用 TFE 的。聚合工艺基本相同。2009 年消费的 PFEVE 涂料约 3800t,广泛用于重点工程、特大型桥梁等,是目前国内发展最快的氟聚合物之一。

■表 4-33　PFEVE 树脂的基本性质

性　　质	数　　值
氟含量（质量分数）/ %	25～30
酸值/（mgKOH/g）	47～52
羟值/（mgKOH/g）	0～5
数均分子量 M_n	$0.8 \times 10^4 \sim 6 \times 10^4$
重均分子量 M_w	$1.0 \times 10^4 \sim 15 \times 10^4$
密度/（g/cm³）	1.4～1.5
玻璃化温度/℃	20～70
分解温度/℃	240～250
溶解度参数	8.8（计算值）

4.7 TFE、HFP、VDF 三元（THV）共聚树脂的制造

TFE、HFP、VDF 三元（THV）共聚树脂作为一个较新的有良好加工性能的三元共聚树脂，其聚合过程文献中少有提及。构成 THV 共聚树脂的三个单体，同 VDF、HFP、TFE 三元共聚氟橡胶是相同的，但是其组成完全不同。从参考文献获知，THV 三个单体的组成（摩尔分数）为：VDF，52%；TFE，36%；HFP，12%。从 VDF/TFE/HFP 三角形组成图（参见本书第 9 章）可见，这一组合落在三角形图的弹性体区域之外，弹性塑料（Elastoplastics）区和完全塑料区的边界附近。组成控制可以借鉴三元共聚氟橡胶的配料方法。三元共聚氟橡胶的初始配料组成和补加组成（摩尔分数）分别为：

初始：VDF，43%～45%；TFE，14%～15%；HFP，40%～43%。

补加：VDF，64%～66%；TFE，19%～20%；HFP，15%～16%。

另一个 VDF/TFE/HFP 三元共聚树脂，商品牌号为 Kynar® 9300，其组成为 VDF/TFE/HFP=72/18/10。其熔点仅为 87～93℃，主要应用是作为涂料。

THV 聚合是在水相介质中的乳液聚合。其他氟树脂的乳液聚合方法和后处理技术应该也可以适用。

4.8 其他可熔融氟树脂的制造

4.8.1 聚氟乙烯的制造

4.8.1.1 概述

聚氟乙烯（PVF），分子式 $\pluseq CH_2-CHF \rightparen_n$，是氟乙烯（VF）的均聚

物，是分子中氟含量最少的可熔融加工氟树脂。在相当长的时间里，由于综合性能和应用的局限性。PVF 受到的重视程度远低于其他氟树脂。主要的应用是耐阳光照射耐久性好的薄膜（如农用薄膜等）和耐腐蚀防锈涂料（如用于化工溶剂包装桶的内壁涂料）。近年来，作为太阳能电池板保护性基材的使用引起了较多的关注。

氟乙烯的聚合遵循的是自由基加成反应机理，氟乙烯单体分子的非对称性和极性使得它们在聚合中的取向受到引发聚合所需高能量的影响，在链增长时，单体与单体的结合存在同时生成头-头、尾-尾和头-尾三种结构的可能。

头-头结构：

$$
\begin{array}{cccc}
H & H & H & H \\
| & | & | & | \\
-C- & C- & C- & C- \\
| & | & | & | \\
H & F & F & H
\end{array}
$$

尾-尾结构：

$$
\begin{array}{cccc}
H & H & H & H \\
| & | & | & | \\
-C- & C- & C- & C- \\
| & | & | & | \\
F & H & H & F
\end{array}
$$

头-尾结构：

$$
\begin{array}{cccc}
H & H & H & H \\
| & | & | & | \\
-C- & C- & C- & C- \\
| & | & | & | \\
H & F & H & F
\end{array}
$$

DuPont 公司提供的 PVF 树脂中头-头和尾-尾结构占 $10\%\sim12\%$。众所周知，氟是电负性最强的元素，由于这种强的电负性，不像其他卤代烯烃（如 CH_2＝CHCl）容易发生聚合，VF 不易发生聚合反应。同聚乙烯相似，由于单体的沸点很低（$-72℃$）和临界温度很高（$54.7℃$），VF 的聚合需要在很高的压力下进行。最早的 VF 聚合条件研究，见于 1934 年的报道，是将 VF 溶解于甲苯中的溶液聚合，在压力为 600MPa 条件下加热到 $67℃$，时间需要 16h。多年后，陆续报道了用过氧化苯甲酰作为聚合引发剂，生产出的 VF 聚合物密度为 $1.39g/cm^3$，能够溶解于热的 DMF，氯苯和其他极性溶剂中。此后，出现了很多有关引发体系和 VF 聚合条件的研究和报道。有本体聚合和溶液聚合的实例，也有以水为介质的悬浮聚合和乳液聚合技术的研究报道，后面的这些聚合技术是工业生产优先采用的。针对这些聚合技术都需要高的聚合压力，研究者也尝试了用光照同时借助自由基引发剂的方式实施不需要高压力的聚合技术。绝大多数聚合工艺都需要高能量和高活性的 VF 自由基，而这往往会导致反应期间单体取向的倒转、形成侧链和发生链转移。对 VF 自由基活性的要求限制了对聚合介质、表面活性剂、引发剂和其他助剂的可选择范围，对有可能影响自由基活性的杂质的控制成为十分重要的因素。可能参加链转移作用并结合进聚合物的一些物质（杂质）会使分子量降低或造成最终聚合物产品的热稳定性变差。

对 VF 聚合技术的很多改进都围绕着降低聚合压力和温度等进行。如三异丁基硼烷和氧曾被用于在较低温度和压力下进行 VF 的聚合。聚合温度在 0～85℃ 范围变化，所得聚合物的熔点则从约 230℃（在 0℃ 进行聚合）下浮到 200℃（在 85℃ 进行聚合）。在所得聚合物熔点温度和结晶度之间的关系用聚合过程中单体取向倒转程度的变化来解释。

4.8.1.2 悬浮聚合

在悬浮聚合中，液态 VF 单体借助于一种分散稳定剂悬浮在水中。以二异丙基过氧化二碳酸酯（IPP）为引发剂在低于 VF 临界温度的温度下进行聚合。聚合反应的引发也可以用紫外光或离子化辐照。VF 在水中的分散需要加入纤维素衍生物之类水溶性稳定剂，如纤维素酯，羧基甲基纤维素钠和聚乙烯醇等。还可使用一些无机盐，如碳酸镁、硫酸钡和烷基磺酸等。

文献报道的悬浮聚合试验之一在非离子型表面活性剂存在下进行，用了溶于水中浓度为 0.3%～0.5% 的一烷基苯聚乙二醇醚作为分散剂，0.5%～2.5% 的 IPP 为引发剂。在 30～40℃ 下聚合 14～18h 收得 12%～21% 聚合物。辐照引发 VF 在水中的悬浮聚合得到的 PVF 能溶于 DMF 一类溶剂中。加大辐照剂量的结果是降低 PVF 的分子量。增加分散剂浓度将使 PVF 树脂的热稳定性变差。

在改进的悬浮聚合过程，需要的压力明显降低。聚合反应用偶氮二异丁腈（AIBN）作为催化剂（引发剂），温度和压力分别为 25～100℃ 和 2.5～10MPa（相当于 25～100 个标准大气压），聚合时间超过 18～19h。反应在不锈钢聚合釜中进行，先用氮气置换，排氧，接着加入 150 份不含乙炔的 VF，150 份脱气蒸馏水，0.150 份 AIBN。1h 内升温到 70℃，搅拌，维持压力在 8.2MPa 达 18h，得到的 PVF 产品 75.8 份，呈白色块状，依据这样的改进反应条件发展的 VF 连续聚合过程也有报道。VF 单体、水和水溶性催化剂的混合物在温度 50～250℃ 和压力 15～100MPa 条件下搅拌，少量单烯烃（C_1～C_3）连续加入反应器阻止发生生成低分子量 PVF 的本体聚合。水溶性催化剂产生用来引发聚合反应的自由基，催化剂包括过硫酸铵、有机过氧化物和水溶性偶氮类引发剂等。在一组两台串联的聚合反应器组成的聚合流程中，第一台反应器的作用是聚合小颗粒，它们是第二反应器的成核中心。

4.8.1.3 乳液聚合法

VF 的乳液聚合可以在比悬浮聚合所需聚合压力低得多的压力和较低的温度下进行。乳液聚合的优点是热量易于移出，过程易于控制，故能够提高分子量，反应速率较快，产品收率较高。可用的乳化剂有脂肪醇硫酸酯、烷基磺酸盐、脂肪酸碱的盐等，但效果不算太好。含氟的表面活性剂，特别是有 7～8 个碳原子的全氟羧酸，对于在达到 VF 单体 40% 转化率后仍能维持高的聚合反应速率特别有效，含氟表面活性剂的特征是临界胶束浓度较低。这类表面活性剂本身具有良好的热稳定性和化学稳定性，它们不会损害

PVF 聚合物的性能。

具体配方和条件见以下实例：200 份水，100 份 VF，0.6 份全氟羧酸（乳化剂），0.2 份过硫酸铵（引发剂）和 3 份水玻璃（$Na_2O : SiO_2 = 1 : 3.3$），加入带搅拌的聚合反应釜，升温到 46℃，压力维持在 4.3MPa，8h后结束聚合，加入电解质使聚合物沉淀分离，经洗涤、干燥后得到白色粉末状 PVF 树脂，收率 95%。这样的聚合条件、聚合工艺以及高的收率是最适合产业化放大生产的。

4.8.1.4 辐照诱导的本体聚合过程

没有自由基存在的情况下，紫外光照不仅不会聚合反应，相反能使聚合物分解为乙炔和氟化氢。有引发剂存在时，辐照可以促使引发剂分解，产生自由基，从而引发聚合反应。最早出现的 VF 辐照聚合是在有苯甲酰、月桂酰、乙酰的过氧化物存在和 254nm 波长辐照下进行的，反应时间 2 天，温度 27℃，结果得到聚合收率 36%。辐照诱导的本体聚合开启了多相过程。用 ^{60}Co 产生的 γ 射线在剂量 13～100rad/s 下进行聚合，温度 38℃。聚合速率随剂量增加而急剧上升，导致在主链和侧链上产生活化点。如在溶剂（如 CCl_4）中进行 VF 辐照聚合，则发生链转移作用，使部分溶剂插入聚合物中。VF 的辐照聚合也可在等离子条件下进行。

4.8.2 无定形透明氟树脂的制造

无定形透明氟树脂是由 2,2-双三氟甲基-4,5-二氟-1,3-间二氧杂环戊烯（简称 PDD）同 TFE 聚合得到的共聚氟树脂。PDD 的合成和主要性质在2.1.2.7 节已作介绍。这种无定形透明氟树脂具有如下的分子结构：

$$+CF-CF+_x(CF_2-CF_2)_y-$$

由于 PDD 具有较高的活性，它除能同 TFE 共聚外，还能同其他含氟单体如 VDF、CTFE、VF 和全氟烷基乙烯基醚共聚，PDD 自身可以均聚。均聚得到的聚合物是无定形的，玻璃化温度 T_g 为 335℃。具有商业意义的无定形透明氟树脂是 PDD 在同 TFE 共聚的组成中具有一定比例含量的共聚物产品，如 Teflon® AF-1600 和 Teflon® AF-2400，它们的玻璃化温度分别是160℃和240℃。理论上，PDD 单体可以同任何比例的 TFE 进行共聚，但是考虑到产品实际的性能范围，这个比例是有特定范围的。PDD/TFE 共聚树脂玻璃化温度是 PDD 在聚合物组成中所占摩尔分数的函数，两者的关系见图 4-4。

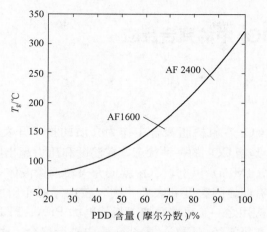

■图 4-4　PDD/TFE 共聚树脂玻璃化
温度和 PDD 在聚合物中含量的关系

　　玻璃化温度的下限是 80℃，相当于 PDD 的含量为 20％。PDD 含量低于此下限时，共聚物不再是无定形结构，而成为部分结晶高分子，这是由于—CF₂—CF₂—链节太长的结果。这种组成的聚合物即使在略低于分解温度的温度下也缺乏足够的流动性而难以加工，其在某些溶剂中的溶解度也极低，因而这样组成的聚合物是没有实际意义的。Teflon® AF-1600 和 Teflon® AF-2400 含 PDD 的摩尔比分别为 65％和 87％。当 PDD 在聚合物中的浓度由于加入任何一个共聚单体而下降时，PDD 共聚物的玻璃化温度也下降。

　　PDD 同 TFE 的共聚反应在水相中以乳液聚合的形式进行，聚合中要加入含氟的表面活性剂和引发剂（过硫酸铵或其他碱金属的过硫酸盐）。在这样的聚合条件下，由于聚合时的开环，会产生少量酰氟—COF 和羧酸端基。这些端基在加工应用时是不稳定的，必须消除和转换成稳定的三氟甲基—CF₃端基。处理的方法是先用 NH₃ 或烷基胺类处理，接着再用元素氟在高温下进行氟化处理。

4.9 超临界 CO_2 中的聚合反应

4.9.1 概述

超临界 CO_2 在氟树脂聚合中作为介质的技术开发只是十多年前的事。超临界 CO_2 是指 CO_2 的一种状态，在温度和压力超出临界温度（31℃）和临界压力（7.4MPa）以上，CO_2 就成为很黏稠像液体一样，但是还保持能够流动，没有明显的黏度和表面张力。在这样的介质中进行聚合是超临界 CO_2 的重要应用之一。可熔融加工氟塑料如 PFA、FEP 或 PVDF 都可以在水相介质或在氟氯烃（CFC）溶剂介质中进行聚合。由于 CFC 因破坏臭氧层而淘汰，这类产品更多在水介质中进行聚合。在水中聚合制造氟聚合物会（因所用引发剂）产生羧基和酰氟基两种不稳定端基。这两种端基在后处理温度下进一步分解会产生氢氟酸，为了保护设备不受损坏和满足在应用中只有较少可萃取出的氟离子，需要增加专门处理不稳定端基的工序和技术，还包括增加专用设备和消耗化学试剂以及相关的三废治理等，这必然使氟树脂的生产成本产生较大幅度的上升。

对于使用 CFC 作为介质的溶液聚合，同水为介质的聚合相比，产生不稳定端基要少得多，但是由于 CFC 的淘汰，要花很多力量去挑选新的适合氟烯烃聚合要求的有机溶剂替代品，因含氟自由基的强亲电子性，这种筛选十分复杂。几乎所有碳氢化合物上的氢都容易被吸引，也就是都会发生链转移作用，所以要合成高分子量的氟聚合物，这些化合物都不能用作聚合介质。分子中不含氢原子的全氟烃溶剂如全氟己烷非常合适作为聚合介质，但是价格昂贵，不适合用于产业化生产。正是上述这些因素激发了将 CO_2 作为安全、有效、经济上有竞争力的反应介质的研究。

对这一有较高价值的应用的很多研究表明，超临界 CO_2 用作自由基聚合确实是很好的选择。除了环境保护方面的优越性外，将 CO_2 用于氟聚合物的聚合还有如下 3 方面主要优点：

① 超临界 CO_2 具有萃取功能，可除去氟聚合物产品中的有毒引发剂残留物和聚合物的降解产物；

② 由于超临界 CO_2 在氟聚合物产品中具有一定溶解度，故有可能产生出新的（聚合物）形态；

③ TFE 和 CO_2 的混合物比较安全，可以在比 TFE 自身聚合时高得多的压力下进行聚合反应。

早期开发过程中的一个典型反应如下：反应器为一容积仅 25mL 的装有爆破

片的小型压力容器，外面围着一保护钢板，所有的试验中均使用双（2-全氟丙氧基丙酰基）过氧化物为引发剂 $[CF_3CF_2CF_2OCF(CF_3)C(O)-O]_2$。操作程序为，先将反应器抽空，将反应器置于干冰丙酮浴冷到低于 0℃ 的情况下用氩气置换，在加入引发剂溶液（5×10^{-5}，摩尔浓度）和液相单体后将反应器封闭，气相单体靠压力加入，以蒸气压先低后高的次序边加边冷凝，待物料逐渐冷凝，CO_2 不断加入。TFE 先同 CO_2 混配成 50：50 后再操作。加料全部结束后，反应器从冷浴中移出，装到钢板保护装置上，开始升温，达到 35℃，3~4h 后，结束反应，将反应器冷却、放空，直接得到粉状聚合产物。

4.9.2 合成可熔融加工氟树脂

超临界 CO_2 聚合技术已成功用于 TFE/PPVE 和 TFE/HFP 的聚合过程。由于 PPVE 和 HFP 同 TFE 相比，都是反应活性低得多的单体，故加入过量的 PPVE 或 HFP，按概述中表述的操作程序进行聚合和得到产物。TFE 和 PPVE，TFE 和 HFP 共聚合的结果汇总于表 4-34 和表 4-35。

■表 4-34　TFE 和 PPVE 在超临界 CO_2 中的共聚结果

单体组成		聚合收率 /%	共聚物组成		熔点/℃
TFE	PPVE		PPVE/%	TFE/%	
2.1	0.18	100	0	100	330
1.9	0.18	99	2.9	97.1	321
2.2	0.55	100	8.6	91.4	319
2.0	0.55	100	5.2	94.8	313
2.2	0.92	100	5.8	94.2	314

■表 4-35　TFE 和 HFP 在超临界 CO_2 中的共聚结果

单体组成		聚合收率 /%	共聚物组成		熔点/℃
TFE	HFP		HFP/%	TFE/%	
0.52	3.9	26	—	—	267
0.68	5.15	3.1	—	—	250
0.88	5.12	82	11.2	88.8	266
0.96	5.15	71	13.8	86.2	254
0.56	3.4	62	12.2	87.8	261

上述两种在超临界 CO_2 中共聚得到的聚合物均用 Fourier 变换红外光谱仪（FTIR）进行端基分析，结果表明每 10^6 个碳原子只有 0~3 个羧酸或酰氟端基，同在 CFC 介质中进行溶液聚合并用氟气进行彻底的氟化处理得到的结果相当。足以说明在超临界 CO_2 中进行聚合可以制造高稳定性、高清洁度的高端氟聚合物产品。不加 CTA 的情况下，得到的聚合物熔融黏度很高，甚至不能检测。对 TFE 和 PPVE 共聚物，加入甲醇作链转移剂，可将

372℃下的熔融黏度降低到 $7.3 \times 10^3 Pa \cdot s$。

在超临界 CO_2 中进行聚合是一项新技术，达到完全产业化还需解决不少具体的工程问题，如 CO_2 的回收和循环使用，降低能耗、降低成本、提高竞争力等。目前还不是所有氟聚合产品都适合。超临界 CO_2 作为介质用于 PTFE 的研究相对较成熟。数年前，杜邦公司已宣布建成了可以提供在超临界 CO_2 介质中生产的氟树脂产品的中试装置。

4.10 可熔融氟树脂的表征方法

可熔融氟树脂的表征主要包括对树脂分子量和分子量分布、组成、结晶度、热稳定性、化学稳定性、电性能、力学性能等带共性的表征方法，还包括对个别品种或品级的特有表征方法。由于几乎所有氟树脂分子量不可以或难以直接测定，通常以 MFR 表征氟树脂分子量。对于共聚物，以分子中 F 含量结合 F^{19} NMR 对特定位置 C 原子上连接的 F 原子的不同化学位移的积分比例确定组成。热稳定性则以 DSC 测定规定时间内规定温度下的失重或测定树脂保持在规定的较高温度下若干时间后 MFR 的变化率来表示。为了使国内外不同供应商提供的树脂质量具有可比性，能够满足从事加工的用户在确定加工工艺参数时保持同一性，所有的表征方法都应当参照标准。

4.10.1 聚全氟乙丙烯

（1）分子量 聚全氟乙丙烯（FEP）属于可热塑加工的氟树脂，不溶于任何溶剂，所以不可能直接测 FEP 树脂的分子量，FEP 的分子量间接地用 MFR 和树脂的相对密度来表征。MFR 除受分子量影响外，还同组成有关。树脂分子中含 HFP 的量高低对 MFR 也有影响，故以不同样品的 MFR 判断或比较它们分子量时需在同样组成的前提下进行。

（2）组成（HFP 含量） 熔点很大程度上受 HFP 含量影响，HFP 含量高，则熔点低。通常用 DSC 测定 FEP 树脂的熔点。用傅里叶变换红外光谱仪（FT-IR）可以测 FEP 分子中—CF_3 基团的相对含量，由此可计算得分子中 HFP 的含量。此种分析，必须预先建立校准曲线。即合成若干个不同 HFP 含量的树脂样品，并热压制成薄膜，用 FT-IR 分别测出其—CF_3 基团在 IR 上的特征吸收峰强度。元素分析方法测定样品的 F 含量可以用来检验 FT-IR 测试的结果。

（3）力学性能 包括拉伸强度、断裂伸长率等，电性能如介电常数、介质损耗角正切等均按 ASTM 标准规定的方法测定。

（4）热稳定性 FEP 树脂的热稳定性是重要的质量指标之一，可以用挥发分测定 MFR 在高温下一段时间后的变化率、树脂在高温下经受规定时间热老化后力学性能的保留率表征。没有统一标准，很多是生产商自定的标准。

FEP 性能测试的不少项目都需要先将 FEP 树脂粒料制成片材。试验用试样就用专门的刀具从片材上冲下。片材制样方法如下：在外形似像架的套架内装入足够压制成试片厚度（1.5 ± 0.25）mm 的料。按标准规定在压机上受压，驱除间隙中空气，在受压条件下按升温程序升温到规定温度，使 FEP 粉料或粒料全部熔化，按程序冷却，脱模即成标准试样片，供取样。

表 4-36 给出了根据 ASTM D2116 规定的聚全氟乙丙烯树脂基本性质范围的界定。表 4-37 和表 4-38 分别为根据 ASTM D2116 规定的聚全氟乙丙烯树脂性质及国产聚全氟乙丙烯树脂对应的性质列表。

■表 4-36　根据 ASTM D2116 规定的聚全氟乙丙烯树脂基本性质范围的界定

性质	具体说明	ASTM 方法参考
熔融流动速率 MFR	MFR 测定仪在砝码 5000g 和 372℃ 下测定	D1238，ProcedueA 或 B
熔点/℃	用 DSC 仪测定熔融热和熔融峰峰值温度	D3418
相对密度	根据这一方法的模压聚合物样品的相对密度	D792
拉伸性质	根据规定方法制样的标准试样拉断时的伸长率和拉伸强度	D638，D2116
介电常数	对三个直径为 101.6mm 的试样在 10^2 和 10^6 Hz 下测定	D150
介质损耗因素	对三个直径为 101.6mm 的试样在 10^2 和 10^6 Hz 下测定	D150

■表 4-37　根据 ASTM D2116 规定的聚全氟乙丙烯树脂性质表

性　质	Ⅰ 型	Ⅱ 型	Ⅲ 型	Ⅳ 型
熔融流动速率/（g/10min）	4.0~12.0	>12.0	0.8~2.0	2.0~3.9
熔点/℃	260±20	260±20	260±20	260±20
相对密度	2.12~2.17	2.12~2.17	2.12~2.17	2.12~2.17
拉伸强度（23℃）/MPa	>17.3	>14.5	>20.7	>18.7
伸长率/%	>275	>275	>275	>275
介电常数（最大值） 10^2 Hz 10^6 Hz	2.15 2.15	2.15 2.15	2.15 2.15	2.15 2.15
介质损耗因素 10^2 Hz 10^6 Hz	0.0003 0.0007	0.0003 0.0009	0.0003 0.0007	0.0003 0.0007

　　注：1. 以上Ⅲ型相当于 Teflon FEP 160，Neoflon NP-40；Ⅳ型相当于 Teflon FEP 140，Neoflon NP-30；Ⅰ型相当于 Teflon FEP 100，Neoflon NP-20；Ⅱ型相当于 Teflon FEP 5100，Neoflon NP-12X，NP-101。

　　2. 国产 FEP 树脂实施的是等效采用 ASTM D2116 标准，以上海三爱富新材料股份有限公司公布的 F46（即 FEP）产品样本指标（不是标准）为例，可见表征方法基本相同，技术指标可以相对应。

■表 4-38 国产聚全氟乙丙烯树脂对应的性质表

性质	FR468	FR460	FR461	FR462
熔融流动速率/（g/10min）	15.0	7.0	3.0	1.5
熔点/℃	257	260	260	260
相对密度	2.14	2.14	2.14	2.14
拉伸强度（23℃）/MPa	23	27	30	32
伸长率/%	300	300	300	320
介电常数（最大值）（10^6Hz）	2.1	2.1	2.1	2.1
介质损耗因素（10^6Hz）	0.0004	0.0003	0.0003	0.0003
挥发分/%	—	0.05	0.05	0.05

注：国产型号 F462（MFR1.5）对应于 ASTM D2116 Ⅲ 型（MFR 0.8～2.0）；国产型号 F461（MFR 3.0）对应于 ASTM D2116 Ⅳ 型（MFR 2.0～3.9）；国产型号 F460（MFR 7.0）对应于 ASTM D2116 Ⅰ 型（MFR 4.0～12.0）；国产型号 F468（MFR 15.0）对应于 ASTM D2116 Ⅱ 型（MFR>12.0）。

4.10.2 聚偏氟乙烯

聚偏氟乙烯（PVDF）是热塑性氟树脂中重要的成员，全球产能和消费量居可熔融加工氟树脂的首位，它可以常见的热塑加工技术进行成型加工。根据 ASTM 方法 D792 或 D1505 的规定，以模压试样测定比重可以间接测定树脂的分子量。方法 ASTM D3222 涵盖了（未经改性的）PVDF（均聚物）树脂的全部性能标准和试验方法。

用于表征 PVDF 性质的项目均汇集于表 4-39。

■表 4-39 根据 ASTM D3222 规定的 PVDF 树脂基本性质范围的界定

性质	具体说明	ASTM 方法参考
熔融流动速率 MFR	用 49N 重量在 297℃ 测定	D1238
流变性	用毛细管流变仪测定树脂流动特征	D3835
熔点/℃	用 DSC 仪测定熔融热和熔融峰峰值温度	D3418
相对密度	根据这一方法的模压聚合物样品的相对密度	D792/D1505
拉伸性能	根据规定方法制样的标准试样拉断时的伸长率和拉伸强度	D638
弯曲模量	材料耐弯曲或折叠性能的指标	D790
抗冲击性	样品在受冲击时强度的指标	D256
极限氧指数	是材料燃烧性的度量，表示维持材料燃烧所需空气中氧的最低浓度，简称 OI	D2863
折射率	25℃ 钠光下测量	D542
D-C 阻抗	样品的体积电阻率	D257
介电强度	样品因电压升高而击穿时的电阻	D149
介电常数	对三个直径为 101.6mm 的试样在 10^2Hz 和 10^6Hz 下测定	D150
介质损耗因素	对三个直径为 101.6mm 的试样在 10^2Hz 和 10^6Hz 下测定	D150

注：上表中第 1～3 项代表树脂本身的性质，其余为经模压制成的试样的性质。

根据 ASTM D3222 汇集的 PVDF 树脂的性能标准详细指标见表 4-40。

■表 4-40　根据 ASTM D3222 PVDF 树脂的性能标准指标

类别	Ⅰ型		Ⅱ型
品级	1	2	
生产方法	乳液聚合	乳液聚合	悬浮聚合
平均粒径/μm			20～150
表观熔融黏度/Pa·s 　高黏度 　中等黏度 　低黏度	 2800～3800 2300～2800	 2800～3100 1300～2800	2500～4000 1300～2500 500～1300
熔点/℃	156～162	162～170	164～180
相对密度	1.75～1.79	1.75～1.79	1.75～1.79
拉伸强度（23℃）/MPa	＞36	＞36	＞36
断裂伸长率/%	＞10	＞10	＞10
弯曲模量/GPa	＞1.38	＞1.38	＞1.38
抗冲击性/（J/m）	＞133.4	＞133.4	＞133.4
体积电阻/Ω·cm	＞1.2×10^{14}	＞1.2×10^{14}	＞1.2×10^{14}
介电强度/（kV/mm）	＞57	＞57	＞57
介电常数(最大值) 　10^2Hz 　10^6Hz	 ＜11.0 ＞7.2	 ＜11.0 ＞7.2	 ＜11.0 ＞7.2
介质损耗因素 　10^2Hz 　10^6Hz	 ＜0.045 ＜0.24	 ＜0.045 ＜0.24	 ＜0.045 ＜0.24

　　比较国外几家主要的生产商，会发现表征 PVDF 分子量的方法略有区别，有的公司采用表观熔融黏度来表征分子量高低，如 Ausimont，Atofina（现为 Arkema）则用表观流动速率（Apparent Flow Rate，g/10min，230℃），实际上也是 MFR，另一些则采用 MFR（230℃，5kg）。国内 PVDF 生产的历史相对较短，对 PVDF 的性能表征在电性能和机械力学性能方面还不够完善，这同 PVDF 在中国目前的主要应用领域的局限性有很大关系。表 4-41 是 PVDF 几个品级的性能指标。

　　显然，对于以用于涂料或流延成膜为目的的 PVDF 品级，其需要表征的项目除一些共同的性能测试项目外，还应该有一些完全不同的特殊测试项目表征其特定的性能要求。

■表 4-41　国产 PVDF 树脂（未改性）的性质指标

性质项目	FR901	FR902	FR903	FR904①	FR921-1②	FR921-2③
熔融流动速率(MFR)/(g/10min)	16	10	2		2	
熔点/℃	167	160	160		158	158
拉伸强度/MPa	40	44	35		—	—
断裂伸长率/%	250	280	250		—	—
相对密度	1.77	1.77	1.77		1.77	1.77
硬度(邵氏 D)	76	75	75			
黏度/mPa·s					—	1500
分散细度/μm					50	—
含水率/%					0.05	0.05
热分解温度/℃					470	470

① FR904　适用于流延法（浇铸）成膜。

② FR921-1　适用于涂料的专用品级。

③ FR921-2　适用于锂电池黏结剂应用。

4.10.3　可熔性聚四氟乙烯

可熔性聚四氟乙烯（PFA），作为 TFE 和 PPVE 的共聚物，不但保留了 TFE 的几乎全部优异性质，而且可以熔融加工。PFA 树脂的表征遵循 ASTM 方法 D3307，同样是由于它不溶解于任何溶剂，所以不可能直接测定其分子量，表征其分子量主要通过其模压后的试样的相对密度和熔融流动速率（MFR）（前提是在相同 PPVE 含量下）。由于 PFA 是共聚物，其性能在很大程度上受共聚物组成（即 PPVE 含量）的影响，熔点同 PFA 组成有密切关系，可以作为表征其组成的方法之一，更直接的表征方法是测定 PPVE 含量，可以通过 F[19]NMR 测定分子链不同位置（包含侧链）上 C 原子相连接的 F 原子化学位移的差别，经过积分可以计算得到 PPVE 的含量。精确度不是很满意，还用元素分析方法测得总 F 含量，用试差法计算出 PPVE 含量。力学性能和电性能的表征方法同其他氟树脂相同。在制造（或供应）商提供的性能表征中，有时也包括其弯曲模量或耐折次数，这与 PFA 的特性有关。

表 4-42 和表 4-43 分别为 ASTM D3307 的 PFA 树脂基本性质范围的界定及性质指标。

表 4-43 中Ⅰ、Ⅱ、Ⅲ型 PFA 树脂分别代表高（熔融）黏度、中等黏度和低黏度的品级。实际各供应商如 DuPont、大金、旭硝子等制定的 PFA 品级要多得多。除了用于模压、挤出、（挤出）薄膜、（挤出）线缆等品级外，还有高清洁度树脂（电子级）、静电（粉末）喷涂涂料用树脂、乳液等很多专用品级，它们除了上面那些基本性能外，还有一些适应其应用要求的专门

表征方法。国产 PFA 树脂尚处于试制阶段，还没有可以对应的产业化生产的 PFA 树脂品级及其性质表征方法的公开资料。

■表 4-42 根据 ASTM D3307 的 PFA 树脂基本性质范围的界定

性质	具体描述	ASTM 方法参考
熔融流动速率 MFR	MFR 测定仪在砝码 5000g 下测定	D2116
熔点[1]/℃	用 DSC 仪测定熔融热和熔融峰峰值温度	D4591
相对密度[2]	根据这一方法的模压聚合物样品的相对密度	D792 或 D1505
拉伸性质[2]	根据规定方法制样的标准试样拉断时的伸长率和拉伸强度	D638,D2116
介电常数[2]	对三个直径为 101.6mm 的试样在 10^2 Hz 和 10^6 Hz 下测定	D150
介质损耗因素[2]	对三个直径为 101.6mm 的试样在 10^2 Hz 和 10^6 Hz 下测定	D150

① 树脂需要的性质。
② 模压后试样需要的性质。

■表 4-43 根据 ASTM D3307 的 PFA 树脂的性质指标

性质项目	Ⅰ 型	Ⅱ 型	Ⅲ 型
熔融流动速率/（g/10min）	7~8	1~3	3~7
熔点/℃	>300	>300	>300
相对密度	2.12~2.17	2.12~2.17	2.12~2.17
拉伸强度（23℃）/MPa	>20.68	>26.20	>20.68
伸长率/%	>275	>300	>275
介电常数（最大值） 10^2 Hz 10^6 Hz	2.2 2.2	2.2 2.2	2.2 2.2
介质损耗因素/% 10^2 Hz 10^6 Hz	0.0003 0.0005	0.0003 0.0005	0.0003 0.0005

4.10.4 乙烯和四氟乙烯共聚树脂

乙烯和四氟乙烯共聚树脂（ETFE）的性质表征遵循 ASTM D3159。同另外几个共聚氟树脂如 FEP 和 PFA 等一样，ETFE 也属于部分结晶的聚合物，能在高温下熔融加工，但是也不溶于任何常见溶剂中，故其分子量也不能直接测定，ETFE 分子量的表征方法之一也是通过按 ASTM 792 的规定测定其模压试样的相对密度。另外的表征方法就是测定其熔融流动速率 MFR（前提是具有相同的组成）。组成用熔点间接表征，^{13}C NMR 测定 TFE 和 Et 的比例，元素分析直接测定 F 含量并由此确定两种单体的比例都可以用来表征组成。

表 4-44 和表 4-45 分别为根据 ASTM D3159 的 ETFE 树脂基本性质范围界定及性质指标

■表 4-44　根据 ASTM D3159 的 ETFE 树脂基本性质范围界定

性质	具体描述	ASTM 方法参考
熔融流动速率 MFR[1]	用 49N 重量在 297℃ 测定	D1238，方法 A 或 B
熔点[1]	用 DSC 仪测定熔融热和熔融峰峰值温度	D3418
相对密度[2]	根据这一方法的模压聚合物样品的相对密度	D792
拉伸性能[2]	根据规定方法制样的标准试样拉断时的伸长率和拉伸强度	D638。 D3159
介电常数[2]	对三个直径为 101.6mm 的试样在 10^2 Hz 和 10^6 Hz 下测定	D150
介质损耗因素[2]	对三个直径为 101.6mm 的试样在 10^2 Hz 和 10^6 Hz 下测定	D150

① 树脂需要的性质。
② 模压后试样需要的性质。

■表 4-45　根据 ASTM D2116 的 ETFE 树脂的性质指标

类别	Ⅰ 型		Ⅱ 型		Ⅲ 型	
品级	1	2	1	2	1	2
熔融流动速率/（g/10min）	2.0~16.0	8.0~28.0	2.0~10.0	10.1~19.0	9.0~18.0	25.0~35.0
熔点/℃	255~280	255~280	220~255	220~255	220~230	220~230
相对密度	1.69~1.76	1.69~1.76	1.75~1.84	1.75~1.84	1.83~1.88	1.83~1.88
拉伸强度（23℃）/MPa	>37.9	>30.3	>31.0	>31.0	>27.6	>27.6
伸长率/%	>275	>200	>300	>300	>350	>350
介电常数（最大值） 10^2 Hz 10^6 Hz	2.6 2.7	2.6 2.7	2.6 2.7	2.6 2.7	2.6 2.7	2.6 2.7
介质损耗因素/% 10^2 Hz 10^6 Hz	0.0008 0.009	0.0008 0.009	0.0003 0.009	0.0003 0.009	0.0008 0.009	0.0008 0.009

4.10.5 聚氟乙烯

聚氟乙烯（PVF）作为树脂的性能表征没有公开发表的 ASTM 标准。原因大概是因为 PVF 很少以树脂的形态销售。杜邦公司以 Tedlar 商标出售的 PVF 薄膜，按特定的薄膜性质表征。区别 PVF 树脂不同品级的一个表征方法是特性黏度（intrinsic 或 inherent viscosity）。将 PVF 树脂在搅拌情况下溶解于回流温度下的热环己酮中（环己酮沸点：155.6℃）。在置于规定温度（144℃）和时间（75min）后用黏度计测其相对黏度。

表 4-46 为杜邦公司提供的 PVF（Tedlar）薄膜的性质。

■表 4-46　杜邦公司提供的 PVF（Tedlar）薄膜的性质汇总表

性质	本色透明膜（厚 55μm）	加入颜料后的彩色膜（厚 55μm）
屈服强度/MPa	41	33
断裂伸长率/%	250	115
拉伸模量/MPa	44	110
抗撕裂强度/（kg/m） 　起始 　扩散	196 22	129 6
冲击强度/（kJ/m）	90	43
密度/（g/cm³）	1.38	1.72
折射率	1.46	—
线膨胀率/［cm/(cm·℃)］	0.00005	0.00005
连续使用温度/℃	－70～107	－70～107
短期(1～2h)允许最高温度/℃	175	175
失强温度/℃	300	260
自燃温度/℃	390	390
热导率/［W/(m·K)］ 　－30℃ 　60℃	0.14 0.17	0.14 0.17
太阳能透过率/%	90	—
水(分)蒸气透过率（39.5℃，7kPa 压力）/［nmole/(m²·s)］	4.65	29.4
面积电阻/（GΩ/单位面积） 　23℃ 　100℃	60000 7	20000 20
体积电阻/（GΩ/单位面积） 　23℃ 　100℃	2000 0.7	700 2
介电强度/（kV/μm） 　短期，交流电 　短期，直流电 　介电常数（在1kHz,23℃）	0.13 0.19	0.08 0.15
介质损耗系数/% 　10kHz,23℃ 　10kHz,100℃ 　1MHz,23℃ 　1MHz,100℃	0.019 0.067 0.17 0.09	0.019 0.21 0.28 0.21
相对密度	1.78	1.68

PVF 是白色粉末状部分结晶型聚合物。熔点为 190～200℃，分解温度

达 210℃以上，长期使用温度为－100～150℃。PVF 是氟乙烯均聚物，分子量为 6 万～18 万，是氟塑料中含氟量最低、相对密度最小、价格也最便宜的一种。由于分解温度接近于加工温度，不宜用热塑性成型方法加工，大多加工成薄膜和涂料。PVF 稍重于聚氯乙烯薄膜，具有一般含氟树脂的特性，并以独特的耐候性著称。根据加工条件及制品厚度的不同，透明度也不同，能透过可见光和紫外线，强烈吸收红外线。正常室外气候条件下使用期可达 25 年以上，是一种高介电常数（8.5）、高介电损耗（0.016）的材料，收缩小而稳定。可燃性：慢燃到自熄。密度为 1.39g/cm³，软化点约为 200℃，但在 200℃下，15～20min 就开始热分解，若在 235℃经 5min 则激烈分解而最后炭化。聚氟乙烯长期使用温度为－70～110℃。它还有一个特点就是耐挠曲性能好，反复折叠不易开裂。聚氟乙烯薄膜可不受油脂、有机溶剂、碱类、酸类和盐雾的侵蚀，电绝缘性能良好，还具有良好的低温性能、耐磨损和气体阻透性。聚氟乙烯涂料也具有良好的耐候性，对化学药品具有良好的抗腐蚀性，但不耐浓盐酸、浓硫酸、硝酸和氨水。

4.10.6 无定形透明氟树脂

无定形透明氟树脂（Teflon-AF，Cytop）虽然其产能和绝对消费量同其他氟树脂不能相比，但是由于其除了同其他氟树脂共同的优异性能外的独特性能，还具有优异的透光性和在全氟烃类溶剂中的可溶解性，它们的重要性和使用价值还是很高的。没有像其他氟树脂那样的 ASTM 标准规定的统一表征方法。从文献报道，这里也收集了表征其性质的一些数据。

（1）组成　Teflon-AF 的组成对其玻璃化温度 T_g 有很大关系，共聚单体 PDD 的含量同 T_g 的关系已在图 4-4 中表示。测定 T_g 是表征组成的很好方法。

（2）分子量　PDD 含量变化对相对密度变化影响很明显，如 AF-1600 相对密度为 1.8，AF-2400 相对密度为 1.7。

这里相对密度不适合用来表证分子量。好在 Teflon-AF 能溶于一些全氟碳的溶剂，黏度法应当可以用于表征分子量。Teflon-AF 的性能指标见表 4-47。

以上的详细数据可从＜Modern Fluoropolymers＞中得到（PP403-414）。还可得到以下一系列重要的性质表征数据：

① Teflon-AF 在 22℃的介电常数；

② Teflon-AF 在 22℃的介质损耗因素；

③ 介电常数和温度的关系；

④ 介质损耗因素同温度的关系；

⑤ 在 22℃，薄膜厚度 0.22mm 的透光率；

⑥ 折射率；

性质	ASTM 方法	AF-1600	AF-=1601
玻璃化温度/℃	D3418	160	160
拉伸强度/mPa	D638	27	27
断裂伸长率/%	D638	＞20	17
拉伸模量/GPa	D638	1.6	1.55
体积热膨胀系数/(×10⁻⁶/℃)	E831	260	260
相对密度	D792	1.78	1.78
介电常数	D150	1.93	1.93
介质损耗因素	D150	0.00012	0.00012
光透过率/%	D1003	＞95	＞95
折射率	D542	1.31	1.31
同水的接触角/(°)		104	104
临界表面能/(×10⁻⁵N/cm)		15.7	15.7
吸水率/%	D570	＜0.01	＜0.01
熔体黏度/Pa·s	D3835	2657	5000
在 FC-75 中溶解度（室温）/%		12～45	25～30
在 FC-75 中溶液旋转黏度/Pa·s		5500(6.4%)	5500(18%)

⑦ 气体透过率；
⑧ 热导率、热导率同温度的关系；
⑨ 在若干中全氟碳溶剂中溶解度；
⑩ 在若干中化学介质中稳定性；
⑪ 热稳定性、不同温度下的热失重；
⑫ Brookfield 旋转黏度等。

4.10.7　THV 三元氟树脂

THV 三元氟树脂没有像其他氟树脂那样表征性质的 ASTM 规定。从文献报道可以得到供应商提供的 THV 氟树脂的多个品级的性能数据。

THV 的品级有：THV-200（G）、THV-400（G）、THV-500（G）（粒料）；粉料 THV-200（P）。分散乳液：THV-330R（30%固含量）、THV-350R（50%固含量）。具体性能见表 4-48。

■表 4-48　THV 氟树脂的多个品级的性能数据

性质	ASTM 方法	THV 品级		
		THV-200	THV-400	THV-500
相对密度	D792	1.95	1.97	1.98
熔程/℃	D3418	115~125	150~160	165~180
空气中热分解温度/℃	TGA	420	430	440
极限氧指数（LOI）	D2863	65	—	75
断裂拉伸强度/psi	D638	4200	4100	4100
断裂拉伸强度/MPa	D638	29.0	28.3	28.3
断裂伸长率/%	D638	600	500	500
弹性模量/psi	D790	12000	—	30000
弹性模量/MPa	D790	82.7	—	206.7
硬度（邵氏 D）	D2240	44	53	54
介电强度（23℃） 100kHz 10mHz	D149	6.6 4.6	5.9 4.1	5.6 3.9
熔融流动速率（250℃,5kg）/（g/10min）	D1238	20	10	10
电子束交联后最高使用温度/℃	—	>150	—	—

注：　1psi＝6.89kPa.

参 考 文 献

[1]　Schreyer. R. C. US 3085083，1963-4-9.
[2]　Carlson. D. P. US 3674758，1972-8-15.
[3]　Ford，T. A.，Hanford，W. E.，US 2435537. 1948-2-3.
[4]　Dohany. J. E. US 4360652. 1982-11-23.
[5]　Barber. L. A. US 4569978. 1986-2-11.
[6]　Uschold. R. E. US 5229480. 1993-8-20.
[7]　 Data，E. A.. US 5328972. 1994-8-12.

第 **5** 章　功能性氟树脂的合成

　　功能性氟树脂是一个相对不是很严密的概念。习惯上氟树脂是以其特有的耐高低温好、耐化学介质好、能长期耐气候老化、低的表面能、自润滑性、独特的力学性能和介电性能等开发其应用领域的。有时只利用某一种特性，有时则需要多种特殊性能同时应用。对于这些应用的氟树脂，业界常不称为功能性氟树脂。另外，需要在氟树脂的基础上接上某种具有特殊功能的官能团的情况，如全氟磺酸离子交换树脂和全氟羧酸离子交换树脂，接上官能团后使树脂具有离子交换功能，用它们制作的膜就具有导电和离子选择性透过的功能。这是有别于其他氟树脂的典型功能性氟树脂。还有的氟树脂不是利用其固有的特性，而是需要对其制成膜后进行特殊的处理，如在高电压下进行定向极化，改变原有的序列结构和结晶态，从而使该材料具有其他材料不具有的能量转换功能，如压电性、热电性等。这样处理后的氟树脂材料也可作为典型的功能性氟树脂。有些氟树脂经过加工成为微孔膜，具有气体分离功能；有的可作为反渗透膜，用于水处理；有的可用于空气除尘或回收粉末；有的可用于细菌过滤等，这些主要依赖于特殊的加工技术。本书不对功能性氟树脂展开讨论，因限于篇幅和笔者的知识局限性，只就上述两种典型的功能性氟树脂进行阐述，这并不意味着功能性氟树脂就这么一些。有的氟树脂具有独特的光学性能，如无定形透明氟树脂，应该也列入功能性氟树脂，但在可熔融加工氟树脂章节已经列入，本章就不再重复。具有能量转换功能的氟材料在第 8 章中阐述，故本章实际上只涵盖全氟离子膜的有关内容。

　　全氟离子交换膜由于其特殊的功能，受到业界的高度重视。作为质子交换燃料电池主要组件的全氟磺酸离子交换膜由全氟磺酸离子交换树脂浇铸成膜，用于离子膜法烧碱电解槽隔膜的全氟离子膜则由全氟磺酸离子交换膜和全氟羧酸离子交换膜复合和增强而成，这两者分别由全氟磺酸离子交换树脂和全氟羧酸离子交换树脂经熔融加工制成。所以，通常所说的全氟离子膜的基础是全氟磺酸离子交换树脂和全氟羧酸离子交换树脂，两者分别由磺酰氟基全氟烷氧基乙烯基醚（PSVE）同 TFE 共聚、羧酸甲酯基全氟烷基乙烯基醚同 TFE 共聚制成，聚合工艺路线和单体合成工艺路线完全不同，但是起始原料都离不开 TFE。单体合成中又都离不开 HFPO。本章对两种全氟离子交换树脂的合成分别进行阐述，并扼要讨论了全氟离子膜的加工技术。

5.1 全氟磺酸离子交换树脂的合成

5.1.1 概述

最早问世的全氟离子交换树脂是由美国 DuPont 公司研制成功的全氟磺酸离子交换树脂，其商品代号为分子结构式如下式表示的 XR 树脂。

$$\vdash CF_2-CF_2)_x-(CF_2-CF)_y$$
$$OCF_2CF(CF_3)OCF_2CF_2SO_2F$$

它是由 TFE 和另一末端带一SO_2F 官能团简称 PSVE 的两种全氟代单体共聚得到的聚合物，可以满足热熔融状态下加工的要求，机械强度好，而且基本上保持了含氟聚合物化学稳定性好和热稳定性好的优点。当一SO_2F转型为一SO_3H 或一SO_3Na 后具有良好的导电性能。因此，从一开始这种树脂就受到化学家们的高度重视。1962 年，它被制成商品名为 Nafion 的全氟离子膜，当初没有增强网骨架的全氟磺酸酸离子交换树脂最主要的应用还是制造氯碱工业用全氟离子膜。全氟磺酸离子交换膜在质子交换膜燃料电池方面的应用已取得很大进展，但是离形成真正的产业尚有很多其他方面的困难要克服，用于制造燃料电池用膜的全氟磺酸离子交换树脂的消费量还只占很小的比重。

氯碱工业用全氟离子膜对全氟磺酸离子交换树脂的基本要求是：离子交换功能，能制得高交换当量，导电性好；良好的热熔融加工性能，能满足树脂挤出造粒和挤压成膜的要求；良好的化学稳定性；良好的热稳定性；好的力学性能。

还有一些性能要求是在这些基本性能基础上派生的。

5.1.2 共聚合反应

如前所述，全氟磺酸离子交换树脂是 TFE 和 PSVE 两种单体在一定条件下共聚得到的共聚树脂，结构式如下：

$$CF_2=CF_2+CF_2=CFOCF_2CF(CF_3)OCF_2CF_2SO_2F\longrightarrow$$
$$\vdash CF_2-CF_2)_x-(CF_2-CF)_y$$
$$OCF_2CF(CF_3)OCF_2CF_2SO_2F$$

式中 x 和 y 分别为 TFE 和 PSVE 的链节数。假如一个磺酸树脂的交换当量为 $A_R=1.0mmol/g$ 干树脂，则相当于 1kg 干树脂中 PSVE 含量为 446g，即此树脂组成为 TFE：PSVE=55.4：44.6（质量比），或 5.54：1.0（摩尔比）。

文献［3］报道，TFE 和 PSVE 两种单体聚合的反应活性比（Reactivity ratio)，r_1，r_2 分别为：$CF_2 = CF_2$；$r_1 = 8$；$CF_2 = CFOCF_2CF (CF_3)$ $OCF_2CF_2SO_2F$，$r_2 = 0.08$。这表示，TFE 聚合反应活性大大高于 PSVE。PSVE 活性比 TFE 差得多。聚合中出现 PSVE 同 PSVE 结合的可能性极小，而 TFE 同 TFE 结合的概率则很高，所以，聚合物中平均每 5～6 个 TFE 分子才结合一分子 PSVE。要得到高交换容量的全氟磺酸离子交换树脂必须提高 PSVE 单体在聚合体系中的含量。通常的做法是加入比计算需要量过量得多的 PSVE。TFE 和 PSVE 聚合得到的是带全氟磺酰氟基—SO_2F 的树脂，这种树脂需经过后期水解转型才成为全氟磺酸树脂。未参与聚合的单体在聚合结束后回收，经提纯后可循环使用。

TFE 和 PSVE 的共聚合反应，可以按通常含氟烯烃均聚或共聚的方法进行。文献中未见有不需要介质的聚合方法报道。按反应介质不同可分为水相聚合和非水介质聚合。聚合时所用引发剂不同，其分解温度和分解速率也不同。所以，聚合反应的温度需视引发体系而确定。反应压力是调节聚合后所得树脂中 TFE 和 PSVE 含量的主要手段，压力越高，即 TFE 含量越高，则离子交换当量越低。实际聚合的压力都不超过 2.0MPa。

非水介质聚合主要是指溶液聚合，这里的聚合介质是以氟为主体的全卤代脂肪族或脂环族有机溶剂，它们可以是 1,1,2-三氟,1,2,2-三氯乙烷（简称 CFC-113），因属于会破坏臭氧层的 ODS（ODP=0.8），现在已淘汰。文献报道用 HCFC-225ca，（$CF_3CF_2CCl_2$）作为替代的介质（沸点 45.5℃，ODP=0.025）。全氟甲基环己烷，全氟二甲基环丁烷，全氟辛烷或全氟苯等也可用。商品化生产以前多数用 CFC-113。聚合物在溶剂中并非完全溶解，聚合过程中聚合物以半透明的细粉析出。文献报道常用的自由基型引发剂有全氟羧酸的过氧化物（$R_fCOO)_2$,二异丙基过氧化二碳酸酯（IPP），或偶氮二异丁腈（AIBN）等，也可用 N_2F_2 作引发剂。实践证明，活性高的引发剂有利于获得较高的离子交换当量。

水相聚合通常分为乳液聚合和悬浮聚合两种方法，均用去离子水为聚合介质。前者采用水溶性的自由基型引发剂。最常用的乳化剂（表面活性剂）是由全氟辛酸配制的铵盐，以水溶液的形态加入聚合体系，所得聚合产物是白色乳液形态。先将体系中未转化的 PSVE 用溶剂萃取方法回收，然后采用氟聚合物乳液聚合后处理中常见的破乳方法使之凝聚成白色粉末。在悬浮聚合情况下，常采用的引发剂为氧化还原引发体系，如过硫酸铵-亚硫酸氢钠。悬浮聚合得到的聚合物以白色粉状颗粒形态在水相中析出沉淀下来，通过过滤（或离心分离）同水分离后的聚合物还需经用冷水多次洗涤。

文献 [8] 报道的实例多半为溶液聚合方法。这是因为在乳液聚合情况下，不可避免会有少量强酸性的磺酰氟基团发生水解，使聚合物侧链上出现一些—SO_3H 基团。这是一类极性极强的基团，有可能使高分子链发生缔合，从而引起树脂热加工时熔体黏度增大的情况，导致热加工困难。而且侧链末端带—SO_3H 基后会使树脂熔点某种程度的上升，也不利于树脂热加工。SO_2F 基团一旦转变成—SO_3H 基团后就难以（几乎是不可能）用其他措施使其回复到 SO_2F 基。

文献 [9] 报道了 SO_2F 基团全部水解转型成—SO_3H 型后的全氟磺酸离子交换树脂用红外光谱进行了结构分析，分析用的试样薄膜以浇铸方法制得。用侧链末端为 SO_2F 未水解转型的全氟磺酸离子交换树脂进行了 $^{19}FNMR$ 分析。

5.1.3 全氟磺酸离子交换树脂的后处理

由饱和氟氯烷烃或含氢氟氯烃类溶剂为聚合介质进行的溶液聚合，得到的全氟磺酰氟聚合物大部分在聚合体系中析出成为沉淀状，少部分聚合物溶于溶剂中，所以必须降低温度和向聚合体系加入水或其他溶剂，降低聚合物在介质中的溶解度，以达到聚合物同介质较完全的分离。不能直接向聚合釜内加水，以免造成很多 SO_2F 基团的水解，同时水解会产生副产物 HF 酸，造成聚合反应器的严重腐蚀。加入溶剂要避免用介质本身，较好的选择是另一种溶剂，它对全氟磺酸离子交换树脂的溶解度极小（或完全不溶解），同时能同介质溶剂完全互溶，能溶解 PSVE，沸点适中（太低，损失大、易造成环境污染；太高，则回收困难），无毒性。加水的方法只适用于以制造—SO_3H 型树脂（这种树脂适合制造燃料电池用的浇铸膜，不适合热加工）。

经分离溶剂后的聚合物由于在聚合过程中可能会生成一些热不稳定的羧酸或酰氟型端基，以及聚合过程中不可避免的因少量链转移作用形成的低聚物，不宜直接送去干燥、造粒和成型加工。必须进行端基稳定化处理，以得到高质量的聚合物。

聚合过程中产生不稳定端基的主要原因是全氟磺酰基烷氧基乙烯基醚（PSVE）单体的少量 β-断裂链转移。这是聚合过程中出现—COOH 或—COF 端基的主要原因，同时也是造成存在酸性的重要原因。消除这类不稳定端基的措施有：加入过量无水甲醇在沸腾温度下回流处理；以惰性气体稀释的元素氟处理；加入水蒸气进行湿热处理等多种方法，其中以甲醇处理最好，最适合产业化。

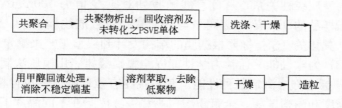

低聚物的去除采用溶剂多次萃取的方法。可选用的溶剂以前主要是 CFC-113，现在可用 HCFC-225ca 代替。

全氟磺酸离子交换树脂后处理的全过程示意如下：

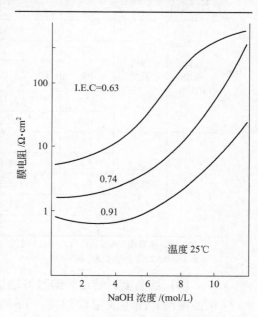

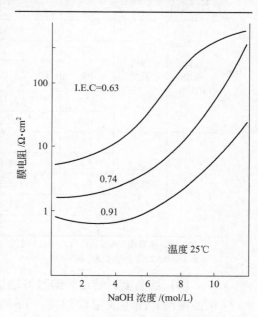

5.1.4 全氟磺酸离子交换树脂的表征和质量控制

全氟磺酸离子交换树脂的表征主要涉及以下几个主要性能指标。

（1）**离子交换容量** A_R 表征树脂电化学性能、导电性能等。适合制造氯碱工业用全氟离子膜的 A_R 应控制在 0.8～1.05mmol/g 干树脂（相当于 EW＝950～1250）。高的交换容量，可以得到树脂加工成膜后低的电阻。但是过高的交换容量会造成分子量下降，膜的机械强度变差。全氟离子膜的低电阻和优良导电性主要来自全氟磺酸树脂的贡献，对膜电阻和树脂离子交换当量的关系可从不同碱浓度下全氟磺酸离子交换树脂的交换当量和膜电阻的关系图表示（图 5-1）。

A_R 值的测定方法为：先将 —SO₂F 型的树脂水解转型为 —SO₃H 型，除去水分后精确称取 1.5g 左右样品，置于 250mL 三角瓶中，加入 1mol/L NaOH 水溶液 50mL，充分搅动，放置过夜，以酚酞为指示剂用 0.1mol/L NaOH 标准溶液滴定至粉红色为终点。计算方法：

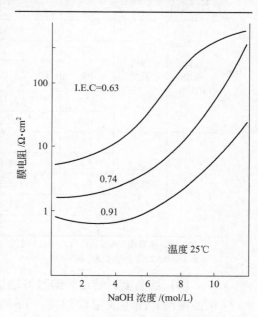

■图 5-1　全氟磺酸离子交换树脂的交换当量和膜电阻的关系

$$A_R = \frac{\text{NaOH 体积} \times \text{NaOH 溶液浓度}}{\text{样品重量} \times (1-\text{含水率\%})} \text{mmol/gH 型干树脂}$$

（2）T_Q 定义为树脂在规定压力 3MPa、长度 1mm、直径 1mm 的圆形小孔中以每秒流出 $100mm^3$ 的速率流出需要的温度。T_Q 表征树脂分子量的高低，需要用 T_Q 测定仪测定。T_Q 的实际测定不是一步完成的，因为对一个待测样品，不可能设定正好流出速率为 $100mm^3/s$ 的条件，通常要设定几个不同温度来测定 Q 值（mm^3/s），以测定 Q 值的对数同测定温度进行标绘，两者成线性关系，从此直线上找到对应 Q 值为 $100mm^3/s$ 的温度就是该树脂样品的 T_Q 值。T_Q 同平均分子量的对数成线性关系。对于全氟磺酸树脂，具体的 T_Q 指标要根据膜的结构设计和成型工艺来确定。

（3）**力学性能** 通常力学性能以全氟磺酸树脂用模压法制成膜试样，按 ASTM 标准方法测定各种性能。其中主要有拉伸强度、拉伸模量、伸长率、撕裂强度和耐褶度等。全氟磺酸树脂和羧酸树脂在不同温度下的力学性能见表 5-1。

■表 5-1 全氟磺酸树脂和羧酸树脂在不同温度下的力学性能

力学性能		单膜类型	全氟磺酸膜 R_f—SO_3H 型	全氟羧酸型	
				R_f—COOR 型	R_f—COONa 型
拉伸强度 /MPa	测试温度 /℃	25	28.38	25.0（2.5kgf/mm²）	32.6（3.2kgf/mm²）
		50	23.38	4.9（0.4kgf/mm²）	25.6（2.5kgf/mm²）
		80	24.67	0.7（0.07kgf/mm²）（90℃）	23.0（2.3kgf/mm²）（90℃）
		120	13.11		
		160	4.14		
伸长率 /%	测试温度 /℃	25	98.27		
		50	156.6		
		80	143.7		
		120	271.6		
		160	464.2		

注：1. 商品膜，Naflon 117，$A_R=0.91$，实测值。
2. Flemion 系列膜文献报道。

（4）**结晶度、熔点和熔融流动速率（MFR）** 全氟磺酸离子交换树脂的结晶度同它的组成密切相关。TFE 的均聚物是高结晶度聚合物，与 PSVE 共聚后，分子中带有很多通过 C—O—C 键连接的带有 R_fSO_2F 基团的侧链，同 PFA 树脂分子中 PPVE 的加入对降低结晶度有很大影响一样，PSVE 的加入对降低结晶度有类似的作用。随着 PSVE 含量的增加（即 A_R 提高），结晶度成线性下降，如图 5-2 所示，当 TFE 含量降低到约 87% 时，就变成了非结晶性聚合物。

全氟磺酸离子交换树脂的熔点同样随着组成变化而变化，当 TFE 为 100% 时，其熔点就是 PTFE 的熔点，熔融黏度极高，熔体完全没有流动性，因此不能进行熔融加工，随着 PSVE 含量增加，熔点明显下降，而且熔程逐渐变宽，最后没有明显的熔点。熔点同组成的关系如图 5-3 所示。熔点和熔程的测定可用熔点显微镜进行。

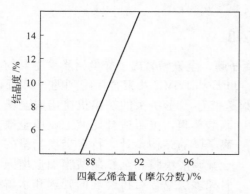

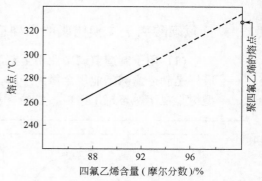

■图 5-2　全氟磺酸树脂结晶度与组成的关系　　■图 5-3　全氟磺酸树脂的熔点与组成的关系

全氟磺酸离子交换树脂的熔融流动速率（MFR）也是表征树脂熔融流动性能的重要参数。树脂的 MFR 越高，表示熔体流动性能越好，为保证挤出过程（造粒和挤膜）顺利进行，并且得到表面平整光滑的膜，必须有较高的 MFR 值。另一方面，MFR 也不能过高，以免树脂熔体在加工过程中强度太低使挤出的膜破裂甚至完全不能挤膜。经验表明，全氟磺酸离子交换树脂比较合适的 MFR 在 270℃下和砝码质量 2.16kg 情况下为 10～30g/10min。这里，影响 MFR 的主要因素是共聚组成和树脂的分子量。在表征树脂组成的交换当量相同的情况下，实际上 MFR 也是树脂分子量的表征手段。

(5) 热稳定性　全氟磺酸离子交换树脂同大多数其他氟树脂一样，在高温下进行热加工时常存在着热不稳定性问题。产生的原因包括存在不稳定端基和低分子量聚合物等，通常以挥发分（或热失重）、起始分解温度和 MFR 变化率等表征。如选用挤出成膜时出现气泡的样品进行红外光谱分析，发现在波长 $1812cm^{-1}$ 处有表征羧基中 C≡O 基的强吸收峰，随着挤出温度的提高，此特征吸收峰的强度减弱，表明在挤出温度下，此不稳定端基因受热而逐渐分解。挥发分以比挥发度来表示，它表示树脂中低分子量成分的多少，即树脂在一定（通常较高）温度（280℃±1℃）下在真空条件下（余压 5mmHg）保持一定时间（0.5h）损失的质量百分数。

$$比挥发度(\%) = (W_1 - W_2)/W_1$$

式中　W_1——样品树脂初始质量，g；

　　　W_2——样品树脂在真空下加热失重后的质量，g。

起始分解温度也是表征树脂热稳定性的重要方式之一。用示差扫描量热计测定等速升温下的热失重（T_G）曲线，取 1‰ 失重时的温度作为起始分解温度。起始分解温度高无疑表示热稳定性好，可以承受高的加工温度。图 5-4 是典型样品在升温速率为 10℃/min 时的热失重曲线，从此图可知，该样品的起始分解温度大于 370℃。

5.1.5 全氟磺酸离子交换树脂的主要应用

（1）用于制造氯碱工业用全氟离子膜 全氟磺酸离子交换树脂最主要的应用是制造氯碱工业用全氟离子膜，TFE 和 PSVE 共聚合后得到的—SO₂F 型树脂在熔融态挤出造粒，粒料树脂送带有 T 形机头的挤出机挤出成全氟磺酸单膜，按照适合氯碱工业用全氟离子膜的结构设计，特定交换当量的全氟磺酸单膜和全氟羧酸膜加上增强骨架多层复合后再经表面处理和水解转型，即成为氯碱工业用全氟离子膜。全氟磺酸离子交换树脂在这种增强复合膜中占有主导地位；这种增强复合膜常需要有两种或更多种不同规格的全氟磺酸离子交换树脂，随着制膜技术的进步和膜性能的提高，膜的总厚度已从初期的 $400\sim500\mu m$ 逐步降低到 $200\sim300\mu m$，年产 10 万平方米增强复合膜需要消耗全氟磺酸树脂

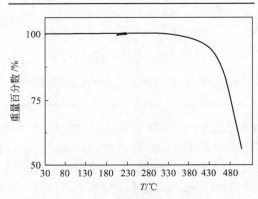

■图 5-4 磺酸树脂典型样品的热失重曲线

（考虑到生产过程中实际损耗）合计约重 $50\sim60t$。10 万平方米/年的膜可以满足新建离子膜法烧碱年产能力（300 万吨）或运行中离子膜烧碱装置（900 万吨/年）正常换膜的需要。

（2）用于质子交换膜燃料电池 全氟磺酸离子交换树脂制成的全氟磺酸膜是质子交换膜燃料电池的核心组件之一，厚度约 $10\sim20\mu m$，这种膜是由 TFE 和 PSVE 共聚得到的—SO₂F 型树脂水解转型成—SO₃H 型后用有机溶剂溶解成浓度较稀的溶液后经浇铸而成的薄膜。也可以使用—SO₂F 型树脂挤成薄膜后再转型。对良好导电性的要求需要树脂的交换当量大于 1.0mmol/g 干树脂（或用当量重量 EW 表示，EW 必须小于 $950\sim1000$）。在燃料电池方面的应用尽管已有很多卓有成效的研究成果，离全面产业化仍有较大距离。燃料电池方面应用对全氟磺酸离子交换树脂还是处于发展中的市场。从长远看，形成 $50\sim100t/a$ 甚至更多的全氟磺酸离子交换树脂消费是完全有可能的。

（3）用于有机合成作催化剂 带有—SO₃H 基团的 H 形全氟磺酸离子交换树脂是现在已知的最强固体超强酸，具有耐热性能好、化学稳定性和机

械强度高等特点。由于 H 形全氟磺酸树脂分子中引入电负性最大的氟原子，产生强大的场效应和诱导效应，从而使其酸性剧增。与液体超强酸相比，用作催化剂时，易于分离，可反复使用。且腐蚀性小，引起公害少，选择性好，容易应用于工业化生产。文献报道，将 H 形树脂作为催化剂成功用于某些异构化、聚合、酯化、缩醛化及烷基化等反应。Olah 等用这种固体超强酸树脂作催化剂，对芳环的硝化、Friedel-Crafts 反应、烯烃和炔烃的水化、重排和酯化等反应进行了研究。在酯化反应中他们将醋酸和醇（摩尔比为 3∶1）在催化剂存在下回流，得到酯的产率为 40%～60%。

不仅可直接将 H 形全氟磺酸离子交换树脂用作催化剂，还可将回收的全氟磺酸膜制成全氟磺酸离子交换树脂溶液负载于载体上使用，这方面有一些很有价值的创新研究和进展。如将回收的全氟磺酸膜制成溶液，利用溶液-凝胶法制得全氟磺酸树脂/SiO_2 复合催化剂。这种 SiO_2 负载的全氟磺酸树脂用于催化合成苯甲醛缩 1,2-丙二醇，产物收率高达 91.8%。

5.2 全氟羧酸离子交换树脂的合成

由于全氟磺酸离子交换树脂制造技术发展早、相对成熟，早已实现了规模化生产，成本低，而由 TFE 和羧酸甲酯基全氟烷基乙烯基醚共聚方法制造全氟羧酸离子交换树脂涉及到单体合成路线长、难度大、成本高等，很自然，化学家们想到了由全氟磺酸离子交换树脂（或磺酸单体，或全氟磺酸膜）经化学方法转变官能团制造全氟羧酸离子交换树脂。文献报道中可以发现有不少于两种方法，有的制造商甚至已将这种技术路线产业化。但是化学转型方法存在一些固有的缺点，尤其是稳定性较差。实际上已经放弃了这方面的努力。尽管不同制造商开发的羧酸单体的分子结构和合成路线有较大差别，目前全球主要供应商采用的制造全氟羧酸离子交换树脂主体技术是由 TFE 和羧酸甲酯基全氟烷基乙烯基醚共聚得到所需要的聚合物的路线。羧酸树脂主要用于制造全氟羧酸离子交换膜。全氟羧酸树脂的分子结构式如下：

$$CF_2\!\!=\!\!CF_2 + CF_2\!\!=\!\!CFO(CF_2CFO)_m(CF_2)_nCOOR \longrightarrow$$
$$|$$
$$CF_3$$

$$-(CF_2\!\!-\!\!CF_2)_x\!\!-\!\!(CF_2\!\!-\!\!CF)_y\!\!-$$
$$O\!\!-\!\!(CF_2CFO)_m(CF_2)_nCOOR$$
$$|$$
$$CF_3$$

到目前为止，适合工业化生产和能满足制膜要求的羧酸甲酯基全氟烷基乙烯基醚单体分子结构由于起始原料和合成路线的不同，基本上有如下两种：

$$CF_2\!\!=\!\!CFOCF_2CF_2CF_2COOCH_3$$
$$CF_2\!\!=\!\!CFO(CF_2CFO)CF_2CF_2COOCH_3$$
$$|$$
$$CF_3$$

实践证明，从聚合工艺和得到的聚合物性能而言，两者本质上并没有区别。选用—COOCH₃ 型的结构主要是从单体合成过程中的稳定性出发（—COOH 和—COONa 型结构在单体合成的脱羧过程中都易分解，而且—COOCH₃ 结构的树脂在加工温度下具有较好的热稳定性）。

如前所述，氯碱工业使用的全氟离子膜是由全氟羧酸离子交换膜和全氟磺酸离子交换膜以及增强骨架复合而成的多层复合材料。全氟羧酸离子交换膜的主要作用是起阻挡阴极室 OH^- 离子向阳极室反渗，保证多层膜具有高的电流效率（≥95%）。国外甚至将其称为（电流）效率（发现）层，这是相对于全氟磺酸层提供高的导电率但是电流效率不高而言。尽管复合膜中全氟羧酸层的厚度很薄，在整个膜厚度中只占约 1/6～1/5 左右，但却是氯碱用全氟离子膜制造中的不可缺少的核心材料之一。以年产 10 万平方米的这种多层复合全氟离子膜为例，约需要消耗 12～15t/a 全氟羧酸离子交换树脂。

5.2.1 共聚合反应

全氟羧酸离子交换树脂由其在全氟离子膜中所起作用决定必须具备一些基本要求，如适当的离子交换性能，熔融加工性能和力学性能等。这些都同树脂具有适当的交换容量和分子量密切相关。聚合过程不仅是在一般意义上合成出这种共聚物，更在于要在满足离子膜总体设计中对羧酸层的要求。即聚合过程要能实现对交换容量（即共聚物组成）和分子量的有效控制，得到的聚合物能在合适的温度下加工，热稳定性好。

同全氟磺酸离子交换树脂的聚合过程一样，全氟羧酸离子交换树脂的聚合也可以以乳液聚合、溶液聚合和本体聚合等不同聚合方法来实施。从聚合体系的特点和文献报道的大多数实例看，采用乳液聚合是比较适合的。对于这样的二元共聚的聚合过程，要实现希望得到的交换当量，就必须采用合适的单体加料配比、聚合压力和温度。文献报道，羧酸甲酯基全氟烷（氧）基乙烯基醚同 TFE 的聚合反应活性 r_1 和 r_2 分别为：

$$CF_2\!\!=\!\!CFO(CF_2)_3COOCH_3 \qquad （代号\ M_1）\quad r_1=0.14$$

$$CF_2\!\!=\!\!CFO(CF_2CFO)(CF_2)_3COOCH_3 \qquad （代号\ M_2）$$
$$\underset{CF_3}{|}$$

$$CF_2\!\!=\!\!CF_2$$

$r_2=7.0$，前者大大低于 TFE。聚合开始前的配料，羧酸酯烯醚单体可以一次性加入已经排氧处理和充入约 2/3 容积去离子水作为介质的聚合反应器内，羧酸酯烯醚单体的加入量必须比按所需交换容量 A_R 计算需要量多得多。聚合压力由加入的 TFE 压力调节。TFE 的压力选择决定了聚合体系中 TFE 的浓度。在两种单体竞聚率相差很多的情况，这里 TFE 压力是调节交换容量的主要手段。聚合后实际得到的羧酸树脂组成（即 M_1 或 M_2 的含量）同配料之间关系可从图 5-5 的曲线关系获得。

分子量可用加入引发剂的数量、引发剂的类型以及加入少量分子量调节剂来控制。乳液聚合所用的引发剂为自由基型引发剂，过硫酸盐、有机过氧化物或偶氮二异丁腈等均可按实际需要选用。所需要加入的乳化剂（表面活性剂）为全氟辛酸铵，或用现在开发中的替代品如全氟烷氧基羧酸盐等。也有报道在聚合体系中加入 PPVE 的实例。以下为文献报道早期在容积为 20L 聚合反应釜内进行羧酸树脂聚合试验的工艺配方实例。

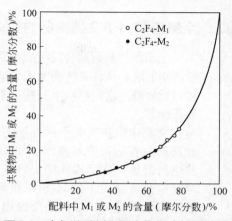

■图 5-5　全氟羧酸树脂聚合物组成与配料关系

20L 反应釜，

去离子水	13.7L
$CF_2\!\!=\!\!CFO(CF_2)_3COOCH_3$	1760g
$CF_2\!\!=\!\!CFOCF_2CF_2CF_3$	292g
乳化剂 $C_8F_{17}COONH_4$	48g
引发剂 $(NH_4)_2S_2O_8$	8.2g
缓冲剂 $Na_2HPO_4 \cdot 12H_2O$	68g
$NaH_2PO_4 \cdot 2H_2O$	40g
分子量调节剂	正己烷
聚合温度 57℃	
聚合压力	13.7kgf/cm²
反应时间	7h

经凝聚和洗涤后，用甲醇在 65℃ 处理 16h，得到产品 3.0kg，交换容量 $A_R=0.95meq/g$，在 250℃ 下可挤出成厚度 $35\mu m$ 的薄膜。

文献报道，在共聚单体有足够纯度前提下，聚合得到的羧酸树脂分子量可达 3×10^5 或更高。

为制得具有稳定分子量范围的聚合物，加入分子量调节剂是有利的。用控制 TFE 压力的方法成功合成了羧酸单体最高到 35%（摩尔分数）的共聚物，较常见的组成（摩尔分数）范围为 12.5%～20%，相当于 $A_R=1.0$～$1.4mmol/g$ 干树脂。此处 A_R 下限适合挤出用于羧酸/磺酸复合膜中的羧酸层，上限适用于将高交换容量羧酸树脂用于制作导电性好的主体层。

对于以水为介质的聚合，在聚合条件下，单体发生少量水解是不可避免的。这意味着反应介质会有很强的酸性。反应器采用耐腐蚀性好的镍基合金制作是必要的。

5.2.2 全氟羧酸离子交换树脂的后处理

上节所述乳液聚合反应结束后得到的是具有一定固含量的全氟羧酸离子交换树脂乳液，从乳液转变为适合造粒和进一步挤出成膜的粉状固体树脂，需要经过后处理。这包括以下一些必不可少的操作过程：凝聚、洗涤、端基稳定化和干燥等。

文献中很少有关于后处理的详细介绍。有些专利的实例中提供了对凝聚和洗涤过程的很简单叙述。如采用向乳液中加入浓酸（如浓 H_2SO_4）的办法进行凝聚，实际操作中，HCl 也适合用于凝聚，而且 HCl 酸同体系中残留的少量金属离子比 H_2SO_4 更容易生成氯化物盐，它们都容易溶解于水中，故洗涤效果很好；缺点是凝聚用的设备材质的耐腐蚀要求更苛刻。洗涤在带搅拌的容器内进行，为了尽量防止—COOCH$_3$ 基团水解，洗涤用水以冷水较好。粉状羧酸树脂洗涤后的干燥可在真空干燥箱内进行。干燥过程中应尽可能使物料保持缓慢移动。在这种状态下干燥有利于颗粒内部毛细孔道内的水分向外扩散，提高干燥效果，缩短干燥时间。

后处理中很重要的工序是用甲醇在回流温度下进行不稳定端基的稳定化处理。这些不稳定端基的来源包括两个可能。

① 乳液聚合所用的引发剂过硫酸盐在聚合过程中链终止阶段生成的末端基发生 β 链断裂。

$$—(CF_2—CF_2—)—(CF_2—\underset{\underset{O}{\|}}{C}—)—CF_2—CF_2—O—\underset{\underset{O}{\overset{O}{\|}}}{S}—O(NH_4) \longrightarrow CF_2\underset{\underset{F}{}}{\overset{\overset{O}{\|}}{C}}$$

② 全氟羧酸树脂侧链上的—COOCH$_3$ 基团发生部分水解。

聚合过程中，羧酸酯烯醚单体和全氟羧酸树脂均存在于水相中，在聚合温度和介质 pH 值的特定条件下，都可能发生—COOCH$_3$ 基团的部分水解。这种水解实际上是一个平衡过程。

$$—COOCH_3 + H_2O \longrightarrow —COOH + CH_3OH$$

如前所述，—COF 和—COOH 基团在高温下都易发生分解并造成降解，使树脂在熔融造粒和挤出成膜时产生气泡。所以，必须在后处理阶段实施稳定化处理。具体做法就是用过量预先严格干燥脱除微量水的甲醇在一定温度和搅拌状态下进行处理。文献中也报道了用原甲酸甲酯[$HC(OCH_3)_3$] 进行稳定化处理的方法，好处是处理过程中不会再产生水，有利于稳定化过程的完全。

5.2.3 全氟羧酸离子交换树脂的表征和质量控制

全氟羧酸离子交换树脂的表征和质量控制主要包括以下几方面。

(1) 树脂分子结构的表征 全氟羧酸离子交换树脂的分子结构表征主要通过红外光谱和^{19}F NMR。TFE 和 ω-羧酸甲酯基全氟丙基乙烯基醚（M$_1$）

共聚树脂典型样品制成样品膜后测定的红外光谱谱图显示在 2960cm^{-1} 和 1780cm^{-1} 处分别为 C—H 和—C=O 的特征吸收峰。1100~1300cm^{-1} 区间为 F—C 类化合物和聚合物所具有的典型的 C—F 吸收峰。—COOCH$_3$ 型的全氟羧酸离子交换树脂很难溶于普通溶剂，要用 ^{19}F NMR 进行结构表征，必须先将其转化为长链碳氢基团的羧酸酯如—COOC$_{10}$H$_{21}$ 型，才可以溶于 NMR 分析常用的溶剂如 CDCl$_3$，这样制作的试样用 CDF$_3$ 为参比物，得到的 ^{19}F NMR 谱图和不同位置 F 原子对应的化学位移归属如图 5-6 所示。

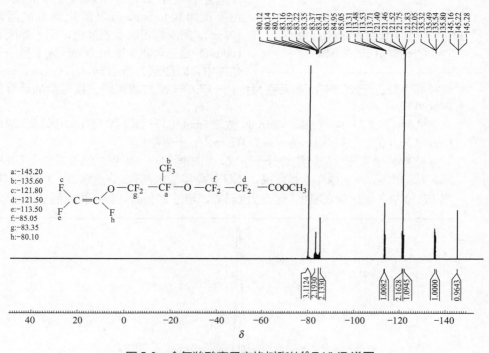

■图 5-6 全氟羧酸离子交换树脂的^{19}F NMR 谱图

（2）全氟羧酸树脂分子量的表征 文献报道的羧酸树脂分子量测定有两种方法。较简单、易于操作的是以 T_Q 表达。T_Q 的定义和测定方法已如前述。以对数表示的分子量同温度℃表示的 T_Q 进行标绘显示羧酸树脂分子量同 T_Q 之间呈现如图 5-7 所示的直线关系。

另一方法为将前述方法配制的长链碳氢酯的羧酸树脂在三氟甲苯中溶液用膜渗透压法测定分子量，结果为 10^5~10^6 范围。

（3）羧酸树脂组成和交换容量 全氟羧酸树脂是二元共聚物，交换容量是全氟羧酸树脂最核心的指标之一，交换容量代表羧酸甲酯基全氟烷（氧）基乙烯基醚单体在树脂分子中的含量，即代表了组成。交换容量同羧酸树脂的熔点（或熔程）、结晶度、导电率、熔融流动性能等都有依赖关系。确定树脂的交换容

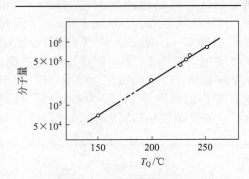

■图 5-7　全氟羧酸交换容量、树脂
分子量同 T_Q 的关系图

量是考虑同树脂加工成膜及同包括电化学性
能和使用寿命等在内的多层复合膜优化组合
设计的各种因素综合选择的结果。羧酸树脂
交换容量的测定同磺酸树脂一样也采用化学
滴定法，但是具体方法有些不同。羧酸树脂
交换容量的测定具体如下：先将经过稳定性
处理的树脂从—COOCH₃水解转型为—
COOH 型，吸去树脂颗粒表面水分后称取
1.5g 左右置于 250mL 干燥的三角烧瓶中，
用吸管加入 0.1mol/L 氢氧化钠标准溶液
100mL，间断摇震后放置过夜，用干燥吸管
（50mL）自三角瓶中吸出 50mL 置于另一三
角瓶中，以酚酞为指示剂，用 0.1mol/L 盐
酸标准溶液进行反滴定，至无色为止。—COOH 型羧酸树脂交换容量的计算按
下式进行：

A_R＝[NaOH 体积(mL)×NaOH 浓度(mol/L)－HCl 体积(mL)×HCl 浓度
(mol/L)]/样品质量×(1－含水率％)(mmol/g 干树脂)

　　交换容量直接反应树脂的分子组成，组成同熔点（熔程）的关系如图 5-8 所
示，从图可见，M_1 摩尔含量愈高，（即交换容量愈高），熔点愈低，熔程变宽，
当 M_1 摩尔含量达到 8％时，熔点为 255℃，超过 20％时，就不再有明显的熔点。

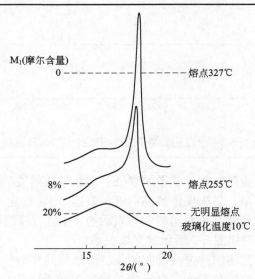

■图 5-8　全氟羧酸树脂组成（单体 M_1 含量）
同熔点的关系

M_1—树脂结构为 $\pm CF_2—CF_2 \pm_x \pm CF_2—CF \pm_y$
　　　　　　　　　　　　　　　　　　　　$O(CF_2)_3COOCH_3$

（当 $A_R=1.0mmol/g_{干树脂}$ 时，树脂中 M_1 的摩尔含量约为 40.6%）。

羧酸树脂制成薄膜后的电导率同交换容量密切相关，这种关系以图5-9表示。

（4）热稳定性 因为全氟羧酸离子交换树脂要经受高温下造粒和挤出成膜，树脂具有良好的热稳定性是至关重要的。在后处理阶段，对消除影响热稳定性的措施效果好坏可以有几个判别的方法，例如树脂受热时的起始分解温度、树脂的比挥发度和树脂在高温下维持一定时间的MFR变化率等都是比较有效的。

① 起始分解温度 全氟羧酸离子交换树脂的起始分解温度用DSC/TG测定。一种典型树脂在升温速率 $10℃/min$ 条件下测得的热失重曲线如图5-10所示，从图中可知，起始分解温度大于310℃。

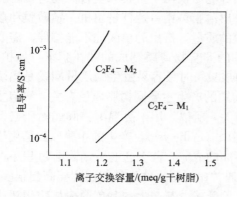

■图5-9 羧酸树脂交换容量同电导率的关系图

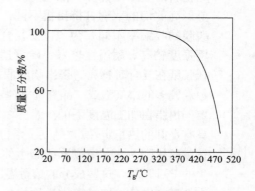

■图5-10 全氟羧酸离子交换树脂的热失重曲线

② 比挥发度 比挥发度的定义和测定方法见本章5.1.3。全氟羧酸离子交换树脂典型样品的比挥发度测得数据为小于 0.1%。

③ MFR变化率 是表示在树脂热加工温度下发生同时间相关的MFR值变化的情况。MFR值变化愈小，表示热稳定性愈好。MFR变化率的测定是利用MFR测定仪按照规定的温度和砝码重量进行样品在料腔中停留不同时间（5min、10min、15min、20min等）分别测定MFR值，并同正常停留时间的测定值进行对比。

5.3 全氟离子膜的加工技术

5.3.1 单膜制造

（1）挤出成膜 全氟磺酸树脂和全氟羧酸树脂都可以用加工可熔融氟树

脂常用的螺杆挤出机进行挤出加工，两种树脂在挤膜前，都需要先将干燥的合格粉料造粒。造粒在具有高剪切作用的双螺杆挤出机中进行，挤出机的螺杆和料筒均需用耐腐蚀性能好的高镍合金制造，料筒中间位置设计有排气口，以排除树脂加热熔融过程中可能产生的少量气体。要得到好的挤出膜，除了要保证树脂的质量外，还必须有实用的挤出设备和工艺。挤出机的长径比和转速、沿螺杆长度方向的温度分布（通常分成若干段）、实现和保证稳定的优化温度分布所需各段加热强度等，都需通过对树脂在加工温度范围的流变性能等的测定，结合预定的生产能力进行专门设计。由于甲酯型全氟羧酸离子交换树脂在造粒过程中在进料口和熔体出口位置均可能与空气中的水分接触发生水解反应，需要采取保护措施，隔离空气。造粒后的全氟羧酸甲酯粒料需要密闭保存，隔绝空气。最好能尽快用于挤膜和复合。同造粒时需要用高剪切的双螺杆挤出机不同，挤出薄膜可用单螺杆挤出机。磺酸膜和羧酸膜的收缩率不同，为了保证复合膜的质量，挤出的单膜均不能拉伸，需要用强度较高、耐温性较好、硬度适中的聚合物薄膜制成的"托膜纸"保护。托膜纸在复合时剥离。挤出磺酸膜和羧酸膜时最容易发生的质量问题是出现数量较多的小气泡或"晶点"。这些问题的产生主要同树脂质量有关。气泡主要同树脂在加工温度下的少量分解有关，所以，用于高温下挤膜的树脂必须具有良好的热稳定性。"晶点"俗称鱼眼（Fish eyes），产生的主要原因是由于挤膜的树脂中含有组成同树脂主体不同的成分，甚至含有少量聚合过程中产生的 PTFE 粉，这些成分的熔融温度通常比树脂主体的加工温度要高出很多，应在聚合和后处理过程中采取措施，尽量减少其产生和避免混入挤膜用树脂中，造粒时也可以用过滤方法将残留的这些成分的大部分阻挡在粒子之外。

文献 [5] 也报道了两种树脂的共挤出。共挤出技术的提出主要是基于两种树脂的不相容性，目的是为了提高不同树脂层之间的剥离强度，提高多层复合膜在离子膜法电解制碱电解槽中的使用寿命。采用共挤出挤膜时，两种树脂各自在单独的挤出机中经按预先设定的纵向温度分布加热、混合、塑化成为黏度适中的熔体，两种不同的熔体在一定的熔体压力下进入专门设计的共用 T 形机头成为表面有一定程度互相熔合的复合膜。再按离子膜总体设计进行后续加工。

因为实际用于氯碱电解槽的离子膜宽度较宽（1.5m 或更宽），而且挤出膜离开 T 形口模后必然会有宽度的收缩，加上全氟离子膜加工时不能拉伸，所以 T 形机头的唇口宽度要比产品离子膜的宽度有足够的余度。

（2）浇铸成膜　将聚合物材料浇铸成膜的过程包括溶液配制和在专门设计的浇铸成膜流水线上流延、脱除溶剂、薄膜从不锈钢传送带剥离和收卷等步骤。浇铸成膜在制作其他工程塑料薄膜如聚酯（尼龙）薄膜、聚酰亚胺薄膜等时是一种常见的加工技术。在全氟离子膜的单膜加工中，浇铸成膜也适用于—SO_3H 型或—SO_3Na 型全氟磺酸树脂的成膜加工。—SO_2F 型的全氟磺酸树脂和带—COOCH$_3$的全氟羧酸树脂很难溶于溶剂，故浇铸成膜不适用于这两种形态全氟离子交换树脂的加工。溶液浇铸法成膜有利于制得厚度很小而且均匀度好的薄膜，加工温度较低，对设备材质要求和设备制作的难度没有像用于挤出全氟磺酸树脂和全氟羧酸树脂的挤出机这么苛刻。质子交换膜燃料电池用的全氟磺酸膜厚度低到只有 $10\mu m$ 左右，在不能拉伸的条件下要挤出大宽度的这种厚度薄膜是较困难的。这些因素的结合，正适合选用溶液浇铸法成膜。

聚合和后处理得到的全氟磺酸树脂是—SO$_2$F 型，要配制溶液，首先要通过水解将其转化为—SO$_3$H 或—SO$_3$Na 型树脂并彻底干燥。然后将转型彻底的树脂同合适的溶剂一起在较高的温度和压力下经过一定时间的搅拌，可得到全氟磺酸树脂溶液。全氟磺酸树脂溶解时可选用的溶剂有具有较低沸点的乙醇、异丙醇等，以及具有较高沸点的三乙醇胺、聚乙二醇 200、DMF或乙醇胺等。徐洪峰等介绍了用 Nafion115 作为全氟磺酸树脂原料在实验室配制溶液的全过程。树脂经除去表面有机物和可能的金属污染物的预处理后在 NaOH 水溶液中常温下浸泡 24h，使树脂完全转化为 Na$^+$ 型；用二甲基亚砜（DMF）为溶剂，通氮气，170～180℃下回流约 2h，冷却后用滤纸过滤得到滤液，即是含有 Na$^+$ 型全氟磺酸树脂的二甲基亚砜溶液。经减压蒸馏浓缩后置于培养皿中在真空烘箱中 170～180℃下烘干，得到的膜用双氧水和稀硫酸处理，即得到 H$^+$ 型膜。王守绪，郑重德等将 Nafion117 作为树脂来源，不经预处理，直接将 Nafion117 放入压力釜中，升温至 200～300℃，氮气保护，溶剂采用沸点高于 110℃的溶剂，如三乙醇胺、聚乙二醇 200、DMF、乙醇胺等，恒温 1～10h，由此制得了 H 形全氟磺酸树脂溶液。

要将全氟磺酸树脂溶液浇铸成膜，溶液需先经过滤，滤去残留物和杂质，然后可以在中型或大型的浇铸成膜流水线上进行。将配制好的溶液置于流水线溶液流出槽上部一定高度的溶液储槽内，预热到合适的温度后（温度以物料具有合适的黏度而定），溶液靠重力（可调）从槽底部的细长狭缝中均匀连续流出到流延传送带上，传送带向前移动的速度由电机和传动装置控制，传送带离开转鼓后进入半封闭的带加热功能和可控温的箱形隧道，在移动过程中溶剂缓慢挥发，至离开隧道时已完成溶剂脱除，脱除溶剂的薄膜从传送带上靠收卷机的拉力自动剥离，收卷后即为成品。传送带通常由表面光洁度很高的优质不锈钢制成。选择沸点合适的溶剂、调制适当浓度和黏度的树脂溶液、控制溶剂的缓慢挥发对获得厚度均匀和表面光滑的流延膜是关键。沸点偏低的溶剂由于挥发过快会使流延膜表面出现很多小孔或导致膜发皱。经验表明，合适的溶剂沸点应为 100～150℃。

5.3.2 多层膜的结构设计

迄今最具实际应用价值的全氟离子交换膜，其主要应用是作为离子膜法制碱电解槽阴极和阳极之间的隔膜。经过多年试验和实际生产考验。能满足食盐制碱电解槽工况条件，具有高电流效率（大于 95%）、低的膜电阻，能直接制得高浓度（35%～40%）和高纯度烧碱，具有长达 2.5～3 年使用寿命的全氟离子膜，都是经过优化结构设计和精心制作的全氟羧酸/全氟磺酸增强复合膜。

在进行膜结构设计时，要同时满足上述这些基本要求，一定会遇到树脂多个性能指标之间相互制约的因素。其中首先要考虑的是树脂能在保持良好电化学性能的同时具有较好的加工性能。特别是全氟羧酸树脂膜和全氟磺酸树脂膜的离子交换当量和表证它们分子量的 T_Q 值。优化设计的基本原则如下。

① 降低膜电阻（降低使用中能耗），要获得电解制碱时能耗较低的膜，复合膜必须具有好的导电性能，这意味着复合膜的全氟磺酸树脂层应该厚一些，相对导电性能较差的全氟羧酸树脂层应该薄一些。尽管可以通过提高全氟羧酸树脂的交换当量获得羧酸层导电性的改善，但是偏高的交换当量会带来羧酸树脂低的熔融温度和加工温度及变差的机械强度，这是不可取的。复合膜中羧酸层的作用是阻挡 OH^- 离子的反渗，这同羧酸膜的厚薄关系不大，故可将羧酸层做得薄一些。另一方面，过薄的挤出膜（如小于 10～15μm）在大宽度情况下，常带来加工上的困难，不利于保证质量。对于总厚度不超过 200μm 左右的复合膜设计羧酸层厚度为 20～25μm 是合适的。

提高全氟磺酸树脂的交换当量，显然有利于提高导电性，对降低能耗有利，但是这同时也降低了机械强度。另外，构成复合膜的磺酸层和羧酸层在使用过程中吸水率有较大的差异，过高交换当量的全氟磺酸层含水大大超过羧酸层，引起不均匀的膨胀，膜内离子迁移速度也出现大的差异。这会在两种膜结合的界面处产生一种内应力，严重时导致脱层。早期报道复合膜磺酸树脂的交换当量为 0.83meq/g 干树脂，以后在降低复合膜电阻的努力中，交换当量有所提高，达到 0.95～1.0meq/g 干树脂，不会超过 1.10meq/g 干树脂。

② 复合膜的长使用寿命，意味着生产每吨烧碱花在膜的成本费用下降，可以大大提高竞争能力。延长膜的使用寿命不仅取决于合理的使用工艺条件控制（如严格的盐水质量管理、合理的电流密度等），更受制于膜结构的优化设计和制造技术。

就膜的优化设计和加工技术而言，必须最大限度地提高复合牢度，防止复合膜磺酸层和羧酸层在使用过程中起泡和脱层。这涉及到以下考虑：a. 磺酸层和羧酸层的性能匹配，包括离子交换当量和树脂分子量的匹配，这两者又会表现为熔融温度（或加工温度）的匹配，显然较小的差距是有利的；b. 复合工艺的选择，将由成分同两种离子交换树脂都不同的氟树脂丝织成的增强网布置于磺酸层和羧酸层之间，对于保证复合牢度是不利的，而将其置于同质的两层磺酸层之间则有利于保证牢度。这就必然会导致羧酸层

/磺酸层/增强网布/磺酸层的结构设计。羧酸层/磺酸层的复合仍然是复合的核心问题之一。采用共挤出的技术实际上是将羧酸层磺酸层的单膜制造及复合熔为一体，对于保证复合质量是最佳的设计。这种羧酸层/磺酸层的共挤出膜结构使易受环境气氛影响（尤其是高温下）的羧酸层表面得到了保护，这样得到的羧酸层/磺酸层复合结构应当是牢度最好的。对比将羧酸层和磺酸层分别成膜再复合，后一种工艺在加工过程中因羧酸层受环境影响对复合牢度的损害几乎是不可避免的。

5.3.3 复合和增强技术

(1) 膜的复合 无论前期加工采用何种技术，对于多层结构的膜最终必须有一个叠合的复合过程。从 20 世纪 70 年代 DuPont 公司最早开发的间歇法真空复合工艺（又称 Grot 法）开始，用于全氟离子膜的复合技术已经发生了很大的改进，获得了可适用于商业规模生产的成功。归纳起来，主要有以下几种技术。

① 间歇法真空复合工艺（Grot 间歇法） 间歇法真空复合工艺的具体步骤是：先将表面刻有一系列沟槽的矩形真空复合模具同真空系统相连接，在模具表面依次放置尺寸同模具表面几乎相同的用于分布真空的金属网和能透气的脱模纸。再按膜的结构设计，将磺酸、羧酸单膜以及增强网布逐一平放在脱模纸上。然后将模具和安置好待复合的多层膜一起移送到可加热的平板压机上。在对模具系统施加真空的情况下，使压机下平板缓缓上升到上平板同最上层膜紧密接触，按预先设定的加热温度，使加热平板缓缓升温，达到预定温度后保持一定时间，以保证单膜处于合适的熔融状态，在真空和加热的作用下，单膜和增强网布实现复合，在真空状态下将模具移出，冷却到室温后脱模。

此法生产效率低，产品质量不够稳定，尤其对于大尺寸和结构复杂的增强复合膜，不易控制质量。故可看作制膜技术开发过程中的原型复合试验技术。

② Wethers 带式连续法真空复合工艺 带式连续法真空复合工艺的基本原理是，使用两对薄型不锈钢带，分别夹紧预先依设计要求卷合的待复合膜与网布组合体的两边（参图 5-11），使该组合体的中间部分保持悬空和平整，并能垂直地向上移动。在其两侧装有 V 形加热器。每对不锈钢带中都有一块钢带开有一系列小孔，这种开小孔的钢带同真空系统的真空板紧贴。通过两对不锈钢带的循环转动，单膜和增强网布的组合体不断向上移动，夹在膜和网布之间的气体从不锈钢带上的小孔中抽走，在组合体两侧的 V 形加热器使膜的熔融从中心开始并逐渐向两边展开，直到将网布完全封装在熔膜内。由此可制得各种不同规格的增强复合膜。

这套装置机械结构显得复杂，运行中的动密封较难解决。

③ Grot 连续法真空复合工艺 图 5-12 是 Grot 连续法主要设备的流程示意图。该法最重要的核心设备是设计了一空心的转鼓，在其内部附有加热

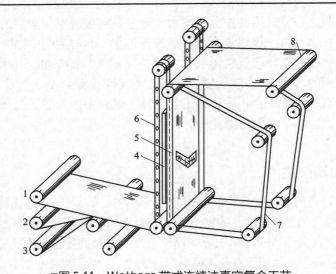

■图 5-11　Wethers 带式连续法真空复合工艺

1—全氟碳树脂单（或双层）膜；2—增强网布；3—全氟碳树脂单膜；
4—与真空系统相连的真空板；5—V 形加热器；6—钻有系列小孔的不
锈钢带（与真空板紧贴）；7—薄型不锈钢带；8—产品膜

和真空源。空心转鼓壳的外表面有一系列沟槽与真空源相连通，转鼓外部上侧设有弧形加热板。热量以辐射方式提供给待复合的多层膜和增强网布组合体。转鼓慢慢转动带动此复合膜组合体向前移动，转鼓下侧有两个小圆辊紧靠上述转鼓，控制复合膜组合体的移入和离开。复合膜在转鼓上半部受热完

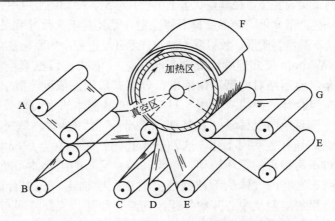

■图 5-12　Grot 连续法主要设备的流程示意图

A—全氟羧酸膜；B、D—全氟磺酸膜；C—增强网布；
E—透气性脱模纸；F—弧型加热器；G—产品膜

成复合后移动到右下侧离开，剥离脱膜纸后收卷，即为复合膜半成品。送至后续工序进行水解转型和表面处理。

这一连续真空复合的优点是适合连续和大批量生产，质量稳定，尤其对于增强网布不平整和经纬线交叉处有明显突出的情况，只有真空抽气才能实现完美的复合，复合得到的多层膜紧贴转鼓的一面是高低不平的。缺点是转鼓的设计和制作比较复杂。

一种改进的同类复合技术是不采用真空，也不采用外部加热。在增强网布很薄且预先经辊压成平整性很好的情况下，依靠转鼓和附设的两个小辊筒之间逆向转动的辊压，完全可以代替真空复合，复合所需压力的大小可通过调节它们之间的间距实现。大转鼓和两个小辊筒表面都是光滑的，大转鼓内充满能耐高温的导热介质，如硅油。电加热使介质达到需要的高温，如 240～260℃左右，小辊筒不加热。这种加热方式的优点是温度控制比较精确，而且温度的均匀性明显要好得多，复合得到的多层膜两面都是光滑的。

(2) 膜的增强 氯碱工业用全氟离子膜在实际安装和运行过程中，会受到各种应力冲击。主要有：电解槽组装过程中会受到一定的拉力和压力；在电解正常运行时离子膜会承受水合离子定向渗透的传质力与一定液压的应力；由于所用电解液种类和浓度的变化，在复合膜层间要承受较大应力冲击。这些冲击会严重影响膜的平整性和尺寸稳定性，导致膜破损等，当离子膜所受的各种应力大于膜层面的粘接强度时，将会引起膜层剥离。所以全氟离子膜必须采用增强骨架材料。

全氟离子膜的增强可以采用氟树脂丝织成的有较大空隙率的网布同多层膜复合的工艺。也有用双向拉伸和定型 PTFE 微孔膜同全氟离子交换树脂以特殊加工方式复合的报道，但不是主流技术。

对增强骨架材料的基本技术要求是：在保证强度和平整性的前提下，保持尽可能高的骨架网布开孔率，以保持较小的导电率损失；骨架网布应尽可能平整，厚度较薄，避免出现因经纬多重相交产生凸出点，以克服复合膜出现很多突出点。对用于编织骨架网布的氟树脂丝应采用扁平形的丝，以PTFE膜裂丝（俗称切割丝）为优。对骨架网布的一种优化的处理是设计一种具有较大空隙面积的氟树脂丝网布，在空隙部分再布置若干"牺牲"纤维。这种纤维通常是某类型号的聚酯纤维。这种设计的好处是，在网布制作和复合膜加工过程中有利于保持平整，而在启动电解后，"牺牲"纤维迅速被苛性碱所腐蚀消除，从而提供更多的有效导电面积，达到适当降低膜电阻和槽电压的效果。

5.3.4 膜转型和表面处理技术

经复合得到的多层增强膜，严格说还不具有离子交换功能，只能算是全氟离子交换膜的前体，要赋予它离子交换功能必须将磺酸层的—SO₂F 基团和羧酸层的—COOCH₃ 基团在一定反应条件下进行水解转型，使之转换成为具有离子交换功能且性能稳定的—SO₃M 及—COOM 官能团。水解转型的化学反应式为：

$$Rf—SO_2F + MOH \longrightarrow Rf—SO_3M + HF$$
$$Rf—COOCH_3 + MOH \longrightarrow Rf—COOM + CH_3OH$$

式中，M 为 K 或 Na。膜转型过程的技术关键之一是保证水解过程中基团转型的充分。转型效果可以用仪器分析方法测试。以—COOCH₃ 基团的转型为例，转型前后的红外光谱呈现明显的变化（参见图 5-13）。

水解用处理液由有机溶剂和氢氧化钾（钠）水溶液配制而成，文献报道的处理液有：NaOH-H₂O（含适量甲醇）、NaOH-H₂O， NaOH-DMSO-H₂O，KOH-H₂O 以及 KOH-DMSO-H₂O 等。水解体系的组成、转型反应温度和时间，对水解转型速率都有一定影响。

大尺寸宽幅全氟多层增强复合膜的转型过程通常在专门设计的几组水平放置的槽式装置中进行。处理中的膜从一端向另一端

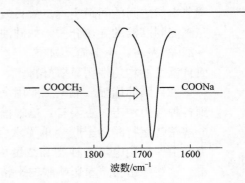

■图 5-13 全氟离子膜—COOCH₃ 基团转型前后的红外光谱变化图

缓缓移动，处理液的碱浓度逐渐变化，需按实际情况间歇更换。多层复合膜先经过钾型处理液处理，以有利于膜的充分膨胀，然后用清水洗净后再用钠型处理液处理，转换成钠型膜，此时膜又会出现某种程度的收缩，洗净和干燥后还需进行膜表面的亲水化处理。

早期使用的氯碱工业用全氟离子膜没有表面亲水化处理。在使用时发现当膜同阴极和氧极之间的距离缩小到一定程度时（如小于 2mm），食盐电解过程产生的氢气会由于膜表面的某种程度疏水性而以大量气泡形态附着在膜的表面，难以释放，阻碍了电流的通道，使膜的有效电解面积减少，导致膜表面电流分布不均匀，局部极化作用明显增加，结果使膜电阻和槽电压急剧上升。这当然是不希望发生的，因为会增加单位产品的电耗。一些改进措施如用机械方法使膜表面粗糙化，效果并不理想。经过研究，首先由旭硝子公司发展和推出了适合"另极距槽"（即 Asahi zero gap cell，简称 AZEC）的膜。这种膜称为另极距膜，在其两边表面均匀附着了一些粒径仅几微米的特种金属氧化物粉末，能显著提高膜表面的亲水性，防止电解产生的氢气泡附着在表面，从而可以在使用时将膜紧靠在电极上（间距一般小于 0.5mm），

有效地降低槽电压。涂层由粉末状无机氧化物和黏结剂构成。常用的无机氧化物有氧化锡、氧化钛、氧化锶、氧化铁、氧化锆及氧化硅等，可以某一种或几种同时使用。对这些氧化物的基本要求是：平均粒径为 $0.1 \sim 1000 \mu m$，粒径小一些较好，但是过小的粉末也会聚结成团。涂在膜表面后，无机氧化物在膜表面的均匀覆盖率达到 $30\% \sim 70\%$ 较好。保证涂层粉末均匀分布的主要关键是：无机氧化物在黏结剂溶液中均匀地分散；合适的涂覆工艺。可以采用的黏结剂溶液以具有磺酸或羧酸基团的氟树脂溶液较好，从配制溶液的难易程度和效果出发，用分子量较低的磺酸型离子交换树脂最合适。对于大规模的生产线，采用辊涂、喷涂或异体转移的工艺较为合适。因为黏结剂溶液中树脂的含量一般较低，涂覆完成后必须进行干燥。

5.3.5 膜的成品

由以上程序制得的膜在成为成品之前还须经过针孔检验、切边、裁剪。大规模生产的膜在流水线上都设有专门的自动针孔检验仪器，即使这样，最后的人工检验对于保证产品质量还是必须的。成品膜按型号的差别可以干法或湿法包装两种不同方法进行包装，湿法包装的膜一般是浸泡在规定成分的盐水中，可直接用于装槽。

参 考 文 献

[1] 方度，杨维骅主编. 全氟离子交换膜——制法、性能和应用. 北京：化学工业出版社，1993.

[2] Kevin Wall. Modern Chlor-alkali Technology. Vol. 3，126 Ellis Horwood Limited 1986.

[3] Adi Eisengerg and Horward Yeager. Perfluorinated Ionomer Membranes. ACS Symposium Series，180，389，1982.

[4] Ukihashi，H.，Asawa，T.，Yamabe，M，et al US Patent 4，126，588，1978.

[5] Kimoto，K.，Miyauchi，H.，et al Laid Open Japanese Patent Application 55-16007 Dec. 12，1980.

[6] Ibid，55-16008 Dec. 12，1980.

[7] Carlson. D. P，US Patent 3，528，954，Sep. 15，1970.

[8] Miyaki，H，et al Eur. Patent 0165466 May 14，1984.

[9] Micheal，in Adi Eisengerg and Horward Yeager，< Perfluorinated Ionomer Membranes> ACS Symposium Series，180，389，1982.

[10] 徐以霜，张根妹，马振中，周庚元. 全氟磺酸树脂催化剂在酯化反应中的应用. 化学通报. 1983，(5).

[11] 罗士平，陈勇，裘兆荣等. 新型态全氟磺酸树脂催化剂研究进展. 化学研究与应用. 2005，(1).

[12] Miyake H，Sugaya Y，Yamabe M. Journal of Fluorine Chemistry. 1998，(92)：137.

[13] 陈凯平，张立新. 废弃离子交换膜与全氟磺酸树脂固体超强酸催化剂. 氯碱工业，2002，(9).

[14] 罗士平等. Si₂O 负载全氟磺酸树脂催化合成苯甲醛缩 1,2-丙二醇. 石油化工. 2006，(7)，29.

[15] 郭逢治. 全氟离子膜共挤出复合新技术开发. 含氟材料，1988，(3)，21-24.

[16] 徐洪峰，燕希强等 Vol. 全氟磺酸质子交换膜的溶解及再铸膜性能分析. 电化学.2001，8 (7).

[17] 王守绪，郑重德. 特种 Nafion 溶液制备及其在 PEMFC 中的应用研究. 电子科技大学学报，2006，10 (35).

第 **6** 章 氟树脂的基本特性

　　本书叙述氟树脂的基本特性按非熔融加工氟树脂和可熔融加工氟树脂分别进行，这是因为两者既有很多共同处，但也有很多明显不同的方面。这些不同对加工和应用起到很关键的作用，非熔融加工氟树脂的基本特性主要围绕 PTFE 展开。可熔融加工氟树脂的基本性能按 FEP、PFA、PVDF、ET-FE 等产品分别叙述。

6.1 PTFE 的基本特性

6.1.1 树脂分子量和分子结构对性能的影响

6.1.1.1 PTFE 树脂的分子量

　　标准 PTFE 树脂的分子量很高，范围为 $(1\sim5)\times10^6$，甚至更高，因为不可能直接测定 PTFE 的分子量，通常用下面的经验式将树脂的标准相对密度（SSG）同平均分子量 M_n 关联，通过测定 SSG 值估算 PTFE 树脂的分子量，实际应用中常将 SSG 更直接地作为树脂质量的评价标准之一。必须指出的是 SSG 同 M_n 之间不是完全的线性关系，当 SSG 小于 $2.15\sim2.16$ 时，用 SSG 估算分子量误差很大。

$$SSG = 2.612 - 0.058\ \lg M_n$$

　　另一个来源给出的表达式基本相同，但是截距和斜率略有差别：

$$SSG = 2.6113 - 0.05791\ \lg M_n$$

　　还有一种估算方法是用 DSC 精确测定 PTFE 树脂熔融和结晶时的热效应 ΔH_c，将 ΔH_c 同 M_n 关联，后者的实用性不如 SSG 法。

6.1.1.2 C—F 键替代 C—H 键对性能的影响

　　氟是所有元素中最活泼和电负性最强的元素。氟取代氢以后使聚合物性能发生很大差别，主要就是因为 C—F 和 C—H 键之间的差别。同为线型聚合物，直链（线型）聚乙烯和聚四氟乙烯分子的化学结构是相同的：

$$\text{聚乙烯} \quad -\overset{\displaystyle H\ \ H\ \ H\ \ H}{\underset{\displaystyle H\ \ H\ \ H\ \ H}{C-C-C-C}}- \qquad \text{聚四氟乙烯} \quad -\overset{\displaystyle F\ \ F\ \ F\ \ F}{\underset{\displaystyle F\ \ F\ \ F\ \ F}{C-C-C-C}}-$$

但是两者之间，大部分性质存在明显的差异。如 PTFE 是几乎所有有机聚合物中具有最低表面能的聚合物之一；PTFE 是有机聚合物中化学惰性最好的；PTFE 是有机聚合物中热稳定性最好的聚合物之一；PTFE 的熔点和相对密度比 PE 要高出一倍多。

	聚四氟乙烯	聚乙烯
相对密度	2.2~2.3	0.92~1.0
熔点/℃	342（第一次熔融）	105~140
	327（第二次熔融）	
热稳定性		
热失重 $T_{1/2}$/℃	505	404
k_{350}/(%/min)	0.000002	0.008
降解活化能/(kJ/mol)	339	264
熔融黏度/Pa·s	$10^{10}\sim10^{12}$	—
动力学摩擦系数	0.04	0.33
耐化学品惰性	极好，没有已知溶剂能溶解	对热的碳氢溶剂敏感

比较一下 C—F 键和 C—H 键，由于碳原子的电负性要高于氢原子，而氟原子的电负性又要比碳原子大得多，因此 C—F 键的极性同 C—H 键的极性是反向的。而且，C—F 键的极性大得多。换言之，相对于 C—F 键中心点来说，F 原子吸引更多共价电子对，而 C—H 键上，共价电子对则偏于 C 原子。氟原子的尺寸明显大于氢原子，C—F 键的键长明显大于 C—H 键，表征化学键断裂所需能量的键能，C—F 键也明显高于 C—H 键，加上后面讨论到的空间螺旋构象，所以对 PTFE 而言，C—C—C 主链得到了围绕在其周围紧密排列的氟原子群的充分和极好地保护。PTFE 极好的热稳定性和化学稳定性都是由此而来的。

C、H、F 的电负性和它们同 C 连接的键长、键能如下：

电负性　　　　键长　　　　键能
C　2.5
H　2.1　　C—H　1.09A　99.5kcal/mol
F　4.0　　C—F　1.317A　116kcal/mol　　（1cal=4.2J）

作为完全对称无支链线型高分子，同线型 PVC 的平面排列构象不同，PTFE 的构象呈分子内空间螺旋形排列。在 19℃ 以下时，平均每 13 个 CF$_2$ 链节旋转约 180°，每一个重复单元的距离为 0.169nm。这是由于氟原子的范德华（0.135nm）大于氢原子（0.11~0.12nm），原子间空间排斥力较强，这种作用使得 PTFE 不可能形成 PVC 一样的平面曲折构象，PTFE 分子形成的空间螺旋结构使空间排斥力达到最小化。

6.1.2 结晶态及其对性能的影响

PTFE 是高度结晶聚合物，其生料结晶度最高可达到 92%～98%。但是在加工或经过烧结-冷却后，结晶度降低到不超过生料结晶度的 70%。如前节讨论到，PTFE 在 19℃下时，呈每 13 个链接旋转 180℃的空间螺旋状构象，在 19℃以上，同样旋转 180℃所需要的链节单元增加到 15 个，这是因为每个链节的距离上升为 0.195nm。这一变化意味着 PTFE 粉状颗粒的硬度在 19℃以下和以上有明显的差别。在 19℃以上时，键具有某种程度的角向位移，这种位移会随着温度升高而增加；在 30℃以上时，这种能位移的趋向不断增强，直至 327℃。这意味着，在 19℃以上颗粒较柔软，易变形。这对于 PTFE 树脂的后处理工艺选定、物料在流水线上的移动方式和设备的设计、包装方式和储存温度的确定都有很重要的指导意义，对于用分散 PTFE 树脂经糊状挤出后用拉伸方法制造薄膜选用温度也具有关键作用。

温度在 19℃以下时，PTFE 的晶态是三斜晶系晶格，在 19℃时出现晶型的转变，链段的旋转度变得稍小些，单位晶格转变为六方晶系。30℃时，PTFE 晶体出现结晶松弛，键有序的旋转变为无规缠绕。通常将这两个温度点称为相转变点。

PTFE 树脂的高结晶度和很高的分子量导致 PTFE 具有极高的熔融黏度，在 380℃测定的运动黏度为 $10^{10}\sim10^{11}$ Pa·s，在熔点温度下，也不具有流动性。因此，普通 PTFE 树脂不能用通常适用于可熔融加工塑料的加工方法加工制品，悬浮 PTFE 树脂只能用类似粉末冶金的方法进行加工，即将悬浮 PTFE 树脂粉置于模具经压缩预成型，分散 PTFE 树脂则需加入助推剂（润滑剂）成糊状方能推压预成型，它们都须经过烧结才能成为制品。PTFE 具有极高熔融黏度是它能在很高温度下正常使用的主要原因。

6.1.3 PTFE 的力学和机械特性

PTFE 树脂的机械强度通常也以断裂时的拉伸强度和伸长率来表示。同其他在聚合物中引入部分氢原子替代氟原子的氟树脂如 PVDF、ETFE、ECTFE 等相比，PTFE 的强度不如这些部分含氢的树脂，但是同 FEP、PFA 全氟碳树脂相比，PTFE 又优于这两者。从伸长率数据看，包括 PTFE 在内的全氟碳树脂具有最高的值（见图 6-1 和图 6-2）。

PTFE 树脂的力学和机械特性从以下 3 个方面进行讨论。

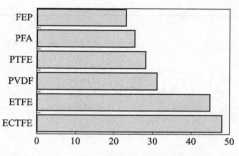

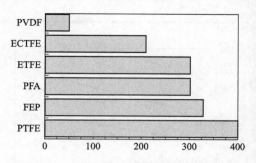

■图 6-1　PTFE 和其他氟树脂拉伸强度对比　　■图 6-2　PTFE 和其他氟树脂伸长率对比

6.1.3.1 应力-应变特性

　　将 PTFE 树脂按材料试验标准制成试样，在拉伸试验机上，进行不同温度下的拉伸试验，按规定速率递增施加的载荷，试样逐渐伸长直至断裂，记载下的应力-应变曲线见图 6-3。从图可见，温度越高，产生同样应变所需应力越小。这说明温度高，树脂强度降低。这同前面所说的键具有一定程度的角向位移是符合的。

6.1.3.2 蠕变和应力松弛特性

　　某些材料在连续承受同一强度应力时，变形会随着时间缓慢增加，这就是蠕变，或称应力松弛，俗称冷流现象。PTFE 具有明显的蠕变性。影响蠕变的主要因素有：载荷、时间和温度，也同材料的结晶度和分子量有关。PTFE 的这一特性对在用 PTFE 制作垫片或垫圈用于承受很重压力载荷或压力设备法兰的场合，是一个必须高度重视的缺点。随着时间推移，最初 PTFE 制作的

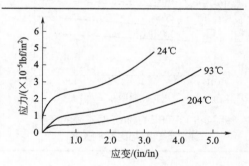

■图 6-3　PTFE 在不同温度下的应力-应变曲线
（1bf/in² = 6894.76Pa）

垫片或垫圈两面都同相接触的物件接触面紧贴，并经密闭检漏试验证明符合工艺要求的情况会随时间推移因发生应力松弛而不再紧贴，出现明显泄漏。PTFE 树脂中加入玻璃纤维、青铜粉或石墨粉等可以弥补。但是这些填充材料的加入会影响其耐化学腐蚀性。必须用 PTFE 而又不能加填充剂的情况下，可以在使用一段时间后，拧紧紧固件，或者使用经过特殊加工方法加工的膨体 PTFE 板制作的垫片或垫圈。

　　温度对 PTFE 的应力松弛有影响，从两个不同温度 PTFE 树脂在不同压力载荷下压缩变形对时间的关系可见，温度高时，产生的应力松弛加剧。

　　图 6-4～图 6-9 在 23℃和 100℃时 PTFE 在拉伸、压缩和扭曲载荷下蠕

变和时间的关系。

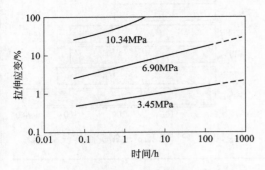

■图 6-4　PTFE 在 23℃时不同的拉伸
载荷下蠕变与时间的关系

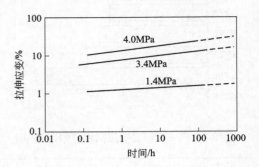

■图 6-5　PTFE 在 100℃时不同的拉伸
载荷下蠕变与时间的关系

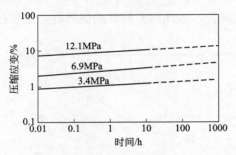

■图 6-6　PTFE 在 23℃时不同的压缩
载荷下蠕变与时间的关系

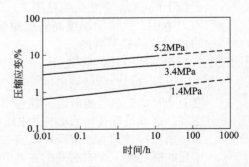

■图 6-7　PTFE 在 100℃时不同的压缩
载荷下蠕变与时间的关系

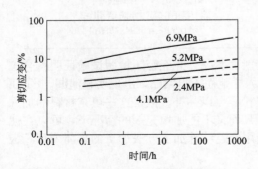

■图 6-8　PTFE 在 23℃时不同的扭曲
载荷下蠕变与时间的关系

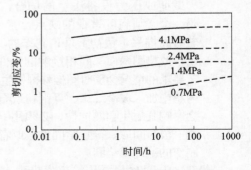

■图 6-9　PTFE 在 100℃时不同的扭曲
载荷下蠕变与时间的关系

6.1.3.3 疲劳特性

材料疲劳是材料在循环载荷的持续作用下发生的损伤和断裂。疲劳过程可
以分为疲劳硬化或软化、裂纹萌生和
裂纹扩张导致失效三个阶段。引起疲
劳失效的循环载荷峰值往往远小于根
据静态断裂分析估算出的"安全"载
荷。明白这一点对于工程师在设计时
确定材料实际允许长期承受的最大载
荷及确定使用寿命具有重要意义。特
别是当氟树脂被用于电线电缆的绝缘
层和加工成薄壁管，例如航空电缆和
服务于需要反复移动部件的液压软
管，它们在空中都要经受无数次的弯
曲、高低温、电压或压力大幅波动的
循环冲击。

PTFE 的弯曲寿命同 PTFE 的
相对分子量、相对密度和结晶度有

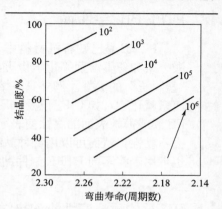

■图 6-10 PTFE 相对分子质量、
标准相对密度和结晶度
与弯曲寿命的关系

关，分子量越高，则弯曲寿命越高，但结晶度越高则弯曲寿命越低（见图
6-10）。在氟树脂中，不同品种的抗疲劳性是明显不同的。ETFE 具有最好
的抗疲劳性能，按照 ASTM D2176 标准试验的结果，ETFE 可以承受 600
万～1200 万次挠曲循环，而 PTFE 可以承受约 100 万次挠曲循环，这与结
晶度的差别有关。

6.1.4 PTFE 的电学性质

氟原子在 PTFE 分子链上均匀分布，完全对称，所以偶极距为零，分
子不带极性。因此，PTFE 具有极佳的介电性能。该性能一方面使 PTFE 可
作为很好的电绝缘材料，用于绝缘等级较高的线缆等。PTFE 的介电常数是
2.1，而且在温度−40～250℃范围内和频率 5Hz～10GHz 范围内保持不变。
但是随着密度或对密度有影响的因素发生变化时略有变化。实验发现，在超
过 2～3 年的周期内测定的介电常数没有变化。

另一方面，由于不导电，在 PTFE 管或衬 PTFE 的管道用于输送油料
或其他易燃易爆化学品时，由于介质在较高流速下流动，同管壁的摩擦会产
生静电，这种静电因不能导出而积累足以产生火花，会产生爆炸的危险。这
种情况，可以在制作管材或衬里用材料时加入石墨或导电炭黑等导电材料，
将静电及时导出，还可在管道多处装上接另位的导线。

PTFE 的介质损耗角受频率、温度、结晶度及加工成的制品的空隙度影
响。因为不吸收水，PTFE 树脂即使长期浸泡在水中后其体积电阻仍保持不
变。PTFE 树脂的表面抗电弧性很好，而且不受热老化影响。空气中经受电

弧冲击时不出现碳化的踪迹。

6.1.5 PTFE 的化学性质

PTFE 是已知有机材料中具有最好化学惰性的聚合物。它能抵御所有酸、碱和各类溶剂等化学物质，即使在高温下也能保持这种性能。这赋予它"塑料王"的美誉。例外只有熔融的碱金属、高温和压力下的元素氟和少数卤素氟化物，如 ClF_3 以及 OF_2 等能侵蚀 PTFE 材料的表面。碱金属对 PT-FE 膜或薄板表面的腐蚀使表面脱氟和氧化，这使得 PTFE 膜或薄板表面失去不黏性，从而可以用特种黏结剂将其同金属或其他非金属材料黏结起来，也可用于将不同 PTFE 制件黏结成一体。

6.1.6 PTFE 的耐温度性能和热学性能

本节主要涉及聚四氟乙烯树脂的热稳定性和热膨胀等相关内容。这些对于从事工程设计的技术人员和应用人员具有重要的参考价值。

(1) 热稳定性 在正常使用温度范围（小于 260℃）内聚四氟乙烯树脂是非常稳定的，在稍高的温度下也只有很少热降解。热分解的速率同特定品级的 PTFE 产品、温度及处于该温度下的时间等有关，某种程度上也同压力和热分解的环境条件有关。实际工作中，树脂热分解情况也间接地用于测定分子量高低。降解通常用热重分析（TGA）测定失重表征，降解产生的产物则可用气相色谱、红外光谱和质谱分析等技术测定。通常，因为在起始阶段，失重量极小，用 TGA 测定降解需要数小时方能测出精确的失重数据。对 PTFE、FEP、PFA、ETFE 等不同品种氟树脂的实验结果表明，PTFE 树脂是所有氟树脂中热稳定性最好的。

在空气中热降解速率与在真空条件下相比要快。PTFE 制品或边角料在真空条件下降解得到的是几乎纯的四氟乙烯单体。而在空气中降解得到的则是氟代光气（COF_2）、四氟乙烯和全氟异丁烯（PFIB）。PFIB 和 COF_2 都是高毒性物质。

(2) 热膨胀 当 PTFE 制品从 23℃冷却到−196℃，会收缩约 2％，而从 23℃加热 249℃则膨胀 4％。对于 PTFE 制品的设计、制造和使用而言，这样的尺寸变化是很大的。PTFE 树脂在不同温度范围的线膨胀系数见表 6-1，图 6-11 展现了 PTFE 树脂线膨胀系数同温度的关系曲线。表 6-2 是 PTFE 树脂在不同温度范围的体积膨胀系数。

一方面，PTFE 树脂的线膨胀系数比其他常见的塑料要高，另一方面由于 PTFE 树脂的线膨胀系数同金属材料有明显差异，这些特点就会在使用时产生问题。如用 PTFE 片或薄板作法兰垫片，会因受热膨胀不同造成泄漏。改进的方法是在 PTFE 粉中加入无机添加剂，如玻璃纤维、石墨、青铜或二硫化钼等，以降低其线膨胀系数。另一种情况即 PTFE 树脂的线膨胀系数同金属材料有明显差异，典型的例子如用 PTFE 薄壁管作金属管的衬里，尤其是用于高温下防腐目的，受长管两端法兰处的 PTFE 翻边的限制，PTFE 内衬管的热膨胀同金属管的热膨胀不匹配往往导致 PTFE 两端翻边处的开裂，或内管本身过度膨胀造成不规则隆起和褶皱导致开裂。这就需要在设计上做一些安排，用以补偿热膨胀的差异。

■表 6-1　PTFE 树脂在不同温度范围的线膨胀系数

温度范围/℃	线膨胀系数/($\times 10^{-5}$/℃)	温度范围/℃	线膨胀系数/($\times 10^{-5}$/℃)
$-190 \sim 25$	8.6	$25 \sim 30$	16
$-150 \sim 25$	9.6	$25 \sim 50$	12.4
$-100 \sim 25$	11.2	$25 \sim 100$	12.4
$-50 \sim 25$	13.5	$25 \sim 150$	13.5
$0 \sim 25$	20	$25 \sim 200$	15.1
$10 \sim 20$	16	$25 \sim 250$	17.5
$20 \sim 25$	79	$25 \sim 300$	22

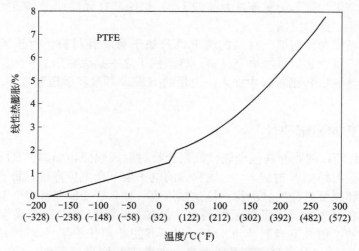

■图 6-11　PTFE 树脂线膨胀系数同温度的关系曲线

■表 6-2　PTFE 树脂在不同温度范围的体积膨胀系数

温度范围/℃	体积膨胀系数/[cm³/(cm³·℃)]	温度范围/℃	体积膨胀系数/[cm³/(cm³·℃)]
$-40 \sim 15$	2.6×10^{-4}	$140 \sim 200$	6.3×10^{-4}
$15 \sim 35$	1.7×10^{-2}	$200 \sim 250$	8.0×10^{-4}
$35 \sim 140$	3.1×10^{-4}	$250 \sim 300$	1.0×10^{-3}

(3) 热导率和比热容　PTFE 的热导率低，是良好的绝热材料。这对于使用 PTFE 作为设备（如反应器）防腐衬里而又要通过夹套进行传热维持

设备内温度的情况是一个很不利的因素。PTFE 中加入适量填充物,如石墨、玻纤或青铜粉后可明显提高热导率。PTFE 和加入填充物后的填充 PT-FE 的热导率、不同温度下 PTFE 的比热容数据。

6.1.7 PTFE 的表面性能

这里所说的 PTFE 树脂的表面性能主要是指它的表面不润湿性和不需润滑的低摩擦性。文献报道 PTFE 树脂具有很低的表面能,其数值为 $\gamma_c = 18.5\text{mN/m}$,通常完全不被水润湿,但是可被表面张力小于 18mN/m 的液体所完全润湿,如全氟碳的酸的水溶液即为一例。已知的其他固体材料都很难黏附在 PTFE 表面上。但是,PTFE 树脂的表面用碱金属处理可以明显改善其可润湿性和粗糙度,从而能同其他材料的基材进行黏结,不过同时会增加其摩擦系数。

PTFE 分子间相互吸引力很小,再加上螺旋状分子链的特点,因而 PT-FE 分子之间很容易滑动。PTFE 的摩擦系数在几乎所有聚合物材料中是最低的,仅为聚乙烯摩擦系数值的 1/5。这使其在无油润滑和需要减摩的情况下得到广泛的应用。

不添加任何填充材料的纯 PTFE 属于易磨耗材料,对于频繁滑动的动摩擦应用,必须添加填充材料。典型例子之一是无油压缩机的活塞环,就是在悬浮 PTFE 细粒料中加入一定量的 E 玻璃纤维经模压制成的。

6.1.8 PTFE 的耐辐照性

PTFE 树脂和其他全氟代氟聚合物对射线辐照很敏感。PTFE 树脂暴露在高能射线如 X 射线、γ 射线和强的电子束下会发生降解,释放 PTFE 单体分子和减低自身的分子量。像受热降解一样,PTFE 在真空下的辐照稳定性要比在空气中同样受辐照好得多。例如,在空气中 PTFE 薄膜暴露在[60]Co 产生的 γ 射线下当剂量为 1MGy 时,其初始伸长率损失 87%,拉伸强度则损失 54%。而当 PTFE 暴露在真空条件下在同样辐照剂量时,其伸长率和拉伸强度的损失明显要小得多,只有 44% 和 17%。原因是在真空或惰性气体保护条件下经受射线辐照,PTFE 不但会降解,同时也发生 PTFE 分子间某种程度的辐照交联。如控制适当的辐照温度和辐照剂量,经辐照处理的 PTFE 材料会呈现半透明状,其耐辐照性能、耐高温性能、耐透气和渗透性能都能显著提高。

6.1.9 吸收和渗透性

由于 PTFE 对绝大多数工业化学品和溶剂具有很高的惰性和很低的润湿性,它在室温和大气压条件下对液体几乎不会吸收。气体或蒸汽在 PTFE

中的扩散比在大多数其他聚合物中要慢得多。结晶度越高，则渗透速率越慢。PTFE 材料中存在的比分子尺寸大很多的空隙增加了可渗透性。这一问题在模压加工时可通过尽量减少空隙率和提高密度得到控制。经验表明，最佳的密度为 $2.16 \sim 2.195g/cm^3$。随着温度的上升，溶剂分子的活性增加，液体的蒸气压也上升，PTFE 的渗透性会上升。PTFE 树脂或薄膜在任何液体中几乎都不存在溶胀。

6.2 可熔融加工氟树脂的基本特性

可熔融加工氟树脂程度或高或低地保持了 PTFE 的大部分特性，同时又可以熔融加工，避免了 PTFE 加工麻烦的缺点。

可熔融加工氟树脂按其分子中元素构成划分，可分为全氟碳和非全氟碳氟树脂两类，前者的典型代表是聚全氟乙丙烯（FEP）和可熔性聚四氟乙烯（PFA、MFA）等，后者的典型代表是聚偏氟乙烯（PVDF）和乙烯四氟乙烯共聚树脂（ETFE）等。它们的共同特点是结晶度明显低于 PTFE，因而可以熔融加工。但是，两者又有着明显的区别，最主要的是非全氟碳氟树脂加工温度明显低于全氟碳共聚氟树脂，长期使用温度稍低，热稳定性和耐化学试剂性能稍差，但机械强度则优于全氟碳共聚氟树脂，而且可以溶于特定溶剂，使加工更方便。

全氟碳共聚氟树脂降低结晶度主要是依赖于引入一定比例带有特定侧链的共聚单体。如 FEP 侧链上的—CF_3 基团代替了 PTFE 分子链上的氟原子，使结晶度明显下降到 70%（生料）或 30%～50%（加工后制品），并使熔点温度从 PTFE 的 327℃降低到约 260℃（随共聚单体含量多少而变化）。非全氟碳氟树脂结晶度下降，主要有赖于分子链上有较多的 C—H 键取代了原来 PTFE 中 C—F 键。部分 C—H 键的存在也使主链受 F 原子的保护有所下降，因而使部分性能如长期使用温度、化学惰性等有所下降，表面能和摩擦系数等也相应变差。

6.2.1 聚全氟乙丙烯

6.2.1.1 力学性能

聚全氟乙丙烯（FEP）的力学性能，同 PTFE 是相似的，只是长期连续使用温度从 PTFE 的 260℃下降为 200℃。同 PTFE 不同，FEP 在 19℃时没有一级相转变点，因此在室温下不会出现明显的体积变化。FEP 树脂在 -267℃下仍可以使用，在 -79℃仍保持很好的柔软性。

静摩擦随载荷加大而增加。静摩擦系数低于动摩擦系数。摩擦系数不受加工条件影响。

FEP 树脂也有蠕变性，因此在设计用于承受连续应力下工作的制品件时必须考虑。向 FEP 树脂适当加入填充料如玻璃纤维或石墨等可以显著降低蠕变性。加入石墨、青铜或玻璃纤维也能改善树脂的耐磨性和坚韧性。但是对为改善 FEP 性质而加入的填充料的种类和加入量的选择余地是很有限的，因为这类混合后的材料会使加工变得困难。

FEP 树脂也具有很低的表面能，因此表面也难以润湿。用金属钠在无水液氨中的溶液（呈蓝色）或萘钠在四氢呋喃中的溶液，在电晕放电下处理表面或者将其表面在高温下置于氧化气氛下的胺类化合物处理，可以改善表面的润湿性并能得到可黏结性。

FEP 树脂在音频或超音频下具有很好的振动阻尼作用。但是，将这一特性用于焊接制件，必须具有足够的厚度以吸收产生的能量。

6.2.1.2 电性能

FEP 树脂具有较好的电性能，实际上它在推荐的使用温度范围内具有同 PTFE 同样的电性能。即使长期浸泡在水中后也保持体积电阻不变。

FEP 的介电常数在较低的频率范围是常数，但是在频率超过 100MHz 或更高时，随频率的上升而急剧下降。其介质损耗因数是温度和频率的函数，且具有几个峰值。FEP 在分子结构上同 PTFE 的完全对称不同，有某种程度的非对称，因而 FEP 的介质损耗因数峰值的量级要高于 PTFE。它的介电强度很高，在 200℃ 下热老化后也不受影响。具体的电性质数据见表 6-3。

■表 6-3　FEP 典型的电性质

性　质	数　值	ASTM 方法
介电强度/（kv/mm） 0.254mm 3.18mm	 79 20 ~ 21	D149
耐电弧性/s	165	D495
体积电阻率/Ω·cm	10^{17}	D257
介电常数（21℃） 1kHz ~ 500MHz 13GHz	 2.01 ~ 2.05 2.02 ~ 2.04	D1531
介质损耗因数（21℃） 1kHz 100kHz 1MHz 1GHz 13GHz	 0.00006 0.0003 0.0006 0.0011 0.0007	D1531
面电阻率/（Ω/sq）	$>10^{18}$	D257

6.2.1.3 化学性质

FEP在高温和高压力下也能抵御绝大多数化学品和溶剂。在酸和碱中即使处于200℃和保持一年时间也不会吸收。有机溶剂有很少一点吸收，即使在高温和长期接触，也仅有不到1%的吸收。这种吸收不影响树脂本身及其性质，而且完全可逆。除了元素氟、熔融的碱金属和熔融的氢氧化钠，FEP同所有化学品都不发生化学反应。

气体和蒸气的渗透只是由于分子扩散造成的。由于兼具这种低渗透性和化学惰性，而且FEP制品不像PTFE制品不可避免存在很多微孔，它们是熔融加工的，很致密，故FEP被广泛地用于化学工业，用作设备、阀门和管道等的衬里材料。

6.2.1.4 光学性质

FEP薄膜同普通的窗玻璃相比，能让更多的紫外线（UV）、可见光和红外线透过。对于红外和紫外光谱而言，可以认为FEP薄膜比玻璃具有更好的透明度。

FEP薄膜的折射率为1.341～1.347。FEP同其他可熔融加工氟树脂的折射率见表6-4。

■表6-4　FEP同其他可熔融加工氟树脂的折射率

聚合物 （厚度 100μm 薄膜）	折射率	聚合物 （厚度 100μm 薄膜）	折射率
PFA	1.340～1.346	HTE 氟塑料	1.372～1.381
FEP	1.342	THV 氟塑料	1.350～1.363
ETFE	1.395	PVDF	1.410～1.420

注：HTE：HFP，TFE和乙烯三元共聚氟树脂。

6.2.2 可熔性聚四氟乙烯

PPVE或PMVE的引入一方面明显降低了PTFE的高结晶度，另一方面侧链上的C—O—C—键键能高于原来的C—C—键，且前者键长大于后者，使侧链具有更多的空间自由度，因而保持了同PTFE一样的长期使用温度。因为它可以用常用的熔融加工方法很容易地制成没有微孔的膜或薄片，这些优点使其在一些特定领域如腐蚀保护和防黏等得到重要的应用。可熔性聚四氟乙烯是半结晶聚合物，结晶度决定于制造条件，特别是冷却速率。PFA和MFA的一般性质同FEP的对比见表6-5。

(1) 物理和机械性能　市售商业级的PFA依所含PPVE的量不同，熔融温度为300～315℃，典型的结晶度为60%。

一级相转变温度只有一个，为-5℃，二级转变温度有两个，分别为85℃和-90℃。

■表 6-5 PFA 和 MFA 的一般性质与 FEP 的对比

性 质	ASTM 方法	PFA	MFA	FEP
密度/（g/cm³）	D792	2.12～2.17	2.12～2.17	2.12～2.17
熔融温度/℃	D2116	300～310	280～290	260～270
线性热膨胀系数/×10⁻⁵K⁻¹	E831	12～20	12～20	12～20
比热容/[kJ/(kg·K)]	—	1.0	1.1	1.2
热传导系数/[W/(K·m)]	D696	0.19	0.19	0.19
可燃性	(UL94)	V-O	V-O	V-O
氧指数/%	D2863	＞95	＞95	＞95
邵氏 D 硬度	D2240	55～60	55～60	55～60
摩擦系数(板片)	—	0.2	0.2	0.2
水吸附/%	D570	＜0.03	＜0.03	＜0.01

总体上看，在温度为－200～250℃，PFA 的力学性能同 PTFE 是一样的，PFA 和 MFA 在室温时的力学性能实际上是完全相同的。随着温度的上升，差别开始明显，这是因为 MFA 的熔点温度较低。

与 PTFE 具有可测定的空隙率不同，从本质上看，熔融加工过的 PFA 没有空隙。因为渗透只是因分子扩散造成，实际上 PFA 的渗透系数是极低的。

PFA 和 PTFE 最显著的差别是，PFA 具有较低的在载荷下变形的"冷流"趋向较低。事实上，只要将少量的 PFA 加入 PTFE 中，就能改善 PT-FE 的抗冷流性能。

(2) 电性能 同大多数常见塑料相比，PFA 和 MFA 的电性能要好得多，同部分氟化的氟树脂相比，它们的电性能随温度上升直到最高使用温度基本上不受影响。

PFA 的介电常数在很宽的温度范围和频率（100Hz～1GHz）的区间都保持在 2.04 不变。介质损耗因素在低频区间（10Hz～10kHz）随频率上升和温度下降而减小。在频率为 10kHz～1MHz 的区间，频率和温度变化对于介质损耗因素几乎没有影响，而当频率超过 1MHz 时，介质损耗因素随频率上升而增大。

(3) 光学性质 通常，氟树脂薄膜对紫外光、可见光和红外线都具有很好的透过性，这一性质同聚合物的结晶度和晶体构象有关。例如，厚度为 0.025mm 的 PFA 薄膜可以透过 90% 以上波长为 400～700nm 范围的可见光。而厚度为 0.2mm 的 MFA 薄膜被发现对波长为 200～400nm 范围的紫外光有很高的透过性。这些薄膜的折射率都接近于 1.3。

(4) 化学性质 PFA 和 MFA 即使在高温下也具有极佳的化学惰性。它们能够抵御强的矿物酸、无机碱、无机氧化剂和大多数有机化合物。但是，它们会同氟气或熔融态的强碱发生反应。

同 PTFE 和 FEP 一样，PFA 和 MFA 能用金属钠以及其他碱金属处理从表面除去一部分氟原子，其实际应用就是改善氟树脂表面的润滑性和同其他基材黏结的性能。

全氟碳聚合物通常对水和溶剂的吸收都是很低的。这种吸收同渗透密切相关，也同温度、压力和结晶度有关。因为 PFA 和 MFA 都是熔融加工的，同 FEP 一样与 PTFE 不同，制品没有空隙，具有比 PTFE 更低的渗透率，透过 PFA 的渗透仅由于分子扩散造成。

6.2.3 乙烯四氟乙烯共聚物

乙烯四氟乙烯共聚物（ETFE）基本上是由乙烯和 TFE 单元交替排列构成。ETFE 树脂兼具良好的物理、化学、力学和电性能，很容易由熔融加工技术进行加工，但是由于在高温下呈现很差的耐开裂性，因而应用受到很多局限。如共聚时加入某个第三单体，俗称改性剂，含量（摩尔分数）为 1%～10%，则耐开裂性可以得到明显改善，同时又能保持原来所想要的共聚物性质。

（1）结构和相关性质　乙烯四氟乙烯共聚物分子的碳链在平面上呈"之"字形曲折取向，并形成正交晶格，相邻的碳链互有渗透。由于碳链结构上的这个原因，ETFE 具有比其他热塑性氟聚合物不同的优点：低蠕变性、高拉伸强度和高的模量。直到在 110℃ 出现 α 转变，聚合物分子碳链间的吸引力都使这种晶格得以保持，从此一转变点起，ETFE 的物理性质开始下降，并更接近于同样温度下相似的全氟聚合物的性质。其他转变点出现在 -120℃（γ 转变）和约 -25℃（β 转变）。

（2）力学、化学和其他性质　ETFE 树脂在很宽的温度范围呈现超常的刚性和耐磨性。在高拉伸强度、高冲击强度、耐曲挠性和蠕变性等方面具有很好的结合，较好地把碳氢聚合物工程塑料优良的力学性能同全氟聚合物的杰出耐热性和化学惰性统一在一起。ETFE 的耐摩擦性和磨耗性能较好，如加入玻璃纤维或青铜粉还可得到提高。填充剂的加入也进一步改善了抗蠕变性，提高了软化温度。

ETFE 长期使用温度的上限是 150℃。如用过氧化物或离子化射线对其进行交联，则树脂的物理强度还能在更高温度得到保持。高度交联的树脂在较短时间内还可以经受最高到 240℃ 的高温。

ETFE 也具有优良的介电性质，其介电常数较低，且基本上不受频率影响。介质损耗因数也是低的，但是随频率上升而增大，受交联影响下也会增加。介电强度和电阻率都很高且不受水的影响。辐照和交联会增加介电损耗。

改性后的 ETFE 具有很好的抵御大多数常见溶剂和化学品的性能。在沸腾的水中不会发生水解，在室温下的水中浸泡后质量增加不到 0.03%。在高浓度的强氧化性酸如硝酸、某些有机碱在高浓度和高温条件下会发生解聚。ETFE 对于碳氢烃类和汽车燃料中用氧处理过的成分具有较好的抵御作用。

ETFE 树脂具有很好的热稳定性。但在高温下使用时常需要加入热稳定剂，一大批化合物，主要是金属盐类（例如铜的氧化物和卤化物，氧化铝，钙盐等），它们的加入可以有利于氧化反应。某些盐的加入能以生成低聚物和脱氟化氢改变分解过程。铁和其他一些过渡金属的盐能促进脱氟化氢。氟化氢本身则具有在高温下降低 ETFE 稳定性的作用，从而使降解成为自动加速的过程。因此，挤出温度应当避免超过 380℃。

低强度离子化辐照对于 ETFE 聚合物影响很小，常被用于线缆的包覆，也用于制作原子能工业用的模压零配件。

ETFE 在空气中不燃烧，极限氧指数（LOI）为 30～31。LOI 值的大小同聚合物中单体比例有关，随交替型结构中氟碳单体含量上升逐渐增大，然后增大到像 PTFE 的 LOI 值一样。

为了得到某种力学性能，常将其他一些成分如玻璃纤维和青铜粉混入聚合物中。例如，玻璃纤维加入量达到质量含量的 25%～35% 时，就能提高模量，改善摩擦性能，降低磨耗。加入玻璃纤维 25%，就可使动摩擦系数从 0.5 下降为 0.3%。

6.2.4 聚偏氟乙烯

聚偏氟乙烯（PVDF）均聚物是半结晶的聚合物，其结晶度依生产方法和加工过程中的热力学历史而异，从 50%～70%。结晶度在很大程度上影响 PVDF 聚合物的刚性、机械强度和抗冲击性。其他影响 PVDF 性质的因素还有分子量及其分布、聚合物碳碳链的不规则性和结晶形态等。同其他线型聚烯烃相似，PVDF 聚合物的结晶形态包含层状网格和球状形态。不同规格 PVDF 产品的这两者的尺寸大小和分布的区别决定于聚合的方法。

PVDF 的结晶呈现其他已知聚合物没有见过的复杂的同质多晶现象。共有 4 种不同的结晶形态：α、β、γ 和 δ。也有文献报道有 5 种结晶形态，即 α、β、γ、δ 和 ε。这几种晶态都以不同比例同时存在，影响这种结晶结构比例的因素有：压力、电场强度、受控的熔体结晶、从溶剂中析出和结晶时有无加入晶种等程序。α 和 β 两种是实际情况下最常见的结晶形态。通常，α 晶态是在正常的熔融加工中形成的。β 晶态是熔融加工过的样品受到机械变形下成长起来的。γ 晶态则是在特殊条件下生成的。δ 晶态是在高的电场下有一相发生扭曲变形造成的。全部是 α 晶态情况下，PVDF 的密度为 1.98g/cm³，无定形的 PVDF 的密度为 1.68g/cm³。因此，当典型的市售 PVDF 产品的密度为 1.75～1.78g/cm³，这表明其结晶度约为 40%。

PVDF 的主链拥有交替的 CH_2— 和 CF_2— 基团结构，受其影响，PVDF

兼有聚乙烯 $\leftarrow CH_2{-}CH_2 \rightarrow_n$ 和聚四氟乙烯 $\leftarrow CF_2{-}CF_2 \rightarrow_n$ 的某些优良性质。有些市售品级的 PVDF 是 VDF 和少量其他含氟单体（一般小于 6%）的共聚物，使用的含氟单体有 HFP、CTFE 和 TFE 等，加入共聚单体后使聚合物具有某些同均聚物不同的性质，如改善 PVDF 的柔软性，使得更适合用于电线电缆加工。

(1) **力学性能** PVDF 具有极好的力学性能。同全氟碳聚合物比较，抵御载荷下的弹性变形（即抗蠕变性）要好得多，反复挠曲的寿命更长，耐老化性能也有改善。经定向处理机械强度明显提高。填充小玻璃珠或碳纤维可提高基础聚合物的强度。PVDF 力学性能如下。

性质	数值或描述
外观透明度	透明或半透明
熔点温度或结晶温度/℃	155～192
相对密度	1.75～1.80
折射率(n_D^{25})	1.42
熔体平均收缩率/%	2～3
色泽，可能性	没有限制
力学性能	优
可燃性	具有自熄性，无滴流
拉伸强度/MPa	
25℃	42～58.5
100℃	34.5
伸长率/%	
25℃	50～300
100℃	200～500
屈服点/MPa	
25℃	38～52
100℃	17
蠕变(13.79MPa，25℃，10000h)/%	2～4
压缩强度(25℃)/MPa	55～90
弹性模量(25℃)/GPa	
拉紧时	1.0～2.3
弯曲时	1.1～2.5
压缩时	1.0～2.3
悬臂梁式冲击(25℃)/(J/m)	
开凹口	75～235
未开凹口	700～2300
硬度计试验(邵氏 D)	77～80
热变形温度/℃	
压力 0.455MPa	140～168
压力 1.82MPa	80～128

耐磨性(砂轮耐磨试验机 CS-17, 　载荷 0.5kg)/(mg/1000 转)	17.6
同钢材的滑动摩擦系数	0.14~0.17
线性热膨胀系数/℃$^{-1}$	(0.7~1.5)×10^{-4}
热传导系数(25~160℃)/[W/(m·K)]	0.17~0.19
比热容/[J/(kg·K)]	1255~1425
热降解温度/℃	390
低温脆点/℃	—60
吸水率/%	0.04
水蒸气渗透率(厚度 1mm) 　/[g/(24h·m^2)]	2.5×10^{-2}
抗辐照性(^{60}Co)/MGy	10^{-12}

(2) 电性能　未加任何填充剂和未作处理的 PVDF 均聚物的电性质数值列于表 6-6，随着冷却和后处理的不同，这里的数值会有很大差异，因为冷却和后处理会决定聚合物具有不同的晶态。对于为得到定向极化结晶形态在各种不同条件下在很高的电场强度（极化）定向处理过的试样，测得介电常数高达 17。

■表 6-6　PVDF 均聚物的标准电性能

性　质	60Hz	10^3 Hz	10^6 Hz	10^9 Hz
介电常数（25℃）	9~10	8~9	8~9	3~4
介质损耗因子	0.03~0.05	0.005~0.02	0.03~0.05	0.09~0.11
体积电阻/Ω·m				2×10^{12}
介电强度 　厚度/0.003175m 　厚度/0.000203m				260 1300

　　PVDF 独一无二的介电性质和同质多晶现象赋予了这种聚合物很高的压电和热电活性。参考文献中曾专门讨论了 PVDF 包括压电、热电在内的铁电现象和其他电性质之间的关系。得到高介电常数的结构和复杂的同质多晶现象同时也出现了高的介电损耗因子，这使得 PVDF 不能被用于在高频电流的导体作绝缘材料，因为这种情况下绝缘材料会发热，甚至可能被熔化。另一方面，PVDF 可以借助射频或电解质加热很容易实现熔化，这一特点被用于某些加工过程或连接。高能辐照能使 PVDF 交联，从而提高了机械强度。这一特性也是聚烯烃类聚合物中独一无二的，因为其他聚合物受高能辐照都产生了降解。

　　(3) 化学性质　PVDF 也具有优良的化学性质，甚至能够在较高温度下抵御大多数无机酸、弱碱、卤素和氧化剂，也可以抵御有机脂肪族、芳香族化合物和氯代溶剂。但是强的碱、胺类、酯类和酮类化合物会依条件不同使PVDF 溶胀、软化甚至溶解。某些酯类和酮类化合物可用作溶解 PVDF 时的助溶剂。这样的系统可以使正处于熔化的涂料随着温度升高而溶解，结果得到很好的贴膜。

PVDF 是少数几种具有能同其他聚合物相容的半结晶聚合物，特别是同丙烯酸树脂和甲基丙烯酸树脂具有相容性。这些共混聚合物的结晶形态、性质和性能依赖于添加的聚合物的结构和组成，也依赖于 PVDF 的组成。例如，聚丙烯酸乙酯同 PVDF 完全互溶，而聚丙烯酸异丙酯及其同系物就不能互溶。选择匹配对象时，具有强的偶极作用对于得到能同 PVDF 具有相容性是很重要的，聚氟乙烯同聚偏氟乙烯是不相容的。

6.2.5 三氟氯乙烯均聚物和共聚物

聚合物 C—C 主链上引入尺寸相对较大的氯原子的结果使聚合物的结晶趋势有所下降。市售的聚三氟氯乙烯品级包括均聚物（PCTFE）和加入少量（小于 5%）乙烯的共聚物（ECTFE）两类，前者主要用于特殊用途。这些产品常以粉料、粒料、含 15% 玻璃纤维的粒料和分散液的形态销售。另外，还有低分子量的聚合物专门用于润滑油或润滑脂。这里所说的油可用作 PCTFE 的增塑。

市售的 ECTFE 通常是 CTFE 和乙烯之比 1∶1 的嵌段共聚物，由 CTFE 段和乙烯段组成，两者均含不低于 10%（摩尔比）的另一单体。加入另一种改性单体的共聚物呈现良好的抗高温应力开裂性能。这种改性后的共聚物具有更低的结晶度，更低的熔点。改性单体可以是六氟异丁烯（HFIB）、全氟己基乙烯（$C_6F_{13}CH{=\!=}CH_2$）或全氟正丙基乙烯基醚（PPVE）。

(1) 热性能 PCTFE 非常适合在低温下使用，但是在较高温度下，它就大大不如除外。PVDF 外的其他氟聚合物，熔点较低，仅为 211℃。在温度低于熔点时就出现因受热引起的结晶，使聚合物变脆。

ECTFE 的熔点温度随着聚合物中单体组成比例不同而异，范围在 235～245℃。适合的工作温度范围为 -100～150℃。

(2) 力学、化学和其他性能 只要在熔点温度前由受热引起的结晶现象能够避免，PCTFE 树脂还是具有极好力学性能的。它也具有很好的抗蠕变性，填充 15% 玻璃纤维可以改善高温性质，增加硬度，但是同时也增加了脆性。

PCTFE 具有优良的化学惰性，特别是能抵御大多数苛刻的工况环境，尤其是抵御强氧化剂（发烟的含氧酸类、液态氧、臭氧等）和日光照射。均聚的 PCTFE 单独就具有很好的耐离子化辐照性能，如同少量 VDF 共聚则可以进一步改善这一性能。PCTFE 和它同 VDF 的共聚物都具有很好的辐照屏蔽性能。PCTFE 不吸收可见光，用熔体淬冷的方法制成的薄片或零件即使厚度达到 3.2mm 也能够保持透明。

PCTFE 性能上的缺点是易受有机物浸蚀和在熔融状态热稳定性很差。后一个问题在加工制品过程中应特别引起注意，以保持足够高的分子量，方能保证所得制品的力学性能良好。

ECTFE 是在使用温度范围内坚韧、具有中等刚性和能抵御蠕变的聚合物。其化学惰性也很好，与 PCTFE 相似。同大多数氟聚合物一样，ECTFE 也具有优异的耐候性，它能抵御剂量高达 1000kGy 的高能 γ 射线和 β 射线的辐照。

6.2.6 THV 三元共聚物

开发和生产 THV（TFE/HFP/VDF）三元共聚物的初衷是需要有一种氟聚合物，它能够用于聚酯纤维的涂层（不言而喻，加工温度必需足够低），又能提供像 PTFE 或 ETFE 一样适于室外保护（好的耐候性）。另一个要求是用 THV 涂覆后，能像 PVC 涂覆的聚酯纤维一样柔软。

THV 具有独特的性质：比较低的加工温度、良好的可黏结性（不但可在同质间黏结，还可同其他材质的基材黏结）、高的柔软性、极好的透明度、低的折射率和可有效地进行电子束交联。它也具有其他同氟塑料有关的同样性质，包括很好的化学惰性、耐候性、低的摩擦系数和不易燃烧性等。

不同品级的 THV 因组成不同，熔点有很大差异，从最低 120℃（THV200）到最高达 225℃（THV815）。熔点最低的品级化学惰性也最差，但能够容易地溶于丙酮和乙酸乙酯，且最柔软，是所有品级中最容易用电子束交联的。熔点最高的品级是化学惰性最好和抵御渗透最好。

THV 可以容易地同质相互黏结，也可同很多其他塑料、橡胶黏结，同其他氟塑料不同，不需要进行如化学刻蚀或电晕处理这样的表面处理。但在某些情况下，需要有粘接层以得到同其他材料更好的粘接效果。

THV 在很宽的光谱带区域（从紫外到红外）完全透明，浑浊度极低。折射率很低，依不同品级而异。

6.2.7 PVF

PVF 具有优异的耐候性，优异的力学性能，对很宽范围的化学品、溶剂具有好的惰性，良好的防锈性能，优异的水解稳定性，很高的介电强度和介电常数。

即使在强酸和碱中处于沸腾状态，PVF 薄膜仍能保持其形状和强度。在常温下，这种薄膜不受各类常见的烃类溶剂或氯代溶剂的影响。在 149℃以上时，它们会部分溶于几种高极性溶剂中，对油类和酯类物质无渗透性。

外观清澈的 PVF 膜对于光谱区域内包括近紫外、可见光和近红外段基本上是透明的。

PVF 薄膜具有很好的抵御太阳光引起降解的性能，很多常见塑料在太阳光持续照射下往往很快就因降解而发脆碎裂了。在美国南部佛罗利达进行的试验表明，无支撑的透明 PVF 薄膜在以 45°角朝南面向阳光照射 10 年后，还保留不低于 50% 的拉伸强度。用添加颜料的 PVF 薄膜同各种不同基材复合后可以提供较长的使用寿命。用能吸收紫外光的 PVF 膜复合于各种能抵御 UV 侵害的底板增加了保护效能。

PVF 通常在温度接近或略超过 204℃条件下加工成膜，如在常见的工业通风条件下，可以短时间在高达 232~249℃下加工。在超过 204℃或长时间处于加热状态，就会发生膜色泽变深并释放出少量 HF 气体。如果存在 Lewis 酸（如 BF_3 络合物）同 PVF 接触，就会催化促使聚合物在低于常温的条件下发生分解。

参 考 文 献

[1] Sheratt. S, in *Kirk-Othmer Encyclopedia of Chemical Technology*, Vol. 9. New York: John Wiley & Sons, New York, 1966, 817.

[2] Gangal, S. V. in *Encyclopedia of polymer Science and Technology*, Vol 16, (Mark, H F., and Kroschwitz, J. I. Eds.). New York: John Wiley & Sons, 1989, 589. (1989)

[3] Kaplan, H. L., Grand, A. F., Switzer, W. C., and Gad, S. C., "Acute Inhalation Toxicity of the Smoke Produced by five Halogenated Polymers," *Journal of Fire Science*, 1984, 2: 153-172.

[4] Williamd, S. J., Baker, m B. B., and Lee, K. P., "Formation of Acute Pulmonary Toxicants Following Thermal Degradation of Perfluorinated Polymers: Evidence for a Critical Atmospheric Reaction," *Food Chem. Toxicology*, 1987, 177-185.

[5] Pittman, A.. in *Fluoropolymers* (Wall. L. A. Ed.). New York: Wiley-interscience, 1972, 426.

[6] Hintzer, K., and Lohr, G.. *Modern Fluoropolymers* (Scheirs, J., Ed.) Chichester: John Wiley & Sons, Ltd., 1997, 230.

[7] Carlson, D. P., U. S. Patent 3, 624, 250 (November 30, 1971) to DuPont.

[8] Gotcher, A. J., and Gameraad, P. B., U. S. Patent 4, 155, 823.

[9] Kerbow, D. L., *Modern Fluoropolymers* (Scheirs, J., Ed.) Chichester: John Wiley & Sons, Ltd, 1997, 306.

[10] Dohany, J. E. and Humphrey, J. S. in *Encyclopedia of polymer Science and Technology*, Vol 17, (Mark, H F., and Kroschwitz, J. I. Eds.), New York: John Wiley & Sons, 1989, 536.

[11] Paul, D. R., and Barlow, J. W.. *J Macromol. Sci. Rev. Macromol Chem.* 1980, C18, 109.

[12] Mijovic, L., Luo, H. L., and Han, C. D.. *Polym. Eng. Sci.* 1982, 22 (4): 234.

[13] Guerra, G., Karasz, F. E., and Mac Knight, W. J. *Macromolecules*, 1986, 19: 1935.

[14] Reimschuessel, H. K, Marti, J., and Murthy, N. S., *J. Polym. Sci.*, *Part A*, *Polym. Chem.* 26, p. 43, (1988).

[15] Stanitis, G. in *Modern Fluoropolymers* (Scheirs, J., Ed.) John Wiley & Sons, Ltd. Chich-

ester, UK. P 529 (1997).

[16] Sperati, C. A. in *Handbook of plastic Materials and Technology* (Rnbin, I. I. Ed.), John Wiley & Sons, p. 102 (1990).

[17] Sperati, C. A. in *Handbook of plastic Materials and Technology* (Rnbin, I. I. Ed.), John Wiley & Sons, p. 103 (1990).

[18] Sperati, C. A. in *Handbook of plastic Materials and Technology* (Rnbin, I. I. Ed.), John Wiley & Sons, p. 106 (1990).

[19] Hull, D. E, Jhonson, B. V., Rodricks, I. P., and Staley, J. B. in *Modern Fluoro-polymers* (Scheirs, J., Ed..) Chichest: John Wiley & Sons, Ltd, 1997, 257. (1997).

第7章　非熔融性氟树脂的加工及应用

　　本书涉及的非熔融性氟树脂主要就是 PTFE。氟树脂中，PTFE 开发最早、产量最多，应用最广，本章实际就是 PTFE 树脂的加工和应用。PTFE 因产品生产方法不同和产品形态不同，分为悬浮法 PTFE 树脂、分散法 PTFE 树脂和 PTFE 分散浓缩液 3 大类，它们的加工方法和应用领域各不相同。由于 PTFE 熔融温度高和熔体黏度很高，不能用普通热塑性塑料加工的方法加工，于是发展了类似粉末冶金的冷压/烧结、添加助推剂的糊状挤出等一系列特殊的加工技术，加工得到块状、棒状、片状、管状、膜状等不同形态的制品，不少再经过二次加工，使 PTFE 制品满足各行各业的需要。在糊状挤出制品基础上进一步发展的膨体化加工以及在分散浓缩液基础上发展的浸渍 PTFE 制品和配制的 PTFE 涂料，更进一步拓宽和丰富了 PTFE 制品的形式和应用领域。PTFE 产业的快速发展除了突破生产技术外，同加工技术的不断创新、完善是分不开的。

　　PTFE 按主要制品加工工艺分类，可归结如表 7-1 所示。同这些 PTFE 制品相对应的加工技术有模压、自动模压、液压（等压）模压、柱塞挤出、糊状挤出、PTFE 生料带制造、膨体 PTFE 的制造、PTFE 浓缩乳液涂覆技术、浸渍、PTFE 丝的制造、PTFE 薄膜浇铸、填充 PTFE 的加工技术等。有很多制品还需要经过通用方法或专用和特殊方法的二次加工，才能成为可以直接使用的产品。从 20 世纪 60 年代起，国内从 PTFE 模压加工开始，先后开发了糊状挤出、柱塞挤出、喷涂和浸渍等一次加工技术及表面处理、焊接、衬里等二次加工技术，生料带的制造和产量在世界市场的占有率居前位。90 年代后一些高端的加工技术和产品如膨体 PTFE 的制造技术和应用得到了很快的发展，双向拉伸 PTFE 微孔薄膜可以应用于电子、制药等行业用于净化室空气过滤和超纯试剂过滤，与织物复合后可制成防水透湿、甚至防风的服装面料、帐篷材料和超纯过滤材料。二次成型制品如波纹管、热收缩管等国内也已实现商品化生产。PTFE 加工成为制品使产值翻番，有相当数量制品的生产需要的投资不大，具有很大的市场适应能力，因而一大批加工企业应运而生，尤其集中在沿海地区，它们消耗了很大比例的国产 PTFE 树脂，对以 PTFE 为主的氟聚合物生产因近十多来年的快速发展对地区经济的发展起了很重要的推动作用。

■表 7-1　PTFE 按主要制品加工工艺分类

制品类型	分　　类
模压制品	管、板、棒、垫片、垫圈、密封件
柱塞挤出制品	棒、管、异型材
糊状挤出制品	棒、管、电线、生料带、膨体制品（医用材料、密封材料）、过滤产品（微孔过滤材料与织物复合制品等）
车削制品	薄板、薄膜、零件
填充制品	密封件、活塞环、机床导轨
浸渍制品	盘根、浸渍布、网格布
自动模压制品	各种机械衬套、垫圈、垫片、环、球阀座等工业零件无需后加工的制品
衬里制品	反应釜、泵、阀、管道、膨胀节

本章按悬浮法 PTFE 树脂、分散法 PTFE 树脂、PTFE 分散浓缩液和填充 PTFE 的不同加工方法分别阐述，并对 PTFE 树脂的典型应用作简要介绍。

7.1 悬浮法 PTFE 树脂的加工和应用

7.1.1 概述

悬浮法 PTFE 树脂，又称 PTFE 粒状树脂（granular powder），因其极高的熔体黏度（$10^7 \sim 10^8 \, \text{kPa·s}$）即使达到熔融温度也不流动，仅发生 25％左右的体积膨胀而相互熔结成一体，在剪切力作用下熔体容易破碎，所以悬浮法 PTFE 树脂的成型过程是仿照粉末冶金的成型方法，将 PTFE 树脂粉装进适当的模具中先在室温下经受一定压力压制成预成型件，然后将其移往烧结炉，在高温下经受一定时间，达到充分烧结后按设定的速率慢慢冷却到室温，成为制品，需要时再经二次加工就成为具有特定形状和尺寸的最终产品。这是最传统的悬浮法 PTFE 树脂的加工方法，通常称为模压成型。在原始模压法加工的基础上，又发展出自动模（压）塑、等压模（压）塑和柱塞挤出等先进的加工技术，从而减少材料损耗、提高制品质量、提高生产效率和解决制造复杂形状制品的难题。

7.1.2 不同成型方法对树脂规格的选择

为适应不同制品对 PTFE 树脂性能的要求，PTFE 生产商开发和生产了不同的规格品级，如按 PTFE 粉的平均粒径大小分，可分为中粒度、细粒度等。用模压法加工不同类型制品时，针对制品应用对性能的特定要求，需在很多不同品级中选择最适合加工技术和最终制品应用要求的品级，方能得到最好的效果。如用于电气绝缘的制品、化学反应器衬里和大多数气密性垫片，希望制品材料内部的空隙越小越好，都需要用细粒度的悬浮 PTFE 树脂。很多机械零件如桥梁和重型设备的支承件，它们不依赖同前述这些制品同样的性能要求，可以用粉末流动性好的品级（即俗称造粒料）制造。

树脂颗粒的流动性是其表观密度的函数，如果要求树脂表观密度大于500g/L，通常是用细粒料在专门设计的搅拌式容器内悬浮于相对密度高的非极性有机溶剂中进行造粒，称为粉末流动性好的 PTFE 树脂（造粒料）。造粒料制造的制品其拉伸强度、伸长率、密度和介电（击穿）强度都比用细粒度 PTFE 树脂制造的同样制品的性能低。优点是树脂充满模具的效率高，这一特点是自动模压、等压模压和柱塞挤出加工所需要的。

表 7-2 为用于模压法加工的 PTFE 典型品级（以日本大金公司产品为例）选用实例。

■表 7-2　用于模压法加工的 PTFE 典型品级　（以日本大金公司产品为例）

树脂牌号	表观密度/(g/cm^3)	平均粒径/μm	性　质	加工方法	特　点
M12	约 0.35	约 55	细软粉末	模压	制品致密,成型车削薄膜的型坯
M15	约 0.43	约 40	细粉末	模压	大制件及填充制品
M391S	约 0.80	约 350	自由流动粉末	模压,自动模压	宜板材成型
M-392	约 0.88	约 400	自由流动粉末	模压,液压,自动模压,柱塞挤出	宜成型薄壁套筒,有优异的狭缝填充性能
M-393	约 0.93	约 500	自由流动粉末	模压,自动模压,柱塞挤出	宜成型较高制品
M-111	约 0.35	约 35	细粉末	模压	制品表面光滑,耐蠕变性优,宜成型垫片
M-112	约 0.38	约 40	细粉末	模压	宜成型隔膜等软胶制品

7.1.3 模压

模压制预成型件是悬浮 PTFE 树脂模压成型加工的第一步，其任务是将树脂粉均匀地加入压模模腔，在不低于 19℃的室温下通过压机的液压设备施加压力将树脂压制成预成型件。此法可用于制造重量大的制品（如700kg 及更大），大型圆柱体型坯，方形、片形制品等。最大的圆柱体型坯高度可超过 1.5m，主要用来车削成宽的薄膜（厚度＜0.5mm）或薄片（厚度达到 7mm)。各种规格的片材、块材和圆柱体都可通过机械加工制成更复杂形状成品，但是对圆柱形的型坯必须给予特别的关注。

PTFE 的密度要比其他塑料高得多，一件厚度为 130mm、高度约 300mm 的典型型坯质量约 50kg。型坯尺寸的确定主要取决于最终制品应用对材料所需要的性质。例如，PTFE 具有很低的热传导性，故在烧结时也会沿厚度方向出现因热传导形成的温度梯度，这一温度梯度对介电强度的影响比其对拉伸强度的影响更甚。因此，很薄（厚度为 0.05～0.125mm）的电气（绝缘）薄膜必需从厚度不超过 75～100mm 和长为 300mm 的型坯上车削。机械用片材则可从厚度为 125～175mm 的型材上车削得到，应用于机械或化工设备衬里的车削板有时可从高 1.5m 的型材上制造。

要生产某一种类型的制品需要多少量的树脂原料和需要多少时间应予以充分关注，这些会影响处理和储存树脂的时间及生产效率。高温下储存悬浮 PTFE 树脂会使其在处理时被"压实"。为了减轻被压紧，使处理变得容易，在入模之前树脂堆放环境应有空调，保持在 21～25℃。避免树脂保存在露点温度下，以防止在树脂粉中间因结露而出现水分，这种水分在烧结时会膨胀，使模压件开裂。PTFE 树脂在相转变点 19℃会产生 1% 的体积变化，因此模压不能在 20℃下进行，在低于 20℃下模压得到的预成型件在烧结时会开裂。

模压操作的工作区必须保持正压（送风），避免灰尘和空气中散布的污染物。用于半导体工业的零件的模压应在专门的清洁室进行，必须防止灰尘、油污和有机颗粒沾污树脂，因为在烧结过程中它们会炭化成为黑色斑点。

7.1.3.1 设备

用模压方法制造型坯的设备比较简单，包括用于制作预成型件的模具和液压压机及用于烧结的电热加热炉（业内常称为烧结炉）。对于制作车削薄膜和薄板（片），还需要车床和专门的车削刀具，这些都属常规通用设备。

(1) 液压机 通常用 20～500t 液压机，对细长类产品需用高行程压机压制。压机压力大小视产品的投影面积而定。压机应能调节压缩速率。柱塞的移动速率应控制在 5～10mm/min，对压机的其他要求是压板平整、能平稳均匀地施压。

(2) 模具 模具基本上由一个模套及上下压模组成，冷压模分单向加压和双向加压两种结构。当制品厚度大于 30mm 或高度大于 100mm 时，应采用双向加压结构的模具。热压模则通常采用单向加压结构的模具。设计的型腔和型芯需有脱模斜度。模套壁厚以满足压制时的强度和刚度，并在机械加工时不变形为原则。如 φ100mm，高 100～300mm 的棒材成型压力取 30MPa 时，冷却模的模套厚度取 12～14mm 即可，而对热压模的模套厚度应增至 20～30mm。

(3) **烧结炉** 理想的 PTFE 烧结炉采用电加热式，能加热至 425℃，具有自动控温功能。大容积的炉内空气需能循环流动，以确保各处温度均匀，不存在"过热点"，炉内不同位置装有多个热电偶式测温装置。需经常开关的炉门有厚实的门封条和其他绝热材料防止散热。炉门上方装有抽风罩，以便将烧结过程中产生的有毒废气和烟雾排出。炉门上还设有可观察炉内情况的小尺寸视窗。在加热阶段只允许极少量空气进入，以置换产生的废气并直接排出炉外。必要时在升温过程中反复以氮气置换废气。

置于炉内烧结的制品如有多件，将它们安置在转动圆盘上时应使它们彼此间保持一定间距，以免在熔融时制品因有 25% 的体积膨胀而发生相互粘接。

7.1.3.2 烧结机理

悬浮 PTFE 树脂粉在预成型和烧结过程先后经历了多个阶段。

预成型件经过第一阶段压缩，需要静置一段时间，使应力松弛，脱除粉末颗粒之间的空气。由于应力松弛，预成型件略有膨胀和回复。这段时间内，树脂颗粒经受了 3 种变化：塑性变形；颗粒间的相互啮合导致黏性伸展；压力下颗粒也发生弹性变形和经受冷流。存在于颗粒之间空隙中的空气受挤压被挤出。压力撤除后，颗粒的弹性变形有所恢复从而使预成型件产生快速回复。过了一段时间，应力松弛部分地使冷流回复，造成预成型件膨胀。

理论上，存在于预成型件内部的空气在高压下其压力等同于预成型压力，这些空气离开预成型件需要一定的时间，因为它们绝大部分是处于成网络态颗粒群包围的空隙区域中。如果预成型件从模具取出很快就烧结，则本已处于很高压力的空气压力会因受热而继续上升，引起制品在 PTFE 处于熔融态时发生极严重的开裂，并且其机械强度下降。所以，预成型件一定要静置一段时间充分脱气使其内部压力同大气压平衡。表 7-3 为预成型件需要的脱气时间同制品尺寸的关系。

■表 7-3　PTFE 压制预成型件后需要的脱气时间

制品壁厚/mm	20	30	40	50	60	70	100	120
脱气时间/h	2	3	5	6	8	12	18	24

预成型件的烧结在烧结炉中进行，通过炉内大量热空气循环流动把热量传到 PTFE 预成型件，初始的加热会使之进一步热膨胀。随着 PTFE 制品达到熔融温度，残余的应力发生松弛，从而使制件发生附加回复并有所扩张。残余的空气在加热开始后向外扩散出预成型件。相邻的熔融颗粒就慢慢凝聚。因为 PTFE 分子尺寸大，通常这个过程需要数小时。很多颗粒的熔合就意味着颗粒间的空隙消失，不再有空气留下。但是，实际情况还并非完全如此。由于大的聚合物分子的可移动性有限，要使 PTFE 中所有的空隙

完全消失很难做到。

7.1.3.3 坯料的模压

(1) 加料 加料是模压加工的第一环节，是压制预成型件的前奏。加料前，先应用无水乙醇擦净压模模腔内表面，然后将符合规格要求的 PTFE 树脂粉均匀加入腔内，并使其在整个模腔内均匀分布。加入模具的树脂粉必须是经过过筛并在 25℃下放置过 24h 的 PTFE 悬浮树脂。准确的加料量为预成型件的体积乘以成型后产品的密度（通常以 2.17g/cm³ 计算）。由于垂直方向的粉料在模腔内难以移动，故需特别注意防止内部"架桥"等不均匀情况。

(2) 预成型（压缩） 完成加料的模具整体移往压机，在 25~30℃ 环境下启动压机施压，压制预成型件。升压过程中需有 2~3 次泄压排气。升到规定压力后保压一定时间，以使压力传递均匀，然后缓缓地降压将预成型件从模腔中脱出。

压缩过程所施压力由压机上的压力表以表压显示。所需压力由下式计算：

$$P = S_1 P_1 / S$$

式中　P——压机显示的表压，MPa；

　　　S_1——预成型件截面积，cm²；

　　　P_1——压制预成型件需要的压力，MPa；

　　　S——压机柱塞面积，cm²。

不加填充料的悬浮 PTFE 树脂的压制压力常取 20~30MPa。适当提高树脂温度，可以降低压制预成型件需要的压力。

(3) 烧结 PTFE 树脂预成型件的烧结过程由升温、保温和降温 3 个阶段组成。

压制后未经烧结的预成型件只具有树脂颗粒间堆积造成的生料强度（green strength），经过烧结才有实际使用的强度。当温度升至 342℃ 以上时，PTFE 的晶相消失，呈无定形；升至 360~380℃ 时，PTFE 颗粒膨胀熔结成一体，颗粒间空隙消失。如前所述，由于 PTFE 分子大和分子链活动能力差，要使它们完全熔结和消除颗粒间的空隙，需要让它们在高温下保持一定时间。但在烧结温度下保温时间过长，会使部分分子链降解导致制品的强度下降。这在质量检验时尤其重要，过长的烧结时间会使拉伸强度明显下降导致误判 PTFE 树脂产品的质量。

由于 PTFE 导热性差，升温速率的控制非常重要。大致的速率如下：150℃ 以下时，≤50℃/h；150~300℃ 之间，≤30℃/h；300℃ 以上，6~10℃/h。对于小型制品，传热问题的严重性不那么明显，升温速率可以略快，在 365~380℃ 间保温。最佳的保温时间通常要由实验确定。例如对于实心型坯的烧结保温时间按厚度计为 1h/cm。烧结温度的确定还同树脂平均粒径有关，如平均粒径为 150~250μm 的悬浮 PTFE 树脂的烧结温度可定为

（375±5）℃，而平均粒径为 25～50μm 的细粒度树脂的烧结温度可降低为（370±5）℃。

降温就是型坯在保温温度下保持规定时间后开始降温直到室温的过程，这一时间段，树脂从无定形相再次转变为结晶相，制品的体积缩小，外观上从透明体转变为白色的不透明体。降温速率依制品大小和所需结晶度确定。表 7-4 是各种不同尺寸大小 PTFE 制品的烧结周期实例。

■表 7-4　各种不同尺寸大小 PTFE 制品的烧结周期实例

制品尺寸 /mm	质量 /kg	升温速率 /(℃/h)	烧结温度 /℃	烧结时间 /h	冷却速率 /(℃/h)
φ50×50（外径×高）	0.2	90	360	4	30～50
φ100×100（外径×高）	1.7	60	365	9	30～50
500×500×1（长，宽，厚）	0.55	100	360	4	30
φ400/80×300①（外径，壁厚，高）	75	25	360	30	25③
φ400/80×60②（外径，壁厚，高）	150	25	360	40	25③
420×150×600（外径，内径，高）	150	50℃/h（25→150℃） 3h（150℃） 25℃/h（150→250℃） 3h（250℃） 15℃/h（250→315℃） 5h（315℃） 10℃/h（315—365℃）	365	20	10℃/h（365→315℃） 10h（315℃） 10℃/h（315℃→250℃） 25℃/h（250→100℃）
420×150×1200（外径，内径，高）	300	50℃/h（25→150℃） 5h（150℃） 25℃/h（150→250℃） 5h（250℃） 15℃/h（250→315℃） 5h（315℃） 10℃/h（315→365℃）	365	30	10℃/h（365→315℃） 10h（315℃） 10℃/h（315℃→250℃） 25℃/h（250→100℃）

① 为双向受压，预成型压力 15MPa，压缩速率 40～60mm/min，保压 30min。
② 同①，但保压 45min。
③ 360℃降至 315℃时速率 25℃/h，在 315℃保温 15h 后以 25℃/h 速率降至室温。

(4) 冷却　PTFE 是高结晶聚合物，烧结前的结晶度可高达 95%～96%，烧结后的冷却是树脂再结晶的过程。从烧结温度开始降温到 320～325℃时，在熔融状态呈随机分布状态的分子链，就开始有序堆积，即开始重排而再结晶。冷却速率越慢，得到最终制品的结晶度越高；反之，冷却速率越快则结晶度越低，这意味着控制冷却速率可以控制制件的性质。聚合物熔体的强度随分子量增加而上升。对大型制件，为了避免传热造成的温度梯度的影响，必须保持较慢的冷却速率。在凝固时转变温度尤为重要，因为从熔融态转变为固态聚合物会发生较大的体积收缩。如果冷却不够慢，制件会产生大的应力使熔体开裂。所以冷却速率的快慢受 PTFE 熔体的强度和制品壁厚制约。对 150～300kg 的大型 PTFE 型坯的冷却速率在降至 250℃之前为 5～15℃/h，冷至 250～100℃阶段的降温速率可达 25℃/h，冷到 100℃方可打开炉门进行自然冷却。对小型制件，则可以快速冷却。

在冷却周期中温度降低到 290～325℃这一段时间，保温一段时间称为退火处理。目的是使预成型件中的温差降低到最低程度。以免厚壁制品的应力开裂。若进行快速冷却，则可以明显降低制品的结晶度而使其变得柔软些，弯曲疲劳寿命可提高几十倍。快速冷却称为淬火处理，但是这种处理只适用于一些薄壁制品。经验表明，壁厚超过 5mm 的制品不能作淬火处理，以免造成开裂。

7.1.3.4 热模压

PTFE 的模压压制也可在受热条件下进行，即压制和加热同时进行，然后再冷却。烧结和冷却必须都在模具中完成。这一方法主要用于非填充或填充树脂制造零件，它们几乎没有空隙，具有非常好的性能。据报道，借助热模压可以提高制品抵御冷流（即抗蠕变）和冲击的能力。如添加全氟石蜡（即 $C_{25}F_{52}$），可进一步改善这些特性。全氟石蜡在树脂粉加入模具之前先同其混合。据称，这样的产品在压力下几乎没有流动的趋势。模具在预成型完成后置于烧结炉中，在烧结和冷却制件时施加压力。适合这种热模压加工的烧结炉费用很高。因为 PTFE 的熔点温度随压力上升而提高，故还需要补充加压。填充 PTFE 零件很可能要用这种工艺生产。

7.1.4 自动模压成型

自动模压是指自动将 PTFE 树脂加入模具接着就压制的工艺。它常用于大批量生产几何形状简单的小型制品。对树脂的主要要求是具有良好的流动性，能容易和完全地充满模具，保持批次质量均匀稳定。为了得到尺寸一致的制品，要求来自不同批号树脂具有一致的收缩率。这一工艺具有高的生产效率，只需要很少操作人员，特别适用于制造需求量很高而又较为廉价的制品如环密封圈、分隔垫及阀座等。

自动模压过程分为 4 步（见图 7-1），这些操作都根据预先设定条件自动进行：

① 将定量的流动性好的 PTFE 树脂粉料依靠自身重量自动地加入模腔后，将上阳模下降进入模套对粉料施压；

② 升起下阳模对粉末作双向压缩，一般压缩几秒钟；

③ 保压一段时间后升起上阳模；

④ 下阳模将制品顶出，也称为脱模。

因为自动模压的整个周期较短，通常只有 10～15s，保压时间只有几秒

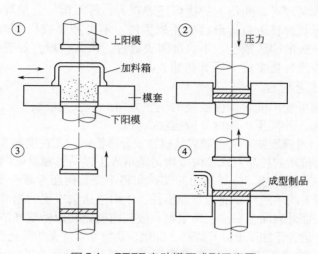

①上阳模
加料箱
②↓压力
模套
下阳模
③
④成型制品

■图 7-1　PTFE 自动模压成型示意图

钟，为了确保消除空隙就需要施加比一般模压更高的压力，一般要达到40～60MPa。自动模压成型运行时，PTFE 粉料会因摩擦而温度升高，变得较软、较黏。结果容易出现加料区的"架桥"现象，导致料腔内不均匀加料，和每次加料的不一致性。所以，整个模压区域要保持温度在 23～25℃。

　　自动模压得到的预成型件的质量受压力和保压时间的影响。经验表明，预成型件的相对密度和外径、高度的尺寸变化速率与成型压力大小有关，与保压时间关系不明显。压力和保压时间对制品的拉伸强度和伸长率也有影响。很多次运行的结果表明，在 40MPa 压力下压制和保压 10s，可以得到优化的结果，拉伸强度最大值为 35MPa，最大的伸长率约为 420%。

7.1.5 等压模压成型

7.1.5.1 概述

　　等压模压成型最早在 20 世纪初起源于陶瓷和粉末冶金加工。后来被用于从悬浮 PTFE 树脂粉末加工制品，有时也称作液压成型。等压模压成型是利用水的不可压缩性和传递压力各处相等的特点，以高压水压缩或膨胀作为模具一部分的软质橡胶袋，让放在金属模和橡胶袋之间可自由流动的悬浮PTFE 树脂受到压缩，成为所需形状的预成型件。液压的载体可以是水或油，用水更方便可行。袋的制作材料通常为聚氨酯橡胶一类弹性体材料。

　　等压模压成型适用于复杂形状制品的压制，对于大面积制品显得更经济有效。如以液压压机加工直径 1m 的圆板，以单位压力 30MPa 计，需一台总压力超过 2400t 的大型压机。如用等压成型，只要有一台压力为 30MPa 的高压水泵即可。经济上的优势还表现为：等压模压成型可以直接压制所需的准确形状或接近目标形状的预成型件，不再需要或只需很少的机械加工；而对于一般的模压成型，不少都需要通过二次（机械）加工才能得到所需形状，这需消耗更多的 PTFE 树脂。

7.1.5.2 基本工艺过程

根据可变形模具即橡胶袋的受压方向——胀大或缩小，等压成型可分为内液压法、外液压法和内外液压法 3 种。

(1) 内液压法 将橡胶袋软模置于金属模内，先将模具装配妥当，接着就把可自由流动的悬浮 PTFE 树脂均匀地填入上述两种模具的间隙中。合模后将高压水注入橡胶袋，依靠压力使其扩张将 PTFE 树脂对着金属模挤压和压实，保压一段时间后脱模即成为预成型件。以内液压法成型的制品，因内壁接触的是橡胶袋而外表同金属模表面紧贴，故其内壁粗糙而外壁光洁。内压法又称为干袋法，适合于加工 PTFE 烧杯、储槽、套筒和半球壳状等制品。

(2) 外液压法 将金属模置于橡胶模内，把可自由流动的悬浮 PTFE 树脂均匀地填入两者的间隙中后合模，然后整体移往高压釜内，水充满高压釜，依靠水的高压力压缩橡胶袋，使 PTFE 树脂对着金属模压实，成为内光外粗糙的预成型件。外液压法适合加工壁薄而长径比较大的管道及车削板用大毛坯。因橡胶袋完全浸于高压釜的水中，故此法又称为湿袋法。

(3) 内外液压法 将橡胶袋软模装入金属模内，在两者间隙之间的 PTFE 树脂受橡胶袋中高压水压力的压缩对着金属模压实，同时在金属模的外面也承受相同的压力。这样使得成型模不必具有成型压力所需的耐压强度。橡胶袋内的水压与金属模外面的水压来自同一台高压水泵的压力，因此在金属模外的压力起到增强金属模的作用。例如，在 18MPa 水压下，即使用厚度 6～8mm 的金属材料作模具，也能承受成型压力。

内外液压法适合于加工内衬于金属结构件的制品，如金属内衬 PTFE 的三通、四通、弯头等管件和泵、阀等。它们的壳体即为成型模的一部分，因此应符合液压成型模的结构要求。

等压法预成型件的烧结条件与一般模压的预成型件相同，但是在形状结构上的差异需有一些不同的要求。如在金属内衬 PTFE 三通预成型件烧结之前，需在三通的中空部分用 100 目粗细的经清洗和高温处理的砂子填充，以使 PTFE 内衬能紧贴金属壳体。烧结后将整个部件用水淬火，使 PTFE 的收缩率减小，韧性好而有利于翻边时的操作。

7.1.6 柱塞挤出

7.1.6.1 概述

柱塞挤出是唯一能以连续工艺加工悬浮 PTFE 树脂制品的加工技术。悬浮树脂颗粒加工的各步都在一台称作柱塞挤出机的设备中进行。适用的制品形态是圆棒或管子。矩形的棒、L形横截面的柱和其他可用柱塞挤出的制品偶尔也可加工。

如前所述,悬浮树脂的加工通常包括下列3步:树脂粉填充压缩成预成型件,主要由在熔点温度以上加热预成型件构成的烧结过程和烧结后制件的急冷或缓慢冷却以控制 PTFE 的结晶度。这3步都在柱塞挤出机内部用可自由流动悬浮 PTFE 树脂连续地进行,所用树脂可以是专门制造的柱塞挤出级预烧结料或通用级的可自由流动树脂。柱塞挤出级预烧结料的适用性较宽,可满足很宽范围的挤出条件和制作很宽尺寸范围的制品,如从直径 2~400mm 的圆棒。这些制品具有很

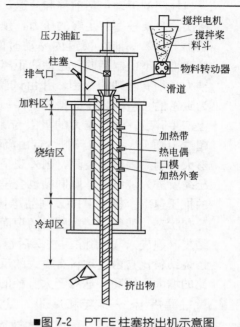

■图 7-2 PTFE柱塞挤出机示意图

好的物理性质和很高的耐开裂性能。预烧结树脂能够经受比普通自由流动树脂(即造粒料)高得多的挤出压力,从而使其更能适应制作小直径的棒和薄壁管。造粒料则比较适用于制造大直径的棒和厚壁管。图 7-2 为 PTFE 柱塞挤出机示意图。

7.1.6.2 柱塞挤出的基本技术

用于柱塞挤出加工的挤出机分立式和卧式两种,柱塞的运动方向和挤出制品的运动方向也分立式和卧式。它们的工作原理是一样的。关键的差别是挤出制品支撑的方式不同。不论立式或卧式,第一步都是把经过计量的 PTFE 树脂加入口模的加料段。口模的进料端是冷却的,保持在 21℃ 以便于加料。超过 25℃ 树脂就容易结团变黏使料流受阻。下一步就是依靠柱塞向前移动将树脂料压实并推入到口模的加热段,反复进行这一动作就将压实的树脂推进通过口模的整个加热段,并在这一过程中发生烧结,此时不断推进的相邻树脂在烧结过程中在压力下发生彼此被焊接。

柱塞挤出过程的主要单元包括:树脂加料和压实、烧结和冷却。

7.1.6.3 柱塞挤出——装料和压实

加料工艺的重点是保证每个周期中加入的树脂量相同和在口模中分布均匀。这对于挤出厚度小于 2mm 的薄壁制品更为重要,横截面上的树脂分布如不均匀会造成 PTFE 棒材弯曲。另外如每个周期加料量有变化,则挤出速率会变化。结果使制品的表观密度和生产速率发生变化。

柱塞的运动包括前移和后退，前移（下移）时产生的预成型力使树脂压密实，只要柱塞有足够的压力，预成型力的大小取决于反压力，这种反压力是由 PTFE 树脂在模道内移动时的阻力和出口模后外加的制动力所构成。柱塞推动下的制品向前运动的距离是按每一次加料量的长度计算的。柱塞的推力必须有合理的范围，并由试验确定。最低推力是使 PTFE 树脂粉料成为致密的、空隙最少的预成型件；最高推力是不使制品在两次加料的邻接面上产生碎裂。最高推力的极限与 PTFE 树脂的类型有关，对预烧结料不能超过 100MPa，对造粒料（自由流动料）不能超过 10MPa。若柱塞的推力不够大，制品内残留空隙，则外观呈粉笔状；若推压速率过快，树脂未经充分压缩就进入烧结区，则制品也会呈粉笔状。对预烧结料而言，不宜出现过快的推压速率。提高 PTFE 制品熔接强度的办法是在口模加料段的下端保持冷却状态，能使前一次剩料的顶面和新料一起压实冷却，以免在口模壁产生结皮（熟皮），并消除因柱塞后退压力消失所引起的制品反弹膨胀。PTFE 预烧结料比自由流动料有更大的反弹性。反弹性随制品的横截面积与周长之比的增大而提高，这对于大直径的棒和管材就更为重要。

7.1.6.4 柱塞挤出——烧结和冷却

在完成压实后，预成型体被往前推入第一加热区（见图 7-2），对预成型体要提供足够的热量，将其温度提高到树脂熔点之上。在选择模具这一区域的温度时必需考虑以下两个因素：PTFE 树脂的熔点温度是此聚合物压力的函数；选择温度时还必须使其比完成 PTFE 熔融还要高，以保证树脂在此加热段的停留时间内完全地烧结。为了消除制品中的空隙和得到相邻加料间具有良好的熔融强度，对制品要施加足够的压力。对制品的冷却速率要控制在能得到希望要的树脂结晶度。

(1) 烧结所需要的热量　烧结区的加热由电加热通过传导提供给 PTFE 树脂，因此 PTFE 的热导率、比热容、口模温度和预成型件的尺寸等因素都会影响到达到烧结温度所需的时间。预成型件还必须在烧结温度下保持一段时间直至增稠和消除空隙过程完成。挤出速率的计算方法：将口模加热区长度除以达到烧结温度所需要的最短时间。例如，PTFE 棒在 398℃下烧结所需的最短时间为 2min，而口模的加热区长度为 600mm，则挤出速率可达 300mm/min。实际生产时的挤出速率应取最大速率的 50%～60%。较长的停留时间有利于降低制品内部的温度梯度，也可减少残留应力和空隙含量，并消除料段间的熔接缝。柱塞挤出 PTFE 时的烧结温度通常在 400℃以下，以使得 PTFE 树脂的降解最少，在口模中的停留时间过长也会使它加快热降解。因此烧结温度和停留时间对制品的质量有明显影响，如图 7-3 所示。

在烧结段的停留时间还与制品的形状和大小有关。如具有与圆棒直径相同边长的 PTFE 方形棒材，柱塞挤出时间就需比圆棒更长，不但烧结温度要更高些，停留时间要延长 20%～30%。

（2）**柱塞挤出压力的确定** 柱塞挤出所需的压力明显低于模压和等压成型时的压力，因为它在加热下受压，树脂在高温下压实的压力可小得多。PTFE树脂加热时径向的膨胀受口模壁限制，只能沿轴向膨胀而产生内应力。PTFE树脂热膨胀其比体积会增大15%左右，对结晶度100%的PTFE比体积为0.434cm³/g，而100%无定形的PTFE比体积为0.500cm³/g。预烧结PTFE料的结晶度为约50%，树脂的体积膨胀会

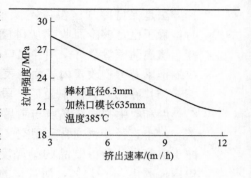

■图7-3　柱塞挤出速率与PTFE棒拉伸强度的关系

占据原来粉料间存在的空隙而降低制品的空隙含量。无空隙的PTFE柱塞挤出制品的外观呈半透明状，而内部含有较多空隙的制品看上去像粉笔状。完全靠PTFE热熔膨胀来消除空隙是不可能的，因此在口模的加料区就充分压实树脂，对减少制品空隙率是至关重要的。

柱塞的推力必须与推压制品的反压力和外加压力及制动力的总和相等。挤出时的反压力取决于摩擦力，而摩擦力的大小与下述各因素有关：口模加热区上的温度分布、口模的粗糙度及口模的材质。PTFE熔融时产生的压力与温度及树脂颗粒间的空隙含量有关；PTFE与口模之间的接触面积越大反压力就越大，但与口模冷却区的表面积无关，因为在冷却区PTFE收缩后脱离口模壁；挤出速率越大反压力也越大；口模的加料区越长，反压力越大，特别是当加料区有冷却措施时更甚。口模温度对反压力有比较复杂的影响，一般在室温下挤出时PTFE反压力最大，随口模温度升高反压力下降，当口模温度超过PTFE熔融温度40℃时反压力开始上升，这个值依树脂的类型不同和其他挤出参数而变化。

对大口径棒材的柱塞挤出，必须对挤出棒有支撑。如让其悬挂，它的重量会抵消部分反压力。对φ为50mmPTFE棒的挤出，需外加机械制动装置来增加反压力。在没有支撑的情况下，挤出物的重力会使熔融PTFE产生应变而使熔体破碎或撕裂。挤出中空的制品如作为管子衬里用薄壁管材，需要用芯棒。此种情况下需使用预烧结料挤出。反压力则同管子挤出中树脂同口模之间接触面积和同柱塞之间接触面积之比密切相关。影响棒材挤出反压力的大部分因素同样也影响薄壁管的挤出。唯一不同的是挤出实心棒和其他制品时，不存在芯棒的影响。芯棒的长度对反压力有很大的影响。从口模到芯棒，存在温度分布，如果芯棒长度超过口模，靠近口模终端，管子开始冷却并从口模向芯棒方向收缩，就产生由管子和芯棒表面的摩擦导致的反压力，选择适当的芯棒长度可以控制这一类反压力。控制薄壁管反压力的另一

种方法是保持冷却区温度不低于 200℃。这可以限制制品的收缩程度。这时，管子已足够冷而收缩从口模脱开，同时又不会冷到因收缩过分紧抱芯棒。挤出薄壁管最好采用伸出口模外几厘米的无锥度固定芯棒。PTFE 管因收缩抱紧芯棒能改善内表面的表观质量。

(3) 冷却 口模中最后一段是冷却区。冷却的快慢决定 PTFE 制品的结晶度和收缩率。结晶度与制品性能有关，而收缩率则同制品的最终尺寸有关。对小直径棒材通常采用空气淬火的冷却法，即制品从口模挤出后直接暴露于空气中，所得制品的结晶度为 55%～60%。PTFE 棒材的收缩率是口模内径的 10%～14%，而管材的收缩率比棒材小 4%～6%。恒定的收缩率除了与冷却速率有关外，还与口模的温度分布、挤出压力和烧结时间等有关。PTFE 预烧结料比自由流动料（造粒料）的收缩率小。冷却速率受口模冷却区的长度和温度控制。对直径大于 50mm 的棒材冷却速率过快会引起内部破裂。如要降低冷却速率，可以加装绝热套管延长口模冷却区。对直径更大的棒材，甚至要用辅助加热的方法，以达到缓慢降低冷却速率的目的。

(4) 结皮 PTFE 柱塞挤出时，在口模、芯棒表面会生成一层很薄的树脂结皮。PTFE 的熔体剪切强度较低，当口模粗糙度过大，摩擦力大于熔体的剪切强度的情况下，就会从 PTFE 熔体上剪切掉一层沉积在口模、芯棒的表面上，这就是所说的"结皮"。因此粗糙的口模和芯棒表面的空隙能被剪切下来的 PTFE 树脂填没。正常形成的结皮现象不影响加工过程和成品质量。停止挤出并冷却下来后，结皮会收缩，易从口模壁上拉出。在每次开车之前，都必须清理掉这层结皮，否则会在随后的挤出物中夹带出来，在产品表面形成黑色斑点。清除方法是将软质的金属丝插入口模和芯棒中摩擦。

正常操作时柱塞与口模的间隙保持在 100～200μm，如果 PTFE 的颗粒过小而嵌入该间隙中，随柱塞的上下运动，受到很强的剪切力而在整个口模表面沉积，成为被压实了的颗粒，它们又会进入被压实的 PTFE 管壁中成为难以相互聚集的裂隙和空洞，明显地降低挤出物的强度。故适用于柱塞挤出的 PTFE 树脂的粒径不宜过小，柱塞与口模的间隙必须小于颗粒的粒径。

7.1.6.5 柱塞挤出的设备

柱塞挤出的设备由柱塞、加料系统、口模（机筒）三部分组成。

柱塞由标准尺寸的圆柱及一定长度和形状的顶部组成。顶部与 PTFE 树脂相接触，常由耐高温塑料（如聚酰亚胺塑料）制成，其长度可与柱塞的直径相同，柱塞外径必须小于口模内径。柱塞由液压或气动系统驱动，提供足够的压力克服 PTFE 在口模中的反压力而将其压实。

PTFE 柱塞挤出机的加料系统有螺杆加料、机械加料、强迫加料或斜槽滑道式加料等多种方法。不论用何种方法加料都需确保恒定质量的树脂在一定时间内均匀地加入口模中，而且不能让树脂受到污染和损伤。

口模是进行成型、烧结和冷却的部分，通常内径为 5～15mm 的口模可用不锈钢冷拔管制成；更大内径的口模应用不锈钢材料车削而成。在整个长度上截面需非常均匀，内表面非常光滑。材质常采用耐腐蚀不锈钢（高 Ni 合金），如 Monel® 400 或 Hastelloy® C、Xaloy® 306 或 Inconel® 625 等材料。根据 PTFE 树脂的热收缩率，挤出 PTFE 棒材的口模内径应比棒材直径大14%左右。挤出 PTFE 管材的口模内径应比管材外径大5%左右。口模的壁厚可取 10～15mm，壁厚需随口径变大而增厚。用电热块加热口模，通常把这种加热方式划分为几个区段，每一段都可以独立控温，按需要的程序间隔排列。

有关 PTFE 柱塞挤出机设备以及适用的树脂标准、工艺和产品性质的详细资料可从一些专业的氟树脂加工书籍中获得。

7.1.7 悬浮法 PTFE 树脂的二次加工

7.1.7.1 车削

经过烧结的型坯包括 PTFE 套筒、棒材和板材等还只是半成品，经过在车床上像金属和其他固体材料（木材、聚合物等）的车削加工才能制成最终形状和尺寸的制品。车削加工是二次加工的一种，它可以通过从套筒上车削出适当厚度的板、片或膜再经压延后制成不同厚度的片材和薄膜。车削加工的设备和工具就是车床、车刀和芯轴。待加工的 PTFE 工件应保存于22～25℃的温度环境，避开让其体积膨胀达 1.2%的19℃低温点。烧结后的半成品必须静置24h或作退火处理以消除内应力。退火处理温度比使用温度高 50℃左右（最高不得超过 327℃）。消除内应力后才上车床有利于保持准确的制品尺寸。车削 PTFE 定向薄膜（用于电气绝缘）和薄片时，将准备好的型坯装在芯轴上，让型坯转动，用自动进刀进行车削。

对车刀有特定要求，车刀的粗糙度和角度与薄膜的表面粗糙度和厚度公差有关。要求车刀锋利，刀口光洁平直并有一定的前角和后角。车刀需用硬质合金钢制造。

7.1.7.2 焊接和内衬

（1）**焊接** 这是借助局部加热将原来分离的同质制品部件连接和拼装的工艺。依方法不同，分为热压焊接、热风焊接。热压焊接又称热刀焊，常用于板与板的搭接焊，板与板也可用对接焊，板与管的焊接方式为搭接焊。热风焊接就是利用 PFA 的热熔性，对 PTFE 材料可以像聚氯乙烯那样使用焊条进行热风下的焊接。PFA 制作的焊条是关键之一，这是由 PFA 树脂挤出成型的直径 3mm 左右的圆条或宽14mm、厚2.5mm 的扁条。热风焊接机的热风温度最高可达到 600℃，风量达 0.4～0.75m³/min。焊接在高温下进行，不可避免会分解出少量有毒气体，故必须有良好的排风和可靠的保护措施。热风焊的焊接强度为 PTFE 基板的 60%。焊缝质量检查最简便的方法是用静电法（即电火花法），也可用蒸汽-水循环试验。

（2）内衬 PTFE 可以内衬于金属直管，也可以内衬于化工容器和储槽（不受负压），后者特别对于解决需要同时耐酸或碱腐蚀耐有机溶剂并承受较高温度其他材料无法承受的情况，尤其重要。PTFE 内衬于容器涉及到薄板的放样和焊接等，施工难度很大。一个可以替代的工艺是用导电氟塑料粉静电喷涂，但是要达到耐腐蚀要求，需要有较厚的涂层，而且对容积大的容器无法进行烧结。此处主要着眼于直管的内衬，为了保证 PTFE 管能够紧密地与金属管贴合，PTFE 管的外径要略大于金属管内径 0.5～1.0mm。通过对 PTFE 管预热和拉伸的办法使其内径变小和伸长，逐步使其外径达到略小于金属管内径，伸入金属管内后再加热使 PTFE 管回弹扩大而与金属管紧贴。内衬管与金属管之间的空气必须排除（必要时可在金属管壁上打一些小孔用于排气）。内衬管的长度要大于金属管，以留作两端翻边用。

7.2 分散法 PTFE 树脂的加工方法和应用

7.2.1 概述

分散法 PTFE 树脂，业内常简称为 PTFE 细粉。其加工方法主要建立在推压成型的基础上。分散法 PTFE 树脂由于其制造过程中聚合和后处理工艺的特点，在聚合过程中形成的颗粒（即常称的初级粒子）直径仅 0.20～0.30μm，凝聚后才成为几百微米的次级粒子，常见的平均粒径为 500μm，平均表观密度为约 450g/L，树脂呈白色细粉状。它具有很高的分子量和很高的结晶度（达 96%～98%）。其结晶态在 19℃时从三斜晶系变为六方晶系。19℃以上的 PTFE 细粉变得柔软，在 30℃时 PTFE 分子中原来由 13 个 C 原子构成的螺旋结构变成 15 个 C 原子构成一个螺旋结构，提高了它的旋转定向能力而进一步软化易于成型。所以 PTFE 细粉更宜在 30℃以上温度下成型。

PTFE 细粉加工性能与悬浮 PTFE 树脂相比最大区别是它具有成纤性。在剪切力作用下 PTFE 细粉颗粒之间能构成一定强度的丝网结构。为了减少推压过程中的阻力，不致破坏细粉的纤维结构，必须在树脂粉中添加一定量的能起润滑作用的助推剂。通常加入的是液态烃类化合物（沸点不宜过高，便于后续加工中的脱除），先将其同 PTFE 细粉混合均匀成为糊（膏）状物，然后经模压成为预成型坯，再通过挤压工艺对细粉型坯施加一定的推力，将其强制恒速地通过口模成为所需形状的半成品（如带、片、管或异型件等）。很多 PTFE 细粉最终制品都是从这类半成品出发经压延、拉伸等工艺制成的。

以上所述的推压成型过程业内常称为糊（膏）状挤出成型。

7.2.2 树脂处理和储存

如前所述，PTFE 细粉在 19℃临界转变温度以上变得柔软，极易受剪切力而受到损伤。因此在处理和运输细粉包装桶时如果温度在 19℃上（尤其是在室外装卸），它们可能因受到的剪切力足以被破坏（如结团、压成块等）。细粉颗粒间的相互摩擦会发生一种称为微纤化的现象，微纤被拉出颗粒表面，一旦发生结团，就无法再恢复。

要保证不发生提前微纤化，最好的办法是在处理和运输之前，先将 PTFE 细粉冷却到此转变点温度以下。一般标准的商用包装筒（20～30kg）在一起冷却时应该冷到 15℃以下并保持 24～48h，方能保证所有包装筒都达到均匀的冷却要求。实际上，包装 PTFE 细粉的专用扁圆筒都应该在小于 5℃下储存和运输。这种专门设计的包装桶可将树脂受压、受剪切而形成结团的影响降到最低程度。单个 PTFE 细粉颗粒在聚合后凝聚时形成的次级粒子应该是圆形的，平均粒径在几百微米。在高倍放大镜下仔细观察会发现，每一个次级粒子包含有很多直径小于 $0.25\mu m$ 的圆形初级粒子，它们在聚合形成时应该具有一样的形状。这意味着聚合后的分离（凝聚）和干燥过程不应该影响粒子的外形。树脂颗粒的任何变形和微纤化都应看作是在加工制品中出现缺陷的潜在原因。

即使在冷却条件下，处理时也要小心，在储存和运输过程中还是可能有一些压实而产生结团。用由较粗的金属导线构成的网将树脂粒子过筛会有助于使结块物消除。筛网的大小不能小于 10 目，最好是 4 目。不能用勺子从包装桶中舀挖树脂，而是轻轻将树脂倒在筛上以避免产生剪切。筛网必须上下轻轻振动，不能左右摇摆式运动，以免同筛边碰擦产生剪切。残留在筛子上面的结块物不能直接从筛上移动到别处，可以将其轻轻倒入广口塑料壶，这种物料满 1/3 时就轻轻摇动可以将其破碎。这部分料可以用以制造其他要求稍低的产品。避免因将它们混入合格粉料影响制品质量。

7.2.3 糊状挤出基础

糊状挤出包括加入助推剂、混料、模压成预成型物、推压、烧结（或干燥）等步骤。制造生料带和膨体制品时不需烧结。

TFE 在分散聚合时生成完全直链（线型）结构的聚合物，几乎全部分子链被折叠在晶格内，所以即使它的分子量极高仍有几乎完善的结晶形态。

PTFE 分子完全对称、无极性、分子间的范德华力很弱，致使晶区内分子链的堆积比较松散。

分散 PTFE 树脂与加工有关的性能是粒径、表观密度、表面结构的疏密程度及压缩比等。粒径大小与树脂的表观密度有关，树脂表面结构的疏密性与其吸纳助推剂的数量和在干燥时吐出助推剂的速率有关。

分散 PTFE 树脂加入 20%（质量分数）左右的助推剂后成糊状料，表观密度约 650g/L。基本上可按糊状料的表观密度来设计预成型模的模腔高度，经模压压实后，预成型物的表观密度约 1900g/L。后续加工后经烧结、冷却后的表观密度约 2.15～2.20kg/L。

同糊状挤出成型有关的另一个重要的性质是树脂的压缩比（reduction ratio，简称 RR），用压缩比表达 RR 并不很确切，真实的含义是预成型物的截面积（或者料腔的横截面积）同推压成型制品的截面积（或者口模的内横截面积）之比，即预成型物同推压成型制品相比截面积收缩的比例。不同压缩比品级的细粉树脂聚合工艺和配方有较大区别，如高压缩比树脂聚合时需加入少量改性单体（如 HFP，PPVE 等）。低压缩比的树脂适合制作棒材、厚壁管和片材；高压缩比的树脂宜制作毛细管、薄壁管和电线包覆层等。

就压缩比而言，通常 PTFE 细粉分为低压缩比、中压缩比和高压缩比三个档次。它们加工时需要有不同的推压压力。压缩比越大需要的推压力也越大，意味着高压缩比的树脂需在高剪切力下才能使它完全纤维化，让其折叠着的分子链朝推压方向有序排列。同一种 PTFE 细粉若提高助推剂的配比量，则可降低所施的推压力。

7.2.4 糊状挤出助推剂（润滑剂）

糊状挤出过程中加入助推剂的作用是减少树脂颗粒之间和树脂与设备表面的摩擦阻力，使树脂均匀地从口模挤出。对助推剂的基本要求是：能方便地与树脂混匀，干燥时又能从挤出物中无残留地全部脱出。因此要求助推剂的纯度高、表面张力小、着火点高、气味小、对皮肤刺激程度轻等，通常使用的是有较宽沸程的带侧链的烷烃。表面张力小的助推剂有利于向 PTFE 树脂扩散。有时这两者是对立的，需要作优化选择。

助推剂的加入量与 PTFE 制品的类型、推压力大小及设备状况有关。原则上助推剂应尽量少加，但不应使推压力过高而损伤 PTFE 的纤维和设备。一般来说，助推剂的加入量为 PTFE 混合物的 15%～20%（质量分数）。

实际选用的助推剂都是有挥发性的石油类溶剂，变成蒸气会着火或爆炸，与 PTFE 树脂混合的设备必须接地，以免因静电产生火花，还必须加强通风，尽量避免吸入体内。表7-5为三类不同的助推剂的规格和适用情况。

■表7-5 三类不同的助推剂的规格和适用情况

助推剂种类	沸程/℃	相对密度	加工品种
石脑油	120~140	0.74~0.75	细管,电线包覆层
溶剂油	170~200	0.72~0.74	直管,带材
石蜡油	>300	0.83~0.85	生料带

7.2.5 电线涂覆

PTFE细粉最重要的应用之一是作为导线绝缘材料,这种导线主要用于汽车、飞行器和其他工业应用(环境温度大于250℃和要抵御化学品)的场合。PTFE绝缘的导线在飞机和军工领域的电子设备中用作安装线。由糊状挤出或PTFE带绕包制造同轴电缆是大量消耗PTFE细粉的另一领域。在飞机骨架和计算机制造中也使用很多PTFE绝缘的导线。

PTFE绝缘的导线的主要优越性是:

• 同任何材料相比,介电常数最低(2.1),介质损耗因子最低(3×10^{-4});
• 阻火性好,产生烟雾低;
• 连续工作温度范围宽,−260~260℃;
• 能抵御几乎所有化学试剂和水分;
• 在宽的频率范围内保持好的电性能,$10^2 \sim 2 \times 10^{10}$;
• 体积电阻和表面电阻高,分别为$10^{18} \Omega \cdot cm$和$10^{16} \Omega/cm^2$;
• 介电击穿强度高,20~160kV/mm;
• 能用无机颜料着色。

PTFE细粉用于电线涂覆的加工工艺包括树脂同助推剂的混料、颜料添加、预成型、推压、干燥、烧结和冷却等。

7.2.5.1 树脂同助推剂的混料

树脂同助推剂的混料以及添加颜料需在密闭室内进行,室内温度低于19℃,保持高清洁度,相对湿度50%,有一套完整的安全措施包括工作服和地板都必须防静电,照明要防爆等。特别要防止空气中有绒毛状纤维的飘浮,这些很容易沾污挤出制品。

混料设备和方法依处理量的多少而异。小批量的混料在PVC或聚丙烯制成的广口瓶或壶式容器中进行,加入PTFE和助推剂后需密封以防止助推剂因挥发而损失,将整个容器平放在两根反向转动的圆辊上以15r/min转速缓缓转动20~30min,然后取下在35℃下静置12h以保证助推剂完全扩散入 PTFE 颗粒之中。处理量较大（如 25～70kg）时，则可以采用 V 形混料器进行混料。不管用什么方式，混好的料如发现有小的结块物，必须重新过筛并使其粉碎，重新再滚动 3～5min。

7.2.5.2 颜料添加

向 PTFE 和助推剂混合物中加入无机颜料，主要是为了可以从绝缘层的颜色区分不同的线缆。对于重要的应用，如薄壁导线绝缘和毛细管，加入的颜料最好是液态或分散液。颜料分散液可以使因存在未分散的颜料形成缺陷的可能性降低，这种缺陷不去除会降低绝缘性能甚至导致绝缘层的电击穿。用于分散颜料的溶剂一般为烃类。颜料对介电性能有损害作用，故在最终绝缘材料中的含量不超过 1％。

向 PTFE 中添加的颜料一定是无机物，这是因为几乎所有的有机颜料在 PTFE 烧结温度下都会完全分解。

7.2.5.3 预成型

预成型是将混合后并经静置"陈化"的混合物压制成型，成为形状同挤出机料腔一样的型坯，此过程在室温下进行。型坯被压实到初始高度的1/3。预成型件树脂空隙中的空气在压实过程中被挤出，压制过程在称作预成型管的圆筒中进行。应尽量使型坯材料的量最大化，这样可以使挤出的单根导线长度尽可能地长。

完成压制的预成型件尚无足够强度，取出移动时要很谨慎，避免变形和断裂。移出的预成型件可以直接进入挤出机进行后续加工，也可在室温下储存在清洁的塑料管内，以避免沾污、损坏和溶剂挥发，留作后续挤出时使用。

7.2.5.4 糊状挤出的推压和烧结过程

分散 PTFE 树脂加工成电线包覆层的推压工艺基本与管材的成型工艺相似，不同的是将待包覆的金属导线从放线装置牵引出来，通过张紧轮把它拉直，然后穿入中空的芯模，由芯模的高度来调节导管顶端与口模间距（如图 7-4 所示）。由糊状挤出方法制造 PTFE 绝缘电线的生产过程如图 7-5 所示。

推压柱塞将 PTFE 预成型料坯强制通过口模成型。柱塞的推压速率约为 50mm/min。推压速率一经设定就不宜变化，否则会影响绝缘层的厚度。预成型料坯上受到约 140MPa 的推压力。料腔内径一般取

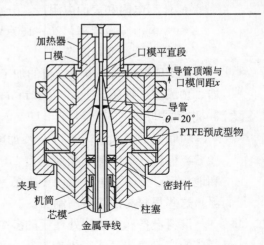

■图 7-4 推压成型电线包覆层的口模结构示意图

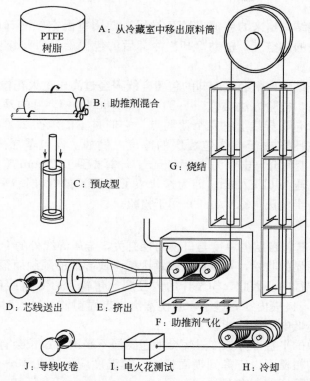

A：从冷藏室中移出原料筒

B：助推剂混合

C：预成型

G：烧结

D：芯线送出　　E：挤出

F：助推剂气化

J：导线收卷　　I：电火花测试　　H：冷却

■图 7-5　由糊状挤出方法制造 PTFE 绝缘电线的生产过程

25～75mm，口模的锥角一般取 20°。但对大口径厚壁管因压缩比小可取 30°角，甚至更大的锥角。料腔和口模常用不锈钢制成。口模的锥面和平直部分须达到镜面光洁的程度。粗糙度对高速推压及高压缩比制品的加工更为重要，包覆 PT-FE 后的金属导线从口模推出后先进入干燥炉脱去助推剂后再入烧结炉。任何一点助推剂残留在包覆层中，烧结时都会分解留下深色的残渣，故干燥要有足够的时间。干燥炉通常是长 3m、内径 150～200mm 的管式炉，采用电加热。达到完全干燥需要 1～2 台这样的干燥炉。包覆 PTFE 后的导线进入干燥炉时温度为 150℃，从干燥炉离开时温度达到 300℃。

　　在高温烧结过程中，分散 PTFE 树脂至少要加热到熔点温度 342℃ 以上。实际烧结温度都要在此温度之上以降低熔体黏度并迅速地驱除聚合物颗粒的空隙，但最高不能超过 380℃。烧结炉也是采用电加热、内径为 250mm 的管式炉，通常由一组几台各长 1m 的炉子组合而成。分散 PTFE 树脂的粉状颗粒被熔结成一体，成为有一定强度的包覆层。由于 PTFE 导线是可以弯曲的，故干燥炉和烧结炉的布置不一定要严格呈一条直线，可采用 U 形设计（如图 7-5 所示）。这种布置既降低了设备总高度，还可提高成型速率。

在干燥区和烧结区均应有较强的排风系统以排除挥发出来的助推剂及其他有害气体。

从烧结炉出来的包覆 PTFE 导线直接用室温空气冷却。可用吹风机吹走线外围的热空气，辅助冷却。冷却后的包覆层 PTFE 结晶度可以减低到 50％以下。

从烧结炉出来经过冷却的包覆电线需经过高压电火花检验合格才能收卷成为产品，检验方法类似于 ASTM Method D149。目的是发现在一定长度的 PTFE 包覆导线上有几个薄弱点，它们是不能承受试验电压的。试验中施加的电压取决于导线包覆层的厚度，例如，设包覆层厚度为 0.25mm，PTFE 短期耐介电击穿为 24kV/mm，计算得到 0.25mm 厚度 PTFE 包覆层耐击穿电压为 6kV/mm。因为这代表了 PTFE 的标准最高值，故实际上只使用其一半电压（3kV/mm）用于检验。

7.2.5.5 口模

PTFE 包覆层的厚度与口模内径有关，金属导线外的 PTFE 包覆层经烧结后有明显的收缩，其纵向的收缩因受金属导线的限制而很少，大部分的收缩发生在径向。因此口模设计的内径应比包覆 PTFE 电线的外径大 0.10～0.20mm，口模内径若过小，会使推出物表面粗糙；过大时会增加包覆层的应变而降低电绝缘性能。

口模的平直部分长度过短会使包覆层不平滑，过长会有撕裂的可能。平直部分的粗糙度也应降到镜面样。口模温度应保持在 40～50℃，最佳的口模温度同推压速率有关。

口模的设计是很复杂的过程，应当在对其诸参数对挤出过程及产品质量的影响有深度了解之后以试差方法进行。但是这会消耗很多费用，参考文献 [3] 中有专门介绍糊状挤出口模的设计方法。

7.2.5.6 金属导线 （线芯） 和导管

PTFE 绝缘导线中所用导线（线芯）一般为镀银或镀镍的软铜线。镀银线用作 200℃下的高频电线，镀镍线可在更高的温度（260℃）下使用。若金属线是多股编织的，必须确保没有松股现象方能送入导管。

金属线导管起芯模作用，其定位很重要。导管顶端与口模顶端之间的距离是重要的设计参数。若此距离太小，则 PTFE 树脂的流动截面积减小，挤出压力上升，致使电线产生脉动现象；反之，则树脂流速减慢会造成断线或其他缺陷。导管的最佳位置与口模、导管的几何形状及挤出速率有关，实际运行中是通过实验来确定的。

7.2.6 薄壁管的挤出

大多数用 PTFE 糊状挤出制造的管子都是薄壁管（壁厚＜8mm），直径范围从几毫米到几厘米。主要应用：医疗方面的流体输送，喷气发动机的燃料输送和液压传动。依据管子的尺寸和应用领域，可以分为3大类，详细参见表7-6。

其中，耐压软管是1~2层PTFE衬里外面用编织的金属丝网包覆增强的多层复合结构，这可以提高对压力的使用等级。这几种管子尺寸差异较大，加工的方法也有些不同。

■表7-6　用PTFE细粉制造的管子类型和应用领域

管子类型	直径/mm	壁厚/mm	应用领域
毛细管	0.2~8	0.1~0.5	医疗和化工方面用于电绝缘、流体输送
耐压软管	6~50	1~2	飞机的燃料输送和液压传动，化工方面的化学品和气体输送
衬里管	12~500	2~8	化工方面金属管和管件衬里

7.2.6.1 树脂/助推剂和颜料的混合和预成型

树脂/助推剂和颜料的混合工艺同制造电线包覆时一样，加入的润滑油和颜料的品种和数量会有些差别，但是方法完全相同。预成型坯料的压制方法也与电线绝缘包覆制作预成型坯方法相同，只是尺寸上有差异。

7.2.6.2 毛细管的挤出成型

制造PTFE树脂毛细管可以用小型的立式挤出机。将其布置在离地面约10~15m高，这样可使管子的干燥、烧结和冷却等在向下直线方向连成一体布置，在地面直接布置收卷设备。管子挤出的口模设计基本上相似于导线包覆加工的口模设计。只是用中心销代替导向管。挤出电线绝缘包覆的挤出机稍作改动就可用于毛细管挤出。挤出条件也非常相似于电线包覆的条件，由于要得到小的直径和壁厚，必须用很高的压缩比。这意味着挤出机的料腔和口模必须非常牢固以承受高的压力。

7.2.6.3 耐压软管

PTFE耐压软管是一种耐高温、耐高压、耐强腐蚀性液体或气体介质的传输管道，由3部分组成：PTFE内管、钢丝编织网增强层和金属接头。

PTFE内管在使用时内部要通过一定压力的液体、气体，而且多半是在弯折（甚至反复多次频繁地移动和弯折）的状态下工作，因此PTFE耐压软管中的PTFE内管体内须具有低渗透性和高弯曲寿命，这要求PTFE树脂经烧结后内管体内空隙含量越低越好。降低树脂熔融黏度、降低结晶度是满足上述要求的一个好途径。在分散PTFE树脂聚合时加入少量（如摩尔比0.5‰~1‰）的改性单体（如PPVE等），可以实现分子量有所降低、结晶度有所降低的好处，使无定形相含量增加，从而达到弯曲疲劳寿命明显地提高。在结束烧结进入冷却段时，采用急冷方式可以降低结晶度。

PTFE内管中高速输送燃油时会因摩擦而积聚一定的静电荷。这种静电在缺氧条件下会因放电在内管壁产生针孔而引起燃油泄漏，在有氧存在时更会因放电成为火源，故及时将静电导出是保障燃油安全输送乃至飞行安全的关键。解决的办法是设计内管的双层结构。最内层是同燃油直接接触的一层导电层，由 PTFE 树脂和一定比例的导电炭黑共混构成。这一防静电层的作用就是及时将静电导出，通过金属接头从导线外表面导出。

PTFE 内管未经增强时只能承受较低的内压，要提高耐压强度必须对 PTFE 管体进行钢丝编织增强，增强后爆破压力可以提高 $10 \sim 20$ 倍。把经过钢丝编织增强的内管称为软管，软管不仅可以承受更高的内压力，而且可在高温脉冲压力及挠曲应力下长期工作。钢丝编织设备主要由合股机和编织机构成。

7.2.7 PTFE 生料带

未经烧结的分散 PTFE 树脂带俗称 PTFE 生料带，它的制造方法包括同润滑剂混料、压制预成型坯、推压成条、压延、切边、烘干干燥和包装等步骤。生料带的主要应用是作为螺纹连接的密封带、绕包电缆的绝缘绕包带及以棒或带的形式作为填充料（如填入填料函）。

螺纹丝口密封带用于各种工业部门的管子和管件的（连接）密封，包括水管、化工、制药、半导体制造、食品加工和其他领域。电绝缘级的 PTFE 生料带被绕包在电缆电线周围，再经烧结以得到良好的绝缘和电性能。还有一些生料带经烧结、处理后具有可黏结性，在表面涂上压敏型黏结剂用于减磨物体或提供快速脱模性能。

生料带不可能直接以最终需要的厚度和宽度的产品生产出来，经过推压先制成圆形或方形的料条，然后经过压延成为薄的带状产品。通常厚度范围为 $50 \sim 75 \mu m$，最薄也可生产出 $25 \mu m$ 的生料带。密封用的生料带在用于管子丝口后必须保持一定强度，另一方面，较低的树脂密度有利于带子在丝口外的易变形性。这两者需要有一个平衡。成纤性的量决定了生料带的拉伸性质和变形能力。成纤性太少则拉伸强度不足，反之成纤性太多则导致带子太硬缺乏足够的变形能力。

电气线缆绕包带的重要性质包括具有足够好的物理性质使之能进行处理、适当的厚度及良好的层间黏结性。一层层绕包在电缆外围的 PTFE 带在经受烧结时必须能结合在一起以保证良好的绝缘性质，选择低分子量、具有较低熔体黏度的改性 PTFE 有利于改善层间黏结性。

7.2.7.1 同助推剂和颜料的混合及预成型

助推剂和颜料同树脂的混合及预成型同 7.2.5 节所述一样。助推剂（润滑剂）的选择要按照产品最终使用目标有所区别。例如，对于棒和带，最终应用（如填充用）特性不需要改变的情况，润滑剂应选择比较容易挥发的以利于去除。但当棒或较厚的带需要经过压延生产很薄的生料带时，润滑剂应有不同的选择。应选用不易挥发的润滑剂以保证在挤出时它仍留在挤出物中，在压延过程之前或之中其表面不会发生较多的润滑剂挥发。

选定规格的树脂同润滑剂、颜料（只有生产绕包带才需要）按比例混合并静置"陈化"后，放入模具在压机上压制成圆柱状，以供推压（挤出）机压制成柔软的料条。推压机料筒和口模在运行时的温度都必须在19℃以上，一般控制在25～35℃。推压机的压缩比通常比较低。为了得到光滑的料条，实际采用的压缩比要经过测试。用直径10cm的料筒制取1cm直径的料条，压缩比可以取100。此条件下挤出压力比较低（10～20MPa）。若料条强度太差，则需降低润滑剂使用量，这意味着挤出压力要提高。

7.2.7.2 压延

压延是从较厚的块料或具有一定直径的料条得到厚度较薄的带子的过程。制造生料带包括压延、脱除助推剂、切割和切边以及收卷等步骤。压延分单次压延和多次压延，单次压延在三辊机上进行。通过压延，料条在两个辊筒之间的狭缝中被挤压成薄带，部分润滑油被挤出，空隙增加，使带子的密度比压延前减少1/3，降到$1.4～1.5g/cm^3$。最终得到的生料带厚度约为$50\mu m$。

7.2.7.3 干燥和拉伸

在带子进入拉伸阶段和最终完成产品之前，必须除去润滑剂，方法有以下两种：一种是送进高温烘箱，另一种是用较易挥发的溶剂萃取，随后再在较低温度下的烘箱干燥。实际使用中，萃取技术用得较少，因为除去润滑剂需要使用有毒的溶剂如三氯乙烯。从烘箱中挥发出的溶剂可从排出的废气中回收和再循环。烘箱必须彻底排气，使释放出来的溶剂气体浓度降低到最低爆炸极限以下。干烘箱的温度设置依溶剂种类而定（150～300℃），但是必须注意带子本身的温度一定要保持在PTFE的熔点温度（342℃）以下20～30℃。部分受到烧结的带子，即使只有部分聚合物达到其熔点温度，就不能用作绕包带。

除了绕包带外，用于丝口密封的生料带都要在一定温度下经受拉伸。一般而言，这种拉伸都是单轴向的（制造EPTFE需要双轴拉伸）。拉伸可在双辊或三辊机上进行。两个辊筒以不同的线速率转动，同时需要向其加热。拉伸的作用除了可以增加产率外，有报道说可以改善带子的性能。单轴拉伸典型的拉伸率小于150%，拉伸速率每秒小于5%。两个辊筒不同的线速率决定了所得到拉伸的长短，如果同样的线速率，就没有拉伸。以下是两辊筒相距14m的情况下实施拉伸的典型例子。

辊筒1线速率 / (m/min)	辊筒2线速率 / (m/min)	总拉伸率 /%	拉伸速率 / (%/min)
30	20	140	700

7.2.8 膨体 PTFE 的制造

7.2.8.1 概述

用高分子量、高清洁度的分散 PTFE 树脂制造的膨体 PTFE（EPT-FE），是均聚的分散 PTFE 树脂加工的一项独特和在高端应用领域具有重要价值的发明。制造过程中不添加任何填充料和化学发泡剂，完全依靠独特工艺条件下的快速、双向和高倍数的拉伸使 PTFE 材料中产生大量微孔从而获得"膨化"的效果。实际上，由于大量空气以微孔形态充入，膨化后的 PTFE 材料可以看作 PTFE 和空气的复合材料。PTFE 膨化的结果赋予了该材料很多独特的性质，如柔软性、多孔性、低密度、低介电常数等，同时因密度大幅度降低可以大幅度节省材料。PTFE 通过拉伸膨化的技术最早是由 W. L. Gore 在 1969 年发明的。以此技术为核心成立的 W. L. Gore & Associates 公司随后实现了产业化并实现了其在越来越广泛领域的应用及市场开拓，以年加工数千吨分散 PTFE 并将其转化为种类繁多的制品，实现了年销售收入 30 亿多美元的庞大产业。国内近 10 多年来也先后有多家研究机构和企业开展了 EPTFE 的制造技术研发并获得成功，涉及制品有 EPTFE 薄膜、扁带、管子和棒材等，Gore 公司也在国内设立制品加工和推广应用的独资和合资企业。在国内，EPTFE 在纤维复合材料、空气过滤和净化、医用材料、微电子和电气组件等很多领域的应用日益增加。

由于大量微孔的存在，EPTFE 材料及其制品的密度小于 0.1g/cm³，而普通 PTFE 树脂密度为 2.15g/cm³，是未烧结膨化的 PTFE 制品密度（1.5g/cm³）的 1/15。EPTFE 空隙率高达 96％以上，普通 PTFE 树脂的结晶呈折叠链排列，分子量越大，则每一个分子链内的折叠链数量也越多。在一定温度和拉伸速率作用下，这些折叠着的分子链被拉开成纤维状的结构也越多，纤维状分子链相交成为纤维的结点，纤维与结点之间的空隙就是微孔。EPTFE 膜在放大 6000 倍电镜下的照片证实了这种纤维、结点和微孔结构的存在。

7.2.8.2 膨体 PTFE 的制造工艺

膨体 PTFE 的制造工艺是从分散 PTFE 树脂的糊状挤出开始的，经过同生料带制造相同的程序得到彻底去除助推剂润滑油的未烧结未膨化 PTFE 带、片或棒等初级半成品，然后经拉伸、定型等程序，最终得到膨体 PTFE 制品。膨体 PTFE 制造工艺的核心和关键是选料、拉伸和定型。制造高质量膨体 PTFE 的原料分散 PTFE 树脂必须具有很高的分子量，一般认为，表征分子量的 SSG 必须小于 2.16，最好能为 2.15。只有分子量很大，才有可能得到足够多的纤维状结构，形成高空隙率的膨体材料。另一要求是原料 PTFE 要具有高的结晶度，如 98％以上，含有少量共聚单体的分散 PTFE

不能用，因为任何共聚单体都会产生结晶缺陷，降低结晶度。

整个膨化过程包括基膜制造、基膜受热拉伸、拉伸后膜的稳定化及冷却几个步骤。

(1) 基膜制造 用同制造生料带同样的工艺制成片材，在一定张力下干燥去除助推剂，使之成为有25％～30％空隙率的多孔膜。这种膜在6000倍电镜放大下观察，可见似龟裂的干土，存在空隙也很小，称为基膜。对其进行观察，看不到纤细的微纤维。但因干燥时逸出的助推剂所留下的位置为后续拉伸时纤维网络的扩展留出了发展空间。

(2) 加热拉伸 将未经烧结的PTFE基膜置于能进行高速拉伸的装置内从35℃加热到320℃，边加热边快速拉伸。此时，存在于基膜中的微纤维也受到拉伸，形成微纤维之间互成网络的空隙，纤维束的连接处成为纤维结点。微纤维之间空隙大小决定了孔径大小，而结点的多少与大小决定了空隙率多少。

在快速拉伸过程中，PTFE微纤维的位移与空气有较强的摩擦而产生正负静电荷，使空气立即充入空隙之中。空气充入量与纤维构成的空隙率有关。拉伸速率与能否成孔有关——速率越快越易成孔，纤维间的相对运动及空气的摩擦程度就越大，带有静电荷的空气就越易充入纤维之间的空隙内。在一定范围内，拉伸力越大，拉伸速率就越快，因此被拉开的纤维束越多，充入的空气量也就越多，EPTFE的相对密度就越小。Gore公司生产的Gore-Tex®的空隙率可达到50％～98％。

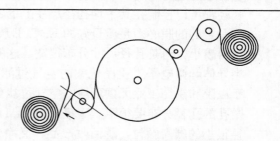

■图7-6　PTFE单向拉伸设备示意图

膨化可以通过对PTFE的单向或双向拉伸实现，拉伸过程的条件可以在较宽的范围内确定。除拉伸温度外，拉伸速率可为10～40000％/s，拉伸倍数为原始长度的50～2000倍。单轴拉伸的示意图见图7-6。

(3) 拉伸后膜的稳定化 为了稳定刚形成的膨化结构，拉伸后的膜须在一定的张力下及在熔点以上温度下进行热定形处理。即将拉伸过的制品在受限制的装置内继续加热到330℃以上保持一段时间，以避免其收缩，此过程称为无定形锁定，起阻碍结晶部分的位移而保持稳定的尺寸。同时，在膜的表面产生一层极薄而坚韧的膜，使包裹于内的空气不易受压逸出。无定形锁定最佳的热处理范围为350～370℃，处理时间可从几秒到1h。

(4) 冷却 在拉伸膜完成稳定化所需保温时间后，使其自然冷却至室温。

7.2.8.3 膨体 PTFE 的主要应用

EPTFE 的制品形态可分为薄膜、扁带、管子和棒材等，其中以薄膜及其制品应用最广。按其特性开发使用的功能有分离功能、柔软性、弹性和密封性。其中以分离功能和防水透气性能应用最广。

(1) EPTFE 过滤膜 EPTFE 微孔膜的厚度一般为 0.03～0.10mm，主要用作气固相分离膜，平均孔径为 0.1～10μm，气泡点压力为 130～4000Pa，空气透过流量为 1.5～24L/（cm² · min），拉伸强度为 20～60MPa。

实际使用中常将 EPTFE 膜加工成过滤袋，特别适用于气体介质温度较高、有酸性或碱性、流体中所含固体粉尘颗粒粒径很小等情况，可以用于滤去固体粉尘颗粒净化气体或空气，也可以从工业尾气或废气中捕集被夹带的有用产品的颗粒或不允许排放的固体粉尘颗粒，同时净化排放的尾气。EPTFE 分离膜与织布（涤纶、芳纶等织物）复合后可用作炼钢厂、发电厂、焦炉和煤的气化装置，碳素厂及其他燃煤锅炉等的高温烟道气的除尘袋，烟道气通过内壁的 EPTFE 膜时，粒径大于 10μm 的固体微粒被挡住并滑入袋底，而高温气体则透过膜排出。如果选择孔径小于 1μm 的 EPTFE 膜，则可以对降低从这些气中夹带的 PM2.5 颗粒作出很大贡献（孔径越小，气体透过阻力也越大，需要的动力也大）。质量好的 EPTFE 膜其绝大部分孔径都可以控制在其平均孔径尺寸上下，即孔径尺寸分布很集中，因而用于这种目的的膜必须是质量好的 EPTFE 膜。质量较差的膜虽然平均孔径也可做得较小，但是孔径尺寸分布很宽，这就达不到有效控制微粒的效果。对于半导体和微电子工业净化室的空气过滤膜，要求平均孔径小于 0.2μm，用于医院和制药工业无菌环境的空气过滤要求膜平均孔径小于 0.05μm，而且微孔的孔径分布要很窄。碳素厂用 EPTFE 过滤袋捕集高温尾气中夹带的粒径很小的碳素颗粒，既回收产品，又净化排放的废气。染料厂则用 EPTFE 膜过滤袋回收固体染料粉末干燥后高温尾气中夹带的染料粉末，同时净化了排放的尾气。氟化工单体生产中常碰到高温裂解气中夹带数量可观的结炭物（特别是从 TFE 热裂解生产 HFP 的过程），很难分离，往往会堵塞后续的管道、阀门甚至填料塔的填料，在裂解气急冷后采用 EPTFE 膜过滤袋技术是一种很有效的选择。

(2) EPTFE 膜用于服装面料 在 EPTFE 的推广应用中，将其同其他织物如聚丙烯和氨纶的混纺织物复合后制成包括服装面料、帐篷等制品是最早市场化的产品之一。EPTFE 膜用于服装面料有两类，一类是防水透湿型，这也是 EPTFE 膜同聚丙烯和氨纶混纺织物复合而成的，EPTFE 的孔径分布在 0.02～4.0μm。水蒸气分子直径为 0.004μm，而雾滴和各种不同大小雨滴的尺寸在 20～10000μm 之间，所以雾滴和雨滴被挡在复合面料的织物之外，而人的汗蒸气可以透过织物向外扩散而不会积聚，使人体保持舒适。另一类是防风保暖型（称为 wind stopper），EPTFE 膜的空隙为非开孔型，而呈弯曲的网状结构，故服装外面的风不易从空隙透过此类复合织物进入服装和人体之间。从而使服装保持既轻便而又具有良好的保暖作用。

EPTFE 膜同其他织物的复合面料特别适合制作户外运动装（如登山服、滑雪装等），宇航员穿着的航天服，在寒冷地区活动的战斗人员的军装、军用帐篷、手套和保暖靴等，也适合阴雨天室外工作人员的防水服、消防人员的保护服等。

(3) **EPTFE 密封材料** 加工成厚度为 1～6mm 的 EPTFE 板材或宽度为 3～25mm、厚度为 1.5～10mm、长度为 5～30mm 的条带均可作为优良的密封材料，可用于各种通风管道、玻璃接头、热交换器、压缩机法兰、水-液-气多相系统的管道法兰密封等，具有良好的耐蠕变性、压缩变形小、疲劳寿命长等优点。但是压缩机高压部分不适合使用这种材料，实践中发现由于内外压力差很大，高压气体会从 EPTFE 板制成的密封垫微孔中向外泄漏，出现类似"蟹沫"状。

(4) **EPTFE 管材及在医疗方面的应用** 像分散 PTFE 树脂推压成管一样，制成的坯管经干燥除去助推剂，双向拉伸和热定型后即成为 EPTFE 管，它是具有微孔的柔性软管。这种软管除了可以用作过滤材料外，另一个重要的应用是制造人工血管（动脉管及静脉管）、人工气管、内窥镜导管（包括微创手术插入人体或血管用导管等）。EPTFE 制成的人工血管内含有 50％～60％的微孔，大量纵横交叉的孔径达微米级，人体的组织细胞能在空隙间攀附生长，最终成为人体血管的一部分。EPTFE 的生理惰性使它能与人体组织浑然一体，具有极好的相容性。为适应动脉血管和静脉血管在人体内受压等特点，它们还需要增强。动脉血管的增强是在血管外面绕包一层极薄的 EPTFE 膜，静脉血管的增强则由丝状的多孔 PTFE 作圈状或螺旋形包绕，以提高它们的抗压性。这样的制作可以使动脉血管能承受血压的脉冲，静脉血管能承受肌肉组织的挤压。

EPTFE 在医疗上的应用除人工血管外，还包括人造硬脑膜、心脏补片（如人工二尖瓣修补）、鼻部整形、肺切除后的残腔堵塞以及普通外科和整形外科的手术缝合等。

7.3 PTFE 浓缩乳液的加工方法和应用

7.3.1 概述

PTFE 浓缩乳液又称 PTFE 分散液，是四氟乙烯在水为介质和全氟碳化合物分散剂存在下聚合得到乳液，再经浓缩和加入稳定剂（表面活性剂）后得到的固含量约为 58%～60% 的白色乳液状产品。乳液中 PTFE 颗粒的尺寸依聚合配方和聚合工艺不同一般为 0.15～0.25μm（也有说在 0.20～0.30μm），PTFE 浓缩乳液同其他 PTFE 树脂产品相比的特点是产品呈液态；其应用与 PTFE 树脂固态产品不同，其加工方法主要包括浸渍、喷涂、纺丝和薄膜浇铸等。

7.3.2 应用

由于其涂装技术很成熟，PTFE 浓缩乳液的最终应用非常广泛。按产品功能和加工技术划分这些应用如表 7-7 所列。

■表 7-7　PTFE 分散液产品及应用

产 品	应 用
涂覆的编织玻璃布或其他纤维	建筑用纤维 气密垫圈和复合材料 电气绝缘材料 脱膜片材，软管
浸渍亚麻纤维，聚芳酰胺和 PTFE 线，或线条状结构（过去用石棉）	填料、密封和气密垫圈
PTFE 分散液浇铸膜	小电容器中的隔膜和绝缘，多层复合材料
涂覆的材料表面	低摩擦和不粘表面
纤维和织物	线条，工业纤维和滤布
同聚合物或非聚合物材料的共混材料	火焰中防滴塑料

这里的着眼点集中在 PTFE 分散液制品的外形和形态，它们受制造工艺的影响。另一优点是 PTFE 分散液能够比其他 PTFE 树脂粉接受更多的填充料。同填充料结合的工艺称为共凝聚，这类混合物的主要应用是制造特种轴承。还有一些量虽不大却具重要意义的应用如燃料电池、干电池、除尘过程和氯碱工业。

PTFE 浓缩乳液应用分类的另一处理方法是依据制品是否需要热处理和需要怎样的热处理。有些制品需要烧结，另一些则不需烧结但需要加热干燥和除去表面活性剂。也有些制品既不要烧结也不需要加热到除去表面活性剂。这些分类参见表 7-8。

7.3.3 储存和处理

PTFE 分散液在运输和长期储存中存在着稳定性问题，不恰当的运输和储存条件可能导致 PTFE 颗粒凝聚结团和沉降分层，这个过程是不可逆的。

直接使用这种发生过沉降分层的 PTFE 分散液进行加工，会产生极严重的质量问题。

■表 7-8　按加工方法分类的 PTFE 分散液应用

制品需烧结	制品不需烧结，需加热	制品不需烧结，不需加热
涂覆的编织玻璃布	过滤布	填料
PTFE 线条	电池用	气密垫圈
浇铸膜	同聚合物和非聚合物材料的共混材料	电池用（有时需加热）
金属涂覆		除尘用材料
共凝聚产品		油漆添加剂
氯碱工业用产品		
燃料电池		

绝大多数 PTFE 浓缩分散液应当在 $5\sim20℃$ 下保存，务必避免分散液受冷冻结，以免发生不可逆的 PTFE 颗粒凝聚现象。绝大部分库存 PTFE 浓缩分散液的最大储存期不超过一年（很多国产 PTFE 浓缩分散液储存稳定期只有 6 个月）。每个月应将浓缩液包装桶摇滚一次或轻轻将乳液搅动几下以使其复原。如果储存温度太高，或者受到剧烈的搅动和剪切，或者储存时间太长以及每月的复原操作没有进行，甚至有化学品误加入，这些情况下都会发生 PTFE 颗粒的凝聚。

对 PTFE 浓缩分散液进行微观考察时可发现总有颗粒的凝聚，白色团块的数量级可以表明分散液是否凝聚或已报废。正常的分散液即使有少量凝聚物，应该呈均匀态且没有团块。

PTFE 分散液含有一种或多种表面活性剂（和其他添加物），如全氟辛酸铵（工业上简称 C_8）和烃类环氧乙（或丙）烷制成的含—OH 基长碳链醚类非离子表面活性剂。但是长碳链醚类化合物作为表面活性剂的 PTFE 乳液难以黏附于已烧结过的 PTFE 玻璃布上，原因是这种分散乳液的表面张力要比 PTFE 塑料的表面张力高出一倍左右。如果使用含氟醚的表面活性剂，则乳液的表面张力同 PTFE 表面张力相当，所以就能黏附于已烧结过的 PTFE 玻璃布上。在 PTFE 聚合过程和乳液的浓缩过程中如果有较多离子残留在分散液中，对稳定性和储存期长短也是有很大影响的。用适当的方法如离子交换树脂吸附处理，可以大大降低 C_8 及其他离子的含量。实际使用中，常常要以水稀释浓缩乳液以调节黏度，此时必须使用经过严格处理的去离子水。

在国际贸易中，长途运输 PTFE 乳液的途中常会遇到高于 $40℃$ 的高温（如集装箱轮在经过印度洋赤道附近时箱内可超过 $50℃$）和冬季北方低于

0℃的低温，应充分满足保持分散液稳定性的条件。

7.3.4 涂覆过程

PTFE 浓缩分散液的涂覆过程按工艺过程可以分为多层或单层工艺类，也可按是连续涂覆还是制品单件涂覆分类。PTFE 浓缩分散液在按照配方稀释和加入添加物后通常涂覆在连续的平面基材（主要是金属）或纤维类网状材料上。在网布上可以涂覆单层 PTFE，也可涂覆多层。适于单层涂覆的方法有计量棒涂布、浸涂、差距涂、凹面涂布、逆转辊涂、气刀涂布以及正向辊涂等，DuPont 专利中公布的滑轨涂布（slide coating）则适于多层涂覆，槽模涂布和帘式淋涂可以特制成适于单层或多层涂覆。

有 3 种方式可以将液体涂料转移到需要被涂覆的基材（含网）表面。第一种是将基材浸没到液体涂料中，这称为浸涂。当基材从涂料料槽中升起时其表面会夹带过量的涂料，用刮刀或棍子将这过量的涂料挡回料槽循环使用，从而可以计量留在基材（或网）上的涂料量。第二种称为双辊涂布或逆向辊筒凹型涂布法，简称辊涂。其中一个辊筒在转动时将涂料带上来并沉积在包在另一辊筒外一起逆向转动的基材表面上，涂料计量也是通过刮刀控制和调节。第三种方法是喷涂，即将液体涂料借助喷雾方式转移到基材上。

浸涂是用 PTFE 分散液涂覆布料和网最常用的方法。表面坚硬的基材则用辊涂或喷涂方法。

7.3.5 分散液配方和特征

PTFE 浓缩分散液的主要性质和特性包括固含量、pH 值、稳定性和（涂层）临界开裂厚度等。这些对于分散液加工的配方和应用都很重要。

PTFE 分散液是胶体乳液，乳液中所含聚合物颗粒尺寸小于 $0.25\mu m$，它们都带负电荷。由于所含 PTFE 浓度较高，分散液的密度也较高。PTFE 分散液密度同固含量有对应关系，见表 7-9。配比时需要的浓度只要用水稀释达到与此浓度对应的密度即可。

■表 7-9 PTFE 浓缩分散液的相对密度

浓度(固含量)/%	相对密度	固体密度/(g/L)
35	1.24	430
40	1.29	515
45	1.34	601
50	1.39	695
60	1.51	906

供应给用户的 PTFE 分散液通常都是碱性，pH>7，这是为了抑制储存期内细菌的生长繁殖，特别在偏热和湿度过高的情况下，尤其重要。细菌靠分散液中的表面活性剂存活。表面活性剂的分解会产生恶臭并使分散液呈棕色。需要调节 pH 值时，加入一定量的酸即可。但如加入酸偏多，则会因离子强度过高而造成凝聚。分散液离子强度也影响其导电率，后者也是 PTFE分散液的一个重要特性，可以用来指示和判断分散液的储存寿命。用普通电导仪可以很快测出导电率，而导电率也能影响分散液的黏度和剪切稳定性。如果导电率很高，则会使分散液失去稳定性。

湿涂层的厚度会影响经烧结后最终得到的涂层质量。过厚的聚合物涂层在干燥后易生成裂纹。涂层的临界开裂厚度是指单层涂层不出现裂纹的最大厚度。涂层厚度在 $5\sim25\mu m$ 一般不会出现裂纹。具体每一层涂层的厚度同配方、分散液的品级、应用过程的参数及被涂装制品的几何形状等有关。要得到厚的涂层，可以采用多层涂装方法。

PTFE 浓缩分散液一般都含有非离子型表面活性剂，以增进分散液的润湿性和调节黏度。Triton® X-100 是最常用的表面活性剂之一。在 PTFE 的烧结温度下，它们会完全分解，大部分分解产物以气体形式释放，只有极少量残留物。

分散液的很多应用中需要有一些其他性质，这就需要加入填充剂、颜料、流平促进剂、流动性能改善剂和其他一些添加剂等。例如，加入玻璃纤维作填充剂就可以降低涂层的冷流（蠕变）现象，所有添加剂的加入都必须轻轻搅拌以避免 PTFE 凝聚。

对于有些应用，要求提高分散液黏度以保持加工过程中涂层厚度均匀的情况，可以加入水溶性增稠剂，如丙烯腈聚合物就是一种能提高分散液黏度的物质。加入 1％的 Carbopol 934（卡波普，即羧基乙烯聚合物）可以将含 60％固体分散液的黏度提高 30 倍，达到 $6\times10^{-1}Pa\cdot s$，可选用的其他增稠剂还有如 Acrysol® ASE 丙烯腈聚合物和 Natrosol® 聚羟乙基纤维素等。另一种增稠方法是加入非离子表面活性剂，这种增稠方式不会使黏度增加到不能接受的程度。在涂层经受烧结时，其中的增稠剂和表面活性剂一样都会分解为气体。

7.3.6 玻璃布的涂覆

玻璃布用 PTFE 分散液涂布的过程包括将玻璃布通过展卷机送到装有 PTFE 分散液的沟槽，从分散液中以一定速度通过后，按配方配制的湿 PTFE 涂层借助其黏度以一定厚度覆盖在玻璃布上，经过干燥和烧结后经收卷即成为产品，俗称 PTFE 漆布。通常要达到希望的涂层厚度，需要重复涂覆操作几次。有的情况下，并不是每一次涂布后都进行烧结，前几次可以免除烧结。此时，浸涂过的玻璃布需先经过几次辊压，以将破损的纤维压入柔软的 PTFE 分散液涂层，然后在后续的每次复涂后均进行烧结。

进行 PTFE 涂覆前，需对玻璃布进行预处理。玻璃布由玻璃纤维织成，在编织过程中，这些纤维要涂上起润滑作用的精整剂以避免因擦伤而卷成团。精整剂在烧结时分解和炭化，留下淡黄褐色泽。此类色泽可用化学方法处理或加热方式除去。

玻璃布表面平滑，而且是多孔的。它在水中不会离子化，也不吸收 PT-FE 分散液。每次只能带起少量分散液，如果需要形成平滑的涂层表面，必需多次反复进行浸涂（最多可达 10 次以上）。

玻璃布的涂覆设备主要包括：浸涂料液槽、干燥和烧结炉（塔）、展卷辊和收卷辊等。料液槽带有水夹套以保持分散液温度在 20～25℃，并在设计上尽量减少暴露在空气的部分以减少分散液因水分挥发而造成 PTFE 浓度变化。干燥和烧结炉由 3 段组成：干燥段、烘焙段、烧结段，温度分别为 70～80℃、280～290℃ 和 400℃。进入烧结段，粉状 PTFE 颗粒熔融，界面消失而熔接成为与玻璃布基材有良好粘接力的 PTFE 膜，若烘焙后的玻璃布经两个压辊紧轧一下再去烧结，可使得到的 PTFE 均匀地密布于玻璃布中，既增加了粘接强度，还可使 PTFE 漆布的表面更光洁，介电性能更好。需要进行浸涂的次数由最终得到的涂层厚度和质量的要求、所用玻璃纤维的类型、分散液涂料配方等决定。

PTFE 浸涂的玻璃布大量用于防黏材料，尤其是工况条件在 150℃ 以上时，如用作熔融热封聚乙烯薄膜时的防黏底垫等。宽幅的 PTFE 玻璃布大量被用于户外建筑的顶棚和大型体育场馆等公共场所的屋顶，既有一定采光性，很轻便，又有较好耐候性，还能在雨水和风力下具有自洁性能。

将 PTFE 漆布裁切、多层叠配后经热压成为有一定厚度的层压板，薄的可用作电工绝缘材料、雷达天线罩、电器构件和耐蚀叶片等，厚的可用作低摩擦系数的滑道材料（造船厂船舶下水时用）。将 PTFE 漆布与铜箔单面或双面复合制成的覆铜箔板，是一种在超高频、高温下应用的印刷线路基板。还可以经单面化学处理后涂上胶黏剂，成为使用方便的防黏、绝缘用胶黏带。

7.3.7 亚麻和聚芳酰胺浸渍

亚麻和聚芳酰胺浸渍是 PTFE 浓缩分散液浸渍加工的另一类型。亚麻和聚芳酰胺浸渍加工后用来加工填充材料和气密垫片。以前曾广泛使用的石棉浸渍填充材料由于石棉禁用已不再使用和生产，但是石棉浸渍的方法同样也适用于亚麻和聚芳酰胺浸渍。整个过程同玻璃布浸涂相似，包括将待浸渍材料浸没于料槽、浸渍过的制品材料从槽中升起时提起部分分散液即在表面生成 PTFE 层，再接着干燥和烘烤。但这类材料通常不需烧结。石棉在水中会部分离子化形成正电荷，这有利于带有负电荷的 PTFE 浓缩分散液在石棉线条表面凝聚，同时还阻止了 PTFE 向制品主体内部渗透，可以节约 PTFE。

浸渍处理前，可将浓度 60％ 的 PTFE 浓缩分散液用去离子水进行适度稀释，同时补加一些非离子型表面活性剂如 Triton X-100。干燥和烘焙后最好再经过压延处理，可使制品表面光滑。

石墨和多孔性金属材料也可以实施 PTFE 分散液的浸涂处理，操作方法是将待浸涂制品置于浸涂料槽，利用抽真空方法抽去空气，制品小孔中空气也一起被抽去，再让空气回到料槽液面上，压力差就会推动分散液进入微孔内部。要增加浸入量，就需要多次循环操作。同玻璃布不同，石墨和多孔性金属材料浸涂在干燥和烘焙后还需要烧结。这种 PTFE 浸涂的石墨制品在化工行业有不少应用。

7.3.8 金属和硬表面的涂覆

金属和陶瓷材料表面用 PTFE 分散液涂覆后可以使表面具有防腐蚀和防黏的效果。达到这类目标所用的 PTFE 分散液可以是纯乳液型，也可添加其他成分，主要应用范围包括家用和商用炊具涂层、工业设备防腐防黏涂层等。纯乳液型和配方型涂层各有优缺点，纯乳液型不含任何添加物，形成的涂层表面完全由 PTFE 构成，同配方型相比更光滑、微孔也更少；配方型涂层形成的表面通常更硬，磨损、磨耗比纯乳液型小。

7.3.8.1 纯乳液型涂层

纯乳液型涂层只适用于铝材及其他少数几种合金（如铝/镁合金）。烧结后典型的涂层厚度小于 $25\mu m$。进行分散液涂覆前铝材表面必须先实施粗糙化以保证涂层和基材之间具有最大的接合力。表面处理的方法之一是将制品在浓度为 20％～30％ 的盐酸中浸蚀，此前，还需进行表面除油处理以保证酸洗效果均匀。除油可用有机溶剂或磷酸盐水溶液浸洗。从环保角度考虑，应优先考虑用磷酸盐水溶液浸洗，然后再分别用自来水和去离子水淋洗。制品用水淋洗之后，将其慢慢浸入保持在室温下的稀硝酸溶液中几分钟，再用自来水和去离子水彻底洗涤后进行干燥，干燥后的制品决不能再用手摸或受到任何外来物质的污染。否则，那些受污染处的涂层会出现严重质量问题。铝制品表面涂覆 PTFE 涂层的方法可以是喷涂或浸涂，单件制品均采用喷涂，将 PTFE 分散液的黏度调节到 $300～400mPa \cdot s$ 较合适，有利于分散液渗透到经粗糙化形成的表面微孔中。实施涂覆操作后即进行干燥和烧结，干燥温度保持在 90℃，几分钟后水就全部除去，烧结时应保证制品涂层表面不再留有水分，否则，在烧结时水分快速的挥发会损害涂层。烧结温度应保持在至少 380℃以上。

7.3.8.2 配方型涂层

金属表面涂覆 PTFE 用得较多的是配方型涂层，应用于家用和商用炊具以及建筑涂层需要有较好硬度和良好耐磨损性能，为了克服纯 PTFE 树脂涂层较软和耐磨损性能较差的缺点，需添加一些配方料，此外还需添加各种色泽的无机颜料。配方型涂层不能直接粘接于金属基材上，而需要用一些化学品构成的底漆，最常用的是磷酸和铬酸的混合物（俗称铬磷酸配方底漆）。在实施底漆涂覆之前，对制品表面需进行处理，包括脱脂（除油）和喷沙。喷沙要求达到粗糙度高度为 $5\sim10\mu m$。喷涂之后进行干燥、烘焙和烧结，控制温度分别为 $90\sim100℃$、$250\sim300℃$ 和大于 $380℃$。

以 PTFE 不粘锅为主要应用的食品炊具配方涂层，在 PTFE 浓缩分散液的消费市场占有很大份额，涉及千家万户和不少加工企业，知名度也很高。这里使用的 PTFE 分散液配制的涂层中因 PTFE 乳液生产中含有被认为疑似对人体有害的 C_8（全氟辛酸铵），被媒体广泛炒作为不粘锅有毒，造成公众某种程度的恐慌。从烧结温度可知，就算不粘锅涂层在烧结之前含有少量 C_8，但是这种羧酸铵类化合物在 200℃以上就开始分解了，在 380℃以上分解很快且彻底。所以 PTFE 不粘锅对于人体是很安全的。而且现在制造商已推动从分散液中用萃取或吸附法分离和回收 C_8，浓度 60%PTFE 浓缩乳液中 C_8 含量降到 50×10^{-6}（50ppm）以下（甚至已完全被替代），配制成不粘涂层后含量更低。

用于金属表面的配方型 PTFE 涂层，底漆分为食品级和非食品级两大类。用于炊具和直接接触食品的烘盘、金属传送带、食品加工模具等领域必须是食品级，因铬磷酸混合物配方中含有对人体有害的三价铬离子，不能用于这些领域。非食品级底漆（铬磷酸配方）涂层的典型应用为纺织、印染、印刷以及打印机辊筒等领域。

为了减少不粘锅涂层表面的细微针孔（需在高倍放大镜下才能观察到），选用的 PTFE 乳液最好是 TFE 聚合时加入少量改性单体（如 PPVE）的品级，改性单体加入量虽少，但是能显著降低结晶度，降低熔融温度和黏度，使涂层在烧结温度下多少有些流动性，从而使涂层表面更致密，减少不粘锅使用时酸性液体（如食醋）渗入涂层内部的可能性，延长不粘锅使用寿命。这种改性只要在 PTFE 微粒（初级粒子）的表层即可，就是核壳结构中壳层的改性。所以在整个聚合过程中，应当在聚合进行一段时间后再加入少量改性单体。

7.3.9 PTFE 丝的制造

即使在高温下，PTFE 树脂既不能溶解也不会在熔体状态流动，故不可能用熔融纺丝或普通的湿法纺丝工艺制得 PTFE 丝。由于 PTFE 特殊的耐高温、耐腐蚀等优点，通过克服 PTFE 非熔融加工性的特点制造 PTFE 的丝和线具有很好的应用和经济价值。PTFE 丝制成的短纤维、絮状物等制品或复丝制成的线绳等可用于生产轴承、过滤袋及阀门、搅拌桨和泵的填料密封等。多股 PTFE 单丝构成的复丝还用于编织成网布状制品，在制造氯碱工业用全氟离子交换膜中成为不可缺少的增强骨架材料。

制造 PTFE 丝用以下两种方法：①化纤载丝法，以 PTFE 浓缩分散液为原料；②膜裂丝法或称切割拉伸法，不用分散液为原料，而是用车削薄膜经机械切割等手段制造。

(1) 化纤载丝法 纯的 PTFE 分散液不具有可纺性，需借用类似将主要成分是木材纸浆的纤维素材料转换成纤维的工艺，称为化纤载丝法。其主要技术细节可参见美国专利 US Patent 2772444。将木材纸浆用碱性溶液处理使纤维素的羟基转换成盐，处理过的纤维素再同 CS_2 共混，就使烷氧基盐基团转换为硫羰基化合物，称为黄原酸盐。CS_2 转变过的材料是一种很黏稠的胶状物，再进一步处理（包括过滤）后可同 PTFE 浓缩分散液充分混合。这种混合物通过开有很多细小孔的喷丝板喷入酸中，形成很多根直径很细的单丝。CS_2 被回收和再循环使用。PTFE 丝用水淋洗以除去酸和其他杂质。然后多股 PTFE 单丝进入 400℃ 左右高温烧结，时间约数秒钟，经烧结后的丝经过多台转动的圆辊拉伸，拉伸后最终丝的拉伸强度约为 280～350MPa，这差不多是悬浮 PTFE 树脂粉拉伸强度的 10 倍以上。

实例1：黏胶成分为纤维素黄原酸钠，将其过滤后加入含有 Triton® X-100 的 PTFE 分散液中（浓度 60%），即可供喷丝用。凝固液则由硫酸钠、硫酸锌、浓硫酸和去离子水组成。配制方法：在容器内先加入去离子水，再加入质量比为 4:1 的硫酸钠和硫酸锌，加热至全部溶解后冷却，再缓缓加入浓硫酸调匀即成。

将 PTFE 分散液和黏胶的混合物用计量泵压出，经过滤器过滤后压入喷丝头（有多个孔径为 0.01mm 的小孔），喷丝头直接浸在凝固液内，离开小孔的混合液在凝固液中凝聚成纤维（丝），然后让纤维经过淋洗辊以 95℃的软水淋洗，纤维在干燥辊干燥后，于 440℃下以 1m/min 速率通过烧结炉。接着是拉伸处理，在 420℃下拉伸 8～9 倍即成为 PTFE 纤维。

实例2：木浆以碱液处理，使纤维素中的羟基转换为盐，再与 CS_2 混合，CS_2 的作用是将烷氧基盐转换为带硫代羧基的黄原酸盐，即得到一种黏稠的胶状体。将其过滤后与 PTFE 分散液混合均匀并喷入酸液内，此酸液把黄原素盐转换为 CS_2 和 PTFE 纤维（丝），CS_2 可回收再利用。所成纤维用去离子水清洗，脱去酸液和其他杂质，经干燥、烧结和拉伸就成为 PTFE 纤维。

具体操作过程为：将质量分数分别为 7% 的纤维素黏胶溶液和 6% 的氢氧化钠溶液混合，然后加入该混合液质量分数 30% 的 CS_2，经过滤和陈化后加入含表面活性剂 Triton® X-100（质量分数为10%）的60%浓度 PTFE 分散液，这就构成了喷丝用的胶状物，其中 PTFE 质量分数为40%，纤维素的质量分数为2.3%。经过滤后压入喷丝头有60个孔径为125μm 的小孔，喷丝速率为18m/min，经喷丝头喷出的丝立即进入由10%硫酸、16%硫酸钠和10%硫酸锌组成的凝固液，凝固的丝离开凝固液进入79℃的水浴中清洗，再在190℃的干燥辊上干燥，经干燥后的纤维强度为0.044g/dtex，再经389℃的高温热辊烧结，让纤维素热分解后将纤维拉伸到原长的7倍，成为强度为0.082g/dtex 的丝，最终形成了60股单丝构成的复丝，其细度为375dtex。

用以上方法制造的 PTFE 丝和纱是棕黑色的，这是因为纤维素在烧结时部分残留的炭留在 PTFE 丝内，如果需要白色的 PTFE 丝，可以用加热方法漂白，即将棕黑色的 PTFE 丝置于加热炉内，加热到300℃保持5天。但缺点是近50%弹性损失了。也可以进行化学漂白，将棕黑色的 PTFE 丝浸入加热到沸腾温度的硫酸中，并加入少量硝酸。缺点是产生很多废酸，对环境不利。

（2）膜裂丝法 PTFE 膜裂丝不是用 PTFE 分散液制造的，而是以车削薄膜为原料。控制刀具和车削条件，可以得到需要厚度的膜。将其送上流水线通过锯齿状刀具割裂成丝，经牵引辊拉伸、加热和再拉伸最终成为 PTFE 纤维（丝）。用膜裂法制得的丝是扁平的（图7-7）。

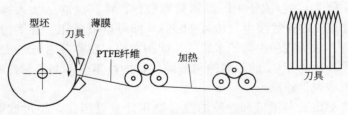

■图 7-7 膜裂法制 PTFE 丝的过程

7.3.10 PTFE 浇铸薄膜

聚四氟乙烯浇铸薄膜也称为 PTFE 流延薄膜，是以 PTFE 浓缩分散液为原料，在高度抛光的金属带上以流延方式均匀涂布后再经干燥脱水和烧结得到的薄膜。与车削薄膜相比，具有薄而无内应力的特点，厚度通常为0.01～0.02mm，可用于电容器的绝缘膜。

PTFE 浇铸薄膜呈各向同性，而车削膜的纵横向强度相差较大。两者的性能比较见表7-10。

■表 7-10　PTFE 浇铸膜和车削膜的性能比较

类型	厚度/μm	拉伸强度/MPa		断裂伸长率/%		弹性模量/MPa	
		纵向	横向	纵向	横向	纵向	横向
车削膜	76	52.3	40.4	450	350	469	517
浇铸膜	68	35.4	34.5	530	510	434.5	434.5

　　PTFE 浇铸薄膜的生产方法与设备和其他塑料的浇铸薄膜基本相同，不同之处在于对可溶于有机溶剂的塑料，涂布液的配制直接用这种溶液，而对于既不溶于水又不溶于有机溶剂的 PTFE 和 FEP，则用浓缩分散液（乳液）配制。PTFE 乳液按涂布工艺要求，加入非离子表面活性剂配制成一定黏度，典型的组成（质量分数）为 45%～50%PTFE 乳液和 9%～12%表面活性剂（以 PTFE 树脂为基准）。将配好的涂布液置于料槽内，料槽布置在一定高度并带有加热夹套。涂布液借自身重力从料槽底部的狭缝内流出，按试验的流出速率要求确定料槽液面高度和涂布液的黏度（涂布液成分确定后，就是控制温度），流出的 PTFE 涂布液均匀流涂在有转鼓带动的钢带流水线上，流水线实施分段加热，在加热段，水分被干燥，表面活性剂分解，然后钢带进入烧结段（加热段和烧结段都要密闭和抽出废气）。在温度为 360～380℃的烧结段，钢带表面的 PTFE 浇铸膜被烧结，熔融成致密的薄膜，冷却后靠机械力从钢带上剥离收卷在成品转鼓上。一次浇铸的膜厚度如果不够可以使膜先不剥离而重复数次浇铸成膜操作，直至达到需要的厚度为止。浇铸成膜的关键之一是保持钢带表面的低粗糙度和清洁度，流水线环境空气清洁也非常重要。

　　PTFE 浇铸膜成本较高，设备相对较笨重，故直接应用较少，但是在由浇铸法生产复合材料 HF 薄膜中得到应用。这种复合材料基材是耐高温和介电性能极佳的聚酰亚胺，它是由浇铸法在钢带上成膜的，由于其耐有机溶剂及化学腐蚀性不好，需在其上面复合氟树脂膜，先在聚酰亚胺薄膜的一面浇铸一层薄薄的 FEP 或 PFA 薄膜作为粘接剂，再在上面浇铸 PTFE 膜。这种多层复合膜耐刮磨性好，在航天领域的电线绝缘和其他工况相似的领域是不可缺少的复合材料。

7.3.11　其他应用

7.3.11.1　火焰滴落阻滞剂

　　一些工程塑料如聚碳酸酯、PET、PBT 和 ABS 等在火焰下会产生滴落，引起更快的火焰传播，一种有效的解决办法是将 PTFE 分散液加入这些热塑性塑料中，PTFE 微纤化并在熔融态保持高黏度，因而能阻止已熔化的软管聚合物材料的滴落，提高了材料的性能。引入火焰阻滞剂后，燃烧时间可以明显减少。

PTFE 分散树脂（细粉）和 PTFE 乳液都具有同样的效果。少量（质量分数小于 1%）PTFE 加入到软管用聚合物（粉料）中并均匀地分布，就可得到最大的效果。如用分散液，则比较容易保证材料混合的均一性，混合后经干燥脱水（最好在真空下进行），用双螺杆挤出机将混合物挤出造粒。

7.3.11.2 PTFE 与填充材料共凝聚制轴承

用 PTFE 分散液同较多填充材料混合后进行凝聚（或称共凝聚）用于生产特种轴承。主要目的是降低此材料的磨损和冷流，同时又保持 PTFE 低摩擦系数的优点。具体操作过程是，先将 PTFE 分散液同填充材料混合，加入盐类如硝酸铝，使表面活性剂转变为不溶性的物质，从而使填充材料和 PTFE（初级）粒子一起凝聚。所得糊状物的黏度可以由加入有机溶剂（如甲苯）的方法调节。这种"糊"被压延在钢底的多孔性青铜带上。在烧结后，上述载有 PTFE 和填充料共凝聚物的钢带被卷入轴承，这样带有填充料的 PTFE 就形成了轴承的内表面，这种轴承主要应用在汽车的避震器上。填料的选用最初是铅，后来发展了无铅的配方，如石墨、青铜和锌粉都可作填充料使用。

7.3.11.3 其他应用

PTFE 分散液还有很多其他应用，以汽车上的密封圈为例，一层厚厚的 PTFE 分散液涂层附着在金属表面上，这种密封圈只是加热升温脱水和除去表面活性剂而并不烧结，当密封圈被紧固时，PTFE 树脂在载荷下就经受冷流，还有助于保证完全的密封。

另一种有趣而不寻常的应用是制造昆虫捕集器，在这种捕集器的基材表面涂布 PTFE，低的摩擦系数使捕集器表面易滑动，从而防止还能爬行的昆虫逃离捕集器。

7.4 填充 PTFE 的加工方法及应用

7.4.1 PTFE 填充改性概述

悬浮聚四氟乙烯树脂的填充改性混合物在 PTFE 市场需求量方面占了很大的比重。一些大的生产商都开发了自己系列化的填充改性 PTFE 品级，也有一些专业化能力强的加工企业自己开发了一些独特的填充改性 PTFE 品级。所有这些，目的都是为了克服 PTFE 树脂的缺点，如易磨损和载荷下出现冷流等，这些缺点影响了 PTFE 树脂在机械领域的很多应用。早在 20 世纪 60 年代，人们发现在纯的 PTFE 中加入某些固体填充物，可以明显

改变其物理性质，其中主要就是改善磨损和冷流性能，填充后的悬浮 PTFE 树脂适合制造很多零部件，如机械工业方面密封垫片、轴封、轴承、轴瓦、活塞环、导向环和机床导轨等，在建筑和结构材料方面用于桥梁、隧道、钢结构屋架、大型化工管道及储槽的支承滑块等，化学工业中用作腐蚀性介质输送管道的密封、泵的机械密封、各类阀门中的阀杆、阀片等。耐化学品、低磨损和耐高温再结合机械方面的需求很快触发了对填充 PTFE 作为上述多种材料的产品系列化，常见的填充材料有玻璃纤维、石墨、碳纤维等。

7.4.2 悬浮 PTFE 树脂的填充改性

用于悬浮 PTFE 树脂的填充改性的填充物最常见的是玻璃纤维、青铜、钢、炭黑、碳纤维和石墨等。加入树脂粉中的填充物的上限是 40%（体积分数），在此范围内 PTFE 树脂的物理性质不会完全损失。另一方面，若低于 5%，则不会有明显的改性效果。消费的悬浮 PTFE 树脂总量中约有近50% 是以填充 PTFE 的形式制造各种制品。一般来说，生产商提供用于填充 PTFE 的标准品级有 3 种：低流动性级、流动性好品级和预烧结料。低流动性级适用于模压加工，流动性好的品级适用于等压（液压）加工和自动模压以及柱塞挤出。PTFE 填充树脂可以采用与纯 PTFE 相同的成型工艺进行加工，主要是模压和柱塞挤出。

PTFE 是难以同其他材料相共混的聚合物之一，这是因为它的分子呈电中性，不大可能产生分子间相互作用，而且即使达到熔融温度仍有很高黏度，难以流动包覆填充料的表面。又因其低的摩擦系数，降低了不同料颗粒之间的相互作用，使 PTFE 容易在混合过程中与填充料分开。

制造填充改性悬浮 PTFE 树脂有干法和湿法两种。干法混合是指在室温下将填充料与悬浮 PTFE 树脂直接混合，此法的缺点是难以做到均匀，优点是操作简便，生产效率高，产品成本低，故一直是普遍采用的混合方法。具体操作时，先称取一定量过筛的悬浮 PTFE 树脂加入到高速混合机内，搅拌 1min，让树脂颗粒相互间松开，停止搅拌后再按设定的比例加入规定量的填充料，继续搅拌 7~8min 混合即完成。

影响混合效果的主要因素有 PTFE 树脂粒径大小、搅拌速率、混合时间、混合时温度和单批混合数量等。其中以控制混合时温度最为重要，若搅拌时产生的热量太大，会阻碍 PTFE 树脂与填充料的均匀混合。混合机外设有夹套，通冷却水使混合机内共混物的温度不超过 15℃。干法混合工艺中，PTFE 树脂颗粒的粒径大小对填充 PTFE 的混合均匀性和混合所得最终材料的致密性起重要作用。树脂粒径小，则制品密实，强度大又耐磨。用于制造填充改性树脂的悬浮 PTFE 树脂和填充料，通常选用细粒度品级的 PT-

FE（平均粒径≤30μm）和填充料。这有利于扩大它们的接触表面而得到良好的力学性能。

湿法制造填充改性悬浮 PTFE 树脂，通常选用细粒度品级，采用湿混结团法让填充料均匀地分散于树脂内，先让悬浮 PTFE 树脂与填充料在碾磨机中初混成为低流动性共混料，再往共混制品内加入水、有机溶剂和表面活性剂，加热，加一定剪切力，使其形成结团料后干燥。

用于 PTFE 填充改性的填充料可以是无机物、有机物、金属及金属氧化物 3 类，无机物中包括：玻璃纤维（无碱 E 玻纤）、石墨、二硫化钼、SiO₂、炭黑、碳纤维、陶瓷粉等。有机物主要是一些耐高温的芳杂环聚合物，包括聚芳酯、聚酰胺酰亚胺、聚醚醚酮（PEEK）、聚苯硫醚（PPS）等。这些有机填充料能使共混物的表面特性如磨损、摩擦系数、表面张力等得到改善。用作填充料的金属及金属氧化物有铜粉、铅粉、镍粉、氧化铅和氧化亚铜等。

不同填充料的选择主要依据对改性的要求。表 7-11 为一组常见填充材料的规格和性质比较。

■表 7-11　用于 PTFE 填充改性的常用填充料的性质比较

填充料	材料规格	颗粒尺寸 /μm	颗粒形状	密度 /(g/cm³)
玻璃	E 玻璃	直径 13mm 长度 0.8mm 长/径比>10	磨碎的纤维	2.5
炭黑	无定形石油焦	直径<75	椭圆形	1.8
碳纤维	沥青基或 PAN① 基		短纤维	
石墨	碳含量大于 99%，合成或天然	<75	不规则形状	2.26
青铜	铜/锡=9/1	<60	球形或不规则形状	
二硫化钼	矿物（纯度 98%）	<65		4.9

① PAN 是聚丙烯腈的英文 Polyacrylonitrile 的缩写，PAN 纤维是高温碳化得到的碳纤维。

还有一些特殊的填充料用来制造在特定条件下应用的改性 PTFE 制品，如当玻璃受到一些化学品（如 HF 酸等）腐蚀的情况下，就可用氟化钙作填充料代替玻璃。又如矾土（Al₂O₃）本身具有优良的电绝缘性，用它作为填充材料还可以改善作为耐高电压元件使用时的力学性能，能够承受烧结温度的无机颜料加入填充料后赋予填充改性 PTFE 鲜明的色泽，有利于用户对不同制品的识别。云母具有薄片状结构，能赋予改性 PTFE 独特的性能。云母颗粒具有自动取向垂直于受压方向的性能，这种自动取向的结果明显降低了收缩和取向方向上的热膨胀。但是这种共混材料的物理性质明显变差，故只适用于受压的情况下。

7.4.3 分散 PTFE 树脂的填充改性

分散 PTFE 树脂（或称细粉）用于制造填充 PTFE 树脂要比悬浮 PTFE 树脂少得多，这是同分散法聚合的 PTFE 树脂的生产过程分不开的，聚合得到的乳液中的初级粒子在凝聚后成为粒径大约在几百个微米的次级粒子，分散树脂因颗粒尺寸大而难以同其他固体材料混合形成均匀的共混产物。高含量填充物的不均匀处会成为材料发生应力集中的点，使材料的物理性质变差。混合时过度的剪切又会导致聚合物颗粒的微纤化，PTFE 在混合时的这种微纤化会使共混物不能用于挤出。

7.4.3.1 加入少量填充料改性

用于输送航空器液压油或燃油的 PTFE 软管由分散 PTFE 树脂推压成型的内管制成。为了消散在燃油高速流动过程中生成的静电，需在分散 PTFE 树脂中加入质量分数为 1％ 左右的导电炭黑，具体操作是：将选定品级的分散 PTFE 树脂与导电炭黑一起在 V 形混合器中摇动混匀后，加入一定比例的助挤剂（润滑剂），再经陈化、压坯和推压成各种直径与壁厚的 PTFE 内管。加工彩色 PTFE 细管可在分散 PTFE 树脂中添加少量的细粉状颜料，经均匀混合后再加助挤剂推压而成。

7.4.3.2 加入大量填充料的制品

不加填充料的纯 PTFE 垫片在法兰之间螺栓的紧压下很快就发生蠕变，使垫片减薄泄漏，起不到密封作用，而且蠕变量随温度升高而增大。解决蠕变的有效方法是在分散 PTFE 树脂中加入高填充量的无机填料。但使它们在树脂中均匀地分布是工艺上必须解决的难题。一种有效的解决方法是采用双向片材的特殊成型工艺，分为以下几步：分散 PTFE 树脂中加入过量的润滑剂（溶剂油）使其成为浆料；过滤掉过多的润滑剂后即成为湿饼；经辊压或压延、干燥，使湿饼去净润滑剂，烧结干燥后得饼料。此工艺可以制得厚度为 6mm 的片材。这种片材经过双向取向操作，显示分散 PTFE 树脂加填料后的压缩形变同悬浮 PTFE 树脂填充料相比，只有后者的 30％ 左右，表明这种分散 PTFE 树脂填充料具有优良的形变回弹性。

7.4.3.3 PTFE 分散浓缩液的共凝聚

PTFE 分散浓缩液可用湿法混合法同大量填充料经均匀混合，然后共凝聚、滤去水相后再干燥，得到含有大填充量的改性 PTFE。湿法混合的优点是使填充料在树脂中的分布更为均匀，所以湿法混合的填充 PTFE 树脂制成的制品机械强度和耐磨损性能均比干法混合的好。但是这种方法所添加的填充料限于相对密度较小的石墨、玻纤、二氧化钛及三氧化二铝等，能在非离子型表面活性剂存在下成为悬浮于液体的物质。另外，由于热稳定性较悬浮 PTFE 树脂差，通常不宜成型需长时间烧结的大型厚壁制品，主要适用于模压成型小制件和推压成型薄壁制品。

共凝聚的方法有机械搅拌法、丙酮沉淀法和低温冷冻法等。以机械搅拌法最为简便。

7.5 PTFE 制品的成型及制造方法

如前所述，聚四氟乙烯由于其极高的熔融黏度，不能用熔融加工技术如注射等进行成型加工，实际应用需要有各种不同的复杂形状，只能通过对熔化过的坯料或粗制品进行二次机械加工的方法实现。有时，还需要将 PTFE 制件间相互粘接或者同其他材料粘接，当然这就需要赋予它可粘接性。这里要介绍的就是有关二次加工技术和粘接技术。

7.5.1 机械加工成型

只要切削工具足够锋利，所有惯用的高速机械加工操作都可以用来加工 PTFE，工具的磨损同不锈钢材料机械加工差不多。氟聚合物如 PTFE 的低热传导性会引起转动工具发热并使材料带电。这就会造成 PTFE 变形和工具的过度磨损。如不使用冷却液 PTFE 制品可以承受机械加工的深度为 1.5mm，如果要突破临界承受度就需要用冷却液，或者用自动进刀的车床加工。

如发生在 0~100℃之间 PTFE 工件有大尺度变化，则应在由于此变化引起的特定温度点测量工件的尺寸，方能保证加工的精确度。所有标准的机械操作包括车削、攻丝、刮削（铣）、镗削、钻孔、车螺纹、铰孔和研磨等都适用于 PTFE 和其他氟聚合物。这些加工操作中任何一种都不需要专用的机械设备。要让加工得到满意结果，必需仔细选择车速、刀具的形状和工艺条件。

PTFE 除了热传导较差外，其线膨胀系数是金属材料的 10 倍。这意味着任何形式的热量累积都会使工件在加工点引起明显的膨胀，偏离所希望得到的制品零件尺寸设计。如果刀具的表面速率超过 150m/min，则需要使用冷却液。在车速较高时，进刀减慢有利于降低放热。对于精细的切削，满意的表面速率要达到 60~150m/min，在这样的速率下，进刀速率应控制在 0.05~0.25m/min。选择刀具对于控制热量累积也很重要。一般而言，所有标准刀具都可以用，但是选用特殊类型的刀具可以得到更好的效果。

钝的刀具会影响车削时得到的公差。不够锋利的刀具会把坯料推离对中线，造成过度切削和过量的树脂切除。刃口不适当的刀具会对工件有压缩作用，造成浅切削。很锋利的刀具对于填充料制品的车削尤其重要。刃口采用用碳化物和司太拉合金（Stellite，钨铬钴合金，是钴合金工具钢的一种）等硬质合金制造的刀具可大大减少需要磨刀的次数。机械加工的PTFE制品其公差可达到±12～±25μm。对于PTFE制品机械加工达到的公差要求并非一定要很低，因为可以在安装时压缩适配，从而使成本降低。此种树脂材料的回弹性本身可使其达到同工作尺寸一致。通常在储存过程中充分让应力得到释放。

除车削加工外，还可以对任何尺寸的PTFE制品进行锯割和剪切加工。可适用剪切的薄板厚度应不超过10mm，可切割棒的直径不超过20mm。其他机械加工还包括钻孔、攻丝、车螺纹以及制车削膜（或薄板）等。

7.5.2 PTFE制品的粘接方法

7.5.2.1 基本概念

PTFE加工中时常会遇到需将同一材料的不同部件结合或者PTFE同其他金属或非金属材料（如陶瓷、其他聚合物等）结合的需求。采用黏结剂粘接是一种很简便实用的选择。但是，由于PTFE本身表面张力比其他所有固体材料都低，所以不可能直接实施粘接。将PTFE制品先进行表面处理是粘接效果好坏的关键。

表面处理的方法分物理方法和化学方法。物理方法就是表面粗糙化，即利用低压辉光放电产生的高能离子撞击PTFE表面，产生溅蚀作用，使PTFE表面产生很多微细的凹凸。这样胶黏剂就可填入这些微凹处而起粘接作用。化学处理法则是采用强脱氟剂把PTFE工件表面分子的C—F键中的氟原子剥离碳，裸露出C—C键的主链，使其表面张力升至30mN/m，从而具有一般极性表面的可黏性。

7.5.2.2 物理粗化工艺

实际上实施的物理粗化工艺是等离子处理。等离子也称辉光放电。用于材料表面处理的是一种叫做冷等离子（cold plasma）的能量。在0.13～0.18MPa的大气压下高频放电产生高能离子溅蚀PTFE表面，生成许多微细的凹凸，这种处理的表面与化学处理相比可以获得更高的粘接强度，因为它不受空气（含水汽）和紫外线的作用。反之化学处理工艺处理过的PTFE表面若不立即涂上胶黏剂，在紫外线下照射1h其粘接强度会明显降低。

7.5.2.3 化学处理工艺

化学处理工艺包括化学处理液的配制和PTFE表面处理两部分。可用的化学处理液有萘钠处理液和液氨钠溶液两种，前者处理后得到的表面呈棕色，后者处理后的表面呈乳白色。现场使用液氨不方便，所以国内加工者多半还是使用萘钠处理法。

小规模使用时，萘钠处理液是自行配制，即在 1L 四氢呋喃溶剂中溶入金属钠和精萘各 3mol。其具体配制过程：在 6～8℃下向四氢呋喃中加入研细的精萘，搅拌，让其溶解。溶液中充入高纯（不含氧）N₂ 保护，当溶液温度控制在 5℃以下时，可以将预先切割成丝或片的金属钠用清洁溶剂（无水乙醇或四氢呋喃）边清洗边分批逐步加入上述溶液中，保持不断搅拌，金属钠溶解过程中会放出热量使温度升高，控制温度不超过 15℃。额定的金属钠全部加完后继续搅拌 1～2h，达到全部溶解。为确保反应完全，最后让水浴温度升至 55℃。待溶液呈黑褐色时可停止搅拌，继续通入 N₂，将溶液压入棕色密闭容器中备用。储存期内必须避免空气、水汽及紫外线侵入。

在进行萘钠处理之前，必须先对 PTFE 进行表面处理，用丙酮或酒精擦洗去油去污，若需双面处理，就将 PTFE 片材全部浸入上述萘钠处理液中（处理液在使用前先经过滤除去未反应完的金属钠），浸没几分钟后取出，用温度为 90℃左右的热水冲洗，除净反应液中带出的 NaF 和 NaOH 等残留物，然后晾干。这样处理过的 PTFE 表面呈深棕色。对于只需单面处理的 PTFE 片材，可以将两块尺寸相同的片材用双面胶黏合在一起，以上述同样程序处理即可，处理完后将两块片材分开，去除胶纸后得到的就是单面萘钠处理的 PTFE 片。

7.5.2.4 粘接

经上述表面处理过的 PTFE 膜片和要求同其粘接的材料用一般的胶黏剂就可粘接。适用的胶黏剂有环氧树脂、有机硅、酚醛丁腈、聚氨酯及不饱和聚酯树脂等。将钢材、橡胶或其他材料表面除尽油污后涂上一层胶黏剂，再把经表面处理的 PTFE 片材贴合并用玻璃布带扎紧，进行热固化后就可得到 PTFE 同这些材料的复合材料。

7.5.3 PTFE 制品的焊接

靠黏结剂粘接 PTFE 不同零部件的技术只适用于氟聚合物不需承受大载荷的情况下。反之，必须采用其他连接方法如焊接。

因为不能熔融加工，所以有些复杂形状或大面积的 PTFE 板、圆筒、大口径的管子等的拼接或连接都需用焊接方法加工，常见的焊接方法有热压焊接和热风焊接等。后者是常规的热塑性塑料尤其是 PVC 加工最便捷的方法。

① 热压焊接 热压焊接是 PTFE 板与板之间连接较常用的方法。将需焊接的两工件焊接部位置于金属焊刀之间，上下压住，边压紧边加热，使焊接处熔合。PTFE 板之间焊接时可选用长条状的铝合金焊刀，如果是 PTFE 板与 PTFE 管焊接时则选用圆筒形的铝合金焊刀。

板与板的焊接方式分搭接焊和对接焊，板与管的焊接方式均为搭接焊。

搭接焊时，在1~2mm厚的PTFE板上开一小孔，将该板与带法兰边的PTFE管热压焊接成一体。这种方式可用于制造容器盖板，此法也可用于在容器上接上支管作为容器的进口或出口。还可以进一步制造异径三通、四通或容器侧面的连通管等较复杂的制件。当然，焊接上的支管直径必须小于主管直径。

焊接加工的质量评估主要是测试焊缝的剥离强度。当焊接温度达到(385±5)℃，压力为1~2MPa时，焊接处的焊缝强度为基材强度的90%左右。剥离强度可达1.5MPa左右。若在焊缝表面敷上一层PFA膜作热熔胶黏剂，则焊接时的温度和压力可适当降低，而焊缝在室温时的剥离强度可大于1.5MPa。

热压焊接的缺点是施工件有时很难适应施工设备，尤其大尺寸设备无法搬动到焊接设备上，而热风焊则具有灵活性，可在任何地方任何尺寸的施工件上施工。

② 热风焊接　利用PFA的热熔性，对PTFE可以像聚氯乙烯那样使用焊条进行热风焊接。这里所说的PFA焊条是由PFA树脂经挤出成型的直径为3mm左右的半透明圆条，或宽度为14mm、厚度为2.5mm的扁条。热风焊接机的热风温度最高可达600℃，风量达0.4~0.75m³/min。

被焊接的部分应切削成70°~90°的斜面，用丙酮清洗焊接面，将焊枪的热风温度调至420~430℃。同时将PFA焊条竖立于焊接处，先使其预热，待透明后让其倒入斜口中，电热风从焊缝的一端慢慢移向另一端，移动过程中焊条熔化同焊接件紧密结合在一起。焊接在高温中进行，会因分解产生少量有毒气体，而且操作人员距离较近，良好通风和有效的劳动保护非常重要。

热风焊的优点是适应性强，缺点是焊缝强度不如热压焊。热风焊的焊接强度为PTFE基板的60%。焊缝强度同焊接时的操作情况有密切关系。由于是人工操作，特别要防止因操作不当引起的某些点或局部小段假焊。焊缝质量的检验方法有两种，一种是静电试验，即电火花测试，检验时如出现电火花，即表示有虚焊或假焊点存在；另一种检验方法是蒸汽-水循环试验，让焊件通过0.2MPa压力的蒸汽和水各10min，交替试验500次不应有泄漏现象。

7.6 氟树脂的典型应用

本节介绍的是氟树脂（PTFE树脂）的典型应用。在本书第1章对氟树脂的应用领域有初步介绍。本章加工方法中也涉及了很多应用说明。PTFE

以其优异的耐腐蚀、电绝缘、耐高低温、低摩擦系数、不黏附、耐老化和生理惰性等综合优越性，在很多领域得到应用。以下是对 PTFE 的典型应用按行业作进一步介绍。

7.6.1　在化学工业领域的应用

近代化学工业的生产过程涉及到高腐蚀性流体，有些反应和分离过程以及物料的输送更是出现高温、有机溶剂和腐蚀性介质（强酸或强碱）等同时存在的情况，传统的管道、阀门等接触这些介质的设备，只得选用耐腐蚀性好的合金材料。随着氟树脂制造和加工技术的不断进步，特别是产量的大幅度增长和成本下降，以 PTFE 为主的氟聚合物作为衬里的设备及管道等已经和将更多地取代贵重的合金材料。采用氟树脂衬里设备，可能项目建设时的初始费用不便宜，但是使用寿命长，可以减少因设备原因的非计划停工，提高了氟树脂衬里设备的竞争能力。而且可以使产品减少因金属被腐蚀生成杂质的污染，有利于提高产品纯度。

氟聚合物在化学工业中主要应用之一是防化学腐蚀，即管道、容器和其他一些辅助设备的衬里和表面涂覆。这里基材常常是碳钢或玻璃纤维增强的其他塑料（FRP，即俗称的玻璃钢），以这样的方式使用氟聚合物可以同它们相得益彰，利用这些价格便宜而机械强度好的材料做结构材料，衬里的氟聚合物可以满足对苛刻环境的需要。甚至有些工况下，其他材料都不能承受，只有像 PTFE 这类氟树脂可以胜任。氟聚合物还用于一些绝对消耗量不大但是作用很重要的附件，包括动密封填料和制品、静密封垫片以及一些比较小的在所有表面都需要耐化学腐蚀的零配件等。

7.6.2　在管道和容器衬里的应用

（1）**管道**　由悬浮 PTFE 或分散 PTFE 树脂加工制成的管子作衬里的带法兰钢管（参见图 7-8）是 PTFE 内衬钢管的典型例子。前面对PTFE管内衬的工艺已有初步介绍，这类内衬管一般都要比钢管长出一定尺寸（依直径大小而定），管两端均需在受热情况下用机械方法稍作扩张，用热成型方法逐渐扩张到可以翻边包住法兰的部分表面，这样就保证在管子法兰用螺栓连接后管内流动的流体只接触到 PTFE 表面。推荐的内衬 PTFE 管厚度不大于 6.4mm，厚度越大，翻边就越难，且容易发生应力开裂。内衬的氟塑料管也可以用 PFA、FEP、PVDF、ETFE 和 ECTFE 等材料的挤出管。选择哪一种材料主要根据工况条件、耐温等级、耐化学腐蚀的具体要求确定。要使 PTFE 衬里管道在实际使用中保持良好的状态，还必须解决好一些具体问题。其中之一就是 PTFE 和钢材热线膨胀系数差距大，造成 PTFE 内衬管因过度膨胀而变形直至向内突起和破裂。最典型的就是在过热水汽稀释裂解制 TFE 生产流程中使用的裂解混合气冷却用 PTFE 钢衬管，发生上述内衬管损坏的频次较多。此处接触的气相介质中除 TFE 和 HCFC-22 外还含有未冷凝的水汽、HCl、少量 HF 和其他杂质，PTFE 钢衬管一般在制造时只能按一种温度设计，但是实际使用时常会发生不同时间段有很大温度落差的情况，解决的办法之一就是在钢管一端或中间某位置设计可供 PTFE 自由伸展的距离，或者在制作时按最高使用温度的尺寸设计，在钢管上设一"膨胀结"，以补偿冷却到室温时两者尺寸收缩的差距。

另一问题是 PTFE 内衬管道对抽真空的适应性，"松衬"的衬里管不能用于负压状态，"紧衬"可以适应负压。国内化工防腐专家赵永镐发明的 PTFE 衬里中夹入金属网的技术对内衬 PTFE 和金属管热膨胀不匹配的问题具有明显的改善作用，有利于提高管道和设备的使用寿命。

另一种氟树脂衬里管是玻璃纤维增强塑料（FRP，俗称玻璃钢）管内衬氟树脂的管道，其制造方法是在已制成的氟树脂管外生成 FRP，称为二元复合体。实际上，所用的氟树脂管是热塑性的 PFA 或 FEP 管，玻璃纤维可以很容易预埋在氟树脂管的外壁上，它们很容易同 FRP 结构结合，使"衬里"牢固地处于内表面。这种形式的衬里管还可以用焊接方式进行安装，然后在连接处外面再用 FRP 覆盖作为接头套管。这种安装方法大大减少了管道系统的法兰。这是非常有利的，因为可以减小法兰发生泄漏的风险及必要的维护成本。

■图 7-8　PTFE 衬里的钢管

（2）**容器**　化工容器用氟树脂作防腐蚀衬里可以有多种方法。方法之一是用 PTFE 薄板按容器的形状和尺寸裁剪和拼接，拼接采用焊接方法，大型设备都采用现场施工（以热风焊为主）。圆筒型筒体用薄板卷成容器内直径尺寸一样的 PTFE 圆筒，只有一条纵向焊缝。碟型顶盖，小尺寸的顶盖如果是标准化尺寸和需求量多可采用模具热压，大尺寸的也用焊接方法。焊接拼装法加工要达到较高的精度比较困难，因为有时圆筒形容器本身也是有公差的。对于运行中有负压的容器，采用粉末静电喷涂的方法较好。

静电喷涂用的氟树脂以 FEP 和 PFA 粉末为主。聚合后经凝聚洗涤得到的树脂粉使用前需经过端基稳定化处理。然后加入适量导电炭黑。喷涂一次能得到的涂层厚度不足以耐腐蚀，一般需喷涂至少 3 次，经烧结才能成为厚度不小于 $500\mu m$ 的防腐衬里。容积特别大的容器难以放进常规的电加热烧结炉，此时可以将其置于一特定的保温性密闭室内，向容器内通入预先设定温度的烟道气或其他类似烘烤方法。带有法兰和接管的容器通常采用焊接法施工。

(3) 各种辅助零配件衬里、密封和垫片 化工过程的设备、管线之间需要连接，还需要有推动流体流动的动力设备等，这些包括各种阀门、管接头（含各种角度的弯管）、三通和泵、压缩机、风机等，压缩机和风机归入机械类。这些辅助零配件和泵等要接触在设备和管道中流动的腐蚀介质，由于它们内部形状和结构复杂，用一般方法难以实施内衬。可以采用本章前面叙述的等压模压法。将工具移去后，就得到如图 7-9 所示式样的氟树脂衬里。制造氟树脂衬里的另一方法是采用传递模压工艺，适用的氟树脂为 FEP、PFA、PVDF 等可熔融加工的品种。

许多阀门本体是用不锈钢或其他金属制成的，不需要衬里，在这些阀门中间也常常有 PT-FE 制作的零配件，如阀座、填料和隔膜等。

PTFE 密封件用于转动或往复移动的轴的密封（为动密封），它们多半是由石墨填充的改性 PTFE 制作，滑动阻力小，有一定的压缩回弹性。所用填充剂除了抗蠕变、耐温、低摩擦系数和低磨损外，也必须是耐化学腐蚀的，以石墨填充 PTFE 为代表的氟聚合物是最适合的材料。同轴不接触的箅齿式密封（Labyrinth seals）依赖于曲折的界面、流体的表面张力和泵式设计以避免泄漏。大多数 PTFE 动密封都有金属弹簧或弹性体环支撑以确保同轴的良好接触。

■图 7-9 PTFE 衬里的辅助
零配件及阀门实样

PTFE 的静密封垫片是最早的应用之一。单个纯 PTFE 平面法兰垫片在较低温度下可耐 2MPa 内压，在更高温度和内压下就需要用填充 PTFE 垫片，而且要采用适合有凹凸沟槽的法兰垫片。凹槽和凸面之间的间隙可取 $0.01\sim0.02mm$，纯 PTFE 垫片压缩后的残留应变为 12%，而加入质量分数为 20% 玻璃纤维的 PTFE 垫片压缩后的残留应变降低到 8%。

常温至−162℃超低温下用的垫片中填充炭黑或陶瓷粉，制成 1.0～3.0mm 的片材。0.4～0.6mm 厚的 PTFE 膜外包覆的垫片常作玻璃管和陶瓷管等易碎件的密封材料。

膨体 PTFE 制成的垫片由于具有很多微孔结构，特别适用于密封面不很平和不够光洁的情况。

7.6.3 在半导体和微电子行业的应用

半导体工业从刚开始时就依赖于氟聚合物，用于液态加工设备、流体输送系统和晶片处理工具等。半导体制造过程对于杂质粒子和化学物污染要求极苛刻，因为即使很少量也会造成成功率的急剧下降，因此氟聚合物本身的纯度和耐化学腐蚀性的优越性具有重要的价值。半导体生产过程很容易因细小金属离子的存在而受损，所以生产商宁可全部用高纯度氟树脂制造设备、管道、阀门等接触生产过程流体器件，而不用金属制造的器件。储存和运输高纯化学品和试剂的包装容器都采用 100％高纯氟树脂制造，特别是 PFA。

PTFE 微孔膜用于制作大规模集成电路所需的净水、气体和溶剂的除尘，这种微孔膜的孔径为 0.1～0.45μm，可除去大小为刻蚀线宽度 1/10～1/5 的微粒。

7.6.4 在电气和机械方面的应用

(1) **电绝缘方面应用** 氟聚合物广泛地应用于电线电缆的绝缘。氟聚合物在这一领域所有的应用都利用了其优良的介电性质，只是程度有所不同。有些应用是除了介电性能外也利用了氟树脂的耐温范围宽的特性，因为一些电线电缆要在宽的温度范围环境中使用，尤其是要适应高温，在航空航天领域应用的电线电缆就是典型的例子。有些线缆要在化学腐蚀环境中使用，或者要求绝缘介质的性质不随时间推移而变化。氟聚合物能够很好地满足这些苛刻要求。

PTFE 常用作电子方面的接插件，因为它具有低的介电常数。PTFE 的这一特性使得信号的强度在通过接插件的传输过程中损失最少。对于热电偶的接头，ETFE 可以在高温下适用。

几十年来，实际上所有民用飞机和军机上用于信号、控制和动力方面的线缆都全部或大部分采用氟聚合物，其中包括 PTFE、FEP、ETFE、ECTFE 和 PVDF 等。FEP 占有氟聚合物绝缘线缆很大的份额，主要用作办公和商务建筑室内安装线和计算机网络的数字电缆绝缘。ETFE 线缆由于其相对密度小的优点在航空器方面占有较多份额。有关可熔融氟树脂的加工应用在本书第 8 章介绍。

就线缆方面应用而言，绝大多数氟聚合物不再需要加任何添加剂来提高其性能，在较高温度下仍保持很好的化学稳定性，它们的性能不会随时间而变化。

(2) 机械方面应用 因 PTFE 具有极低的摩擦系数和固体润滑性，在机械轴承领域应用很多。PTFE 同石墨、青铜粉或其他填充剂共混后可降低蠕变和改善耐磨性，用模压或经二次机械加工成无需润滑的轴承。PTFE 因其静摩擦系数低于其动摩擦系数，因此 PTFE 轴承不会在运动开始前要克服较高静摩擦系数而出现黏滑现象。

PTFE 轴承通常需要有金属结构的支撑，这是因为 PTFE 缺乏足够的机械强度和刚性。同金属轴承相比，PTFE 轴承只适合较低的载荷和速率。PTFE 轴承适用于仪表、飞机和航天器的控制系统，办公机械和其他难以润滑或不希望用润滑的地方。

用于桥梁和建筑物支撑系统的滑动轴承又称垫板式轴承滑块，其作用是承受热膨胀和地震引起的位移从而使它们支撑的结构不会因应力而损坏。同类似的弹性体支撑相比，它们可以承受更大幅度的位移，同需要润滑的金属轴承相比，PTFE 轴承块不需要润滑，也不受大气中水分和化学物质的腐蚀。这类轴承滑块在设计时常将不锈钢板放置于 PTFE 片表面上。至于其他应用的轴承，PTFE 多半添加填充物以改善蠕变性能。

用 PTFE 纤维制作的轴承也用于包装机械、纸浆和造纸加工设备以及其他应用。PTFE 纤维同某些其他纤维一起被编织成编织线，用胶黏剂很好地黏合在一起。这种编织线被插入一种 RTP（增强热塑性塑料）结构中形成的球形轴承可以承受运行的偏心度。经过拉伸的 PTFE 纤维织布可作为轴承的滑动面，里层则用棉纤维布，作为粘贴层。PTFE 纤维轴承用于精度要求不高的高负荷下运行的轴承。PTFE 纤维和聚乙烯、聚丙烯等纤维交织成的复合纤维用作低速高负荷下、温度不高的轴承。

PTFE 还可以用于制作不需要润滑的推拉控制用电缆的低摩擦衬里，这种电缆适用于汽车和航空领域。

玻璃纤维填充改性的 PTFE 常用于空气压缩机和水压缩机的活塞环，用作阻截液体或气体的活塞环，尤其在不允许用润滑油的环境下更应选用 PTFE 活塞环。对于连续运行的化工装置，物料压缩机被视作心脏和推动物料流动的动力，一般都不能轻易停车，特别不允许因活塞环磨损泄漏而停车，所以要求活塞环连续使用的寿命在 5000h 以上。优质的玻璃纤维填充 PTFE 制成的活塞环在实际连续运行中最高达到使用寿命 8000～10000h。

7.6.5 在汽车方面的应用

PTFE 在汽车和车辆上的应用主要是着眼于其耐高温和耐化学腐蚀的性

能。经过一代又一代的改进，发动机盖下的温度不断升高和需要防止有腐蚀性的燃料成分释放，这些带来了包括 PTFE 在内的氟聚合物在汽车领域的应用不断上升。

用 PTFE 作绝缘包覆的导线用于连接装在车辆尾气排放总管上的氧探头。在高温环境下，PTFE 导线起到了可靠的介电保护作用，这对于控制废气的排放是极重要的。用 ETFE 绝缘的导线则用于其他接近发动机的高温区，以及用于暴露于热液压流体内的自动传输用导线。

ETFE 在汽车领域还有多处应用，将在第 8 章中具体介绍。

用编织的不锈钢丝绕包的 PTFE 管用于重型载重车辆的刹车线系统和冷却介质循环系统。这种钢丝护套有利于避免因上述流体的高压和摩擦损坏导管，此外，这种结构的导管能耐高温、老化和耐流体中化学品的腐蚀。

参 考 文 献

[1] E. G. Haword Jr., & A. Z. Moss, US Patent 5420191, DuPont, May 30, 1995.
[2] E. G. Haword Jr., & A. Z. Moss, US Patent 5512624, DuPont, Apr. 30, 1996.
[3] Benhow and Bridgwater. *Paste flow and Extrusion*, Oxford: Clarendon Press, 1993.
[4] Gore R. W., (W. L. Gore & Associates, Inc.). US Patent 3953566, 1976.
[5] Gore R. W., (W. L. Gore & Associates, Inc.). US Patent 3962153, 1976.
[6] D. Satas. *Coating Technology Handbook*, New York: Marcel Dekker, 1991.

第 8 章 可熔融加工氟树脂的加工及应用

8.1 概述

　　本书涉及的可熔融加工氟树脂包括 FEP、PFA（MFA）、PVDF、ET-FE 等主要品种，也提到用量不大的 THV。PVF 则因具有独特的加工特性和在新能源产业中的应用而列入本章。FEP、PFA（MFA）、PVDF、ET-FE 具有共同的可熔融加工特性，都可以用注射、挤出、传递模塑等通用加工技术加工成各种制品，除了共性外，它们在加工和应用方面都还有些独特的性能。所以必须将它们分开单独介绍。

　　除中国以外全球范围可熔融加工氟树脂的需求量在全部氟树脂中所占比重超过 50%，应用领域除传统产业如化工、机械、电气等外，涉及到很多新产业和高端应用领域，引领着氟树脂产业向高附加价值的高端化和高性能化方向发展。而且，迄今可熔融加工氟树脂及制品都是国外从事氟树脂生产的跨国公司及加工企业赢利的重要产品领域。涉及具体品种，美国以 FEP、ETFE、PFA 为主，欧洲及其设在其他地区（含美国）的工厂以 PVDF 为主，日本是 PFA 的最大消费国，也有 ETFE、FEP 的生产和应用。对比之下，我国可熔融加工氟树脂在 20 世纪的后几十年内虽有所发展，但由于生产技术和加工技术相对落后、缺乏高端的加工设备、市场需求量不大等综合因素，一直处于缓慢发展状态。进入 21 世纪，国内可熔融加工氟树脂首先在 FEP 和 PVDF 两大品种开始了较快的增长，生产技术和加工应用技术都有显著突破，成为重要的增长点，FEP 和 PVDF 的总产能已超过万吨/年。PFA 和 ETFE 的发展还相对滞后。近年来，随着国家经济发展转型，尤其是新能源、微电子、以大飞机为代表的航空工业、航天事业等的发展以及汽车、高端建筑等技术提升的要求，对高端氟树脂及制品的需求快速增长。无论对树脂生产商还是加工应用企业都面临着很好的发展机遇。

　　可熔融加工氟树脂的加工同热塑性塑料的加工技术有较多的相同之处，加工机械和设备大体也相同。只是对可熔融加工氟树脂而言，一般加工温度都较高，熔融加工时对设备的腐蚀性很强，因而同熔融态氟树脂直接接触部分的设备和零部件需要用 Ni 含量高的特殊合金制造。国内各类通用聚合物生产和加工的快速发展带动了塑料加工机械，模具制造和包括注塑、挤出等加工技术的全面进步。近年来，国内在特殊合金的供应和加工机械制造技术上也都取得了长足的进步，为可熔融加工氟树脂的加工应用提供了很好的支撑条件。

本章只介绍加工技术和设备中有特殊要求的内容。可熔融加工氟树脂的应用涉及领域很宽，每一品种除有其重点的应用外，各品种应用方面也存在交叉叠加，如 FEP、ETFE 和 PVDF 都可以用于导线绝缘，也都可用于耐腐蚀衬里或作涂料。具体选择哪一品种要按应用的具体综合要求作出决定，必要时还需要先做一些试验。

8.2 注射成型

8.2.1 概述

注射成型的原理是树脂在注射成型机机筒内受到热量和剪切力作用熔融成为能流动的熔体，然后在柱塞或螺杆的推力下迫使熔体流入闭合的模腔内成型，待冷却成固体后打开模具脱出制品。成型过程中的关键是热量传递和压力下的熔体流动，这些与下列因素有关：树脂的黏度、热稳定性、热传导、结晶度和水分含量等。上述这些因素随不同的树脂品种而异，也与同一品种树脂的不同品级及质量指标控制有关。

塑料的熔体黏度（常以熔体流动速率 MFR 表示）是其流动性的度量，流动性同熔体黏度成反比。熔体黏度实际上是其平均分子量的一种表示方法，MFR 低，分子量高，流动性差；相反若 MFR 高，则表示平均分子量低，流动性好。黏度又同温度有关，温度高，则流动性好，但是温度也不能太高，超过一定限度，就发生明显的热降解，这就是树脂的热稳定性。热稳定性本质上由树脂的品种决定，也就是由分子结构决定，同时热稳定性又同树脂质量有关，如果存在不稳定的端基，在加工温度下就会发生热分解。所以加工温度也受树脂的热稳定性限制。

可熔融加工氟树脂基本上都是部分结晶的聚合物。熔体成型后冷却时会再次结晶，熔体冷却过程中的冷却速率直接决定了结晶度的大小。结晶度低的制品具有优异的弯曲疲劳寿命和透明度，但是结晶度高的制品则具有较高的机械强度和弹性模量。树脂内不应含有水分，在加料前应该进行干燥，以免在制品中出现气泡或其他瑕疵。

典型的注射成型机如图 8-1 所示。

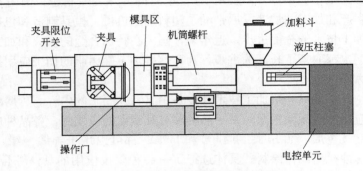

■图 8-1　典型的注射成型机示意图

用于可熔融加工氟树脂加工的注射机的机筒、螺旋或往复式螺杆、注嘴和模具等接触高温熔体的组成零部件都要用耐腐蚀合金，如国产新三号钢（GH-113），或进口的哈氏合金（Hastelloy C）、X-Alloy 等制造。

　　类似螺杆挤出机式的往复式螺杆注射机具有以下优点：螺杆不但能够转动还可轴向移动，其特点是把加热、混合和注射的功能融合在一起。典型的往复式螺杆注射机示意图见图 8-2。

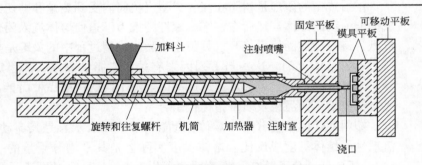

■图 8-2　典型的往复式螺杆注射机示意图

　　理想化的螺杆是针对每一种氟树脂进行优化设计，实际上这是不经济和低效率的。通常设计的螺杆兼顾各种树脂的加工特点，可以一机多用。螺杆的结构按功能的不同区分为加料段、过渡段和计量段。图 8-3 为适用于 FEP、PFA 和 ETFE 注射加工的通用螺杆设计示意图。注射机运行时的主要程序如下。

　　① **熔体准备期**　随着螺杆的转动，加热并使树脂料熔化，将熔体沿螺旋片推向螺杆的末端，注嘴借助机械阀门关闭，熔体开始累积，累积的熔体给还在转动的螺杆施加了背压直至累积起足够的熔体量以准备下一批熔体，此时螺杆停止转动。

　　② **熔体注射（模具注入）期**　注嘴打开，螺杆起柱塞作用沿轴向向前

移动，此时不发生转动。这一推力将前面在螺杆末端累积的熔体通过注嘴注入模具，螺杆末端装有止回阀，阻止熔体回流入螺杆中。

③ 模具填满和保持期　模具被熔体注满后螺杆压力还要保持一段较短时间以补偿模具内熔体因冷却引起的体积收缩；

④ 冷却和卸料期　保持期结束后，模具还仍处于闭合状态直至注射件冷却到卸料温度，然后开始下一运行周期，螺杆重新转动，开始备料期。

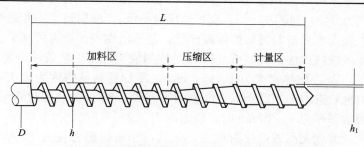

■图 8-3　用于氟聚合物注射加工的螺杆设计示例

注射加工适合于大批量和形状复杂制品的生产，生产效率高。注射成型后不再需要后续二次加工。

8.2.2 注射技术和参数

（1）**FEP 的注射**　注射工艺包括熔体温度及其分布、螺杆转速、注射速率和压力、模具温度、闭模压力和成型周期等。FEP 和其他可熔融加工氟树脂的注射成型主要工艺条件见表 8-1。

■表 8-1　四种主要可熔融氟树脂注射加工的工艺条件

注射成型条件	FEP	PVDF	PFA	ETFE
机筒温度/℃				
后部	315～329	193～215	315～332	273～302
中部	329～334	204～227	329～343	302～330
前部	371	221～232	371	302～330
注嘴温度/℃	371	232～260	371	343
模具温度/℃	＞93	室温-93	149～260	25～190
熔体温度（注嘴处）/℃	343～382	—	343～399	303～329
注射速率	慢	慢-快	慢	较快
注射压力/MPa	21～55	6.2	21～55	21～103
闭模压力/MPa	—	3.5	—	—
反压力/MPa		172		
时间/s				
注射		3～4		
保压		7～8		
冷却	—	25～30	—	—
成型收缩率（厚度 3.2mm 试件）/%	3.5～4.0	2.5～3.0	3.5～4.0	2.0～3.5

注射 FEP 的注嘴内腔应尽量大,且呈锥度,以免物料滞留和熔体黏度发生突然变化,注道应伸入注嘴足够长,以尽量减少在注嘴形成冷的残留料。注嘴装有加热和控温机构。对高黏度的 FEP 树脂,注嘴处的温度最高应能达到 430℃。热能的传输需达到 $6.2W/cm^2$。注射机塑化能力应考虑制品及流道的总质量。

(2) PFA 的注射　360℃下 PFA 的熔体黏度约为 FEP 熔体的 1 倍。所以应采用熔融黏度较小的树脂品级(国产 I 型或进口料 DuPont Teflon® PFA 340,340T,345,或其他相应品级)。注射速率不能过快,否则容易产生表面不光洁的类似熔体破碎状,甚至出现表面剥离的现象。常用塑化能力强的螺杆式注射成型机。PFA 的注射成型加工工艺条件见表 8-1。

PFA 熔体密度为 $1.495g/cm^3$,冷却后制品密度为 $2.15g/cm^3$。因此从熔融状态冷至固态会有 30% 的体积变化。PFA 的成型收缩率还与壁厚有关,通常壁厚为 5~20mm 时,收缩率为 3.2%~5.5%。

薄壁制品难以注射成型,尤其对于高熔融黏度的 PFA,若制品的壁厚小于 2mm 就会因充料不足等原因而难以注射成型。

(3) ETFE 的注射　ETFE 的注射成型加工工艺条件见表 8-1。当注射速率控制在 2mm/s 时,ETFE 制品表面光洁,说明该速率在其临界剪切速率以下。优质注塑制品的壁厚与树脂的流动性有密切关系,对 ETFE 而言,树脂流动长度 L 与制品壁厚 d 之比 (L/d) 和 $\sqrt{d}$ 成正比,如生产壁厚 2mm 的 ETFE 制品需要有 300mm 的树脂流动长度。

影响注射制品尺寸精度的重要因素是树脂的成型收缩率。ETFE 树脂的成型收缩率包含结晶收缩和热收缩两部分。此外制品的形状、壁厚、成型条件也影响制品的尺寸变化。

(4) PVDF 的注射　PVDF 的注射一般采用普通的柱塞式注塑机。料筒、柱塞、喷嘴等需用耐腐蚀性好的镍合金钢,口模为钢制,表面涂铬。注射 PVDF 时模温宜高不宜低,模温高则有利于物料充满模具,产品外观好。PVDF 注射成型加工工艺条件见表 8-1。

8.3 挤出成型

8.3.1 概述

挤出成型是几乎所有热塑性塑料都采用的主要成型方法。对于可熔融加工氟聚合物而言,也是采用最多和成型产品种类最多的成型方法。聚合物挤出成型过程是一种连续过程,是在螺杆挤出机内集连续加料(粒料或粉料)、塑化（熔化）、靠螺杆转动将熔体向末端推送并通过口模挤出后冷却成型一连串动作的过程。可熔融加工氟树脂的挤出成型同注射成型都属熔融加工，不同的是，注射成型直接得到最终目标制品，而挤出成型除少数制品如丝和纤维外大部分挤出产品还只是半成品或中间产品，如导线绝缘、管子、薄膜、片材等，大都需要进一步加工（二次加工）才能达到最终目标制成品，如薄膜广泛用于脱模、表面保护和高端包装等。

可熔融加工氟树脂在熔融态加工时有部分分解，分解产物都是高腐蚀性的，常含有 HF 酸。所以挤出成型设备凡同氟树脂熔体接触的零部件都必需用耐腐蚀性好的高镍合金制造，故适用于氟树脂挤出成型的设备通常都价格昂贵。设备表面的腐蚀往往会造成挤出产品的沾污，损害产品的物理性质。所以，选用优质耐腐蚀材料制造螺杆、挤出机筒身、口模等极其重要。

决定氟树脂挤出工艺条件和挤出制品质量的重要因素之一是树脂熔体的流变性能。通常在一个新产品投入生产之前，需要用毛细管流变仪和挤出式转矩流变仪测定熔体的流变性能，特别是经后者测定最佳挤出工艺条件（包括轴向各点温度和口模温度等）。像其他热塑性塑料一样，氟树脂挤出必需在熔体发生破裂点（即"临界剪切速率"）以下的速率运行。挤出成型时，当树脂流动速率超过这一临界点时，内应力超过了熔体的强度，熔体就发生破裂。大多数氟树脂的临界剪切速率都比很多其他热塑性塑料低得多。熔体破裂的典型征兆就是挤出物表面粗糙（俗称鲨鱼皮）和表面呈结霜状或云雾状。

氟树脂挤出使用最多的是单螺杆挤出机。图 8-4 是筒体带有抽真空口的典型单螺杆挤出机示意图。双螺杆挤出机也用于挤出成型。顾名思义，双螺杆挤出机在料筒中间装有两根平行的螺杆，一根上的螺片同另一根的螺片互相啮合，又不会接触，有同向转动的，也有逆向转动的。同单螺杆挤出机相比，双螺杆挤出机由于具有由摩擦产生的热量少，物料所受到的剪切力比较均匀，螺杆的输送能力较大，挤出量比较稳定，物料在机筒内停留长，混合均匀。单螺杆挤出机的物料输送主要靠摩擦，使其加料性能受到限制，粉

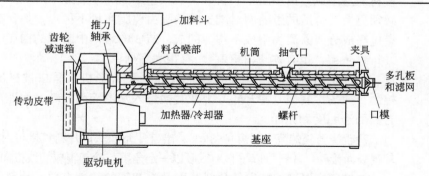

■图 8-4　筒体带有抽真空口的典型单螺杆挤出机示意图

料、糊状料、玻璃纤维及无机填料等较难加入。机头压力较高时，逆流增加，使生产效率降低。单螺杆排气挤出机物料在排气区的表面更新作用小，因而排气效果较差。所以双螺杆挤出机在加工热稳定性差的塑料和共混料时更显示其优越性。通常氟树脂粉料造粒选用带排气口的双螺杆挤出机。同单螺杆挤出机适配的口模可以有很多种，变换不同口模，可得到不同形态的制品，如前面所说的导线绝缘、薄膜、片材、管子、纤维等。

8.3.2 挤出工艺简述

8.3.2.1 薄膜挤出

氟树脂的薄膜挤出有 3 种方法，即挤出浇铸法，挤出吹塑法和双向拉伸法。前两种成型方法都会导致分子链的纵向（沿轴延伸方向）定向，而双向拉伸法使分子在相互垂直的纵、横向上都定向分布，因此产品有更为优异的光学性能和物理性能。

同其他挤出成型一样，熔体从挤出机末端经口模成型，用于薄膜挤出的口模又称 T 形机头（也称衣架式机头），俗称扁机头。T 形机头的内部结构尤其是熔体的流道分布（特别是机头宽度较大情况）需根据特定树脂熔体的流变性能设计。氟树脂薄膜挤出机的机头同熔体接触的部分必须用高镍含量的耐腐蚀合金制造。机头的宽度要根据产品宽度规格和能否拉伸拉幅（含拉伸倍数）等确定，对于不可拉伸的薄膜挤出，考虑到熔体离开口模后膜会有一定程度的收缩，故机头的宽度要比挤出薄膜更宽一些。口模唇口的开度一般可以在小范围调节。机头温度也是薄膜挤出成型的重要参数，需经过实际实验确定。

除挤出机本身外，薄膜成型整体还包括牵引、拉伸、冷却和卷取等下游设备，这些辅助设备对不同成型方法是不同的。熔体清洁度对于薄膜成品的质量非常关键，一般熔体在进入口模之前都要通过内置的过滤网，网用合金材料的丝制成，由多层不同目数的滤网叠合而成。过滤网使用一段时间后，必须更换。合适的过滤网对减少或消除由树脂质量不稳定，如含有少量分子量过高成分或共聚物组成不均匀的成分造成的熔体中出现的白点（俗称鱼眼"Fish eyes"，也有称"白疙瘩"）有很大好处。

（1）**挤出浇铸膜** 高温的氟树脂熔体从 T 形机头唇口被挤出后落到可控制转速的冷转鼓（冷却辊）上或直接进入水浴淬火冷却。快速冷却使薄膜有高的透明度和光泽。

冷辊浇铸膜的流程示意见图 8-5。出自 T 形机头的片料直接与内通冷水的冷却辊表面接触，片料可以垂直地或倾以一定角度与冷却辊成切线方向接触。

浇铸膜的厚度与挤出的片料厚度及冷却辊的转速有关，片料的厚度与 T 形机头模唇间的缝隙宽度有关。通常浇铸膜的厚度为 0.25mm 时，模唇缝隙宽

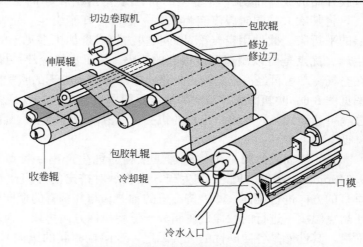

切边卷取机
伸展辊
收卷辊
包胶辊
修边
修边刀
包胶轧辊
冷却辊
口模
冷水入口

■图8-5　典型的冷辊浇铸薄膜流程示意图

度应为0.4mm，膜的厚度为0.25～0.60mm时，模唇缝隙宽度应为0.75mm。

　　薄膜的横向厚度分布应该均匀，若膜的横向厚度公差大于±5％，就会使卷取不平整。只要沿扁机头宽度方向各点温度保持均匀和恒定，则挤出浇铸膜厚度的均匀性优于挤出吹塑膜。习惯上，冷却辊离扁机头的间距约为40～80mm。片料包绕于冷却辊的角度应达到240°，甚至更大。

　　冷却辊对控制膜的质量稳定性也有重要作用。应保持有足够的冷量并使其横向的温度差不超过±1℃。冷却辊的温度主要受挤出速率、膜厚度及其本身的直径大小等因素的影响。冷却辊的转速应能精确地调节和控制。这与最终所得到产品膜厚度的均匀性有很大关系。一般挤出浇铸膜流水线的运行速率最快不会超过30m/min。过快的速率会在薄膜和冷却辊之间形成空气层，减慢传热并使冷却不均匀，这会直接影响产品的外观和性能。

　　挤出的薄膜除了用冷却辊方法冷却外，还可以用冷水槽代替冷却辊，让挤出的膜直接进入冷水槽淬冷。其优点是膜的两面的冷却程度相同，而且冷得更快，所以薄膜各处性能更为一致，同时快速冷却使膜的结晶度更低因而膜更柔韧。

　　(2) 挤出吹塑膜　挤出吹塑膜与浇铸膜在挤出部分基本相同，不同的是从

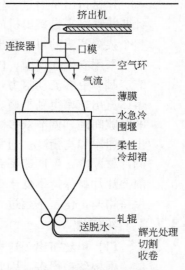

挤出机
连接器
口模
空气环
气流
薄膜
水急冷围堰
柔性冷却裙
轧辊
送脱水、
辉光处理
切割
收卷

■图8-6　带水淬火的吹塑膜制造示意图

口膜开始的成型部分。吹塑膜的特点是先挤出较厚的管膜，内通压缩空气，将其吹大，同时厚度自然减薄，然后冷却牵引至一定高度后夹扁成双层的平折膜。此种用空气冷却的吹塑法膜成型加工多见于聚乙烯吹塑膜的生产。优点是可以制造宽度很宽的薄膜。为了加快冷却，提高膜的透明度，在空气冷却后再经冷水的淬火处理。带冷水淬火处理的吹塑膜生产过程示意图见图 8-6。吹塑薄膜成型法的缺点是膜厚度较难控制。通常吹塑膜的厚薄公差可达 $\pm10\%$，若将挤出机的机头设计成能缓慢转动，则膜的厚薄公差可降低。

（3）双向拉伸膜　可熔融加工氟树脂能生产出一种厚度仅为 0.012～0.040mm 的全透明薄膜。其生产方法就是对挤出的片膜或管膜在两个互为垂直的方向进行拉伸，即沿挤出机的轴向和与其垂直的横向同时拉伸。在低于熔点温度下进行的拉伸使树脂分子链朝拉伸方向排列。对均等的双向拉伸而言，其性能是各向同性的。实际上，双向拉幅膜的纵向具有更高的强度，双向吹塑膜则更接近于性能的各向同性。

8.3.2.2 片材挤出

片和膜都是挤出成型产品，它们是以制品的厚度区分的。通常将厚度大于 0.25mm 的称为片材（或片料），厚度比此值低的制品称为膜。PVDF 片材是一个典型，其挤出制品的厚度最高可达 30mm，最高宽度可达 2500mm。片材还可以进行二次加工或热定型，包括冲切、打孔、机械切削和焊接等。PVDF 片材的主要优点是能兼有良好的强度、刚性同厚度、坚韧性之比，耐水气、能承受消毒（杀菌）操作、良好的阻水性、耐化学腐蚀和无毒性等特性。

片材挤出是通过一较宽的狭缝形口膜（扁机头）进行的。内部的流道设计要能够将来自挤出机的圆柱形熔体转变为这个狭缝的形状，同时要保证从整个狭缝宽度的每一流出点上熔体流出的速率均衡不变。解决这一难题的方法是采用衣架式口模，内部流道从中心到边缘是锥形的设计，给处于中心的流道赋予更多流动阻力，这就使沿整个扁机头出口从中心到边缘不同点上的熔体流出速率得到平衡。扁机头上还设有众多的调节螺钉可以控制模唇之间的缝隙间距，调节众多测温点的温度。由以上多种手段可以实现平衡片材挤出的速率和均衡度。通常片材挤出后立即进三辊冷却辊冷却，冷却辊的温度同片材厚度、生产速率和对粗糙度的要求有密切关系。通常在进入抛光辊之前要让片材保持不低于 110℃，以保证表面光洁。冷却辊的横向温度分布应保持均衡，偏差不超过 1.5℃。

8.3.2.3 纤维挤出

（1）单丝挤出　这里所说的单丝的直径要比很多根单丝组成的纱中看到的一根根丝粗得多，因此它显得比较硬，主要用来生产绳索或合股线。典型的尺寸范围为 75～5000 丹尼尔。丹尼尔为 9000m 长的丝或纱的质量，另一种表示方法是 tex，它是每 1000m 长的丝或纱的质量。

单丝的制造有熔体纺丝和膜裂丝两种方法。熔体纺丝法先将由挤出机挤出的熔体立即通过熔体泵加压经喷丝板喷丝,直径范围为 0.08～3mm,喷出的丝立即入水浴中急冷和用导丝轮牵引。在加热炉内重新加热和依靠第二个牵引辊的张力实施定向拉伸,得到最终成品单丝。另一种定向方法是采用加热的导丝轮,不再需要加热炉。

(2) 复丝挤出　复丝粗看是一根丝,实际是由多根很细的单丝合并而成。热塑性氟树脂通过挤出机熔融后经过过滤系统(过滤网的孔径为 $40\mu m$)后向前进入纺丝箱体,箱内装有导热介质,由电加热棒加热。箱体为外包绝缘的长方形金属箱。内装熔体分配管、泵座和喷丝组件。熔体经分配管通过齿轮计量泵被加入到每一组件。喷丝组件实际上是一组分隔开的挤出头,后者还装有位于喷丝板前的后过滤器。喷丝板是开有 200 个或更多细孔的方形平板式口模。这些细孔以排位网格形式布置。喷丝孔的长径比为 5～15。

熔融的氟树脂从喷丝板细孔射出后立即进入一旋转通道,其中有控制恒定温度的空气流进行冷却或急冷,在旋转通道的出口,很多股纤维汇聚拢成为复丝或纱,并被导丝轮牵引。

最后一步是借助拉伸或牵引使纱定向,在定向过程中分子链高度地朝主机方向取向,同时也降低了纤维的直径。上述操作是在接近或低于熔点的温度下借两个以不同转速运行的转辊之间的拉伸进行的。定向过程对于最终得到纤维的性质具有关键的影响。定向之后再以淬火来定型,连续的纱卷绕在卷筒或线圈架上供后续纺织操作用,主要用于编织工业织物或滤材。

8.3.2.4 管子挤出

热塑性氟树脂可以用挤出技术生产各种不同口径的管子。它们主要用于输送腐蚀性化学品,也有少部分用于金属管的衬里。

(1) 挤管工艺　从挤出机均化段挤出的氟树脂熔体经过过滤网、粗滤器到达分流器,被分流器的支架分为 3 股或 4 股支流,离开分流器支架后再重新汇合进入环形口模(阴模)和芯模(阳模)之间的环形通道,离开口模就成形为管子。再经定径套定径和初步冷却,然后进入水槽冷却即成为具有一定内外径尺寸的管材。最后还需要通过牵引装置引出并按产品标准规定的长度要求切割成为产品。

管材从口模挤出后为得到准确的尺寸,需要立即进行定径和冷却,使其定型。常用的有定外径和定内径两种方法。若对管子外径有严格要求,则采用外径定型法。外径定型是使挤出管子的外壁与定径套的内壁相接触而起定型作用。采用向管内通入压缩空气或在管子外壁与口模内壁之间抽真空(真空度 53kPa 以上)来实现外径定型。内径定型法的定径套装于挤出的管内,即从口模挤出的管子内壁与定径套的外壁相接触,在定径套内通冷水将管子定型。

牵引装置的作用是均匀地引出管子并适当地调节管子厚度。管子的厚度取决于牵伸比（DDR），即口模、芯模之间的环形截面积同管材截面积之比。

(2) 临界剪切速率和挤管速率 为了关联临界剪切速率和挤管速率的关系，将管模示意图表示为图 8-7，挤出成型时剪切速率的计算方法如下：

$$\tau = \Delta Ph/2L$$
$$n = 6q_V/WH^2$$
$$W = \pi(D_D + D_T)/2$$
$$H = (D_D - D_T)/2$$

式中，D_D 为管子外径；D_T 为管子内径；H 为管壁厚；L 为平直部分长度；ΔP 为机头处压力降；q_V 为挤出的体积速率；τ 为管壁处的剪切应力；n 为管壁处的剪切速率。

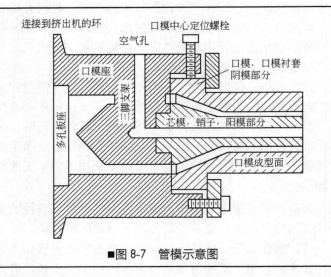

■图 8-7　管模示意图

知道了某种氟树脂挤出时的临界剪切速率 n 后，就可根据这些公式计算出临界挤出速率 q_V，该临界挤出速率就限定了最高的挤管速率。

8.3.3 氟树脂电线包覆

就可熔融加工氟树脂而言，20 世纪 60 年代就开始通过挤出工艺应用于电线电缆的包覆了。典型的氟树脂线缆挤出包覆过程是采用由特殊材质建造、长径比 L/D 为 20：1～30：1 的挤出机进行的。口模为专门设计的十字机头。线芯从十字机头与挤出机垂直的方向通过时，从挤出机口模中挤出的熔体就包覆在线芯外面随线芯一起向前移动，采用空气冷却或浸没在水槽中冷却到室温后经电火花检测后用收卷机收卷。较高的长径比有利于提供更多的内表面积供树脂熔体和料筒筒体之间的热量传递，若 L/D 偏小，则为了保证充分塑化和达到一定温度，必须提高料筒加热温度，其后果是出现较多的热降解。

氟树脂电线包覆的生产线流程示意图见图 8-8。其中主要设备及其功能见表 8-2。

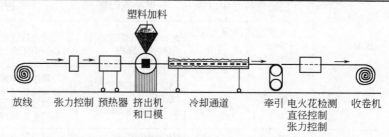

塑料加料

放线　张力控制　预热器　挤出机　冷却通道　牵引　电火花检测　收卷机
　　　　　　　　　　和口模　　　　　　　　　直径控制
　　　　　　　　　　　　　　　　　　　　　　张力控制

■图 8-8　氟树脂电线包覆的生产线流程示意图

■表 8-2　氟树脂电线挤出设备组成及其功能

设备名称	功　能
加料斗（树脂粒子加料）	对树脂粒料边干燥，边加入挤出机
放卷辊	将金属导线（线芯）送至十字机头
张力控制器	调节导线张力，维持稳定
预热器	预热金属导线
十字机头	树脂熔体与金属导线呈 90° 角，包覆导线
冷却槽	包覆后的导线快速冷却
牵引机	导线牵引至收卷机上
电火花探测器	检测导线绝缘层内的气泡、杂质和缺陷
收卷机	将包覆后的导线收卷

树脂在加入挤出机之前，必须将所含的水分除去，否则会在导线的绝缘层中出现小气泡，这种地方就会形成介电击穿。尽管氟树脂本身是疏水的，但是因加入了少量颜料，它们是亲水的，空气中水分会凝结在表面。干燥的办法之一就是在加料时同时吹温度在 $120\sim160℃$ 的热空气，或者在将树脂粒料加入料斗之前先在电热烘箱中干燥。

用于氟树脂的挤出机的螺杆尺寸设计有专门的参考数据，见表 8-3。

■表 8-3　挤出机螺杆尺寸设计参考数据

螺杆直径(D)/mm	加料段长(h_1)/mm	计量段长(h_1)/mm	螺杆顶宽(W)/mm
30	5.5	2.5	3.0
45	6.0	2.7	4.0
50	10.2	3.4	4.5
65	12.7	4.3	6.5

氟树脂挤出过程涉及到很多工艺参数，包括挤出机各点温度、内压、电机功率、螺杆转速等，这些参数对挤出过程中熔体的性能、挤出成品的质量和产量有程度不同的影响，以及如何调节和控制等归纳为表 8-4。

■表 8-4　氟树脂挤出主要工艺参数及控制方法一览表

工艺参数（变量）	在挤出机系统中位置	受影响因素	控制方法
温度	①在挤出机料筒上划分 3~4 个区 ②加热带	熔体黏度（流动性）树脂受热降解	①料筒各区温度的 PID[①] 控制 ②开停控制越少越好
压力	料筒内部	恒定的熔体流动需要恒定的压力 压力过高会损坏设备	①调控熔体温度 ②调控螺杆转速 ③调控断路器板 ④安全隔膜释放过高压力
电机功率	①挤出机 ②收线轮	①挤出机产量 ②导线张力系统	①调控固态控制器 ②电子控制器

① PID 是比例积分微分调节器的英文缩写

氟树脂挤出的特点之一是在挤出过程中 MFR 有所上升，由于在挤出条件的高温下总有一些树脂分子发生降解，因而降低了熔体黏度，造成 MFR 的上升。根据工艺和树脂品级不同，有时 MFR 上升是有利的。不同树脂在挤出过程中 MFR 上升的程度是不一样的。具体见表 8-5。实际上，如果树脂热稳定性存在某些不足，更会导致其热降解和 MFR 的上升，影响挤出制品的质量稳定性。所以严格控制树脂热稳定性指标非常重要。

■表 8-5　不同氟树脂在挤出过程中 MFR 上升 %

树脂类型	FEP	PFA	ETFE
MFR 上升/%	10	20	25~50

挤出过程中另一重要的问题同熔体破裂有关。熔体破裂是指由于对熔体施加了过大的剪切应力引起挤出物表面粗糙的现象。这由临界剪切速率所决定，显然限定了挤出机螺杆可实施的最高转速。多种氟树脂在正常加工条件下的临界剪切速率见表 8-6。

■表 8-6　多种氟树脂在正常加工条件下的临界剪切速率

树脂类型(品级)	FEP100	FEP140	PFA340	PFA350	ETFE210	ETFE2000	ETFE280
临界剪切速率/s	20	13	50	10	3000	1000	200

由于在挤出条件下，FEP 和 PFA 的临界剪切速率很低，不能在压力下挤出，而 ETFE 临界剪切速率较高，可以在压力下进行挤出。

8.3.4 氟树脂管的挤出

氟树脂管的挤出同线缆绝缘包覆的挤出是相似的。管子加工的具体工艺条件取决于管子的尺寸和形状。挤出制管可用直插式口模，也可用十字形口模。用 FEP 制管的尺寸范围可从外径最小 1mm 到超过 20mm。按照外径的不同制造工艺可划分为 3 种不同类型：小口径管、中等口径管和大口径管。精整模决定挤出产品的外径，而线速率决定管子内径。牵引速率、口模间隙、口模内径和模具顶端外径之间的差等决定管子的壁厚。

(1) **中/小口径管**　小口径管是指外径小于 5mm 和壁厚小于 1mm 的管子。制造小口径管通常采用同由挤出制造电线包覆相似的方法。同制造电线绝缘层时相比，希望采用小得多的牵伸比（DDR）生产小口径管，平衡牵伸比应取为 1。在急冷水浴之前设置一精整口模可以控制管子外径。压缩空气可以用于扩胀管子（压力向着口模内壁），但是，因为此处熔体强度较低，压力应略低。

中口径管是指外径在 10mm 以上的管子。采用真空通过法，即在挤出的管子和口模之间保持真空状态。在真空下对管子精整是最佳的制造方法之一。这种方法不需要（管）内压力，所以可以很方便地按预先确定的长度在生产过程中切割管子而不会干扰挤出和精整操作。所用设备同生产小管子基本相同，平衡牵伸比也推荐为 1。不同树脂的 DDR 是不同的，对于 FEP、PFA 和 ETFE，分别为 6～10，6～10 和 3～12。对于较高的熔体黏度，应当取较低的 DDR。低的 DDR 可减少熔体的定向，管子的精整就可做得精细。反之，高度取向的管子伸长率下降，这样在成型制品时易断裂。

(2) **大口径管**　大口径管是指管外径为 12～30mm、管壁厚为 0.3～0.8mm 的管子，最常用的制造方法是心轴延伸法，这个方法的优点是可提供内部冷却和支撑管子。由于冷却，树脂收缩就使管子紧贴在金属心轴上。金属心轴可向外延伸 30cm 左右。导向模一般采用电加热，以避免熔体开裂，心轴温度也要控制，以避免熔体粘住心轴内壁。

(3) **热收缩管**　用氟树脂制作热收缩管是其具有特色的应用之一。可熔融加工氟树脂是部分结晶状态的聚合物，含有一定比例的无定形部分。当加热至接近熔融温度时，无定形链段的运动加快，聚合物呈现弹性体的特性。而结晶部分则牵制无定形部分链段成为一个连接接点，构成类似交联网状结构。这是材料可以制作热缩管的基础。热收缩管特别适合方便地保护或衬里需要耐化学腐蚀或高温等的设备、线缆末端。适合制作热收缩管的氟树脂主要是 FEP、PFA，偶尔也用 PTFE。

具体过程如下：让已挤出成为成品的氟树脂管再次加热，并吹胀至原来口径的 1～2 倍，然后速冷，将不稳定的弹性形变"冻结"在内。使用时，将其套在被保护物件的外面再加热至吹胀时的温度，因高分子的记忆效应产生弹性形变的回复，使其收缩至吹胀前基管的原来尺寸而紧紧地包裹住物件，从而起到防腐、绝缘、不粘和耐老化的作用。

以 Teflon®FEP100 加工过程为例，将 FEP100 树脂挤成的基管加热至

160～170℃，并在管内通入压缩空气，吹胀后管径与基管口径成 1.3/1.0，2.0/1.0，和 3.0/1.0，达到要求的尺寸后将其速冷并在压力下保持其尺寸。所需的吹胀压力大小与管径、管壁、厚度和吹胀温度等因素有关。使用时截取一定长度（比被保护件长度长 30%～50%）的热收缩管，将其套在被保护件外，放入烘箱或直接用高温热风加热管径四周并沿长度方向移动，待温度达到 125～205℃时就能包封住，在 125℃时，FEP 管就会因被"冻结"的应力松弛而收缩，在最高温度（<205℃）时就完成对保护件的包紧。

8.3.5 氟树脂薄膜的挤出加工

（1）**PVDF 膜挤出**　虽然大部分用 PVDF 树脂生产的膜都是在金属基材上以涂层的形态（习惯上称为 PVDF 涂层，将 PVDF 树脂溶于有机溶剂后配制的涂料，以辊涂、喷涂、刷涂等方式涂装并需要烘烤）应用，但是由常见的挤出或吹塑等热塑性塑料加工方法将 PVDF 树脂挤出薄膜或片材也见于文献报道。PVDF 同其他的聚合物如聚甲基丙烯酸甲酯的共混物具有很好的相容性。用这些共混物挤出制成的膜具有优异的压电性能。PVDF 还可以在配制成溶液后加入添加剂配制成铸膜液，再以流延方法成膜，这种膜常用作微过滤膜或超滤膜，在水处理领域得到很多的应用，且还在不断扩展其应用面，已经形成很可观的产业领域。本节讨论的限于 PVDF 挤出膜。

PVDF 膜挤出也采用单螺杆挤出机。对于 PVDF 挤出，推荐用长径比（L/D）为 20∶1 且具有足够计量段的渐变式螺杆，挤出温度根据制品的形状在 230～290℃范围选定。在口模的顶端有更高的温度（>300℃）。冷却辊对挤出的 PVDF 膜冷却的温度为 65～140℃。无论是挤出或吹塑加工，PVDF 膜都可以实施单向或双向拉伸定向，直至厚度<25μm。PVDF 膜的一些性质包括电性能在内随着挤出和定向的条件而变化。PVDF 膜的挤出和定向过程和膜的电性能之间的关系非常重要，因为这种 PVDF 膜可用于微电容上，后者被用于医用设备（心脏）抗颤器上。（拉伸）定向对 PVDF 膜电性能的影响程度可从一个实例中获知，表 8-7 就是未定向、单轴定向和双轴定向 3 种不同情况的 PVDF 膜电性能的比较。

■表 8-7　定向对 PVDF 膜电性能的影响

膜类型	60Hz		120Hz		1000Hz		10000Hz		膜厚度 /μm
	ε	tanδ/%	ε	tanδ/%	ε	tanδ/%	ε	tanδ/%	
未定向	11.7	4.5	11.5	3.8	11.3	1.9	11.0	1.9	120
单轴定向	13.2	1.3	13.1	1.5	12.8	1.7	12.7	2.3	36
双轴定向	13.1	1.1	13.0	1.3	12.8	1.5	12.7	3.2	9

注：ε—介电常数。tanδ—介电损耗因数。

另一典型例子是 VDF 的均聚物，用宽度 590mm 的衣架式口模在 290℃

温度下进行挤出，生产一种厚度为 $150\mu m$ 的片材，挤出的热膜用温度为 70℃ 的冷却辊进行冷却。此膜被双向拉伸定向，纵向（同挤出机一致方向）拉伸原来长度的 4 倍，横向（同挤出机垂直的方向）拉伸原来长度的 6 倍，实施双轴拉伸定向时膜温度为 100℃，拉伸速率为 10mm/min。

PVDF 也可以进行同其他聚合物一起共挤出，生产多层膜。所用设备为一台作为主机的挤出机和另一台作为副机的挤出机，副机挤出的熔体在从主机出来的熔体进入共挤出机头的通道上插入，两者进入共挤出机头主体，从机头唇口被挤出成膜。产出的膜上层由质量比分别为 60% 的 PVDF 和 40% 的 PMMA 构成，此"合金"（共混体）在温度 232℃ 和剪切速率 100s（由毛细管流变仪测定）下的熔体黏度为 1820Pa·s；下层为 ABS 树脂，在同样条件下测定的熔体黏度为 1600Pa·s。结果得到的多层膜没有层间相混。但是可看到具有很好层间粘接的清晰界面，能够耐沸腾的水、有机溶剂的浸入和热成型。复合膜的拉伸强度和伸长率分别为 33.4MPa 和 64%。

(2) ETFE 膜挤出 同其他具有高熔点和高熔体黏度的聚合物一样，ETFE 膜的挤出也采用单螺杆挤出机。ETFE 树脂膜的挤出条件见表 8-8。

■表 8-8 ETFE 树脂膜的挤出条件

树脂	螺杆转速 /(r/min)	挤出机筒身温度/℃			熔体温度 /℃
		后	中	前	
ETFE	5~100	290~370	315~360	325~345	300~345

ETFE 树脂在挤出机内充分塑化后，经衣架式机头下垂地挤往浇铸辊，经微调器调整后入拉伸辊，最后由卷取辊成卷。因 ETFE 树脂的熔融黏度较高，加工温度范围较窄，故树脂在机头内的停留时间不宜过长，冷却可采用水浴法或冷辊法，但是用水浴法冷却时易使薄膜表面产生微裂痕，因此以冷却辊法冷却较合适。薄膜的透明度与浇铸辊的温度有关。

文献报道了利用两个辊筒的组合（见图 8-9）进行氟树脂膜的定向。这两个辊筒以不同转速转动，定向时膜被加热到第二转变点温度以上（145~175℃）。辊筒 B 的转速快于辊筒 A，结果就是拉伸，拉伸比等于辊筒 B 的转

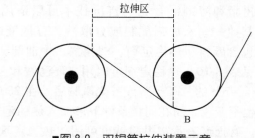

■图 8-9 双辊筒拉伸装置示意

速与辊筒 A 转速之比。拉伸后的膜在保持张力的情况下再冷却到第二转变点温度之下。结果发现纵向定向的膜其横向机械强度也得到提高。膜定向处理的另一效果是产生了可热收缩的性能。

(3) **FEP 和 PFA 膜挤出** FEP 和 PFA 膜挤出采用单螺杆挤出机,其中在所有可熔融加工氟树脂中,PFA 有最高的熔点温度 (300~310℃),熔体黏度高 (即 MFR 低),需要最高的挤出温度;另一方面,两者的临界剪切速率均较低,这限制了它们的挤出速率。典型的 FEP 和 PFA 挤出机长径比 (L/D) 为 31:1,机身纵向有多个加热段。PFA 和 FEP 膜的挤出条件见表 8-9。

■表 8-9　FEP 和 PFA 膜的挤出加工条件

挤出工艺条件	FEP	PFA
树脂加料时温度/℃	70	70
挤出机纵向各段温度/℃ 　第一段(最接近加料口) 　第二段 　第三段 　第四段 　第五段 　末端	 345 350 355 360 360 360	 365 370 375 380 380 380
口模(本体)温度/℃	355	375
口模唇口温度/℃	360	380
螺杆转速/(r/min)	4	4
冷却辊油温/℃	190	210
冷却辊转速/(r/min)	6.4	6.4

当挤出速率达到极限值,约 300s,挤出物就出现鲨鱼皮状。

(4) **PVF 膜的挤出** PVF 虽然也列入热塑性的氟树脂,但是由于它在温度上升尚未到熔点之前就已出现明显的降解,故不可能像其他可熔融加工氟树脂一样直接进行挤出加工。由于存在很多氢键和很高的结晶度,它在室温下也不能直接溶解于某种有机溶剂。研究发现,存在一些潜溶剂,它们是极性溶剂,在温度>100℃ 时,PVF 树脂能很好地溶解,潜溶剂使 PVF 的熔点降低到出现明显降解的温度以下,又不超过此类溶剂的沸点,从而使 PVF 可以加工为涂料和薄膜。

这种树脂和溶剂混合物的挤出技术可以适用于 PVF。将 PVF 树脂、潜溶剂和其他一些添加剂配制成分散液。分散液中除了 PVF 树脂和潜溶剂外,还包含颜料、热稳定剂、塑化剂、去油剂、阻燃剂等。可供选择的潜溶剂参见表 8-10。热稳定剂可以用二环己胺和三聚氰胺等。当加入树脂质量 0.1%~5% 的二环己胺或三聚氰胺后,在 250℃ 下经过 5min 树脂无明显降解,也不变色。而在同样条件下未加入热稳定剂时仅 2min 就产生严重的热分解。有报道表示,甲酸钠也可用作热稳定剂,得到成型透明的 PVF 薄膜。

■表 8-10　PVF 挤出加工的潜溶剂

潜溶剂	沸点/℃	潜溶剂	沸点/℃	潜溶剂	沸点/℃
苯乙酮	202	邻苯二甲酸二正丁酯	225	二甲基甲酰胺	153
苯胺	184	癸二酸二乙酯	308	丙烯基碳酸酯	242
二苯醚	295-298	己二酸二甲酯	>245	γ-丁内酯	206.9
富马酸二丁酯	285	异佛尔酮	215	磷酸三丁酯	289
琥珀酸二正丁酯	275	二甲基乙酰胺	165	混合二甲苯	215

双螺杆或单螺杆挤出机都可以用于 PVF 分散液的挤出。由于分散液在挤出机内被加热，形成了一种凝胶（170℃时，黏度为 20～40Pa·s）。溶剂必须具有一定的挥发性，使树脂在溶剂完全从凝胶中挥发掉之前凝结成连续的涂层或薄膜。PVF 膜挤出加工条件见表 8-11。

■表 8-11　PVF 膜挤出的加工条件

加工序列	溶剂配方和挤出工艺条件					
	潜溶剂	PVF 特性黏度	PVF 浓度（质量分数）/%	挤出温度/℃	挤出速率/(kg/h)	挤出膜厚度（烘干前）/mm
1	γ-戊内酯	4.9	40	150	2.3	0.36
2	γ-戊内酯	3.0	45	180	3.0	0.55
3	丙烯碳酸酯	2.2	48	215	9.1	0.5
4	丙烯碳酸酯/乙烯碳酸酯 1:1（质量分数）	4.6	30	210	3.2	0.15（干膜）
5	N-乙酰化氧氮杂环己烷	2.5	37	215	2.3	0.25
6	水杨酸甲酯	2.2	35	215	9.1	0.50
7	环己酮	4.9	50	150	—	0.23（干膜）
8	二甲基环丁砜	3.2	30	215	13.6	0.50
9	四甲基环丁砜	3.0	37	215	6.8～9.1	0.68
10	γ-丁内酯	3.7	20	125～135	54.5	—
11	γ-丁内酯	3.5	40	145～155	54.5	0.63
12	γ-丁内酯	3.0	45	150～160	34.1	0.75

PVF 膜挤出时，当膜片从扁机头挤出后依次经过冷却、牵引和收卷，获得厚度 0.2～1.0mm 的膜片；再把膜片双向拉伸并干燥，除净潜溶剂即得到透明强韧的 PVF 膜，厚度通常在 0.01～0.1mm。双向拉伸工艺实际上是先纵向拉伸再横向拉伸，分两次进行。由于 PVF 分子间作用力大、熔体黏度高，拉伸时需先将膜片加热并维持到结晶消失以增强 PVF 的流动性。熔体流出后先急冷至结晶速率较低的温度使之尽可能达到无定形状，以利于拉伸时取向。拉伸结束后要对膜进行热定型，使取向的分子链进一步结晶，晶格不完整的晶体进一步完善。热定型温度高于拉伸温度而低于结晶高分子

熔点。热定型降低分子间残余应力，改善膜尺寸稳定性，提高了膜的使用温度范围。

据报道，国内专家开发了用挤出吹塑成型法制 PVF 膜。其主要技术关键在于：将 PVF 树脂、潜溶剂与稳定剂按照一定比例混合后加入双螺杆挤出机造粒；然后将粒料加入单螺杆挤出机采用上吹法吹塑成型，得到含一定量潜溶剂的 PVF 薄膜；再将该薄膜放入烘箱加热至 120℃ 以上，蒸干潜溶剂后即可得到最终 PVF 薄膜制品。在吹塑过程中，造粒和吹塑温度不宜过高也不宜过低，选用 170～180℃ 造粒和 200～220℃ 吹塑的成型条件组合，制品表面质量较好。

还可以用溶液浇铸成型法制 PVF 膜。将 PVF 树脂溶解在二甲基甲酰胺（DMF）溶剂中，配成 PVF 质量分数为 8％ 左右的溶液，在 125～130℃ 下进行溶液浇铸成型，可得厚度≤1mm 的流延膜。

8.3.6 氟树脂纤维

氟树脂纤维用于编织或非编织制品的加工，例如用于空气过滤控制其中污染物的织物和过滤介质，用来过滤有腐蚀性气体和液体如酸、碱、有机溶剂和强氧化剂等。这类氟树脂纤维的织物因具有耐化学腐蚀性和低的摩擦系数，也被用于制作垫片和密封材料。这类织物由于具有热稳定性好和较好的低摩擦电特性，还用于电绝缘和静电复印中的清洁刮片。在酸的生产过程中可用作除雾器。由于具有极佳的结节强力，PVDF 单丝是制作钓鱼线的优异材料。氟树脂用于纤维和织物的主要是 PVDF、FEP 及 PFA。很少有报道提到 PVF、ETFE 等用于纤维和织物。

（1）PVDF 纤维　PVDF 纤维主要是由挤出法制成单丝（见本章 8.3.2.3），由于用于钓鱼线和渔网的 PVDF 单丝主要用于捕大鱼（如鳕鱼等），要求具有足够大的强力能够承受鱼儿上钩一瞬间的第一下冲击。PVDF 单丝制造的质量控制着眼于通过定向处理提高强度。

PVDF 单丝的制造采用单螺杆挤出机进行熔体纺丝（图8-10）。挤出机出口处喷丝口的温度范围为 200～300℃，纤维在温度为 90～100℃ 的空气气

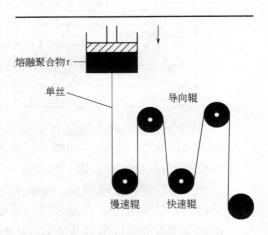

熔融聚合物 r

单丝

导向辊

慢速辊　快速辊

■图8-10　柱塞式挤出机和收卷系统生产 PVDF 单丝流程示意图

氖中冷却。然后单丝经过油浴再加热，在甘油浴中以拉伸比 4.5~8 再拉伸，随后是松弛，收卷。

定向 PVDF 纤维的生产条件和定向后纤维的性质分别见表 8-12 和表 8-13。

■表 8-12　定向 PVDF 纤维的生产条件

变量(参数)	例 1	例 2	例 3
挤出速率/(g/min)	20	20	20
（口模）喷头温度/℃	265	265	265
冷却温度/℃	105	120	112
预热温度/℃	95	110	92
预热保持时间/s	23	23	20
拉伸温度/℃	150	165	159
拉伸比	6.4	6	6.3
拉伸浴保持时间/s	7	7	5
松弛（定型）温度/℃	130	140	135
松弛率（收缩率）/%	12	13	15

■表 8-13　定向后 PVDF 纤维的性质

变量	例 1	例 2	例 3
特性黏度/(dL/g)	1.47	1.55	1.47
纤维,丹尼尔/mm	1.87	1.88	1.74
结晶度/%	36	53	37
α/β 结晶形态比 R_a R_b R_c	1.25 0.86 0.20	1.15 0.80 0.35	0.80 0.42 0.05
断裂（需要）能量/(kg/cm)	58000	48000	52000
拉伸强度/MPa	568	617	597
断裂伸长率/%	67	60	90
模量/MPa	1665	1861	1763

从 PVDF 溶液通过湿法纺丝制 PVDF 复丝也有报道。一个典型的例子如下：浓度为 23% 的 PVDF 在 DMF 中的溶液中、60℃ 温度下通过细孔喷丝，喷出的丝通过温度为 25℃ 和浓度为 57% 的 DMF 水溶液凝固，离开冷却液后纤维以 5m/min 的速率收卷并以拉伸比为 3.4 的条件拉伸，然后进入沸水浴，以 1.9 的拉伸比再次拉伸，再在水中淋洗。

（2）FEP 和 PFA 纤维　可熔融氟树脂可用熔融挤出方法制造氟树脂纤维，后者在定向之后获得了更高的强度，使它们能够在高温下承载高的载荷。全氟碳树脂,包括 FEP 和 PFA(或 MFA)可以通过挤出纺成复丝。Vita 等人在近 20 年前就研究了用 FEP 和 PFA 制造定向和非定向纤维,这些纤维具有很高的机械强度并在高达 200～250℃ 的温度下保持很好的稳定性。适用的氟树脂的熔体流动速率必须小于 18g/10min,得到的纤维单根丝的直径为 10～150μm,200℃ 下最大收缩率 10%,这是按 ASTM D3307 得到的值的一倍。

复丝挤出所用设备中,多段可独立加热控温的加热器对挤出机料筒和连接齿轮泵的法兰、泵的浇铸和挤出机口模进行加热,设定好加热器的温度使熔体达到特定的温度。齿轮泵用来控制熔体流速,以保持恒定的熔体料通过口模。

全氟碳树脂纺复丝纤维的加工条件见表 8-14。

■表 8-14　全氟碳树脂纺复丝纤维的加工条件

纺丝过程变量	树脂型号		
	PFA	FEP	MFA
聚合物组成	TFE 和 1.5%PPVE(摩尔分数)共聚物	TFE 和 6.9%HFP(摩尔分数)共聚物	TFE,3.5%PMVE,0.4%PPVE 共聚物
熔点/℃	308	263	288
熔体温度/℃	400	380	—
熔体流动速率/(g/10min)	16.3	—	13.4
齿轮泵转速/(r/min)	40	—	—
聚合物流动速率/(kg/h)	12.6	—	—
口模孔壁剪切速率/s	64	—	—
收卷速率/(m/min)	18	12	12
牵伸比	1:75	1:1.5	1:2.2
牵伸温度	200	200	200

PFA 和 FEP 也用熔融挤出法生产单丝,纺单丝的流程和设备示意图、纺丝工艺条件、适用树脂规格、得到的单丝的性质可从文献 [3] 中得到。

8.4 旋转模塑和设备衬里

旋转模塑也是可熔融氟树脂的一种加工技术,又称为辊塑成型或旋转浇铸。可用来制造无接(熔)缝的中空塑料制品。该成型方法是先将聚合物料加入中空的模具内,然后模具沿两个不同的垂直轴方向不断转动并从外部加热,模具内的树脂料在重力和热量的作用下逐渐地熔融而涂布于模腔整个内表面上,成型为所需形状,经冷却定型成为中空制品。

旋转模塑的转速不高，设备相对较为简单，宜于小批量生产大型的中空制品。旋转模塑的制品厚度比挤出吹塑制品均匀，且废料少，产品中几乎无内应力，没有熔接缝，因此不易发生变形和凹陷等缺点。通常以粉状或糊状形态的树脂为原料。

这种成型工艺由装料、旋转、加热、冷却、脱模及模具清理等工序组成。主要工艺参数是模具温度，旋转成型机主、副轴（互成垂直结构）的转速及它们的速率比，加热时间和冷却时间等。旋转模塑成型技术已广泛应用于成型容量从几百升到数万升的聚乙烯大型储罐和汽车、小船的壳体等。此外，也应用于金属泵、阀、管和接头的衬里加工。氟树脂 PFA、FEP、PVDF、ETFE 和 ECTFE 都可以用作旋转模塑的原料。

文献曾报道了 PFA 同作为热稳定剂和起耐热填充剂作用的 PPS（聚苯硫醚）制成一种均匀的混合物，其中 PPS 的含量为 0.05%～5%（质量分数），平均粒径为 0.3～50μm。混合物造粒后平均粒径为 70～1000μm。此混合物的配制系将 PPS 粉加入 PFA 水分散液中，经搅拌凝聚后，加入硝酸和 CFC-113，颗粒在 300℃下热处理 12h，然后冷却。这种混合料可以用于加工管子内衬。管子内壁先用刚玉（矾土）进行喷砂处理，然后上底漆，再用旋转模塑机进行内衬加工，厚度可达 2mm。成型条件见表 8-15。

■表 8-15　PFA 共混物的旋转成型条件

变　　　量	数值
熔体加入后炉温/℃	320
转速（主轴）/(r/min)	3.5
转速（副轴）/(r/min)	5
加热周期/min 340℃ 360℃	 180 120

用旋转成型技术将 PFA 用于作化工流体储存和配制的受压容器的内衬，内衬用 PFA 旋转成型制造，内衬外面还有一金属（不锈钢）焊接的外层。整个加工技术较为复杂，可参考文献［5］。

8.5 其他模塑技术概述

毫无疑问，可熔融加工氟树脂最常用的加工技术是注射、挤出等，就靠这些技术已可以加工出很多种不同尺寸、形状和质量规格的制品。但是当需要特殊形状的制品或者有现成的加工设备，其他几种加工方法也值得考虑。尤其是传递模塑，对于很多复杂形状设备的衬里，具有独特甚至不可替代的优势，对于模压而言，包括加工标准的测试样片和需要加工厚度较大的平板式制品，而且压机等对于加工企业又是常用设备，故也是应选择的方法。吹塑特别适于薄膜、薄壁中空制品（如瓶子等复杂形状制品）。这些都是注射、挤出等加工方法不能代替的。表 8-16 是多种模压成型与挤出技术对于热塑性聚合物的比较。

■表 8-16　模压成型与挤出技术对于热塑性聚合物的比较

成型加工技术	优　点	缺　点	典型过程剪切速率/s
注射	最精细地控制形状和尺寸，高度自动过程，批次周期快，最宽的材料选择	设备投资高，只对大批量制品生产适合，成型压力高（140MPa）	1000～10000
模塑（模压）	成型压力较低（7MPa），对于增强纤维损坏最小，能制造大制品	需要劳动力多，批次周期需要时间比注射长，形状的适应性不如注射，每批都是人工加料	<1
传递模压	对金属制品和电子线路板封头好，适合形状复杂制品	每一制品上都有刮痕，每批都要人工加料	1～100
吹塑	可制造中空制品（如瓶子），拉伸作用可改善机械性质，周期快，需人力少	对制品壁厚不能直接控制，不适合高度精细制造小部件，需要高熔体强度	—
旋转模塑/衬里	可适于要求防震的实验室器材，不沾污样品，小的和大的容器衬里、阀门衬里均可，复杂几何形状制品，容器皆可	加工过程慢，需劳动力多，涉及运动部件多，需要大量清洗和表面调温	<100
挤出	适用于薄膜、绕包（线缆）、或长的连续性制品	必须冷却到玻璃化温度以下以保持稳定性	100～1000

8.5.1　模压成型

　　模压成型或称压缩成型，与本书第 7 章讨论的 PTFE 的模压成型不同，可熔融加工氟树脂的模压成型不需要烧结，树脂在模具内充满并上下模合并后边加压边加热，待温度上升到树脂熔点以上，树脂全部熔化，冷却后即成型。而 PTFE 的模压是在常温下先制成没有强度的预成型件或称坯料，再移入烧结炉，在高于熔点温度下完成烧结，树脂凝结成一体。

　　FEP 等热塑性氟树脂压缩成型时，通常有两台压机，一台热压，另一台冷压。先在热压机上对加满 FEP 树脂的模腔加压、加热。待熔融后将该热模移入冷压机上，在压力下冷却制件。这是因为冷却时，制品会收缩，容易产生气泡或缺陷。在压力下冷却则保证了制品的质量。

　　FEP、PFA、ETFE、PVDF 等在压缩成型加热时需要达到的温度和压力见表 8-17。加热和冷却所需的周期同制品的厚度等因素有关。制品厚度越大成型周期越长。对于 FEP，还可以制作 100kg 以上的圆柱形模压件，用作车削薄膜的型坯。

■表8-17 可熔融加工氟树脂压缩成型需要的加热温度和压力

树脂品种	压缩成型加热温度/℃	压力/MPa
FEP	340~370 290~315	1.5~10.5
PFA	343~380	1.5~10.5
ETFE	300~335	
PVDF	240~250	20
PCTFE	230~315	13.8~20.7
PTFE	370~395	7~138

8.5.2 传递模压

传递模压也称传递成型或注压成型，它兼有模压成型和注射成型的一些特点，主要用于热固性树脂的成型。但是这种技术对于熔体黏度高、流动性差、临界剪切速率又低的氟树脂如 FEP、PFA 等也可适用。特别是对形状比较复杂（尤其是中空设备内部结构形状复杂）、尺寸精度要求高的阀门衬里、T 形管接头和其他连接管件以及泵类壳体（含耐腐蚀泵的衬里）等产品的加工，可以说是难以替代的加工技术。传递模压与模压成型相比，具有能加工结构比较复杂、薄壁或壁厚变化大、带有精细嵌件的制品，而且成型周期相对较短。与注射成型相比，其主要区别在于传递模压在压模上方的加料室（槽）内受热熔融，而注射成型时物料在注射机机筒内塑化。

传递模压成型技术包括两大部分：树脂加热熔化和加压传递（含通道）部分以及保持预热的模具部分。以 FEP 传递模压为例，先将在压模上方加料室内的 FEP 树脂加热熔融，在柱塞的推压下让熔化的树脂通过加料室底部的浇口和模具的通道进入已预先加热到预定温度的闭合模具内，由于压力的作用，具有流动性的熔体能够进入到复杂形状的槽、沟、角等细微部位，并能够连同法兰翻边等一起包合。经过一定时间的冷却硬化，即可得到传递模压制品。制品在上下模合缝处会有一小小的凸起，不影响制品质量。

影响传递模压制品质量的主要因素有：树脂传递模压温度（涉及熔体黏度和流动性）、传递压力、模压时间、进料速率和冷却方式等。

FEP 树脂（Teflon®FEP160）的传递模压温度为 300~330℃；PFA 树脂（Teflon®PFA350）的传递模压温度为 340~380℃；ETFE 树脂（Tefzel®280）的传递模压温度为 300~320℃。传递模压成型时的进料速率要考虑 FEP 树脂的临界剪切速率，若超过临界剪切速率则制品会产生熔体破裂现象，表面出现微裂纹。FEP、PFA 和 ETFE 的临界剪切速率分别为 4~20s^{-1}，10~50s^{-1}和 200~3000s^{-1}。氟树脂在接近临界剪切速率时的传递压力取 15~25MPa。当模内充料达到 90%~95%时，传递压力应下降至起始压力的 1/2~2/3，以免在浇口区应力集中。

由于氟树脂的热传导率很低，因此不允许快速冷却模具，而应在离浇口最远处开始缓慢冷却，冷却过程逐渐向浇口处移动。这样的冷却方法有利于熔融树脂补入模内补偿收缩而免除制品收缩孔和瘪痕。过早地在浇口处冷却或释放掉压力会导致制品内产生空隙。

国内有相当份额的可熔融加工氟树脂用于防腐蚀衬里，以 FEP 和 PVDF 树脂较多见。主要用在耐酸泵衬里、大尺寸阀门衬里、多种形状特殊的管件（带翻边法兰的三通、弯头、十字头等）衬里。这些制品加工时被衬里的金属设备部件本身就是模具。其中很多都采用传递模压技术制造。一些企业往往将完成传递模压后的衬里设备或管件自然冷却，结果数天后在制品形状收缩或扩大的部位、弧形或转角部位乃至翻边法兰的转角处等发生因不均匀收缩造成的应力开裂。树脂制造商会通过适当提高 FEP 中 HFP 含量应对用户的投诉，可能会有所好转。但是要真正解决问题还得靠改进和优化上述一些传递模压的工艺因素。另外，考虑到大件制品需要的树脂熔体较多，通过浇口加料速率又不能过快，如在空旷的地方暴露在空气环境中进行传递模压，模具本体温度不可能长时间维持在传递模压需要的范围。文献曾报道了将模直接置于保持在一定温度的加热炉内。这种工艺对温度控制要求严格，必须保持在较窄的范围。熔融的树脂就可以在较低的压力下在较长的时间周期内充分地流到模腔的每一个角落。FEP、PFA、PVDF 等在这样条件下的控制工艺参数见表 8-18。

■表 8-18　几种氟塑料传递模塑的主要工艺条件

树脂类型	加热炉温度/℃	传递压力/MPa	冷却时压力/MPa
聚全氟乙丙烯，FEP	326~349	1.3~1.6	4.3~5.3
可熔性聚四氟乙烯，PFA	326~349	1.3~1.6	4.3~5.3
聚偏氟乙烯，PVDF	221~249	1.3~1.6	4.3~5.3

8.5.3 吹塑成型

吹塑成型是用于制造中空塑料制品的成型方法，借助于气体压力（一般是压缩空气）使闭合在模具内的、处于高弹态的型坯扩张（吹胀）成为空心的制品。可熔融加工氟树脂用吹塑成型加工中空制品最多的是 FEP、PFA，PVDF 也有少许吹塑成型制品，还有多层吹塑成型制品的内层用 ETFE 制作的例子。氟树脂吹塑成型制品可包括各类实验室洗瓶、滴管、量筒、容器等实验室器材，也用于半导体工业等高纯试剂的包装和存储容器。尤其是高清洁度 PFA 树脂经吹塑成型制造的用于高纯试剂生产的中空设备及专用包装容器是微电子行业必不可少的器材。

吹塑成型的缺点是制品壁厚及厚薄均匀性较难控制，因为只有制品外表面是贴着模具的，而制品的另一表面（内表面）是不受约束相对自由的，能调控的因素只是压力和熔体的流动性。

吹塑工艺可分为挤出吹塑和注射吹塑两种。

8.5.3.1 挤出吹塑成型

挤出吹塑成型用挤出机挤出管坯，并垂挂于安装在挤出机机头下方预先分开的型腔中，待下垂的型坯长度达到规定目标后立即合模并切断管坯。从模具分型面上的小孔送入压缩空气，使型坯吹胀后紧贴于吹塑模内表面而成型，吹塑成型得到的制品外形即为模具的内表面形。制品成型后还需保持充气压力使其在模具中冷却定型后方可开模脱出成为中空制品。

8.5.3.2 注射吹塑成型

注射吹塑成型是将树脂注射成有底的型坯，再把型坯转移到吹塑模内进行吹塑成为中空制品。注射吹塑成型又分为无拉伸注坯吹塑和注坯拉伸吹塑。

① 无拉伸注坯吹塑　由注射机在高压下将熔融树脂注入型坯模具内，在芯模上形成一定尺寸和形状的有底型坯，芯模为一端封闭的管状物，压缩空气从开口端通入并从管壁上所开的小孔逸出。型坯成型后，开启注射模将留在芯模上的热型坯移入吹塑模内，合模后从芯模通道吹入 0.2～0.7MPa 的压缩空气，型坯即被吹胀而脱离芯模，并紧贴到吹塑模的型腔内壁上，在空气压力下冷却定型。然后开模取出吹塑而成的中空制品。这种工艺适合生产批量大的小型容器、广口容器，用于化妆品、日用品、药品和食品的包装。

② 注坯拉伸吹塑　在成型过程中型坯被横向吹胀前先受到轴向拉伸，所得制品具有高分子链双向取向的结构。在成型过程中，型坯的注射拉伸与无拉伸注坯的吹塑法相同，但所得的型坯并不立即移入吹塑模内，而是经适当冷却后移送到一个加热槽内，在其中加热到预定的拉伸温度再转送至拉伸吹胀模内。在此模内先用拉伸棒将型坯作轴向拉伸，然后再通入压缩空气使此型坯作横向扩张并紧贴于模壁，经冷却后即可脱模得到具有双轴取向结构的吹塑制品。由此成型方法得到的制品的透明度、冲击强度、表面硬度和刚性都有较大地提高，同时制品的壁厚可以薄而省料（这对成本较高的氟树脂吹塑制品更有价值）。

8.6 可熔融加工氟树脂发泡技术

8.6.1 氟树脂发泡技术概述

泡沫塑料的优点和广泛应用早已是家喻户晓了。对氟树脂的发泡和应用则远不是那么普及。事实上，氟树脂同其他塑料一样，也可以发泡。发泡的方法主要有 3 种：机械发泡，化学发泡和物理发泡。

① 机械发泡　是将空气混合到塑料熔体中，利用搅拌，使空气进入熔体成为泡沫。此法多用于乙烯基塑料的发泡，对氟树脂很少应用。

② 化学发泡　基于使用发泡剂，使其同待发泡塑料的原料混合形成一种黏稠状流体，利用发泡剂在一定条件下的分解产生气体，同时形成树脂的三维交联结构。发泡剂的特性决定了气体产生的量和气体产生速率，泡沫的压力和保留在小孔中的气体量。由于氟树脂一般都不能形成交联结构，故化学发泡也不适用。

③ 物理发泡　是将适当的发泡剂加入塑料中，在塑料熔融过程中不断挥发而形成发泡塑料。发泡剂可以是液体，也可以是气体。要控制气泡的大小，必须使用一种成核化合物，塑料的化学结构和组成决定了发泡过程的条件。关键的成型工艺条件有：温度、发泡剂类型、为了得到尺寸稳定制品所需扩张程度的冷却速率等。发泡剂的性质及其在塑料中的浓度决定了气体释放速率、气体压力和保留在无数小孔中的气体量以及由于发泡剂的降解或活化吸收或放出的热量等。物理发泡是氟树脂泡沫的生产方法。这里，成核剂还有多重作用，包括得到均匀的细泡形状和大小、能控制细泡的数量、范围宽广的发泡窗口等。一氮化硼（BN）是可熔融氟树脂发泡理想的成核剂。以前使用的 CFC 发泡剂现在已由 CO_2 和 N_2 等取代。

氟树脂发泡形成的氟树脂泡沫材料最适于数字传输电缆的绝缘。应用例子之一就是同轴电缆，这种电缆具有较厚的绝缘层，它具有低的介电常数和介质损耗因子，具有理想的电性能。空气本身具有理想的介电常数（1.0）。对于同轴电缆而言，其理想的损耗因子是"0"。全氟聚合物本身具有低的介电常数和介质损耗因子（见表 8-19，及本书第 6 章 6.2 节），发泡后的全氟聚合物其介电常数进一步向 1.0 的目标下降，介质损耗也向"0"接近。这是因为绝缘层的树脂被充满空气的泡沫所替代。介电常数的降低同泡沫的充气量成比例。例如，发泡 FEP 绝缘层中空隙率为 60%，其介电常数为 1.3。泡沫中细孔尺寸越均匀，得到的泡沫中细孔越小，则电性能越好。绝缘层低的介电常数和损耗因子能降低通信时信号损失和电话串线的发生。因为氟树脂发泡制品具有优异的绝缘性质，在很高电压下工作的电路的最小化成为可能。这类电缆可以适用于微波频率超过 10GHz 下的传输。部分氟化的氟树脂，也一样可以发泡，虽然其介电性能不如 FEP 和 PFA，但是它们具有好的机械强度。PVDF 固有的高介电常数使其不能用于数字信号传输。

■表 8-19　在 1MHz 时氟树脂的电性能

树脂类型	介电常数	介质损耗因子	树脂类型	介电常数	介质损耗因子
PTFE	2.1	<0.0004	ETFE	2.6	0.007
FEP	2.1	0.0002	ECTFE	2.6	0.014
PFA	2.1	0.0002	PVDF	8.0	0.16

8.6.2 可熔融加工全氟碳树脂的发泡

典型的例子是熔融黏度为 $8.2 \times 10^3 Pa \cdot s$ 的 FEP 树脂的发泡技术。FEP 树脂同质量比为 1% 的氮化硼一起在闭式混合机（密炼机）中混合 15min。然后施加机械能和加热使混合物温度提高到 350℃。氮化硼就能很好地分散在 FEP 树脂中。随后此混合物被撕碎成小的块状物。这些小块在室温和 150kPa 压力下暴露在二氟氯甲烷（HCFC-22）中达 5 天。用装有 2.25mm 挤出口模的 38mm 单螺杆挤出机将这些小块挤成 Gauge-19 导线（标号 19 的导线）。熔体温度和压力分别为 390℃ 和 2.2MPa。挤出口模锐孔附近用感应加热器加热到 500℃。挤好的带涂覆层的导线进入离出口 5cm 处的水浴急冷。上述导线的泡沫绝缘层的厚度为 1.12mm，泡沫中细孔的直径范围为 $25 \sim 73 \mu m$，总空隙率达 53%。泡沫密度为 $1.02g/cm^3$。其介电常数为 1.47。

由于氮化硼价格昂贵，经研究发现有一些无机盐可以加入，以减少氮化硼用量。

上述例子看起来不适合工业化生产。另一种发泡技术是设计专用的挤出机，将用于发泡的气体（如 HCFC-22 等）从挤出机料筒中部不断注入挤出机中，由于螺杆的作用，气体很快溶入熔体中。HCFC-22 比较适合，它很容易溶入氟树脂熔体，而且其热稳定性也较好，足以承受挤出机中高达 380℃ 的高温。这种氟树脂发泡挤出机工作见示意图 8-11。含有发泡剂的熔融氟树脂一离开挤出机口模很快就形成了泡沫。在熔体从口模向水槽移动时，发泡持续进行。这种技术对 FEP 和 PFA 都是适用的。有关它们发泡的加工工艺参数和专用挤出机的设计数据可参见文献。

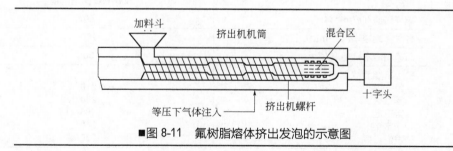

■图 8-11　氟树脂熔体挤出发泡的示意图

8.6.3 PVDF 的发泡

发泡的 PVDF 不仅用于电线绝缘材料（介电常数可下降到 5.0），还可用作超滤膜材料。典型的例子是先将 PVDF 或其改性共聚物同占聚合物质量 0.05%~5.0% 的成核剂、0.05%~5.0% 的发泡剂以及 0.05%~5.0% 的分散助剂进行共混。得到的混合物中 PVDF 的质量比至少要在 70％以上，用具有高剪切熔体混合功能的设备在不超过发泡剂活化温度的条件下将上述混合物进行熔融混合，以形成一种均相的粉料。最后，将得到的粉体共混物送挤出机在适当温度下挤线，形成泡沫并随后急冷。

成核剂的平均粒径应小于 $2\mu m$。可供选用的有：碳酸钙、氧化镁、氧化钛、炭黑、硅酸钙、氢氧化镁、氧化锑、碳酸铅、氧化钡、碳酸锌和二硫化钼等。发泡剂的最佳浓度和活化温度应分别是＜2％（质量比）和 220℃。最希望用的发泡剂是二异丙基肼亚基二碳酸酯，优先使用的分散助剂是邻苯二（酸）二丁酯或邻苯二（酸）二辛酯。成核剂和分散助剂可以预先混合，然后加到聚合物中。从 PVDF 混合物的组成来分，生产均相混合物最好的方法是将它们放到双螺杆挤出机中混合、挤出成小片。

合适的挤出机的长径比为 24∶1，压缩比为（3～5）∶1，活化发泡剂最好在计量段（区）添加，因为此处对熔体的传热均匀，结果可使最终产品中具有更均匀的发泡活性和细孔结构。

PVDF 发泡共混物的组成、导线挤出条件和有无发泡时 PVDF 绝缘的性质对比分别见表 8-20、表 8-21 和表 8-22。

■表 8-20　PVDF 发泡共混物的组成

物　　　质	含量(质量分数)/%	物　　　质	含量(质量分数)/%
PVDF（Kynar®461）	95	分散助剂（苯二甲酸二丁酯）	3.0
成核剂（CaCO₃）	1.0	发泡剂（二异丙基肼亚基二碳酸酯）	1.0

■表 8-21　PVDF 发泡共混物导线挤出条件

挤出机参数	数值
导线芯	24AWG 通信电缆
螺杆转速/(r/min)	50
导线移动速率/(m/min)	150
口模同冷水槽距离/mm	50
挤出机温度/℃ 　第一区 　第二区 　第三区 　十字头 　发泡口模	 210 230 285 240 230

■表 8-22　有无发泡时 PVDF 绝缘的性质对比

变　　量	发泡 PVDF	未发泡 PVDF
绝缘层厚度/μm	175	175
密度/(g/cm³)	0.80	1.76
空隙率/%	55	0
平均细孔尺寸/μm	15～25	0
拉伸模量/MPa	20	41.5

变　量	发泡 PVDF	未发泡 PVDF
断裂拉伸强度/MPa	0.25	0.9
断裂伸长率/%	50~80	100~400
挠曲模量/MPa	19	41.5
介电常数(100Hz)/	3.6	8.2
介电强度/（kV/mm）	22.4	81
绝缘电阻/（MΩ/300m）	200~300	850

8.6.4 ETFE 的发泡

由于 ETFE 具有相对密度小，机械强度高的优点，为减轻飞行器自身重量，它常被优先选择为航空线缆的绝缘层和护套管材料。当它用于线缆的绝缘和护套时，充分发挥了其优良的电性能和力学性能。标号 24 导线就是用 ETFE 绝缘（core）和作护套（jacket）。作护套管使用时，ETFE 是实心的，厚度 $25\mu m$，被护套管包着的线芯绝缘层是发泡 ETFE，厚度 $0.127\mu m$。此绝缘层的空隙率为 45%，介质击穿电压为 20kV/mm。

ETFE 的发泡实例中，用 1（质量）份的碳酸镁和 1（质量）份的二异丙基肼亚基二碳酸酯加入到 100 份树脂中，挤出和发泡的条件与 FEP 大体相同。

8.7 可熔融加工氟树脂的二次加工

8.7.1 机械加工

可熔融加工氟树脂制品同 PTFE 一样，可以进行机械加工，包括常用的锯、剪切、钻孔、铣和对表面进行金属化处理等。片材和块都可以按任何需要的尺寸从大锯小，推荐用粗牙锯条。实施片材剪切时厚度极限在 10mm，实施圆棒剪切时的直径极限为 20mm。

8.7.2 粘接方法

氟树脂的优异特性之一就是它们的表面不黏性，并由此开发了很多应用。但是在实际使用中，有时必须进行氟树脂不同零部件之间和氟树脂同其他基材的粘接。解决问题的方法有两个：不用黏结剂和使用黏结剂的粘接。其中使用黏结剂的粘接的方法又可分为接触黏结剂法和胶黏法。接触黏结剂法又称压敏胶法，适用于大表面积的黏合，如化工设备衬里。具体例子有加料斗、斜槽和传送带等。这些以 PTFE 片材较多。胶黏法需要对氟树脂表面进行改性处理，以得到较强的黏结力。处理方法有萘钠处理、等离子处理、火焰处理、电晕（辉光放电）处理等。黏结剂主要使用有机硅胶黏剂。

8.7.3 焊接

使用黏结剂将氟树脂制品不同部件黏合的技术有其局限性，即只能应用于氟树脂制品不承受大载荷的情况，例如在某些化工过程设备作防腐衬里。通常载荷同时由温度、化学腐蚀和机械力等构成，此时将不同零部件用焊接或无黏结剂法连接就是较好的解决方案，而且不会牺牲零件和制品整体的承载能力。有很多适用于热塑性聚合物焊接的技术可供选择，它们不但能提供牢固的结合，而且焊接后成品的强度甚至可与材料本体一样。

8.7.3.1 焊接技术

并不是所有的焊接技术对各种不同品种氟树脂均能适用。一般而言，对某一种氟树脂能适用的焊接技术的种类多少取决于该氟树脂的流变性。高的流变，或高的熔体黏度，使得焊接困难，因而减少了可以适用的焊接方法种数。对 PTFE，可适用的焊接方法最少，对 PVDF，绝大多数焊接方法都可以用。

常用于不同品种氟树脂的优先适合焊接技术列于表 8-23。

■表 8-23　不同品种氟树脂的优先适合的焊接技术

氟树脂品种	适 用 的 焊 接 技 术			
	热风焊	超声波焊接	热板搭接焊	振动焊接
PTFE	某些条件下	不适合	某些条件下	不适合
FEP	适合	某些条件下	适合	某些条件下
PFA	适合	某些条件下	适合	某些条件下
ETFE	适合	某些条件下	适合	某些条件下
ECTFE	适合	某些条件下	适合	某些条件下
PVDF	适合	某些条件下	适合	某些条件下

可供选择的焊接技术很多，如搭接焊、热风焊接、超声波焊接、旋转焊接、红外线焊接、高（射）频焊接、溶剂焊接、振动焊接、诱导焊接、微波焊接、阻抗焊接、萃取焊接、激光焊接等。其中，搭接焊、热风焊接最常用，在第 7 章 7.1.7.2 已有介绍。用于氟树脂热风焊接的温度条件和气体保护条件见表 8-24。

8.7.3.2 FEP 的焊接

FEP 的焊接主要是针对板材的拼接。采用热风焊接技术时，先需用挤

■表8-24　用于氟树脂热风焊接的温度和气体保护条件

项目	PVDF	ECTFE	ETFE	FEP	PFA
焊接温度/℃	315	325	342	405	405
惰性气体	无	需要	需要	无	无

出方法制备直径为 2.4～4.8mm 的 FEP 生料棒作为焊条。由专门的电热枪提供热风，产生的热空气温度在离开焊枪顶端 0.5cm 距离的地方要达到 425℃。空气压力调节到 140kPa。所有表面，包括焊条表面和离焊接区相邻 2～3cm 的区域的 FEP 表面在焊接前都必须用溶剂清洗。接受焊接的 FEP 片材边缘需削成斜角

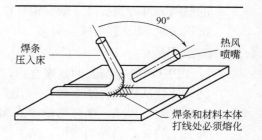

■图8-12　FEP 片材用焊条焊接示意图

（45°～60°，依制品的厚薄而异）。FEP 片材用焊条焊接示意图见图 8-12。

8.7.3.3 PVDF 的焊接

PVDF 可以用所有标准的焊接技术进行焊接。焊接技术的条件和细节可以参考有关专业资料。

8.7.4 其他

8.7.4.1 热熔结合

可熔融加工氟塑料膜可以在高温下以热熔的形式粘接于金属、玻璃布之类的基材上。这种熔融的聚合物同基材相比，具有低得多的表面张力，因此能够充分润湿基材表面。典型的操作是将氟树脂膜同基材一起加热到聚合物的熔点温度之上，两者就达成紧密接触。机械闭锁力和分子间的力导致了这种黏结。基材表面必须彻底清洁，并用喷砂或化学刻蚀方法使其粗糙化，从而增加氟塑料和基材之间接触的表面积。FEP 和 ETFE 需要的热熔结合的最低温度为 270℃。

8.7.4.2 金属化

经（表面）金属化的氟塑料应用于微电子线路板、印刷线路基板、长期储存用充气气囊、用于 NO_4 储存的铅电镀板等。镀金的 PTFE 用于储存发烟硝酸和肼等。镀金的膜减少了腐蚀性液体的渗透，又不会影响充气气囊的可变形性。金属化的氟塑料还有多种特殊用途。

氟塑料膜可以用真空沉积法或某一种电镀技术实现（表面）金属化。真空沉积法适用于平的制品，因为金属的轮廓是直线。电镀技术金属化能够对

复杂几何形状的制品实施金属化。真空沉积法可以看作发生在真空室内的"分子喷洒"。

电镀技术金属化可分为 3 步，树脂膜的表面处理或活化，灵敏化和上涂层。

FEP 膜可用真空沉积法实施金属化，如表面预先进行萘钠处理，金属的黏结力可得到提高。铜、铝、银、金和其他一些金属氧化物都可以用真空沉积法对 FEP 膜实施金属化。

8.7.4.3 压电膜

PVDF 是半结晶的氟聚合物，其结晶态至少有 3 种（也有说 4 种或 5 种的，此处从传统说法 3 种）。α 态是最常见的晶态，非极性，中心对称结构。α 态结晶是 PVDF 聚合物从熔点温度冷却时形成的。在挤出膜于 80℃ 时拉伸发生的 α 态结晶的变形，结果产生晶胞在平行平面上的堆积，成为极性的 β 晶态。第 3 种晶态称 γ 相，这是介于 α 晶态和 β 晶态之间的中间过渡态。γ 相定向后也产生 β 晶态结构。

典型的制备压电膜的过程包括以下几步：

① 将 PVDF 树脂通过挤出制成 α 相的膜；

② 将上述膜在 80℃ 和拉伸比 4～5 倍下单向或双向定向，生成 β 相膜；

③ 电极沉积；

④ 在电场强度 600kV/cm 和 100℃ 温度下进行热极化 30min。

实现了向 β 晶相转化的膜必需经受电极化，以得到显著的压电和热电活性。受加工的聚合物膜必需在高温（80～110℃）下暴露于强度很高的电场中（500～1000kV/cm）。

压电活化程度取决于极化时间、电场强度和温度。

压电膜的近期和远期目标应用包括开关、计算机绘图、机器人触觉感受器、红外检测仪、医用探头、乐器的拾音元件、音响设备和水下测声器、漏水检测器等。

8.7.4.4 交联

部分氟化的氟树脂可以通过交联改善成型后制品（如导线绝缘）的力学性能。飞机工业需要的线缆除了要有良好的不燃烧性外，还需要能承受磨擦和割划。氟树脂如 ETFE、ECTFE 和 PVDF 经交联后提高了它们的力学性能。

实际上，以 ETFE 为例子的交联是这些树脂作为导线绝缘挤出后向它们注入交联剂，然后再接受辐照处理。较好的交联剂有三聚氰酸三烯丙基酯（TAC）、异氰酸三烯丙基酯（TAIC）、偏苯三酸三烯丙基酯、均苯四酸四烯丙基酯等。导线绝缘由熔融挤出制成后在高温下浸入交联剂的溶液中，其中交联剂的含量（质量比）应在 0.5%～15% 之间。这样吸收了交联剂的绝缘导线送去接受剂量为 2～3Mrad 的辐照。辐照剂量越高，交联的程度越高，但是，过高的剂量会引起聚合物的降解。

国外已有适用辐照交联方法生产航空航天用辐照交联电线电缆的品级称为 X-ETFE 的电缆料。而且建立了军标 MIL-W-22759。国内有多家专业研究机构和工厂也从事 ETFE 辐照交联电线电缆的研究和试生产。在国标 GJB773A—2000 中也包含了 X-ETFE 辐照交联电线电缆的内容。国内资料报道中揭示的方法是在 ETFE 树脂中加入适当的敏化剂，然后再经挤线→冷却→辐照交联的方法制造辐照交联电线电缆，在挤线过程中要保证敏化剂不发生热分解。

8.7.4.5 热成型

对于可熔融加工氟树脂 PVDF、FEP、PFA 以及改性 PTFE 都可以由真空成型、压力成型和配合模成型的方法进行热成型加工。所有的方法中，都是先将氟树脂片材加热使其达到凝胶点。由于氟树脂热导率低，所以需要比常规塑料热成型加工更长的保温时间。真空成型就是提供由真空产生的拉力，把熔融的片材拉向模具的外形边缘完成成型。压力成型则是利用热的压缩空气将片材推向模具而成型。配合模成型则将片材置于两片匹配的阴、阳模之间，两模接近到合拢，依靠机械力完成成型。

8.7.4.6 其他

其他成型方法还有封装、烫印和油墨印花等。这些与常规塑料的同类成型方法基本相同。

8.8 可熔融加工氟树脂的应用

8.8.1 FEP 的应用

8.8.1.1 电子电气工业

（1）**电线电缆**　现代科技的发展推动了电气设备的小型化和高性能化，这对相关的电线提出了耐高温、阻燃及介电常数 ε 低等综合要求。以 FEP 为绝缘介质的电线，其主要用途就是计算机等电子设备的配线和耐 600V 电气设备的绝缘电线、控制电缆和通信设备电缆等。在网络通信技术大发展中，大量建设局域网对重新布线提出了要求，为 FEP 导线的发展应用提供了很好的机遇。

本章 8.6.2 节介绍的 FEP 发泡技术用于导线，发泡率达到 $60\% \sim 70\%$ 的 FEP 泡沫用作电线绝缘层，展现了优良的绝缘性能，同时又减轻了重量，减少了树脂消耗，能使其成本下降。

一种称作 Plenum 电线电缆的线缆，使用以 FEP 为主体的氟树脂为绝缘介质。由于能耐高温、阻燃性能优良、发烟低以及发生火警时在火焰中不会因熔融滴落等优点,可以直接裸露铺设在堆有其他杂物的空间。1992 年首先由美国电子工业协会在天花板和地板的夹层铺设这种电线电缆,并制定了规范。接着在美国普遍采用了这种 Plenum 电缆,不需要用金属套管保护。从此,FEP 绝缘线缆得到大发展,消耗的 FEP 量一度占总量的 75%。其中的 95% 用于主体电缆,5% 用于护套管。我国、欧洲和日本等地区和国家虽没有同样规范或法规,但是,随着建筑标准的提高,对高标准的高层建筑、机场和其他大型设施也趋向于使用 Plenum 电缆作为层间空间中铺设的安装线。

迄今为止,国内生产的 FEP 用于 Plenum 电缆的份额还很少,大部分还是作防腐蚀方面使用。FEP 电缆(直径较粗,对树脂质量要求相对低一些)用于采油油井已有一定需求。另一方面,少数小企业从进口的废旧电缆中回收的 FEP 树脂经清洗处理和重新造粒以低价投放市场,对我国 FEP 市场的健康发展有不小的冲击。

(2) 薄膜 在薄膜方面的应用本书 1.5.3.4 节已有介绍。至于在电绝缘方面应用,可用于印刷线路、扁平电缆、计算机、变压器线圈、发动机的耐热磁导线绝缘等,膜的厚度一般为 $12\sim500\mu m$。仅以美国计,一年消耗的 FEP 薄膜量在 700t 以上。

FEP 膜经过电晕放电或电子线辐射处理,能成为捕集电荷的永久带电驻极体。把这种驻极体膜的一面蒸涂上金属,可用作音响设备等家用电器的振动膜,质轻、小型、频谱宽、振动特性良、杂音少,即使长期使用驻极体电荷仍不衰减。

8.8.1.2 化学工业

(1) 防腐衬里 用于化学工业防腐衬里的应用大体有 5 类。

① 管道及管件 管道衬里用 FEP 比用 PTFE 衬里时两端的翻边较容易。缺点是长期使用温度略低。FEP 衬里设备和管件示例见图 8-13。

② 塔、槽及其附件 大型的塔、槽等常为化工装置的主体设备。他们用氟树脂作防腐蚀衬里可以节约很多贵重的合金材料,还可以提高产品的清洁度。衬里时常采用 FEP 片材与玻璃布的复合片材,玻璃布的一面用胶黏剂与设备金属壁粘接,片间用熔接法相连。对于小型塔、槽则用 FEP 片材的松衬法或涂层法处理。塔、槽等主体设备的附件如吸入管、液位计、温度计保护套管等用传递模压成型法加工。

③ 软管 在化工装置中,FEP 软管或衬里的软管主要用于输送温度较高的腐蚀性介质(气体或液体,可以是强酸性或弱酸性、碱性、有机溶剂等),或两个不同部位之间的连接(安装时两接口可以不要求对得很准)。FEP 软管的口径在 $6\sim25mm$,最高耐压可达到 40MPa。

④ 阀门 FEP 可用于制造多种阀门,如球阀、隔膜阀、蝶阀和旋塞阀等,既可用于制造阀体本体和阀件,也可制衬里阀。这类制品都用传递模

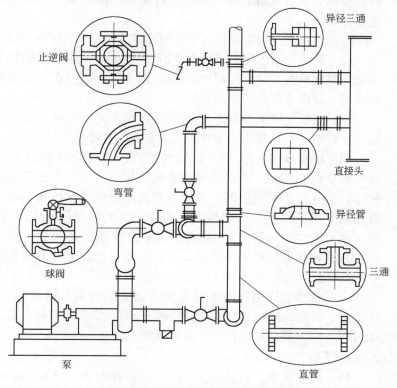

止逆阀

异径三通

弯管

直接头

球阀

异径管

三通

泵

直管

■图 8-13　FEP 衬里设备和管件示例

压成型法加工。

⑤ 泵类　泵类（含压缩机）用于提供流体流动的动力。由于是转动型设备，处理酸性介质、碱性介质和有机溶剂的泵（含离心泵、活塞泵和隔膜泵等）同介质接触部分的衬里层都可以用 FEP 制造。生产 FEP、FKM 和其他一些氟树脂凡采用气相配料和加料的聚合过程，都涉及用膜式压缩机，为保证单体不被沾污，隔膜的膜片上都需要覆盖 FEP 片。FEP 耐酸泵在国内已有可观的生产能力，其中多半采用传递模压成型法加工。

FEP 衬里设备可以在高温（＞200℃）和腐蚀性环境下使用，如用于硫酸、氢氟酸、表面活性剂、磺化过程和六氟化铀精制过程；采用氢氟酸和三氯化铝的烷基化反应过程等各种条件苛刻的合成反应的设备；耐热又耐氧化性要求高的状态如氯化、硝化、氰化过程和盛放铬酸的电镀槽等的设备衬里；有不黏性要求的场所如生产石膏、胶乳等黏性物质、熔融有机物、废塑料处理设备；防污染的药品、高纯试剂、超纯水等设备和它们的包装材料等。FEP 在加工过程中不添加任何助剂，因而能确保被接触的物料不受到污染（对于处理高纯物质的设备衬里，FEP 本身的纯度也要很高，在聚合、后处理、造粒等环节以及用的洗涤水、环境等都要保证不发生任何污染）。

耐应力开裂的化工设备衬里常用厚度为 1.5～2.3mm 的 FEP 片材。

(2) 薄膜 用于化学过程的 FEP 膜表面经化学腐蚀脱氟处理后，可用一般胶黏剂粘接。但是处理后的 FEP 膜在紫外线照射下会降解，只能在室内使用，如用于传送带之间粘接。

(3) 单丝 FEP 单丝织成的布可以作为腐蚀性液体的滤布、洗涤器滤层，在蒸馏塔、吸收塔、蒸发器和去雾器中作防污滤材。

(4) 热交换器 用 FEP 直管的管束作为热交换器的列管，具有耐腐蚀、耐高温、不黏、传热快和设备轻等优点。FEP 的热导率虽然比金属低得多，但是管子细而壁薄，单位容积换热器的有效传热面积得很大，可以补偿热导率低的不足。而且，流动的介质不易黏附在 FEP 管表面形成液层（故可减少传热阻力），更有利于热交换效率的稳定。同金属换热器相比，FEP 换热器建造成本要高，而且不适合介质中有夹带固体颗粒的情况下的热交换。

FEP 换热器适用于酸洗、电镀液之类用金属换热器难以胜任的情况，如硫酸、硝酸、盐酸、硝酸/氢氟酸混合液、铬酸等液体、蒸汽的加热和冷却过程。FEP 换热器在使用压力和温度上也有一定的局限性。

8.8.1.3 机械工业

(1) 推挽缆索（push-pull cable） 推挽缆索是指牵引和传递载荷的钢索。在汽车、飞机、船舶和一些电气设备上都有使用，在软套内的钢索外包覆着塑料管，它需要能耐高温、低摩擦、耐重载荷，使用 FEP 和 PTFE 管比其他塑料操作方便、效率高、偏转位移少。FEP 管更有挤出管长度不受限制的优点，若在 FEP 树脂中添加必要填料，则可进一步提高耐磨耗性。

(2) 热收缩管 FEP 的热收缩管制造方法见本章 8.3.4 节。FEP 热收缩管在染整、制丝、印刷、食品加工厂与染料、淀粉和胶乳等黏性物质接触的辊筒外应用时，具有良好的防黏功效，可明显缩短清理时间。小口径FEP 热收缩管可用作电线电缆末端的绝缘包覆，温度计等的保护套管。

FEP 热收缩管套在金属辊和橡胶辊上，经加热收缩就紧箍于辊外，但辊筒在快速旋转时 FEP 热收缩管内表面会受侵蚀，故需在金属辊外涂布环氧树脂胶黏剂，对橡胶辊外涂布聚氨酯胶黏剂，让 FEP 套管与辊筒贴得更紧密。

FEP 的热收缩管的直径范围为 1.5～250mm，小口径管的壁厚为 0.2～0.3mm，大口径管的壁厚为 0.5mm。

(3) 涂层 FEP 的水性分散涂料和（静电）粉末涂料可用作不黏的无针孔涂膜，常用于环氧树脂、聚氨酯泡沫、不饱和聚酯、丁基橡胶、丁腈橡胶和有机硅橡胶等成型模具的脱模材料，以及造纸业干燥辊、食品加工机械、炊具的防黏涂层。

8.8.1.4 其他应用

（1）**建材**　当 PTFE 玻璃布作屋顶膜时，需用 FEP 膜作热熔胶黏剂，以拼接 PTFE 玻璃布；FEP 膜也是聚酰亚胺之类的耐高温塑料、金属、陶瓷、玻璃布之间或它们与 PTFE 之间相连接时的热熔胶黏剂，使用时需在 280~340℃下加压 0.2MPa 保持数分钟。

（2）**太阳能收集器**　FEP 膜耐候性优、透光性强、吸热后散热少，可用作太阳能收集器的吸收窗材料。为提高吸热效率可用 FEP 膜作双层窗。

（3）**生物学应用**　FEP 为生理惰性材料，可作滞留在人体体腔、胃、肠、膀胱内的导管（引流管），或注入营养剂、药品的导管。FEP 膜制成的血浆袋可在深低温至常温的反复升降温情况下多次重复使用，使用寿命明显高于其他塑料。

8.8.2　PFA 和 MFA 的应用

PFA 实际上是对综合性能优异但又不能熔融加工的 PTFE 的改性，它保留了 PTFE 几乎绝大部分优点，同时又因结晶度下降、熔点下降、熔融黏度大幅下降而可以热熔加工，俗称可熔性 PTFE。它在耐高温性和耐应力开裂性方面优于 FEP，耐折性特好，在高温下的机械强度还优于 PTFE，只是因为 PFA 的成本和售价差不多是 FEP 的近一倍和 PTFE 的三倍多，所以 PFA 在很多高端的领域得到应用，如在半导体产业的应用。MFA 同 PFA 具有基本相同的性能，在欧洲生产和使用较多的是 MFA，而在美国、日本应用得多的是 PFA。我国目前 PFA 的用量正处上升期，绝对量还不在主流地位。

8.8.2.1 化学工业

早期 PFA 在化工方面应用限于实验用烧杯、烧瓶和洗瓶等器皿和反应釜、精馏塔、储槽、管道和管配件（整体或衬里）、部件等。作衬里材料时，其耐应力开裂性、易熔接性均优于 FEP，具有更高的可靠性。

（1）**管道及管配件等**　PFA 可制成各种不同尺寸的直管、管接头（插接和丝口皆可）、衬套、隔膜（片）和管道衬里。PFA 管配件的壁厚最薄的为 2.38mm，管道衬里层的最小厚度为 1.27mm。PFA 的纯度很高，加工时不添加任何其他化学物质，因此生产高纯和超高纯的电子化学品或者纯度要求很高的药品中，由反应器、阀门、管道及接头、配件等构成的成套装置均采用全塑（PFA）结构制造。半成品和成品的包装容器也用 PFA 全塑或衬里制造。

（2）**阀、泵衬里**　PFA 常用于高端大型衬里阀门，通径可达 150~250mm，PFA 也用于球阀的密封部分、隔膜阀的膜片、止逆阀的球、离心泵和真空泵的衬里层等。阀体的其他部分则常用 PTFE 制作。隔膜式压缩机的膜片或隔膜式气动调节阀的膜片如用 PFA 制作可大大提高使用寿命和可靠性。

(3) 塔、槽类衬里　大型塔、槽类设备的衬里层可用 PFA 片材、PFA-玻璃布复合片材及 PTFE-PFA 玻璃布三层复合材料，对小型塔、槽类设备主要采用 PFA 的注射成型、传递成型、旋转成型或粉末涂层等方式衬里。涂层厚度小于 1mm 时不适用于高腐蚀性设备的防腐衬里。

(4) 软管　PFA 管的另一优点是较好的透明度，可以实时观察管道内物料流动情况，但是大口径 PFA 管无法弯曲，为此可以制成螺旋形管，提高其柔性。如管外用不锈钢丝增强，则可以大大提高使用压力，用作液压软管。

8.8.2.2　半导体工业

半导体工业是使用 PFA 份额最多的领域。据国外资料统计，PFA 在半导体工业领域的消费量要占总量的 80% 以上。随着集成电路（IC）的升级和发展，集成度越来越高。在半导体元器件集成度提高的同时，对其制造过程中所用设备的材料也提出了高耐蚀、高耐热和高纯度的要求。PFA 是能够满足这些苛刻条件而又具有良好成型性的材料，因此成为发展高端半导体工业必不可少的重要材料。

(1) 化学侵蚀　大规模集成电路（LSI）制造要对单晶硅片作一系列处理，包括表面氧化处理、照相制版处理、掺杂处理和蒸汽处理等。这些工序都要经过一系列的化学侵蚀和洗净处理等。处理时，将待处理的单晶硅片垂直插入 PFA 制成的类似"卡片箱"的吊篮（亦称"花篮"）中，依次浸入侵蚀液。单晶硅片的掺杂过程是一个分次浸入不同侵蚀液，然后洗净的过程。每次浸入的侵蚀液化学组成都不同，硅片上被侵蚀的成分有 Si、SiO_2、Si_3N_4、Al、光致抗蚀剂、洗净药品等，使用的侵蚀液分别由 HF、HNO_3、NH_4F、H_3PO_4、CH_3COOH、H_2SO_4、KOH、NaOH 等若干种有机溶剂组成。处理的温度每一轮都不一样，从 25~130℃。可见，侵蚀过程中的托架和吊篮要反复承受强的腐蚀介质，如果也受到侵蚀，就会对硅片造成污染。托架和吊篮还要同时承受高温，并保持一定的机械强度和尺寸稳定性，还要满足能以注射成型加工制造这些形状复杂的器具。PFA 是满足所有这些要求的最佳选择。由于 PFA 注射成型得到的制品表面光滑，硅片插入和取出不易受到擦伤。

除上述 PFA 托架和吊篮等器具外，侵蚀过程中还涉及直径 6~50mm 的管子、管配件、阀、泵、流量计和过滤器等也用 PFA 制造。

(2) 对药液和超纯水影响　为了防止外界污染，半导体制造过程所用超纯水和药液都用 PFA 制造的管道、容器和设备。从使用 PVDF 和 PFA 的对比可见，在药液介质下，PFA 保持基本不变，也不变色，不开裂。而

PVDF 制品在同等条件下的质量变化要高出数十倍到上百倍。侵蚀试验后，PVDF 制品变色、纵向开裂情况较多。

8.8.2.3 电气工业

(1) 电线 PFA 制作的电线电缆绝缘层比 FEP 有更高的连续使用温度和更优的耐应力开裂性。PFA 与 PTFE 电线均可以在 260℃下使用，如作为加热电线和特殊电线。

加热电线中的导体是电阻线，加热电线通电后发热，将其绕在列管外，比较容易保温，适于较短管道的加热。另一特殊电线的例子是用于地热发电的地热探查，地下 3km 处的温度达到 300℃，而且有 H_2S 等腐蚀性气体。要求电缆能耐高温蒸汽和 H_2S 气体长时间的腐蚀，只有 PFA 电缆能够胜任。

(2) 电气电子设备 电气电子设备中应用有 PFA 薄膜、管子、热收缩管及注射件等。例如，用于锅炉等高温高压容器的液位控制件就采用 PFA 的电极保持器。高温锅炉中的水为防止水垢，锅壁为碱性（pH＝10.5～11.0），陶瓷部件不能耐高温水蒸气和碱液的腐蚀，而 PFA 电极保持器能耐 260℃高温，2MPa 压力，也不受碱液的腐蚀，可以确保锅炉的安全运行。

8.8.2.4 机械和食品工业

(1) 软管 PFA 软管因具有更好的耐高温性和耐开裂性，更适合于作液压软管使用。例如用于水蒸气与冷却水交替输送的液压机上，用于制作录音机盘的全自动压机，需要在 1min 内交替输入温度 180～190℃（压力 0.9～1.1MPa）的水蒸气和冷却水。用 PFA 软管使用寿命可达到橡胶软管的 6 倍，达 $6×10^5$～$7×10^5$ 次，可大大节约停机检修时间和人工费用。这种软管的内径 19mm，壁厚 1.5mm，长 1.4m 钢丝编织三层的 PFA 软管的爆破压力达到 48MPa。

PFA 软管也用于输送各种腐蚀性、黏性物质，在食品、制药、饮料行业中得到应用。具有使用寿命长、清洁、无异味、不污染的优点。

(2) 不黏性应用 PFA 粉末涂料的不黏、耐热、耐蚀性，使其广泛用于复印机压辊，食品加工机械的料斗、辊筒、模具、容器、筛子及聚氨酯泡沫成型模具等的防黏涂层。

8.8.3 ETFE 的应用

ETFE 是可熔融加工氟树脂中的大品种之一，具有均衡的耐热性和耐化学腐蚀性，特别因其相对密度较小，通过交联处理，还可提高机械强度和耐温等级，在线缆应用方面受到青睐，消费量几乎占总量的 2/3。在建筑和化工等方面应用也不断增长，尤其是 ETFE 薄膜作为墙体材料或大型公共建筑的顶棚等具有标志性。

8.8.3.1 化学工业方面应用

(1) 涂层、衬里 只要对被涂基材表面作一般的清洁处理，ETFE 涂料就有良好的粘接强度，可以用到承受负压的设备和容器上。用 ETFE 片材衬里的设备几乎不沾污垢。熔融加工的 ETFE 薄膜致密无针孔，因而耐化学品性能好，有较高的安全性。以厚度为 0.6mm 的 ETFE 片材作设备衬里，经 1 个月的药液浸渍后，其外观不起变化（相对其他材料最高使用温度比较具有优势），且对很多种酸都具有良好的耐腐蚀性。

ETFE 也适用于塔器和槽罐的衬里。ETFE 衬里的槽车使用寿命超过 6 年。ETFE（粉体）静电涂层用于大离心机的料框、洗净塔多孔料斗等。

(2) 注射和挤出制品 纯 ETFE 或填充碳纤维后，注射成各种泵的零部件及气体洗涤塔、蒸馏塔中的填充料，比陶瓷填充料质轻且可耐冲击，装入塔内时破损率小，由此可以简化塔体本身及塔的支撑部分。其他如 pH 计的外壳、流量计、管接头、阀座等都可用 ETFE 注塑件。

用于化工方面的 ETFE 挤出制品有管、膜、单丝等，如直径 1～12mm 的 ETFE 药液管、衬里管、易弯折的螺旋管等。ETFE 单丝的直径为 0.08～0.35mm，编织成布料后用作过滤材料、塔的填充材料、除雾器的填料和输送带等。

ETFE 膜可与其他材料如橡胶复合制成耐腐蚀管和垫片等。因 ETFE 不易吸附气体，ETFE 膜可用作取样袋。ETFE 同多种其他塑料如 PE 等吹塑制成双层瓶，内层为 ETFE，耐腐蚀，又可比全部用 ETFE 降低成本。这种瓶因 ETFE 不含添加物，适合用于药物包装。容量大的瓶子需用旋转成型法加工。

8.8.3.2 电子电气工业应用

(1) 电线电缆绝缘 在氟树脂中，ETFE 因机械强度高，相对密度小（发泡后更轻）、耐辐照，ETFE 作为绝缘的电线电缆在航空航天方面的应用是其应用的重要领域。国外以美国为主要代表的氟塑料线缆产业在辐照交联的 ETFE 线缆方面取得的技术和应用成就已形成对航空航天事业的重要支撑。我国航空航天虽也取得很大进步，但是毕竟起步晚，基础（包括材料支撑）薄弱，近年来，我国飞机工业和航天事业加快了发展，对 ETFE 电线电缆提出很高很迫切的要求，有关研究院所和生产企业正迎头赶上，短期还难以马上全部满足这方面要求，每年还得进口可观数量 X-ETFE 电缆料。这对相关企业当然也展现了很好的机遇。

在航空航天线缆中，以 Raychem spec 55 为代表的辐照交联 ETFE 绝缘线和带有交联 ETFE 外层绝缘的氟塑料聚酰亚胺复合安装线是两个典型的例子。

ETFE 电线还用于一些机器配线、计算机、600V 电线、多芯电缆和编织电缆等。交联 ETFE 电线耐辐照性强，可用于核电站的各种电线电缆。

因耐热性好和机械强度高、耐磨损等特点，ETFE 电线还应用于钻井平台上的深井电缆，用来进行探油和生产时的数据传输。

(2) 其他领域 在家电领域利用 ETFE 的不黏性作各种零件加工时的脱模涂层，在食品和制冰业也得到应用。ETFE 熔融状态时与金属（如铝）有良好的粘接性，可用它与铝板复合制成各种炊具的内锅。与同样用于炊具不黏涂层的 PTFE 相比，后者存在细微的针孔，酸性物质等有可能渗透入金属表面起腐蚀作用。而 ETFE 则不存在针孔现象。

ETFE 可制成电子设备零部件，由于它的优良耐候性和强的红外线吸收能力，被用于太阳能热水器的罩盖。

8.8.3.3 建筑

在中国，ETFE 在建筑上应用的实例之一就是 2008 年北京奥运场馆之一"水立方"游泳馆四周墙体的 3000 多个大"气枕"，使用 ETFE 薄膜的总面积达到 26 万平方米，覆盖面积达到 10 万平方米。在出色完成比赛的同时，已成为吸引众多参观者的热点旅游景点。因 ETFE 耐气候老化性好，机械强度高、透明度（透光性）好等综合原因，ETFE 多层复合膜被选作构筑"气泡"的主体材料。Hoechst 公司（现 Solvay）以 ETFE（Hostaflon EF）为基料制成的薄膜（厚 $100\mu m$）可透过 95％的可见光和 83％～85％的紫外光线，在这种薄膜制成的大棚下可以完全像室外一样晒太阳。这种以 ETFE 为基料制作的薄膜可用于屠宰场、养鱼的鱼池和温室作屋面材料。用于建筑的 ETFE 薄膜经受了不同国家和地区的长期试验（印度孟买 6 年，美国亚利桑那 8 年，德国 11 年），结果没有发现光学和力学性能的变化。用这种薄膜制成的屋顶，还易于清洗和除雪。

ETFE 薄膜屋顶的另一优点是轻便，且承受强风和冰雹等自然灾害的能力更强。体育场和疗养院等建筑还可以采用 ETFE 薄膜制成的多层预构件拼装的圆顶状屋面结构。在荷兰的一处游泳池上由德国"Texlon"公司建造了直径为 75m，高 25m 的屋顶，这是由 110 个三层薄膜预构件（单层厚度分别为 $150\mu m$，$30\mu m$ 和 $110\mu m$）构成，总面积达 $3250m^2$。1988 年建在荷兰的一处动物园，是用 Hostaflon EF 薄膜制成的面积最大屋顶（$13500m^2$），屋面的多层预构件相互间有空气缝隙，屋顶下室内压力可根据外部条件自动调节。此建筑中 ETFE 薄膜制件由德国 Nowofol 公司用 Hoechst 公司的 ETFE 树脂制造，Texlon 公司则完成屋顶预构件制作。近几年更多 ETFE 薄膜的预构件出现在新建的大型机场候机大楼的部分屋顶，可采天然光，环保节能。

8.8.3.4 农业

ETFE 薄膜在 10 年内都可以保持透明性，从 20 世纪 80 年代开始投入使用，开始时主要用于农业温室覆盖材料等。虽然成本比传统的 PVC 膜和 PE 膜要贵得多，但是 PVC 耐候性很差，使用寿命短，需频繁更换。综合各方面因素，使用 ETFE 膜从长期考虑还是有竞争力的。而且 ETFE 具有全波段光线的透过性，特别是红外线吸收，有利于抵消夜间的辐射降温。ET-FE 薄膜在农业方面应用在我国有巨大的潜在市场，关键问题是扩大树脂和膜的生产规模，降低膜的成本。

8.8.4 PVDF 的应用

PVDF 是全球产量和消费量仅次于 PTFE 的氟树脂第二大品种，也是我国正在快速发展的氟树脂品种。由于其优异的耐候性，良好的力学性能，以及可以用溶剂对其溶解配制溶剂型涂料等特点，PVDF 的应用主要在耐气候老化涂料、挤出、注射和模压制品等方面。

8.8.4.1 化学工业中应用（耐腐蚀耐热）

PVDF 粉末涂层或片材衬里，直管的管道衬里及泵、阀制品等在化工、钢铁、冶金、食品、药品和半导体工业中得到应用。由于 PVDF 容易加工，凡是可以用 PVC、CPVC 或聚丙烯加工的制品都可以用 PVDF 加工制造。如在化学工业中普遍使用的管、管件、金属管线和金属容器的衬里、柔性管、阀门、仪表、过滤器滤盘、各类泵、型材（含棒、块、纤维织物支持的片材等）、玻璃纤维支持的双层复合片材衬里的大型储槽、单丝、过滤器壳体、纤维织物、喷嘴、混合器、塔器中乱堆填料、膜、多孔性制品等都可由 PVDF 制造。在离子膜烧碱装置中用了很多 PVDF 的阀和管道。

纸浆厂的漂白操作用 PVDF 为主的树脂制作的管线，涉及的介质有氯、二氧化氯、次氯酸钠、臭氧和其他漂白用化学品等。其他氟树脂如 PTFE、FEP 的衬里都需要很多排水孔，否则会因为很多氯的渗透损坏衬里，而用 PVDF 衬里不需要这样的排水孔。在流程的漂白区域，储罐、泵、阀和其他零部件都用 PVDF 衬里管连接。在漂白洗涤区域，涉及的所有导线都以 PVDF 包覆。

半导体制造行业中，硅片制造过程不但要用大量去离子水洗涤，而且用高纯度的酸刻蚀硅片，PVDF 也是满足要求的衬里材料。这里，PVDF 主要应用于在输送电导为 $18M\Omega$ 的高纯去离子水的管道和这种高纯水及刻蚀液储槽（用 PVDF 片料焊接制成）、过滤器壳体、高纯酸输送管道及其他处理酸的组件等的衬里，图 8-14 为部分用注射法制造的高纯 PVDF 制品的照片，有的经过机械加工。

核工业中很多涉及钚和铀处理和提纯的设备也可用 PVDF 衬里管道。另一例子是涉及氚的提纯。在采矿和冶金业，PVDF 用于碳钢管的衬里代替铅管，输送湿法冶金涉及的硫酸和其他刻蚀化学品。金属表面处理例如阳极化和电镀，要用到高温下的酸，大容量酸槽用 PVDF 片材焊接的衬里可以

■图 8-14 部分用注射法和机械加工制造的高纯 PVDF 制品

长期使用，连同相关管道、泵等衬里可维持很长使用寿命。

在制药工业中，含氯和溴的化学品常用于制药，卤素对金属有很强的腐蚀性，故常采用塑料设备。制药是高利润产业，停工损失大，PVDF 就是很适合的全塑或衬里材料，可大大减少停工检修时间。同半导体行业一样，制药工业中也大量使用高纯度水，PVDF 能满足对纯度和长期耐次氯酸钠和臭氧清洗的要求。

PVDF 制品在食品和饮料工业、废水处理行业、杀虫剂生产等多个涉及化学品的领域中都有应用。

8.8.4.2 电子电气

PVDF 作为绝缘材料而言，因其耐温性仅列中等水平，故只能作为 A～E 级绝缘材料。但是 PVDF 包覆电线的明显优点是能承受重载荷的剪切，不易为载荷切断。同时 PVDF 耐磨性好，可以减薄绝缘层的厚度。在小型化设备的高密度配线时能提高可靠性，因而被用于计算机和小微通信设备上。在美国，PVDF 线缆也可以用做 Plenum 电缆。PVDF 电容膜用在小型化设备如复印机等蓄积直流高压电源的电容器上。

锂电池生产中，采用 PVDF 树脂（或共聚物）制作的多孔膜、凝胶、隔膜等得到应用。成为 PVDF 需求增长最快的市场之一。

PVDF 压电和热电膜具有独特的性能，得到多方面从军工到民用的重视。PVDF 压电、热电膜的应用列于表 8-25。

音频换能器利用的是 PVDF 薄膜的横向压电性。很多产品已实现商品化。超声及水下换能则是利用 PVDF 的纵向压电性。这方面的性能对于水下舰艇的水下侦察和大型渔轮搜索鱼群有很高的使用价值。据报道，美国联

■表 8-25　PVDF 压电和热电膜的应用

功　能	应　用
音频换能器	音响、扬声器、耳机、话筒、电话送话器、加速度计、医用传感器、双压电晶片换能器
超声水下传感器	超声发送及接收器、无损检测换能器、成像成列、水下测音器（水听器）、延迟线、光调节器变焦点换能器、超声波显微镜、超声诊断、探头
机电换能器及器材	电唱机识音器、非接触开关、电话盘、打字机及电脑键盘、血压计、光学快门、光纤开关、变焦镜、触觉传感器、显示装置、位移传感器
红外及光学器材	红外探测仪、热像仪、红外-可见光转换器、反射检测器、激光功率计计测、毫米波检测器、红外光导摄像管、辐射温度计、复印机、火灾报警器、入侵感应器等

邦高速公路部门将 PVDF 压电膜嵌入道路内形成道路传感器可控制公路上通过的交通工具的数量、重量及各方向的力的分布。澳大利亚国防科技局航空实验室将 PVDF 压电薄膜用于监测复合材料的冲击损伤和复合材料-金属连接处的损伤，对飞机安全状况的监测有重要作用。美国更已制成一种材料缺陷自动检测系统，其核心元件是一个 0.2032m×0.2032m 的 PVDF 压电薄膜，其中含有 1024 个换能器，可以检测出大面积层状结构和复合结构中的缺陷，可应用于航空航天和化学工业。

PVDF 压电膜还用于研制机器人的触觉传感器。

8.8.4.3 耐老化

优异的耐气候老化性能是 PVDF 的独特处之一，用不少于 70％（质量份）PVDF 和 20％～30％聚丙烯酸酯及其他成分配制的涂料涂覆于金属薄板上（主要是轻巧的铝材），可作为高层和超高层框架建筑的墙体材料。经试验，在阳光下暴晒 20 年以上无明显变化。由于不能在常规条件下交联，PVDF 涂料在涂装后必须经过高温烘烤，在烘烤过程中溶剂挥发（可回收），PVDF 树脂在基材上形成一层致密的漆膜。因此 PVDF 涂料不能在建筑现场施工。通常的做法是，将涂料级 PVDF 树脂按配方溶解在溶剂中，同包括颜料在内的其他成分充分混合并滤去杂质等固体颗粒。用辊涂法在生产卷材基材的流水线上进行辊涂和烘烤。带 PVDF 涂料的卷材按建筑设计要求剪裁成准确的尺寸，送到建筑现场直接装配。PVDF 涂料已发展到"第六代"，由于其超强耐候性，在户外长期使用无需保养，已被广泛地应用到发电站、机场、高速公路、高层建筑等领域。

PVDF 与其他树脂共混改性，得到复合材料，广泛用于建筑、汽车装饰和家电外壳等。

8.8.4.4 钓鱼线、滤布

PVDF 加工成的单丝主要用途是织成造纸工业用的滤布。一个有趣的应用是将 PVDF 制成钓鱼线,这种线在海水中的折射率与水很接近,使水下的鱼难以发现而易上钩。PVDF 钓鱼线在水中结节的机械强度大,可以承受大鱼(如鳕鱼)上钩一刹那的强力挣扎。所以 PVDF 线是理想的钓鱼线。PVDF 线当然也可以制成渔网使用。

8.8.5 PVF 的应用

PVF 的应用主要在薄膜和涂料两个领域。

虽然也属于热塑性塑料,但是 PVF 在其熔点温度以上不稳定,不能用热塑性塑料惯用的加工技术进行加工。借助于潜溶剂,在一定温度范围也可挤出流延成膜。通常生产商一般不以树脂供应用户,而是以薄膜制品销售。由于 PVF 具有优异的耐候性,在较宽温度范围下的机械强度好、能耐腐蚀、耐污性好,使其有较广的使用范围。PVF 的复合膜和分散液涂层用于保护和表面装饰材料。

PVF 膜按用途分有 4 种不同规格。

① 建筑材料保护膜。

② 园艺温室材料,由于 PVF 薄膜不仅具有好的耐候性和耐低温性,还具有很好的透光性,是理想的温室材料。使用寿命可达 8 年之久,大大超过聚酯薄膜。

③ 充氦气船和气流气球的保护层。

④ 脱模薄膜。

用作环氧、酚醛、聚酯和其他增强塑料的脱模薄膜。在 200℃可连续工作 24h。

在太阳能光伏电池组件背板膜(TPT)至少有 3 层结构,外层保护层为 PVF。由于这种可再生新能源受到高度关注,PVF 在背板上作保护层的应用也越来越多。

PVF 薄膜也适合于制造电线、电缆的包皮和电子元件的密封件。

除通过挤出流延加工和挤出吹塑成型成薄膜外,还可以用溶液浇铸成型方法得到流延膜。在使用胶黏剂的前提下,PVF 薄膜可以层压到金属薄片、纤维、木板、纸张、毛毡、橡胶和塑料表面。

作涂料使用是 PVF 的另一重要应用领域。PVF 涂料主要应用于:

① 容器衬里;

② 器械部件的表面保护;

③ 化工纺腐;

④ 建筑装饰。

参 考 文 献

[1] Vita,G.,Ajroldi.G,Miani,M.,US 5460882.1995-10-24.

[2] Vita，G.，Ajroldi. G，Miani，M. US 5552219. 1996-9-3.

[3] Heffner. G. W.，Uy. W. C.，Wagner. M. G. US 6207275. 2001-5-27.

[4] Saito. T.，Ishii. K.，Nishio. T.，Nakamura. S.，Takada. M.，Yamamoto. K. US 5397831，1995-5-14.

[5] Wolf. R. D. US 5046638. 1991-9-10.

[6] 钱知勉、包永忠. 氟塑料加工与应用. 北京：化学工业出版社，2010.

第 9 章　氟橡胶的制造、性能、加工及应用

9.1 氟橡胶概述

9.1.1 引言

　　本章所说的氟橡胶，更规范的应称为含氟弹性体（Fluoroelastomers）。它是含氟聚合物中的一个大类，具有像天然橡胶和其他烃类合成橡胶一样的弹性，在受到应力时，能够发生变形，在应力移去后能迅速恢复原来的形状和尺寸。氟橡胶同其他橡胶最大的区别是它可以承受更高的温度，也具有较好的耐低温性，因而能长期工作在需要耐更高温度也要承受低温的环境。氟橡胶有很好的耐油性，视组成和结构不同，还可以耐很多种化学品，耐气候老化也相对较好。这类综合性能优异的弹性体成为汽车、航空航天、化学工业中重要的密封材料和油料、化学品的输送用材料。一些典型的氟橡胶制品在 260℃可以工作 1000h 以上，短时间内还可以承受更高的温度。本书虽然主要是涉及氟树脂及应用，由于氟橡胶在很多方面同氟树脂密切相关，如在制造过程中，除了一些特殊单体外，他们使用基本上相同的主要单体，如 HFP，VDF，TFE 等；聚合和后处理过程也有很多类似的地方，氟橡胶的生产往往同氟树脂生产在同一个企业，同一个厂区；它们在加工后都应用在工况环境要求比较苛刻的领域，加工技术也有类似的地方等，故将氟橡胶作为专门的一章收入本书。

　　商业化氟橡胶的第一个品种，是 1955 年由 M. W. Kellogg 公司报道的按美国海军军需署的合同研制成功的 VDF 和 CTFE 的共聚物，1956 美国 DuPont 公司则成功开发了 VDF 和 HFP 共聚的氟橡胶，由于不含 Cl，该产品的热稳定性更好。随后很快就公布了其硫化特性和该共聚物氟橡胶的性质，并以专利形式公布了制备技术。此后，DuPont 和 3M（收购了 Kellogg 公司氟聚合物的资产）、欧洲的 Montecatini-Edison 公司、日本的大金公司、旭硝子公司等独立或合作陆续开发了多个系列几十个品级。前苏联也开发了牌号为 SKF-26 的 VDF/HFP 共聚氟橡胶。20 世纪 70 年代中，氟橡胶一项

重大的技术进步是利用加入新单体全氟甲基乙烯基醚（PMVE），成功开发出耐低温性能特别好又不损失耐高温性能和耐化学品性能的新品级。对于氟橡胶的硫化方法及橡胶本身的改性也取得了重要进展，从碱性的胺类硫化发展为第二代的双酚-AF 硫化，到第三代的有机过氧化物硫化，实现了性能优化。1999 年，全世界氟橡胶年总产量达到约 15000t。到 2011 年，预测全世界氟橡胶总需求量达到 30000t 以上，产能则达到 40000 多吨。

中国开始研制和生产氟橡胶始于 1958 年，中国科学院化学研究所在试验室制成 VDF 和 CTFE 二元共聚的氟橡胶，国内称为 1# 氟橡胶（简称一号胶）。1965 年在上海市合成橡胶研究所建成代号为 23-11 的 1# 氟橡胶的中试生产装置并正式投产。以后陆续推出了 VDF 和 HFP 二元共聚的 2# 氟橡胶，及 VDF、HFP、TFE 三元共聚的 3# 氟橡胶等新品种，硫化体系也从胺类硫化体系实现了双酚-AF 硫化。到 2009 年，全国已形成五家企业约 7000t/a 产能。产品部分出口欧美。产品品种中占最大比例的是 VDF-HFP 二元胶，有部分 VDF-HFP-TFE 三元胶，依分子量及分布的不同，供应市场的品级不超过 10 个。从硫化体系看，基本上是胺类硫化体系和双酚-AF 硫化体系。研发中的品级和在实验室试制成功的品种很多，但是大部分尚在千克级样品或吨级中试规模生产，正逐步向实现商品化方向生产发展，21 世纪初以来，有关国内外氟橡胶的发展现状和趋势文献 [5] 有较详细的报道，2010 年，国内氟橡胶市场容量约为 9500～10000t。

按分子主链由 C—C 构成还是由除 C 以外的其他原子（如 N、P、O、Si 等同 C 相连或它们中的两个）构成的主链，可分为两大类：①分子主链由 C—C 链构成的氟橡胶，主要有基于 VDF/HFP 的氟橡胶，基于 VDF/PMVE/TFE 的耐低温氟橡胶，基于 TFE/PMVE 的全氟醚橡胶，基于 E/TFE/PMVE 的耐溶剂性好氟橡胶，基于 TFE 和烯烃的共聚氟橡胶（TP），热塑性含氟弹性体等。②分子主链含有碳以外其他原子的氟橡胶，主要有 F—Si 橡胶，羧基亚硝基氟橡胶和氟化磷腈橡胶等。

第②类氟橡胶具有某些独特的性能或者综合性能好，但是成本高，售价高，从商业角度看，这些品种的重要性稍差，本章的重点是介绍第①类。

9.1.2 氟橡胶的组成和性质

氟橡胶通常由两个或多个单体聚合而成，其中一类单体中的每一个如 VDF、TFE 和烯烃（乙烯）等在它们构成均聚物时，都生成高度结晶的聚合物，而当它们同适当的另一类单体如 HFP、CTFE、PMVE 和 PP（丙烯）等控制在一定的组成范围聚合就形成了弹性体，后一类的单体在聚合后都形成侧链，在聚合物中起的作用就是阻止产生结晶而形成无定形结构。后一类单体加入的量是关键。从下面 HFP-VDF-TFE 的三角形组成（图 9-1）

可见，只有在表征两个或三个单体特定的组成范围内，才能得到二元或三元共聚橡胶。不在此范围内，得到的是树脂类结构，如氟树脂 THV，其组成单体也是 VDF/HFP/TFE，但是质量比不在这里所说的特定的氟橡胶范围。TFE/HFP，TFE/VDF 不管相对组成比如何改变，都不可能成为弹性体。

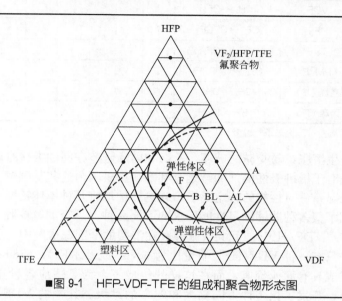

■图 9-1　HFP-VDF-TFE 的组成和聚合物形态图

9.1.2.1 氟橡胶的主体系列

如前所述，氟橡胶是由多个单体中的两个、三个或更多单体组合经聚合而成的，如何确定不同品种、品级的氟橡胶该由哪些单体组合起来，主要依据是希望产品氟橡胶具有什么样的特性。这些特性是：耐化学品的特性、耐油性、高温下的热稳定性和低温下的回弹性。要同时使一个品种的氟橡胶对所有性能要求都能满足，尽管已经过很多研究和改进，迄今尚不可能。以 C—H 弹性体的情况为例，对于耐油性和耐高温性都比较好的丁腈胶而言，在丁二烯和乙腈二个单体中，提高乙腈含量，可以得到更好的耐油性，但是低温下弹性变差。乙烯和丙烯酸乙酯共聚橡胶如提高丙烯酸酯单体含量也有同样影响。对氟橡胶而言，改变单体种类和在橡胶中的含量，对最终获得的性能的影响程度更显著。

氟橡胶主要单体对性能的影响见表 9-1。

从表 9-1 可见，VDF、TFE 和乙烯如果进入足够长的大分子链，它们的作用是提高结晶度，而 HFP，PMVE 和丙烯都贡献侧链，有利于降低 T_g，因此有利于保持低温下的弹性。所有的含氟单体除 VDF 外都有利于耐油性和耐化学溶剂性能，VDF 因为是链段中的极性部分，尤其是在同其相邻的链节是全氟代单体时，更为明显，故在同低分子的极性溶剂接触时，会

■表 9-1　氟橡胶主要单体对性能的影响

单体	分子式	对性能的贡献				
		T_g	结晶度	具体性能优劣		
				耐油性	耐极性溶剂	耐碱性
VDF	CH_2＝CF_2	↓	↑	↓	↓	↓
HFP	CF_2＝$CFCF_3$	↑	↓	↑	↑	—
TFE	CF_2＝CF_2	↑	↑	↑	↑	—
PMVE	CF_2＝$CFOCF_3$	↓	↓	↑	↑	—
乙烯（E）	CH_2＝CH_2	↑	↑	↓	↓	↑
丙烯（P）	CH_2＝$CHCH_3$	↑	↓	↓	↓	↑

注：T_g为玻璃化温度。

发生溶胀，易受碱的破坏。乙烯和丙烯链节在同油类接触时都呈现溶胀，但是对于抵御极性溶剂和碱是有利的。正是因为这些基础情况，按照各种实际工况条件对性能的特定要求，就选择性地将几种单体搭配组合、设计和开发成了很多种能够满足性能要求的不同品种、品级的氟橡胶。

VDF/HFP 二元共聚氟橡胶在消费的全部氟橡胶中占了最大的比例。但是只有一种 VDF/HFP 质量比为 60/40 或摩尔比为（78～80）/（20～22）的组成具有商业价值，而在这样的组成下，为了适应各种不同的特定应用要求，开发了很多种不同黏度和配方的品级。其他的 VDF/HFP 组成比虽也可得到，但是较高的 VDF 含量使结晶度提高，而较低的 VDF 含量导致较高的玻璃化温度，两种影响都不利于 VDF/HFP 二元共聚氟橡胶在低温下的弹性。加入 TFE 的三元共聚氟橡胶则不同，它可以提高抵御化学品的性能，而不会严重损害三元氟橡胶的低温性能。有一种品级的 VDF 含量可以降低到 30％左右，其含氟量可以高达 71％，这种品级具有良好的抗化学品（包括如甲醇和添加甲醇的汽油等）性能。

在氟橡胶中引入单体 PMVE，替代 HFP，构成 VDF/TFE/PMVE 和少量硫化点单体组成的多元氟橡胶，具有更好的低温性能，这类氟橡胶的长期可靠工作温度（VDF 含量相同）与含 HFP 的氟橡胶相比，可以低至 10～20℃，其标准试样在含有 15％甲醇的 M15 燃料油进行挂片试验时的溶胀性要好得多。

由 TFE 和 PMVE 或其他全氟烷氧基烷基乙烯基醚以及适当的硫化点单体共聚得到的全氟醚橡胶具有极好的耐化学品性能，配以适当的硫化体系，其制品可以长期耐 300℃以上的高温，用于其他橡胶不能适用的最苛刻工况环境（不含低温）。

另外还有两个系列的氟橡胶分别由含氟单体同乙烯或丙烯共聚而成的。TFE 同丙烯共聚的氟橡胶耐化学流体介质和碱较好，但是在烃类液体中溶胀性很高，如单体中加入 VDF 则可以改善耐油性但同时会损失些耐碱性。

乙烯可以用来代替 VDF，同 TFE 和 PMVE 共聚，可以得到很好的耐大多数溶剂和极性流体的性能，其中也包括碱和胺类。

氟橡胶的单体组成和序列结构的测定比较困难。VDF/HFP 二元胶的组成可以通过 [19] F NMR 测定。更复杂的 VDF/HFP/TFE 和 VDF/PMVE/TFE 三元胶的 [19] F NMR 谱图也有报道。作为定量分析，VDF 可以通过 [1] H NMR 测定，氟橡胶中 TFE、HFP、PMVE 的含量则从 [19] F NMR 分析谱图进行计算获得。但是，这些只限于研究工作中采用。实际使用中，作为生产控制和质量检验，常用元素分析方法测定 C、H 和 F 含量。其中 F 的测定可以用氟离子电极方法。

9.1.2.2 基于 VDF/HFP（TFE）的氟橡胶

由 VDF、HFP、TFE 三个单体组合可能形成的所有可能的不同组成的聚合物用三角形图表示在图 9-1。A. L. Moore 等在连续法聚合反应器进行乳液聚合，分别合成了一系列不同组成的 VDF/HFP、VDF/TFE 二元共聚物和 VDF/HFP/TFE 三元共聚物，用物料衡算法确定每一个样品的组成，用 DSC 测定了各样品的玻璃化温度、熔点和熔融热。结果表明，只有玻璃化温度在 20℃ 以下，结晶熔点低于 60℃ 和熔融热小于 5J/g 的样品可称为弹性体。玻璃化温度 T_g 的极限限定了弹性体组成中 HFP 上限和 VDF 下限的边界值，结晶度的极限则限定了弹性体组成中 HFP 的下限和 VDF（或 TFE）上限的边界值。图 9-1 中表征聚合物中含有高 VDF 或高 TFE 的区域是塑料，这由高的结晶度来表明，熔融热大于 10J/g，熔点温度超过 120℃。介于塑料和橡胶之间的区域称为"弹性塑料"区，大部分结晶的熔融温度则介于 60～120℃。这个区域的样品很黏，同时其模量又比橡胶高得多。组成落在这个区域的聚合物没有商业应用价值。组成在三角形图中标出的橡胶区的聚合物是具有商业价值的橡胶产品。

具有商业价值的 VDF 基不同组成氟橡胶系列产品见表 9-2（品级代号为 DuPont Viton 系列的典型代号）。

在上述系列产品中，HFP 的含量都设定得较高，以使产品不会有明显的结晶度，同时又保持 HFP 含量在许可范围内尽可能低，以得到较好的低温弹性和良好的加工性能。这里列出的产品都可以用双酚-AF 进行硫化，得到好的加工性能和好的硫化胶产品。

9.1.2.3 基于 VDF/PMVE/TFE 的耐低温氟橡胶

基于 VDF/PMVE/TFE 的耐低温氟橡胶的组成确定也可以用类似的三角形图来表示，如图 9-2 所示。

从图 9-2 所示三角形，可以看到上部很大一片区域都是弹性体区域，即使是 PMVE/TFE、PMVE/VDF 二元体系，只要 PMVE 含量达到较高程度也能形成弹性体。含有 VDF 的两个 DuPont 公司的品级 GLT 和 GFLT 都落在此区域。这两者都是耐低温性最好的氟橡胶，GFLT 比 GLT 有较高的氟

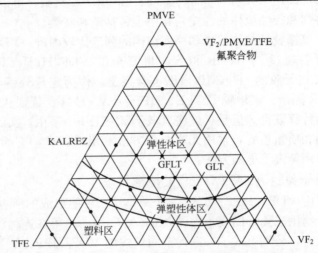

■图 9-2　基于 VDF/PMVE/TFE 的三元共聚氟橡胶的组成

GLT—耐低温氟橡胶；GFLT—高含氟量耐低温氟橡胶；

KALREZ—全氟醚橡胶

■表 9-2　VDF 基不同组成氟橡胶系列产品

不同组成	VDF 含量	F 含量	T_g/℃
VDF/HFP			
A	60	66	−18
VDF/HFP/TFE			
AL	60	66	−21
BL	50	68	−18
B	45	69	−13
F	36	70	−8
VDF/PMVE/TFE			
GLT	54	64	−29
GFLT	36	67	−23

含量，故具有更好的耐化学流体性能。氟橡胶耐低温性能的评价可用生胶的 T_g 值来表示。硫化胶试片的 TR-10，或脆点温度，还可以用专门设计的 O 形圈在一定压力的 N_2 气下改变温度，当在某个温度下，N_2 开始出现明显泄漏的方法进行评价。为了得到好的硫化性能和较高的硫化速率，常在这一类别的氟橡胶中加入少量硫化点单体，如含溴或含碘的化合物，其中典型的是三氟溴乙烯、4-溴 3,3,4,4 四氟丁烯（CH_2 ＝$CHCF_2CF_2Br$，简称 BTFB）等，四氟二碘乙烷是作为链转移剂加入的。

9.1.2.4　基于 TFE/PMVE 的全氟醚橡胶

TFE 和摩尔比为 25％～40％的 PMVE 共聚物均为弹性体，因为除 C，F 和 O 元素外不含常见的氢等其他元素，PMVE 提供了同主链连接的三氟甲氧基侧链，故称为全氟醚橡胶。这种氟橡胶在采用了适当的硫化体系后得到的硫化胶具有同 PTFE 塑料相同的耐强氧化剂性能、耐高温性和耐化学品性能。当 TFE 同 PMVE 共聚得到的聚合物中 PMVE 含量约 45％时，是无定形态，玻璃化温度为−4℃。这种橡胶如果没有引入适当的硫化点单体，其分子结构就同 PFA 相似，后者是典型的氟塑料。全氟醚橡胶的独特之处就在于引入了少量专门的硫化点单体（也称第三单体，含量按摩尔比计约 0.5％），从而实现了在硫化后形成极稳定的网状交联结构（图 9-3）。

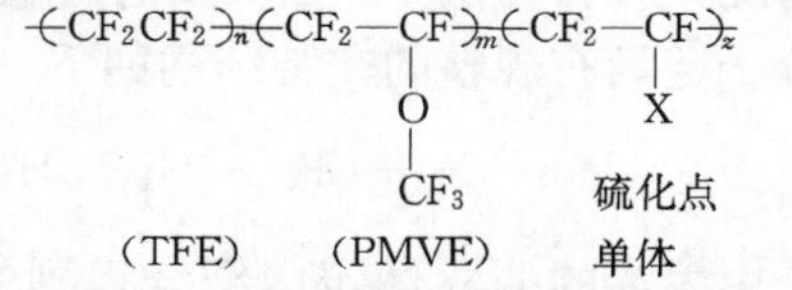

$$\left(CF_2CF_2\right)_{\overline{n}}\left(CF_2-CF\right)_{\overline{m}}\left(CF_2-CF\right)_{\overline{z}}$$

(TFE)　　(PMVE)　　硫化点单体

■图 9-3　全氟醚橡胶的骨架构成图

对硫化点单体的要求是：必须能容易同 PMVE 和 TFE 共聚，形成无规排列结构；必需有利于形成高分子链，有利于链的转移。文献报道的硫化点单体主要有如下几种。

一种是末端基为—CN 的全氟烯醚单体，$CF_2=CFO(CF_2)_nCN$，—CN 基在硫化交联后可形成三嗪结构，这是最稳定的结构，因此硫化胶可以在 300℃下长期工作。

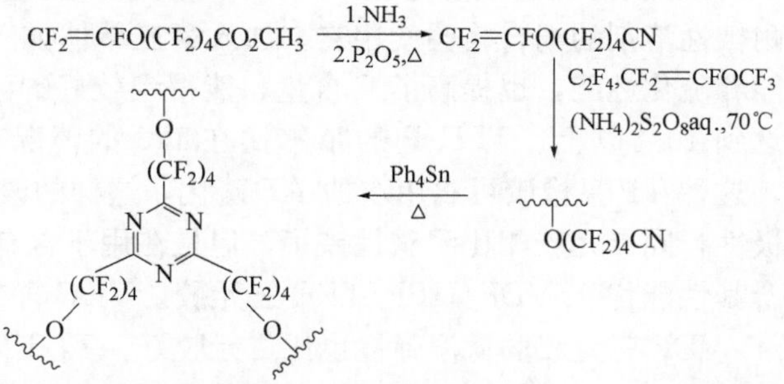

另一种硫化点单体是末端为全氟苯基基团的烯醚，$CF_2=CFOC_6F_5$。

第三种是聚合时加入含溴或含碘化合物提供交联点的。它们或者是作为共聚单体，或者作为链转移剂。这样生产的全氟醚胶可以用过氧化物进行硫化，但是硫化胶的长期使用温度下降到 230℃，而且不耐强氧化剂。

第四种是采用具有下面结构式的混合烯醚作共聚单体，$CF_2=CF[OCF_2-CF(CF_3)]_nOCF_2CF_2CF_3$（$n=1\sim4$）

典型的全氟醚橡胶的主要物理性质见表 9-3。

■表 9-3　全氟醚橡胶的主要物理性质

密度/(g/cm³)	2.00	Duro 硬度测定仪　硬度(邵氏 A)	75
断裂时抗张强度/MPa	16.9	永久压缩变形(70h,204℃)/%	25
断裂伸长率/%	150	脆性温度/℃	−50
100%定伸模量/MPa	7.2	回缩温度(TR-10)/℃	−1

9.1.2.5 基于 TFE 和丙烯的共聚氟橡胶 (TP)

由于 TFE 和丙烯两种单体在自由基聚合中具有很强的交替排列倾向，所以这两种单体共聚得到的聚合物组成很少有变化。在实际生产中，两种单体的配比中常将 TFE 含量配成（摩尔比）约 53%（按质量比：TFE/丙烯 ＝72.9/27.1），以避免在聚合中可能出现相邻两个丙烯单元的结合，因为一旦出现这种情况，就会降低 TP 氟橡胶的热稳定性。TFE 和 $CH_3CH=CH_2$ 聚合后的大分子链具有规整的交替结构如下：

$$-\!\!\!\left[CF_2-CF_2-CH_2-CH(CH_3)\right]_n\!\!\!-$$

分子链上由丙烯的非立体定向结合得到的—CH_3 甲基无规取向阻止了结晶的形成，因而得到的聚合物总是弹性体。玻璃化温度偏高，为 0℃，故 TP 氟橡胶具有中等程度的低温弹性。因为组成很少有变动，TP 氟橡胶的含 F 量也就保持在约 55% 的水平。因为氟含量相对较低，TP 氟橡胶的耐油性（尤其是耐芳香族溶剂性）较差。又由于同氢原子连接的碳原子只同一个相邻的连接有氟原子的碳原子相连，因此 TP 氟橡胶是非极性的，其耐极性溶剂性能和防止因碱或胺类引起脱 HF 的性能较好，也即其耐碱性较好。非极性使得 TP 氟橡胶适用于电线电缆的绝缘。

TP 氟橡胶的加工性能比基于 VDF 的氟橡胶要差。因此只有需要耐碱性和耐极性溶剂的场合才会使用它。加入第三单体如 VDF 可以明显改善加工性能和硫化性能，也提高了 F 含量，能得到较好的耐油性。如果 VDF 加入量达到 10% 以上，TFE/P 的摩尔比在 1.5 的情况下，含氟量可提高到 59%，这种 TP 氟橡胶可以用双酚-AF 硫化。这样的改性，弹性体有了较明显的极性，同二元胶相比耐碱性差了，但是在用于含有部分胺类的汽车润滑油场合其性能优于 VDF/HFP/TFE 三元胶。VDF 含量达到或超过 30% 的 TFE/P/VDF 三元胶的低温弹性也比二元胶好，T_g 下降到 -15℃。近年来，文献报道了用三氟丙烯 $CF_3CH=CH_2$ 作为 TP 胶的改性单体，加入量相对较少，仅为 3%~5%，这样的改性 TP 胶可用双酚硫化体系硫化，耐碱性和耐溶剂性同二元 TP 胶相当（三氟丙烯是氟硅橡胶和精细化学品的主要原料，国内已有年产百吨级以上批量生产）。

9.1.2.6 基于 E/TFE/PMVE（ETP）的三元氟橡胶

为了得到耐碱性和耐极性流体性能优于 VDF/HFP/TFE 和 VDF/PMVE/TFE 两种三元氟橡胶，而低温下弹性和耐油性优于 TP 的氟橡胶，开发出了 E/TFE/PMVE 三元氟橡胶，这三个单体组合能形成弹性体的摩尔组成比例为：E 10%~40%；TFE 32%~60%；PMVE 20%~40%。如果让比较廉价的乙烯含量多些，成本较高的 PMVE 含量低些，会造成 T_g 上升，结晶度增高。这对于好的橡胶性能当然是不希望的。典型的 ETP 氟橡胶序列结构如下：

ETP：E/TFE/PMVE　67%F

$$—CF_2—CF—CF_2—CF_2—CH_2—CH_2—CF_2—CF_2$$
$$\underset{|}{\underset{O—CF_3}{}}$$

GFLT：VDF/TFE/PMVE　67% F

$$—CF_2—CF—CH_2—CF_2—CH_2—CF_2—CF_2—CF_2$$
$$\underset{|}{\underset{O—CF_3}{}}$$

对比一下同 ETP 组成基本相似的 GFLT，两者 F 含量都在 67%的条件下，只是结构的变化，$—CH_2—CF_2—CH_2—CF_2—$（两个连续的 VDF 单元）变成了$—CF_2—CF_2—CH_2—CH_2—$，（TFE—E 单元），同带有 H 原子的 C 原子相邻碳原子只有一个是带有氟的，而且如前面所述没有极性，所以在含氟量相同情况下，ETP 抵御碱和胺类化合物性能好，耐极性溶剂好。

同 TP 胶相比，ETP 胶具有更好的低温弹性、耐碱和耐胺类化学品性能；更好的耐油（脂肪族和芳香族液体）性；更好的耐极性溶剂性能。就在各种液体中的溶胀性而言，所有各种氟橡胶都不如全氟醚橡胶。

9.1.3 含其他成分的氟橡胶

本节介绍的三种氟橡胶都是聚合物主链不是全部由—C—C—构成，或者主链上完全没有碳原子如氟硅橡胶，或者是主链上除 C 原子外还有 O，P 等原子。

9.1.3.1 氟硅橡胶

氟硅橡胶的基本体系来自于甲基硅橡胶，或者说是对甲基硅橡胶的改性。硅橡胶主链上只有 Si 和 O，同 Si 相接的两个侧基是有机基团如二甲基、甲基乙烯基、甲基苯基乙烯基等。硅橡胶生胶是上述各种结构单体（通常是称为 D3 的六元环或称为 D4 的八元环）的聚硅氧烷。一般认为，硅橡胶耐高低温性很好，但是耐油性差。向单体侧基结构上引入氟原子有望实现既保留硅橡胶的耐高低温性，又能得到优良的耐油性。氟硅橡胶是分子侧链部分引入氟的氟烷基或氟芳基的有机环三硅氧烷开环聚合得到的聚合物。研究表明，对直链烷基而言，在同 Si 原子相接的 α，β 位碳原子上引入氟，都是不稳定的。容易发生水解，只有 γ 位上的碳原子上引入氟才能得到稳定结构。

$$\begin{array}{c} R_1 \\ | \\ \mathrm{-\!\!\!+\!Si\!-\!O\!+\!\!\!-}_m \\ | \\ R_2 \end{array} \text{（硅橡胶）} \qquad D_3^f \longrightarrow \begin{array}{c} R_1 \\ | \\ \mathrm{-\!\!\!+\!Si\!-\!O\!+\!\!\!-}_m \\ | \\ R_f \end{array} \text{（氟硅橡胶）}$$

已经商业化生产的就是 $R_f—CH_2CH_2CF_3$。简称为 D_3^f 的，3,3,3-三氟丙基甲基环三硅氧烷在催化剂存在下发生开环本体聚合，得到透明黏稠状生胶。这是立构规整的聚甲基三氟丙基硅氧烷，学名又称 γ 三氟丙基甲基聚硅氧烷。用黏度法测定平均分子量约在数 10 万～200 万之间。催化剂可以是无机碱，如 NaOH 或四甲基氢氧化铵 $(CH_3)_4NOH$ 等。如使用 NaOH 为催化剂，由于活性很高，加入量很少，可以用先配置"钠胶"的办法，聚合时加入钠胶作为催化剂。本体聚合后期黏度很高，难以搅拌，易造成分子量分布非常宽，无法有效控制，采用先经过预聚再用螺杆挤出式反应器能达到好的效果。生胶中残留的 NaOH 必须除去，否则，会造成分子量因慢慢降解而变小及储存不稳定。为了改进硫化性能，聚合时，通常需加入少量甲基乙烯基二氯硅烷。生胶与填料、催化剂和加工助剂等混合后经加热就可硫化得到硫化胶。聚合时适当控制分子量，所得聚合物为低分子液体胶，用于配制氟硅橡胶腻子。还可以制成高性能的氟硅润滑油，在高端应用时是高性能润滑材料。

氟硅橡胶生胶在添加钛、铁、稀土类氧化物等少量耐热剂后能显著提高其耐热性。由此可以在 250℃高温下仍保持好的工作状态。氟硅橡胶的耐低温性是所有氟橡胶中最好的。这是因为氟硅橡胶分子主链上的氧原子连接的 Si—O 链具有柔韧性，链段具有一定的流动性。在−65℃下，氟硅橡胶仍保持柔韧性。氟硅胶还以良好的耐油性著称，能够抵御含甲醇汽油，即使在汽油/甲醇体积比例在 85/15，经过 500h 长时间浸渍，硬度、扯断强度和表征溶胀程度的体积变化都很小。通常认为氟硅橡胶的长期使用温度范围为−40~200℃。加入对位（或间位）亚苯基双-γ-三氟丙基甲基硅氧烷共聚得到的氟硅苯基橡胶，耐燃料油、耐润滑油、耐化学腐蚀性、耐溶剂性较好；不水解，抗复原性好，长期使用温度高达 260℃，低温−54℃时仍保持有柔韧性，对铝和钛的黏结性好，可室温固化。

必须指出，氟硅橡胶的含氟量低于其他含氟弹性体，故其耐溶剂性较差，在酮和酯等溶剂中都会溶胀。

氟硅橡胶的应用主要在飞机和汽车，特别是军用飞机。由于综合性能优良，可以作为飞机油箱的整体密封材料，满足高温、低温和接触燃料油等工况条件的要求。在汽车燃油系统，用于汽油喷嘴的活门等。此外还用于需要浸没在油料中工作的潜入式电机作为密封材料等场合。氟硅苯基橡胶适用作高速飞机整体油箱的沟槽密封剂、光学结构黏结密封剂，刮涂、刷涂型密封剂等。

氟硅橡胶的主要供应商为美国的 Dow-Corning，通用电气 GE Silicones、Shincor Silicone（日本信越在美国的合资企业）、德国的 Wacker-ChemieGmbH 和日本的信越等公司，全球产能规模达到数千吨，实际年需求量约 2000~3000t 左右。国内早在 20 世纪 60 年代末就在上海开始研制，80 年代初建成包含单体和聚合在内的中试装置，投入批量生产，现已有数家工厂从事氟硅橡胶单体和聚合物生产。

9.1.3.2 羧基亚硝基氟橡胶 CNR

羧基亚硝基氟橡胶 CNR 是四氟乙烯同三氟亚硝基甲烷在低温下共聚得到的弹性体，具有如下的结构式：

$$CF_2\!=\!CF_2+CF_3NO \longrightarrow +CF_2-CF_2-N-O+_n$$
$$\underset{CF_3}{|}$$

（Ⅰ）

　　羧基亚硝基氟橡胶是立构规整的交替型共聚物，平均分子量约为 100 万以上。反应温度是十分关键的影响因素，如果反应温度在 100℃ 以上，得到的不是聚合物，而是 TFE 和 CF_3NO 两个单体 1∶1 的杂环加成物，称为三氟甲基氮氧杂环丁烷。

$$CF_2\!=\!CF_2+CF_3NO \longrightarrow CF_3-N-O$$
$$\underset{CF_2-CF_2}{|\qquad|}$$

（Ⅱ）

　　但是当反应温度在很低（如 −45℃）时，得到的绝大部分是橡胶（Ⅰ）。反应过程中的热量要有效地传出，方能保证聚合温度始终在低温状态。

　　单体三氟亚硝基甲烷 CF_3NO 的合成是另一个关键。比较成熟的合成路线是：

$$2CF_3COOH \xrightarrow{P_2O_5} (CF_3CO)_2O \xrightarrow{N_2O_3} 2CF_3COONO \xrightarrow[-CO_2]{\triangle} CF_3NO$$

　　CF_3COONO（沸点 100～103℃）脱羧的反应易发生爆炸，反应需在氮气气氛中进行，可以避免氧的进入发生 CF_3NO 的氧化，生成棕色的 CF_3NO_2。CF_3NO 是漂亮的蓝色气体，沸点为 −85℃，它必须储存在避光和低温条件下的密闭容器中。为了得到高的分子量，用于聚合的 CF_3NO 纯度要求较高。脱羧反应时加入沸程适当的惰性液体，在其保持沸腾时慢慢地加入 CF_3COONO 可以实现稳定和安全的反应。要改善 CNR 胶的硫化性能，聚合时必须加入一定量能提供交联点的第三单体，试验过的第三单体有 50 多种，文献报道最终找到最满意的是 ω 亚硝基全氟羧酸，通式为 $HO_2C(CF_2)_xNO$，（其中 $x=2，3$）。比较成熟的为 ω 亚硝基全氟丁酸 $HO_2C(CF_2)_3NO$，含此第三单体 0.5%～2.0%（摩尔分数）的共聚橡胶在（−35～−25℃）下可以成功地用过氧化物、盐或金属氧化物硫化。文献报道最好的硫化（交联）剂是三价铬的三氟醋酸盐 $Cr(OOCCF_3)_3$ 和二环戊二烯二过氧化物（DPD）。

　　羧基亚硝基氟橡胶得到重视是因为其独特的耐低温性和耐 N_2O_4、不燃烧等性能。能同液态 N_2O_4 介质接触，，可用作运载火箭发动机燃料系统的密封材料。由于价格昂贵，其他方面很少应用。

9.1.3.3 氟化磷腈橡胶

　　氟化磷腈橡胶 PNF 是 PCl_5 同 NH_3 或 NH_4Cl 反应生成的三聚体或四聚体环状化合物（Ⅰ，Ⅱ）开环聚合形成的线型聚合物（Ⅲ）。它的主链是 P—N 链。化学结构式为：

（Ⅰ）　　　　　（Ⅱ）　　　　　（Ⅲ）

......

327

氟化磷腈橡胶可以使用过氧化物、硫黄（促进剂）或高能辐射交联。它的硫化胶具有优异的耐燃油性和耐化学品性能，良好的机械强度、硬度、震动阻尼和在宽的温度范围内的抗挠曲疲劳性等。具有同氟硅橡胶同等的化学稳定性。

由于含氟量低，氟化磷腈橡胶的耐溶剂性和高温稳定性不如以碳碳键为主链的氟橡胶。

氟化磷腈橡胶可以制成耐燃油的 O 形密封圈、其他密封件，燃油输送管、垫片、隔膜和减震器等用于军事、宇航和航空产业等领域。

9.1.4 国内外氟橡胶主要生产商和商标牌号

9.1.4.1 国外氟橡胶主要生产商和商标牌号

国外氟橡胶主要生产商和商标牌号见表 9-4。

■表 9-4 国外氟橡胶主要生产商和商标牌号

公司和总部	商标牌号	主要生产点
DuPont Performance Elastomers LLC① Wilmington, DE, 美国	Viton, Kalrez	Deepwater, NJ（美国） Dordrecht, 荷兰
Dyneon LLC Oakdale, MN, 美国	Dyneon	Decatur, AL（美国） Zwijndrecht（Antwerp），比利时
Solvay Solexis Spa② Bollate, 意大利	Tecnoflon	Spinetta-Marengo（Milan），意大利 Thorofare, NJ（美国）
Daikin Industries Ltd. Osaka, 日本	Dai-el	Settsu（Osaka），日本
Asahi Glass Co. Ltd. Tokyo, 日本	Aflas	Ichihara（Chiba），日本

① DuPont Performance Elastomers 前身为 DuPont 氟产品部下属的分支企业。后同 Dow Chemical 公司弹性体部合并，组建成 DuPont-Dow Elastomers 公司（简称 DPE），于 2005 年氟弹性体部门恢复 DuPont 独资，改用现名。

② Solvay Solexis Spa 是总部设在比利时的跨国公司，收购了意大利的 Ausimont 公司后，继承了其氟橡胶和其他氟聚合物业务，继续使用原 Ausimont 产品牌号。

前苏联（现俄罗斯）也是很早就研究和生产氟橡胶的国家。生产基地在俄中部的基洛夫，研究开发基地在圣彼得堡的列别捷夫合成橡胶研究院。除生产常见的 VDF/HFP 二元和 VDF/HFP/TFE 三元共聚氟橡胶外，还具有研究和中试规模生产一些高端特种氟橡胶如全氟醚橡胶和氟硅橡胶等的能力。

9.1.4.2 国内氟橡胶主要生产商

国内氟橡胶主要生产商有以下几家：

① 上海三爱富新材料股份有限公司（1965 年起生产），产品有 FE2600（VDF/HFP 二元胶），FE2460（VDF/HFP/TFE 三元胶）等系列，国内最早研制和生产氟硅橡胶。国内唯一 TP 胶生产商，牌号为 FE-2700 系列。

② 四川中昊晨光化工研究院（20 世纪 60 年代末开始生产），产品有 2#氟橡胶系列（FPM2600），3#氟橡胶（VDF/HFP/TFE）等，还少量生产 1#氟橡胶（VDF/CTFE）。目前是国内产能最大的氟橡胶生产商。

③ 江苏梅兰化工有限公司（21 世纪初开始生产），产品主要是 VDF/HFP 二元胶，牌号不详。

④ 山东华夏神州新材料公司（东岳化工集团公司下属，2005 年后开始生产），产品主要是 VDF/HFP 二元胶，牌号为 FKM DS-2600 系列。

2011 年国内总生产能力 7000t，实际产量 5500 多吨。国内生产的氟橡胶多半是 VDF/HFP 二元胶，小部分 VDF/HFP/TFE 三元胶，少量 TFE/P 氟橡胶。

此外还有一些科研院所能小批量生产氟硅橡胶、亚硝基氟橡胶和全氟醚橡胶等。

9.2 氟橡胶生产技术

9.2.1 氟橡胶单体

(1) VDF　偏（二）氟乙烯 VDF 全称为 1,1-二氟乙烯（CF_2═CH_2）。偏氟乙烯是生产氟橡胶中用量最多的单体。除作为氟橡胶最重要的单体外，还用于制造 PVDF 及其他共聚树脂（如 THV）等。全球 VDF 总产能估计为 75000t/年，用于生产氟橡胶的占 35%～40%。

由于 VDF 的沸点很低（-84℃），而且在同空气混合的一定浓度范围，具有爆炸危险，故不适合长距离运输。VDF 生产和氟橡胶生产应安排在同一厂区或附近的化工园区。近年来也有国外公司来中国采购 VDF，包装容器需特殊设计，但更多是将需要 VDF 作原料的生产装置建在中国。

(2) HFP　六氟丙烯 HFP 是生产氟橡胶中用量仅次于 VDF 的第二个重要的单体。除了用于生产氟橡胶外，还大量用于生产氟树脂 FEP、重要中间体 HFPO 和哈龙灭火剂替代品 HFC227ca，以及很多含氟精细化学品。用于生产氟橡胶的 HFP 约占总量的 2/3。随着 HFC134a 的替代品 HFO1234yf 的产业化和扩大应用，HFP 的总需求量会很快上升。HFP 生产装置通常建在 TFE 生产装置近旁。

HFP 生产方法和主要性质详见本书第 2 章。远距离运输和保存 HFP 通常使用大的钢瓶或槽罐。

(3) CTFE　三氟氯乙烯 CTFE 是最早用于氟橡胶生产的单体之一。此外，CTFE 还用于合成可室温下固化且耐候性好的氟涂料 PFEVE 和其他均聚或共聚的氟树脂。

远距离运输和保存 CTFE 通常使用大的钢瓶或槽罐，为防止自聚，必须向灌装的 CTFE 中加入少量阻聚剂。含有少量阻聚剂的 CTFE 在使用时，可以以气相通过固体颗粒状吸附剂除去阻聚剂。

(4) PMVE 全氟甲基乙烯基醚 PMVE 是合成全氟醚橡胶和耐低温氟橡胶的主要单体之一，也用于生产可熔融加工氟树脂 MFA。

PMVE 生产方法和主要性质详见本书第 2 章。

(5) TFE 四氟乙烯 TFE 是氟聚合物工业应用面最广、消耗量最大的单体。TFE 在氟橡胶中的应用主要有：VDF/HFP/TFE 三元氟橡胶、PMVE/TFE 全氟醚橡胶，VDF/TFE/PMVE 耐低温氟橡胶、TFE/PP 氟橡胶 TP、E/TFE/PMVE 三元氟橡胶 ETP 等。

鉴于 TFE 因易于自聚、有爆炸危险及沸点很低等因素，通常生产需要用 TFE 的氟橡胶品种都安排在生产 TFE 装置的同一厂区。TFE 的远距离运输除了有专门的容器外，还需存在其他一些具有阻聚作用的化学品一起运输。

(6) 乙烯/丙烯 乙烯是生产氟橡胶 ETP 的单体之一，丙烯是生产氟橡胶 TP 的单体之一，乙烯和丙烯都是石化工业的主要单体，可以从市售得到，必须注意的是要采购聚合级的乙烯和丙烯。

乙烯和丙烯都属高危易燃易爆化学品，灌装、运输、储存、使用都必须严格按照安全规程进行，储存地点同使用地必须保持足够的距离。

(7) 硫化点单体

① 三氟溴乙烯 三氟溴乙烯的合成方法如下：

$$CF_2 = CFCl + HBr \longrightarrow CF_2Br - CFClH$$

$$CF_2Br - CFClH + Zn \xrightarrow{Zn, -BrCl} CF_2 = CFH$$

$$CF_2 = CFH + Br_2 \longrightarrow CF_2Br - CFHBr$$

$$CF_2Br - CFHBr + KOH \xrightarrow{-BrH} CF_2 = CFBr$$

三氟溴乙烯的提纯（蒸馏）必须在 N_2 气气氛下进行，以避免分解。主要性质如下：

沸点	$-2.5℃$	折射率	1.374
液体相对密度	1.9	表面张力	$1.73 \times 10^{-5} N/cm$
临界温度	185℃	摩尔体积	84.2cm^3
气相相对密度	5.5(空气为1)		

三氟溴乙烯需在低温下避光保存，并加入 0.1%（摩尔分数）阻聚剂三丁胺。

三氟溴乙烯除作为改善氟弹性体硫化交联性能的共聚单体外，还用于制造氟溴油。这种用三氟溴乙烯在链转移剂存在下用光或过氧化物引发调聚制得的氟溴油相对密度高达 2.1～2.6，凝固点和非结晶性指标都优于氟氯油，用于导航设备陀螺仪有利于其微型化。可用作高精度系统液浮陀螺仪和加速度计的浮液或阻尼液。

② 4-溴,3,3,4,4-四氟丁烯（BTFB） 4-溴,3,3,4,4-四氟丁烯（BTFB），$CH_2 =CHCF_2CF_2Br$ 主要用于可用过氧化物硫化的耐低温胶聚合时作交联点单体。

BTFB 的合成路线为：

$$CF_2-CF_2 + HBr \longrightarrow CF_2HCF_2Br$$

$$CF_2HCF_2Br + CH \equiv CH \longrightarrow CH_2 =CHCF_2CF_2Br$$

BTFB 沸点	55℃	折射率	1.354
液体密度(23℃)	1.357g/mL	闪点	55～57℃

③ 3,3,3-三氟丙烯（TFP） 3,3,3-三氟丙烯 $CH_2 =CHCF_3$ 被报道可用作氟橡胶 ETP 的硫化点单体。其主要应用是合成氟硅橡胶的单体 3,3,3-三氟丙基甲基环三硅氧烷，在含氟精细化学品合成中可以用作合成三氟甲氧基的原料。

3,3,3-三氟丙烯工业化的合成路线如下：

$$CCl_4 + CH_2 =CH_2 \xrightarrow{\text{Cat}} CCl_3CH_2CH_2Cl$$

$$CCl_3CH_2CH_2Cl + HF \xrightarrow{\text{Cat}} CF_3CH =CH_2$$

四氯丙烷（TCP）$CCl_3CH_2CH_2Cl$ 同 HF 的反应有气相法和液相法，两者均需有催化剂存在。气相法是将气化的 TCP 同 HF 以摩尔比 1∶(10～12) 的比例在固定床反应器中，快速通过载有铬、铝离子的三氟化铝催化剂床层，反应温度为 300～350℃，接触时间不超过 2～3s 的条件下，TCP 转化率可达 97% 以上，TFP 收率可达到 95% 左右。气相法的上述优点表明它是适合工业化生产的方法，缺点是催化剂易因严重结炭而失活。烧炭时适当引入惰性气体降低气相中氧含量可以达到减缓烧炭速率，降低放热强度，从而有利于控制烧炭温度，减少催化剂活性在烧炭后迅速降低的趋势。提高加料中 HF 的浓度可以起到减缓结炭时间的作用，但是增加了回收 HF 的成本。反应气中加入少量六氯乙烷或氯气也有利于延长催化剂寿命。液相法采用三氯化锑和五氯化锑作催化剂。液相法反应条件比较温和，转化率也很高，但是存在一些中间体和副产物。实际应用主要还是气相法。

3,3,3-三氟丙烯的主要性质如下：

沸点	−18℃
液体密度	0.94g/mL
气体相对密度	3.3（空气为 1）
蒸气压	3380mmHg（20℃）（1mmHg=133.32Pa）
折射率	1.3115
临界温度	103℃
临界压力	3.8MPa
空气中爆炸极限	下限 4.7%，上限 13.5%

9.2.2 氟橡胶的生产

本节主要讨论同氟橡胶生产过程有关的很多方面。先从单体通过共聚合过程生成希望得到某些性能要求的橡胶聚合物，由此就会涉及不同的聚合过程及机理，组成控制和分子量和分布的控制，不同形式端基的形成及他们对加工和硫化直至最终得到的硫化胶使用性能的影响。本节所涉及的氟橡胶主要是大量生产和应用面最广的一些品种。

9.2.2.1 生产工艺简述

几乎所有具有商业价值的氟橡胶都是由两种或 3 种单体经自由基乳液聚合生产的。聚合过程可以是连续的，也可以是间歇的。图 9-4 是代表一般概念的聚合过程示意图。

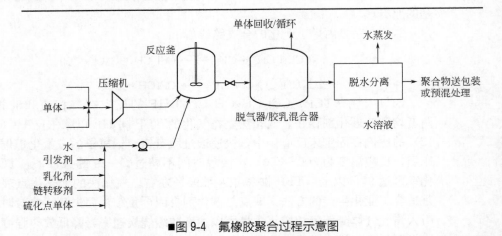

■图 9-4　氟橡胶聚合过程示意图

各种不同品种和品级的氟橡胶产品依靠调节不同的可变条件和工艺参数来实现。它们是：单体种类和加料成分比例、引发剂、表面活性剂（乳化剂）、链转移剂、硫化点单体、聚合压力和温度、聚合反应器及搅拌形式、搅拌速率等。后处理中凝聚、洗涤和干燥等也是重要的影响因素。

多数情况下，聚合介质用去离子水，预先经过脱气处理的去离子水先加入聚合反应器（习惯称聚合釜），经过抽空或用氮气置换后使反应器内氧含量降低到规定的最低水平，充入少量单体，使釜内达到正压，加入引发剂水溶液、乳化剂水溶液等，如果配方规定有链转移剂或硫化点单体，可以按工艺规定的加入时间和加入量用计量泵压入釜内，两种或 3 种单体预先在配料槽内按初始加料组成和补加单体组成混配好，用无油或隔膜式压缩机按工艺程序压入聚合釜内。如果采用压力自动控制系统，则在维持反应釜内温度接近恒定的前提下，使压缩机的运行接受釜内压力检测反馈后自动调节其运转速率，必要时管线上应增设控制加料速率的电动或气动调节阀。聚合反应应尽可能控制在恒定的温度和压力下进行，这对于保证最佳的组成分布和分子量分布是至关重要的。对于连续聚合过程，还必须保持反应釜内液面的稳定，这可以通过在某一设定高度的溢流出料或在底部设置由釜内液面高度控制的自控出料调节阀门实现。从釜内流出的聚合物是乳状液，习惯称胶乳，通常固含量为 15％～30％，粒径范围为 100～1000nm。

从聚合釜放出或溢出的胶乳液中还含有溶解在或包在颗粒内的数量可观的单体，依据不同的聚合组成和单体，尤其是温度和较高的压力条件，这部分单体的量可达 3％～30％，整套生产过程中应当包含这部分单体同聚合物的分离和回收过程。对于连续聚合过程，通常是满釜操作，在出料管线设有背压阀，胶乳通过此阀后进入保持在低压下的脱气槽，脱出的气相单体连续地直接回收经压缩机返回进料管线，通过进料压缩机循环回到聚合釜。脱气过程中会生成很多稳定的泡沫，必须加入适当的消泡剂，方能保持正常运行。对于间歇的即分批的聚合过程，出料的胶乳进入后面的脱气槽脱除带出的单体，这些单体经压缩后进入一专门设置的单体回收槽，待下一批反应加料时加入反应釜。脱气后的胶乳则进入胶乳混料槽供后处理。

胶乳进行后处理首先要实施凝聚，实现同水的分离。凝聚方式有多种，用得最多的是机械搅拌同时加入适量电解质凝聚剂。凝聚脱水时同时也脱除了大部分溶解在水中的乳化剂和盐类。生产中常用的凝聚剂有在水中溶解性好的铝、钙或镁的盐。凝聚时生成的聚合物颗粒尺寸要适中，太大了或者甚至结成团状，则在洗涤时不易洗尽残留的杂质，会影响产品质量。颗粒尺寸太小了，则离心分离或过滤时易造成可观的物料损失。从胶乳中分离出来并经洗涤后的橡胶，需进一步脱水。主要方法有：连续离心分离机、过滤器或脱水专用挤出机等。脱除绝大部分水分后的胶料还需作脱盐处理，主要方法有：将胶料用新鲜清洁水反复重复打成浆料和分离出生胶聚合物达到洗涤效果，再在间歇过滤机上或连续过滤带上洗涤或在脱水用挤出机上挤出脱除大部分水。得到的湿胶料需再经过干燥处理，可用的干燥方法有：间歇式烘箱烘烤和连续带式干燥机。后者更适合大批量、大规模生产；前者较适合特种品级小批量、小规模生产。干燥后得到的生胶通常经过辊压轧炼或挤出，经预成形处理成为片状或粒状产品，以便于包装。也可以加入硫化剂和助剂制成预混胶。有一些专业的混炼胶供应商则专门从事用生胶和按多种专用配方组分混炼，制成片料，供给中小用户。

9.2.2.2 自由基共聚

（1）一般概念 氟橡胶的自由基聚合像其他聚合物的自由基聚合一样，由四个阶段构成：引发、增长、转移和终止。在引发阶段，通常先是引发剂在一定的温度或其他条件下分解，一个引发剂分子生成二个具有很高活性的自由基，随后同带有不饱和双键的烯烃单体结合，生成末端带自由基的活性单体。

引发：

$$I \longrightarrow 2R \cdot \qquad R \cdot + M \longrightarrow R \cdot _1$$

增长阶段是速率相对较快的阶段，单体单元连续不断地增加形成带自由基的分子链。增长中的链会因碰撞到一个如氢或卤素这样的活泼原子而失去自由基。此链的增长就因这种转移反应而停止。活性自由基则转移到转移剂上，这个自由基可以继续同单体相结合，使链增长。

增长：

$$R \cdot _n + M \longrightarrow R \cdot _{n+1}$$

转移：

$$R_r \cdot + T \longrightarrow R_r + T \cdot$$

链终止：如果自由基的反应形成了没有活性的链（Dead chains），就不会再发生增长。这就是链的终止。

$$R_r \cdot + R_s \cdot \longrightarrow R_{r+s}$$

(2) 共聚物组成的关联 因为氟橡胶是由两个或多个单体共聚得到的聚合物。氟橡胶的性能同单体类别和各单体之间的比例（即组成）有十分密切的关系。弄清楚聚合物组成和聚合过程体系中单体比例之间的关系对于成功的质量控制是必要的。以二元共聚为例，早期研究者的一个假设早已众所周知，即单体加入到一个带自由基链的速率只依赖于此链最后一个单元的性质。二元共聚只有 4 种可能的单体加入速率方式，并表示为：

A. $M_1 \cdot + M_1 \longrightarrow M_1 \cdot$ 反应速率式 $k_{11}[M_1 \cdot][M_1]$ (9-1)

B. $M_1 \cdot + M_2 \longrightarrow M_2 \cdot$ 反应速率式 $k_{12}[M_1 \cdot][M_2]$

C. $M_2 \cdot + M_2 \longrightarrow M_2 \cdot$ 反应速率式 $k_{22}[M_2 \cdot][M_2]$

D. $M_2 \cdot + M_1 \longrightarrow M_1 \cdot$ 反应速率式 $k_{21}[M_2 \cdot][M_1]$

进一步假定，每一种自由基都处于定常状态（即由自由基 $M_1 \cdot$ 生成自由基 $M_2 \cdot$ 和由自由基 $M_2 \cdot$ 生成自由基 $M_1 \cdot$ 的速率不随时间而变化，两者达到平衡），则可得下式：

$$k_{12}[M_1 \cdot][M_2] = k_{21}[M_2 \cdot][M_1] \qquad (9-2)$$

两种不同自由基的浓度之比为：

$$[M_1 \cdot]/[M_2 \cdot] = k_{21}[M_1]/k_{12}[M_2] \qquad (9-3)$$

由此得到每种单体进入聚合物的速率分别为：

$$r_{p1} = k_{11}[M_1 \cdot][M_1] + k_{21}[M_2 \cdot][M_1] \qquad (9-4)$$

$$r_{p2} = k_{12}[M_1 \cdot][M_2] + k_{22}[M_2 \cdot][M_2]$$

两者相除，就得到两种不同单体进入聚合物数量之比 r_{p1}/r_{p2}，将此比例记作 Y，再将单体浓度之比 $[M_1]/[M_2]$ 记作 X，经过简化，得到下式：

$$Y = X(r_1 X + 1)/(r_2 + X) \qquad (9-5)$$

这一方程式可以直接适用于由两个主要单体合成的氟橡胶。在用于工业生产的聚合条件下，不管是连续聚合还是间歇聚合的情况，不断向聚合物反应器加入单体，橡胶聚合物的组成和未转化的单体的组成（即此处表示为 Y 和 X）将不变。从这里就可以估算两个单体的反应活性之比，即通称的竞聚率。多个单体的情况当然要复杂得多，但是可以近似地表达为此系统中各对单体的反应活性比的函数式。这有助于确定这样一个聚合物的单体序列等的特性。

（3）单体的反应活性比 单体的反应活性比是对于获得某一确定组成的共聚物计算应对应地投入聚合反应器的初始单体配料比的重要依据。在未知的情况下，要获得在一定的单体组成范围内式（9-5）中的 r_1 和 r_2 的值，可以通过一系列实验来测定。先将式（9-5）进行重排，可以得到下面的关系式：

$$(Y-1)/X = r_1 - (r_2)Y/X^2 \tag{9-6}$$

或
$$X(Y-1)/Y = (r_1)X^2/Y - r_2$$

每一次聚合实验，都可以得到一组 Y-X 值，在 Y-X 图上可以得到一个点，用最小二乘方的数据回归处理方法，就可得到 Y-X 的关联曲线。从该曲线可以得到任意初始投料的单体比例聚合得到的聚合物组成，同时可将式（9-6）再转换成式（9-7）：

$$r_1 = (r_2)Y/X^2 + (Y-1)/X \tag{9-7}$$
$$r_2 = (r_1)X^2/Y - X(Y-1)/Y$$

由式（9-7），每一组 Y-X 值，都可得到一组单体反应活性比 r_1 和 r_2。对于最典型的 VDF-HFP 二元氟橡胶，由于 HFP 相对于 VDF 其反应活性极低，几乎是零，只要系统中有 VDF 存在，加入的 HFP 不会接到末端带有自由基的 HFP 上。故可以合理地认为 $r_2 = 0$，式（9-7）就可以简化为：

$$Y = r_1 X + 1 \tag{9-8}$$

或
$$r_1 = (Y-1)/X$$

在专利文献 [7] 中，Moore 和 Tang 公布了一个 VDF/HFP 聚合的实例。用两台串联的聚合反应器进行 VDF/HFP 转化率为高达 93% 的连续聚合，反应温度和压力分别为 110℃ 和 6.2MPa，未转化的单体假定都溶解在聚合物颗粒中，反应器容积为 2L，水和物料平均停留时间 0.25h，出料胶乳固含量 19%，聚合物组成为含 VDF58%，HFP42%，结果如表 9-5 所列。

■表 9-5　VDF/HFP 单体物料平衡表

单体	加料 /(g/h)	未转化单体量		得到聚合物按组成计算单体量		
		/(g/h)	/(mol/h)	/(g/h)	/(mol/h)	（质量分数)/%
单体 1，VDF	1100	20	0.31	1080	16.88	58
单体 2，HFP	900	130	0.87	770	5.13	42
合计	2000	150	1.18	1850	22.01	

按前面介绍的方法计算，$X=0.36$，$Y=3.33$，得到 $r_1=6$（采用 4 去 5 入）。这一结果尽管不是很精确，还是合理的，得到的氟橡胶聚合物氟含量为 66.3%。工业生产规模大批量生产的 VDF/HFP 二元氟橡胶的质量组成约为 VDF 60%，HFP 40%，氟橡胶的氟含量为 63%。高氟含量的特殊品级氟橡胶含氟可达到 68%～70%。

9.2.2.3 乳液聚合

工业生产实施的氟橡胶基本上都是用乳液聚合法进行生产的。实际上聚合过程并不是在液-液乳状液水相中发生的，而是在很多粒径为 100～1000nm 的"吞单体"聚合物颗粒（胶束）中发生的。氟橡胶聚合物是氟碳链式化合物，一方面有无机端基和水相溶，另一方面氟碳链和水不相溶，但和单体相溶，形成了胶束点滴（颗粒），这些颗粒因加入水相中或聚合过程中就地产生的表面活性剂（长期以来一直用全氟辛酸，现在已经或正在试验用非 C_8 的新型表面活性剂）而稳定。胶束点滴四周为过硫酸盐水分子包围，分散于水中，溶于水中的单体不断溶进（形象化的表示就是被吞进）胶束中心，不断参加聚合反应，胶束点滴就不断长大。这样形成的胶乳浓度不能太高，否则就会因胶束点滴长得太大而发生互相凝结而导致结块。在胶束点滴中成长的自由基是隔离开的，因而只受到有限的因进入胶束的新自由基结合而发生链终止，这就使得可以得到具有很高分子量的产品，他们具有好的橡胶性能。特别是 VDF 基的氟橡胶，这种乳液聚合体系使得较小容积的聚合反应器可达到很高的生产能力。

（1）**聚合机理和动力学** 聚合过程的第一步是自由基的形成，水相中的自由基是由水溶性的引发剂分解产生的。通常是作为引发剂的过硫酸盐在一定温度下发生热分解，发生如下式的对称的过氧键断裂。

$$^-O_3SO—OSO_3^- \longrightarrow 2 \cdot OSO_3^- \tag{9-9}$$

分解速率主要取决于温度，多少也受 pH 值的影响。氟橡胶聚合通常是在较低 pH（约 3～6）的条件下进行的，过硫酸盐热分解速率常数 k_d 依一级反应可用 Arrhenius 方程的形式表示如下：

$$k_d = A\exp(E_a/RT) = 5.62 \times 10^{18}(-17070/T) \tag{9-10}$$

式中，A 为频率因子；E_a 为活化能；两者都同温度无关；R 为理想气体常数；T 为绝对温度；过硫酸盐热分解反应的活化能 E_a 高达 -33.9kcal/mol（1cal=4.2J），表明过硫酸盐热分解对温度非常敏感（见表 9-6）。

很显然，在 80℃ 以下，过硫酸盐热分解很慢，为了得到一定的自由基产生速率，就需要比较高的引发剂浓度。一个替代的方法是采用氧化还原引发体系。亚硫酸盐是典型的还原剂，可以迅速地同过硫酸盐发生反应，产生两种不同形态的自由基：

$$^-O_3SO—OSO_3^- + SO_3^{2-} \longrightarrow SO_4^{2-} + \cdot SO_3^- + \cdot OSO_3^- \tag{9-11}$$

■表9-6　硫酸盐热分解对温度的关系

温度/℃	k_d /($\times 10^{-3}$min^{-1})	半衰期 /min	温度/℃	k_d /($\times 10^{-3}$min^{-1})	半衰期 /min
50	0.063	11000(184h)	90	21.2	33
60	0.307	2260(38h)	100	4.9	9
70	1.37	507(8.4h)	110	247	3
80	5.60	124(2.0h)	120	769	1

如果聚合温度低于60℃，可以加入铜的盐类作催化剂，以加快氧化还原反应的速率。在连续聚合反应过程中，氧化还原体系的各个成分必须分开在不同的管线加入。

有相当部分刚生成的自由基会由于在同单体结合完成引发之前先相互间重新结合而消失。对于 VDF/TFE/HFP 或 VDF/TFE/PMVE 这类橡胶，VDF和 TFE 是最有可能先同引发自由基相结合的单体。对于硫酸根离子自由基，同单体发生的反应为：

$$CH_2=CF_2 + \cdot OSO_3^- \longrightarrow \cdot CH_2-CF_2OSO_3^- \tag{9-12}$$

$$CF_2=CF_2 + \cdot OSO_3^- \longrightarrow \cdot CF_2-CF_2OSO_3^- \tag{9-13}$$

全氟的硫酸根端基在聚合条件下很可能水解生成羧酸端基：

$$\cdot CF_2-CF_2OSO_3^- + 2H_2O \longrightarrow \cdot CF_2-COO^- + H_2SO_4 + 2HF \tag{9-14}$$

为了保持聚合条件 pH 值始终大于3，常常需要加入一些碱或缓冲剂。亚硫酸根离子自由基进行引发，生成的是磺酸端基：

$$CF_2=CF_2 + \cdot SO_3^- \longrightarrow \cdot CF_2-CF_2SO_3^- \tag{9-15}$$

全氟磺酸端基同全氟硫酸根端基不同，在同样聚合条件下，它不会发生水解。细小的自由基在水相中同少量溶解在其中的单体结合而进一步增长。因为聚合物细粒被吸附的阴离子表面活性剂稳定化，也带有来自聚合物阴离子端基的表面电荷，因此在水相中成长中的自由基一定要加上几个单体单元（如3～5个），使之具有表面活性，并赋予足够的疏水性从而能克服静电表面壁垒和进入胶束微滴。由于这一进入的延迟，小自由基可能会经受下列的几个反应（例如链终止反应）：

$$\cdot CH_2-CF_2-CH_2-CF_2OSO_3^- + \cdot CH_2-CF_2-CH_2-CF_2-CH_2-CF_2OSO_3^-$$
$$\longrightarrow {}^-O_3SO-(CH_2-CF_2)_2-(CF_2-CH_2)_3-OSO_3^- \tag{9-16}$$

这种结合得到的产物可以视作有效的表面活性剂，起到稳定胶束的作用。根据加入引发剂的多少，可以决定少加甚至不加表面活性剂，就已经足以保持 VDF 共聚物乳液的稳定性。如果加入的小自由基不是 VDF 和 TFE，而是较不活泼的单体如 HFP 或 PMVE，短自由基终止的可能性会比增长的可能性更多。

如果自由基转移到某个水溶性的物质片段，就会生成一种非离子的自由基（例如转移到异丙醇上）：

$$\cdot CF_2-CH_2-OSO_3^- + (CH_3)_2CHOH \longrightarrow HCF_2-CH_2-OSO_3^- + (CH_3)_2C \cdot OH$$

$$(9\text{-}17)$$

很有可能，这样一种极性不带电荷的自由基只需要加上一个或两个单体单元就能赋予足够的疏水性，从而能进入胶束细滴。

由于以上这些可能的在水相中的反应，初始生成的自由基长大和进入胶束颗粒继续成长成为高聚物的比例是很低的，只占 20%～60%，尤其在高引发剂量的情况下，更是如此。每当一个自由基进入胶束细滴，它就很迅速地溶解在此胶束中而增长，单体在胶束中的浓度比水相中存在的要高得多。

加入表面活性剂的量和它们的效果对聚合物聚合速率和分子量的大小有很大的影响。氟橡胶乳液聚合中加入的表面活性剂通常是全氟代或部分氟代的阴离子表面活性剂。为了在后续的氟橡胶同水分离时残留的表面活性剂尽可能少，要求所用的表面活性剂具有在低浓度时也具有高效果，且在水中溶解度要高。这样用量可以尽量少，又较易在后续的洗涤过程中把大部分残留表面活性剂洗掉。另外，还要求表面活性剂在聚合条件下不同自由基反应，以避免自由基过度的转移和阴离子表面活性剂的一部分附着在聚合物链的端基上。氟烷基链长为 8～9 个 C 原子的全氟羧酸盐或磺酸盐长期以来一直被认为是惰性和有效的乳液稳定剂。其中，对于氟橡胶乳液系统而言，全氟辛酸胺最好。由于 8 个 C 原子的全氟辛酸盐（PFOA 或 APFO）被发现人体同其接触后能在血液和某些器官（如肝）内长期存在，不易消失，而且在自然环境条件下不易分解，动物试验还发现有致癌的可能性。21 世纪初，各相关原来的 PFOA 供应商和使用厂商都投入研究和开发替代物。有几种部分氟化的表面活性剂被证明尤其对 VDF 基氟橡胶是有效的。替代物分子结构的通式为：$F-(CF_2-CF_2)_nCH_2-CH_2X^- M^+$，其中，$n=2\sim8$（多数情况 3～4），$X^-$ 为硫酸根、磷酸根或磺酸根；M^+ 是 H^+、NH_4^+ 或一种碱金属离子。硫酸根、磷酸根特别有效，但是会参与不希望发生的转移反应。2005 年的美国专利公布了一项发现，一种部分氟代的磺酸钠结构 $F-CF_2-(CF_2)_3CH_2-CH_2SO_3^- Na^+$，对于很多氟橡胶乳液聚合系统，无论是连续聚合还是间歇聚合，都是全氟辛酸铵（APFO）很好的替代物。这一表面活性剂分散效果好，不受自由基转移影响，在氟橡胶后处理中易于除去。

乳液体系中的聚合速率可用式（9-18）表示：

$$R_p = \frac{k_p[M]N_p n_r M_o}{N_A} \qquad (9\text{-}18)$$

式中　k_p——胶束细滴中总链增长速率系数；

　　　$[M]$——胶束细滴中单体的摩尔浓度；

　　　N_p——胶束细滴总数；

　　　n_r——每个胶束细滴中平均自由基数；

M_o——平均单体分子量；

N_A——阿伏伽德罗常数。

式（9-18）中，胶束细滴总数 N_p 和每个胶束细滴中平均自由基数 n_r 实际上极难以用实验方法测定，所以用微观分析通过该式计算聚合速率只具有理论意义。对于氟橡胶的乳液聚合，对聚合速率动力学的研究已有很多，但是实际应用的还是经验式，此式可用来估算聚合速率和设定及控制聚合物黏度。

$$R_p = k_p f_M{}^q \rho^r (1 + S^s) \tag{9-19}$$

该经验式适用于低表面活性剂浓度 S 情况下的 VDF 基共聚橡胶，单体浓度用分压或有效压力（逸度）f_M 表示，自由基生成速率取 100% 有效，表示为 ρ，k_p 为对特定组成和反应温度条件下的总聚合速率系数，式中的指数为：q 1～2，r 0.5～0.7，s 0.4，或许还要加入某个因子以考虑在胶乳中聚合物浓度的影响，或者用间歇聚合时的反应时间或连续聚合时的停留时间来间接表示。通常 R_p 是通过试验得到的。操作的速率往往也不是有动力学速率来确定的，而是受制于工厂设计时的其他约束条件，处于与动力学速率相比较低的水平上。

表示聚合物分子量或黏度同反应变量关系的关联式对于设定和控制氟橡胶性质更为有用。数均分子量 M_n 可以表示为聚合速率（R_p，g/h）和链生成速率（mol/h）之比，对大多数氟橡胶乳液体系而言，长链是由自由基进入颗粒，或者同加入的链转移剂反应开始（生成）和终止的（速率分别为 ρ_e 和 r_{tr}），此外，有关单体本身、聚合物、引发剂及偶而外来的杂质造成的链转移反应均不予考虑，则得：

$$M_n = \frac{R_p}{\rho_e/2 + r_{tr}} \tag{9-20}$$

要更便于对产品的日常监控，不用 M_n，而希望有更便捷的方法。大多数情况下，认定分子量分布可以保持不变。于是 M_v / M_n 可以认定也是不变的，M_v 为黏均分子量。对于一个给定的聚合组成和溶剂体系，根据 Mark-Howink 方程式，将特性黏数 $[\eta]$ 同黏均分子量关联：

$$[\eta] = K' M_v{}^\alpha \tag{9-21}$$

对商业规模生产的 VDF 共聚氟橡胶及其良溶剂甲基乙基酮体系，指数 $\alpha = 0.55 \sim 0.75$。经过多步假定和简化转换，最终简化得到：

$$\eta_{int} = (R_p / K_\rho)^\alpha \tag{9-22}$$

或

$$\log \eta_{int} = \alpha \log(R_p / K_\rho) - \alpha \log K \tag{9-23}$$

以 $\log \eta_{int}$ 和 $\log (R_p / K_\rho)$ 作图，可得到直线，即得斜率 α，K 就可计算获得。对于过硫酸盐热分解引发聚合的情况 ρ 可以根据式（9-10）估算的 k_d 求出，上式的前提是没有转移的影响。

对于间歇聚合中常采用的低活性链转移剂和较低的温度，上式被校正后成为基于在聚合物颗粒中链转移剂［T］与单体［M］之比的关联式：

$$\eta_{\text{int}}^{-1/\alpha} - R_p / K_\rho = C_{\text{tr}} [\text{T}] / [\text{M}] \tag{9-24}$$

此式可用于计算转移系数 C_{tr}。此式对控制聚合产品的性能的适用性随所用反应釜的形式不同而改变。对连续或间歇乳液聚合体系的设计、运行和控制将在本节后续几部分中讨论。

(2) 连续法乳液聚合　在连续搅拌槽反应器（CSTR）中进行 VDF/HFP（TFE）的连续法乳液聚合首先是由杜邦公司在 20 世纪 50 年代末开创的。这个连续过程经过完善、发展成为包括复杂的加料系统、CSTR、胶乳的脱气和未反应单体的回收和再循环系统以及橡胶同水相的分离、洗涤和干燥系统等，流程示意图见图 9-5。

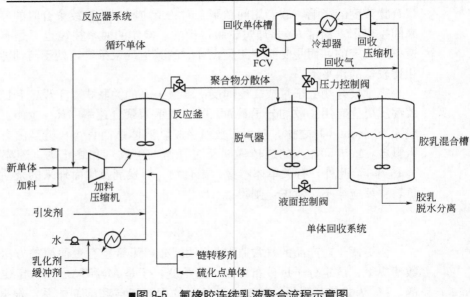

■图 9-5　氟橡胶连续乳液聚合流程示意图

连续聚合的主要优点有：可以以稳定的聚合速率持续生产；在保持产出胶乳中固含量在 15%～30% 的情况下实现高聚合速率生产，即单位容积聚合反应器单位时间的生产强度较高；聚合放出的反应热绝大部分或全部被补加入反应器的预先冷却的新鲜水温度上升而抵消，所以聚合速率不会受制于通过反应器冷却夹套的低传热速率。对于生产批量较多的品种特别适合。如果某一品种或品级的氟橡胶需要生产 2 天或更长时间，则在各项初始条件达到稳定后，可以在同样的条件下连续生产出质量和性能稳定的产品保持较长的生产时间。

连续聚合过程不适合于批量较少，要求在同一生产线频繁调换产品品种因而需不断开停车的情况。高度现代化的控制系统能够实现在很短时间内使产品达到目标产品性能，在很短时间内就生产出优质产品。但是，频繁的开停车、以不同浓度的物料和助剂频繁的清洗和置换管道和设备既繁琐，又很不经济。间歇聚合过程更适合于在同一生产线生产氟橡胶产品批量小、品种多而且具有特殊性能要求的情况。

要实施连续聚合，条件比较苛刻。单体组成必需满足在水相能高速齐聚，从而连续产生新的小颗粒，保证达到稳定的聚合速率。显然，需要有很高的自由基生成速率。加上以阴离子低聚物使分散体稳定化和不断加入表面活性剂。适合的组成涵盖大部分 VDF 共聚物，尤其是具有很大商业意义的 VDF/HFP（TFE）体系和 VDF/PMVE/TFE 体系。对于连续乳液聚合，杜邦科学家发现：低浓度高水溶性的短链碳氢烷基磺酸盐（如辛基磺酸钠）用来代替全氟表面活性剂 C_8 是有效的。尽管 TFE/PMVE 全氟醚橡胶和乙烯/TFE/PMVE（ETP）耐碱性氟橡胶的聚合速率较慢，它们也可以用连续聚合过程生产。为了使单体尽快溶解入水相并使胶乳充分混合，需要有强度较高的搅拌。通常采用蜗轮推进式搅拌桨。考虑到单体原料和各种助剂需分开加料，需安排多根分开的加料管，气态的单体加料管口要一直深入到桨叶顶端附近的高剪切区，桨叶转速要足够快，保证气态单体同胶乳充分混合并能在平均停留时间内在釜内能上下翻滚几次。但是又不能过快，要有一个上限，以免在反应器内部高剪切区部分胶乳发生因剪切而凝聚结团（块），表面活性剂的加入量也是必需适中，以便于分离洗涤时较易去除残留的表面活性剂，这也制约了搅拌转速，另外要保证在向处于较低压力下的脱气槽出料时不会因高剪切而破乳。

设计氟橡胶聚合反应器的一项重要的制约因素是移出单体聚合时放出的聚合热，对于反应速率不快，生产量又不多的情况，一般都是在带冷却夹套的小容积搅拌反应器进行聚合，单位时间、单位容积放出的反应热完全可以通过夹套冷却的方式传出，达到温度的稳定。如全氟醚橡胶等批量小，聚合速率慢的特殊品种就是如此。对于 VDF 基的氟橡胶，反应速率快，生产量很大，需要的反应釜容积很大，单位时间、单位容积放出的反应热，难以通过夹套传热达到温度的稳定。此时，比较合适的就是绝热反应，聚合放出的反应热依靠连续加水的水温来调节，即通过计算和测量，将放出的热量和预先冷却到某一温度的冷水加入后可能产生的温升能够抵消的热量进行平衡。按常见的商业生产规格的 VDF 共聚橡胶组成从键能计算，其聚合热为 $300 \sim 350 \text{kcal/kg}$（$1 \text{cal} = 4.2 \text{J}$）。考虑到氟橡胶生产得到的胶乳固含量有一定的范围限制，实际用水量不可能过高（胶乳固含量过低即意味着生产强度大大降低，从技术经济角度也是不合适的），从热量平衡的需要，也不能过低。以 VDF/HFP/TFE 三元共聚为例，实际操作一般为，控制胶乳固含量约 20%，既连续聚合反应器中胶乳浓度为每千克聚合物有 4kg 水。如果聚合热为 320kcal/kg（1cal＝4.2J），水的温升就需要 80℃。假如聚合温度需恒定在 110℃，向聚合反应器加入新鲜水的温度就必须控制在 30℃。如果聚合温度设定在低于此温度，则水温需保持在相应较低的温度（温升不变）。完全的绝热反应有利于准确地控制加料水温。如果同时还伴有夹套冷却，就会使反应温度的控制复杂化。夹套传出的热量由于相关变量很多往往是波动的，这就会对加入水的水温控制带来很大的困难。

连续聚合的运行同间歇聚合有很大的不同。主要是连续聚合反应器（CSTR）的开车启动程序比较复杂。在聚合釜初始配料阶段，溶于水的物料（包括引发剂、表面活性剂和缓冲剂）及水本身在设定的压力和温度下加入到釜内直达到满釜为止，其他成分如硫化点单体和链转移剂，因为有阻止反应的作用，直到开车结束进入运行之前都不加料。接着开始单体以满负荷速率和按预定得到的共聚物计算相适合的组成加料，反应一开始，就会放出很多热量（热启动），使反应器内温度上升。即进入调温程序，用降低加料水温度和启动夹套冷却方法使内温尽快达到目标温度。聚合物颗粒（胶束）很快形成，但是常常在前几个置换时间（每一个置换时间表示按比例加料的物料包含水的加入量将反应器容积置换一次），胶束数量会有些波动。1～2个置换时间后单体的转化率快速上升达到 80％～95％的范围，其他操作条件都逐步建立稳定。约 6 个反应器置换时间后，整个反应器的运行就进入到稳态操作，出料胶乳中的固含量达到满负荷状态。未转化的单体经脱气回收返回同新加入单体一起经加料压缩机再进入反应器，此时新加入单体组成要进行调整，使混合后的单体组成同原始组成相同。

在约 38L CSTR 进行 VDF/HFP 连续聚合运行试验，其结果显示单体转化率为 89％，表 9-7 提供的是其连续聚合达到稳态后的物料平衡。

■表 9-7　VDF/HFP 连续聚合达到稳态后的物料平衡

单体	新加料量（同聚合物产出量）		反应器放出胶乳脱气经循环返回物料量		投入 CSTR 总物料量（从 CSTR 流出量同）	
	/(kg/h)	/%	/(kg/h)	/%	/(kg/h)	/%
VDF	24	60	1.25	25	25.25	56
HFP	16	40	3.75	75	19.75	44
合计	40		5.00		45	

在 CSTR 中的聚合反应达到稳态后，设定循环的回收单体的速率同脱气槽中未转化单体的脱气速率相等，新加入反应器的加料速率和组成与聚合物生成速率和组成相同。整个运行期间，向聚合反应器输入的单体总量保持不变。在开车阶段，在尚未建立回收单体的循环之前，新单体加入量则一定就是加料总量。

CSTR 连续聚合的停车只要关掉进料单体就可以实现。因为留在反应器内尚未反应的单体混合物对于链增长活性是非常低的，故聚合反应立即就停止。此时，引发剂和链转移剂的加料线也马上关闭。水和表面活性剂的加入继续直至将反应器内已生成的橡胶聚合物置换到脱气器及后面的胶乳混料槽。

连续乳液聚合反应器的控制涉及很多方面：温度和转化率的稳定性、自由基生成速率、聚合速率、聚合物组成和聚合物黏度等，其中有不少还互相关联。

a. 温度控制　温度控制系统必须反应灵敏、控制措施执行迅速有力。这对于克服 CSTR 固有的不稳定性至关重要。聚合速率 R_p 和单体转化率是靠自由基生成速率维持的，要不断生成新的胶束细滴以保持反应器中有足够多胶束，自由基生成速率要保持在一定的水平上。自由基生成速率 ρ，特别是使用过硫酸盐作引发剂热分解的情况，对温度十分敏感。温度下降意味着 ρ 下降，即聚合速率 R_p 下降，放出的热量当然减少，使反应器内温度进一步下降。所以温度控制系统必须反应十分迅速以克服这一连串事件的发生，以免造成反应被破坏或停止。对于绝热条件下的操作，换热器必须可以快捷开关。从开车时将包括水在内要加入反应器的物料迅速加热到反应的目标温度，到在反应状态下为将聚合放出热量迅速吸收而将加入的新鲜水冷却到聚合温度之下的过渡要很灵敏。必要时，可以启用旁路换热。

b. 失稳的控制和恢复　用聚合过程的化学反应过程动力学分析反应放热速率和传热速率同温度的关系，CSTR 聚合系统有两种可能的稳态区，一种是希望要的高转化率稳态，另一种是低转化率稳态。中间转化率区域的转化率是不稳定的。任何对稳态的扰动，如引发剂的不正常损耗和过多加入阻聚剂都可能使单体的高转化率跌落到低转化率，低转化率就意味着在反应器内滞留着很多单体，这会造成搅拌情况恶化，过量单体流向脱气槽，导致潜在的危险。要从这样的低转化率状况恢复到正常状况，可以采取如下措施：停止单体加料，继续加含表面活性剂的水，置换未反应的单体，然后重新恢复加料，校正引起聚合反应受影响的问题，重新启动聚合。

c. 分子量和组成的控制　自由基生成速率 ρ 与聚合速率 R_p 之比 ρ/R_p 决定了聚合物中离子端基的多少，是设定其分子量的主要因素，对于过硫酸盐热分解引发的情况，在 CSTR 中生成自由基的总速率可以通过同 CSTR 中水的总容积 V_t，引发剂在水中的初始浓度 $[I_0]$ 及含引发剂的水体积加料速率 F_w 关联进行引发剂的物料衡算，计算出反应器中实际的引发剂浓度。

$$F_w[I]_0 = F_w[I] + V_t k_d[I] \quad 或 \quad [I] = [I]_0/(1 + k_d\theta) \qquad (9-25)$$

式中　θ——物料在反应器内的停留时间；

k_d——过硫酸盐的一级热分解反应速率常数。

CSTR 中水的总容积 V_t 应该比反应器本身的容积小，这是因为反应器中还有聚合物和未转化的单体，它们也占有反应器本身容积的一部分。总自由基生成速率 ρ，在取效率为 100% 情况下，可表示为：

$$\rho = 2k_d V_t [I] = 2k_d V_t [I]_0 / (1 + k_d \theta) = 2k_d \theta F_1 / (1 + k_d \theta) \qquad (9\text{-}26)$$

引发剂的摩尔加料速率 F_1 等于 $F_w [I]_0$，$k_d\theta/(1+k_d\theta)$ 是该引发剂在停留时间为 θ，操作温度在某一水平使引发剂分解的速率系数为 k_d 条件下在反应器内分解的分数，自由基的进入速率 ρ_e 低于自由基生成速率 ρ，用一个效率因子 f 来表示。则得到自由基的进入速率 ρ_e 为：

$$\rho_e = 2k_d V_t [I]_0 / (1 + k_d \theta) \qquad (9\text{-}27)$$

通常，这些体系中，自由基的进入速率 ρ_e 是很低的，只有约 $0.2 \sim 0.6$，而且往往是未知的，所以总的自由基生成速率 ρ 就被用于对反应器控制的实际关联。

聚合速率，或者单体加料速率的目标可从动力学模型式（9-10）、经验关联式式（9-19）或工厂操作经验进行估算。为了得到目标 R_p 及组成，需要对单体加料时时进行微调。对聚合反应器流出的粗产品要采样分析，测定其组成和固含量。对估算 R_p 有几种方法可用：

从水的加料速率和产出的胶乳的固含量进行计算；对单体进行物料衡算，从流量计得到单位时间新鲜单体加入量、循环回收单体量、总投料量和和排出的单体量；如果是绝热反应器，可进行热量衡算。

对单体进行物料衡算也可同时得到聚合物的组成。要得到需要的目标聚合物组成，只要对总单体加料的组成加以调节就可实现。硫化点单体加入量是通过设定其加入量同 R_p 之比或总的气相单体加入量之比进行控制的。聚合物中硫化点的含量通过对流出聚合物进行分析实施监控。

d. 橡胶黏度控制　橡胶黏度控制实际上是通过调节链转移剂的加入速率实现的。从聚合反应釜流出的胶乳乳液的特性黏数要经常取样测试跟踪。

e. 胶乳稳定性的控制　胶乳稳定性受表面活性剂加入速率和 pH 值的影响。测定流出的产品胶乳的 pH 值并据此调节加入的碱或缓冲剂同表面活性剂的比例作为响应。

通常，各种聚合条件一经适当组合并启动聚合以后，对控制变量的调节应当是很微小的。运行过程中，对于涉及连续聚合反应的各个变量（尤其是单体流量和组成）不断测定以及时发现仪表读数可能发生的误差是必要的。要确保连续聚合反应稳定和安全运行，对于直接同反应器相关的因素外的其他因素如用于单体加料和循环单体的压缩机、脱气槽、搅拌器、加入主辅料中杂质含量等的监控也是必要的。

（3）间歇法乳液聚合

a. 氟橡胶间歇法乳液聚合概述　间歇法乳液聚合是几乎所有氟橡胶生胶的生产商都采用的生产过程。由于技术保密，很少能见到公开报道商业规模的间歇法乳液聚合过程的详细材料。一些专利文献中较详细介绍的都是较小规模聚合反应器中进行的聚合过程。图 9-6 展示了由聚合反应器及相关的加料系统和单体回收系统组成的典型间歇法乳液聚合流程。

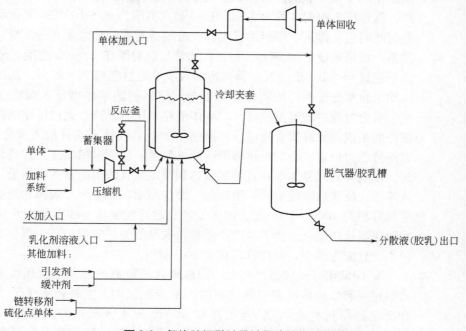

单体回收

单体加入口

冷却夹套

反应釜

蓄集器

单体

加料系统

压缩机

脱气器/胶乳槽

水加入口

乳化剂溶液入口

其他加料：

引发剂

缓冲剂

链转移剂

硫化点单体

分散液(胶乳)出口

■图9-6　氟橡胶间歇法乳液聚合流程示意图

　　加料系统中不同的单元有的是用于聚合开始时加入单体的，有的则是用于聚合过程中加入引发剂、缓冲剂、链转移剂等助剂的。同连续聚合采用上部溢流出料控制聚合反应器液面不同的是间歇法乳液聚合过程中液面是不断上升的，采用的出料方式是从反应器底部出料；连续聚合在聚合过程达到稳定后需不断补加水，而且调节加入水的水温是平衡反应器内不断放出的聚合热保持聚合反应体系温度稳定的主要手段，而间歇法聚合通常只在配料时一次性加水，平衡反应温度的主要手段是靠夹套传热，故夹套内冷却水的水温和流速对反应器内温度控制影响很大，反应器内壁形成的"挂胶"对控温影响也很大。间歇法乳液聚合突出的优点是对于以不同配方和工艺生产具有不同组成、不同分子量及分布和不同加工性能而且批量较小的产品具有很灵活的适应性，通常可以用控制在聚合过程中改变引发剂、链转移剂、硫化点单体的加入量得到希望要的具有不同分子量及分布、端基类型和沿链长方向不同的硫化点单体分布的聚合物。工业化生产难以实现每批得到的产品组成、分子量及性能完全一致，而每批得到的产品量又不足以满足用户的需求，通常可以设置容积是聚合反应器容积数倍的胶乳槽，将相同配方生产的数批乳液进行湿法共混，同时在此胶乳槽内以同连续聚合体系一样的方式减压、加入适量消泡剂进行脱气，回收未反应的单体。

　　间隙乳液聚合反应的反应器通常是带外夹套的立式搅拌槽式，中等容积或小型的反应器采用上搅拌，大容积的反应器也有设计成底部驱动的下搅拌。操作压力范围大致为 1～3MPa，温度范围为 60～100℃。聚合反应所需要时间同引发体系、选定的温度以及希望得到的胶乳浓度（固含量）有很大关系，如果浓度定在 25%～35%，通常反应时间在 2～40h 之间，最常见的为不超过 4～5h。聚合反应器初始加入水量控制在 60%～85%。初始压力由压缩机将预先配制好的初始单体混合气体从初始单体槽压入聚合反应器形成。聚合过程中随着反应进行，单体消耗，压力下降，通过压缩机将预先配制好的组成与最终聚合物组成相同的单体混合气体不断补加入聚合反应器，以维持压力恒定。补加单体槽消耗的物料量可以通过槽内压力的变化计算得到。以这种方式补加单体直到加满达到预定胶乳浓度所需的单体量，停止加入单体，反应器继续运转一段时间，即告结束。工业生产规模的间歇聚合反应器容积为 1000～12000L。国内生产商已开发成功 4000L 聚合反应器用于间歇法氟橡胶聚合。用于生产小批量特殊品级的反应器，因为每一批的批量较小，且配方多变，反应器容积为 50～500L。

b. 间歇聚合反应器的放大　间歇聚合反应器的放大很大程度上受反应放热速率和反应器夹套传热速率的不平衡的制约。文献曾提供了 1500L 聚合反应器每批生产 VDF 基氟橡胶 400kg 放大 8 倍，即反应器容积达到 12000L 和要求每批生产 3200kg 产品的实例。1500L 聚合反应器每批加水 1000L 进行聚合反应 2h 生产 400kg 氟橡胶，即平均反应速率为 200kg/h。单位聚合反应热为 320kcal/kg（即 1.34MJ/kg），反应器高度与直径之比为 1.85，反应终了时橡胶乳液的最大充满程度为反应器容积的 83%，此时胶乳在脱气后固含量为 28.3%，相当于胶乳密度为 1.6kg/L。设定的聚合反应温度为 80℃，夹套内冷却介质温度 30℃，即传热推动力为温差 50℃，总传热系数约为 260kcal/(m² · h)。这样一些条件下，如反应器总容积放大为 12000L，直径 2.04m，则相当于液相高度为反应器直径的 1.5 倍的情况下可得到的有效传热面积 19.6m²，假定能够达到的最佳传热系数同 1500L 聚合反应器一样，则因为传热面积和总传热能力只放大了 4 倍，为维持反应温度恒定，聚合反应速率只能保持同样的放大倍数，即 800kg/h。达到每批目标产量 3200kg，需要的反应时间就需要 4h。从设备效率和经济角度看，大反应器反应段运行时间用了小反应器二批所需要的时间，但由于辅助时间可大大少于小反应器得到同样产量所需要的辅助时间，还可减少操作人员。总体来看，放大容积可明显提高效率和经济效益。放大到多大最合适，与工艺和各种配套设备的能力，包括大容积反应器的制造能力、可适用压缩机的能力、物料气柜容积等有关。采用复合材料制造反应器、降低反应器夹套内冷却介质同聚合反应压力的差使得可以将反应器壁厚明显降低，从而提高总传热系数。在反应器容积过度放大的时候，处于压力下的单体量也增加很多，这增加了爆炸的危险性，工程和设计人员必须权衡利弊。

c. 间歇聚合反应的控制 基于间隙聚合的工艺和操作特点，间隙聚合的控制要比连续聚合简单和容易得多。运行的基本要点如下：在加料之前，先将清洗过的聚合釜以惰性气体吹扫后再抽空的方法彻底排氧，也可以用带蒸汽的纯水置换的方法达到同样效果；加入达到反应釜容积 50%～70% 的去离子水，分散剂（表面活性剂）和缓冲剂按配方规定用量也一同加入；通过夹套中传热介质将釜内介质加热到所需要的温度；开始加入预先配制好的混合单体（对于二元聚合，即 VDF 和 HFP 混合物），这里所加入的称为初始单体混合物，其组成按所需得到的最终产品组成由两单体的反应活性比计算，配成后取样以气相色谱确定组成达标，不断地加入初始单体使反应釜内压力在保持釜内温不变的前提下达到预先设定的压力指标；加入引发剂开始聚合，并不断加入组分同最终产品组成基本相同的混合单体，控制加入单体的速率使压力保持在预定的聚合压力，此时间段加入的单体称为补加单体，聚合进行过程中始终要调节好反应器夹套冷却介质的流量，以保持聚合温度基本恒定在预定的温度。为保持在整个聚合过程中自由基生成的速率在一定的范围，从而保持稳定的聚合速率和得到所希望要的分子量及离子端基范围，通常会采用补加引发剂的方式。加入链转移剂是为了控制得到的聚合物的分子量和分子量分布。在需要加硫化点单体的情况下，其加入量按其同主要单体的比例控制。在较小容积的聚合反应器，需加入的引发剂、链转移剂等量很小，通常将它们预先溶解在水中，用计量泵将这些溶液按规定量和速率压入反应釜。单体主流和量少的助剂瞬时加入速率和累计加入量都必须要监控。聚合速率和生成的聚合物总量都可以从消耗的单体量估算。要注意在间歇聚合的整个过程中无论是聚合速率或者单体加料速率都会有很大的变动。在单体加料压缩机和反应釜之间最好设置一累积式质量流量计，这有利于提示受控的单体组成，在聚合反应初期速率较低的阶段尤为必要。

当胶乳固含量达到预定值，聚合物黏度达到预定值时（这两者都可以用于估算累计加入的单体量），停止单体加料，聚合反应即结束。也有利用补加单体储槽槽压降估算单体消耗量作为聚合釜单体加入量的方法。显然，后一种方法简易可行，但准确度差一些。通常在聚合反应过程中很少通过直接从聚合釜取胶乳样品经测定后再调节加料量，一方面取样本身有一定危险，另一方面从取样到完成测定需要一定时间，等不及用来指导调节加料量。

在间歇法乳液聚合过程中，引发剂、链转移剂和硫化点单体的加入有多种策略。最简单的方法是在开始聚合时将按配方规定量一批所需全部引发剂一次性加入。这种情况下，聚合反应介质中存在的引发剂（如过硫酸盐）的总量和摩尔浓度都逐渐减少。某一瞬间引发剂浓度，按一级热分解反应的动力学可以用如下方程式表示。

$$\mathrm{d}I/\mathrm{d}t = -k_{\mathrm{d}}I \tag{9-28}$$

$$I_{\mathrm{t}} = I_0 \exp(-k_{\mathrm{d}}t) \tag{9-29}$$

式中　I——聚合反应介质中存在的引发剂总量；

　　　t——聚合反应时间；

　　　I_0——引发剂初始量；

　　　k_d——引发剂分解速率常数。

聚合反应过程某一瞬间 t 的自由基产生速率 ρ_t 可表示为式（9-30）：

$$\rho_t = 2k_d I_t = 2k_d I_0 \exp(-k_d t) \tag{9-30}$$

因为间歇乳液聚合过程中，作为颗粒群的形成自由基的进入效率变动很大，这种效率不易估算，因而就将自由基的总形成速率用于监控目的。从开始时间 0 到某一时间，形成的自由基累积总量表示为式（9-31）：

$$\sum \rho_t = 2I_0[1 - \exp(-k_d t)] \tag{9-31}$$

一次性加入全部引发剂的办法对于在较低聚合温度如 80℃ 或更低温度下的一些间歇聚合是适用的，这些情况下，过硫酸盐的半衰期为 2h 或更长。在起始阶段，自由基生成速率较高，这有利于乳液微粒的形成，在后面阶段，自由基生成速率较慢地降低足以支撑聚合完成。但是，这个方法对于很多其他氟橡胶产品需要调控聚合速率、分子量和端基等并不总是适用的。

第二种加入引发剂的方法主要适用于较小的反应器，其操作方法是将全部引发剂划分为若干小部分，在一定的时间间隔 t，向反应器注入某一设定好的引发剂增量使反应器中引发剂总含量保持在 I_0 和 I_t 之间，精确的增量多少可从式（9-29）计算得出。相应的自由基形成速率和累计自由基量则可由式（9-30）和式（9-31）算出。

对于大容积的反应器，每批需投入引发剂总量多，可以依据希望要得到的最佳聚合物黏度和端基的数值范围，考虑到不同阶段聚合速率需要有变化，设计出相适应的自由基生成速率随时间变化的操作方案。这种情况下，可以选择的引发剂加入速率 F_1，方案有 3 种：等速加入、增速加入或减速加入。如果是等速加入，F_1 就可设定等于引发剂的分解速率，于是 $I_t = I_0$，则 $F_1 = k_d I_0$，$\rho = 2k_d I_0$。

聚合过程中加入链转移剂是用来控制氟弹性体的分子量。但是同连续聚合相比，对间歇聚合，要将加入链转移剂的量和方式同调控分子量系统地关联，并能进行预测是很不容易的。对于间歇聚合，在较低温度下采用低活性的链转移剂可以适用式（9-25）。该关系式是基于微粒中链转移剂同单体的比例。通常链转移剂在水相中有很好的溶解度，由于很难知道转移剂在水相和聚合物相之间的分配，所以要估算实际在微粒中的转移剂量非常困难。有些碳氢化合物常可用作某些氟橡胶聚合时的链转移剂，这类化合物较易挥发，在聚合反应器的气相取样可以用气相色谱仪测出和监控。但是它们不适用于含 VDF 单体的氟橡胶生产，因为由这种转移剂形成的烃化合物自由基对于链增长的活性远低于氟碳化合物自由基，因而会阻滞聚合反应。因此可以选择较高活性的转移剂（如低级醇类或酯类化合物，可参考转移剂在水中易溶解的程度和在所选聚合温度下的分解速率选择）以某一设定的比例同单体一起连续加入以得到所要的聚合物黏度。对于小规模的聚合反应器，为得到每一具体品级氟橡胶产品的目标聚合物黏度、分子量分布常需要通过试验确定如何加入转移剂及应加入的量。

在间歇乳液聚合生产一些特殊品级氟橡胶中，采用全氟碳的二碘化物作为链转移剂。目标是生产分子量分布很窄的氟橡胶，碘位于大多数的末端位置，用于硫化。这一项最初由日本大金公司开发的"活性自由基"聚合，链引发和终止都处于低的水平，从而使链增长和转移居于优势地位。通常，这些二碘化物在聚合刚开始时就很快加入，结果是几乎形成的链很少有不含碘端基的。碘端基不管是在聚合物链上或者是最初加入的全氟碳碘化物上都不断经受链的转移。结果得到的碘化物随后还会转移，链继续增长，分子量继续增大。因为绝大部分链在聚合刚开始就形成了，故极少发生自由基-自由基之间的终止。几乎所有的链都得到同样的机会长大。这样的结果，得到了分子量分布很窄的聚合物，其绝大部分链的末端都是碘。随着聚合继续进行，分子量不断长大，而且可以通过累计加入的单体量同加入的碘化物的摩尔数之比估算。当估算的分子量达到目标要求，关闭单体加料管线，聚合即停止。这种聚合过程中，可能发生转移导致产生无活性自由基的外来杂质，必须降低到最小程度。因为这种聚合速率很慢，故有可能按一定时间间隔从反应器取胶乳样品测定特性黏度，不同时间段样品得到的特性黏度同累计加入单体量进行标绘，就可用来计算要得到最终目标黏度所需要累计加入的单体量。

通常，需要加入的硫化点单体的量是很低的。这类单体转化率都很高，所以不是在聚合初始时就加入，而是在反应过程中以同主要单体一定比例的方式控制加入。在有些情况下，硫化点单体也可以与单体同时加入。

(4) 悬浮聚合　悬浮聚合主要用于生产热塑性弹性体。悬浮聚合时，所有的反应都在较大的液滴中或在用少量水溶性树胶稳定的聚合物颗粒中进行。采用有机过氧化物作为引发剂在液滴中生成自由基，有时也加入某一种溶剂来增加单体的溶解度以得到较高的浓度。同乳液聚合相比，悬浮聚合的主要优点是不需要用表面活性剂，后者很难完全从产品中除净；也不会生成在高温下加工时不稳定的离子型端基。

通常以水为介质，如引发剂采用过氧化二异丙基二碳酸酯（IPP），则聚合温度选择在50℃，其半衰期为约2h，聚合在带夹套的搅拌反应器中进行。旭化成公司的研究人员将此类聚合工艺用于生产氟橡胶 VDF/HFP/（TFE）。在该发明的早期配方中，将较大量的惰性溶剂三氯三氟乙烷（CFC-113）分散于含有 0.01%～0.1%甲基纤维素的水中，作为悬浮剂。聚合温度和压力分别为50℃和1.2～1.6MPa。在单体-溶剂液滴中最初生成的是低分子量的聚合物。随着聚合进行，颗粒的黏度增大，形成了寿命长的自由基，聚合速率和分子量都随反应时间推移而增大。结果得到的聚合物呈双峰分子量分布。分量较少的低分子量部分起塑化剂作用，主体部分则具有高的分子量。通常用双酚硫化的聚合物不用链转移剂。这种聚合物的黏度按生成的全部聚合物同加入的引发剂的比例决定。要得到高固含量的产品（30％～40％），反应需要的时间较长（约 6h 以上），这足以在聚合过程中取样测定黏度，以监控特性黏度和预测要得到目标黏度的产品需要何时停止聚合反应。由悬浮聚合得到的聚合物在脱气后的颗粒直径为 0.1～1mm，故容易通过过滤和离心分离从悬浮液中分离出来。如前所述，由悬浮聚合方法得到的氟弹性体既不含离子型端基，又含有少部分很低分子量的成分，这种类型的共聚氟橡胶具有很高特性黏度从而可提高后续硫化胶的性质，同时由于低分子量成分的存在，在加工温度下还保持比较低的黏度，因而仍保有良好的可加工性。与同样组分的乳液聚合产品比较，可用双酚硫化的悬浮聚合产品具有更好的抗压缩变形性、硫化速率更快、更好的脱模性能等。

旭化成公司还开发了将二碘甲烷同引发剂一起加入悬浮聚合反应釜的方法制取可过氧化物硫化的氟橡胶 VDF/HFP/TFE，结果发生的链转移反应使半数以上的链末端插上了碘，最终的分子量主要决定于聚合过程中加入的单体总量同插入的碘的比例。这一悬浮聚合方法被用来生产双峰型分子量分布的氟橡胶 VDF/HFP/TFE，特别适合挤出加工，制成汽车燃料输送软管，在高剪切速率下得到光滑的挤出件，基本上不出现模口膨胀。这种聚合物含有很高分子量的部分约占 50％～70％，本体黏度决定于高、低分子量两部分的相对比例。低黏度部分的分子量低于发生缠绕的临界链长（分子量 M_e 20000～25000），故起到塑化剂作用，使挤出时很少模口膨胀。类似的具有双峰型分子量分布的产品如果低分子部分的分子量高于 M_e，则挤出时出现程度很高的模口膨胀。这类产品的合成需要分两个阶段进行悬浮聚合，在第一阶段，只加入少量引发剂以生成高分子量部分；第二阶段再加入引发剂和较多量的二碘甲烷生成低黏度部分。每部分的相对量可从每一阶段累计加入的单体量估算。二碘甲烷加入量要满足低黏度部分的含碘量达到 1.5％～2％。第二阶段的聚合反应速率非常慢，因此这类双峰型聚合物的合成需要的总时间约为 40～45h。因存在低黏度部分的碘端基，故可采用双酚和过氧化物（自由基）的混合硫化体系。在悬浮聚合中使用的助溶剂 CFC-113 由于保护臭氧层的要求不能再使用，后来改为 HCFC-141b，包括聚合压力等工艺条件也有相应的变动。杜邦公司在 1994 年购买了旭化成的这项悬浮聚合技术后将其推广到 VDF/PMVE/TFE 多元聚合氟橡胶，也用硫化点单体插入部分链上。

悬浮聚合制氟橡胶对反应器的设计要求如下：必须能使颗粒结团的倾向最小化，并避免聚合物颗粒在反应器内表面结壁；搅拌强度必需足够高，使初始形成的单体-溶剂相分散成小液滴并保持聚合物颗粒不会沉降；标准的涡轮型搅拌浆配上尺寸小的釜壁挡板在搅拌时足以避免生成旋涡，也不会产生高度湍流区；同乳液聚合一样，在加料压缩机和反应釜之间设有能显示累计单体加料量的累积式质量流量计也是必要的。

9.2.2.4 工艺过程条件和聚合物特性

氟橡胶的加工性能、硫化特性以及硫化胶的物理性质很大程度上由聚合过程的工艺条件所决定。对绝大多数聚合物而言，分子量分布的形态都是很重要的，它随聚合方法和聚合工艺条件而变化。由引发体系和链转移反应决定的链端基类型不但会影响加工性能，也会影响硫化行为。氟橡胶聚合物组成和单体的序列分布都会影响其各种终极使用的适用性。

(1) 分子量分布 有关工业生产的氟橡胶的分子量分布情况很少见报道。众所周知，常用的凝胶渗透色谱（GPC，也称为体积排出液相色谱，简称 SELC）方法不适用于测定氟橡胶的分子量分布。一般而言，SELC 可测定高分子溶液中分子大小，这种大小随聚合物分子组成和分子量而异。只有少数几种含 VDF 的二元组成可以作出可靠的校准因子。对于多种含有 TFE 的氟橡胶而言，没有适合进行 SELC 测定的溶剂。但是也有例外，尤其是对于某些 VDF/HFP/TFE 和 VDF/PMVE/TFE 类氟橡胶，分子量分布随聚合方法和条件的变化可以遵从普适化处理。

较早的氟橡胶产品如杜邦公司由连续乳液聚合法不加表面活性剂和链转移剂生产的 Viton® A 和 B，分子量分布比较宽，重均分子量和数均分子量之比 M_w/M_n 约为 $4\sim8$。类似的间歇聚合法生产的产品，只加入较少表面活性剂和用引发剂加入量建立总聚合物黏度的情况，同样得到很宽的分子量分布。这样的生胶和混炼胶具有很高的强度和模量，但是挤出性能很差。后来开发的较新品级无论是连续乳液聚合法生产的或间歇聚合法生产的，都采用加入表面活性剂来获得较小的聚合物颗粒，用链转移剂来控制聚合物黏度。这些产品就具有较窄的分子量分布，M_w/M_n 为 $2\sim3$，生胶和混炼胶虽然强度和模量相对较低，但加工时却具有良好的流动性和挤出性。间歇法乳液聚合体系中采用较低量引发剂和用全氟碳二碘化物改性可以得到含活性自由基聚合物，这样得到的氟橡胶具有很窄的分子量分布（M_w/M_n = $1.2\sim1.5$）。

无论连续乳液聚合、间歇乳液聚合或悬浮聚合的操作条件都可以控制成获得特制的双峰型分子量分布。为了得到具有良好加工性能且可用双酚硫化的含 VDF 氟橡胶，也可以采用两种具有不同黏度的氟橡胶品级共混的方法。主体是改性的低黏度成分（LV），用来共混的另一成分则具有高的黏度（HV）。

(2) 端基 对氟橡胶而言，有 3 种不同的端基：离子端基、非离子端基和反应活性端基。由于聚合过程中使用的引发剂不同和其他聚合工艺条件不同，不仅影响了分子量分布，也造成产生这些不同的端基。而端基的不同，又影响了产品的加工和硫化性能。

在乳液聚合中，使用无机引发剂时就生成离子端基。用阴离子表面活性剂产生的链转移反应也可能对生成离子端基有一定作用。用过硫酸盐作引发剂则在 VDF 共聚橡胶中生成硫酸根和羧酸根端基，而在 VDF/PMVE 全氟醚橡胶中生成羧酸根端基。如用氧化还原引发体系如过硫酸盐-亚硫酸盐体系作引发剂，则生成磺酸根端基。

以上 3 种离子端基都会因生成离子簇增加聚合物及其配合料的表观黏度，离子簇的作用可视作链的延伸物或发生非永久性交联。这种影响特别对于高含氟量的聚合物是很大的。完全用氧化还原体系引发和不加链转移剂生产的全氟醚橡胶则含磺酸根端基，它们形成的离子簇在加工温度下是稳定的。

由于存在离子端基而生成离子簇的配合料很难混合，无法加工成所要的橡胶件。使用过硫酸盐引发剂生产的 VDF 共聚橡胶，其离子端基相当多，足以影响双酚-AF 的硫化。离子端基趋向与同所用促进剂季铵盐（NH_4^-）或鳞化盐（PH_4^-）的可变部分相关，影响硫化速率。残留的带有离子端的表面活性剂和低聚物也会影响双酚的硫化速率。离子端基对自由基硫化没有多少影响，但是可能会引起用于硫化的有机过氧化物的过早分解。离子端基还是影响 O 形密封圈的压缩变形的原因之一。当密封圈处于高温和应力下可能很不易变化，不生成离子簇。当密封圈冷下来时，次生的离子簇网络机构阻止了从密封形状和密封时受到的力完全恢复。

非离子端基是因乳液聚合中使用链转移剂或悬浮聚合采用有机过氧化物作引发剂而生成的。对于端基绝大部分是非离子端基的氟橡胶，具有较低的表观黏度，较低的待硫化配合料生料强度，与主要是离子端基的同样成分配合料的硫化胶相比，具有较低的模量和拉伸强度。主要含非离子端基的氟橡胶具有较好的混合流动性和双酚硫化特性。由于非离子端基不会妨碍应力释放时形状的恢复，所以耐压缩变形得到了改善。

具反应活性端基是在使用碘化物作链转移剂情况下生成的。当存在足够的碘化物端基时，主链就可以因多官能团的交联剂同链端基相接而连接起来，这样形成的网络结构就赋予密封件良好的耐压缩变形性能。

9.2.2.5 胶乳中单体回收

在连续聚合过程中，反应器中聚合胶乳离开反应器出料随即压力降低，进入脱气器后未反应的单体很快就挥发出来，为了避免因大量起泡造成单体被离开脱气器的胶乳夹带入后面分离系统而损失，需要向脱气器内加入少量的消泡剂。消泡剂的选择要考虑以下原则：消泡效果好，加入量少就可满足要求；易溶于水，可以在后面的分离和洗涤中容易除去，不会残留在橡胶内，以免影响橡胶的性能；消泡剂沸点要足够高，其在脱气槽温度和压力下的饱和蒸气压尽可能低以免在脱气过程中消泡剂挥发进入回收单体（如混入回收单体进入聚合反应器，可能会发生链转移作用）；酸碱度适中，不会造成对设备材质的腐蚀。在一个实例中，使用的消泡剂为直链碳氢脂肪醇，如 $C_7H_{15}OH$，加入量为聚合物量的 0.44％（质量分数）。脱气器中胶乳的充入量只能保持在容器容积的 40％～50％。在连续聚合流程设计时，按照单位时间处理的待脱气胶乳量，换算成体积和在脱气中的停留时间确定脱气器容积时，需再留有足够的空间。实际上脱气槽中气相单体的浓度同聚合物之间和同水相之间存在着一种平衡，这种平衡服从亨利（Henry）定律，对于 VDF 和 HFP 在 VDF/HFP 二元聚合物中以及在水中的含量（质量分数）同它们在气相中分压之比可表示为：

VDF/聚合物：$\ln H(\text{psi}/质量分数)=12.5856-991.0785/T(K)$

HFP/聚合物：$\ln H(\text{psi}/质量分数)=12.1743-1328.0691/T(K)$

VDF/水：$\ln H(\text{psi}/质量分数)=18.326-1873/T(K)$

HFP/水：$\ln H(\text{psi}/质量分数)=18.326-1873/T(K)$

H 为亨利常数，假定脱气在温度为 60℃和压力分别为 20psi（表压，折合 0.143MPa）和 5psi（表压，折合 0.036MPa）条件下进行，聚合物和水进出脱气器的质量流量分别为 454kg/h（折合 1000lb/h）和 2272kg/h（折合 5000lb/h），脱气器容积为 12m³，即停留时间为约 2.4h，脱气后的残留浓度结果如下：

	Ⅰ（0.143MPa）	Ⅱ（0.036MPa）
VDF 在聚合物中	1.32×10^{-2}	3.35×10^{-3}
HFP 在聚合物中	3.42×10^{-2}	8.76×10^{-3}
VDF 在水中	6.71×10^{-4}	9.61×10^{-5}
HFP 在水中	4.18×10^{-4}	6.06×10^{-5}

可见脱气效果是非常满意的。

要保持压力始终在确定的较低状况，意味着要不断用压缩机将脱出的单体抽走送到加料线上循环使用。要维持脱气槽的温度，比较好的方法是设有夹套保温。最好再安排一台回收单体的缓冲槽。在回收单体和投料单体之间起过渡调节作用。

对于间歇聚合过程，理论上可以在聚合完成之后直接通过放空阀门放出到回收压缩机和回收单体的缓冲槽。因为反应器液面上的空间很有限，故要控制泡沫和夹带非常困难。通常还是要如对连续聚合过程的原则一样设脱气槽，将反应釜内的胶乳控制速率缓缓放入处于较低压力的脱气槽。如果下一批生产的是同类别产品，则可以将最后的一小部分胶乳同大部分未转化单体一起留在反应器内，直接用于下一批。回收槽内气化的单体经压缩机送到回收单体缓冲槽后用于下一批聚合反应加料。

9.2.2.6 胶乳的脱水分离

通常氟橡胶生产操作中把胶乳从离开聚合反应器直到最终生胶成型统称

为"后处理"，包括氟橡胶从胶乳中凝聚、洗涤和干燥。如果需要，还包括像通过挤出机造粒或通过辊压机（炼胶机）素炼压制成片等成型操作。

(1) **凝聚及洗涤** 凝聚是采用化学和机械方法使胶乳彻底破乳，从而使生胶同水分离。同分散 PTFE 乳液的凝聚不同，分散 PTFE 乳液的凝聚只要稀释到一定浓度加机械搅拌在不太长的时间内就可完成，不需添加电解质。氟橡胶胶乳不仅受阴离子表面活性剂保护、还受聚合系统中产生的低聚物和端基的保护。含有离子端基的聚合物乳液比含有非离子端基的乳液更稳定。采用氧化还原引发生产的聚合物，特别是没有链转移剂的情况下，生成羧酸或磺酸端基，这时即使没有加表面活性剂，它们也能起到稳定乳液的作用，采用 APS 热引发和加入表面活性剂的配方生产硫化较快的中低黏度产品的情况，生成很多非离子端基，这种聚合物乳液必需加表面活性剂，如 APFO，方能保护稳定。

根据上述两种不同聚合物性质，需要采用两种不同的凝聚方法。氧化还原法引发和不加表面活性剂生产的乳液，推荐用硫酸铝钾（明矾）为凝聚剂，加入量可为聚合物质量的约 1.5%。过硫酸盐热引发和加入 APFO（或替代物）生产的乳液推荐用比例为 5.2∶1 的 $Ca(NO_3)_2$ 和 HNO_3 混合物作凝聚剂进行凝聚，它们能使 APFO 失活。不管是哪种方法，凝聚前都需要先用纯水进行稀释。加入凝聚剂后机械搅拌，才能完成凝聚，使聚合物形成直径约为大于 1mm 左右的颗粒，以便于后续的洗涤和用过滤或离心方式脱水，过小的颗粒过滤时易流失，过大的颗粒，中间包紧的助剂不易洗净。凝聚温度一般为 30℃，水洗涤温度稍高较好，可在 45～55℃ 洗涤。

(2) **干燥** 洗涤脱水后的生胶除颗粒表面还含有一定量的水分外，在颗粒毛细孔内的水分用一般的机械方法难以脱除，所以必须进行干燥，干燥过程服从化工单元操作中干燥过程的规律。由于氟橡胶生胶很黏，干燥温度过高易结团，一旦结团，内部的水分就很难脱除。适合的温度控制在不超过 110℃。另外，干燥过程中用于盛放或传送生胶的器具或传送带需要作防黏处理，以免在干燥过程中生胶同接触它们的表面发生黏结。干燥的方法大体上有：真空烘箱干燥；蒸汽加热热风循环式干燥箱；隧道式连续传送带式干燥；挤出机式干燥等。

连续聚合过程生产的产品不分批，所以配套的凝聚、洗涤和干燥过程也以连续操作较好，其中干燥设备可选用连续的带式干燥炉。经过二次或多次洗涤和离心过滤脱除大部分水后的湿生胶连续送到输送带进入干燥炉，同干燥的热空气直接接触实现进一步脱水，达到产品的干燥指标。这种流程适合大批量产品的生产。典型的流程示意图见图 9-7。

批量不是特别大的连续聚合产品和间歇聚合产品洗涤和过滤脱水过程相同，仅干燥可以采用箱式干燥器，或者将凝聚过程和洗涤、干燥联起来用一

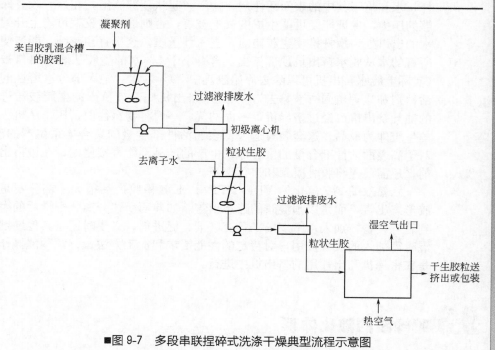

■图 9-7　多段串联捏碎式洗涤干燥典型流程示意图

台立式的脱水用挤出机和另一台干燥用的卧式挤出机组合实施一揽子运行，示意图见图 9-8。

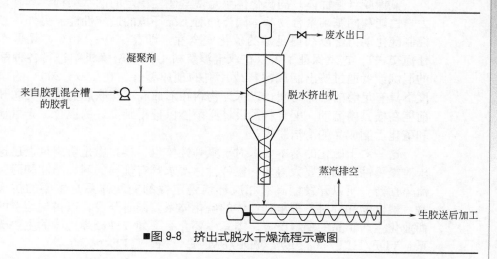

■图 9-8　挤出式脱水干燥流程示意图

在这套流程中，胶乳从胶乳混合槽通过泵经过凝聚段送到脱水挤出机的进料口，在凝聚段的前半部加入凝聚剂，调节和控制加入量和其他条件保证能形成大颗粒生胶。脱水挤出机的上半部分直径较粗，内部为大直径的螺杆，水和溶于其中的表面活性剂、盐等一起从顶部流出，在这一段要保持足够的压力，保证能使可能生成的气泡破裂，否则部分生胶就可能上升到顶部水的出口处。螺杆推动生胶向前，进入计量段，这里直径较细，能迫使几乎所有的水从脱水挤出机顶部流出。含有小于 5％水的生胶从底部出口被推出（实际上脱水挤出机可以除去原始胶乳中 99％的水，绝大部分水溶性的表面活性剂和盐等也同时被除去），从脱水挤出机底部被挤出的生胶被送进卧式的抽气挤出机，经过挤出机，一面抽气，一面将物料往前挤压。从机头挤出的生胶即为成品。这套装置适合低表面活性剂含量的聚合体系生产的产品，对于高表面活性剂含量的聚合体系生产的产品不能直接使用，在进挤出机之前，还需要先将胶乳凝聚和进行洗涤。

六氟双酚-AF 硫化的 VDF/HFP/TFE 氟橡胶产品很大一部分不是以生胶形态出售，而是以预混胶的形态出售。如前面所述分离、干燥后的生胶送到轧炼设备，加入六氟双酚-AF 交联剂、促进剂，必要时还有其他助剂。预混时需加入的成分按用户对特定的性能要求和加工方法设计，预混操作最好是在密炼机和出片用的挤出机中进行。

9.3 氟橡胶的硫化体系

9.3.1 引言

氟橡胶（弹性体）的硫化体系是使其建立稳定的网状结构，具有良好的力学性能和同基础聚合物基本同样的对工况环境的适应性能。另外，必须能控制硫化动力学以获得足够的硫化安全性（即在 100～140℃，几乎不发生任何交联）。这就保证了可以在双辊混炼机上或在密炼机中进行各种配合料的混炼或者通过挤出制成棒料或片料的预成型件。在 160～200℃ 的模压温度下具有足够的延滞时间，以保证物料在形成高度交联态的快速交联开始之前能在模具内流动。配合料的设计必须能保证得到良好的混合、光滑地挤出和硫化后制成品的清洁脱模。

这些对于硫化的基本要求对于氟弹性体也一样，但是要满足上述这些要求对氟弹性体困难要大得多。氟弹性体要求具有优异的耐高温性和耐腐蚀性流体性能，所以开发能具有相应环境稳定性的交联体系是主要的挑战。通常，聚合物和针对各种氟弹性体的硫化体系要同时开发，以得到经济的适合商业化生产制品的配料配方。本章主要介绍下列 3 种氟弹性体的主要硫化体系：VDF/HFP/（TFE），VDF/PMVE/TFE，TFE/丙烯。

9.3.2 VDF/HFP(TFE) 共聚橡胶

对于 VDF/HFP 二元共聚和 VDF/HFP/TFE 三元共聚氟橡胶的硫化，

已经开发了 3 种主要的硫化体系。其中两种体系建立在聚合物具活性的 VDF-HFP 序列上脱氟化氢，在聚合物链上生成双键—C(CF_3)＝CH—，然后同亲核的二胺或双酚反应形成交联。对于含氟量高的三元共聚的氟橡胶 VDF/HFP/TFE，利用加入含溴或碘的硫化点单体形成硫化点，开发了过氧化物（自由基）硫化体系。

(1) 二胺类硫化体系　最早实际使用的 VDF/HFP 氟橡胶硫化体系是基于二胺同氧化镁的配方。二胺的作用是提供碱性环境脱 HF，同时又是交联剂，氧化镁的作用是同生成的 HF 反应从而消除硫化胶中的 HF。如六亚甲基二胺在低温下就过于活泼，后来就修改配方，改用中等活性的衍生物以使得加工能平稳安全地进行。用得最普遍的是六亚甲基二胺的酸盐，^-H_3N—$(CH_2)_6$—NH—COO^-，被称为 Diak 1$^\#$ 硫化剂，也有用二肉桂叉衍生物的 Diak 3$^\#$ 硫化剂，RCH＝CH—CH＝N—$(CH_2)_6$—N＝CH—CH_2—CH_3，此处 R 代表苯基。配方中常用的吸酸剂为具有较大粒径的 MgO，典型的配方如下（质量份）：

VDF/HFP 二元共聚氟橡胶（生胶）	100
MT（炭黑）（N990）	30
MgO（Maglite Y）	15
Diak 1$^\#$	1.5
加工助剂	1

MT 炭黑在氟橡胶加工中的作用是作为非增强型填充料，粒径较大，表面活性基团很少。典型的加工助剂为石蜡，如巴西棕榈蜡，这种蜡在高温下同氟橡胶大体上不相容，因而会迁移到界面上，起到帮助流动的润滑剂和脱模剂作用。

由 MgO 中和 HF 反应时生成的水必须通过在空气烘箱中的后硫化除去。如果在硫化胶中存在水分，在高温下就会发生交联体水解，在聚合物链上因胺交链剂的再生而形成羰基结构。

(2) 双酚-AF 硫化体系　从 20 世纪 70 年代起，双酚硫化体系代替了二胺硫化体系用于 VDF/HFP 和 VDF/HFP/TFE 氟橡胶的硫化。其优点是具有良好的加工安全性，能快速完成高度硫化，优异的硫化胶最终性能，特别是用于密封时的耐高温压缩变形。有多个二羟基化合物可用作交链剂，它们包括最简单的双酚（氢醌，即对苯二酚），最优先选用的有双酚-AF，2,2-双-(4-羟基苯基)-六氟丙烷，HOR—C(CF_3)$_2$—ROH，还需要用一种促进剂如苄基三苯基氯化鏻，$R_3P^+CH_2RCl^-$（BTPPC）（R 为苯基），同时使用的还有无机碱（通常如小粒径的氢氧化钙和氧化镁）。多种其他季鏻盐或季铵盐也可用作促进剂。用于 O 形圈密封的典型 VDF/HFP 二元共聚胶的配方（质量份）胶成分如下：

VDF/HFP 二元共聚氟橡胶（生胶）	100
MT 炭黑	30

MgO（Maglite Y）	3
Ca(OH)$_2$	6
双酚-AF	2
BTPPC	0.55

上述配方的硫化曲线见图 9-9。

对于这一体系，在加工温度 121℃、30min 以上不发生硫化，在 177℃ 硫化温度下有 2.5min 延滞时间足以实现模具内的流动。然后在接着的 5min 内完成快速交联，达到高度的硫化态。双酚-AF 和促进剂用量可以调节以改变硫化速率，满足各种不同的应用和加工方法，而硫化曲线的形状保持大体一样。交联密度同双酚-AF 用量为 0.5%～4%（100份聚合物）范围内成正比。

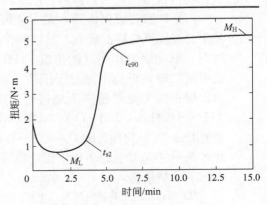

■图 9-9　双酚硫化 VDF/HFP 二元氟橡胶的典型硫化曲线

这个品级是多家主流氟橡胶供应商都供应的含有双酚-AF 和促进剂的典型预混胶产品。市售的双酚硫化胶有时含有过量氢氧化钙，这会使得在暴露在热水或蒸汽中时引起最终网络结构破坏。

含氟量多的三元共聚氟橡胶 VDF/HFP/TFE，具有比二元共聚氟橡胶 VDF/HFP 耐腐蚀性更好的优点，但是一般而言，硫化速率都要慢些。其原因是三元橡胶分子链结构中可能存在的-TFE-VDF-TFE-和-TFE-VDF-HFP-，在硫化时形成的不饱和结构对亲核试剂活性较低，不易为双酚所交联；而由二元胶分子链上出现的-HFP-VDF-HFP-结构在硫化时形成的双烯容易受亲核试剂攻击，易为双酚所交联。通过研究，一些主要供应商开发了一些能提高含氟量高的三元胶硫化速率的促进剂，包括含氮杂环结构的碱性的环脒，如 8-benzyl-1,8-diazabicyclo-7-undecenium chloride（简称 DUB 交联剂）、氨基次膦酸衍生物、和双（三芳基膦）亚胺盐、硫酸氢四丁基铵（TBAHS）等。TBAHS 的优点是除了能使含氟量高的三元胶快速硫化达到高度硫化和良好的耐焦烧性外，在 50 次模压循环试验中比使用含氯、溴或碘阴离子的促进剂产生少得多的模具结垢，耐压缩变形也更好。

（3）过氧化物类硫化体系　用有机过氧化物（或自由基）硫化的氟橡胶同用双酚硫化的氟橡胶相比呈现较好的耐水蒸气、热水和酸性水的性能。用过氧化物硫化的配方胶料通常分子链不含很多不饱和双键，也没有无机碱，因此不易受水性流体的攻击。另一方面，所用交联剂（吸自由基剂）的热稳定性都低于双酚。要进行有机过氧物硫化，氟橡胶必须含有对自由基具有活性的硫化点，通常是在主链上插入硫化点单体中引入溴或碘，或者是在主链末端由链转移剂引入碘。20世纪70年代末，杜邦公司首先实现商业化生产过氧化物硫化氟橡胶，其中含硫化点单体4-溴-3,3,4,4-四氟丁烯（BTFB）引入的溴约0.5%～0.9%。所采用的连续乳液聚合法中的诸条件可以调节使发生对插入的含溴链节的转移可能性降低到最小，因而能避免产生过度长链支链化。而在间歇法聚合中很难控制这种转移和支链化，这是因为所有生成的聚合物在同一批内都停留在反应器内，直到该批聚合结束始终有机会同活性自由基接触。后来日本大金公司开发了间歇聚合的"活性自由基"碘转移方法，得到了很窄分子量分布的过氧化物硫化聚合物，在大部分链端基上引入了碘。采用多官能团的吸自由基基团同链的末端连接，结果得到了很均匀的网络状结构，因而压缩变形很小。但是这种末端连接网络状结构的链其耐热性受到限制，因为这种交联形式导致很多松弛的长链片段，而它们并不能对弹性回缩有所贡献，故物理性能明显降低。更晚些时候，制成了同时含碘端基和含溴或碘的硫化点单体的氟橡胶，每一链上得到更多的官能团。在一项研究含溴氟橡胶的过氧化物硫化过程中，用脂肪族烃的过氧化物如2,5-二甲基-2,5-二叔丁基过氧化已烷和2,5-二甲基-2,5-二叔丁基过氧化已炔-3（Luperco 101XL和130XL）硫化时得到了满意的硫化曲线。这些过氧化物在177℃的半衰期分别是0.8min和3.4min。较低分子量的脂肪族烃的过氧化物如二叔丁基过氧化物较活泼，但是挥发性过大，在配合料混炼时有部分损失掉了。根据得到的硫化胶的硫化态和压缩变形判断，在试验过的吸自由基组分中，最有效的助交联剂是三烯丙基异氰脲酸酯（简称TAIC）。硫化配方中加入少量金属氧化物是用于吸收硫化时可能产生的微量HF。对于通过含溴硫化点单体BTFE引入含量为0.7%溴的氟橡胶的硫化，标准配方（质量份）如下：

氟橡胶生胶	100
MT炭黑	30
ZnO	3
过氧化物（101XL）	3
TAIC	3

这一配方在177℃下达到90%硫化需要时间约为3min，要达到最佳的产品性能，需要在温度232℃下在空气烘箱进行24h后硫化。含碘硫化点的氟橡胶在模具内更快地达到更高的硫化度，因此不需要后硫化。

9.3.3 VDF/PMVE/TFE共聚氟橡胶

VDF/PMVE/TFE共聚氟橡胶的特点是具有更好的低温性能。当试图用标准的双酚或二胺配方进行这种三元胶的硫化时，硫化很差，模压制品上形成了过量的龟裂和空隙。这类聚合物用碱处理时会产生大量的挥发分，用亲核试剂几乎没有什么交联。原因是 PMVE-VDF-PMVE 或 PMVE-VDF-TFE 链段中相邻的 PMVE 和 VDF 单元最容易受到碱性物质的攻击，这里所说的从链上脱除的是 HOCF$_3$ 基团，而不是 HF。结果形成了很多不饱和的结构，它们对于亲核加成不具有活性，所以用二胺和双酚几乎不能发生交联。同时，HOCF$_3$ 是不稳定的，迅速分解为 HF 和氟代光气（COF$_2$），后者又水解成为更多 HF 和 CO$_2$。HF 同 MgO 或 Ca(OH)$_2$ 发生中和生成更多水。这样，在上述这些反应过程中生成的大量 HF，CO$_2$ 和 H$_2$O 的挥发物就导致在硫化不足的硫化胶中形成过高的空隙率。

为了改进上述用双酚或二胺配方硫化存在的严重缺陷，曾尝试用部分 HFP 替代一部分 PMVE，即减少 PMVE 用量，加入同减少量相当的 HFP，试图实现 HFP/VDF/PMVE/TFE 用双酚-AF 硫化成功，但是这种四元胶的低温特性还不如同样 VDF 含量的 VDF/HFP/TFE 三元胶。后来杜邦引入了含溴硫化点单体的可过氧化物硫化的耐低温氟橡胶 VDF/PMVE/TFE。混炼和硫化工艺同 VDF/HFP/TFE 胶。另外，开发了相类似的同时含有端基碘和含带有溴或碘硫化点单体的低温胶 VDF/PMVE/TFE，具有更好的加工和硫化特性。过氧化物硫化后的硫化胶低温性能得到进一步改善，还具有对这一族氟橡胶希望要达到的耐化学流体介质的特性。典型的品级有 Viton®GFLT（插入了含溴的硫化点单体），Viton® GFLT-300（除了含溴的硫化点单体外，还引入了端基碘）。其混炼胶配方含 GFLT-300 生胶 100 份，MT 炭黑（N990）30 份，ZnO$_3$65 份，过氧化物（Luperco 101-XL）2.5 份，TAIC2.5 份。混炼胶切片在热平板压机上 177℃下硫化 8min，再移往烘箱中 232℃下后硫化 24h。另一种改进是用含有特殊硫化点单体和采用特殊的混炼配方实现可实用的 VDF/PMVE/TFE 胶的双酚硫化体系。这里所说的硫化点单体是 2-H-五氟丙烯（简称 2H-PFP），CF$_2$＝CH—CF$_3$，引入量通常只有 1％～3％。

9.3.4 氟橡胶 TP

早在 20 世纪 60 年代，就已经发现 TFE 和丙烯能够以两者交替的方式聚合形成氟橡胶 TP。但是用插入多种不同的硫化点单体的方式都无法得到具有商业价值的硫化胶。由于旭硝子公司的持续努力，开发成功称为 Aflas® 的氟橡胶 TP 的聚合和硫化体系，最初主要用于电线电缆的包覆，后来由于其具有良好的耐碱性，扩展了耐碱性氟橡胶制品的应用。

(1) 链转移反应的抑制 为了使丙烯（可能单体中还含有少量丙烷）的链转移反应减少到最低程度，开发了一种氧化还原引发体系从而可以使聚合在很低温度下进行（接近 25℃）。引发体系由过硫酸铵、硫酸铁、乙二胺四乙酸（EDTA）和羟甲基硫酸盐等组成。得到的聚合物平均分子量为 100000D。

(2) 聚合过程中胶乳稳定性 EDTA 同三价和二价铁离子形成络合物，使聚合物胶乳免除失稳。聚合中采用了全氟碳表面活性剂和缓冲剂体系（磷酸氢二钠和氢氧化钠，保持 pH＝5.5～10），保持胶乳稳定。

(3) 聚合物热处理 脱水分离出来的 TP 二元聚合物（生胶）需经受热处理，以产生足够多的不饱和结构以实施过氧化物硫化，这是氟橡胶 TP 后处理特有的一个程序。旭硝子公司发明的热处理技术是在有空气存在下温度高到能开始聚合物降解，典型的温度条件是 300～360℃，保持时间 2～4h；选定温度和时间的原则是能满足硫化性能的要求而又不至于造成分子量的过度下降。除了可满足完成硫化外，形成的不饱和状态和放出氟代光气会助长橡胶在基材（如金属和布料）上的黏结。加入金属氧化物如氧化镁有助于提高热处理效率。

专利文献中揭示了 TFE/P 摩尔比为 55/45，数均分子量为 180000D 的二元共聚橡胶 100 份，同 0.5 份 MgO 混合并在电热烘箱空气气氛中加热到 300℃达 2h，得到了改性 TFE/P 胶。然后同 5 份 α,α'-双（叔丁基过氧化物）-对-二异丙基苯，3 份三烯丙基异氰脲酸酯（TAIC），25 份 MT 炭黑一起混炼，在平板硫化机上硫化 160℃、30min，再在烘箱内硫化依次 160℃、1h，180℃、1h 和 200℃、2h。同 VDF/HFP/TFE 三元胶相比，T/P 二元胶的硫化胶低温性能和耐压缩永久变形性能较差。由于 T/P 二元胶的氟含量较低（只有 55%～57%），其硫化胶对碳氢烃类有明显的溶胀，特别是含芳香族化合物的混合物更严重。但是能够抵御水性流体和极性溶剂。为了改进 T/P 二元胶硫化胶的缺陷，经一次又一次尝试在 T/P 中加入 VDF，提高氟含量，用双酚硫化得到的硫化胶耐润滑油的性能优于 VDF/HFP/TFE 胶。为了开发具有完全耐碱性而且有较好加工和硫化性能的产品，T/P 胶中加入少量硫化点单体实现了双酚硫化。提供的实例三元胶组成（质量分数）为 73%TEE，23%P 和 4%三氟丙烯（TFP），$CF_3CH=CH_2$，其中 TFP 是安排插入 TFE 中间形成的—CF_2—CF_2—CH_2—$C(CF_3)$＝CF—CF_2—链结构，脱除 HF 后就易受亲核试剂攻击形成交联。要获得很好的硫化速率，必须使用具有高活性的促进剂。优化的混炼胶包含硫化剂和促进剂等在内的一组混合物，它们是甲基三丁基胺和双酚-AF 的盐（摩尔比 1：1），以及氢氧化钙、活性氧化镁和适量填充剂等。这一产品的耐碱性优于含 VDF 的三元 T/P 胶，又因为其含氟量较高（58%），耐碳氢烃类流体性能优于 T/P 二元胶。

9.4 氟橡胶的加工

9.4.1 概述

通常用于通用合成橡胶加工的方法对氟橡胶基本上都适用，包括混炼、挤出和模压等。但是，氟橡胶的松弛速率较慢使得这些应该在高剪切速率下运行的加工显得较困难。此外，很多硫化剂和添加剂都不溶于氟橡胶，需采用一些特殊的措施使它们能够充分地分散在橡胶配合料内，保证均匀，使硫化剂和硫化胶不会因混合不均匀而出现性能不一致。不少氟橡胶在混炼时还有黏辊或同金属型芯没有足够黏着力的问题。在生产较小批量氟橡胶制品时，需采用适用于其他合成橡胶加工大批量制品的设备。

9.4.2 混炼

因为氟橡胶材料价格高，生产的批量相对较小，所以其混炼多半在较小的间歇式设备中进行。随着生产量上升，氟橡胶的混炼已经从开炼机转到了密炼机。同一套设备同时用于处理包括氟橡胶在内的多种橡胶的一个重要问题是要严格防止氟橡胶混炼胶被其他橡胶或不相关的添加剂污染。设备在开始用于氟橡胶混炼之前，要有严格的清洗程序，保证将其他橡胶、油料、脂和其他不相容的杂质清除干净。

(1) **混炼对各种添加成分的要求** 按配方规定用于混炼的各种添加成分必须保存在密闭容器中，储存在干燥阴凉区域。对金属氧化物和氢氧化物更要多加注意，这些化学品会同空气中的水分、二氧化碳甚至室温下的空气发生反应。氟橡胶、填充剂和其他添加剂如吸收了过多水分会造成非正常硫化和裂纹等缺陷，在制成品内部存在很多孔隙。对一部分成分，要进行专门的处理，制成特殊规格，以利于分散，保证硫化性能。

用双酚硫化的体系，要做到在混炼胶中非常均匀的分散特别困难。双酚-AF 交联剂和促进剂季鏻盐都是熔点很高的固体化合物，必须将他们磨碎成很细的粉状，方能均匀分散在混炼胶中。鉴于从事加工的厂商既希望得到重复性好的硫化胶性能，又很难做到这一均匀分散的要求，氟橡胶生产商宁可将这些硫化剂等预先同氟橡胶生胶混合好，以浓缩的预混母胶或预混胶提供给加工厂。例如，杜邦公司就将生胶 E-60 同硫化剂双酚-AF（BpAF）和苄基三苯基鏻的氯化物（BTPPC）以适合于硫化的比例预混，以 E-60C 的牌号出售。加工厂只要将带硫化剂的浓缩胶 VC-30，（在二元胶中有 50% 的

BpAF）和 VC-20（33％ BTPPC）按自己希望得到的硫化性能选定的量混合就可以了。其他供应商也有类似的产品。杜邦和泰良也提供另一种类似形态的预混胶，其中含有硫化剂为 BTPP⁺BpAF⁻盐同另外一份 BpAF 的混合物（质量比为 BpAF/BTPP=4）。此混合物称为 VC-50，是低熔点的玻璃状固体，比较容易分散。国内一些生产企业也有预混胶的品牌供加工企业选用。这不仅提供了方便，而且对于保证硫化质量是很有益的。

（2）开炼机轧炼 由两个相反方向（均为从外侧向中心）转动的水平辊筒构成的轧炼机，从 19 世纪中期就开始用于橡胶的轧炼。相对于密闭的炼胶机，由于是敞开的，故俗称开炼机。早期这是用于天然橡胶的塑炼，以破坏高分子量的部分。对于包括氟橡胶在内的合成橡胶而言，这种破坏是不希望要的，因为已经按照各种加工需要和最终用途设计、优化了分子量及分布。开炼机适用于批量较小的特种氟橡胶混炼。批量大一些的混炼，都已经用密炼机代替。在很多场合，开炼机也成为布置在密炼机后将混炼好的胶料再轧制成片材或用于在挤出机进料前将片材加温。

开炼机两个辊筒均为空心，两者之间留有可按照需要调节间距大小的狭缝。辊筒两端均支撑在牢固的轴承上，两个辊筒以不同的速率转动，以保持摩擦比为 1.05～1.25，可以将橡胶从上方推向两辊筒之间的间隙，间隙公差可以微调（通常为 2～6mm），橡胶通过此间隙时即受到很高的剪切应力。混合结果是否良好，可通过调节投入的胶料量和所用的间隙距离使得到在其中的一个辊筒上包辊橡胶带表面是否光滑判断，在辊筒间隙区的胶料进入到转动的包辊胶带上。速率较慢的辊筒的转动线速率约为 50cm/s，这使得操作者可以从容地沿对角线斜向将橡胶带切断，并将切下的部分橡胶片折起翻到留下的橡胶带上，重复多次，就实现充分捏合。辊筒空心，可让冷却介质流动带走热量，达到控制辊筒和胶料的温度。有关开炼机操作的安全注意事项主要包括两方面，一方面是开炼机的设计要有快速停车和刹车开关，使辊筒能立即停转，辊筒能快速互相离开中间位置，要有保护设施，保证操作者的手和工具不能进入间隙区；另一方面是对操作人员进行严格的培训和建立固有的操作程序，以避免发生同开炼机有关的安全事故。

以下是进行开炼机混炼操作的一个实例。采用的氟橡胶是 VDF-HFP 二元共聚胶的一个预混胶的品级 Viton®E-60C，预混时每（质量份）100 份橡胶中加入了 2 份双酚-AF，0.53 份 BTPPC 促进剂。此中等黏度的氟橡胶设计成具有高的分子量部分，以提供足够高的粘接强度来实现好的混炼效果。对于生产规模的开炼机（辊筒尺寸约为直径 50cm，长按 150cm），推荐每批投入橡胶 40kg。混炼配方（质量份）为：100 份预混胶 E-60C，30 份 MT 炭黑（中粒度热裂法炉黑），6 份氢氧化钙，3 份氧化镁。开炼机启用前经过清洁，温度 25℃，辊筒间隙区的缝宽度调节到 3mm，氟橡胶预混胶加到开炼机上方进行包辊。通常氟橡胶带是包在转动速率较快的辊筒上，随着慢辊上的温度稍有上升，胶料就自动转到慢辊上，辊间隙逐步调到 5mm，在间隙处就辊压成了带状，将包辊后的胶带用小刀从每一边割开 3 次，得到的胶料就很均匀，将粉状的各种成分预先混合后从上方沿辊筒间隙以均匀的速率加入胶料。疏松的填充剂粉易从间隙处掉落到底盘上，将其扫起在出片前重新加入。从每一边割开包辊的胶带并重新轧炼，重复 4 次。混炼好的胶轧成片状后按规定尺寸切割后成厚片状从开炼机上取下并使其冷却。上述全部操作大概耗时 15min 便可完成。片状胶块的冷却可以用在水槽中浸入、或将水喷淋、强制通冷风等方法完成。如用水冷，结束后需将片料用风吹干，方可装箱。

对于氟橡胶胶料，用开炼机轧炼特别困难，因为分子量分布较窄，离子端基数量偏少，其对辊筒的黏着力不能保证在一个辊筒上形成表面光滑而无孔的胶带。往开炼机上加粉状配料时，橡胶坯料块和输送的粉会一起从炼胶机上掉落到底盘上，这样一批料完全处理好就会花很多时间，环境也显得脏乱差。很高分子量的氟橡胶在初始阶段通过冷炼胶机辊筒间较窄的间隙时经受很明显的分子链断裂，使硫化胶的物理性质受到一定的破坏。而另一方面，分子量分布具有双峰形态的混合胶料（在凝聚前将胶乳混合所得）则具有很好的轧炼性能，它们几乎可以忽略高分子量部分的分子链断裂。具有长侧链的高黏度品级氟橡胶和凝胶部分在轧炼时也会发生链断裂，也许能改善后面的加工性能（如挤出等）。

（3）密炼机混炼 顾名思义，密炼机是将胶料和各种配合剂置于密闭状态进行混炼的设备。主要用于橡胶的塑炼和混炼。密炼机本体是一个按设计要求确定容积的中空料腔，在它内部设有一对特定形状并相对回转的转子，在可调温度和压力的密闭状态下间隙地对聚合物材料进行塑炼和混炼的机械。密炼机中这对转子互成切向，转向相反，且互不啮合，正因为转子顶端互不接触，所以他们可以不同的速率被驱动，在转子顶端和腔体内壁之间的高剪切尖锥形区对粉料在胶料中的分散混合。均布混合则发生在物料从一个转子转移到另一转子的过程中以及沿着混合室进行。密炼机的构成部分有：密炼室（料腔）、转子、转子密封装置、加料压料装置、卸料装置、传动装置及机座等。国内已开发了一系列从实验用小密炼机（0.5-1L）到工业化生产用大密炼机，型号也有快开式、翻斗式、快开式啮合型等多种不同的型号。

早期的转子都是双翼（如 Banbury 型密炼机），后来也发展了四翼的转子（如 Shaw 氏密炼机）。转子型密炼机外形见图 9-10。

现代密炼机发展很快，已有很多种尺寸大小不一和具有不同转速、转子具有特殊螺旋形并具有冷却功能的新机种，可以满足对不同批次控制温度和能量输入的要求，柱塞的位置高低和压力可以控制，以有利于最佳的混合。图 9-11 是装有探头和控制器和计算机辅助控制混合的流程图。

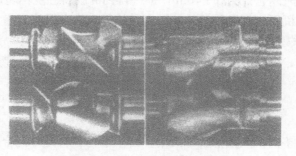

■图 9-10 转子型密炼机示意图

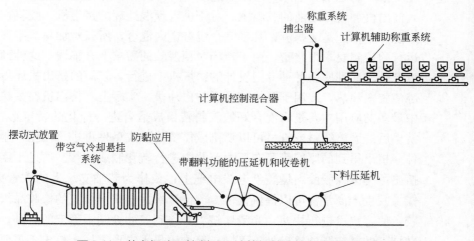

■图 9-11 装有探头和控制器和计算机辅助控制混合的流程图

用密炼机进行混合的例子同上节开炼机实例的条件相同。预混胶 E-60C
同 30 份 MT 炭黑（中粒度热裂法炉黑）、6 份氢氧化钙、3 份氧化镁进行混
合，以得到等硬度的胶料。所用密炼机是 3D Banbury，用 600hP 直流电机
驱动，混合室容积为 80L，转子为双翼设计。混炼胶料总重 104kg，相对密
度 1.8，充装系数达到 0.75。密炼机和相关的辅助设备使用前都要仔细清洗
以避免可能发生的杂质污染。转子和外壳的冷却水满负荷开足。转子速率为
30r/min，压料柱塞的压力设定在 0.4MPa，薄片状的预混胶 75kg 加入后，
柱塞放下，当柱塞再次升起时，预先混合好的粉状配合料接着加入。柱塞再
次放下。该批料混合约 2min。测出混合胶料的温度从 30℃上升到约 75℃。
柱塞再次升起，将散落的料收集起来再加入到混合胶料。柱塞放下后，密炼
机再开动 1min。温度则继续上升，达到 100℃。再重复一次扫料和继续混合
15～30s。结束后将该批料倾卸到另一台开炼机上，冷却和出片。这批料用

于混合的时间合计为 3～4min，最终得到的胶料温度不超过 120℃。

密炼机用于氟橡胶混炼的优点归纳起来为：混炼容量大、时间短、生产效率高、较好克服粉尘飞扬、减少配合料损失、改善产品质量和环境、操作安全便利、减轻劳动强度、有益于实现机械与自动化操作等。

9.4.3 挤出

螺杆挤出机在氟橡胶加工中主要用于将胶料充分混合并挤出成一定形状的氟橡胶配合胶料供后续的硫化成型。在连续生产线上也用于配套生产预混胶。在前面讨论过的氟橡胶连续乳液聚合生产线上，单螺杆挤出机不仅用于在凝聚后的脱水和干燥，还用于连续生产预混胶，硫化剂连续不断加入在进入挤出机加料口之前的胶料中。对于进行预混处理的挤出机，胶料在挤出机中混合基本上是活塞流，几乎完全没有逆向混合，所以对加料速率和挤出机运行的控制要求很严密。由于市场对预混胶的需求上升很快，这种预混胶的生产已转移到使用各种专门设计的密炼机中进行，较短的挤出机还可通过轧炼使胶料预热，或用于混炼胶最后的出片段。实际上，挤出机在氟橡胶加工中最多的应用主要是将混合好的胶料转换成适合进行硫化的特定形状制品。挤出后的固体线材或管材可以切割成需要的预成型件再进行模压，制成密封件。挤出得到的厚壁管可在压力容器中进行硫化制成软管。通过十字头口模挤出可将氟橡胶胶料覆盖到电线电缆上，或作为芯轴支承上的软管夹心层。氟橡胶生产商常常可以提供很多专门设计的适合挤出加工的橡胶品级或混炼胶，使客户可进行快速、光滑地挤出，得到尺寸控制很稳定的产品。同可熔融加工的氟树脂的挤出加工不同，氟橡胶是无定形结构，挤出不需要在液化或熔融状态下加工，通常挤出温度控制在不超过 120℃，以免发生过早的硫化。可熔融加工的氟树脂则不同，它们的挤出加工需在 200～400℃ 的高温下进行，树脂加入挤出机后则需要熔融塑化，然后以熔体状态被挤出成型。所以早期用于氟橡胶的挤出机料筒设计得较短，长径比（L/D）仅为 6∶1，这种料筒和螺杆短的挤出机需要用预热过的胶料，即欲进行挤出加工的胶料需先经预热。第二次世界大战后开发的橡胶用挤出机改为冷进料，此时设计的料筒差不多长了一倍。L/D 达到 12∶1，可加入冷的胶料或带材。现代的新型挤出机都可用于包括氟橡胶在内的合成橡胶，每年都有新型号推出，但基本原理是一样的，只是使用更方便，控制更精确。

图 9-12 是典型的料筒上设有抽气口的单螺杆挤出机示意图和螺杆设计图。

单螺杆挤出机的工作原理及主要结构可在很多专业参考书中得到，本书不再详细介绍。

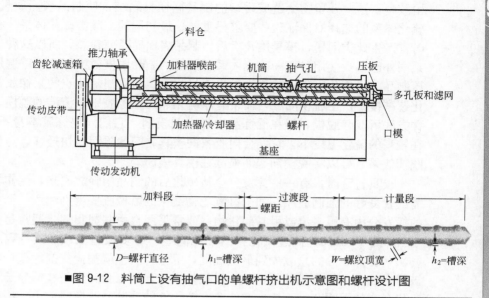

■图 9-12　料筒上设有抽气口的单螺杆挤出机示意图和螺杆设计图

VDF/HFP 二元氟橡胶进行挤出时，使用比较冷的料筒和螺杆，以保持胶料有足够高的黏度，尽可能避免空气混入。加入的胶料一定要是干的，如果胶料是从冷藏库房取出的，务必去除表面可能产生的冷凝水。像大多数挤出机温度控制一样，共设 5 个温控点，分别是：螺杆 30℃、料筒 55℃、机头 65℃、模具 95℃ 等。建议用低的螺杆转速以保证挤出料的表面光滑性。当剪切速率超过临界值时口模处也会像氟树脂挤出一样出现熔体破裂。为了保证预成型件的横截面尺寸精确，需要调节挤出条件。通常，氟橡胶胶料具有较好的耐焦烧性，开车时的原材料和停车时留在机头里面的胶料都可以回收，重新使用。挤出的线材和管材都可以置于压力容器在水蒸气压力下硫化（蒸气压为 0.55～0.70MPa，可达到的硫化温度为 155～165℃），硫化时间为 1h 以上。

9.4.4 模压

（1）一般概念　氟橡胶零部件制品可以用压缩模压（简称模压）、传递模压和注射等方法制造，以上这些方法商业生产上都使用。

对于模压，首先要求混炼胶具有良好的特性，包括交联开始时间的延迟，使得胶料有足够时间可以在高温下流动并充满整个模腔；其次硫化要能迅速进行，使胶料和制品留在模具中的时间最短。测定特定品级胶料在高温下的焦烧时间对于判断该品级混炼胶是否适用于注射模压是非常必要的，因为胶料在注射机中一直处于高温，移动到注射进模具需要有较长的时间。

其次，混炼胶要有良好的脱模性能，不要在脱模时在模具内表面留下残留胶料，这些残留物会造成后续的制品同模具黏结，使制品表面质量下降。硫化体系的选择对保证这些要求很重要。最初用的二胺类硫化体系，在脱模时常产生此类问题，模具用几次后，制品表面质量就很差，所以这种硫化体系国外已很少使用。双酚硫化体系所制造的制品脱模效果好，已普遍用于模压制品。过氧化物硫化体系则结果不尽相同。带有溴硫化点的氟橡胶常常硫化速率慢，产生脱模问题，而带有碘硫化点的氟橡胶则很清洁的脱模。有一种方法可改善脱模，即在混炼胶中加入脱模剂，它们同混炼胶本身不相容，在较高的硫化温度下，它们会向胶料同模具之间的界面很快迁移，达到好的脱模效果，可以将脱模剂定期喷洒在模具表面。

模具打开时，有一些挥发分会从硫化后的制品中释放出来，工作场所必需配置良好的强制通风。加工过氧化物硫化的氟橡胶要特别注意，释放出来的挥发分中有甲基溴或甲基碘化物，通常采用自由基捕集剂（通常是交联剂 TAIC 或 TMAIC）同过氧化物的配比高些，即多加些 TAIC 或 TWAIC 的办法，将挥发分的量减少到最低程度，甲基自由基就被捕集剂拦截，而不是被聚合物链上的卤代基团拦截。过氧化物的分解也会产生一些低分子量的有机化合物如丙酮和异丁烯，它们会在硫化好的热制品脱模时放出。用双酚硫化体系时，加入的无机碱可以稍多些，以避免 HF 释放。

要使制品的尺寸控制精确和表面性能良好，模具在进入溢料时要紧闭并保持清洁，模具表面没有沟痕和毛疵。模具表面的硬质铬有利于减少模具表面结炭，但是这种模具的锐角边缘处易磨损。用镍铬合金制造的模具不但具有硬的耐磨表面，而且具有好的脱模效果；用于将模具合拢的平板压机不能有变形，平板有可控温度的加热器。

同其他橡胶相比，氟橡胶的热膨胀系数较高，而且是在较高温度下进行硫化，所以硫化后的氟橡胶制品通常有较大的收缩率。模压温度越高，收缩率也越大，如果混炼胶中有较多的填充剂和金属氧化物，则收缩率就下降。例如，双酚硫化的 VDF/HFP 二元氟胶的混炼胶每 100 份生胶中加 30 份 MT 炭黑，在 177～205℃下硫化，测得收缩率为 2.5%～3.2%。如果在烘箱中在 204～260℃进行后硫化，由于水和挥发分的去除，制品收缩率再增加 0.5%～0.8%。含氟量高的氟橡胶，其模压制品在硫化后收缩率更高些。为了精确地控制和稳定制品收缩率，有必要对特定规格的氟橡胶混炼胶及其硫化条件预先测定其收缩率，从而对模具内腔尺寸作出能适应的设计。

(2) 压缩模压 模压是最古老和简单的橡胶制品加工方法，它也用于氟橡胶制品的生产。先将一块未经硫化的橡胶置于模具的腔内，称为预成型橡胶的称重，必须满足略大于最终制品的重量，然后将模具合上并移到平板压机的平板上，通过液压机加压并加热到预先设定的温度直到制品完成硫化，停止加热，撤压后将模具打开，将制品和得到的溢料取出。

对于氟橡胶制品生产而言，模压加工有以下几个优点：鉴于氟橡胶价格较贵，可以通过仔细控制预成型件的尺寸使溢出料降低到最低程度；该方法特别适用于多品种、多尺寸、小批量氟橡胶制品生产；设备包括模具、压机和辅助设备，费用较低；模压更适合于中、高黏度的胶料，因此高黏度的氟橡胶可以很容易被加工成力学性能优良、抗环境性能好的橡胶制品。

模压法的缺点是劳动力成本高，生产效率低。大量的工作如备料、置备预成型件、开合模具、取出橡胶制品成品等都需要人工去完成，控制制品尺寸稳定性稍差。

在实验室进行小规模模压制造用于评价和测定制品性能的运行，一般在小型的平板压机上进行，橡胶预成型件先置于两块具有一定厚度的平板上，试验时移入到压机上加载，卸载后从压机上整体取下。由于温度控制和设定温度都是靠压机的加热系统进行的，模具和被硫化的制品的温度会略低于压机平板温度。为了避免发生模具温度偏低造成硫化不充分，有必要经常监测模具的实际温度。

若要生产优质制品，首先必须仔细做好预成型件，其重量应该比最终得到的制品重 6%～10%，而且预成型件必须致密，不能夹带空气。预成型件的大小要保证能完全充满模具的模腔并留有最低限度需要的溢出量。若预成型件中残留的空气未排净，会使最后得到的制品中出现气泡。胶料必须有较高黏度，方能进行有效排气，但是黏度也不能过高，以免在脱模时发生开模缩裂（Backrinding，指用模压法生产橡胶制品时，在打开模具时出现最靠近模具的橡胶发生收缩和裂缝），在模具中胶料已被加热到具有很好的流动性后延迟压机的放气直到较高压力有利于模具中充满。开模缩裂、分模处的粗糙突起常发生在模腔的分模线附近，主要是因脱模时的膨胀造成的。如果胶料黏度太高或过于焦烧（在模腔尚未充满前就过早硫化）也会发生模腔内流动性差和开模缩裂现象。

生产模压制品时发生起泡的主要原因有很多种，主要如下：混炼时粉末分散不好，混炼胶被另一种胶玷污，模具内残留有空气，助剂分散加工不好，水、硫化剂分散不好和硫化不充分等。这些问题只要实施混炼胶严格的充分分散和储存程序都可以避免。设备彻底清洁，不含有非氟橡胶的其他橡胶很重要。在后硫化之后，硫化不充分的制品会出现海绵状、开裂、龟裂等现象。正确的解决措施是：增加促进剂用量、提高硫化温度或延长硫化时间等。厚度超过 5mm 的制品在后硫化时更容易发生龟裂现象。除了前面提到的措施外，还可以用对后硫化烘箱逐步倾斜升温的方法，让挥发分有序释放出来而不会吹在制品上。

(3) 传递模压　传递模压是利用一套活塞或汽缸装置使橡胶强制通过一小孔注入模具模腔的过程。将一块待硫化的混炼胶放入模具的一部分，此部分称为"壶"，然后柱塞将胶料通过一注入口推入密闭的模具。在橡胶硫化时，模具保持密闭。然后柱塞回升，传递垫塞材料被移去和废弃。接着，模具被开启，取出制品，将溢料和渣料从制品上修除后废弃。

同压缩模压相比，传递模压能提供更好的产品性能、质量的一致性、更短的循环时间、更好的橡胶同金属插件黏结。但是有很多的橡胶因传递垫塞、注入口和溢料等成为碎料损失掉。所用胶料必须具有较低黏度，足够的焦烧安全性，以保证有足够的流动性进入模具。在"壶"内的混炼胶快速通过很小的注入口进入模腔，会产生很高的剪切，放出可观的热量。此时，胶料就很快被加热到硫化温度，注入口应该尽可能小，以使得在脱模和将模压好的制品撕下时可能对制品的损伤降低到最低程度。另一方面，注入口又不能过分小，须保证混炼胶具有足够的流动性。对传递模压，略低一些的模压温度是合适的，使硫化时间与压缩模压的硫化时间相当。

（4）**注（射）模**　注射模压是用模压法生产橡胶制品的最佳方法。在此法中，橡胶进入模具并实现硫化都是自动地进行，胶料以带状的连续料条送入螺杆（有时也可用粒料），在螺杆和料筒之间向前移动并被加热，随着混炼胶在螺杆前端处积累，达到一定量，螺杆就反向移动，以准备实施注射。螺杆在停止转动后，就被推向前方，将胶料推向前射入密闭的模具。当橡胶在热的模具中硫化时，螺杆维持在开始注射的位置，保持预先确定的压力以加固模具中的胶料。在预先设定的时间之后，螺杆再次转动，使胶料充满料筒，模具则打开取出制品后再闭合进行下次注射。柱塞式或活塞式的注射机也有用于生产橡胶制品的。

所有的模压方法中，注射模压是能够使生产的制品质量和尺寸保持最大程度一致性的方法，对溢流的控制最好，循环时间最短。但是，注射模压也不是适用于所有品级的混炼胶和所有形式的模压制品，而且投资费用在各种方法所用设备和辅助器材中最高，在流道和出口通道中产生的碎料也较多。该方法最适用于大批生产标准化的制品。

注射技术和设备已经在热塑性塑料的加工中高度发展，在橡胶加工中的应用也日益增多。不过两者之间还是有很大的差别。对热塑性塑料加工，原料一般是经过预混合造粒的，从加料口加入螺杆注射机后进入塑化段，在高温环境下软化、熔化成为熔体，这种低黏度的熔体被注射入冷的模具，结晶和固化成型为塑料制品。对于橡胶注射加工，胶料以条形（或粒料）加入注射机，加热后温度达到能降低胶料黏度但没有硫化，然后此胶料注射入热的模具，实现快速硫化。这就需要在设计具有较低黏度的橡胶混炼胶性能时实现快速硫化和焦烧安全性之间的平衡，还要适当确定和控制好胶料在注射机各部分的温度。

表 9-8 是用于氟橡胶注射加工成厚度小于 5mm 制品的典型控制条件实例。所用氟橡胶混炼胶为中低黏度品级，采用快速硫化的双酚-AF 硫化体系或用过氧化物硫化体系，该氟橡胶带有碘交联点。

假如制品要用人工从模具中取出或者金属插件必须在下一批注射前插入，开模时间就需要更长些。另外，厚度较厚些的制品或者用的硫化体系的速度更慢些，则硫化时间也会要再长一些。如果有些混炼胶要快些硫化，则模具的温度可以再高些。

控制条件＼机型	柱塞型	螺杆型
温度/℃		
注射机料筒		
加料区	80~90	25~40
中间区	80~90	70~80
前区	80~90	80~100
注射机喷嘴	90~100	100~110
喷嘴挤出料	165~170	165~170
	205~220	205~220
模具内的胶料	165~170	165~170
压力/MPa		
注射时	14~115	14~115
保压时	—	1/2 注射压力
背压	—	03~1
夹紧装置	最高	最高
时间（适用薄制品）/s		
单一循环合计	58~75	43~60
夹紧	48~65	33~50
注射	3~5	3~5
保压	—	10~15
硫化（含保压）	45~60	30~45
开模（制品弹出）	10	10

9.4.5　压延法

　　压延法通常用于生产均匀和厚度较薄的氟橡胶片材或板材，它们可用来制作切割密封垫圈、纤维和氟橡胶复合材料等，片材本身可直接使用。由 3~4 个辊筒组合的压延机，每一辊筒均以相同的表面速度转动，氟橡胶被这些辊筒所挤压，通过 2~3 个狭缝间距后被挤成大约 1mm 厚的薄片。图 9-13 是一套由四个辊筒组成的压延机用于压制氟橡胶层压（复合在织物布料上）板的实例。

　　层压板的质量很大程度上决定于氟橡胶混炼胶在压延机上的黏度。混炼胶必须在粉料的分散、黏度、温度和流动速率等方面都是均匀的。所用的氟橡胶生胶必须具有足够高的分子量，使得混炼后的胶料具有足够的硫化前强度，从而能在包辊时形成均匀的胶带，无孔也无撕裂。然而，过高的黏度会造成轧炼时难以在沿整个辊筒的距离上形成厚度一致的片料。不同硫化体系的氟橡胶混炼胶压延时辊筒温度推荐数据见表 9-9。

　　混炼过的胶料必须在开炼机上轧炼升温，使温度达到接近于上辊筒的温度，再以这样预热好的带状料加入压延机。混炼胶要连续地、均匀对等地沿着辊筒的宽度方向加入，在第一组两个辊筒间的缝隙处保持只有很少的堆积料。辊筒的最大转速为 7～10m/min，薄片厚度每次轧过应不超过 1.3mm，如果要生产较厚的薄片，可以另外再加些料如将层压方法加到前面已经压延过的薄片上，再进行后续的挤压。首次在辊筒间辊压是得到在高支棉衬垫上 1mm 厚度的薄胶板。后续的辊压速度较慢，以这种方法向原来的衬织物的橡胶板上又加

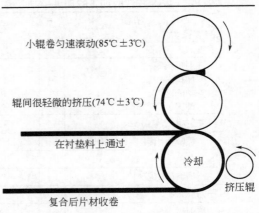

■图 9-13　压延机生产氟橡胶层压板运行示意图

上 1mm 厚的一层进入到下面的缝隙。在压延后，橡胶薄板要进行卷绕，并放置 24h，以释放和消除在衬垫上可能产生的应力。为了要给硫化好的氟橡胶片表面有一种希望得到的花纹结构，需要在衬垫这一面再卷绕一次。硫化通常在压力锅（俗称"蒸缸"）内进行，通入热空气或水蒸气使温度达到接近 170℃，硫化时间应该足够长以保证所有的胶料都能硫化。如果使用水蒸气为热源，升温和降温都应缓慢地进行以免产生起泡。用蒸汽硫化时，胶料外面要用非透过性薄膜（如 PTFE 或 FEP 薄膜）绕包，以防止同蒸汽直接接触。硫化一结束，应尽快将衬垫从橡胶板上剥离。后硫化最好以悬挂干燥式（festooning）在强制送风烘箱中进行。如果加工的板材厚度超过 6mm，后硫化温度应分步提升到最终目标温度，以防止起泡。

■表 9-9　不同硫化体系的氟橡胶混炼胶压延时辊筒温度推荐数据

硫化体系	上辊筒/℃	中间辊筒/℃	下辊筒/℃
二胺类（Diak 3#）	45～50	45～50	冷，室温
双酚-AF	60～75	50～65	冷，室温
过氧化物	60～75	55～70	冷，室温

9.4.6　其他加工方法

只有少量氟橡胶因其特殊应用才采用其他方法加工。本书介绍其中的两种：胶乳法加工和热塑性弹性体加工。

(1) 胶乳法　氟橡胶胶乳可直接用于涂覆橡胶的织物、保护性手套以及耐化学品或耐热涂层加工。胶乳在多数情况下，不直接销售，只有那些掌握熟练技术的加工企业才能直接购买。

① 稳定化浓缩胶乳的制备　典型的胶乳产品是含氟量达到 68％ 的

VDF/HFP/TFE 三元共聚胶，这种产品比较容易聚合成稳定的分散液状态，固含量达到 20%～30%。这类分散液需再加入阴离子或非离子表面活性剂进一步稳定化。然后再加入一种水溶性的树胶（如藻朊酸钠 Sodium Alginate）以增大粒径，让乳状液（实际上也析出了）成为浓缩胶乳，固含量可以达到约 70%。上层清液弃去，加入的表面活性剂和树胶结合阻止了粒径的进一步聚集，使此浓缩的胶乳稳定化，稳定储存时间可以达到几个月。通常还要加入一些杀菌剂，以防止滋生不希望出现的微生物。这种浓缩胶乳储存和运输时必须防冻和避免过高温度。

② 配方和应用 配方通常是加工商为特定应用制定的，属专有产权。混合用的各种组分必须仔细选择，以免胶乳过早失去稳定性。通常二胺或多元胺作为硫化剂同金属氧化物及惰性填充剂一起使用。从 Tecnoflon TN 胶乳的试验混合物得到的硫化胶性质见表 9-10。Tecnoflon TN 是 VDF/HFP/TFE 三元共聚氟橡胶的一个品级，氟含量为 68%，浓缩胶乳的固含量为 70%。在混炼例子中，使用了一种多元胺硫化剂，三乙烯基四胺（TETA）同氧化锌及一种惰性矿物填充剂硅酸钙 Nyad 400 一起加入，选择的硫化条件很温和，目的是为了保护这种胶料赖以沉积的基材，故硫化一般需要在低温下进行。

■表 9-10 氟橡胶浓缩胶乳的混炼配方和硫化胶性质

浓缩胶乳混炼配方 （每 100 质量份橡胶配合的量）	加入填充剂 的样品	加入树胶 的样品
胶乳量（100 份橡胶）	145	145
氧化锌	10	10
TETA	2.5	1.5
Nyad 400	20	—
十二烷基硫酸钠	1	1
Cr_2O_3	5	5
物理性质		
压机硫化（1h,90℃）		
M_{100}/MPa	2.0	0.8
T_B/MPa	4.5	2.9
E_B/%	300	800
压机硫化（2h,90℃）		
M_{100}/MPa	2.3	1.0
T_B/MPa	5.1	5.2
E_B/%	250	650
后硫化（1h,50℃）		
M_{100}/MPa	5.3	2.3
T_B/MPa	6.1	6.2
E_B/%	180	450

（2）热塑性弹性体 热塑性含氟弹性体是指一类既具有橡胶一样的弹性又可以像热塑性（即可以熔融加工）氟树脂一样可进行挤出、注射、吹塑等

成型的特种氟橡胶。热塑性弹性体可以用多种不同含氟单体嵌段、接枝等共聚方法制造，也可以用两种分别具有塑料和橡胶性能的材料共混的方法制造。比较成熟和早已商品化的产品当首推由日本大金公司开发的 Dai-el® Thermoplastic T-350。大金是以 A-B-A 的形式用"活的自由基"进行嵌段乳液间隙共聚，并利用全氟碳烷基二碘化物 I（R_f）I 为链转移剂在少量过氧化物存在下作为引发剂得到热塑性含氟弹性体的，其中中间的 B 段是软的无定形橡胶段，A 段是硬的结晶性可熔融加工塑料段。这一热塑性含氟弹性体中间为软段 B 约占 85%，两端为硬段 A 约占 15%。整个合成过程中，第一步，先以 VDF/HFP/TFE 在 I（R_f）I 存在和过氧化物引发下进行聚合，控制聚合度至少在 110 单元以上，组成为 VDF/HFP/TFE＝50/30/29（摩尔比，相当于质量比 33/46/21）。第一步完成后，抽空聚合釜中余下的单体，分子链两端的自由基在后面的聚合中

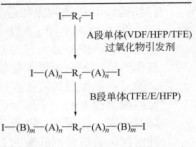

■图 9-14　Dai-el® Thermoplastic T-350 聚合过程

继续发挥作用。再加入第二组单体 TFE/E/HFP，在 B 段两端开始继续聚合，形成组成为 49/43/8，（摩尔比相当于质量比 67/17/16）的硬段 A。控制 A 段的聚合度在 140 单元左右，这足以形成熔点为 220℃ 的结晶聚合物（段）。分步的过程及微观结构示意分别见图 9-14 和图 9-15。

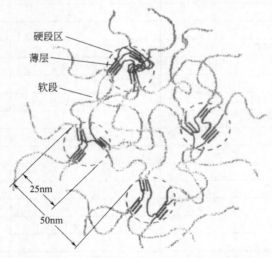

硬段区
薄层
软段
25nm
50nm

■图 9-15　Dai-el® Thermoplastic T-350 微观结构

　　软段的高含氟量使该产品具有优异的耐化学性能，较低的玻璃化温度（－8℃）。热塑性使得该产品可以在高于挤出和高于熔程范围的温度下进行挤出和成型。在冷却之后，硬段的结晶使得制成的制品在温度高达 120℃ 还具有良好的尺寸稳定性。其典型的应用包括管子、薄板、O 形圈和模塑制品等。T-530 的特性见表 9-11，同类产品 T-550、T-630 具有不同的硬度组成，它们和硫化的热塑性氟弹性体的性能一并列入。

■表 9-11　Dai-el® 热塑性弹性体的特性

性质	数值，Dai-el®			硫化的热塑性氟弹性体
	T-530	T-550	T630	
密度(25℃)/(g/cm³)	1.89	1.89	1.89	1.8～2.1
硬度(JIS A)	67	73	61	55～90
熔点(大约)/℃	220	220	160	—
熔融流动速率(250℃,10kg)/(g/10min)	8～20	5～8	2～5	—
起始分解温度/℃	380	380	400	＞400
热导率	$3.6×10^4$	$3.6×10^4$	$3.6×10^4$	
比热容/[cal/(g·℃)]	0.3	0.3	0.3	0.3
低温扭矩试验(Gehman T50)/℃	－9	－9	－10	－20～－8
拉伸强度/MPa	11	17	4	7～22
断裂伸长率/%	650	600	＞1000	600～150
撕裂强度/(kN/m)	27	30	21	17～25
回弹率/%	10	10	10	10～15
摩擦系数	0.6	0.5	0.4	0.6～0.7
永久压缩变形(24h,50℃)/%	11	13	80	5～27
永久压缩变形(24h,100℃)/%	—	—	89	4～25
电性能				
体积电阻/Ω·cm	$5×10^{13}$	$6×10^{14}$	$1×10^{15}$	$1×10^{13}$
介电击穿电压/(kV/mm)	14	14	16	9.3
介电常数(23℃,103Hz)	6.6	6.2	7.7	13.8
临界表面张力/mN·m	20.5	—	19.6	
折射率 η_D^{20}	1.357	—	—	
氧指数	66	100	75～100	
气体透过量/(cm²·m·mm⁻²·d⁻¹·atm⁻¹)				
N₂	82		119	48
O₂	136		174	118
CO₂	111		211	109
He	1715		2120	1820

　　注：1cal=4.2J；1atm=101.3kPa。

如要使热塑性含氟弹性体获得更好的耐高温性能，可将其同双酚-AF 或过氧化物体系混炼、模压，并在高温下硫化。T-350 也可在约 90℃下进行混炼，在低于结晶熔点温度（110～140℃）、高剪切下挤出或模压，然后在更高温度（约180℃）下进行硫化。但是，这样一个过程很难避免制品的扭曲。

利用类似的聚合技术路线，DuPont 公司开发了耐碱性好的热塑性氟弹性体。其中软段组成为 E/TFE/PMVE＝19/45/36（摩尔比），玻璃化温度为－9℃，硬段为 E/TFE＝50/50（摩尔比），DSC 熔融吸收峰最高值约为250℃。这种热塑弹性体很容易在 270℃硫化，具有很好的物理性质和优良的耐化学品性能。所指化学品包括极性溶剂、强的无机碱和胺类化合物等。这种组成的热塑弹性体很容易在模压后以离子化幅照进行交联，得到更好的性质，不需要经过混炼。这种耐碱性好的热塑性含氟弹性体的物理性质及同T-530 对比见表 9-12。

■表 9-12　具有良好耐碱性的热塑性含氟弹性体的物理性质

热塑含氟弹性体	耐碱 TPE	Dai-el® T-530
压缩模压		
M_{100}/MPa	3.4	—
T_B/MPa	14.5	—
E_B/%	510	—
辐照交联(15Mrad)		
M_{100}/MPa	5.3	—
T_B/MPa	16.9	—
E_B/%	270	—
永久压缩变形(粒料,70hr/150℃)/%	37	—
耐化学品性能(3d, 25℃质量增加百分数)/%		
丙酮	3.6	87.1
甲醇	0.0	0.8
DMF	0.5	48.2
甲苯	1.1	2.0
CFC-113	100.0	48.4
丁胺	1.9	分解

然而，这种胶迄今还没有推向市场。

9.5 氟橡胶的耐工况环境性能

9.5.1 含 VDF 氟橡胶的耐流体性

各种流体对含 VDF 的氟橡胶的影响可以是物理的，也可以是化学的。

很多流体会使氟橡胶硫化胶发生溶胀，在很大程度上决定于橡胶的组成（特别是含氟量）和这些流体的极性。一些极性溶剂（如低分子量的酮和酯）是基于 VDF 的聚合物的溶剂。它们能使硫化胶极度溶胀因而失去很多有用的性能。同时，较高氟含量（即含 VDF 较少）的氟橡胶只有较低的溶胀和渗透能力。因为在大多数溶剂中的溶胀很低，氟橡胶使用过程中的性能和适用性不会受到明显损害。但当遇到高温（特别 100℃的水性液体或 150℃以上的有机液体），同橡胶聚合物的化学反应、交联和混炼胶添加的助剂都会导致橡胶性能的损失。对包括水和水性溶液、大量有机溶剂等都已进行了不同温度、不同接触时间浸泡试验后氟橡胶 VDF/HFP/（TFE）的质量变化及硬度变化等，积累了大量数据，可供设计人员和从事化工过程及相关设备管理的技术人员选用材料及市场销售人员向用户推荐材料性能时作参考。

基于 VDF 的各种不同组成的氟橡胶和硫化体系，在耐各种不同流体介质方面的重要差别归纳于表 9-13。

■表 9-13　VDF 系氟橡胶耐化学流体性能汇总表

氟橡胶类别	A	B	F	GB	GF	GLT	GFLT
组成	VDF/HFP		VDF/HFP/TFE			VDF/PMVE/TFE	
含氟量/%	66	68	70	67	70	64	67
硫化体系	双酚-AF 体系			过氧化物体系			
典型的体积变化(75-硬度计，硫化胶)/%							
燃油 C(7d/23℃)	4	3	2	—	—	5	2
甲醇(7d/23℃)	90	40	5			90	5
甲基乙基酮(7d/23℃)	>200	>200	>200			>200	>200
氢氧化钾(7d/70℃)	试样高度溶胀和降解						
使用评定							
汽车用烃类燃料，航空燃料	E	E	E	E	E	E	E
用氧饱和过的汽车燃油	NR	VG	E	VG	E	NR	E
发动机机油							
SE-SF 级	VG	E	E	E	E	E	E
SG-SH 级	G	VG	VG	E	E	E	E
烃类工业燃料							
脂肪族	E	E	E	E	E	E	E
芳香族	VG	VG	E	E	E	VG	E
胺类，高 pH 值碱水溶液	NR	NR	NR	NR	NR	NR	NR
酮，酯	NR	NR	NR	NR	NR	NR	NR

注：E 为试样体积增加和物理性质变化最小，最适合使用；VG 为试样体积增加和物理性质变化较小，适合使用；G 为试样体积增加和物理性质变化程度可以接受，可以使用；NR 为试样体积增加和物理性质变化超出可接受程度，不推荐使用。

9.5.2 全氟醚橡胶的耐化学介质性能和耐热性

如前所述，全氟醚橡胶是 TFE 和 PMVE（或一种全氟烷氧基乙烯基醚）的共聚橡胶，其中还加入了少量硫化点单体。全氟醚橡胶的耐化学介质性能同氟树脂 PTFE 相当。全氟醚橡胶硫化胶的耐热性主要取决于所用的硫化体系。大金和 Solvay 两家公司都向有选择的加工商销售过氧化物硫化的全氟醚橡胶，而 DuPont DPE 只销售根据各种品级氟醚胶和硫化体系的专有混炼胶制造的全氟醚橡胶制品。DuPont 在 Chambers works（Deepwater NJ）工厂生产的以 Kalrez® 为品牌的全氟醚橡胶最初是采用双酚-AF 硫化体系，得到了极佳的耐化学品和耐热性。后来，大金的全氟醚橡胶（即便 Daikin Perfluor）采用过氧化物硫化剂，也得到很好的耐化学品性能，特别是耐热的水溶液也很好，但是，耐热性下降很多。DuPont 从 Kalrez® 4079 制造的全氟醚橡胶制品占了该公司生产的全氟醚橡胶的大部分。硫化是由硫化点单体末端的—R_fCN 基团经催化反应形成高度稳定的三嗪交联结构。Solvay 较近期开发的过氧化物硫化全氟醚橡胶也具有很好的耐热性能。

全氟醚橡胶硫化胶的耐化学介质性能经过实际检验测试，也积累了大量数据，这些数据主要是从 Kalrez® 的硫化胶暴露或接触各种化学品和介质得到的，测试温度最高为 100℃，全氟醚能耐所检测范围的绝大多数介质和化学品，可以适用。采用各种不同硫化体系的全氟醚橡胶硫化胶的耐化学介质性能汇总可参见表 9-14。

■表 9-14 不同硫化体系的全氟醚硫化胶耐化学品性能

耐化学品性能（受测化学品）	不同混炼胶品级			
	Kalrez® 6735	Kalrez® 4079	Kalrez® 2035	Kalrez® 1050LF
芳香族/脂肪族油类	+ + + +	+ + + +	+ + + +	+ + + +
酸类	+ + + +	+ + + +	+ + + +	+ + +
碱类	+ + + +	+ + +	+ + +	+ + + +
醇类	+ + + +	+ + + +	+ + + +	+ + + +
酐类	+ + + +	+ + +	+ + + +	+ + + +
胺类	+ + +	+	+ +	+ + + +
醚类	+ + + +	+ + + +	+ + + +	+ + + +
酯类	+ + + +	+ + + +	+ + + +	+ + + +
酮类	+ + + +	+ + + +	+ + + +	+ + + +
水蒸气/热水	+ + +	+	+ + +	+ + +
强氧化剂	+ +	+ +	+ +	+ +
乙烯氧化物	+ + + +	X	+ + + +	X
热空气	+ + +	+ + + +	+ +	+ + +

注：1. Kalrez® 6735 专有权硫化体系，是在末端带—R_fCN 的三单体提供硫化点基础的硫化。

2. Kalrez® 4079 具有三嗪结构的硫化体系。

3. Kalrez® 2035 过氧化物硫化体系。

4. Kalrez® 1050LF 双酚-AF 流化体系。

5. + + + +表示极佳，+ + +表示很好，+ +表示好，+表示可以，X 表示不推荐。

根据各种不同交联体系硫化的全氟醚胶在若干个不同温度下暴露 10 天记录的拉伸强度的变化表明的一些耐热数据，推荐这些全氟醚硫化胶的最高连续使用温度归纳在表 9-15 中。

■表 9-15　全氟醚硫化胶的最高连续使用温度推荐数据

Kalrez 硫化胶	硫化体系	最高连续使用温度/℃
6735	专有权硫化体系	275
4079	三嗪结构硫化体系	315
2035	过氧化物硫化体系	210
1050LF	双酚-AF 硫化体系	280

从表 9-15 可见，Kalrez4079 可在 300℃ 以上长期使用。双酚-AF 硫化的 1050LF 也具有很好的热稳定性。但是这两个品级除都需要长时间的平板压机硫化，还要在高温和氮气气氛下进行很长时间（40h 以上）的后硫化。这对很多加工商来说，是较难以满足的条件。

价格昂贵的全氟醚胶主要用于特殊环境作密封件，供长时间在这些环境中安全地使用。在极性溶剂中，全氟醚胶极少溶胀，而在同样的溶剂中含 VDF 的氟橡胶却极度溶胀。全氟醚胶能耐强的有机和无机酸与碱，而含 VDF 的氟橡胶遇到这些却会降解。全氟醚胶能耐强氧化剂，而它们能腐蚀含 VDF 或其他乙烯单元的氟橡胶。

全氟醚胶具有中等水平的低温弹性。TFE/PMVE 共聚橡胶玻璃化温度约为 -5℃。而大金公司开发的 TFE/全氟烷基乙烯基醚共聚橡胶的 T_g 则略低些，为 -15℃。同其他氟橡胶一样，高含氟量的全氟醚胶的具有很低的低温脆性温度（-40℃），所以这种全氟醚胶可以作为静密封，在比其玻璃化温度还低得多的温度下使用。

值得关注的是全氟醚胶混炼胶的热膨胀问题，尤其是高温下使用的密封件。对于中等硬度的混炼胶，其线膨胀系数约为 3.2×10^{-4}/℃。如果温升在室温以上 200℃，全氟醚胶密封件的线性尺寸会增加 64%，这一变化足以使室温下同密封槽匹配的密封件在高温下挤出槽外，设计时按实际使用温度留足余地是必不可少的。高热膨胀的部分理由是全氟醚胶混炼胶配方中，通常只含较少填充剂，如炭黑只有 10～15 份，如果炭黑含量增加，则橡胶的硬度也会增加。

全氟醚胶的应用领域包括化学工业、石油油田（采油）、航天、制药、半导体等。较低价位的普通氟橡胶也有在这些领域应用，但是全氟醚胶是应用于更苛刻的工况和环境条件，提供长期可靠的使用效果。当密封件密封效果失败会造成很大代价的时候，如长时间停车、更新替换的代价很高、造成严重的泄露影响环境、可能对包括劳动者和周边人员造成危害、严重污染产品等，全氟醚胶密封件会被认为是经济可行的。

化工厂中全氟醚胶密封件可耐绝大多数流体和混合物，可供长期使用。

可用的零件包括 O 形圈、阀座填充料、垫片和隔膜等。在化工厂的应用，工作温度大多不超过 200℃。所以过氧化物硫化的全氟醚胶就可以满足。但是 Kalrez® 4079 不适用于热水、水蒸气和胺类等场合。

在油田领域的应用要求能在高温下耐含碱性的有机物和水溶液等。因为在井深达到 5500m 以上的井底，高温会使得那里分解产生高浓度的硫化氢和二氧化碳等。全氟醚胶密封件能够很好地满足这样苛刻和复杂的工况。

在航空领域，要满足飞机喷气发动机的高温润滑油的密封，非全氟醚胶密封件莫属，在飞行的持续期，温度可能超过 200℃。在这么高的温度下，VDF 基的氟橡胶和 TFE/P 氟橡胶都会严重溶胀，而 Kalrez® 4079 在这样的工况下，极少溶胀，使用温度甚至可以达到 316℃。

对于制药工业，专门设计了一些全氟醚胶混炼胶品级，以保证将可能因加入填充剂引起的玷污减小到最低程度，适合的品级有 Kalrez® 2037 或 Chemraz® SD585。

半导体工业是全氟醚胶密封件应用最多的地方，每一个新一代的半导体制造流水线都提出更好的密封要求。特别是在高腐蚀性环境和需要高清洁度时，更是如此。半导体制造涉及等离子加工、气体沉积加工、热加工和湿加工等过程，每一步都有特定的温度范围和加工环境。如等离子加工包括在 250℃ 以上高温下在氟或氧等离子环境作刻蚀和灰化。气体沉积加工更是在高达 250℃ 在若干种等离子或活性气体混合物中进行，常常还需要高真空。密封件在这些苛刻条件下要保证只有很低的热失重、不产生颗粒、不漏气。热加工在 150～300℃ 范围进行，包括氧化扩散炉、快速热加工和红外灯淬火等。对密封件，要求耐酸性和碱性气体、不漏气、不产生颗粒、具有优良的热稳定性。湿法处理包括晶片制备、清洁、淋洗、刻蚀、光刻显影和淋洗、剥模和铜版制作等。这些步骤的最高温度为 100～180℃。密封件还必须要耐多种强腐蚀性流体，包括多种有机和无机酸、碱的水溶液及有机胺类化合物。

9.5.3 TFE 和烯烃共聚氟橡胶的耐流体性

TFE 和烯烃共聚氟橡胶，按 ASTM 统一命名，简称 FEPM，主要包括 TFE/（丙烯）系列氟橡胶和 E（乙烯）/TFE/PMVE 氟橡胶两类。前者又包含 TFE/P，TFE/P/VDF 和 TFE/P/TFP 3 个品种。共同的特点之一是能够耐强的液碱和有机胺。而 VDF 基氟橡胶却不能抵御碱及胺。FEPM 主要的品种是 TFE/P，这是一种 TFE 和丙烯的交替结构、TFE 略比丙烯过量的氟橡胶。生产过程中的后处理阶段，通过热处理能产生足够多的不饱和结构，以实现过氧化物硫化。得到的 TFE/P 硫化胶具有极佳的耐碱性，并且在极性溶剂中呈现较低的溶胀。不过，因其氟含量较低（约 56%），因而在烃类中。特别是在芳香烃中高度溶胀。另外，其低温弹性也差，TFE/P硫化胶的TR-10约为0℃。过氧化物硫化限制了它的最高连续使用温度不能超过220℃。

TFE/P和TFE/P/VDF的耐化学介质的性能数据已经有了丰富的积累，过氧化物硫化的TFE/P二元共聚胶具有优异的耐水蒸气、无机碱、汽车机油和润滑油、含酸性气体的油田混合物等性能。但是对烃类及燃料油，特别是有芳香族存在时，溶胀很严重，在酮类、酯类、醚类及某些氯代溶剂中，溶胀程度也较高。中等硬度TFE/P胶的典型配方（质量份）如下：

Aflas TFE/P 二元氟橡胶	100	TAIC	4
MT 炭黑 N990	30	硬脂酸钠	1
过氧化物，Vul-Cup40KE	4		

所用过氧化物常为2,2'-双（叔丁基过氧化）二异丙基苯，需要更高的硬度和模量，可以通过多加炭黑（可以加炉黑），也可以通过多加过氧化物或捕集剂来达到。配方中的硬脂酸钠是用作开炼机辊筒或模具的较好的脱模剂。按上述配方胶种得到的硫化胶物理性质汇总见表9-16。

■表9-16 TFE/P二元共聚橡胶系列混炼胶的性质

聚合物（Aflas FA）	100H	100S	150P	150E	150L
ODR, 177℃, 3^0 arc					
M_L/吋·磅	30	24	14	7	3
M_H/吋·磅	68	70	60	46	43
t_{s2}/min	1.3	1.4	1.6	1.7	1.9
t_{c90}/min	6.7	7.1	7.7	8.3	8.8
典型的物理性质（压机上硫化10min/177℃，后硫化16h/200℃）					
M_{100}/MPa	3.9	4.6	4.7	4.1	5.5
T_B/MPa	15.8	16.8	14.1	12.3	11.7
E_B/%	325	285	270	285	220
硬度（肖氏A）	72	72	72	73	73
O形圈，压缩变形/%					
70h,200℃	50	44	44	48	42

注：此处M_L，M_H均为氟橡胶混炼胶的硫化特性参数指标，分别是特定硫化温度下最低转矩和最高转矩，单位为dNm或Nm，1吋·磅=0.113N·m或1.13dN·m。

如对于过氧化物硫化的硫化胶所预料的那样，在空气中260℃下热老化70h后结果造成模量和拉伸强度大幅度损失。

TFE/P/VDF三元共聚氟橡胶的硫化胶耐各种介质（包括油料、酸碱、有机溶剂、水蒸气等）的性能，数据表明，这类三元胶可耐汽车润滑油7天，能耐齿轮润滑油（150℃）、机油（163℃）和变速器油等。但是对这些介质不能提供长期的可靠使用。如基础胶 Fluorel Ⅱ 大约含有 VDF 30%～

35%，这足以明显降低以上这些车用油料中的有机胺类添加剂。最初该基础胶的组成（摩尔比）大概是 TFE/P/VDF＝42/28/30，相当于含氟量只有59%。其预混配方是：硫化体系-三丁基（2-甲氧基）丙基鏻化物-双酚-AF络合物，添加的促进剂和加工助剂是四次甲基砜和二甲砜的混合物。后来，双酚-AF 硫化的 TFE/P/VDF 三元胶降低了 VDF 含量（降到 10%～15%），其耐碱性明显改善。随着 TFE/P 二元胶和 TFE/P/VDF 三元胶的含氟量的不同，他们在腐蚀性试验用油 ASTM Reference Oil 中 150℃下暴露 12 星期，断裂伸长率的变化汇总见表 9-17。

■表 9-17 TFE/P 二元胶和 TFE/P/VDF 三元胶混炼胶 150℃下油老化后的 E_g 变化率

聚合物中含 VDF 量/%	连续暴露时间/h		
	500	**1000**	**2000**
0（二元胶）	−10	−13	−22
10	−18	−26	−42
16	−40	−47	−65
30	−48	−65	−82

TFE/P 同少量三氟丙烯（TFP）共聚得到可用双酚-AF 硫化的氟橡胶，含氟量能够提高。这种橡胶的硫化胶如用强碱处理，只有在 TFP 点上会脱HF。通常，它们具有同 TFE/P 相当的耐碱性，而又因为含氟量稍高，故在烃类中溶胀要低一些。双酚-AF 硫化的 TFE/P/TFP 胶的耐热性要优于过氧化物硫化的 TFE/P 二元胶和 TFE/P/VDF 三元胶。

乙烯（E）/TFE/PMVE 胶（ETP）是特种 FEPM，具有同 TFE/P 一样的耐碱性，但是另一方面还具有更好的耐介质、油料和化学品的性能以及很好的低温弹性。ETP 的氟含量同 VitonGFLT 及 GF 相当，所以 ETP 即使在极性和非极性有机液体中溶胀也很低。ETP 在很多介质中也有较高的溶胀，这方面比不上全氟醚胶（FFKM），但是常常也是可用的，因为它低温性能优良。不过，因为 ETP 中含有乙烯，它不能耐强氧化剂，这种场合应使用 FFKM。ETP 胶最初是设计作为一种弹性体材料，它耐强碱，可用于石油油井及气井。在高温下和模拟深的油井遇到的液体相似条件的液体混合物中进行了广泛的试验，结果汇总见表 9-18。

■表 9-18 ETP-500 氟橡胶（150℃，3 天）暴露在苛刻环境中的溶胀情况

液体介质情况	溶胀结果/%
30% KOH	12
酸性盐水（10%H$_2$S，5%胺）	17
潮湿的酸性油料（10%H$_2$S，5%胺）	12

表 9-18 下面两行是模拟油田环境，VDF 基的氟橡胶在这种环境下会被破坏，不再保有原来的性能。TFE/P 二元胶能抵御这些工况条件，但是在油料中

严重溶胀，ETP 橡胶适合用在那些工况条件用价位相对较低廉的 VDF 基 FKM 和 TFE/P FEPM 不能满足的场合，但不包括半导体制造业，因为这种领域不但要求极低的溶胀，而且不能因橡胶零件造成对半导体产品的污染。

9.6 氟橡胶的应用

9.6.1 概述

氟橡胶在汽车中的应用同其性能密切相关，在汽车中某些部位，采用氟橡胶是因为其他材料无可替代。在汽车前车盖下发生的变化是对于氟橡胶在汽车中的应用真正的推动力。发动机在高温下运转；轴封和阀杆密封圈现在必须在 200℃ 下长期工作，间断地还得处于最高 270℃ 的环境；而且，为了延长车用机油的使用寿命，在发动机机油中加入了碱性的胺类添加剂，这对于包括普通氟橡胶在内的橡胶件都有腐蚀作用。在燃油中更多地加入了有腐蚀性的各种添加剂，这使得对耐腐蚀性好氟橡胶的需求量大大提高，特别是在燃油注入器 O 形圈和输油管等部位。针对环保要求的进一步严格，解决汽车各部位存在的漏油和废气泄漏也是氟橡胶应用量上升的重要推动力。

氟橡胶的应用还涵盖了航空和航天、家用电器、流体输送、化学工业、油田采油、半导体制造等很多领域。

9.6.2 O 形圈和模压件

（1）概述 很大部分氟橡胶的生产目的是为了制造用作静态密封的 O 形圈，这些密封用于很多工业部门如汽车、航空和航天、化学工业和交通运输业、油气田的开采、食品和制药工业以及半导体制造等。双酚-AF 硫化的 VDF/HFP 二元胶可以满足大部分 O 形圈的应用。这些品级的产品能够在很宽的温度范围从 −20～250℃ 显示出良好的密封性能，而且能够耐多种不同的流体介质。由三元共聚橡胶 VDF/HFP/TFE 混炼的胶种，含氟量较高，适用于抵御极性液体介质的环境，这些介质会造成 VDF/HFP 二元胶严重溶胀。过氧化物硫化的氟橡胶适合用于热水和热的水溶液的工况环境，VDF/PMVE/TFE 胶具有在高温下良好的密封性能和耐化学介质性能。对于极苛刻的腐蚀性环境，则可以使用几种特种氟橡胶 TFE/PMVE 全氟醚胶、TFE/P 胶、E/TFE/PMVE 胶等制作的 O 形圈。

O 形圈通常形状比较简单，可由压缩模压、传递模压和注射模压等方法制造。适合模压加工的氟橡胶混炼胶要求具有足够的流动性，以便快速充满模具的模腔，还必须能快速硫化成高度的硫化态，硫化后的圈要能清洁地、容易地脱模。对 O 形圈的尺寸要做到严格控制。为了得到最佳的加工性能以及满足由不同模压方法制作各种不同要求的 O 形圈用的最终硫化胶，开发了很多专有的双酚预混胶。

（2）**VDF/HFP 二元胶的配合胶** 几乎所有氟橡胶制造商都提供 VDF/HFP 二元胶的预混胶，其中加入双酚硫化剂、促进剂和任选的加工助剂，以满足用各种模压方法制作高质量的 O 形圈。这些预混胶中绝大部分都设计为如下的组成（质量份）：100 份预混胶，30 份 MT 炭黑（N990），6 份氢氧化钙，3 份高活性氧化镁。几乎所有的二元胶都含有约 60% VDF，控制生产条件使这种胶具有较窄的分子量分布和很少的离子型端基，胶料中不可避免地残留少量盐类、表面活性剂和低分子量的低聚物等。为了得到高的交联密度，通常预混胶配方中含有较高浓度的双酚-AF，还含有低量的季铵盐或磷酸盐促进剂以得到低的压缩永久变形。为了改善挤出和脱模性能，有些预混胶中还加入加工助剂。但是，短效的添加剂应当尽量少以免在后硫化中产生过分的收缩。对于模压加工，预混胶可划分为中黏度型和高黏度型；对于传递模压和挤出加工，选用中黏度和低黏度的预混胶可以有些随意性。使用现代化的设备可用中等黏度的胶料成功地进行注射加工。一些专门的预混胶可在高温注射模具中完成很快的硫化循环。国外主要氟橡胶生产商都提供用于模压和注射的 VDF/HFP 二元胶的预混胶的具体品级，炭黑和填充剂对成品胶性质、标准硫化条件下硫化胶的性质的影响等详细的数据。国内氟橡胶生产厂出厂产品仍以生胶为主，预混胶份额不多，品种较少，技术数据不完整，也很少公开。

（3）**VDF/HFP/TFE 三元胶的配合胶** VDF/HFP/TFE 三元氟橡胶及其配合胶同 VDF/HFP 二元胶相比的主要特点是氟含量高于后者，三元胶的氟含量在 66%~71%（相当于生胶中 VDF 组成为 60%~30%）。通常这种三元胶都用双酚-AF 硫化，在氟含量特别高的情况下，同氟含量不超过 66% 的二元胶相比需要用更多量的促进剂和选用活性更高的促进剂。含有溴或碘硫化点单体的 VDF/HFP/TFE 三元氟橡胶可以用过氧化物硫化，以得到抵御热的水性流体性能更好的硫化胶，但是同双酚硫化的硫化胶相比，热稳定性有些损失。

用双酚硫化的 VDF/HFP/TFE 三元氟橡胶的预混胶都采用具专有权的促进剂，以确保得到快的硫化速率而又使焦烧的影响控制在安全、可接受的程度。有些品级的三元胶预混胶含有加工助剂，目的是有利于挤出、胶料在模具内的流动和易于脱模。含氟量在 66%~68% 的三元胶配合胶具有好的低温性能，可以等同或优于含氟量 66% 的二元胶。含氟量 69%~71% 的三元胶配合胶则具有较好的耐流体介质性能，对于在汽车制造和化学工业中用于模压密封件和其他零件具非常重要的作用。

　　含氟量略高些（如 68％，相当于 VDF50％）的 VDF/HFP/TFE 三元氟橡胶也可以用同二元胶一样的配方满意地硫化。用同样份额的双酚和促进剂，对含氟量66％的三元胶和二元胶可得到同样的硫化速率和硫化程度。三元胶硫化胶的压缩永久变形、热老化特性同二元胶硫化胶一样。对于中等硬度的硫化胶，其低温性能同二元胶相似，TR-10 值为－19～－18℃。因VDF 含量减少，流体介质尤其是极性溶剂对三元胶硫化胶的溶胀减小。

　　如前所述，可用过氧化物硫化的 VDF/HFP/TFE 三元氟橡胶的预混胶同双酚硫化的三元胶相比，耐水蒸气和水性流体性能得到改善，热稳定性有所下降，然而仍可以在至少 200℃ 温度下长期工作。同双酚硫化的硫化胶相比，含氟量高的三元胶实施过氧化物硫化比较容易，重现性好。这是因为过氧化物硫化时聚合物链上硫化点不涉及脱氟化氢，配合胶中几乎不含有或含有极少无机碱。配方中通常使用少量氧化锌，而不像双酚硫化的配合胶中需要用氢氧化钙和氧化镁。

　　(4) VDF/PMVE/TFE 三元耐低温胶的配合胶　VDF/PMVE/TFE 三元耐低温胶同 VDF/HFP/TFE 三元胶相比其耐低温性能要好得多。在氟橡胶中 VDF 含量相当的前提下，VDF/PMVE/TFE 三元耐低温胶的玻璃化温度和 TR-10 温度要比 VDF/HFP/TFE 三元胶低 12～15℃。而从氟含量而言，同样 VDF 含量情况下，耐低温胶要低约 2％～3％。流体对氟橡胶的溶胀，同 VDF 的关联程度要高于同氟含量的关联度。工业生产供销售的 VDF/PMVE/TFE 三元耐低温胶还含有溴或碘硫化点，可以用同 VDF/HFP/TFE 三元胶同样的方式以过氧化物进行硫化。

　　因为主要强调的是低温性能，所以，多数低温氟橡胶品级氟含量只有64％～65％，VDF 含量接近 55％，这样得到的 TR-10 温度约为－30℃。这些低温氟橡胶的配合胶可以满足在－40℃下静密封的性能要求。高含氟量的品级也有，具有更好的耐溶剂性能。现有的低温氟橡胶的品级如表 9-19 所列。

■表 9-19　VDF/PMVE/TFE 三元耐低温氟橡胶的品级

项目	低温氟橡胶组成		
	64％～65％氟含量	66％氟含量	67％氟含量
	52％～56％VDF	45％～50％VDF	36％～40％VDF
TR-10/℃	－30	－26	－24
产品商标牌号和品级			
Viton	GLT GLT-305 GLT-S	GBLT-S	GFLT GFLT-301 GFLT-S
Dai-el	LT-302 LT-303	LT-252 LT-271	
Tecnoflon	PL-455 PL-855	PL-956	PL-458 PL-958

　　氟含量为 65% 的低温氟橡胶的硫化特性和硫化胶的性质见表 9-20，原始的过氧化物硫化的 VDF/PMVE/TFE 三元低温胶 VitonGLT 具有高的分子量，由于含溴交链点单体在聚合时沿分子主链插入，故溴交联点是沿链均匀分布的。硫化胶耐热性好，可在 230℃ 下长期使用，且其低温柔软性也很好。

■表 9-20　过氧化物硫化的低温氟橡胶的性质

配方及性能	产品品牌和品级		
	Viton GFLT-600	Viton GFLT-S（VTR-8550）	Tecnoflon PL-958
配方/质量份			
MT Black(990)	30	30	30
氧化锌	3	3	5
TAIC	3	3	3
过氧化物 Luperco 101 XL(45% A.l.)	3	3	3
硫化条件—MDR 200,0.5℃ arc			
温度/℃	177	177	170
M_L/dN·m	2.0	2.0	1.9
M_H/dN·m	19	33	37
t_{s2}/min	0.5	0.4	0.5
t_{c90}/min	3.1	0.8	1.2
物理性质			
压机硫化/(min/℃)	7/177	7/177	6/170
后硫化/(h/℃)	16/232	2/232	1/230
M_{100}/MPa	9.5	6.6	8.5
T_B/MPa	11.6	12.3	21.2
E_B/%	147	207	185
硬度(邵氏 A)	72	71	73
低温性能			
TR-10/℃	-23	-24	-24
压缩变形(O 形圈)/%			
200℃下 70h,有后硫化			17
200℃下 22h,无后硫化	46	13	
200℃下 22h,有后硫化	26	11	
物理性质(250℃;70h 后热老化)			
T_B 变化/%	-6	-6	
E_B 变化/%	+16	+22	
硬度变化/点	-1	0	
耐介质性,完全浸没后体积溶胀/%			
燃油(C,23℃,168h)	4.2	4.5	
M15(85/15 燃油 C/甲醇)(23℃,168h)	13	14	
甲醇(23℃,168h)	8.4	8.9	
水(100℃,168h)	7.9	2.5	

所以，若干最终使用的性能指标都是建立在 GLT 性能的基础上的。有几种同 GLT 性能可竞争的产品也是围绕着同样目标开发的。GLT 胶硫化较慢，脱模也不完美，时有缺陷。其他同类产品则系建立在使用碘交联点的基础上。这种含碘低温氟橡胶的典型代表是大金司的品牌 Dai-el LT-303，硫化快，脱模性能也较好。但是很明显，只有在分子链的末端，才有碘硫化点。含碘低温氟橡胶的耐热性比 GLT 差，只有在分子链的末端才能进行交联，形成网络结构，造成硫化胶的物理性质有较大损失。如果每一个分子链上至少有两个以上的交联点，就可以承受较多的化学降解而不会造成性能的太多损失，Viton® GLT-S 和 Tecnoflon® PL-855 就是这种情况。所有含有碘硫化点的氟橡胶都能迅速硫化，而且都是在压机上硫化，不需要在烘箱中进行后硫化，就能够达到所需要的压缩变形和其他物理性质。

用过氧化物硫化的 VDF/PMVE/TFE 耐低温氟橡胶因其高含氟量具有更好的耐化学品性能，而同时又保持良好的低温性能。作为对比，它们的性能见表 9-21。

■表 9-21　过氧化物硫化的低温氟橡胶（氟含量 65％）的性质

配方及性能	产品品牌和品级			
	Viton GLT	Viton GLT-S (VTR-8500)	Dai-el LT-303	Tecnoflon PL-855
配方/质量份				
MT Black(nN990)	30	30	30	30
氧化锌	3	3	—	5
TAIC	3	3	3	3
过氧化物（100% A. I.）	1.4	1.4	1.5	0.9
硫化条件为177℃MDR 2000,0.5℃ODR,3℃arc				
M_L/dN·m	0.3	0.2		1.5
M_H/dN·m	1.8	2.7		14.7
t_{s2}/min	0.6	0.4		0.9
t_{c90}/min	3.2	0.8		2.0
物理性质原始				
压机硫化/（min/℃）	7/177	7/177	10/160	10/177
后硫化/（h/℃）	16/232	2/232	4/180	1/230
M_{100}/MPa	5.9	3.6	2.6	5.0
T_B/MPa	17.6	17.8	18.0	20.1
E_B/%	181	267	350	240
硬度（邵氏 A）	67	67	69	67

续表

配方及性能	产品品牌和品级			
	Viton GLT	Viton GLT-S (VTR-8500)	Dai-el LT-303	Tecnoflon PL-855
低温性能				
TR-10/℃	−31	−31	−32	−30
压缩变形(O形圈)/%				
200℃下70h,有后硫化			25	24
200℃下22h,无后硫化	31	16		
200℃下22h,有后硫化	16	11		
物理性质(250℃,70h后热老化)				
70h热老化温度/℃	250	250	230	
T_B 变化/%	−2	+5	−15	
E_B 变化/%	+11	+23	−9	
硬度变化,点	+2	+1	+1	
耐介质性,完全浸没后体积溶胀/%				
ASTM 105 OII（5W/30）				
168h,150℃	1.6	1.0		
燃油C,168h, 23℃	7.2	7.5		
M15(85/15,燃油C/甲醇)				
23℃,168h	31	33		
水,100℃,168h	4.8	2.4		

(5) 氟橡胶 O 形圈密封件设计的一般原则 尽管可以针对特定的密封应用条件包括遇到的温度、接触的介质等来选定适合氟橡胶品级的配合料，对于密封系统还是应当仔细地按其功能进行设计。在高温下使用的密封，必须按氟橡胶在高温下出现的热膨胀和氟橡胶在高温下可能软化的因素，设计时要充分考虑用该特定品级氟橡胶制作的密封件的尺寸公差。当设计的密封要在−20℃下工作时，就要特别注意选用合适的耐低温品级。因为对很多种品级的氟橡胶而言，这个温度已经到了他们低温下弹性可允许使用的下限。有些机械设计的不当会导致密封失败，见表 9-22。

根据最终的原因分析和实际经验，已经建立了一些通用的设计原则。压缩和应变不能超过 25%，因为更高的压缩会使局部应变过高，足以使橡胶体本身被破坏或密封件开裂。对于大多数应用范围，公称的 O 形圈压缩在 18% 已经足够。稍低的压缩，如 11% 对于气密性垫圈是适当的。O 形圈在腔体内的伸展量不能超过其原始内径的 5%。

■表 9-22　常见的密封失败的模式分析

常见的密封失败的模式	
密封失败原因	影响
开孔处锐角，急转弯	密封圈在压力或热膨胀下弯曲而断裂
表面很不平整	气体泄漏
密封件的尺寸公差过大	密封件渗液
密封件压缩程度不够	低温下泄漏，低压下漏气
密封压缩偏高	高温下密封开裂
配合技术不当	O 形圈部分蜷曲，泄漏
腔体容积不够，不足以匹配热膨胀和流体可能的溶胀	密封件被挤出腔体
缺少支承环或垫片	在高压下密封件被挤出腔体

9.6.3　氟橡胶在汽车上的应用

汽车零部件用氟橡胶材料的主要制品有发动机的曲轴前油封、曲轴后油封、气门杆油封、发动机膜片、发动机缸套阻水圈、加油软管、泄油软管、燃油胶管、机油滤清等单向阀、加油口盖 O 形环、变速箱及减速箱油封等近 20 多种，涉及的胶种也很多。

氟橡胶最大的发展契机是满足开发的新型发动机、传动系统和燃油系统对材料的要求，满足日益严格的国际监管机构制定的排放标准。按照相关规定，即使在 150℃以上或−40℃以下的工作温度下，燃油系统的弹性密封圈的使用寿命也必须达到 15 年或行驶 150000 英里（1 英里＝1.609km）而不会发生燃料泄漏且不超过其溶胀极限，这里所需的氟橡胶，还必须对普通燃油以及包括甲醇、醇类汽油和新型生物燃料等内的燃油、醇和酯类为主要成分的复合燃料有极好的耐腐蚀性。

据估计，世界氟橡胶的年消耗量有约 2/3 用于汽车制造。每辆车用氟橡胶量通常不超过 500g，多数情况下，只有 100～200g，但是使用氟橡胶或含有氟橡胶的零部件对于车辆的安全、可靠运行和环境保护是至关重要的。随着汽车工业快速发展，尤其是汽车零部件高性能化和国产化，对材料的品种和数量都提出了更高的要求，对氟橡胶的市场需求量日益增加，1995～1998年中国国内氟橡胶的消费量平均增长速度高达 21.55%，1999～2001 年消费增长将近 50%，2001 年国内氟橡胶的消费量为 1500t 左右，汽车行业 2005消费氟橡胶 4000t，社会维修量消费 1000t，共消费氟橡胶 5000t 左右，这种增长的势头继续保持强劲，2009 年起中国各类汽车总产量和销售量都已经居世界首位，2012 年中国国内汽车总销售量超过了 1900 万辆，除部分氟橡胶零件直接进口，或者连同汽车关键部分一起进口外，估计使用国产氟橡胶或者进口在国外混炼过的中高端预混胶全年消费量会达到 7000t 以上。

氟橡胶在汽车上的应用分为燃油储藏输送系统、燃油传输系统、排放控制系统和动力总成系统等 4 大系统。

(1) 燃油储藏输送系统 图 9-16 为氟橡胶在汽车燃料系统应用示意图。

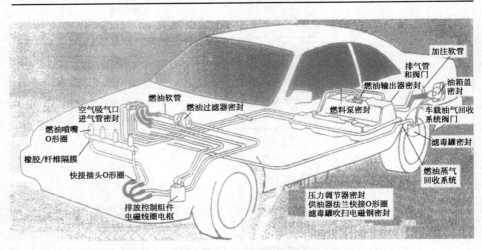

空气吸气口
进气管密封
燃油软管
燃油过滤器密封
加注软管
排气管和阀门
燃油输出器密封
油箱盖密封
燃料泵密封
车载油气回收系统阀门
滤毒罐密封
燃油喷嘴O形圈
橡胶/纤维隔膜
快接插头O形圈
排放控制组件电磁线圈电枢
燃油蒸气回收系统
压力调节器密封
供油器法兰快接O形圈
滤毒罐吹扫电磁钢密封

■图 9-16 氟橡胶在汽车燃料系统应用示意图

燃油泵连接件 在燃油箱中连接气体或者液体到输送装置，要求抗震动、低体积膨胀、耐燃油。

加油管 连接加油口和燃油胶管，燃油或燃油气体的源头。需具有极低的渗透率、良好的压缩永久变形、耐燃油。系多层结构，内层为氟橡胶管。

燃油输送密封件 系燃油泵和燃油箱之间的密封件。需具有极低的渗透率，能满足－40℃冷却试验。具有好的耐燃油性、极好的压缩永久变形。

气封盖密封件 其作用是防止气体泄漏和减少燃油蒸发，具有好的低温曲挠性，极低的渗透率和良好的耐燃油性。

(2) 在汽车燃油传输系统的应用

燃油胶管 一般是多层复合管，里层是氟橡胶材料，中间为增强层，由纤维材料制成，外层是由环保、节能材料制成的护套管。

燃油胶管的结构如图 9-17 所示。

这种多层结构的胶管制造方法如下：

在装有挤线专用十字机头的挤出机上，用适当直径的 EPDM 电缆为"芯棒"，将氟橡胶挤出涂在外表面，留下厚度为 0.3～0.8mm 的氟橡胶管层，再在外面通过挤出依次覆上粘接层、增强层和最外层的护套管层，然后置于压力容器内硫化。这种多层结构内衬氟橡胶软管成本较高，实际使用中汽车的燃油管道大多是金属管或热塑性塑料管，只有在需要克服复杂的弯曲段及需要降低因震动导致噪声的情况才用较短的一段。金属管或热塑性塑料

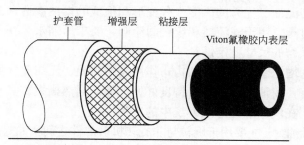

护套管　增强层　粘接层

Viton氟橡胶内表层

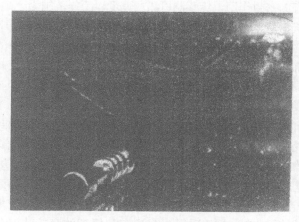

■图 9-17　多层复合氟橡胶管示意图

管接头处也需要用上一段。对氟橡胶的主要要求是具有较宽的工作温度范围、极低的燃油渗透率和优秀的挤出性能。

翻转阀　作用是防止燃油在翻转工作时泄漏。要求氟橡胶需具有极低燃油渗透率、良好的压缩永久变形和很好的耐燃油性。

燃油泵压力调节隔膜片　可以精确控制燃油进入发动机的流量，一般说其曲挠寿命需超过 100 万次。要求氟橡胶需具有耐汽车燃油、能耐酸性汽油和含氧燃油，具有良好的曲挠寿命（-40℃下）。

快速连接 O 形圈　在燃油和气体快速连接中使用，能简单地控制连接或中断。要求氟橡胶需具有较高的热撕裂性、优秀的压缩永久变形和长时间的密封持久性。

燃油喷射 O 形圈　用于汽油、柴油和酒精混合燃油直接或间接的喷射系统。要求氟橡胶需具有很好的耐热性能、良好的热撕裂性、压缩永久变形小和良好的耐低温性。

（3）在汽车排放系统的应用

氧传感器　用于监测排放气体的成分，要求耐燃油性能好、压缩永久变形低、良好的长期密封保持性和耐高温性。

进气歧管（Air Intake）垫片 用于密封进气歧管，要求有较好的气密性、耐高温性、优秀的压缩永久变形和很低的燃油渗透性。

密封阀 用于滤清器和废气回流阀，要求压缩永久变形低、耐燃油性好和具有优秀的尺寸稳定性。

涡轮增压管 为多层结构，作用是耐高温、压缩废气回增压器。要求耐热性能好，耐油老化后仍保持良好的性能，耐热撕裂，具有良好的曲挠性。

（4）在汽车动力总成系统中的应用

曲轴油封 主要用于旋转与非旋转机械部件之间，油封的唇边起到对曲轴静态和动态的密封作用，传感器可测量速度。工作范围为－40～20℃。具有良好的耐发动机齿轮、自动变速箱（ATF）油和润滑脂（最高到170℃）的性能。

阀杆油封 当阀杆在阀门导向管中上下震动时，油封的唇边将擦去阀杆上的润滑油，但是由于唇边下部密封件的润滑，一定要控制阀杆上的润滑油剩余量。要求能承受的工况温度范围为－30～200℃，具有稳定的渗透率，良好的耐高温性和化学性。

轮轴油封 是针对小齿轮、轮轴轴承、多种机械的油封。要求具有高耐热性，耐各种润滑油和添加剂，耐热撕裂，与金属黏结性好。

传动轴油封 是传动系统中多种动态和静态油封。要求能耐 ATF 油（腐蚀性越来越强），具有高耐热性，部分耐低温要求，高耐磨性能。

汽缸盖油封 要求同时耐高温燃烧气体、冷却剂和润滑油的性能。目前汽缸主要用铝制成，尤其适用于轻型车和轿车的直接喷射柴油发动机。

要求具有良好耐高温性能，耐各类润滑剂的性能以及良好的耐压性能。

动力系统其他密封件 机械面板密封件、隔膜片、插塞式连接密封件和节气阀密封件等。

符合以上各种要求的氟橡胶制品，所需预混胶都可从国外供应商（直接从生产商或从专业化从事以购买生胶制混炼胶的供应商）获得。国内具有初步的配套能力，无论生胶还是预混胶都还存在品种不全的情况，尤其是高含氟量胶、耐低温胶以及过氧化物硫化的胶种，都还有待发展。

9.6.4 氟橡胶其他应用和专用加工技术

（1）氟橡胶在服务于苛刻工况条件下机械上的应用 大型装卸车液压系统连续工作时间长，油漏和机件温度上升很快，钻井机械、炼油设备、天然气脱硫装置等同时承受高温、高压、油类和强腐蚀介质等的苛刻条件。氟橡胶制品是不可缺少的密封材料和连接用材料。可以提高这些设备的使用寿命，减少维修次数。

（2）氟橡胶在火电厂的应用 火电厂某些设备会遇到很高的温度，另外对流体的泄漏又要求降低到最低程度，特别是在燃煤的火电厂，氟橡胶的一项特殊应用就是制造在将烟道气从锅炉输送到污染控制设备和尾气排放烟囱的大管道的膨胀接头。

燃煤工厂的烟道气中含有硫酸和其他酸性物质，水蒸气和二氧化碳，空气和烟尘颗粒。烟道气管道系统要将含有这些混合物的高温气体送到专门用于除去污染物（主要是硫和烟尘）的设备，然后才能通过烟囱排空。这里的橡胶膨胀接头必须能承受高温、耐水蒸气和酸。高含氟量（68%～70%）的VDF/HFP/TFE三元氟橡胶可以长期满足这些要求。选用中低黏度的胶种，因为压延性好，可制成大面积片状结构。供应商通常提供选用的都是含双酚-AF的预混胶，或可用双酚硫化、过氧化物硫化的生胶。

(3) 胶乳和涂层　这类应用使用的是供应商提供的典型的VDF/HFP/TFE三元胶的胶乳，如TechnoflonTN Latex。向固含量为20%～30%的原始胶乳中加入稳定剂后由稠化方法增浓到固含量约为70%。用户可以从这种稠化后的胶乳应用于涂层。某些低黏度的氟橡胶也可应用于涂层。具体方法是将其溶于酮类或酯类中形成具有足够高浓度的溶液，使之能生成一定厚度的涂层。溶液法涂层操作涉及到处理挥发性可燃溶剂的安全和环保问题。推荐用于溶液法涂层的多半是VDF/HFP二元胶，含氟量为66%。这类氟橡胶生胶可以用双酚或二胺类硫化剂硫化，在涂装之前也要加入填充剂和金属氧化物，将它们分散或悬浮在溶液中。合适的溶剂有低分子量的酯类，如乙酸乙酯、乙酸丁酯或乙酸戊酯；还有酮类，如丙酮、甲基乙基酮或甲基异丁基酮等。

(4) 热塑性弹性体的加工　含氟的热塑性弹性体（FTPEs）具有A—B—A嵌段形态，主要的商用产品是由日本大金公司提供，牌号为Dai-el® Thermoplastic T-530。中间段（B）是VDF/HFP/TFE橡胶段，两侧（A）为三元共聚的E/TFE/HFP塑料段。这一材料主要的熔融吸热发生在约230℃，软化则开始于更低的温度，所以实际使用温度上限仅为约120℃。在此温度以上，会发生蠕变导致失去尺寸稳定性，用于密封件时就失去密封力。由于不需要硫化，又可以以熔融氟塑料加工方法加工，在使用温度不高而对清洁度要求很高时，这类热塑性弹性体具有很好的适用性，如医用器材的密封、药剂和清洁试剂的瓶塞等。

(5) 氟橡胶用于塑料加工助剂　少量［约（50～1000）×10⁻³］氟聚合物（主要是氟橡胶，也有氟塑料）分散在热塑性塑料中能够大大改善它们的挤出特性，减少融体破裂和模头积料。这些改进对于高密度聚乙烯（HDPE）和线型低密度聚乙烯（LLDPE）树脂的薄膜挤出加工特别重要。杜邦公司和泰良公司分别开发了专用牌号分别为Viton® FreeFlow™和Dynamar™的聚合物加工添加剂（PPAs）。这类助剂能在模具内表面形成一层具有防黏性的氟聚合物涂层，减少摩擦，因而加工中的树脂熔体能自由地流动，更迅速地通过口模，生产出具有平滑表面的挤出物。随着含有加工助剂的PE树脂送进挤出机，口模处就生成涂层，涂层随即被树脂流带走，在连续加料中带进新的助剂又形成不粘涂层，建立平衡。对于不同的树脂类型和挤出加工方法，已开发了相适应的多个不同的助剂配方。氟聚合物加工助剂也能用于除 PE 以外的其他树脂，如聚丙烯、聚氯乙烯、尼龙、聚丙烯酸酯和聚苯乙烯等，能大幅度提高挤出速率，消除口模积料等。挤出的制品包括薄膜、管子、丝、片、导线和电缆等。

9.7 氟橡胶的生产与加工中的安全和废料处理

9.7.1 概述

在氟橡胶从生产到加工的各个不同阶段，存在不同的安全问题。生产过程中必须处理多种原材料，其中包括单体等，在储存、使用、回收及处理等生产过程中都涉及不同的安全问题（单体生产中的安全问题在单体章节中专门讨论，此处不再重复）。在加工过程中，无论是混炼或硫化都会涉及同一些有毒有害物质在高温下的反应或反应中放出有害的副产物等安全问题。加工制造好的氟橡胶制品常常在苛刻的环境中使用，在这些场合，使用发生失误可能会导致危险的后果。氟橡胶制品在使用期结束后的废弃由于可能存在污染和有危险成分也是颇为复杂的事情。

9.7.2 生产中的安全问题

氟橡胶生产中，首先需极认真地关注单体处理中的安全事项，这是因为存在着潜在的爆炸危险。VDF 同空气的混合物存在爆炸界限的上限和下限，TFE 因同少量空气中的氧混合在受热、自聚等意外情况下会发生强烈爆炸，爆炸后还生成一些可能毒性很高的低分子化合物，因此比 VDF 危险性更大。HFP 虽然相对比较稳定，但是一旦在 VDF 或 TFE 中存在又发生爆炸，则会大量分解生成毒性极大的 PFIB（$LC_{50}=0.5\times10^{-6}$，4h，大鼠）。一般说，含氟混合物的爆炸危险比单一含氟单体的爆炸危险要小得多，如 TFE 或 VDF 中含有 HFP 或 PMVE 时，爆炸危险就大大降低，但是同 TFE 或 VDF 混合的如果是不含氟的乙烯或丙烯时，混合物的爆炸危险会比 TFE 或 VDF 单独存在时更大。

氟橡胶生产装置包括 VDF、HFP、TFE 的储槽、管道和其他容器等。在使用前，都要严格清洗、烘干、按压力容器规范检漏、彻底排氧和其他不凝性气体，阀门、仪表、管道等凡接触物料的表面都要作除油处理，也要进行检漏和排氧处理，单体输送中如发生从液态通过阀门突然改变为气态的情况，要防止节流，单体在管道中的流速不能过快等，以免产生静电，产生微小火花（凡是有可能产生静电的设备和管道都要有可靠的接地点）。储槽中如果是液态单体，特别要严格控制容器夹套冷却介质的流动，确保容器内压力不超过规定的安全上限。爆破片的外接管道一定要通向室外。装置界区内同界区外连接的单体管道或装置不同部位的连接管道如输送液态单体，在停车检修时，务必使其中的物料全部回收，动火前要检查是否已排空并进行安全置换。绝对不能有单体残留。对装置管道已截断的部分，动火时要将连接处分离，或插入盲板，以免因阀门内漏在检修部分排空后又因非检修段向检修段缓缓泄漏而造成重大爆炸隐患。乙烯、丙烯的储罐应远离界区，如果界区内必须同时储存 TFE、VDF、乙烯、丙烯时，则不同单体之间应有防爆的隔离设施（如隔离墙等）。特别要加强对潜在火源的控制管理，装置界区内部所有电气设备，包括动力（如压缩机、泵、风机等的电机）、仪表及自控、照明及所有开关、接头等都必须采用符合国家有关规定的隔爆型，保证不产生电弧或火花。人员比较集中的操作室及休息室同有潜在爆炸危险的装置要有防爆隔离，为避免一些泄漏点逸出的有毒有害气体被操作人员吸入造成急性或慢性伤害，应设置有效的通排风系统。

聚合生产过程还另外要重视的安全措施有：特别对于间歇聚合，每一批都要保证反应釜在开始投料前已进行了排氧处理。反应釜的运动部件如搅拌桨没有金属同金属间的接触，聚合釜加料系统的连接管尽可能直，避免急弯，消灭可能存在的死角区。在操作和处理一些有毒液态单体（特别是交联点单体或链转移剂等）时，操作人员必须有保护设施。聚合釜和加料用压缩机必需定期维护和检修。如果用二级压缩，要防止级间物料液化。压缩机吸入口要防止空气吸入，少量空气带入的氧会引起聚合，可能因传热不畅而发生爆炸，爆燃产生的压力瞬间会从一台设备通过管道传播到其他设备，造成极大的危害。必须设置适当的阻火器，起隔离作用，使爆燃传播的危险降低到最低程度。

对于连续聚合，最重要的安全事项是：一旦突然发生故障停车，必须立即停止加料，并将釜内已多余的单体排到回收槽，否则混合单体会很快在反应釜内累积，产生严重的爆炸隐患。设计时应该由连锁的应急自动关闭控制。

任何聚合工艺的变化和新产品开发的聚合过程有可能隐含着一些预先难以预料的不安全因素，必须在有防爆隔离设施和装有远距离监测和遥控的实验室先在小规模聚合釜内进行试验。聚合反应过程中，人员不能进入隔离室。因故障进入时停止反应、停止加料，将压力降低到安全的程度。试验用釜也应当装有爆破片保护装置。

9.7.3 加工过程中的安全问题

氟橡胶的加工涉及配料混炼、成型和硫化操作。有些硫化时加入的成分活性很高或者是有毒的。所有这些加入的成分在混料时（俗称"吃粉"）都必须均匀地分散在氟橡胶的基体中，以避免因局部过度反应出现热点，这样才能得到好的结果。硫化剂等加入量必须严格按配方准确计量。错误的配比会导致反应失控或产生过量的有毒副产物。在存有热的坯料之处（例如轧炼机旁、密炼机和挤出机的出料口处、热的平板压机打开时的近旁等），为保护操作人员免受有毒烟气之害，必须有足够的通风。大型的混炼胶生产工厂通常用密炼机"吃粉"，完成混料后自动倾倒在后续的开炼机上薄通出片得到片状成品包装，这里的通风、粉尘控制和环境保护比较容易实现。国内很多小型的加工厂常直接采购生胶在自有的开炼机上按自己需要进行混料，尤其要注意安全和环境保护。

用双酚或二胺类硫化剂进行氟橡胶硫化时释放出的有毒产物的测定已见报道。如用双酚硫化的氟橡胶 Viton®E-60C，在 193℃下平板硫化后，约失重 0.3%，在空气烘箱中 232℃下经受后硫化后再失重约 1.5%。这些失去的质量大部分是水（约占 95%），其余是少量 CO_2 和硫化剂的碎片。也检测到很少量的 HF，约为氟橡胶配合胶的 80×10^{-6}。过氧化物硫化的氟橡胶在硫化时也有挥发性物质放出，这些大多数是水分和过氧化物分解的碎片，还有少量甲基溴（或甲基碘）。氟橡胶用过氧化物硫化时也会产生少量碘化氢或溴化氢。

氟橡胶配合料中不能使用粒度很小的金属粉，因为含有这种金属粉的氟橡胶坯料在高温下可能会经受激烈的放热分解。铝粉和镁粉特别敏感。某些金属氧化物如氧化铅（黄丹）在以较高份额分散于氟橡胶中时则可以经受约 200℃下的放热分解。不过，由于氧化铅的毒性较大，也不适合使用。

氟橡胶的硫化不能同其他橡胶的硫化在同一空气烘箱中一起进行。特别是硅橡胶，因为氟橡胶配合胶硫化时放出的少量 HF 会同硅橡胶发生化学反应。后硫化时烘箱中要引入足够的新鲜空气，以使挥发性物质能够随环流气体带出。

9.7.4 废料处理

氟橡胶生产和加工过程中产生的废料的处理方法包括：再循环使用、焚烧回收能量或在垃圾填埋场深埋。再循环适合于尚未经硫化的坯料。焚烧是对大多数废料可以适用的方法，包括因吸收了流体而被玷污的制品。但是，焚烧炉系统必须有能将燃烧产生的酸性物质洗涤去除的设施。氟橡胶配合胶废料在富氧气氛下高温焚烧，产生水、二氧化碳、氟化氢和其他挥发性物质。垃圾填埋场处理是选择之一，主要适合氟橡胶固体废料和废制品，它们应当是未被有毒流体玷污过的。

参 考 文 献

[1] M. E. Conroy，F. J. Honn，L. E. Robb and D. R. Wolf. *Rubber Age*，1955，76，543.

[2] H. E. Schroeder，Facets of innovation（Goodyear Medal Address）. in Rubber Chemistry and Technology，57 G94（1984）.

[3] S. Dixon，D. Rexford，and J. S. Rugg. Industrial and Engineering Chemistry. 1957，49：1687.

[4] D. R. Rexford. US Patent 3051677. 1962.

[5] 张在利，曾子敏，李嘉. 氟橡胶性能、应用及我国氟橡胶工业发展现状化工新型材料. 2003，31（2）.

[6] Moore，A. L. U. S. Patent 4694045. 1987.

[7] Moore and Tang. US Patent 3929934. 1975.

[8] Fogiel，A. W.，Polymer symposium，*J. Polymer Science*. 1975，53：333.

[9] Apotheker. D. Finlay，J. B Krusic，P. J.，Logothetis，A. L. *Rubber Chemistry and Technology*. 1982，55：1004-1018.

[10] DuPont Product Information Bulletin VT-250，GFLT-300/301（May，1993）.

[11] Bowers，S.，and Schmiegel. W. W. USPatent 6329469. 2001-11-11.

[12] Morozumi，M，Kogima，H.，and Abe T. US Patent 4148982. 1979-5-10.

第 **10** 章　氟树脂生产和加工中的安全和环保

大多数化工产品的生产和使用都或多或少涉及安全和环保问题。氟树脂产品也不例外。氟树脂产品本身常温下很安全，热稳定性好，耐化学介质性能好。如 PTFE 制成的人工血管长期植入人体内无毒性反应，动物口服 PT-FE 粉末也未见毒性反应。但是，在氟树脂单体和聚合物生产过程以及树脂的加工过程中，从最初产品问世起，安全和环保问题就一直相伴。TFE 和 VDF 都是易爆炸或爆燃的化合物。历史上包括国外著名的跨国公司和国内主要的氟树脂骨干生产企业都先后发生过多起威力巨大和后果严重的爆炸事故。除财产损失巨大外，还造成一些人员伤亡。在部分氟树脂单体生产过程中还涉及剧毒副产物，历史上也发生过多起中毒事故。氟聚合物生产的聚合过程曾多次发生爆炸。氟树脂生产设备的检修过程、以及这些聚合物的加工和使用过程中也发生过因温度超出许可限度发生聚合物降解引起的中毒事故。氟树脂单体生产中还涉及含不凝性气体的低沸点副产物的排放、含高毒性成分的高沸点副产物的处理和排放，生产过程中含化学物质的废水的处理和排放环保问题。聚合过程中分离出聚合物后的废水、聚合物洗涤后的废水等都含有或多或少的化学物质，这些也造成 COD 或 BOD 的严重超标，必需妥善处理。长期以来一直用作氟树脂生产乳液聚合过程中乳化剂的 PFOA，近年来成为必须面对的环境保护问题。

在前面一些相关章节中对这里提到的大部分问题均已有较详细的交代，不再重复。国内外的一些重大或典型安全事故案例以及氟树脂分解产物造成中毒事故的情况可从一些参考资料中获得。本章主要从对潜在安全事故的防范及有关工厂环境保护措施方面叙述。

10.1 单体和树脂生产中安全问题及防范

10.1.1 潜在爆炸和火灾事故危险及预防

（1）**爆炸事故危险**　氟树脂单体生产和聚合过程中存在的主要潜在爆炸

和火灾事故都同 TFE 或 VDF 有关。从国内外已经发生过的历次相关爆炸和火灾事故得到的经验，发生爆炸和火灾事故的主要原因有以下几类：纯度很高的 TFE 中存在较多氧，液态 TFE 受到过偏高的温度，纯 VDF 发生泄漏在局部小范围内形成同空气的爆炸混合物等。具体发生爆炸和爆燃的设备和方位有：TFE 流程中低沸物分离塔、TFE 提纯精馏塔（以上设备危险点均含顶部冷凝器和底部再沸器），TFE 收集系统（含多用途时的 TFE 分配系统）、用于 TFE 聚合加料的中间储槽、聚合反应器内发生严重"结壁"和"结团"、PTFE 乳液聚合时过度的剪切、VDF 提纯精馏塔（含取样口）、液态 VDF 储槽和聚合反应器因泄漏遇火源而引爆等，设计和建设装置时未严格采用防爆型动力设备、仪表电器和监控设备以及照明设施等。另外，没有在关键位置装置阻火器和止回阀等导致事故快速扩散而失控，引起严重后果。

(2) 事故预防措施　预防措施最重要的是在设计中采用本质安全措施，同时要建立一套在总结以往事故经验基础上的科学的工艺规程并严格执行。以下是除了常规的措施（如对于压力容器和管道要按规范设计、制作和安装，并装有爆破片）外，对于 TFE 和 VDF 还必须实施的预防措施。

① 降低氧含量　即采取从原料开始的每一环节控氧。凡可能给系统中带入氧的工艺都要用少含或不含氧的介质替代。

② 在可能有氧富集而且 TFE 浓度很高的部位（如脱轻精馏塔顶，氧含量可能大大超过 100×10^{-6}，TFE 含量可能＞95%），应有效地加入适当的阻聚剂。

③ 在 TFE 浓度很高又需要加热的部位（如脱轻塔和 TFE 提纯精馏塔的再沸器）应避免用惯用的水蒸气为加热介质，采用相对较低温度的加热介质。

④ 避免高纯度 TFE 在同一储槽长时间存放。已在同一储槽静止保存较长时间的纯 TFE 绝对不能再加热。如需转移，可以用压力较高的气态 TFE 加压。用于收集纯 TFE 的储槽除保持氧含量尽可能低外，在每一批收集刚开始时宜加入少量阻聚剂，TFE 中这些微量阻聚剂可在后续向聚合釜加料前以吸附方法去除。

⑤ 用于聚合加料的 TFE 储槽（俗称计量槽）内液态 TFE 宜每批基本用完，保持槽内 TFE 处于不断更新。计量槽内部应定期打开清洗，铲除自聚物。聚合结束后，要保持计量槽内压力始终高于聚合釜内压力，聚合未用完的 TFE 必须先回收降压。

⑥ 用于聚合的反应釜内表面要光滑，尽可能做到镜面抛光。每批聚合结束都要检查有无结壁并彻底清洗。用于乳液聚合的反应器采用低剪切的搅拌浆和低转速。反应釜使用一定时间后应对内表面再次处理。

⑦ 在存在潜在危险和输送高纯单体的设备之间要设计和安装阻火器，

避免发生意外时火焰和爆炸气浪迅速传播发生连锁反应。TFE 和 VDF 单体装置框架应该敞开利于自然通风，关键点（如取样口）要有局部排风。避免微量泄漏造成局部区域累积形成爆炸危险。布置在 TFE 和 VDF 装置区域内动力设备、仪表、照明等都应采用本质安全型。正常运行时禁止动火；检修时，严格执行动火规定。

⑧ TFE 不宜灌装钢瓶，如一定要灌，需先对钢瓶进行严格的排氧处理，并加入阻聚剂。装有 TFE 或 VDF 的钢瓶需保存在低温冷浴内。使用 TFE 和 VDF 的聚合都要在密闭的聚合室内进行，反应过程中绝对禁止人员进入聚合室。

10.1.2 潜在中毒事故危险及预防

(1) 潜在中毒事故危险　主要的潜在中毒事故危险来自 TFE 装置产生的高沸点残液和从 TFE 热解生产 HFP 时生产的副产全氟异丁烯（PFIB）。突发爆炸过程中产生的含 COF_2 和 PFIB 的气浪也是危险源之一。检修过程常发生因动火造成人员中毒（加工过程中因树脂热分解造成中毒的危险见本章 10.2）。

① TFE 生产过程中高沸点残液中毒　在 HCFC-22 热解产生 TFE 时同时也生成一定比例的高沸和低沸副产物，其相对含量随工艺不同而异。空管热解工艺，高沸物同 TFE 产量的比例约为 10%，水汽稀释裂解工艺，高沸物含量约为 3%～5%。但是，两种工艺产生高沸物的主要成分还是基本相同，包含 $H(CF_2CF_2)_nCl$，（$n=1$，$2\cdots$），c-318，PFIB 以及残留的阻聚剂等。高沸物毒性很高。国内生产企业在开始生产 TFE 的约前 20 年内，因经验不足和未妥善处理高沸物及检修时高沸物大面积泄漏造成现场人员急性吸入残液中的挥发性气体，并发生过多起中毒死亡事故。

② HFP 生产过程中 PFIB 中毒　TFE 热解生产 HFP 时，存在不可避免的副反应，其中之一就是生成 PFIB。PFIB 的量多少同 TFE 的转化率有关（见图 2-3）。当 TFE 转化率为 35%～40% 时，PFIB 在裂解产物中含量约为 <5%。在整个流程中，除回收 TFE 和收集 HFP 等提纯设备外，大部分设备和管道都接触到 PFIB。在流程最后得到的残液中 PFIB 含量很高（约占 50%）。由于含 PFIB 的物料泄漏和残液处理和转移过程中的失误等原因也曾发生过多起人员中毒事故。

③ 突发爆炸过程中分解气体中毒　TFE 和 VDF 等装置万一发生突发爆炸，会生成大量有毒气体，并很快扩散，在现场的人员极有可能急性吸入中毒，TFE 聚合过程如发生爆聚，同样在瞬间会释放出大量有毒气体，不排除其中含有微量 PFIB 之类剧毒物质。

④ 检修过程因动火致人员中毒　TFE 和 HFP 等单体装置以及 PTFE

聚合装置等都需要定期检修和临时应急检修。如 HFP 装置的物料压缩机，如果使用的不是无油压缩机，则更换压缩机油时极易引起人员中毒；在检修现场如果用气焊直接切割物料管道和沾有 PTFE 粉末的钢平台或台阶等，操作者没有良好的防护设施，也可能使操作人员急性吸入中毒。

（2）中毒事故的预防措施

① 隔离和排风　凡装置（含设备和相关管道）内不可避免接触含较高浓度高毒性物质的部分设计和建设时应将其布置在配有强制排风的密闭的隔离室或隔离罩内。典型的例子就是 HFP 装置中 TFE 热裂解后的混合物（无论气相或液相）含有较高浓度 PFIB，部分相关的塔、容器和管道等安排在这样的密闭室内，实行遥控操作。

② 工艺改进　采用尽可能减少接触剧毒物的湿法急冷工艺，如 HFP 生产中将热解后的气相产物先用冷水直接急冷，然后将热解气直接用甲醇吸收，PFIB 几乎全部同甲醇反应生成毒性小得多的醚。（见本书第 2 章）。

③ 严格管理残液　无论是 TFE 还是 HFP、VDF 等，都会产生有机残液，它们应在严格管理下送到高温焚烧炉焚烧，在高温下彻底分解。检修时对设备和管道务必严格置换，接触含 PFIB 的设备还需用甲醇或乙醇浸泡处理，处理后的废液也必须焚烧。

④ 单体生产区域应划分危险区和非危险区　在危险区设置多处自动环境空气采样口，周期性地将所采样品送检测中心在高灵敏度色谱仪上检测，进行危险程度评估。人员进入高危险区域工作必须穿戴有呼吸器的防护面罩。

10.2 氟树脂加工过程中的安全问题

10.2.1 氟树脂加工时的热分解

氟树脂加工都需要在高温下进行，并总会或多或少发生一些分解。氟树脂热分解产物可划分为 3 个类别：氟烯烃（如 TFE），氧化产物（如氟代光气，COF_2）和低分子量氟聚合物的颗粒。氟树脂的这些分解产物必需通过在工作环境提供足够强的通风除去，以保护在此环境中的操作人员。PTFE 的主要氧化产物氟代光气具有较高的毒性，且易水解，生成 HF 酸和 CO_2。在 450℃和有氧存在情况下 TFE 降解生成 COF_2 和 HF 酸。在 800℃时，形成 CF_4。早期研究指出，当 PTFE 加热到熔融态时，如果不存在空气（没有氧），生成的唯一分解产品是单体 TFE。在 PTFE、FEP、PFA 加工时，如果温度过高，还会生成少量剧毒的 PFIB。几种主要氟树脂的建议最高连续使用温度和标准的加工温度参见表 10-1。所以严格控制氟树脂的使用温度和加工温度是使用和加工过程必须遵守的重要规则。

■表 10-1　氟树脂最高连续使用和加工温度

聚合物	最高连续使用温度/℃	标准加工温度/℃	聚合物	最高连续使用温度/℃	标准加工温度/℃
PTFE	260	380	ETFE	150	310
PFA	260	380	PVDF	150	280
FEP	205	360	PCTFE	120	265

10.2.2　分解产物对人体的危害性

上述分解产物都会对人体造成危害，主要的症状和危害性参见表 10-2。

■表 10-2　氟树脂加工中热分解产物的主要症状和危害性

分解产物	同健康有关的危害性症状
氢氟酸（HF）	症状：窒息、咳嗽、严重的眼、鼻和咽喉刺激、发烧、怕寒、呼吸困难、发紫疳、肺水肿等。HF 对眼、皮肤、呼吸道有强腐蚀性。过度暴露于 HF 环境会造成肾和肝损伤。
氟光气（COF$_2$）	过度暴露于含氟光气环境引起皮肤刺激，皮症、眼腐蚀或结膜溃疡，上呼吸道刺激，临时性肺刺激伴有咳嗽、不舒服、呼吸困难或气促
四氟乙烯（TFE）	急性吸入的影响包括上呼吸道和眼的刺激、中枢神经系统的轻微抑制、恶心、呕吐和干咳。大量吸入会引起心率失常、心脏停止直至死亡。生产商建议允许的暴露极限为 5×10^{-6}。
全氟异丁烯 PFIB	动物急性吸入实验表面存在严重的影响，包括由于暴露在较高浓度下引起肺水肿甚至死亡。喘息、打喷嚏和呼吸困难、症状还包括深呼吸和急速呼吸。

特别应该注意的是，发生对人体的伤害初期，极易误为感冒等常见病，以致拖延治疗时间。所以对涉及高温（无论是整体或局部）的氟树脂加工务必采取有效的防护措施。

10.2.3　安全措施

（1）合适选择加工条件　合适的加工温度、合理地设定和控制 PTFE 的烧结温度和时间，尽量减少热分解发生。可熔融加工树脂在挤出、注射、吹塑、传递模压等热加工过程中，依树脂种类和特性设定合适的加工温度和剪切速率，即使热分解不能完全避免，也要使它降低到最低程度。为保证不发生因设备温度自控失灵或仪表反应滞后超过预设温度的过热，要有精确的测温（必要时多点测温）和可靠的控制设备。对温控设置自动断路开关是必要的。

(2) 排气和通风 实际加工过程中，为保证 PTFE 的充分烧结和可熔融加工树脂的充分塑化和熔体黏度不致过高，设定的温度下不可能绝对不发生热分解。所以保持密闭设备（如烧结炉，带抽气孔的挤出设备等）在运行时的不间断排气可以及时将分解产生的微量有毒物质及时导出室外经必要处理后排放。对于敞开的部位，如挤出机口模外、焊接进行中的焊点附近等，要有良好的局部抽气排放。设备置于室内或操作在室内进行的，要有充分的换气通风，让新鲜空气置换室内空气。对于操作人员必须有有效的个人防护，如打开烧结炉门、从事手工焊接、长时间站立在挤出机口模旁等操作人员，应佩戴有吸附功能的呼吸器。

(3) 保护措施

① 烧结 氟树脂在烧结炉的封闭环境中经受高温，总有一定程度的分解。所以需要装备有很强的排风系统将分解产物移出，并防止分解产物进入工作区域。烧结炉温度要达到 400℃，必须装有加热系统的自动断电开关，防止发生过热。因为一旦发生过热，分解就会加速进行。烧结结束后，必须等冷下来方能打开炉门。打开之前，先开启炉门上方的排风机，待不少于 10～15min 排气后方可开门取出制件。

② 糊状挤出 糊状挤出时，树脂在同润滑剂（助推剂）混合后进行推压。润滑剂都是易燃易爆的碳氢化合物，闪点一般都较低。故存在着潜在的火灾危险。储放碳氢化合物的容器必须能导电，相关设备都要接地，以防止静电引起火灾。推压制品在送去烧结之前必须彻底干燥脱除润滑剂，以防进入高温烧结时引起燃烧。烧结区要有良好的排风。

③ 浓缩分散液涂覆 在涂覆后水和表面活性剂必须通过加热干燥去除，然后才能进行烧结。加热时，表面活性剂会发生分解，分解产物和表面活性剂本身都是可燃物，对人员的健康也有害。所以干燥烘箱必须有强制排风。同时，氟树脂涂料配方中都含有机溶剂，既有可燃危险，对人体也有害，处理时应加以注意。

④ 熔融加工 氟树脂熔融加工时，为了降低黏度改善流动性，树脂处于很高的温度下。主要的加工过程如挤出、注射等都使熔体被限制在封闭环境中，在延长处于高温时间的情况下造成的分解会产生气体，如果没有排气口，就会造成向加料段回流的压力或使设备防爆片破裂。热分解的一个明显标记就是聚合物变色。在设备中间部位设置排气口并连接于抽真空系统（管路中间设置冷肼可捕集大部分气体），有利于及时将分解产生的气体（对于人体都是有害的）排出设备。防爆片的设置可以在紧急情况下释放压力。熔体在高温下通过不同口模成为制品时也会伴生一些有毒、有害气体，从紧靠口模到制品冷却的距离段也需要有足够的排风（或设置封闭窗或罩）。

⑤ 焊接和衬里设备修理 在氟树脂焊接的局部区域，温度必须高到使焊点近旁的树脂熔化，产生少量分解气体是必然的。在周边环境应有良好的

通风，操作人员应佩戴有充压缩空气（正压式）的防护面罩型呼吸器。

氟树脂衬里设备修理在操作之前先要清理需修补的部位，彻底去除残留的化学品，同样要在有充分通风的条件下进行焊接修补。如果在用的氟树脂衬里管道因检修需要切割，绝对不能直接用（氧-乙炔火焰）气焊枪切割，因为割断金属管的温度太高会导致氟树脂衬里大量分解使局部区域有毒气体浓度高于允许极限。正确的方法是用机械割管器或手工锯切割。如果必须在沾有 PTFE 粉末的钢平台或台阶上动火，必须仔细铲清树脂方可施工。

10.3 氟树脂工厂的污染源及处理方法

10.3.1 主要污染源

氟树脂工厂的污染源主要包括排放的废气、废酸、废水（包括工艺用水和洗涤用水）和有机废液。

① 废气来自排放系统中不凝性气体时带出的低沸点副产物和单体（含 TFE，HFP，VDF 等）以及少量原料气（如 HCFC-22 等）。低沸点副产物组成很复杂，主要是多种含氟烷烃和烯烃，还有少量一氧化碳和乙炔等。

② 废酸主要是生产 TFE 和 VDF 时的副产稀盐酸。这些废酸通常带有少量氟离子。不能直接作常规使用。生产 TFE 时得到的稀盐酸浓度偏低，只有约 10% 左右。生产 VDF 时得到的稀盐酸浓度由于工艺原因可达到 20% 左右。

③ 废水来自两个方面。冷却用水，主要是用于设备冷却的工业用水，这部分水可以通过降温和水处理后循环使用。另一类废水为来自于聚合和后处理过程的工艺废水，绝大多数聚合反应配料时使用水为介质，同时加入引发剂和各种助剂。聚合结束后树脂同介质分离，这部分介质水就成为废水，聚合时加入的各种助剂大部都进入废水中。脱水后的树脂需要洗去吸附在其上面的助剂，通常使用大量的去离子水进行多次洗涤，这些水也成为废水。生产氟树脂浓缩分散液时，氟树脂乳液从固含量 20%～25% 浓缩成 50%～60%，分层后剩下的水中含有较高浓度乳化剂，是废水中 BOD 最高的。

④ 有机废液是在提纯单体和回收原料后留下的残液，包括原料热解反应时生成的高沸点副产物和向系统中加入的阻聚剂等，通常绝对量不算特别大，但是成分复杂、毒性很大、沸点较高。

10.3.2 处理方法

(1) **废气处理** 因为 TFE 的沸点同那些低沸点杂质组分的沸点比较

接近，低沸点杂质同不凝性气体作为废气排出时同时还必然带出很多TFE。如全部排空造成资源的浪费和成本上升，而低沸点杂质即使微量残留于TFE中对于获得高分子量的优质PTFE是十分有害的。这种情况下，既要大量排气，又要尽可能回收其中的TFE。可供选择的处理方法：a. 将排出的废气进行选择性溶剂吸收，使TFE优先溶于溶剂，未进入溶剂的气体作为废气排出系统送焚烧处理。溶于溶剂的有用成分经加热解吸后可送回气库。b. 用气体分离膜多级处理分离上述废气，也可浓缩TFE，优点是节能，但是TFE回收率不如a法。c. 深冷分离法。缺点是耗能多。

其他单体生产过程中也有不凝性气体需要排放，同时也会带出一些含氟原料和单体，由于低沸点杂质相对较少，故排放的绝对量要少得多，处理方法可直接用管道送焚烧装置在高温下分解。

(2) **废HCl的处理利用** 氟树脂单体生产伴生成副产物HCl，由于其中含氟离子，利用价值较低。早期曾用于生产无水氯化钙。后随着氟化工规模扩大，产生的废HCl量大大超过生产无水氯化钙所能容纳的量。主要还只能通过石灰石中和的办法处理。VDF副产物HCl酸浓度高，可以用于农药或其他行业。生产TFE如采用空管热解工艺，则可以用干法分离HCl，通过脱氟处理后成为纯度高的盐酸，具有好的利用价值，国内目前主流是水汽稀释裂解工艺，稀的废HCl酸的处理仍然是需要改进的技术和经济问题之一。

(3) **废水处理** 包含单体生产和聚合过程，因传热需要的冷却水量较大，较好的处理方法是建立冷却水处理站，在将循环回来的水通过凉水塔降温后再加入水处理剂，就可以长期循环使用，不易结垢。对于聚合和后处理过程产生的废水，因含有离子型化合物和非离子型表面活性剂及微量悬浮的聚合物等，一般少量水的处理方法是先将废水同$KMnO_4$反应，再用活性炭吸附，也可先用离子交换法，再进行活性炭吸附。较多的有机废水应送往废水处理站同其他废水混合后在暴气池进行生化处理，如果氟离子不达标，可以用石灰水处理，生成的CaF_2在水中溶解度很小，沉淀成为淤泥，处理后达标的水可以纳入城市污水总管。淤泥必须在合适的地点深埋。

(4) **有机残液** 含氟单体生产中产生的有机残液应采用高温焚烧法处理。其中含PFIB的残液先用甲醇吸收，生成醚或烯醚类混合物，毒性大大下降。吸收液还需同其他残液一样焚烧处理。要达到高的焚烧温度，必须设计专门的火焰喷嘴。也可以采用等离子技术产生高温。国外还有专门设计的氢氧焰焚烧炉，火焰喷嘴的燃烧点置于中央，最高可达到近1500℃以上，被焚烧有机物气化后直接加到燃烧点，而炉子周边温度没有像燃烧点这么高。有机残液焚烧后成为CO_2，HF，HCl，H_2O，CF_4（少量）等，再经过冷却、中和和生化处理等，最后以无害的气体和废水排放。

10.4 氟树脂废料的回收和利用

10.4.1 PTFE 废料的回收和利用

PTFE 是氟树脂中消耗量最大的品种,同时由于其性能和加工方法特点,加工过程中产生的废料较多,且不能像其他可熔融加工氟树脂那样较易通过清洗后再造粒而回收循环利用。PTFE 废料的回收和再利用具有较大的经济价值,对环保也具有很好的意义。

PTFE 废料主要来自聚合和后处理、加工及二次加工和应用过程等。例如聚合反应釜中产生的粘壁料和不合格产品、成品包装和输送过程中的落地玷污料、特别是占废料份额较多的二次加工中的切削碎屑、剩余边角料、加工废渣和遗弃的废旧料等。这些废料都应该回收并再利用。回收的主要方法有:机械粉碎法、辐射裂解法、高温裂解法等。每种方法对废料的预处理都有一定要求,回收处理后得到的产品也不一样,都有特定用途。

(1) 机械粉碎法回收和利用 此法主要针对 PTFE 生产过程中产生的不合格品和二次加工时的边角废料。后者包括机械加工中的产生的车屑和磨屑、其他切削废料等。这些废料都比较洁净,成分单一。对于非洁净的 PTFE 废料,先应进行分拣、清洗(去油污)、干燥处理。

机械粉碎法是以物理方法将形状不一、尺寸大小不一的回收 PTFE 废料打碎和处理成适合应用的细粉。其关键工序是 PTFE 废料的粉碎。PTFE 在很宽的温度范围(-196~260℃)仍保持一定的韧性。直接在粉碎机中进行机械粉碎,因剪切和摩擦,温度会升高,增加韧性,因此很难将废树脂粉碎成细小颗粒。解决办法是先用辐射降解或实施冷冻提高废树脂的脆性。辐射降解成本较高,通常只在希望获得超细粉时采用。配合力学粉碎可采用冷冻处理,实际应用的是将树脂在液氮中进行发脆处理,再在粉碎机中进行力学粉碎,可以得到颗粒尺寸在微粉级的回收 PTFE 产品。适用的粉碎机械以剪切式设备效果较好。通常单靠机械粉碎还得不到希望要的粒径。可以将粉碎后的回收 PTFE 粉料经预烧结处理,然后进行研磨,再经筛分,就可得到粒径分布比较均匀的 PTFE 细粉。这种机械粉碎回收 PTFE 粉的分子量在回收处理过程中会有所变化(下降),机械强度会有所下降,而且,清洁度很难达到正规产品的标准,所以不适用于电性能和力学性能要求高的领域。

绝大多数 PTFE 生产厂都是将 PTFE 再生粉当作填料,按一定比例加入到新料或同其他塑料共混的产品中。经摩擦和磨耗实验发现,填充约20%PTFE 再生粉的 PTFE 制品其稳态摩擦系数略高于未填充的新料,但耐磨性则高于新料制品两个数量级。填充 PTFE 再生粉的 POM 制品因在对磨面上能形成转移膜使摩擦系数降低。

经过研磨的 PTFE 再生粉经预成型和模内烧结等过程，可制成密封件、管材、用于低压阀门等。这样的制品成本下降，有一定的市场需求。

(2) 高温裂解法回收和应用 高温裂解法回收废 PTFE 必须在一定的条件下进行。在空气中或敞开式炉子中直接用高温使 PTFE 降解，随温度的上升，得到的裂解产物组成非常复杂，而且极毒的 PFIB 含量很高，所以不能直接将 PTFE 废料送到焚烧炉处理。

如果不存在氧（或在真空下），在 500℃ 以上控制废 PTFE 的热裂解，得到的几乎全部是 TFE 单体。稍加提纯，收集在气柜中经适当加压后可用于合成以 TFE 为原料的很多有用化合物，如同 CH_3OH 反应合成四氟丙醇，同 HF 反应合成 HFC-227ca，同 IC_2F_5 进行调聚反应生成 $ICF_2(CF_2CF_2)_nCF_3$，同 NaCN 反应生产 HCF_2CF_2COONa（除草剂）等。这些都是以 TFE 为原料的具有较高商业价值的氟化学品。这里所需要的 TFE 并不要求像生产 PTFE 这么高的纯度。如果建立一套废 PTFE 回收生产 TFE 的小装置，就可以不依赖大型 TFE 装置而生产这些有用的产品。资料报道，德国有一家企业已建立一套用流化床热解反应器的废 PTFE 连续高温裂解装置，温度控制在 600℃ 左右，处理能力为 400t/a，TFE 收率达 90％ 以上。

(3) 辐射裂解法回收和应用 辐射裂解法一般同机械粉碎法相结合，用于从 PTFE 废料制备 PTFE 超细粉。PTFE 废料在洗净、干燥、破碎后接受 γ 射线或加速电子射线在一定剂量的照射，发生 PTFE 分子链的断裂，产生摩尔质量很低的小分子 PTFE，这种状态的 PTFE 颗粒是脆性的，经过研磨和气流粉碎可以得到粒径为 $1 \sim 20\mu m$ 的 PTFE 超细粉。

辐射裂解法回收 PTFE 的工艺流程如图 10-1 所示。经过模压或烧结过的 PTFE 废料经剂量为 $2500 \sim 3000kGy$ 的 γ 射线照射后可粉碎成 $5 \sim 10\mu m$ 的细粉；聚合过程生成的 PTFE 废料经剂量为 $20 \sim 500kGy$ 的 γ 射线照射得到的低分子量 PTFE，通过研磨、气流粉碎可得到粒径为 $1\mu m$ 的细粉。

PTFE废料 → 分选 → 洗涤 → 干燥 → 破碎 → 辐射 → 研磨 → 分级 → 再生PTFE粉

■图 10-1 辐射裂解法回收 PTFE 的工艺流程图

经辐射处理得到的 PTFE 超细粉，可直接用于润滑油，并可配制适用于低负荷低转速、中负荷中转速、高负荷高转速等不同环境的润滑脂体系。

PTFE 超细粉广泛用作高分子材料、润滑油脂、油墨、涂料的改性剂、炸药、导火线、火箭固体燃料的填充剂等。在润滑油和润滑脂中加入 PTFE 再生粉，能改善其在高压、高温下的润滑性能，即使基础油消失，PTFE 粉也能起到干润滑作用。在苯胺油墨、凹版油墨、胶印油墨中加入少量的 PT-

FE 超细粉，可明显改善印刷品的色泽、耐磨性、光滑性等，尤其适合高速印刷。在涂料中加入高含量的 PTFE 超细粉，可改善涂层的防黏性、润滑性、降低摩擦系数，改善耐腐性、润湿性和可加工性等，广泛地应用于食品、包装、电器和纺织等部门。

PTFE 微粉用作高分子材料的改性剂，国外很多工程塑料为了改善耐磨性和润滑性，都加入一定比例的 PTFE 微粉，如将 5%～25% 的 PTFE 微粉加入到 PC、POM、PPS、PA、ABS、聚丙烯、三元乙丙胶、硅橡胶、氟橡胶和丁苯橡胶中。

10.4.2 可熔融加工氟树脂废料的回收和利用

FEP、PFA、PCTFE、PVDF、ETFE、PVF 等氟塑料在软化点或熔点温度以上可以反复受热加工成型，因此可以采用普通热塑性塑料一样的回收方法回收和再利用。因直接再生利用简便易行，故作为主要的回收利用方法。废料的回收和利用主要包括：预处理、破碎、塑化和造粒、回收利用等步骤。

(1) **预处理** 再生所用的废旧料来源于使用和流通后从不同渠道收集到的氟塑料废弃物。在造粒前必须经过清洗、破碎和干燥等工艺进行处理。

对于污染不严重且结构形状不复杂的废旧氟塑料制品，可采用先清洗后破碎的工艺。清洗时用带有洗涤剂的水浸洗，再用清水漂洗，取出后晾干（或风干）。尺寸过大的废料无法进入粉碎机，需先进行粗破碎，然后才能细破碎。

污染严重且结构复杂的废旧制品应先进行粗洗，去除砂石、石块和金属等异物。粗洗后经离心脱水，再送入破碎机进行破碎，然后进行精洗，除去包藏在内部的杂物。同样，清洗后必须经过干燥。如果是被油类污染的废料，可以用适量浓度的碱液浸泡数小时，然后再进行上述操作。

(2) **破碎** 破碎的目的是将废旧料粉碎到其尺寸和形状适合于向造粒机进料。在进行废旧氟塑料再生造粒之前，通过破碎，使废料基本上达到树脂原始的形状，这是必须的。可供选用的破碎设备种类繁多，商品化的破碎机有适用于硬性（或脆性）废料和常温下具有较高延展性的韧性废料的不同型号。对于大多数废旧可熔融加工氟塑料各种类型的粉碎机都可以适用，具体选择取决于所需要生产的量、希望得到的造粒用碎片的尺寸大小以及处理的废旧料的形状。有些废旧料用标准的粉碎机很难破碎，这是由于它们的物理性质特殊，在常温下很难破碎。这种情况下可以采用低温破碎，即破碎前先以液氮或干冰使废旧料冷却变脆，在脆化温度下，可将废旧料粉碎至 30 目或更细。

(3) **塑化和造粒** 破碎后的废料经过塑化和造粒，就使废料变成回收产品，供从事氟塑料加工的用户使用。在塑化的同时也可以直接通过模具成型，免得先造粒再成型，这有利于节能和降低成本。

塑化的机械设备包括双辊塑炼机、密炼机、单螺杆挤出机和双螺杆挤出机等。造粒工艺中的一个问题是沿机筒轴向各点温度的确定，因为废料是各种不同规格废料的混合体，混合体的 MFR 同某一单纯品级有一定程度的差别。如果有同样品级的废料进行处理，比较容易；如果已经有上面所说不同 MFR 的废料混在一起，应该先进行一些测试，以确定挤出机合适的温度分布。废料熔体造粒可采用热切或冷切。冷切是指熔体离开机头（线形口模）后进入水冷却槽，然后在切粒机上连续切断成粒。

回收料的造粒还需注意：

① 采用强制喂料　防止"架桥"；

② 采用排气式挤出机　让水分和易挥发分及时从机内排出；

③ 熔体过滤　清除熔体中可能夹带的微小杂质。

再生料的成型加工同新料一样，不再重复。

(4) 回收利用　从国内实际情况出发，数量相对较多、有实际利用价值的废料主要是 FEP，其次是 PVDF，后者消费量也不少，但作为耐气候老化的涂层不可能成为可利用的废料。其余品种氟树脂国内消费量还不大，从经济角度还不能构成可回收利用事业。FEP 废料中有一部分来源于进口的废旧导线的形态，还有就是报废的耐腐蚀衬里制品（泵、阀门、管道等）和加工时产生的废品等。回收的 FEP 经处理和重新造粒后主要还是用于耐腐蚀衬里制品和对清洁度要求不高的制品。

参 考 文 献

[1]　单杰. 氟化工事故原因分析与安全生产. 氟化工安全生产技术研讨会论文集. 2012，5：1-17.

[2]　陈鸿昌. 含氟单体及聚合物生产安全生产要点. 氟化工安全生产技术研讨会论文集. 2012，5：18-29.

[3]　江建安. 历年来有机氟行业重大安全事故典型案例分析. 有机氟行业安全学习班资料，1987；《同氟化工相关的几件重大安全事故案例分析》，氟化工安全生产技术研讨会论文集. 2012，5：58-73.

[4]　王树华. 氟化工的安全技术和环境保护. 北京：化学工业出版社，2005：38-57，106-110.

[5]　王莹. 急性有机氟中毒的防治. 氟化工安全生产技术研讨会论文集. 2012，5：35-38.

附　录

附录 1　非熔融性氟树脂的牌号

1. 国外悬浮 PTFE 树脂牌号

（1）国外悬浮 PTFE 树脂按品级分类表

a. 按表观密度划分品级的细粒度 PTFE 树脂品级表

表观密度	DuPont Teflon®	旭硝子(原 ICI) 公司 Fluon®	大金公司 Polyflon®	Dyneon 公司 Hostaflon®	Ausimont Agloflon®
				TF1702, TF 1740, 1750	F%, F6, F31
					F2, F5/S, F7
很高（>500g/L）	703N	G171			F3

b. 按表观密度划分品级的粉末流动性好的 PTFE 树脂（造粒料）品级表

表观密度	DuPont Teflon®	旭硝子(原 ICI) 公司 Fluon®	大金公司 Polyflon®
中（<800g/L）	8, 8A, 8B, 801N, 820J	G307, G320, G311	M31
很高（>800g/L）	850A, 807N, 809N 800J, 810J	G350	M32, M33

c. 柱塞挤出用悬浮 PTFE 树脂品级表

表观密度	DuPont Teflon®	旭硝子(原 ICI) 公司 Fluon®	大金公司 Polyflon®	Dyneon 公司 Hostaflon®	Ausimont Agloflon®
中（<800g/L）	9B, 901N	G201		TF1101	E2, E2BP
很高（>800g/L）			M24, M25		

d. 改性悬浮 PTFE 树脂品级表

品级	DuPont Teflon®	大金公司 Polyflon®	Dyneon 公司 Hostaflon®
细粒	NXT70 NXT75, 701	M111, M112	TFM1700 TFM1705
造粒料	TE6462, TE6472, 170J	M137	TFM1600
柱塞挤出级			TF1502, TFM1105

（2）DuPont 公司悬浮 PTFE 树脂 Teflon® 牌号和性质表

Fine cut powder 细粒度料 7 个品级，Free Flow 造粒料 9 个品级，Ram Extrusion 柱塞挤出专用料两个品级，改性悬浮 PTFE6 个品级。

Teflon®	体积密度/(g/L)	相对密度	平均粒径/μm	扯断强度/MPa	伸长率/%	收缩率/%	压缩比
细粒料							
7A	460	2.16	34	34.5	375	3.4	3.2 : 1
701N	430	2.16	20	36	400	4.9	
703N	580	2.16	225	34	340	3.9	
707N	490	2.16	20	36	360	3.6	
7AJ	450	2.16	25	37.9	350	34.3	4.9 : 1
7C	250	2.16	28	37.9	400	6	5.5 : 1
7J	280	2.17	35	33	300	6	
造粒料							
8	725	2.16	600	27.6	300	2.8	3.2 : 1
8A	690	2.16	480	27.6	300	2.8	3.3 : 1
8B	705	2.16	450	28	300	2.8	3.2 : 1
850A	900	2.16	400	28	300	2.7	2.4 : 1
801N	730	2.16	500	32	290	2.9	
807N	1005	2.16	420	32	330	2.2	2.0 : 1
809N	950	2.16	1150	37	320		
820J	700	2.15	650	30	300	3.2	3.1 : 1
800J	850	2.16	330	32	300	2.7	2.5 : 1
柱塞挤出料							
9B	575		550				
901N	600	2.15	625	28	290		
改性 PTFE							
NXT70	440	2.17	33	31.5	450	4.7	
NXT75	440	2.17	33	31.5	500	4.7	
TE-6462	780	2.17	400	28	400	4.7	2.4 : 1
TE-6472	780	2.17	400	28	400	4.7	2.4 : 1
70J	340	2.18	25	32	490	3.6	
170J	620	2.18	515	28	400	5	

（3）旭硝子（原 ICI）公司悬浮 PTFE 树脂 Fluon® 牌号和性质表

Fine cut powder 细粒度料 8 个品级，Free Flow 造粒料 4 个品级，Ram

Extrusion 柱塞挤出专用料 1 个品级。

Fluon®	体积密度 /(g/L)	相对密度	平均粒径 /μm	扯断强度 /MPa	伸长率 /%	收缩率 /%	压缩比
细粒料							
G-140	430	2.17	18	31	390	3.8	
G-163	420	2.16	33	35	325	2.8	
F-170	440	2.16	30	34	330	4.8	4.5 : 1
G-171	550	2.15	57	37	300	2.5	
G-190	435	2.17	24	44	450	3.3	
G-570	485	2.18	30			4.0	
G-580	430	2.17	30	34	300	4.7	4.6 : 1
G-585	360	2.17	25	34	300	4.9	4.8 : 1
造粒料							
G307	760	2.16	740	31	275	2.8	2.7 : 1
G-311	760	2.17	600	31	275	2.8	2.7 : 1
G-320	695	2.17	430	31	330	2.9	
G-350	930	2.16	380	29	300	2.3	
柱塞挤出料							
G201	600	2.16	575	17	350	7.5	

（4）大金公司悬浮 PTFE 树脂 Polyflon® 牌号和性质表

Fine cut powder 细粒度料 3 个品级，Free Flow 造粒料 4 个品级，Ram Extrusion 柱塞挤出专用料 1 个品级，改性悬浮 PTFE3 个品级。

Polyflon®	体积密度 /(g/L)	相对密度	平均粒径 /μm	扯断强度 /MPa	伸长率 /%	收缩率 /%
细粒料						
M12	290	2.17	25	47	370	
M14	425	2.16	150	32	350	
M15	380	2.17	30	46	360	
造粒料						
M25	840	2.16	640	20	220	
M31	670	2.17	700	46	350	
M32	790	2.17	700	43	350	
M33	830	2.17	250	40	350	
柱塞挤出料						
M24	600	2.15	400	20	250	
Modified						
M111		2.17		26	525	
M112	460	2.15				3.5
M137	840	2.16				3.3

（5）Ausimont 公司悬浮 PTFE 树脂 Agloflon® 牌号和性质表

Fine cut powder 细粒度料 6 个品级，Free Flow 造粒料 7 个品级，Ram Extrusion 柱塞挤出专用料两个品级。

Algoflon®	体积密度 /(g/L)	相对密度	平均粒径 /μm	扯断强度 /MPa	伸长率 /%	收缩率 /%	压缩比
细粒料							
F2	440	2.175	20	37	350	2.8	4.9:1
F5	390	2.175	15	39	370	3.0	
F6	370	2.175	15	40	380	3.1	5.9:1
F5/S	430	2.175	15	40	400	3.4	5:1
F7	430	2.175	15	41	400	3.4	5:1
F31	360	2.180	35	35	500	3.9	6:1
造粒料							
A25	650	2.170	650	35	310	2.7	3.3:1
A20	780	2.165	550	35	310	2.6	2.8:1
A27	880	2.170	650	35	310	2.6	2.5:1
A30	910	2.170	750	33	300	2.6	2.4:1
S111	680	2.170	650	37	350	2.8	3.2:1
S121	800	2.170	550	37	350	2.9	2.7:1
S131	910	2.170	650	35	340	2.9	2.4:1
柱塞挤出料							
E2	640	2.150	550	23	340		3.3:1
E2BP	670	2.150	700	25	350		3.2:1

（6）Dyneon 公司悬浮 PTFE 树脂 Hostaflon® 牌号和性质表

Fine cut powder 细粒度料 3 个品级，Free Flow 造粒料 4 个品级，Ram Extrusion 柱塞挤出专用料两个品级，改性悬浮 PTFE3 个品级，改性柱塞挤出专用料两个品级。

Hostaflon®	体积密度 /(g/L)	相对密度	平均粒径 /μm	扯断强度 /MPa	伸长率 /%	收缩率 /%
细粒料						
TF-1702	350	2.16	20	40	580	6.2
TF-1740	380	2.17	40	32	500	3.7
TF-1750	370	2.16	20	42	450	4.3

续表

Hostaflon®	体积密度 /(g/L)	相对密度	平均粒径 /μm	扯断强度 /MPa	伸长率 /%	收缩率 /%
造粒料						
TF-1620	870	2.15	220	34	400	3.0
TF-1641	830	2.15	425	33	400	2.7
TF-1740	830	2.15	425	32	350	2.6
TF-1750	800	2.16	650	25	400	3.4
柱塞挤出料						
TF-1502	670	2.16	800	30	400	10.5
TF-1101	650	2.15	600	21	350	8.5
改性料						
TFM-1700	400	2.16	20	32	650	6
TFM-1705	420	2.16	25	31	580	5.4
TFM-1600	850	2.16	425	32	650	3.5
改性柱塞挤出料						
TF-1105	845	2.16	760	21	250	8.5
TF-1615	750	2.16	800	25	400	10.5

2. 国外分散 PTFE 树脂牌号

（1）国外公司生产的按压缩比分类的分散 PTFE 树脂牌号

压缩比	DuPont Teflon®	旭硝子 Fluon®	Dyneon Hostaflon®	大金 Polyflon®	Ausimont Algoflon®
<100	603J,604J,601A 602A,613A	CD-147	TF-2029	F-103	DF-200
<300	637N,669N,65N	CD-141,CD-126	TF-2021,TF-2027	F-301	DF-210, DF-280X
<800	60A,67A	CD-123	TF-2025,TF-2026	F-104	DF-1
<1600	6C,62,636N,600A	CD-086,CD-1, CD-014	TFM-2001 TF-2053,TF2071	F-302,F-303	DF-380, DF-381X
<3000	6C,640J	CD509			
<4400	6C,610A,CFP-6000 614A,60A,600A	CD-076,CD-090 CD506	TF-2072	F-201,F-203	DFC

（2）DuPont 公司 PTFE 分散树脂的品级和性质表

Teflon®	压缩比范围	相对密度	平均粒径/μm	热不稳定性指数(TII)	拉伸空隙指数(SVI)	挤出压力(括号内为压缩比条件)/MPa	体积密度/(g/L)
601A	25～150	2.15	550			44.8(400∶1)	
602A	25～150	2.16	550			37.3(400∶1)	
613A	25～150	2.15	500	<15		41.4(400∶1)	
612A		2.16	450	<15	<75	24(400∶1)	
65N	30～300	2.16～2.18	525～825			6～9(100∶1)	
669N	10～300	2.18	470			7.6(100∶1)	500
637N	10～500	2.175	500			9.5(100∶1)	
638RFF-N	10～500	2.170	650	<20		7.4(100∶1)	530
67A	10～500	2.22	500			11(100∶1)	400
62	100～1200	2.16	500				475
636N	100～1200	2.21	460			6.9(100∶1)	480
60A	250～4400	2.20	425				475
6C	100～4400	2.17	450				495
600A	100～1200	2.20	550			9(100∶1)	500
610A	250～2500	2.17	450	<15	<200	48.3(1600∶1)	
640J	250～2500	2.17	400			34.5(1600∶1)	
CFP-6000	250～4400	2.175	450	<15		41.4(1600∶1)	510
614A	250～4400	2.175	450	<15		34.5(1600∶1)	510

注: 热不稳定性指数（Thermal instability index）、 拉伸空隙指数（Stretch void index）参见 ASTM D4894-07 Standard Specification for Tetrafluoroethylene.

（3）旭硝子公司 PTFE 分散树脂的品级和性质表

Fluon®	压缩比范围	相对密度	平均粒径/μm	热不稳定性指数(TII)	拉伸空隙数(SVI)	挤出压力(压缩比 900∶1)/MPa	体积密度/(g/L)
CD-147	25～150						
CD-141	30～300						
CD-126	10～300	2.19	575			138	475
CD-123	10～800	2.17	500			114	500
CD-1	30～1000	2.205	550			90	500
CD-086	200～1500	2.15	500	5	57	82.8	475
CD-014	30～1500		550			76	500
CD-509	800～3000	2.19	500			60	500
CD-506	800～4000		500			41.4	500
CD-076	250～4400	2.19				46.9	490
CD-090	800～4000	2.19	500		177	48.3	475

（4）大金公司 PTFE 分散树脂的品级和性质表

Polyflon®	压缩比范围	相对密度	平均粒径/μm	扯断强度/MPa	伸长率/%	挤出压力(压缩比)/MPa	体积密度/(g/L)
F-103	<100		450				600
F-301	<100						
F-104	<1000		500				450
F-302	<1200						
F-303	<1200						
F-203	<4000	2.17				34.5(1600:1)	
F-201	<4000	2.18	450			40.5(1600:1)	450

（5）Dyneon 公司 PTFE 分散树脂的品级和性质表

Hostafluon®	压缩比范围	相对密度	平均粒径/μm	扯断强度/MPa	伸长率/%	挤出压力(压缩比)/MPa	体积密度/(g/L)
TF-2029	5~100	2.15	500	30	380	50(400:1)	500
TF-2021	20~300	2.15	500	30	380	30(400:1)	500
TF-2027	30~300						
TF-2025	20~600	2.15	500	22	380	38(400:1)	470
TF-2026	10~800	2.195	480			13(100:1)	480
TF-2053	100~1200	2.15	450	24	390	63(1600:1)	
TFM-X2001	100~1200						
TF-2071	20~1600	2.16	450	24	390	60(1600:1)	450
TF-2072	400~4000	2.17	450	24	390	40(1600:1)	450

（6）Ausimont 公司 PTFE 分散树脂的品级和性质表

Algofluon®	压缩比范围	相对密度	平均粒径/μm	扯断强度/MPa	伸长率/%	挤出压力(压缩比)/MPa	体积密度/(g/L)
DF200	25~150						
DF1			500				540
DF210	30~300	2.16	500	30	300	8(100:1)	500
DF230X	30~300	2.16	500	30	300	9(100:1)	500
DF280X	30~450	2.16	350	30	300	6(100:1)	500
DF380	30~1100	2.16	350	30	375	16(400:1)	450
DF381X	80~1100	2.15	350	30	375	24(400:1)	450
DFC	250~4400						

3. 国外 PTFE（浓缩）分散液牌号

（1）DuPont PTFE 浓缩分散液牌号和性质

Teflon® 项目	30	30B	35	B	304A	305A	306A	307A	308A	313A	33
固含量/%	60	60	32	61	45	60	60	60	25	60	3.5
非离子型表面活性剂含量/%			2.5(阴离子型)		6	8	6	6	0.9	7	0.22
平均粒径/μm	0.22	0.22	0.05~0.5	0.22	0.22	0.22	0.22	0.16	0.2	0.22	1.22
相对密度（20℃）	1.5	1.5	1.22	1.44	1.33	1.5	1.5	1.5	1.16	1.5	
黏度（25℃）/mPa·s	20	20		1700(35℃)	20	20	20	20	6	20	
pH（最低）	9.5	9.5	4	8.5	9.5	9.5	9.5	9.5	9.5	9.5(最低)	9.5(最低)
聚合物熔点/℃	337/327	337/327		337/327	337/327	337/327	337/327	337/327	337/327	337/327	337/327

（2）旭硝子（原 ICI）PTFE 分散液牌号和性质

Fluon® 项目	AD-1	AD-1HT	AD-1L	AD-1S	AD-2	AD-057	AD-059	AD-584
固含量/%	60	59~62	59~62	44~46	55	25~30	25~30	32~34
非离子型表面活性剂含量/%	7	7~8	5~6	3~4	2.5	0	0	2~3
平均粒径/μm	0.2				0.1~0.2			
黏度（25℃）/mPa·s	19							
pH	9		9(最低)	9(最低)		4(最低)	4(最低)	4(最低)

Fluon® 项目	AD-133	AD-502	AD-639	AD-704	AD-730
固含量/%	31~34	25~30	58	23~27	59~62
非离子型表面活性剂含量/%	3~4	0.5~1.5	10	0.5~1	6.5~7.5
平均粒径/μm			0.3		
pH	9(最低)	4(最低)		4(最低)	9(最低)

（3）大金 PTFE 分散液牌号和性质

Polyflon® 项目	D-1	D-2	D-2C	D-3
固含量/%	60	60	60	60
非离子型表面活性剂含量/%	7	6	6	6
平均粒径/μm	0.2~0.4	0.2~0.4	0.2~0.4	0.2
相对密度（20℃）	1.5	1.5	1.5	

续表

Polyflon® 项目	D-1	D-2	D-2C	D-3
黏度（25℃）/mPa·s	25	25	25	
pH（最低）	9~10	9~10	9~10	
聚合物熔点/℃	335	335	335	

注：D-1 主要用于防黏涂层，填充，薄膜浇铸；D-2,D-2C 主要用于玻璃纤维浸渍。

（4）Dyneon PTFE 分散液牌号和性质

Hostaflon® 项目	TF 5032	TF 5033	TF 5034	TF 5035	TF 5039	TF 5135	TF 5136	TF 5137	TF 5140	TF 5141	TF 5235	PFA 6900
聚合物	PTFE	PTFE	PTFE	PTFE	PTFE	PTFE	PTFE	PTFE	PTFE	PTFE	PTFE	PFA
固含量/%	60	35	61	58	55	58	59	58	55	60	60	60
非离子型表面活性剂含量/%	5	4	3	5 离子型	10	5	4	7	11	8	6	5
平均粒径/μm	0.18	0.18	0.14	0.25	0.25	0.3	0.24	0.2	0.15	0.3	0.23	0.25
密度/(g/cm³)	1.5	1.25		1.5	1.4							
黏度（20℃）/mPa·s			16			10	22	85	55	500	35	5
pH	8.5	10		8.5	8.5	11	11	10	9	9.5	8	2.5

（5）Ausimont PTFE 分散液牌号和性质

Algoflon® 项目	D60/G	D60/G6	D60 FX	D60 EXP1	D3310	D60/A	D60/27	D60/EXP96	D3310
固含量/%	60	57.5	60	61	58	60	60	59	59
非离子型表面活性剂含量/%	3.75	5.6	3	3.8	3.5	3	2.75	3	3
平均粒径/μm	0.24	0.24	0.24	0.24	0.24	0.24	0.24	0.24	0.24
相对密度（20℃）	1.51	1.49	1.52	1.53	1.50	1.52	1.52	1.50	1.50
黏度（25℃）/mPa·s	26		25	30	30		25	16	15
pH（最低）	9	9	9	9	9	9	9	9	9
电导率/(μS/cm)	700	600	600	750	1100	700	650	1300	1300

4. 国外 PCTFE 树脂牌号

（1）Honeywell（Allied-Signal）生产的 PCTFE 分散液的牌号和性质（Aclon®，原 Allied-Signal 品牌）

性　质	404	400A	400LT
外观	乳白色	乳白色	乳白色
固含量/%	46～50	46～50	46～50
表面活性剂类型	非离子型	非离子型	非离子型
表面张力/(10^{-3}N/m)	30～40	30～40	30～40
平均粒径/μm	0.1～0.2	0.1～0.2	0.1～0.2
密度(25℃)/(g/mL)	2.1～2.16	2.1～2.16	2.1～2.16
黏度(25℃)/mPa·s	5～10	5～10	5～10
pH	9～10	9～10	9～10
涂装温度(1～2min)/℃	210～250	100～200	180～200
涂层特征	刚性最高	柔性	刚性
耐药性	耐大多数化学品	耐药性最差	中等

（2）大金生产的 PCTFE 分散液的牌号和性质（Neoflon®）

a. 产品牌号

产品牌号	ZST/s	表观密度/(g/L)	流动指数/(L/s)	型态
M-300	200～300	600	1.3	粉(10～60目)
M-300H	200～300	950	1.3	粒状粉
M-300P	200～300	1100	1.3	片
M-400H	301～450	950	0.3～0.8	粒状粉
M-400P	301～450	1100	0.3～0.8	片

注：ZST 即零强度时间（zero strength time）。

b. 大金生产的 PCTFE 树脂的物理性质

性　质	用于测试的 ASTM 标准	M-300H	M-400H
ZST/s	D1430	200～300	301～450
相对密度	D792	2.10～2.17	2.10～2.17
拉伸强度/MPa	D638	32～38	34～40
断裂伸长率/%	D638	50～200	100～250
拉伸弹性模量/MPa	D638	1300～1500	1200～1400
1%应变时的压缩强度/MPa	D695	40～45	67～72
弹性压缩模量/MPa	D695	1400～1600	1200～1400
弯曲强度/MPa	D790	69～74	67～72
弯曲弹性模量/MPa	D790	1600～1900	1400～1700
冲击强度/(ft·lb/in)	D256	2.5～3.5	2.5～3.5
邵氏 D 硬度		75～85	75～85
7MPa 载荷下 24h 的变形/% 　25℃ 　80℃ 　100℃	D621	<0.2 1.7～1.9 7.0～9.0	<0.2 1.4～1.6 4.5～6.5

注：1ft·lb/in=53.37J/m。

5. 国内 PTFE 树脂牌号

（1）上海三爱富新材料股份有限公司生产的 PTFE 树脂牌号

PTFE 树脂 FR	品级牌号	体积密度/(g/L)	平均粒径/μm	比表面/(m²/g)		熔点/℃		用途	
PTFE 树脂微粉	FR002A	400	5	10		327			

	品级牌号	体积密度/(g/L)	平均粒径/μm	拉伸强度/MPa	断裂伸长率/%	熔点/℃	SSG	热不稳定指数	介电强度/(MV/m)
悬浮 PTFE 树脂	FR101-1	470	140	30.0				10	100
	FR101-2	470	140	30.0	370	327	2.16	20	—
	FR101-3	500	140	30.0				20	—
	FR102①	800	500	26	280	327	2.16	收缩率 3%	70
	FR103-1②	650	400	—	—	327	—	—	—
	FR103-2	540		—	—	327	—	—	—
	FR104-1③	380	25	32.0	400	327	2.16	20	—
	FR104-2		50	32.0	300			20	—
	FR104-3		25	32.0	450			10	100
	FR104-4		25	35.0				20	—
分散 PTFE 树脂	FR202A-1	500	400	20	500	327	2.20	20	挤出压力MPa. 9.7
	FR202A-2			23	450				
	FR203A	500	500	34	420	327	2.18	10	13

	品级	PH	黏度/Pa·s	表面活性剂含量/%	熔点/℃	SSG	平均粒径/μm	固含量/%
PTFE 分散乳液	FR303A④	9	18×10⁻³	5		2.19	—	60
	FR301B	9	25×10⁻³	5	327	2.20	—	60
	FR301G	9	15×10⁻³	5		2.20	—	60
	FR302	9	15×10⁻³	5		2.20	0.18	61

① 造粒料。
② 预烧结料。
③ FR104-1,2,3,4 细粒料，FR104-3 电气绝缘用，FR104-4 高强度模压制品用。
④ FR303A 是用少量共聚单体改性的改性 PTFE 树脂制成的浓缩乳液。

（2）中昊晨光化工研究院生产的 PTFE 树脂牌号

PTFE 树脂	品级牌号	体积密度 /(g/L)	平均粒径 /μm	用途
CGM 悬浮 PTFE 树脂中粒度树脂	CGM031A	454	110	普通模压制品
	CGM031B	418	85	车削板，模压和液压制品
	CGM031C	486	150	普通模压制品
CGM 悬浮 PTFE 树脂细粒度树脂	CGM021-DJX	416	40	车削板，模压制品
	CGM021-16F	380	24	填充制品
晨光二代 PTFE 树脂（改性悬浮树脂）	CGM011A	350	40	普通模压制品
	CGM011B	406	90	车削板，模压和液压制品
	CGM011C	454	150	普通模压制品
CGF 分散 PTFE 树脂生料带用树脂	CGF-206	520	568	高密度无油窄带
	CGF-207	460	580	低密度无油窄带
	CGF-208	456	725	高密度无油宽带
	CGF-218	474	644	低密度无油宽带
CGF 分散 PTFE 树脂挤管用树脂	CGF-238	500	620	推压中粗管
	CGF-268	460	500	推压细管
	CGF-288	450	500	推压毛细管
CGF 分散 PTFE 树脂高分子量	CGF-216	510	630	适用双拉膜
	CGF-219	480	560	适用纤维制品
CGFF PTFE 树脂造粒料	CGFF101	722	600	自动模压制品，模压和液压制品
	CGFF102	720	800	
	CGFF201	900	450	
	CGFF202	910	750	
CGPS PTFE 树脂预烧结料	CGPS-101	550	530	柱塞挤出管、棒
	CGPS-102	540	750	
	CGPS-201	760	500	
	CGPS-202	750	740	
CGUF PTFE 树脂微粉	CGUF-201A	308	2~3（激光法）	润滑剂、脱模剂、橡塑添加剂
	CGUF-201B	356	4.3（激光法）	
	TL-160	380	0.3~0.4（电镜法）	

SFN PTFE 乳液	牌号	密度 /(g/cm³)	运动黏度 /(mm²/s)	粒径 /μm	用途
SFN PTFE 乳液	SFN-1	1.51	10	0.20	浸渍、喷丝、涂料
	SFN-J	1.51	11	0.21	浸渍
不含 PFOA 的 SFN 乳液	SFN-2	1.51	18	0.19	浸渍、涂料

（3）浙江巨化股份有限公司生产的聚四氟乙烯树脂牌号

PTFE树脂	品级牌号	体积密度/(g/L)	平均粒径/μm	拉伸强度/MPa	断裂伸长率/%	熔点/℃	SSG	热不稳定指数	介电强度/(MV/m)	
PTFE悬浮中粒度树脂	JF-G90(1)	400～600	60～100	≥25.5	≥250	322～332	2.13～2.16	≤50	≥60	
	JF-G90(2)			≥22.5					—	
	JF-G120(1)	400～600	101～160	≥25.5	≥250	322～332	2.13～2.16	≤50	≥60	
	JF-G120(2)			≥22.5					—	
PTFE悬浮细粒度树脂	JF-4TM	300～550	30±5	≥37.5	≥320	322～332	2.13～2.19	≤30		
	JF-G25	300～500	21～25	≥37.5	≥400	322～332	2.13～2.19	—		
	JF-G20	200～400	10～20					—		
	JF-4TN-S	300～550	30±10	≥35	≥320	322～332	2.13～2.19	≤30	—	
PTFE悬浮树脂造粒料	JF-4A1 一等	600～900	600～900	≥27.5	≥275	322～332	2.13～2.18	≤30	自然坡度角/(°)	≤30
	JF-4A1 合格							≤30		≤35
	JF-4A2 一等	400～600	400～600	≥25.5	≥275	322～332	2.13～2.18	≤30		≤30
	JF-4A2 合格			≥22.5				≤30		≤35
	JF-4A3 一等	600～900	600～900	≥25.5	≥275	322～332	2.13～2.18	≤30		≤30
	JF-4A3 合格							≤30		≤35
PTFE分散树脂	JF-4DN	450±100	650±250	≥24	≥350		≥2.140～2.230	≤50	挤出压力,MPa	
									9.7±4.2	
	JF-4D	375～575	650±250	≥28	≥350		≥2.140～2.190	≤50	9.7±4.2	
PTFE分散树脂（填充料）	JF-4D-G（石墨）	450±100		≥12	≥150		2.14～2.20			
	JF-4D-C（彩色）	450±100		≥12	≥350		2.17～2.20			

	品级	固含量/%	表面活性剂含量/%	黏度/mPa·s	pH值	用途
PTFE分散乳液	JF-4DCB1	58～62	5.0～7.0	—	8～10	玻纤、网格布浸渍
	JF-4DCB2	58～62	4.0～7.0	20～40	8～10	玻纤浸渍
	JF-4DCD	58～62	4.0～7.0	20～40	8～10	浸渍、不粘涂料
	JF-4DC-A	58～62	2.0～4.0	10～35	8～10	玻纤浸渍、涂料
	JF-4DC-W	58～62	7.0～10.0	20～50	8～10	玻纤浸渍、涂料

（4）山东东岳高分子材料有限公司生产的聚四氟乙烯树脂牌号

聚四氟乙烯树脂		体积密度/(g/L)	相对密度	平均粒径/μm	扯断强度/MPa	伸长率/%	收缩率/%	其他
悬浮聚四氟乙烯细粒树脂	DF-16A	350	2.16	20	35	350	3.8	
	DF-16D/16T/17A/17B							
	DF-16A-30	400	2.16	35	35	350	3.6	
	17A-30/17B-30							
悬浮聚四氟乙烯造粒树脂	DF-31A	900	2.16	600	20	200		
	DF-31B	900	2.16	400	20	200		
	DF-31D	850	2.16	700	20	200		
		700	2.16	600	35	360		
悬浮聚四氟乙烯柱塞挤出用料	DF-22	600						
	DF-22A	550						
其他（高表观密度）	DF-101，102							

分散聚四氟乙烯树脂	品级牌号	体积密度/(g/L)	相对密度	平均粒径/μm	热不稳定性指数（TI）	挤出压力（括号内为压缩比条件）/MPa	压缩比范围
	DF-201	470	2.2	550	20	9～11(100:1)	10～100
	DF-203	470	2.18	500	15	9～11(100:1)	10～300
	DF-204	470	2.17	500	15	9～11(100:1)	10～400
	DF-2046	400		500		20～30(400:1)	100～1600

分散聚四氟乙烯浓缩乳液	品级牌号	DF-301	F-302
	固含量/%	60	60
	非离子型表面活性剂含量/%	4～6	4～6
	平均粒径/μm	0.18	0.20
	相对密度（20℃）	1.5	1.5
	布氏黏度(25℃)/mPa·s	15～30	15～30
	pH值（最低）	8	8
	聚合物熔点/℃	337/327	337/327

附录2 可熔融加工氟树脂的牌号

1. 国外 FEP 树脂牌号和性质

（1）美国 DuPont 公司生产的 FEP 树脂牌号和性质

Teflon®	熔体流动指数/(g/10min)	熔点/℃	相对密度	拉伸强度(23℃)/MPa	断裂伸长率(23℃)/%	介电常数(10⁶Hz,23℃)	介质损耗因子(10²~10⁶Hz,23℃)
100	7	255~265	2.13~2.17	23	325	2.02	0.0007
140	2.8	266	2.14	31	345	2.05~2.06	0.0003~0.0006
160	1.2	263	2.14	34	320	2.05	0.0003~0.0006
5100	22	264		21	310	2.01	0.00006~0.0005
5101	22	255~265	2.13~2.17	23	350	2.02	0.0007
TE-9050	7	255~265	2.13~2.17	23	325	2.02	0.0007
CJ-95N	5	255	2.13~2.17	26	300	2.02	0.0007
100N	6.4~7.2	265	2.14	21	300	2.1	0.0002~0.001
TE-9305	3	255	2.12~2.17	30	300	—	0.0002~0.001
TE-9335N	5	255	2.12~2.17	26	300	2.1	0.0002~0.001
100J	7	255~265	2.13~2.17	27	380	2.02	0.0007
140J	3	255~265	2.13~2.17	31	360	2.02	0.0007
5100J	22	255~265	2.13~2.17	25	370	2.01	0.0005
CX-5010①	6.4~7.5						
FR5020②	19~25						
CX-5010N①	6.4~7.5						

① 在 Teflon®100 基础上制造的发泡级粒料。
② 在 Teflon®5100 基础上制造的发泡级粒料。

（2）日本大金公司生产的 FEP 树脂牌号和性质

Neoflon®	熔体流动指数/(g/10min)	表观密度/(g/mL)	熔点/℃	相对密度	拉伸强度(23℃)/MPa	断裂伸长率(23℃)/%	介电常数(23℃,10⁶Hz)	介质损耗因子(23℃,10²~10⁶Hz)	平均粒径/μm
NP-12X	15.6~20	1.2	245~255	2.12~2.17	19.6~34.3	300~400	2.1	0.00006~0.0005	—
NP-20	4.5~8.5	1.2	265~275	2.12~2.17	19.6~34.3	300~400	2.1	0.00006~0.0005	—
NP-21	5~7.5	1.2	270	2.15	18.6~21.6	250~330	2.1	0.00006~0.0005	—
NP-30	2~3.5	1.2	265~275	2.12~2.17	19.6~34.3	300~400	2.1	0.00006~0.0005	—
NP-40	0.75~1.8	1.2	265~275	2.12~2.17	19.6~34.3	300~400	2.1	0.00006~0.0005	—
NP-101	21~27	—	250~260	2.12~2.17	19.6~34.3	300~400			—
NP-120	6	—	260	2.12~2.17	31	371			—
NP-130	2.8	—	255	2.12~2.17	32.1	374			—
NC-1500①	0.8~1.5	0.45~0.65	265~275			—		—	20~90
NC-1539②③	0.8~1.5	0.45~0.65	265~275			—		—	20~90

① 涂料专用粉料。
② 黑色粉料。
③ 旋转模塑专用粉料。

2. 国产 FEP 树脂牌号和性质

（1）上海三爱富新材料股份有限公司生产的 FEP 树脂牌号

聚全氟乙丙烯 FEP 品级 / 项目	FR460	FR461	FR462	FR468	FR463
熔体流动指数/(g/10min)	7.0	3.0	1.5	15.0	固含量50%（质量分数）
拉伸强度/MPa ≥	27	30	32	23	pH=8
断裂伸长率/% ≥	300	300	320	300	
相对密度	2.14	2.14	2.14	2.14	
熔点/℃	260	260	260	257	
介电常数（10⁶Hz）	2.1	2.1	2.1	2.1	
介质损耗因素（10⁶Hz）	$3.0×10^{-4}$	$3.0×10^{-4}$	$3.0×10^{-4}$	$4.0×10^{-4}$	表面活性剂含量6%
挥发分/%	0.05	0.05	0.05	0.07	
耐热应力开裂	—	不裂	不裂	—	
用途	挤出	通用级	模压	高速挤出	浸渍、涂料

注：另有静电喷涂专用粉末涂料用树脂，MFR 10。

（2）浙江巨化股份有限公司生产的 FEP 树脂牌号

性质 \ 牌号	FJP-T1	FJP-T2	FJP-T3	FJP-T4	FJP840	FJP830	FJP820	FJP810
熔体流动指数	15~32	6~14	3~7	3~7	1~2	3~7	6~14	15~32
拉伸强度/MPa ≥	19.0~25.0	23.0~32.0	23.0~32.0	23.0~32.0	30.0~36.0	23.0~32.0	23.0~32.0	19.0~25.0
断裂伸长率/% ≥	270~310	300~330	300~330	300~340	300~350	300~330	300~330	275~310
相对密度	2.12~2.17	2.12~2.17	2.12~2.17	2.12~2.17	2.12~2.17	2.12~2.17	2.12~2.17	2.12~2.17
熔点/℃	260±15	265±15	265±15	265±15	265±15	265±15	265±15	260±15
介电常数（10^6Hz）	1.86~1.93	1.86~1.93	1.86~1.93	1.86~1.93	1.86~1.93	1.86~1.93	1.86~1.93	1.86~1.93
介质损耗因数（10^6Hz）	$(5.0~7.0)×10^{-4}$	$(5.0~7.0)×10^{-4}$	$(5.0~7.0)×10^{-4}$	$(5.0~7.0)×10^{-4}$	$(5.0~7.0)×10^{-4}$	$(5.0~7.0)×10^{-4}$	$(5.0~7.0)×10^{-4}$	$(5.0~7.0)×10^{-4}$

高纯度高速挤出 PFE 品级和发泡 FEP 品级

项目 \ FEP 品级	FJC-XHO1	FJC-XHO2	发泡品级	FJC-FP910	FJC-FP920	FJC-FP930
熔体流动指数/(g/10min)	20~30	6~14	熔体流动指数	6.5~8.5	13~15	26~32
拉伸强度/MPa ≥	21.0~25.0	24.0~32.0	拉伸强度/MPa ≥	≥28.0	≥26.0	≥22.0
断裂伸长率/% ≥	300~340	300~330	断裂伸长率/% ≥	≥300	≥300	≥300
相对密度	2.12~2.17	2.12~2.17	相对密度	—	—	—
熔点/℃	265±10	265±10	熔点/℃	262±5	262±5	262±5
介电常数（10^6Hz）	1.86~1.93	1.86~1.93	介电常数（10^6Hz）	≤0.0006（未发泡）		≤0.00034（发泡）
介质损耗因素（10^6Hz）	$(5.0~6.0)×10^{-4}$		发泡率/%	10~65		
			适用壁厚/mm	0.7~5.2	0.4~1.6	0.10~0.75
			对应杜邦牌号	CX-5010	TE-9620	TE-9610

（3）山东东岳高分子材料有限公司生产的 FEP 树脂牌号
聚全氟乙丙烯粒料有 4 个品级

项目	DS600		DS601	DS602	DS608			
	A	B			A	B	C	D
外观	半透明粒子，其中不得夹带金属屑和砂粒等杂质，含有可见黑点的粒子百分数不超过6%							
熔体流动指数 /(g/10min)	4.1～8.0	8.1～12.0	2.1～4.0	0.8～2.0	16.1～20.0	20.1～24.0	24.1～28.0	12.1～16.0
拉伸强度 /MPa≥	21		25	27	20	18	16	20
断裂伸长率 /% ≥	300		300	320	300	270	250	300
相对密度	2.14、2.17							
熔点/℃	265±10							
介电常数 (10^6Hz)	2.15							
介质损耗因数 (10^6Hz)	$7.0×10^{-4}$							
挥发分/%	0.1							
耐热应力开裂	—		不裂	不裂	—			
用途	挤出加工用通用型树脂		耐热应力开裂挤塑料	耐热应力开裂模塑料	挤出加工用通用型树脂，特别适用于高速挤出小口径导线绝缘材料			

聚全氟乙丙烯粉料有 2 个品级。

项目	DS605	DS606
外观	白色粉末	
熔体流动指数/(g/10min)	＜0.8	0.8～2.0
用途	模压制作泵阀的衬里、也可与 PTFE 混合成氟合金用	

聚全氟乙丙烯浓缩液有 2 个品级

项 目	DS603A	DS603B
外观	乳白色或淡黄色液体	
熔体流动指数/(g/10min)	0.8～3.5	3.6～10
固含量/%	50±2	
表面活性剂含量/%	6±1	
pH	8±1	
用途	涂覆、浸渍用	

3. 国外 PVDF 树脂牌号和性质

（1）Ausimont 生产的 PVDF 树脂牌号和性质

PVDF 树脂 Hylar® / 项目	熔点 /℃	相对密度	拉伸强度 (23℃) /MPa	断裂伸长率 (23℃) /%	弯曲模量/GPa	冲击性能 (23℃)/(J/m)	
						埃桌 (缺口)	无缺口
400/461	162	1.75~1.77	45~50	50~250	1.5	106~212	800~2000
MP-10/10-1	165~168	1.77~1.79	51~57	50~250	2	100~200	>1500
MP-20/20-1	165~168	1.77~1.79	49~55	50~250	2	100~200	不断裂
5000[1]	156~160	1.75~1.76	—	—	—	—	—
5000HG[1]	164~167	1.75~1.76	—	—	—	—	—
301F[2]	—	—	—	—	—	—	—

PVDF 树脂 Hylar® / 项目	体积电阻 /Ω·m	介电强度 (3.2mm 厚) /(kV/mm)	介电常数(23℃)			介质损耗因子(23℃)			平均粒径(海格曼研磨[3]，分散液)
			60Hz	10^3 Hz	10^6 Hz	60Hz	10^3 Hz	10^6 Hz	
400/461	1.1×10^{15}	10.4	7.2	7.3	6.0	0.03	0.015	0.16	—
MP-10/10-1	1.1×10^{15}	13	6.9	6.6	5.6	0.033	0.013	0.158	—
MP-20/20-1	1.1×10^{15}	12.4	6.8	6.9	6.0	0.032	0.013	0.158	—
5000[1]	—	—	—	—	—	—	—	—	5.5B
5000HG[1]	—	—	—	—	—	—	—	—	5.5B
301F[2]	—	—	—	—	—	—	—	—	—

① 用于建筑涂料的粉料形态。
② 涂料应用的粉末。
③ 遵照 ASTM 方法标准 D1210。

（2）Atofina① 公司生产的 PVDF 树脂牌号和性质

PVDF 树脂 Kynar® / 项目	熔点 /℃	相对密度	拉伸强度 (23℃) /MPa	断裂伸长率 (23℃) /%	弯曲模量 /GPa	压缩强度 (23℃) /MPa	冲击性能 (23℃)/(J/m)	
							埃桌 (缺口)	无缺口
PVDF 均聚树脂								
460	155~160	1.75~1.77	31~52	50~250	1.14~1.79	55~69	107~214	800~2140
710	165~170	1.77~1.79	31~45	50~250	1.17~2.24	69~110	160~427	1068~4270
720	165~170	1.77~1.79	31~45	50~250	1.17~2.24	69~110	160~427	1068~4270
730	165~170	1.77~1.79	31~45	50~250	1.17~2.24	69~110	160~427	1068~4270

PVDF 树脂 Kynar® \ 项目	熔点 /℃	相对密度	拉伸强度 (23℃) /MPa	断裂伸长率 (23℃) /%	弯曲模量 /GPa	压缩强度 (23℃) /MPa	冲击性能 (23℃)/(J/m)	
							埃桌（缺口）	无缺口
740	165~170	1.77~1.79	31~45	50~250	1.17~2.24	69~110	160~427	1068~4270
760	165~170	1.77~1.79	31~45	50~250	1.17~2.24	69~110	160~427	1068~4270

PVDF 共聚树脂（Kynar® Flex）

3120-50	166			>100	0.69			
2850	152	—	—	>50	1.0	—	—	—
2800	142	—	—	>100	0.65	—	—	—

PVDF 树脂 Kynar® \ 项目	体积电阻 /Ω·m	介电强度 (0.126mm 厚)/(kV/mm)	介电常数 (23℃)		介质损耗因子 (23℃)		熔体流动指数 (232℃)/(g/10min)	
			10^2 Hz	10^5 Hz	10^2 Hz	10^5 Hz	载荷 12.5kg	载荷 21.6kg

PVDF 均聚树脂

460	1.5×10^{14}	67	10.14	9.05	0.051	0.050	0.9~2.3	4~11
710	1.5×10^{14}	63	—	—	—	—	18~48[②]	—
720	1.5×10^{14}	63	8.30	7.85	0.030	0.052	49~123	11~30[②]
730	1.5×10^{14}	63	9.98	9.20	0.036	0.039	14~24	51~85
740	1.5×10^{14}	63	8.55	9.20	0.034	0.058	6~9	23~33
760	1.5×10^{14}	63	10.46	9.61	0.040	0.044	3~4.5	12~17

PVDF 共聚树脂（Kynar® Flex)）

3120-50	2.0×10^{14}	—	7.5~10.5	—	0.02~0.05	—	—	—
2850	2.0×10^{14}	—	7.5~10.5	—	0.02~0.05	—	—	—
2800	2.3×10^{14}	—	7.5~10.5	—	0.02~0.05	—	—	—

① Atofina 现改为 Arkema。
② 载荷 5kg。

（3）Solvay 公司生产的 PVDF 均聚树脂牌号和性质

Solef®	熔体流动指数 (230℃,5kg)/(g/10min)	熔点 /℃	相对密度	拉伸强度 (23℃) /MPa	断裂伸长率 (23℃)/%	弯曲模量 /GPa	拉伸模量 /GPa	无缺口冲击性能 (23℃)/(J/m)
1008	8	174	1.78	35~50	20~50	2.2	2.6	55
1010	2	174	1.78	35~50	20~50	2.1	2.5	110
1012	0.5	174	1.78	35~50	20~50	2	2.4	150
1015	—	174	1.78	35~50	20~50	2	2.3	385

Solvay 公司生产的 PVDF 共聚树脂牌号和性质（VDF 和 HFP）

Solef®	熔体流动指数 (230℃,5kg) /(g/10min)	熔点/℃	相对密度	拉伸强度 (23℃)/MPa	断裂伸长率 (23℃)/%
11008	8	160	1.78	20~40	200~600
11010	2	160	1.78	20~40	200~600
20810	2	150	1.78	20~40	600~750
21508	8	135	1.78	20~40	600~750

Solef®	弯曲模量 /GPa	拉伸模量 /GPa	无缺口冲击性能 (23℃)/(J/m)	容积电阻率 /Ω·m	表面电阻率 /(Ω/m²)
11008	1000	1100	125	>10¹⁴	>10¹⁴
11010	900	1050	170	>10¹⁴	>10¹⁴
20810	600~900	600~900	80	>10¹⁴	>10¹⁴
21508	360~440	360~480	180	>10¹⁴	>10¹⁴

Solvay 公司生产的 PVDF 共聚树脂牌号和性质（VDF 和 CTFE）

Solef®	MFR(230℃,5kg) /(g/10min)	熔点/℃	相对密度	拉伸强度 (23℃)/MPa	断裂伸长率 (23℃)/%
31008	5	168	1.76	>14~30	350~600
31508	5	168	1.76	14~30	350~600
32008	5	168	1.76	14~30	350~600

Solef®	弯曲模量 /GPa	拉伸模量 /GPa	无缺口冲击性能 (23℃)/(J/m)	容积电阻率 /Ω·m	表面电阻率 /(Ω/m²)
31008	850	800	520	5×10¹⁴	3×10¹⁴
31508	425	500	400	5×10¹⁴	3×10¹⁴
32008	200	200	不断裂	1.6×10¹⁵	3×10¹⁴

（4）日本 Kureha（吴羽）公司生产的 PVDF 树脂牌号和性质

项目 \ 吴羽 PVDF 树脂	KF850	KF1000	KF1100	KF1300	KF2950	方法标准
密度/(g/cm³)	1.77~1.79					ASTM D792
特性黏度/(d1g)(30℃,DMF)	0.85	1.00	1.10	1.30	1.05	
熔体黏度(240℃)/Pa·s	1200	2200	3300	5000	2700	ASTM D3535
MFR(230℃,5kg)/(g/10min)	18~26	6~9	2~4	0.6~0.9	4.8	ASTM D1238
熔点/℃	173	173	173	173	173	ASTM D3418
热变形温度/℃	80	79	75	75	72	ISO 75-2

吴羽 PVDF 树脂 项目	KF850	KF1000	KF1100	KF1300	KF2950	方法标准
拉伸屈服强度/MPa	57	57	59	67	54	ISO 59-2
断裂伸长率/%	76	28	36	25	29	
拉伸模量/MPa	2510	2330	2430	2580	2120	
体积电阻/Ω·cm	$10^{15\sim16}$					ASTM 257

4. 国产 PVDF 树脂牌号和性质

（1）上海三爱富新材料股份有限公司生产的 PVDF 树脂

FR900, PVDF	MFR /(g/10min)	熔点 /℃	拉伸强度 /MPa	断裂伸长率 /%	相对密度	硬度 （邵氏 D）	应用
FR901	16	167	40	250	1.77	76	注塑
FR902	10	160	44	280	1.77	75	挤塑
FR903	2	160	75	250	1.77	75	
	MFR /(g/10min)	熔点 /℃	旋转黏度 (0.1g/mL, DMAC)/Pa·s	特性黏度 /(10mL/g)	旋转黏度 (0.1g/g NMP) /mPa·s		应用
FR904	—	160	0.9	1.6	—		流延制膜
FR905	—	160	—	—	2800		锂电池粘接料
	熔体质量流动速率/(g/10min)	熔点 /℃	旋转黏度 /Pa·s(0.1g/ mL,DMAC)	分散细度	相对密度	热分解温度 /℃	应用（烘烤型氟碳涂料基料）
FR9021-1	2.0	158	1500	50	1.77	470	涂料用
FR9021-2				—			电池黏结剂用

（2）浙江巨化股份有限公司生产的 PVDF 树脂牌号

JHR, PVDF	MFR /(g/10min)	熔点 /℃	拉伸强度 /MPa	断裂伸长率/%	密度	硬度 （邵氏 D）	应用
JHR-200	1.0~5.0	162~170	40	250	1.75~1.79	70	—
JHR-300	5.1~25	162~170	40	100	1.75~1.79	70	—
JHR-400	26~45	162~170	40	150	1.75~1.79	70	—

（3）山东东岳高分子材料有限公司生产的 PVDF 树脂牌号

项目	DS201	DS201-2	DS202
外观	白色粉末	白色粉末	白色粉末
气味	无	无	无
分散细度/μm	≤25	过 60 目筛	过 60 目筛

续表

项　目	DS201	DS201-2	DS202
MFR/（g/10min）	0.5～2.0	20～35	—
旋转黏度/mPa·s ≥	—	—	1500
相对密度	1.75～1.77	1.77～1.79	1.74～1.77
熔点/℃	156～165	164～172	156～165
热分解温度/℃ ≥	390	390	390
溶解性	澄清透明，无杂质	—	澄清透明，无杂质
用途	涂料用树脂	粉末涂料用树脂	锂电池黏结剂用树脂

5. 国内外生产的 PFA 树脂牌号

（1）DuPont 公司生产的 PFA 树脂牌号和性质

Teflon®	MFR/（g/10min）	熔点/℃	相对密度	拉伸强度（23℃）/MPa	断裂伸长率（23℃）/%	介电常数（23℃，10^2～10^6 Hz）	介质损耗因素（23℃，10^2～10^6 Hz）
340	14	302～310	2.12～2.17	25	300	2.03	0.0001
340T	14	302～310	2.12～2.17	25	300	2.03	0.0001
345	4.1～8.9	305	2.15	29	300	2.1	0.0002～0.001
350	2	302～310	2.12～2.17	28	300	2.03	0.0001
350T	2	302～310	2.12～2.17	28	300	2.03	0.0001
340J	14	302～310	2.12～2.17	27	400	2.03	0.0001
345J	5	302～310	2.12～2.17	29	380	2.1	0.0002～0.001
350J	2	302～310	2.12～2.17	29	350	2.03	0.0001
440HP（B）	12～15	302～310	2.12～2.17	25	300	2.03	0.0001
440HP（A）	15～18	302～310	2.12～2.17	25	300	2.03	0.0001
440HP（D）	18～21	302～310	2.12～2.17	25	300	2.03	0.0001
445HP	5	302～310	2.12～2.17	26.2	320	2.1	0.0001
450HP	2	302～310	2.12～2.17	28	300	2.03	0.0001
420HP-J	25～38	302～310	2.13～2.18	29	390	2.03	0.0001
440HP-J	12～18	302～310	2.12～2.17	27	400	2.03	0.0001
445HP-J	5	302～310	2.12～2.17	29	380	2.1	0.0001
450HP-J	2	302～310	2.12～2.17	33	360	2.03	0.0001
451HP-J	2	302～312	2.12～2.17	33	360	2.03	0.0001
TE-7016[1]	6	310	2.15	25	330	2.03	0.0001
9724[2]	12	302～310	2.15	25	330	2.03	0.0001
9725[2]	2	302～310	2.12～2.17	26.2	300	2.03	0.0001

① 旋转模压用粉料。
② 蓬松装填的绒毛状料。

DuPont 半导体级 PFA 树脂牌号和性质

Teflon®	MFR /(g/10min)	熔点 /℃	相对密度	拉伸强度 (23℃)/MPa	断裂伸长率 (23℃)/%	体积电阻 /Ω·cm
C-510	17.7	302~310	2.12~2.17	19	100	5~10
C-560	7.6	302~310	2.12~2.17	19	250	5~10
C-580	1.2	302~310	2.12~2.17	19	250	15~25
C-980	1.8~2.5	280	2.10~2.15	22	225	15~25

DuPont 高纯度 PFA 树脂牌号和性质

Teflon® HPPLUS	MFR /(g/10min)	熔点 /℃	相对密度	拉伸强度 (23℃) /MPa	断裂伸长率(23℃) /%	介电常数 (23℃,10^2~10^6 Hz)	介质损耗因素(23℃,10^2~10^6 Hz)
940	14~19	285~300	2.12~2.17	28	320	2.02~2.08	<0.0003
945	3~10	285~300	2.12~2.17	26	275	2.02~2.08	<0.0003
950	1.7~3	285~300	2.12~2.17	28	265	2.02~2.08	<0.0003
RM1	17~26	285~300	2.13	27	780	—	—

（2）Asahi-ICI 生产的 PFA 牌号和性质

Aflon®	MFR /(g/10min)	熔点 /℃	相对密度	拉伸强度 (23℃) /MPa	断裂伸长率(23℃) /%	介电常数 (23℃,10^2~10^6 Hz)	介质损耗因素(23℃,10^2~10^6 Hz)
P-60P	1~3	305~315	2.12~2.17	39	340	<2.1	<0.0003
P-63P	7~18	305~315	2.12~2.17	32	410	<2.1	0.00009
P-60XP	24~36	305~310	2.12~2.17	32	410	<2.1	0.00009

（3）Dyneon 生产的 PFA 牌号和性质

Dyneon PFA	MFR /(g/10min)	熔点 /℃	相对密度	拉伸强度 (23℃) /MPa	断裂伸长率(23℃) /%	介电常数 (23℃,10^2~10^6 Hz)	介质损耗因素(23℃,10^2~10^6 Hz)
PFA6502N	2.1	308	2.15	30	380	2.1	0.00009
PFA6505N	4.6	308	2.15	30	410	2.1	0.00009
PFA6510N	10	308	2.15	27	450	2.1	0.00009
PFA6515N	15	308	2.15	26	450	2.1	0.00009

（4）大金公司生产的 PFA 牌号和性质

Neoflon®	MFR /(g/ 10min)	熔点 /℃	相对密度	拉伸强度 (23℃) /MPa	断裂伸 长率 (23℃) /%	介电常数 (23℃ , $10^2 \sim 10^6$ Hz)	介质损 耗因素 (23℃ , $10^2 \sim 10^6$ Hz)	平均 粒径 /μm
AP-201	18 ~ 30	301	2.14 ~ 2.16	21.6	300	—	—	
AP-201SH	20 ~ 30	301	2.14 ~ 2.16	21.6	300	—	—	
AP-210	10 ~ 17	300 ~ 310	2.14 ~ 2.16	25.4 ~ 30.4	350 ~ 450	2.1	0.00001 ~ 0.0003	
AP-211	10 ~ 18	302 ~ 310	2.14 ~ 2.17	27.4 ~ 30.9	280 ~ 300	2.1	0.00001 ~ 0.0003	
AP-211SH	14	304	2.14 ~ 2.16	33.3	420	2.1	0.00001 ~ 0.0003	
AP-215SH	10 ~ 17	300 ~ 310	2.14 ~ 2.16	25.4 ~ 30.4	350 ~ 450	—	—	
AP-230	1.5 ~ 2.5	300 ~ 310	2.14 ~ 2.16	30.4 ~ 34.3	300 ~ 400	2.1	0.00001 ~ 0.0003	
AP-231	1.5 ~ 3.0	300 ~ 310	2.14 ~ 2.17	27.4 ~ 30.9	280 ~ 300	2.1	0.00001 ~ 0.0003	
AP-231SH	1.9	305	2.14 ~ 2.16	32.4	370	2.1	0.00001 ~ 0.0003	20 ~ 90
AP-238SG	2	303	2.14 ~ 2.16	37	370	—	—	20 ~ 90
AC-5511①	1.7	303 ~ 313	—	—	—	—	—	20 ~ 70
AC-5539①	1.7	303 ~ 313	—	—	—	—	—	20 ~ 70
AC-5600①	1.7	303 ~ 313	—	—	—	—	—	20 ~ 70

① 涂料用粉末。

（5）Ausimont 公司生产的 PFA 树脂牌号和性质

Hyflon®	MFR /(g/ 10min)	熔点 /℃	相对密度	拉伸 强度 (23℃) /MPa	断裂伸 长率 (23℃) /%	介电常数(23℃)		介质损 耗因素 (23℃) /10^3 Hz
						50Hz	100Hz	
MFA620	2.5	280 ~ 290	2.12 ~ 2.17	28 ~ 36	300 ~ 360	2.0	1.95	< 0.0002
PFA420	1.3	> 300	2.12 ~ 2.17	28 ~ 34	300 ~ 360	2.1	2.05	0.0002
MFA640	10 ~ 17	280 ~ 290	2.12 ~ 2.17	24 ~ 30	300 ~ 360	2.0	1.95	< 0.0002
MFA450	10 ~ 17	> 300	2.12 ~ 2.17	26 ~ 32	300 ~ 360	2.1	2.05	0.0002
MFA6010①	10 ~ 17	280 ~ 290	2.12 ~ 2.17	—	—	—	—	—
PFA7010①	10 ~ 17	280 ~ 290	2.12 ~ 2.17	—	—	—	—	—

① 粉末级。

（6）国内生产的 PFA 树脂

如本书前面曾提到国产 PFA 树脂处于中试研究和试生产阶段，尚很少有商品 PFA 树脂上市，上海三爱富公司开始研制 PFA 树脂较早，曾试产过

PFA 树脂并用于挤出试制 PFA 焊条和模压试制半导体硅片清洗用"花篮"，目前能提供的是可熔性聚四氟乙烯浓缩分散液（FR503）。

固含量	30%
表面活性剂含量	12%
pH 值	8
粒径	0.5μm

6. 国外生产的 ETFE 树脂

（1）DuPont 公司生产的 ETFE 树脂牌号和性质

Tefzel®	MFR /(g/10min)	熔点 /℃	相对密度	拉伸强度（23℃）/MPa	断裂伸长率（23℃）/%	介电常数（23℃，10⁶ Hz）	介质损耗因素（23℃，10²～10⁶ Hz）
200	7	255～280	1.7	45	300	2.5～2.6	0.00308
207	30	250～280	1.7	40	300	2.5～2.6	0.009
210	20	255～280	1.7	40	300	2.5～2.6	0.0054
280	4	255～280	1.7	40	300	2.5～2.6	0.0072
750	7	255～280	1.75～1.79	38	300	—	—
HT-2127	7	245～250	1.75～1.79	38	300	—	—
HT-2160①	2.3	255～280	1.7	34.5	300	—	—
HT-2167①	2.3	255～280	1.7	34.5	300	—	—
HT-2170①	2.3	220～250	1.7	27.6	300	—	—
HT-2181	6	255～280	1.7	40	300	2.5～2.6	0.006
HT-2183	6	255～280	1.7	40	300	2.5～2.6	0.007
HT-2185	11	255～280	1.7	40	300	2.5～2.6	0.0054
HT-2190	11.4	255	1.70	—	—	—	—
HT-2195	20	253	1.72	—	—	—	—
HT-2000②	7	255～280	—	41.4	300	2.6	0.007
HT-2010②	3	255～280	—	41.4	300	2.6	0.007
HT-2020②	45	255～280	—	41.4	300	2.6	0.007
HT-2082②	5	255～280	—	41.4	300	2.6	0.007
HT-2084②	5	255～280	—	41.4	300	2.6	0.007
HT-2202③	7	250	1.7	35	250	—	—

① 半导体用树脂（体积电阻 7Ω·cm）。
② 粉末形态。
③ 具有同聚酰亚胺良好的黏结性。

（2）日本大金公司生产的 ETFE 树脂牌号和性质

Neoflon®	MFR /(g/10min)	熔点 /℃	相对密度	拉伸强度 (23℃)/MPa	断裂伸长率 (23℃)/%
EP-521	8～16	260～270	1.72～1.76	42～47	420～450
EP-541	4～8	260～270	1.72～1.76	42～47	420～450
EP-543	4～9.5	250～265	1.72～1.76	40～50	330～500
EP-610	25～35	218～228	1.83～1.88	28～33	300～400
EP-620	9～18	218～228	1.83～1.88	28～33	300～400

（3）Asahi-ICI 公司生产的 ETFE 树脂牌号和性质

Aflon® LM	MFR /(g/10min)	熔点 /℃	相对密度	拉伸强度 (23℃) /MPa	断裂伸长率 (23℃) /%	介电常数, (23℃, 10^3 Hz /10^6 Hz)	介质损耗因素(23℃, 10^3 Hz /10^6 Hz)
LM-720A	10～20	225	1.78	43	380	2.4/2.4	0.007/0.0082
LM-730A	20～30	225	1.78	40	400	2.4/2.4	0.007/0.0082
LM-740A	30～40	225	1.78	38	420	2.4/2.4	0.007/0.0082
COP （C-88AX）	12	260	1.74	46	430	2.5/2.5	0.007/0.0082

注：Asahi-ICI 公司另有加入填充料的品级 15 种以上，含粒料和粉料等。

附录 3 以TFE为原料的主要下游产品结构

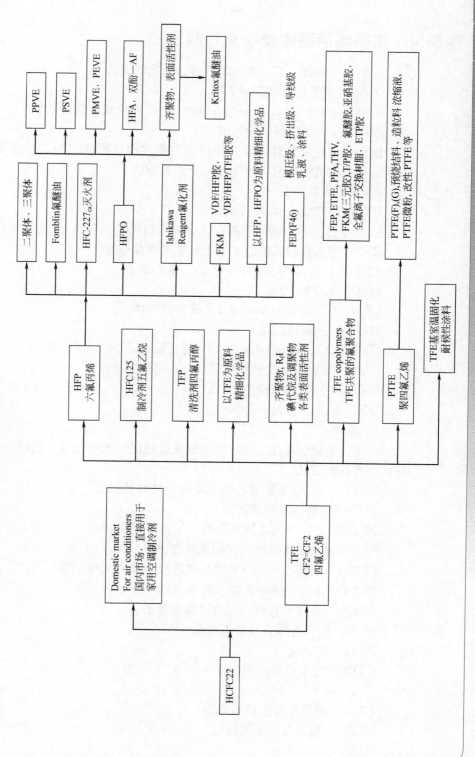

附录4　本书英语缩略词中文对照表

ABS　丙烯腈、丁二烯和苯乙烯三元共聚树脂

AIBN　引发剂偶氮二异丁腈

APA　advanced polymer architecture　先进聚合结构设计

ASTM　美国材料试验标准

BOD　生化耗氧量，是一种用微生物代谢作用所消耗的溶解氧来间接表示水体被有机物所污染程度的一个重要指标

BpAF　六氟双酚-AF

BTPPC　苄基三苯基鏻氯化物

C8　泛指含8个碳原子的直链全氟饱和烃类化合物及其衍生物

CFC　不含氢和其他原子的饱和氯氟碳化合物

CFC-113　1,1,2-三氟，1,2,2-三氯乙烷

COD　化学耗氧量

CSM　（Cure site monomer）硫化点单体

CTFE　三氟氯乙烯

CTA　（Chain transfer agent）链转移剂

DMF　典型的非质子极性溶剂，二甲基甲酰胺

DMSO　二甲基亚硫酰

DSC　示差扫描量热分析仪

E　乙烯

ECF　电化学氟化方法，用有机化合物同无水氟化氢一起进行电化学反应实现氟化的方法

ECTFE　乙烯三氟氯乙烯共聚物，又称氟树脂F30

EPTFE　膨体聚四氟乙烯

ETFE　乙烯四氟乙烯共聚物，又称氟树脂F40

FEP　聚全氟乙丙烯，又称氟树脂F46

FEPM　四氟乙烯和丙烯共聚氟橡胶，又称氟橡胶四丙（FTP）

FEVE　全氟乙烯和乙烯基醚共聚物

FFKM　全氟弹性体，又称全氟醚橡胶

FKM　氟弹性体，或称氟橡胶

FMQ　氟硅烷

FTPE　含氟热塑性弹性体

FVE　一氟乙烯

FTIR　傅里叶变换红外光谱

HCFC　饱和含氢氟氯烷烃

HDPE 高密度聚乙烯

HFA 六氟丙酮

HFC 不含氯原子的全氟氢烷烃

HFC-152a 1,1-二氟乙烷

HFIB 六氟异丁烯

HFP 六氟丙烯，也称全氟丙烯

HFPO 六氟环氧丙烷

HPFP 氢五氟丙烯

GPC 凝胶渗透色谱

GWP 全球变暖潜能，以 CO_2 的 GWP 为 1

IPP 过氧化二异丙基二碳酸酯，有机过氧化物引发剂

IR 红外光谱

ISO 国际标准化组织

LAN （Local area network）局域网

LLDPE 线型低密度聚乙烯

LOI 极限氧指数

MFA 四氟乙烯和全氟甲基乙烯基醚共聚氟树脂

M_n 数均分子量

M_w 重均分子量

NMR 核磁共振光谱

ODS 臭氧耗损物质

ODP 臭氧耗损潜能，以 CFC11 和 CFC12 的 ODP 为 1

PAS 聚芳砜

PAVE 全氟烷基乙烯基醚

PBT 聚对苯二甲酸丁二酯

PCTFE 聚三氟氯乙烯

PDD 2,2-双三氟甲基，4,5-二氟-1,3-二噁烷，透明氟树脂单体

PE 聚乙烯

PES 聚醚砜

PET 聚对苯二甲酸二乙酯

PFEVE 由氟乙烯（TFE 或 CTFE）和乙烯基醚聚合而成的一种可室温固化新型耐候性涂料树脂

PFIB 八氟异丁烯，也称全氟异丁烯，列入禁化学武器核查的剧毒化合物

PFOA 全氟辛酸

PI 聚酰亚胺

PCMVE 全氟烷氧基羧酸甲酯基乙烯基醚

Plasma　等离子（处理）

PMVE　全氟甲基乙烯基醚

PP　聚丙烯

PPVE　全氟正丙基乙烯基醚

PSVE　磺酰氟基全氟烷氧基乙烯基醚

PTFE　聚四氟乙烯

PVC　聚氯乙烯

PVDF　聚偏氟乙烯

PVF　聚氟乙烯

SSG　标准比重

Sulton　β-乙磺内酯

TAIC　三烯丙基异三聚氰酸酯

Telomer　调聚物

TFE　四氟乙烯

T_g　玻璃化温度

TGA　热重分析仪

THV　TFE，HFP 和 VDF 三元共聚氟树脂

TMA　热机械分析，在加热过程中对试样进行力学测定的方法

TMAIC　三甲代烯丙基异三聚氰酸酯

T_m　熔点温度

UL　美国保险商实验室的缩写，是世界上从事安全试验和鉴定的权威民间组织

UV　紫外光谱

VDF　偏氟乙烯

VF　氟乙烯

VOC　挥发性有机化合物